U0241045

时代教育·国外高校优秀教材精选

粒子物理导论

Introduction to Elementary Particles

（翻译版·原书第2版）

［美］大卫J. 格里菲斯（David J. Griffiths） 著

清华大学 王青 译

机 械 工 业 出 版 社

本书内容主要包括基本粒子物理历史介绍、基本粒子动力学、相对论运动学、对称性、束缚态、费曼算法、量子电动力学、夸克的电动力学和色动力学、弱作用、规范理论、中微子振荡等，并在最后探讨了未来可能有所发现的某些方向。

本书是物理专业高年级本科生的入门教材，也可作为物理专业低年级研究生的参考教材，同时对粒子物理实验和理论研究人员也有参考价值。

北京市版权局著作权合同登记　图字：01-2013-9168 号

图书在版编目（CIP）数据

粒子物理导论：翻译版：原书第 2 版/(美）大卫 J. 格里菲斯（David J. Griffiths）著；王青译. —北京：机械工业出版社，2016. 10 (2024. 5 重印)
（时代教育．国外高校优秀教材精选）
书名原文：Introduction to Elementary Particles, 2nd edition
ISBN 978-7-111-54342-8

Ⅰ. ①粒…　Ⅱ. ①大…　②王…　Ⅲ. ①粒子物理学-高等学校-教材
Ⅳ. ①O572. 2

中国版本图书馆 CIP 数据核字（2016）第 167302 号

机械工业出版社（北京市百万庄大街 22 号　邮政编码 100037）
策划编辑：张金奎　责任编辑：张金奎　任正一　责任校对：张　征
封面设计：张　静　责任印制：常天培
北京机工印刷厂有限公司印刷
2024 年 5 月第 1 版第 6 次印刷
184mm × 260mm · 23 印张 · 562 千字
标准书号：ISBN 978-7-111-54342-8
定价：89. 00 元

凡购本书，如有缺页、倒页、脱页，由本社发行部调换

电话服务
服务咨询热线：010-88379833
读者购书热线：010-88379649

网络服务
机 工 官 网：www. cmpbook. com
机 工 官 博：weibo. com/cmp1952
教育服务网：www. cmpedu. com
金 书 网：www. golden-book. com

封面无防伪标均为盗版

译者序

随着2012年欧洲核子中心宣布粒子物理标准模型中最后一个未被发现、俗称上帝粒子的希格斯粒子的发现及2013年诺贝尔物理学奖被授予20世纪60年代希格斯粒子的提出人希格斯和恩格兰特，标准模型最后一块拼接板被拼接成功，因而成为一个完整被实验所验证的基础物理理论模型。基本粒子物理的研究由此进入了后标准模型时代，它的基本标志是：不管超出标准模型的新物理是否被发现，标准模型永远会是一个为实验验证过的完整理论模型而被作为后来研究者的研究基础和出发点。在这个新时代里，标准模型作为一个成熟且经过实验检验的物理学基本理论模型已经完全达到了被纳入大学物理专业本科教学内容的标准。

实际上，随着物理学的发展和知识爆炸性的增长，哪些物理学理论应该被纳入大学本科物理专业的基础教材一直是物理学科教学所关注并在不断探讨和研究的问题。物理专业的本科四年教育目前一直被填得满满的，教完了基础的普通物理及其实验、四大力学、近代物理实验，仅剩下为数不多的学时，专业教师都希望学生能早些进入具体的课题，由此比较排斥再往教学内容中填充更多基本的必修内容。但从培养有宽阔视野的物理人才的角度看，让学生对人类在自然界各个物质层面所发展的物理理论都有所了解似乎是有一定的必要性的。相应的课程按照空间尺度从大到小包括：天体物理、凝聚态物理、原子分子物理、核物理、粒子物理。对粒子物理，由于它远离现实生活，所需要的描述工具又非常高深，再加上以前标准模型仍未被实验完全证实，还存在理论模型不完全正确的可能性，因此往往在本科阶段不太详细讲授，即使涉及，也要么只是在普通物理的最后稍微涉猎一点，要么和核物理结合在一起简要介绍一下，而针对本科生单独完整的粒子物理本科课程基本没有。为此，本书的作者大卫·格里菲斯早在30年前本书第1版前言中就特别强调："在最近十年，尘埃落定到令人相当吃惊的程度，说基本粒子物理已经成年是合适的时候了。虽然我们还有非常多的知识要去学习，但显然现在已经有了一致和统一的理论架构，它太令人激动和重要，以致不能在研究生教学中省略或稀释为定性的现代物理的子部分。我相信把基本粒子物理放进本科生标准课程的时间到了。"从这本书的第1版到现在，粒子物理又有了巨大的发展，标准模型无论在理论还是实验上都已达到相当完美和完备的地步，格里菲斯当年的表述因此有了更坚实的理论和实验支撑。

随着中国国力的上升，国家对基础研究的投入也越来越多，对像基本粒子这样的最为基础的物理研究也可望国家不止在理论方面更在对应于大科学工程的实验上有大的投入，以期在未来使中国能在物质最小的基本结构及其相互作用规律的研究方面为人类做出更大的贡献。这一方面需要高校培养更多的相关物理专业人才，另一方面需要能把高深的粒子物理简化为大学甚至更低层次水平的半专业半科普作品，以便能提高全社会对基本粒子这样的物理学基础的认识水平。这些都呼唤着大学本科水平中文版粒子物理教材的出现。

国内外粒子物理的教科书并不少，但专门针对本科学生的教科书，特别是把内容主要放在针对本科生介绍标准模型的教材却几乎没有。这当然主要是因为标准模型所需要的除基本粒子现象以外的量子场论和规范场论的高深知识很难被下放到本科水平的教材当中。格里菲斯的这本书基本解决了这个问题，书的内容既巧妙地避免了复杂深奥的场论理论与计算，又用物理学本科学生已有的知识较好地把标准模型及其所需要的量子场论和规范场论的基本知识以比较物理的方式生动地介绍出来，并且文字流畅优美，这有赖于作者多年的教学积累及其深厚的专业和文字功底。无怪乎这本教材在美国成为本科阶段高校用得最广、最受欢迎的粒子物理教科书，笔者在翻译的过程中受益匪浅，但限于译者有限的专业水平和文字功底，书中可能会有翻译不理想、不准确甚至错误的地方，敬请各位读者批评指正。

王青

2017 于清华

原书第1版前言

本书是物理专业高年级本科生的入门书。我的同事中大多数人认为这个题目对这样的读者是不合适的——数学上太高深，唯象上太零散，不牢靠的基础和不确定的未来。这个观点十年前我会同意，但在最近十年，尘埃落定到令人相当吃惊的程度，说基本粒子物理已经成年是合适的时候了。虽然我们还有非常多的知识要去学习，但显然现在已经有了一致和统一的理论架构，它太令人激动和重要，以致不能在研究生教学中省略或稀释为定性的现代物理的子部分。我相信把基本粒子物理放进本科生标准课程的时间到了。

不幸的是，这个领域的研究文献显然是本科生所无法企及的，虽然有若干极好的研究生教材，但它们要求即便不是量子场论，也是很强的高等量子力学基础。另外，虽然有很多很好的科普书和一些杰出的《科学美国人》文章，但很少专为本科生所写。本书是填补这个需求的一个努力和尝试。它起自我时不时在 Reed 学院教的一学期的粒子物理课程。学生一般有一学期的电磁学课（Lorrain 和 Corson 的水平）、一学期的量子力学课（Park 的水平）和相对较强的狭义相对论的背景。

除了其主要受众，我希望这本书将对研究生新生有用，或者作为初始教材，或作为更深入学习的准备。把这些记在心里，并致力于尽可能的完备性和可塑性，本书包含了比一个学期能够轻松地涵盖的更多的内容。(在我自己的课上我要求学生自己阅读第 1 章和第 2 章，从第 3 章开始教。我跳过第 5 章，聚焦第 6 和 7 章，讨论第 8 章的头两节，然后跳到第 10 章）为帮助读者（和教师），我在每章开始安排一个简短的目的和内容、前期要求和以后角色的介绍。本书是我在斯坦福直线加速器中心学术休假期间写成的，我要感谢 Sidney Drell 教授和理论组的其他成员的热情款待。

David Griffiths

1986 年

原书第2版前言

自从这本书的第1版出版以来，已经过去20多年了，书中大多数内容仍未过时，这既令人满意又使人痛苦。缺陷肯定是显见的——那时，顶夸克的存在尚未被证实，中微子一般被假定为（并无很好的理由）无质量的。而标准模型，它基本上是本书的主题，被证明令人吃惊地坚挺。这是对理论的称颂，同时也是对我们想象力的控诉。我不认为在基本粒子物理历史中有相应的时期自然界中会发生如此少的真正的革命。中微子振荡怎样？事实上这是一个极好的故事（我已经对此题目单加了一章）。而此极端的现象与标准模型符合得如此之好以致人们几乎可以说，回顾过去（当然）如果它不是这样才是更令人惊奇的。超对称和弦理论如何？是，但这些暂且必须被看作例外（我已经加了一章，讨论现代理论的发展）。只要坚实的实验验证可以继续，标准模型（中微子有质量和混合）仍将占支配地位。

除了已经说过的新的两章，我把第1章的粒子物理历史的内容更新了，缩短了第5章，在第6章提供了（我希望）对黄金规则更引人入胜的介绍，而减掉了原第8章中大多数的电磁形状因子和标度的内容（这在深度非弹实验的解释中是十分重要的，它使夸克模型具有了安全的基础，但今天没人怀疑夸克的存在，因此技术细节不再如此重要了）。第8章剩下的部分与原第9章结合形成一个关于强子的新的一章。最后，我准备了一个完整的解题手册（从出版商Wiley那里可免费得到，但只针对——我抱歉——教师[⊖]）。除此之外其余内容改变相对很小。

很多人发给我建议和修正信息，或耐心地回答我的问题。我无法感谢每个人，但我将要感谢他们中那些有特别帮助的人：Guy Blaylock（UMass），John Boersma（Rochester），Carola Chinellato（Brazil），Eugene Commins（Berkeley），Mimi Gerstell（Cal Tech），Nahmin Horwitz（Syracuse），Richard Kass（Ohio State），Janis McKenna（UBC），Jim Napolitano（RPI），Nic Nigro（Seattle），John Norbury（UW - Milwaukee），Jason Quinn（Notre Dame），Aaron Roodman（SLAC），Natthi Sharma（EasternMichigan），Steve Wasserbeach（Haverford），and above all Pat Burchat（Stanford）.

这项工作中的一部分是我在斯坦福和SLAC学术休假时完成的，我要特别感谢Patricia和Michael Peskin使之得以实现。

David Griffiths
2008年

⊖ 教师在线注册获取地址：http://www.wiley-vch.de/publish/en/books/ISBN3-527-40601-8

目录

公式和常数

粒 子 数 据

质量单位 MeV/c^2，寿命单位秒，电荷用质子电荷为单位。

轻子（自旋 1/2）

代	味	电荷	质量*	寿命	主要衰变
第一	e(电子)	-1	0.510 999	∞	—
	ν_e(电子中微子)	0	0	∞	—
第二	μ(缪子)	-1	105.659	$2.197\ 03\times10^{-6}$	$e\nu_\mu\bar{\nu}_e$
	ν_μ(缪子中微子)	0	0	∞	—
第三	τ(陶子)	-1	1 776.99	2.91×10^{-13}	$e\nu_\tau\bar{\nu}_e$, $\mu\nu_\tau\bar{\nu}_\mu$, $\pi^-\nu_\tau$
	ν_τ(陶子中微子)	0	0	∞	—

* 中微子质量极其微小，对大多数情形可以被取为零；细节见第 11 章。

夸克（自旋 1/2）

代	味	电　荷	质　量*
第一	d(下)	-1/3	7
	u(上)	2/3	3
第二	s(奇异)	-1/3	120
	c(粲)	2/3	1 200
第三	b(底)	-1/3	4 300
	t(顶)	2/3	174 000

* 轻夸克质量是推算的，不准确；对介子和重子中的有效质量见第 5 章。

媒介粒子（自旋 1）

力	媒介粒子	电荷	质量	寿命	主要衰变
强	g(8 个胶子)	0	0	∞	—
电磁	γ(光子)	0	0	∞	—
弱	$W^\pm$(带电)	±1	80 420	3.11×10^{-25}	$e^+\nu_e$, $\mu^+\nu_\mu$, $\tau^+\nu_\tau$, cX→强子
	Z^0(中性)	0	91 190	2.64×10^{-25}	e^+e^-, $\mu^+\mu^-$, $\tau^+\tau^-$, $q\bar{q}$→强子

重子（自旋 1/2）

重子	夸克组分	电荷	质量	寿命	主要衰变
N p	uud	1	938.272	∞	—
N n	udd	0	939.565	885.7	$pe\bar{\nu}_e$
Λ	uds	0	1115.68	2.63×10^{-10}	$p\pi^-$, $n\pi^0$
Σ^+	uus	1	1189.37	8.02×10^{-11}	$p\pi^0$, $n\pi^+$
Σ^0	uds	0	1192.64	7.4×10^{-20}	Λγ
Σ^-	dds	-1	1197.45	1.48×10^{-10}	$n\pi^-$
Ξ^0	uss	0	1314.8	2.90×10^{-10}	$\Lambda\pi^0$
Ξ^-	dss	-1	1321.3	1.64×10^{-10}	$\Lambda\pi^-$
Λ_c^+	udc	1	2286.5	2.00×10^{-13}	pKπ, Λππ, Σππ

重子（自旋3/2）

重子	夸克组分	电荷	质量	寿命	主要衰变
Δ	uuu,uud,udd,ddd	2,1,0,−1	1232	5.6×10^{-24}	$N\pi$
Σ^*	uus,uds,dds	1,0,−1	1385	1.8×10^{-23}	$\Lambda\pi,\Sigma\pi$
Ξ^*	uss,dss	0,−1	1533	6.9×10^{-23}	$\Xi\pi$
Ω^-	sss	−1	1672	8.2×10^{-11}	$\Lambda K^-,\Xi\pi$

赝标介子（自旋0）

介子	夸克组分	电荷	质量	寿命	主要衰变
$\pi^\pm$	$u\bar{d},d\bar{u}$	1,−1	139.570	2.60×10^{-8}	$\mu\nu_\mu$
π^0	$(u\bar{u}-d\bar{d})/\sqrt{2}$	0	134.977	8.4×10^{-17}	$\gamma\gamma$
$K^\pm$	$u\bar{s},s\bar{u}$	1,−1	493.68	1.24×10^{-8}	$\mu\nu_\mu,\pi\pi,\pi\pi\pi$
$K^0,\bar{K}^0$	$d\bar{s},s\bar{d}$	0	497.65	K^0_S: 8.95×10^{-11} K^0_L: 5.11×10^{-8}	$\pi\pi$ $\pi e\nu_e,\pi\mu\nu_\mu,\pi\pi\pi$
η	$(u\bar{u}+d\bar{d}-2s\bar{s})/\sqrt{6}$	0	547.51	5.1×10^{-19}	$\gamma\gamma,\pi\pi\pi$
η'	$(u\bar{u}+d\bar{d}+s\bar{s})/\sqrt{3}$	0	957.78	3.2×10^{-21}	$\eta\pi\pi,\rho\gamma$
$D^\pm$	$c\bar{d},d\bar{c}$	1,−1	1869.3	1.04×10^{-12}	$K\pi\pi,K\mu\nu_\mu,Ke\nu_e$
$D^0,\bar{D}^0$	$c\bar{u},u\bar{c}$	0	1864.5	4.1×10^{-13}	$K\pi\pi,Ke\nu_e,K\mu\nu_\mu$
$D_s^\pm$	$c\bar{s},s\bar{c}$	1,−1	1968.2	5.0×10^{-13}	$\eta\rho,\phi\pi\pi,\phi\rho$
$B^\pm$	$u\bar{b},b\bar{u}$	1,−1	5279.0	1.6×10^{-12}	$D^*l\nu_l,Dl\nu_l,D^*\pi\pi\pi$
$B^0,\bar{B}^0$	$d\bar{b},b\bar{d}$	0	5279.4	1.5×10^{-12}	$D^*l\nu_l,Dl\nu_l,D^*\pi\pi$

矢量介子（自旋1）

介子	夸克组分	电荷	质量	寿命	主要衰变
ρ	$u\bar{d},(u\bar{u}-d\bar{d})/\sqrt{2},d\bar{u}$	1,0,−1	775.5	4×10^{-24}	$\pi\pi$
K^*	$u\bar{s},d\bar{s},s\bar{d},s\bar{u}$	1,0,−1	894	1×10^{-23}	$K\pi$
ω	$(u\bar{u}+d\bar{d})/\sqrt{2}$	0	782.6	8×10^{-23}	$\pi\pi\pi,\pi\gamma$
ψ	$c\bar{c}$	0	3097	7×10^{-21}	$e^+e^-,\mu^+\mu^-,5\pi,7\pi$
D^*	$c\bar{d},c\bar{u},u\bar{c},d\bar{c}$	1,0,−1	2008	3×10^{-21}	$D\pi,D\gamma$
Υ	$b\bar{b}$	0	9460	1×10^{-20}	$e^+e^-,\mu^+\mu^-,\tau^+\tau^-$

自旋1/2

泡利矩阵：

$$\sigma_x\equiv\begin{pmatrix}0&1\\1&0\end{pmatrix},\quad \sigma_y\equiv\begin{pmatrix}0&-i\\i&0\end{pmatrix},\quad \sigma_z\equiv\begin{pmatrix}1&0\\0&-1\end{pmatrix}$$

$$\sigma_i\sigma_j=\delta_{ij}+i\epsilon_{ijk}\sigma_k,\quad (\boldsymbol{a}\cdot\boldsymbol{\sigma})(\boldsymbol{b}\cdot\boldsymbol{\sigma})=\boldsymbol{a}\cdot\boldsymbol{b}+i\boldsymbol{\sigma}\cdot(\boldsymbol{a}\times\boldsymbol{b}),$$

$$\sigma_i^+=\sigma_i=\sigma_i^{-1},\quad e^{i\boldsymbol{\theta}\cdot\boldsymbol{\sigma}}=\cos\theta+i(\hat{\boldsymbol{\theta}}\cdot\boldsymbol{\sigma})\sin\theta$$

狄拉克矩阵：

$$\gamma^0\equiv\begin{pmatrix}1&0\\0&-1\end{pmatrix},\ \gamma^i\equiv\begin{pmatrix}0&\sigma_i\\-\sigma_i&0\end{pmatrix},\quad \gamma^{0+}=\gamma^0,\gamma^{i+}=-\gamma^i,\gamma^0\gamma^{\mu+}\gamma^0=\gamma^\mu$$

$$\{\gamma^\mu,\gamma^\nu\}=2g^{\mu\nu},\quad g^{\mu\nu}=g_{\mu\nu}=\begin{pmatrix}1&0&0&0\\0&-1&0&0\\0&0&-1&0\\0&0&0&-1\end{pmatrix}$$

$$\gamma^5\equiv i\gamma^0\gamma^1\gamma^2\gamma^3=\begin{pmatrix}0&1\\1&0\end{pmatrix},\quad \{\gamma^\mu,\gamma^5\}=0,\quad (\gamma^5)^2=1$$

(对相乘规则和求迹定理见附录 C。)

狄拉克方程：

$$\mathrm{i}\hbar\gamma^\mu\partial_\mu\psi-mc\psi=0$$

$$(\not p-mc)u=0,\ (\not p+mc)v=0,\ \bar{u}(\not p-mc)=0,\ \bar{v}(\not p+mc)=0,$$

$$\bar{\psi}\equiv\psi^+\gamma^0,\quad \bar{\Gamma}\equiv\gamma^0\Gamma^+\gamma^0,\qquad \not a\equiv a_\mu\gamma^\mu$$

费曼规则

	外线	传播子
自旋 0：	无	$\dfrac{\mathrm{i}}{q^2-(mc)^2}$
自旋 1/2：	入射粒子：u 入射反粒子：$\bar{v}$ 出射粒子：$\bar{u}$ 出射反粒子：v	$\dfrac{\mathrm{i}(\not q+mc)}{q^2-(mc)^2}$
自旋 1：	入射：ϵ_μ 出射：ϵ_μ^*	无质量：$\dfrac{-\mathrm{i}g_{\mu\nu}}{q^2}$ 有质量：$\dfrac{-\mathrm{i}[g_{\mu\nu}-q_\mu q_\nu/(mc)^2]}{q^2-(mc)^2}$

(对顶角因子见附录 D。)

基本常数

普朗克常数：$\hbar=1.054\ 57\times10^{-34}\,\mathrm{Js}$

$=6.582\ 12\times10^{-22}\,\mathrm{MeVs}$

光速：$c=2.997\ 92\times10^{8}\,\mathrm{m/s}$

电子质量：$m_e=9.109\ 38\times10^{-31}\,\mathrm{kg}=0.510\ 999\,\mathrm{MeV}/c^2$

质子质量：$m_p=1.672\ 62\times10^{-27}\,\mathrm{kg}=938.272\,\mathrm{MeV}/c^2$

电子电荷(大小)：$e=1.601\ 28\times10^{-19}\,\mathrm{C}$

$=4.803\ 20\times10^{-10}\,\mathrm{esu}$

精细结构常数：$\alpha=e^2/\hbar c=1/137.036$

玻尔半径：$a=\hbar^2/m_e e^2=5.291\ 77\times10^{-11}\,\mathrm{m}$

玻尔能量：$E_n=-m_e e^4/2\hbar^2 n^2=-13.605\ 7/n^2\,\mathrm{eV}$

经典电子半径：　$r_e = e^2/m_e c^2 = 2.817\ 94 \times 10^{-15}\mathrm{m}$

QED 耦合常数：　$g_e = e\sqrt{4\pi/\hbar c} = 0.302\ 822$

弱耦合常数：　$g_w = g_e/\sin\theta_w = 0.629\ 5$；

$g_z = g_w/\cos\theta_w = 0.718\ 0$

弱混合角：　$\theta_w = 28.76°(\sin^2\theta_w = 0.231\ 4)$

强耦合常数：　$g_s = 1.214$

转化因子

1Å	$= 0.1\mathrm{nm}$	$= 10^{-10}\mathrm{m}$
1fm	$= 10^{-15}\mathrm{m}$	
1barn	$= 10^{-28}\mathrm{m}^2$	
1eV	$= 1.602\ 18 \times 10^{-16}\mathrm{J}$	
$1\mathrm{MeV}/c^2$	$= 1.782\ 66 \times 10^{-30}\mathrm{kg}$	
1C	$= 2.997\ 92 \times 10^{-9}\mathrm{esu}$	

引 言

基本粒子物理

基本粒子物理从最基础或者说在最小线度上回答了“物质是如何组成”的问题。典型的实例是物质在亚原子尺度上由一些相互之间有很大空隙的微小组分组成。更特别的是这些微小的组分来自一小类不同的类型（电子、质子、中子、π 介子、中微子等），它们被天文数量级复制形成我们周边的物质。这些复制品是绝对完美的复制品——不是像从同一总装线上下来的福特车那样仅仅“非常相似”，而是完全**不可区分**。你无法在一个电子上贴注身份标签，或在其上画一个点——如果你做了一个，就等于做了所有的。这个全同性质在宏观世界没有相应的类似物。（在量子力学里它反映在泡利不相容原理中。）这极大简化了基本粒子物理的任务：我们不必担心大的或小的电子，新的或旧的电子了——电子就是电子。虽然并不真是那么容易。

因此我的第一项工作就是给你介绍各种基本粒子——如果你看戏的话就是剧中的演员。我可以简单地把它们罗列出来，然后告诉你它们的性质（质量、电荷、自旋等），但在这种情形下更好地是从历史的角度解释每个粒子是怎样开始登上舞台的。这将赋予它们特点与人性，使他们更容易被记忆和观赏。而这些故事中的有些部分本身就很有趣。

一旦在第 1 章介绍了这些粒子，接下来“它们之间如何相互作用?”这个问题就会直接或间接地占据本书剩下的部分。你在研究两个宏观物体时如果想知道它们如何相互作用，你就会通过把它们放置于各种分开的距离测量两者之间的力。那是一种确定相互作用的方法，如库仑用来确定两个带电沥青球之间的电排斥定律，以及卡文迪许用来测量两块铅重物的引力。但你无法用镊子夹起一个质子或将一个电子绑在一条绳的末端；它们太小了。从实用的角度，我们不得不采取不那么直接的方法来探测基本粒子的相互作用。结果显示，几乎所有我们的实验信息来自三个方面：①散射事例，其中我们使一个粒子撞击另外一个，并记录（例如）偏转角；②衰变，其中一个粒子自动解体，而我们检测其碎片；③束缚态，其中两个或更多粒子黏在一起，我们研究这个复合物体的性质。毋庸置疑，从这样的间接证据来确定相互作用规律不是一项简单的工作。一般的过程是猜测一个相互作用的形式，并将实验数据与理论预期的结果进行比较。

这样猜测的体系（更高雅的称呼叫“模型”）是由某些一般的原理作为指导，特别是狭义相对论和量子力学。在下图我画出了四个现实的力学机制：

变小→

变快↓		
	经典力学	量子力学
	相对论力学	量子场论

日常生活的世界当然由经典力学所控制。但对那些运动很快（速度和光速可比拟）的物体，经典规则需要由狭义相对论来修正，而对那些很小（粗略说线度和原子可比拟）的

物体，经典力学要由量子力学所取代。最后，对那些既快又小的物体，我们需要把相对论和量子原理结合起来的理论：量子场论。现在基本粒子极其微小，典型地又很快。因此，基本粒子物理自然落入到量子场论所主导的领域。

请观察力学的种类与特殊力的定律的差别。例如牛顿的万有引力定律描写一种特殊的（引力）相互作用，而牛顿的运动三定律定义了一个（经典力学）力学系统，它们（在其适用范围）控制所有的相互作用。力的定律告知你手头的力是什么；而力学则告知你怎样用力去决定运动。基本粒子动力学的目标是在量子场论的框架下，猜测一组力的定律，正确地描述粒子的运动行为。

然而，这个行为的某些一般特征与相互作用的具体形式无关，而是直接来自相对论或量子力学，或两者的结合。例如，在相对论中，能量和动量总是守恒的，但（静止）质量不是。因此 $\Delta \rightarrow p+\pi$ 衰变是完全可接受的，即使 Δ 比 p 与 π 加起来重。这样一个过程在经典力学中将是不可能的，因为那里质量是严格守恒的。更有甚之，相对论允许粒子具有零（静止）质量——在经典力学中无质量粒子的想法是完全没意义的——我们将会看到，光子和胶子是没有质量的。

在量子力学中一个物理系统由其状态 s 描写（在薛定谔体系中由波函数 Ψ_s 代表，在狄拉克理论中用右矢 $|s\rangle$ 代表）。一个物理过程，例如散射或衰变，是由从一个态到另一个态的跃迁构成。但在量子力学中结果不是完全由初始条件唯一确定的；所有我们可以期望的计算，通常是计算一个给定跃迁发生的概率。这个不确定性会被反映在观测到的粒子行为上。例如，带电 π 介子衰变成一个缪子加一个中微子，而偶尔它也会衰变成一个电子加一个中微子。原来的 π 介子没有差别；它们都是全同的。这只是自然界中一个粒子可以走各种路径的现实表现。

最后，相对论和量子力学的结合带来一些它们自己单独无法带来的额外产物：存在（具有与粒子本身同样的质量和寿命；但相反的电荷）反粒子，这是对泡利不相容原理（它在非相对论力学中是简单的人为假设）和所谓 TCP 定理的一个证明。关于这些以后我将告诉你们更多；我在这里谈到它们的目的是强调这些不是个别的模型，而是力学系统本身的特征。如不是根本性的革命外，它们是触碰不到的。顺便说一下，量子场论所有的荣耀是其难度和深度，但不必惊慌：费曼发明了一种漂亮又直观且容易学习的体系；我们将在第 6 章谈及它。（从基础的量子场论来推导费曼规则是一件极困难的事，它很容易消耗掉现代研究生教程的最好部分，但这个过程在这里和我们无关。）

在 20 世纪 60 年代和 70 年代，出现了一个描写除引力外所有已知基本粒子相互作用的理论。（如同我们所介绍的，引力在普通粒子作用过程中太弱以至无法产生任何有意义的效应。）这个理论——或更准确地，这个相关理论集合，依据两类基本粒子（夸克和轻子），结合量子电动力学，格拉肖-温伯格-萨拉姆针对电弱过程的理论和量子色动力学——最后被称作标准模型。没人假设它是此事的最后结果，但至少我们现在在玩一副完整的扑克。1978 年以来标准模型一直与所有实验检测相符，使其获得“正统”的地位。另外它具有吸引人的美学特征：所有基本相互作用都从一个基本原理——局域规范不变性的要求导出。似乎肯定未来的发展将涉及标准模型的扩展，而不是把它抛弃。这本书也可以叫作“标准模型介绍”。

就像这另外的书名所建议的，这是一本关于基本粒子理论的书，它很少涉及实验方法和仪器设备。这些是很重要的内容，可以把它们组合起来形成像书一样的教材，但它会使读者分散注意力干扰理论本身的清晰和优美。我鼓励你们阅读本书内容的实验方面，我将一次次地指导你们去一些特殊的可达到的地方。现在我将简短地回答两个极明显的实验问题。

怎样产生基本粒子?

电子和质子没问题；它们是普通物质的稳定组分。要产生电子只要加热一块金属，电子就被蒸腾出来了。如果你想要一束电子，你只要在附近安装一个带正电的平板来吸引它们，在板上戳个洞；穿过洞的电子就形成了束流。这样一个电子枪就是显像管或示波器或电子加速器的初始器件（见图0.1）。

要获得质子你就要电离氢原子（换句话说，剥离其电子）。事实上，如果你用质子做靶，你甚至不必关心电子；由于它们太轻以至于一束高能入射粒子就将会把它们打出来。因此一桶氢原子基本上就是一桶质子。对更例外的粒子有三种主要的来源：宇宙线、核反应和粒子加速器。

图0.1 斯坦福直线加速器中心。图中直线部分是加速器本身。

- **宇宙线**：地球被来自外太空的高能粒子（主要是质子）持续轰击。这些粒子的来源仍是一个谜；无论如何，当它们在大气上层击中原子时会产生次级粒子雨（当它们到达地面时多数为缪子和中微子），它们会一直洒向我们。作为基本粒子的产生源，宇宙线有两个优点：它们是自由的，其能量可以很巨大——远大于我们可能在实验室产生的能量。但也有两个主要的缺点：它们撞击任何合理体积探测器的碰撞率都很低，且是完全不可控制的。因此宇宙线实验需要耐心和运气。

- **核反应**：当放射性核衰变时，会辐射各种粒子——中子，中微子，以及习惯称之为的 α 射线（实际上，α 粒子是两个中子加两个质子的束缚态），β 射线（实际上是电子或正电子）和 γ 射线（实际上是光子）。

• **粒子加速器**：把电子或质子加速到很高能量，让它们撞击靶（见图0.1）。通过巧妙地安置吸收材料和磁铁，可以将所希望研究的粒子从撞击碎片中分离出来。如今，已能用这种方法产生很强的二次正电子、缪子、π介子、K介子、B介子、反质子和中微子束流，反过来这些也可以被用来撞击另一个靶。稳定粒子——电子、质子、正电子和反质子——甚至可以被送进巨大的储存环，在其中强有力的磁铁引导下，它们在一定时间内以高速持续地转圈，等待被提取并用于需要的地方[1]。

一般来说，你希望产生的粒子越重，则所需碰撞的能量必须越高。这是为什么，历史上较轻的粒子被首先发现，而随着时间推移，加速器变得越来越强大，越来越重的粒子也被发现了。结果表明如果你将两个高速粒子对头相碰，将获得巨大的相对能量，这与让一个粒子去撞击一个静态靶形成鲜明对照。（当然这要求更精确的瞄准！）由于这个原因，很多当代实验都涉及来自交叉储存环的碰撞束流；如果粒子错过了首次碰撞，它们还可以在下一圈再试。事实上，可以把电子和正电子（或质子和反质子）放在同一个环中，让带正电的绕一个方向环绕，而带负电的反向环绕。不幸的是，当一个带电粒子加速时会产生辐射，因而损失能量。环形运动的情形（它当然涉及加速运动）叫**同步辐射**，它强烈地限制了对高能电子储存环的储存效率（同样的能量下更重的粒子加速较少，因此对重粒子而言同步辐射不是太大的问题）。由于这个原因电子散射实验会逐渐转到直线对撞机，而储存环将会持续被用于产生质子和更重的粒子。

还有另一个原因为什么物理学家总是推崇高的能量：一般来说，碰撞的能量越高，两个粒子相互走得越近。因此如果你要研究很短距离的相互作用，你就需要很高能量的粒子。在量子力学里，一个动量为 p 的粒子具有波长 λ，它由德布罗意公式 $\lambda=h/p$ 决定，其中 h 是普朗克常数。对长波长（低动量），你只能期望鉴别相对大的结构；为了探究一些极小的物体，你需要相对短的波长，也就是高的动量。如果你喜欢，可以考虑用如下测不准原理实现（$\Delta x\Delta p\geqslant h/4\pi$），要使 Δx 小，Δp 必须大。不管你怎么看，结果都是一样的：探索小距离你需要高能量。

世界上一个非常强大的加速器是费米实验室的Tevatron（见图0.2），它最大的束流能量接近1TeV。Tevatron（质子-反质子对撞机）1983年开始运行；它的后继者超级超导对撞机（SSC）从1983年开始建造，到1993年项目被美国国会终止了。其结果是，很长一段时间没可能有基础研究的进展。这种干旱期在2008年结束，当时位于欧洲核子中心的大型强子对撞机（LHC）开始获取数据（见图0.3）。LHC的束流能量超过7TeV，人们希望在这个新的能区将包含希格斯粒子㊀，可能的超对称粒子，或最好有什么完全没被预料到的东西[2]。还不清楚LHC之后将会有什么，很可能是被建议的国际直线对撞机（ILC）。㊁加速器变得如此巨大（SSC原来有87km周长），没有太多的空间用于进一步的扩张。可能我们正在逐步接近加速器时代的末端，粒子物理为获得更高能量的信息将转向天体物理和宇宙学。或许有人会有聪明的新想法能往基本粒子里注入能量。㊂

㊀ 希格斯粒子已在2012年在LHC上被发现，它的质量大约126GeV。——译者注

㊁ 或者国内学者提出的CEPC（环形正负电子对撞机）。——译者注

㊂ 从宏观上看，所涉及的能量并不是那么大——总体上看，1TeV（10^{12}eV）只是 10^{-7} 焦耳；问题是怎样把这些能量转移到粒子身上。没有任何物理定律妨碍你这样做，但没人能找到一个不用巨大（昂贵）的机器的方式实现它。

怎样检测基本粒子？

图 0.2 费米实验室，背景远处的大环是 Tevatron。

有很多种粒子探测器——盖革计数器，云室，气泡室，火花室，漂移室，感光乳剂，契仑柯夫计数器，闪烁体，光电倍增管，等等。实际上，典型的现代探测器把所有这些装置排列起来，连接上计算机来搜寻粒子的踪迹并在电视屏幕上显示它们的径迹（见图 0.4）。虽然细节和我们无关，但有一件事你必须知道：多数检测机制都依赖于如下事实，当高能带电粒子穿过物质时会电离沿它们走过路径上的原子。这些离子表现的像是实际情形那样形成液滴（云室）或气泡（气泡室）或火花（火花室）中的“种子”。但电中性粒子不会产生电离，因此它们不留下径迹。例如，如果看一下图 1.9 的气泡室照片，你将看到五个中性粒子是“不可见的”；它们的径迹是通过分析图中的带电粒子轨迹，并利用每个顶角的能量和动量守恒来重建出来的。还请注意图中多数径迹是弯曲的（实际上，所有径迹在某种程度上都是这样的；试着拿尺子对比对一条你认为是直线的径迹）。气泡室被放置在巨大磁铁的磁极之间；在一个磁场 $\boldsymbol{B}$ 中，一个电荷量为 q 且动量为 p 的粒子将以由著名的**回旋加速公式** $R=pc/qB$ 得出的半径 R 做环形运动，其中 c 是光速。在一个给定的磁场中径迹的曲率因此起到了对粒子的动量的很简单的度量。进一步，从曲线的方向我们可以立刻判别电荷的符号。

图 0.3 欧洲核子中心；环代表 LHC 隧道（以前的 LEP）的径迹——日内瓦和白朗峰是背景。

图 0.4 费米实验室的 CDF 探测器，在此发现了顶夸克。

单位

基本粒子都很小，因此我们通常使用的力学单位——克，尔格，焦耳等等——太大很不方便。原子物理引进了电子伏特——电子被加速通过 1 伏特势差所获得的能量：$1\text{eV}=1.6\times10^{-19}$焦耳。对我们来说电子伏特太小，不方便，但我们仍坚持用它。核物理学家用 keV（10^3eV）；在粒子物理中典型能量是 MeV（10^6eV），GeV（10^9eV），或甚至 TeV（10^{12}eV）。动量由 MeV/c（或 GeV/c，或其他）标度，质量由 MeV/c^2 标度。因此质子的质量是 $938\text{MeV}/c^2=1.67\times10^{-24}\text{g}$。

实际上，粒子理论学家很懒惰（或说聪明，取决于你怎么看）——他们很少把 c 和 $\hbar$（$\hbar\equiv h/2\pi$）放进他们的公式。你被要求最后再自己把它们放进去，以使量纲保持正确。就像他们在业务上取“$c=\hbar=1$”。这实际是选择单位使得时间是由厘米度量，质量和能量由厘米的逆度量；时间的单位是时间乘上光旅行 1 厘米所需的时间，而能量的单位是一个波长为 2π 厘米的光子所具有的能量。最后我们再转化成通常的单位。这使得所有事情看起来很简洁，但我觉得在这本书中最好还是把所有 c 和 $\hbar$ 都保留在它们该在的地方，因此当你往前走时可以检验量纲的自洽性。（如果这冒犯了你，记住对你来说相比某人去猜测应该把 $\hbar$ 放在哪里才是正确的地方，你就很容易丢掉你不喜欢的 $\hbar$。）

最后是关于一个电荷用什么单位的问题。在物理导论课上，多数教师喜欢国际单位制，其中电荷用库仑来度量，库仑定律写成

$$F=\frac{1}{4\pi\varepsilon_0}\frac{q_1q_2}{r^2}\qquad\text{(SI:国际单位制)}$$

多数高级工作是在高斯单位制下做的，其中电荷以静电单位（esu）度量，库仑定律写成

$$F=\frac{q_1 q_2}{r^2} \qquad (\text{G:高斯单位制})$$

而基本粒子物理学家喜欢亥维赛—洛伦兹单位制系统，其中库仑定律具有形式

$$F=\frac{1}{4\pi}\frac{q_1 q_2}{r^2} \qquad (\text{HL:亥维赛—洛伦兹单位制})$$

三种单位制下的电荷相互联系如下：

$$q_{\mathrm{HL}}=\sqrt{4\pi}q_{\mathrm{G}}=\frac{1}{\sqrt{\varepsilon_0}}q_{\mathrm{SI}}$$

在这本书里，为了在本已困难的内容中避免不必要的混淆，我将全部选用高斯单位制。一旦可能，我将把结果用精细结构常数表达

$$\alpha=\frac{e^2}{\hbar c}=\frac{1}{137.036}$$

其中 e 是高斯单位制中电子的电荷。很多基本粒子的教科书把它写成 $e^2/4\pi$，主要是因为它们在亥维赛—洛伦兹单位制中度量电荷并取 $c=\hbar=1$；但所有人都同意其数值是 1/137。

进一步的阅读

从 20 世纪 60 年代早期起，伯克利的粒子数据组定期发布已知粒子及其特性的数据表。它们隔年会发表在《现代物理评论》（*Reviews of Modern Physics*）或《物理杂志 G》（*Journal of Physics G*）上[⊖]，并总结在一个（免费的）可以从网站 http:\\pdg. lbl. gov 定制的小册子上。早期这个小结是以钱包卡片的方式出现的，到 2006 年它已变成 315 页厚了。我称它为粒子物理小册子（PPB）。每个粒子物理的学生都应人手一份——离家别忘了带它！更长版叫《粒子物理综述》（RPP），是针对专家的圣经——2006 版共有 1231 页，它包括由世界上顶级专家针对每一个相关内容所写的权威文章[3]。如果你想要找寻最新的针对任何特殊课题的陈述，这是应去的地方（在粒子物理数据组网站还有适用的在线版）。

粒子物理是一个巨大而迅速变化的方向。我这本书的目标是向你们介绍一些重要的想法和方法，给你一种在那里将会学到什么的感觉，这可能会激起你更大的兴趣。如果你希望在量子场论中了解更多的内容，我特别推荐：

Bjorken, J. D. and Drell, S. D. **(1964)** *Relativistic Quantum Mechanics and Relativistic Quantum Fields*, McGraw-Hill, New York.

Itzykson, C. and Zuber, J.-B. **(1980)** *Quantum Field Theory*, McGraw-Hill, New York.

Peskin, M. E. and Schroeder, D. V. **(1995)** *An Introduction to Quantum Field Theory*, Perseus, Cambridge, M.A.

Ryder, L. H. **(1985)** *Quantum Field Theory*, Cambridge University Press, Cambridge, UK.

Sakurai, J. J. **(1967)** *Advanced Quantum Mechanics*, Addison-Wesley, Reading, M.A.

然而我需要警告你们，这些都是些很难并且很高深的书。

对基本粒子物理本身，以下书（按难度增加顺序排列）会特别有用：

⊖ 最近这些年还发表在国内外的其他不同杂志上，具体可从后面给出的网址上查到。——译者注

Close, F., Marten, M. and Sutton, C. (**1987**) *The Particle Explosion*, Oxford University Press, Oxford, UK.
Frauenfelder, H. and Henley, E. M. (**1991**) *Subatomic Physics*, 2nd edn, Prentice-Hall, Englewood Cliffs, N.J.
Gottfried, K. and Weisskopf, V. F. (**1984**) *Concepts of Particle Physics*, Oxford University Press, Oxford.
Perkins, D. H. (**2000**) *Introduction to High-Energy Physics*, 4th Ed, Cambridge University Press, Cambridge, UK.
Halzen, F. and Martin, A. D. (**1984**) *Quarks and Leptons*, John Wiley & Sons, Ltd, New York.
Roe, B. P. (**1996**) *Particle Physics at the New Millennium*, Springer, New York.
Aitchison, I. J. R. and Hey, A. J. G. (**2003**) *Gauge Theories in Particle Physics*, 3rd edn, Institute of Physics, Bristol, UK.
Seiden, A. (**2005**) *Particle Physics: A Comprehensive Introduction*, Addison-Wesley, San Francisco, C.A.
Quigg, C. (**1997**) *Gauge Theories of the Strong, Weak, and Electromagnetic Interactions*, Addison-Wesley, Reading, M.A.

参考文献

1 For a comprehensive bibliography see Chao, Q. W. (**2006**) *American Journal of Physics*, **74**, 855.
2 Smith, C. L. (July **2000**) *Scientific American*, 71; (a) Lederman, L. (**2007**) *Nature*, **448**, 310.
3 The current reference is Yao, W.-M. *et al.* (**2006**) *Journal of Physics*, **G 33**, But because you will want to use the most recent versions, I will simply refer to them as *Particle Physics Booklet* and *Review of Particle Physics*, appending the year when it is relevant.

第1章 基本粒子物理历史介绍

这章是基本粒子物理的科普性介绍。目的是提供各种粒子如何首先被发现，如何被嵌入整个体系的感受。沿着此线路解释一些主导基本粒子理论的基本想法。这部分应该作为本书剩下部分的背景材料而进行快速阅读。（作为历史，这里呈现的图像肯定与实际有出入，为了更紧贴主线，放弃了那些错误的开端和伴随科学发展的迷茫小巷。这是为什么我称“大众”历史——这是粒子物理学家喜欢记住内容的方式——一个持续出色的洞察力和英雄的胜利，没有愚蠢的错误、混乱和挫折。这确实不是很容易。）

1.1 经典时代（1897—1932）

这虽可以人为确定，但我认为基本粒子物理随着汤姆逊发现电子诞生于 1897 年[1]。（很时髦地是继续此故事，一直回溯到德谟克利特和希腊原子学家，但除少量文字外他们的亚物理观点和现代物理相去甚远，虽然可能具有部分考古的兴趣，其真正的关联是可以忽略的。）J. J. 汤姆逊了解到由热丝辐射的**阴极射线**会被磁铁偏转。这显示它携带电荷；弯曲的方向要求它携带的电荷是负的。因此看起来它们根本不是射线，而是粒子流。通过让束流通过交叉的电场和磁场，并调整场强的强度直到净偏转为零，汤姆逊能够定出粒子的速度（大约是光速的十分之一）还有它们的荷质比（见习题 1.1）。这个比例结果比任何已知的离子都巨大了很多，意味着要么电荷极其巨大或者质量极小。简洁的证据指向第二个结论。汤姆逊称此粒子为**微粒**。回到 1891 年，乔治·约翰斯通·斯通尼（George Johnstone Stoney）曾针对基本电荷单位引入术语“电子”；后来这个名字被用于这些粒子自身。

汤姆逊正确地猜测出电子是原子的基本组分；然而因为原子整体是电中性的并且比电子重很多，立即就产生了作为弥补的正电荷——还有原子主体的质量——在原子里是如何分布的问题。汤姆逊自己想象电子应是悬浮在一个重的正电荷团中，就像（他形容的）布丁里的葡萄干。但汤姆逊的模型被卢瑟福著名的散射实验决定性地否定掉了。这个实验证明正电荷和绝大多数的质量都集中在一个微小并位于原子中心的核心（或叫原子核）当中。卢瑟福通过发射一束 α 粒子（也就是氦原子离子）至一页薄的金箔（见图 1.1）来证明此事。如果金原子像汤姆逊猜测的由相当弥散的球组成的话，所有 α 粒子都将被稍许偏转，但不会偏转得太多——不会超过子弹穿过一袋锯末时所产生的偏转。事实上发生的是大多数 α

粒子穿过金原子完全未受到影响，但少数却被以很大的角度弹掉了。卢瑟福的结论是α粒子碰到了很小、很硬且很重的东西。由此可见正电荷，几乎所有的质量，都是集中在占据整个原子体积的一个很微小比例的中心（电子太轻不会在散射中起任何作用；它们被重得多的α粒子敲离原来的轨道）。

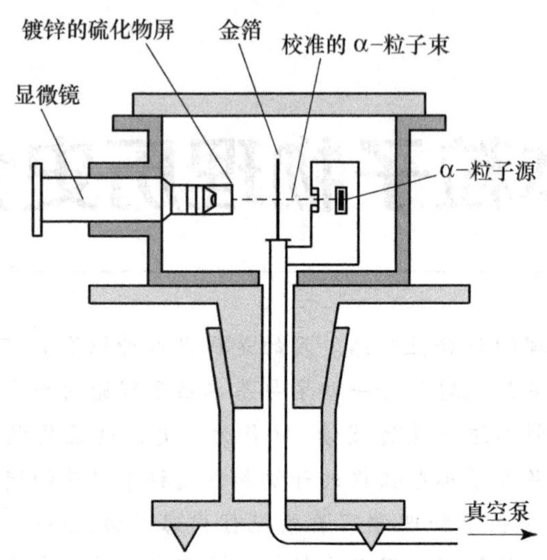

图 1.1 卢瑟福散射实验的仪器示意图。由金箔散射的α粒子撞击荧光屏，放出能通过显微镜看到的闪光。

最轻原子（氢）的原子核被卢瑟福命名为**质子**。1914 年尼尔斯·玻尔提出氢原子是由一个电子环绕质子的模型，很像行星绕太阳的运动，它们因相反电荷的相互吸引而被束缚在其轨道上。利用早期的量子力学理论，玻尔能够计算氢原子谱，与实验相符且没有什么差别。自然地更重原子的核应由两个或更多的质子束缚在一起，以支撑同样数目的轨道电子。遗憾的是，下一个次重原子（氦），虽然它带有两个电子，但重量却是氢原子的四倍，而锂（三个电子）的重量是氢原子的七倍。这个困难随着 1932 年查德威克发现质子的电中性孪生子中子最后得到解决。原因是氦原子核中除有两个质子之外还有两个中子；锂明显有四个中子；通常更重的核携带差不多与质子同样数目的中子。（中子的数目事实上可以有些变化——化学上同样的原子可以有几种不同的同位素，它们具有相同的质子数，但中子数不同。）

中子的发现使我们触碰到了称之为基本粒子物理经典时期的最后阶段。以前从未有物理对“物质由什么组成?”的问题给出如此简单和满意的答案。1932 年时认为物质就是由质子、中子和电子组成的。三个主导粒子物理**中间时期**（1930—1960）伟大想法的种子这时已经种下：汤川秀树的介子、狄拉克的正电子和泡利的中微子。在我们讨论它们之前，必须先回溯介绍一下光子。

1.2 光子（1900—1924）

在某些方面，光子是很“现代”的粒子，与直到 1983 年才发现的 W 和 Z 粒子有很多共同之处，因而形成经典三重态。这个过程的基本阶段是足够清楚的，很难严格说出什么时候或由谁确切地“发现”的光子。一个贡献是1900年由普朗克做出的。普朗克试图解释由一个热物体放出的电磁辐射的所谓**黑体谱**，当应用于电磁场时产生了荒谬的结果。由此它导致预言全部辐射功率将为无穷大的著名“紫外灾难”。普朗克通过拟合实验曲线发现可以逃避紫外灾难，如果假设电磁辐射是以小的能量“包”**量子化**的

$$E = h\nu \tag{1.1}$$

式中，ν 是辐射的频率；h 是一个普朗克用来拟合数据的常数。普朗克常数的现代数值是

$$h = 6.626 \times 10^{-27}\,\text{erg}^{㊀} \tag{1.2}$$

普朗克没有表明自己知道为什么辐射要量子化；他假设这是辐射过程中的某种特殊性：因某种原因一个热表面只以小团的方式放出光。㊁

爱因斯坦1905年向前推进了一个更基本的观点。他认为量子化是电磁场自身的特征，和辐射机制无关。由这个新转折爱因斯坦利用普朗克的想法和公式来解释**光电效应**：当电磁辐射撞击到金属表面时，电子被打出来。爱因斯坦建议入射光量子撞击金属中的电子时，给其能量（$h\nu$）；激发电子穿破金属表面，在此过程损失能量 W（所谓材料的功函数——一个依赖所涉及特殊金属的经验常数）。电子因此出现并带能量

$$E \leqslant h\nu - W \tag{1.3}$$

（电子在到达表面之前可能会丢失一些能量；这是为什么采用不等式的原因）爱因斯坦的公式（方程1.3）很容易推导出来，但它导致极其特别的应用：电子的最大能量**不取决于光的强度**而只依赖于其**颜色**（频率）。确定的是，更强的光束将会撞出更多的电子，但其能量将是一样的。

不像普朗克的理论，爱因斯坦遭遇到敌意的对待，后面20年他不得不为**光量子**展开单独的战争[2]。说电磁辐射本质上是量子化的，无关于辐射机制，因此爱因斯坦很危险地接近于复活声名狼藉的光的粒子理论。当然，牛顿建立了这个微粒模型，但19世纪物理学的主要成就是决定性地否定牛顿的想法而偏向复活波动理论。即使实验家们站在爱因斯坦一边，但没有人准备看到方程中所谓的成果。1916年密里根完成了光电效应的详尽研究后被迫报告说“爱因斯坦”的光电效应方程……看起来在每种情形都严格预言了所观测到的结果……而爱因斯坦在其方程中所阐述的半微粒理论看起来是完全站不住脚的[3]。

最后确立结果是由康普顿1923年做的实验。康普顿发现光对一个静止粒子的散射导致波长改变，依据方程

$$\lambda' = \lambda + \lambda_c(1 - \cos\theta) \tag{1.4}$$

式中，λ 是入射波长；λ'是散射波长；θ 是散射角，且

$$\lambda_c = h/mc \tag{1.5}$$

λ_c 叫作所谓的（质量 m）靶粒子康普顿波长。现在，如果你把光看成零静止质量具有由普朗克方程给出的能量的粒子，并应用相对论的能量和动量守恒定律，就像你处理普通弹性碰撞（见图1.2）所做的那样，这是你得到的（见习题3.27）精确公式。这解决了问题；这是直接和不可逆转的光在亚原子尺度的行为像个粒子的实验证据。我们称这个粒子为光子（区别于 γ 射线）。在这个水平上光的粒子属性如何与其在宏观尺度广为接受的波动行为

㊀ erg（尔格）现在已为非法定计量单位，$1\,\text{erg} = 10^{-7}\,\text{J}$。——编辑注

㊁ 在这本书中光这个词代表**电磁辐射**，不管它是否落在可见光区间。

（体现为干涉和衍射现象）融合的故事我将留给量子力学的书去介绍。

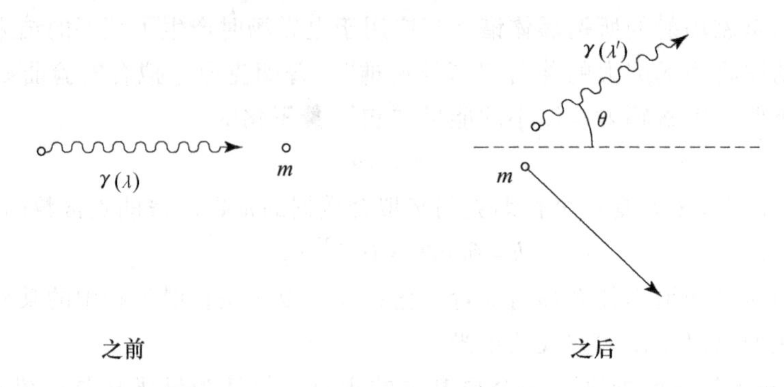

图 1.2 康普顿散射。一个波长为 λ 的光子从一个初始静止、质量为 m 的粒子散射。散射后的光子的波长变为方程（1.4）中给出的波长 λ'。

虽然光子一开始强迫自己属于一个不被物理学家接受的群体，最后却在量子场论中发现一块自然的属地，并给出电磁作用的新观念。在经典电动力学中，我们把两个电子之间的电排斥归于围绕它们的电场；每个电子都对电场有贡献，每个又都对电场有响应。但在量子场论中，电场是（以光子的形式）量子化的，我们可以将相互作用图像转化为由在两电子之间穿梭往来的光子溪流构成，每个电子连续辐射光子并又连续吸收它们。同样的事发生于任何非接触性的力：我们经典地解释“一定距离的作用”作为场“媒介”，现在我们说它是通过**交换粒子**（场的量子）来媒介的。对电动力学的情形，媒介子是光子；对引力，叫**引力子**（但是完全成功的引力量子场论还未被发展出来，在没人能在实验上检测到引力子之前，它的发展可能需要几个世纪）。

后面你们将会看到这些想法是如何在实际中实现的，但现在我想驱散一个普遍的误解。当我们说每个力是由交换粒子实现的，我不只指运动学现象。两个滑冰的人前后扔雪球会由于持续的反冲而导致更加分开；换句话说，他们“通过交换雪球相互排斥”。但这不是这里所讨论的事。一方面，这个机制当考虑吸引力时将碰到困难。你可以想象媒介粒子作为“信使”使信息或是“走近”或是“走离”粒子。

我早说过在经典图像中普通物质是由原子组成的，其中电子由于相反电荷的电吸引而待在绕由质子和中子组成的原子核的轨道上。我们现在通过把结合力归于在电子和原子核的质子间交换光子来对这个模型进行更精细的描写。对原子物理来说这有些太过分，因为这里电磁场的量子化只产生很小的效应（著名的兰姆位移和电子的反常磁矩）。作为极好的近似，我们可以认为力是由库仑定律（还有各种磁偶极耦合）给出的。要点是在束缚态中，巨大数目的光子连续地流进流出，而经典电动力学是一个真实恰当的近似。但在多数基本粒子过程中，例如光电效应或康普顿散射，只涉及单个光子，量子化无法再被忽略。

1.3 介子（1934—1947）

现在有一个很棘手的“经典”模型本身完全无法解释的问题：什么把核子黏合在一起？毕竟带正电的质子之间将强烈地相互排斥，然而它们堆积在一起确是如此靠近。明显地肯定有某些其他比电排斥力更强大的力把质子（和中子）结合在一起；在那个不太有想象力的年代，物理学家简单地称它为**强力**。但自然界如果确有这种强大的力存在，为什么我们在日常生活中没有注意到它？事实是实际上我们直接经历的每一个力，从肌肉收缩到黄色炸药爆炸，都来自电磁起源；在核反应堆或原子弹外唯一的例外是引力。答案一定是，强力虽然很强，但它是一个很短程的力。（一个力的力程就像一个拳击手的胳膊所能达到的地方——超过这个距离其影响迅速降至零。引力和电磁力具有无限力程，但强力的力程大约是核子本身的尺寸。）㊀

第一个著名的强力理论是由汤川秀树在1934年提出[4]。汤川假设质子和中子通过某种**场**相互吸引，就像电子被原子核通过电场吸引和月亮通过引力场被地球吸引一样。这个场应该被量子化，汤川问道：其量子的性质是怎样的？——（类似于光子）交换这些粒子将导致已知的强力特性。例如，力的短程性预示媒介子应该很重；汤川计算后得到其质量约为电子的300倍，或约质子质量的1/6（见习题1.2）。由于它在电子和质子之间，汤川的粒子因而被称作（代表“中间质量”的）**介子**。以同样的精神，电子叫（“轻质量”的）轻子，而质子和中子叫（“重质量”的）重子。当时汤川知道此种粒子从未在实验室被观测到过，因此他认为他的理论可能错了。但那时一些宇宙线的系统研究取得了进展，到1937年，两个独立的小组［安德森和耐得梅耶尔（Neddermeyer）在西海岸，斯特里特（Street）和斯特文森（Stevenson）在东海岸］发现了符合汤川描述的粒子。㊁事实上，当你在读此文时每几秒钟就轰击你一次的宇宙线主要就由这些中间质量的粒子构成。

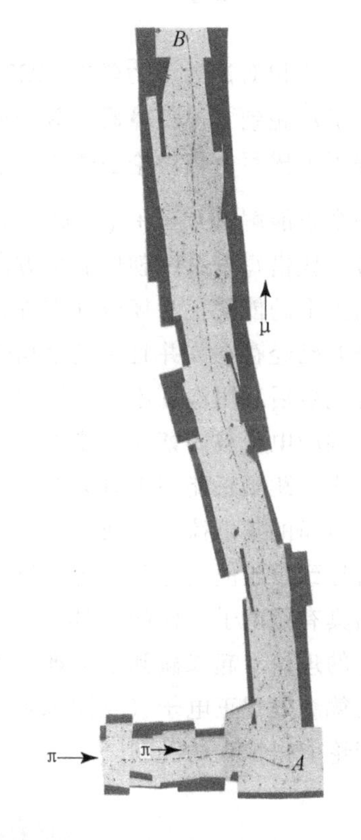

图1.3　珀威尔最早的显示在高海拔宇宙线中曝光的光乳胶照片中π介子径迹照片之一。从左边进入的π衰变成缪子和一个中微子（后者是电中性的，不留径迹）。（来源：Powell, C. F., Fowler, P. H. and Perkins, D. H. (1959). The Study of Elementary Particles by the Photographic Method Pergamon, New York. 首先发表在（1947）Nature 159, 694.）

一时间所有问题看起来都解决了。但随着针对宇宙线粒子更详细的研究，令人烦恼的差异出现了。这些粒子的寿命不对且看起来比汤川所预言的轻很多；更糟糕的是，不同的质量测量显示了粒子相互之间不自洽。1946年（在物理学家经历了一个不太体面的事件一段时间之后）在罗马完成了决定性的实验证明宇宙线粒子和原子核的相互作用很弱[5]。如果这的确是汤川的传递强力的粒子，相互作用原本应该很强。谜团最后在1947年得以解决，珀崴尔和他在布里斯涛（Bristol）的合作者[6]发现实际上在宇宙线中有两种中间质量的粒子，他们把它们分别叫作π介子和缪子。（马夏克同时从理论上得到了同样的结论。）真正的汤川介子是π；它在大气上层大量产生，但通常在远离到达地面之

㊀　这有点过分简化。典型地，力的行为是$e^{-(r/a)}/r^2$，其中a是“力程”。对库仑定律和牛顿万有引力定律，$a=\infty$；对强力a大约是10^{-13}cm（1fm）。

㊁　实际上，是罗伯特·奥本海默指出这些宇宙线粒子和汤川介子的联系。

前就衰变掉了（见习题3.4）。珀崴尔小组在高山顶上曝光了感光胶片（见图1.3）。衰变产物之一是轻的长寿命缪子，在海平面观察到的主要就是它。在汤川介子的寻找中，缪子是一个和强作用无关的冒充者。事实上，它在各方面都表现得像电子且完全属于轻子家族（然而直到今天一些人由于习惯仍称它缪介子）。

1.4 反粒子（1930—1956）

非相对论量子力学在1923—1926这一短暂的时间令人吃惊地被建立起来了，而其相对论版却碰到了很多障碍。首个成就是狄拉克1927年发现的以他名字命名的方程。狄拉克方程用来描写由相对论公式 $E^2 - \boldsymbol{p}^2c^2 = m^2c^4$ 给出的自由电子。但此能量有个麻烦的特性：对每个正能解（$E = +\sqrt{\boldsymbol{p}^2c^2 + m^2c^4}$）都对应有一个负能解（$E = -\sqrt{\boldsymbol{p}^2c^2 + m^2c^4}$）。它意味着，凭借每个系统朝低能量方向演化的自然倾向，电子应该不断都跑到负能态上，同时辐射出无限的能量。为拯救其方程，狄拉克提出负能态已被无穷多的海电子充满的假设。由于这个海已经存在，并且是完全均匀的，它对任何东西都不施加净力，我们通常无法感知它。狄拉克然后利用泡利不相容原理（它不允许两个电子占据同一个状态）“解释”为什么我们观测到的电子被囚禁在正能态上。若这是对的，当我们传给“海”中的一个电子足够的能量使之能跳到正能态上时会发生什么？在海里缺少所“预期”的电子会被解释成在那个位置具有净的正电荷，即缺少期待的负能将被看作为一个净的正能。因此一个“海里的空穴”将导致带正能正电荷的普通粒子。狄拉克开始期待这些空穴可能是**质子**，但显而易见它们必须具有像电子一样的质量——约为质子质量的1/2000。那时没有人知道这样的粒子，狄拉克的理论看起来碰到了困难。1930年它被认为有致命的缺陷，然而在1931年晚些时间随着安德森发现正电子（见图1.4）即具有精确狄拉克所要求性质的带正电的孪生子后狄拉克的理论取得惊人的胜利[8]。

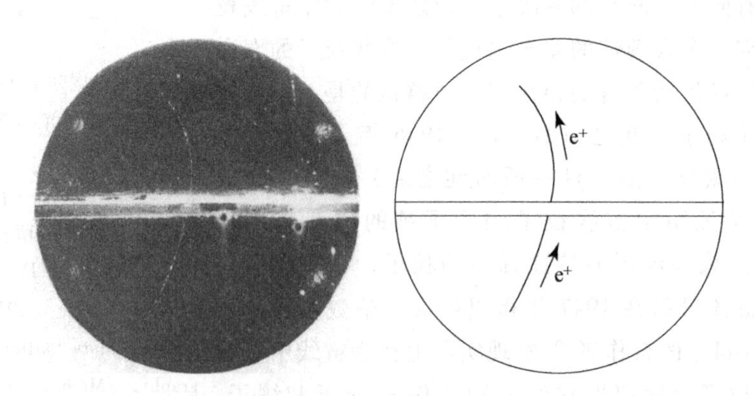

图1.4 正电子。1932年，安德森拿到这张宇宙线粒子在云雾室中留下的径迹的照片。云室被放在指向纸面的磁场中，它使粒子的运动产生偏转。但是究竟是带负电的粒子向下偏转还是带正电的粒子向上偏转？为了区分，安德森在云室中心放置了一个铅板（照片中厚的水平线）。粒子通过铅板减速，然后绕圈运动。通过观察曲线，很显然这个粒子是向上运动，因此一定是带正电的。从轨迹的弯曲程度和质地，安德森能证明粒子的质量接近电子的质量。（图片由加州理工学院提供）。

很多物理学家不喜欢我们称为被淹没在无穷不可见的电子海中的表述，1940 年司徒克伯格和费曼针对负能态提出一个更简单和令人信服的解释。在费曼—司徒克伯格的体系中，负能解被表达为一个不同粒子（正电子）的正能态；电子和正电子以同样的基础出现，不再需要狄拉克的“电子海”或神秘的“空穴”。我们将在第 7 章看到这些现代诠释是如何工作的。同时，人们发现狄拉克方程的对偶性是量子场论深刻而普适的性质：对每种粒子一定存在相应的反粒子。正电子，因此也叫**反电子**。（实际上，哪个叫“粒子”哪个叫“反粒子”原则上是完全任意的——我也可以叫电子为反正电子。但由于周围有很多电子，正电子很少，我们倾向于认为电子是“物质”而正电子是“反物质”）。带负电的反质子在 1955 年伯克利的 Bevatron 对撞机实验上首次被观察到，中性的反中子次年在同一个机器上也被看到[9]。

标准的反粒子标记是一个字母上的横杠。例如，p 代表质子而 $\overline{p}$ 代表反质子；n 代表中子而 $\overline{n}$ 代表反中子。而在某些情形下习惯于简单地标记电荷。因此多数人写 e^+ 而不是 $\overline{e}$，μ^+ 而不是 $\overline{\mu}$。[⊖]有些中性粒子是它们自已的反粒子。例如光子：$\overline{\gamma}\equiv\gamma$。事实上，你可能会质疑反中子如何在物理上区别于中子，它们都是不带电的。答案是中子携带电荷之外的其他“量子数”（特殊的重子数），它对反粒子改变符号。进一步，虽然它的净电荷为零，中子确具有电荷的分布（正电荷位于中心和表面，负电荷在它们中间）和磁偶极距。它们同样对 $\overline{n}$ 具有相反的符号。

在粒子物理中有一个名为交叉对称性的一般原理。假设有一个已知的反应

$$A + B \to C + D$$

发生。其中的任意粒子都可以交叉到方程的另外一边，只要把它变成它的反粒子，结果的过程也是被允许的。例如

$$\left.\begin{array}{l} A \to \overline{B} + C + D \\ A + \overline{C} \to \overline{B} + D \\ \overline{C} + \overline{D} \to \overline{A} + \overline{B} \end{array}\right\}$$

然而逆过程 $C + D \to A + B$ 的发生技术上要求细致平衡原理而不是交叉对称性。事实上，我们将看到，这些各种的过程所涉及的计算实际上是一样的。我们可以把它们看作同一个基本过程的不同实现。然而所有这些有一个特别要注意的：能量守恒可能会禁止某个过程而允许其他的过程。例如，如果 A 比 B、C 和 D 之和都还轻，衰变 $A \to \overline{B} + C + D$ 无法发生；类似地，如果 A 和 C 轻，而 B 和 D 重，反应 $A + \overline{C} \to \overline{B} + D$ 也无法发生，除非初始动能超过某个“域”值。因此可能我要说交叉（或逆向）反应是动力学允许，但可能或不可能被运动学所允许。交叉对称性的能力和优势几乎不会被夸大。例如对康普顿散射，它告诉我们

$$\gamma + e^- \to \gamma + e^-$$

和对湮灭过程

$$e^- + e^+ \to \gamma + \gamma$$

“实际是”同一个过程。尽管在实验室它们展示完全不同的现象。

狭义相对论和量子力学的结合导致有趣的物质/反物质对称性。但这又提出了令人烦恼

⊖ 但你一定不要搞混约定：$\overline{e}^+$ 是含混的，就像双重否定——读者不知道你是否意指正电子或反正电子，也就是电子。

的问题：为什么我们所在的是充满了质子、中子和电子的世界，而不是反质子、反中子和正电子的世界？物质和反物质无法长时间共存——如果粒子遇到其反粒子会湮灭。因此可能只是历史的偶然使得我们所在的宇宙一隅中碰巧物质多于反物质，且对湮灭把所有反物质都真空化了，只剩下多余物质。如果确是这样，那么推测起来在其他空间区域应该会有反物质主导。不幸的是，天体物理的证据压倒性地说明所有观测到的宇宙都是由普通物质组成的。在第 12 章，我们将探讨一些关于“物质反物质不对称性”的现代想法。

1.5 中微子（1930—1962）

对故事中的第三个我们再次回到 1930 年[10]。在核贝塔衰变的研究中提出了一个问题。在贝塔衰变中，放射核素 A 转变成略轻的核素 B，并放出一个电子：

$$A \to B + e^- \tag{1.6}$$

电荷守恒要求 B 比 A 携带多一个单位的正电荷。（我们现在了解到这背后的过程是由 A 中的中子转化成 B 中的质子；但要知道在 1930 年中子尚未被发现。）因此“女儿”核 B 在元素周期表中待在更远一个的位置。有很多贝塔衰变的例子：钾变钙（${}^{40}_{19}\mathrm{K} \to {}^{40}_{20}\mathrm{Ca}$），铜变锌（${}^{64}_{29}\mathrm{Cu} \to {}^{64}_{30}\mathrm{Zn}$），氚变氦（${}^{3}_{1}\mathrm{H} \to {}^{3}_{2}\mathrm{He}$）等。[⊖]

现在两体衰变（$A \to B + C$）的标志是其在质心系的出射能量可以由运动学确定。特别地，若“母”核 A 静止，因此 B 和 e^- 以相反的动量背对背出射，能量守恒给出电子的能量是（见习题 3.19）

$$E = \left(\frac{m_A^2 - m_B^2 + m_e^2}{2m_A} \right) c^2 \tag{1.7}$$

关键点是注意到一旦三个质量给定 E 就确定了。但实际做实验时，人们发现出射电子的能量变化得很厉害；方程（1.7）只给出了特殊贝塔衰变过程（见图 1.5）中电子的最大能量。

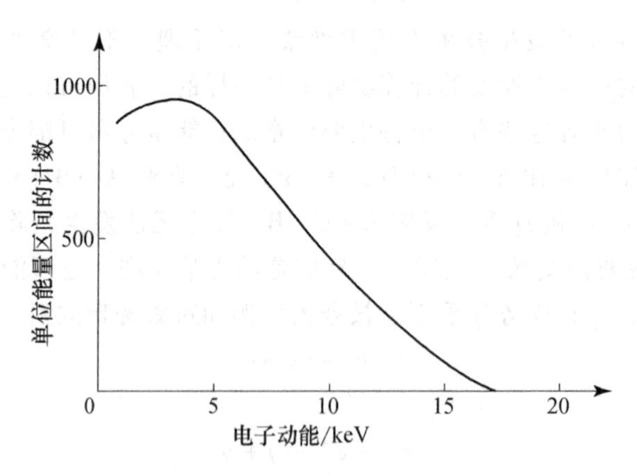

图 1.5 氚的贝塔衰变谱（${}^{3}_{1}\mathrm{H} \to {}^{3}_{2}\mathrm{He}$）。

（来源：Lewia，G. M.（1970）Neutrinos，Wykeham，London，p. 30.）

⊖ 上标数字是原子量（中子加质子数）而下标数字是原子数（质子的数目）。

这是非常令人困惑的结果。尼尔斯·玻尔（不是首次）准备放弃能量守恒定律。[㊀]幸运地，泡利采取了冷静的态度，假设有一个其他粒子伴随电子出射，一个默默地携带“丢失”能量的同谋。为守恒电荷（当然还要解释为什么它不留径迹）它必须是电中性的；泡利建议称它为**中子**。整个想法受到略带怀疑的欢迎，1932 年查德威克更换了名字。而在以后的年代费米提出了一个把泡利的粒子考虑进去的贝塔衰变理论，此理论取得巨大的成功。因此泡利的建议必须被认真对待。从方程（1.7）给出的观察到的电子能量所能达到数值看，新的粒子一定非常轻；费米称它为**中微子**（“小的中性粒子”）。由于你很快将获知原因，我们现在称它为反中微子。以现代术语，基本的贝塔衰变过程是

$$n \to p^{+} + e^{-} + \bar{\nu} \tag{1.8}$$

（中子衰变成质子加电子加反中微子）。

现在，你可能会注意到珀崴尔的 π 介子衰变图像的一些特殊之处（见图 1.3）：缪子以相对原来的 π 入射方向 90°出射。（顺便说一下，这不是碰撞的结果；而是与乳胶原子的碰撞导致径迹的抖动，并且碰撞产生不了突然地转动。）这个扭折意味着某个其他粒子在 π 的衰变中产生了，这个粒子在乳胶中没留下印记，因此应是电中性的。很自然地（或不管怎么说经济地）猜想它是泡利的中微子：

$$\pi \to \mu + \nu \tag{1.9}$$

珀崴尔小组在他们首篇文章发布几个月后又发表了一个更震撼的照片，其中后继缪子的衰变同样显示出来（见图 1.6）。由此缪子的衰变被研究了很多年，已经很好地确认第二个带电粒子是电子。从图看很明显还有中性产物，你可能猜那是另一个中微子。然而，这次实际上是两个中微子：

$$\mu \to e + 2\nu \tag{1.10}$$

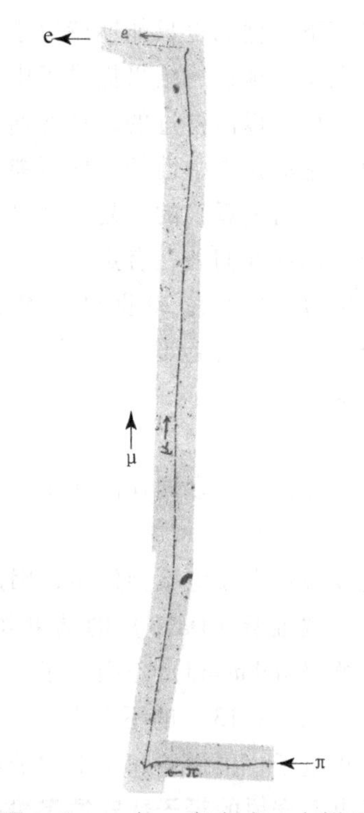

图 1.6　一个 π 衰变成一个缪子（加一个中微子）；然后缪子又衰变成电子（和两个中微子）。（来源：Powell，C. F.，Fowler，P. H. and Perkins，D. H.（1959）The Study of Elementary Particles by the Photographic Method Pergamon，New York. 首先发表在（1949）Nature 163，82.）

我们是如何知道有两个中微子的？用和以前一样的方法：我们一遍遍地重复实验，每次都测量电子的能量。如果它总是同样的结果，我们知道末态只有两个粒子。但如果它是变化的，那么可能（至少）应该有三个粒子。[㊁]到 1949 年，人们已清楚地知道缪子衰变中的电子能量是不确定的，发射两个中微子的解释开始被接受。（形成反差的是，π 衰变的缪子能量却在实验不确定性范围内是完美的常数，证实这的确是一个真正的两体衰变。）

到 1950 年，已经具有令人信服的存在中微子的理论证

㊀ 很有趣的是：玻尔在 1924 年前曾直言批评爱因斯坦的光量子，说他无情地指责薛定谔方程，阻碍狄拉克在相对论电子理论上的工作（不正确地告诉他克莱因和戈登已经成功了），反对泡利引进中微子，嘲笑汤川的介子理论，还非难费曼提出的量子电动力学。伟大的科学家不总是具有正确的判断——特别当它涉及别人的工作——而玻尔对此应持有空前的记录。

㊁ 在原始贝塔衰变问题中，完全独立于能量守恒，角动量守恒同样要求第三个出射粒子。但在早年自旋的表达尚不清楚，对多数人来说能量守恒是压倒性的论据。我在第 4 章之前将不涉及角动量。

据，但仍缺少直接的实验验证。怀疑者可能认为中微子不过是个人为的设计——一个假设其作用仅为拯救守恒定律的粒子。它不留径迹，且不衰变；事实上，没人看到过中微子做任何事。原因是中微子与物质的相互作用极其微弱；合适能量的中微子能很容易穿透一千光年（!）的铅。㊀要想有检测到一个的机会你需要极强的源。决定性的实验是20世纪50年代中期在南卡罗利娜的萨瓦娜河核反应堆完成的。在那里寇万（Cowan）和雷内斯（Reines）建了一个大水箱来观测“逆”贝塔衰变

$$\bar{\nu} + p^{+} \rightarrow n + e^{+} \tag{1.11}$$

在他们的探测器上反中微子束流经计算应为每平方厘米上每秒 5×10^{13} 个，但即使在这样的强度下，他们也只能期待每小时两到三个实例。另一方面，他们发明了精巧的方法鉴别出射正电子。他们的结果提供了中微子存在确凿无疑的证明[11]。

像我以前讲过的，在普通贝塔衰变中产生的粒子实际是反中微子，不是中微子。当然，由于它们是电中性的，你可能会像很多人那样问中微子和反中微子之间有何差别。中性 π，像我们将要看到的，是它自己的反粒子；还有光子也是。另一方面，反中子肯定和中子不一样。因此我们处在有点困窘的状态：中微子是不是同反中微子一样？如不是，什么性质可用来区分它们？在20世纪50年代晚期，戴维斯（Davis）和哈默（Harmer）把此问题置于一个实验中进行检验[12]。从寇万（Cowan）和雷内斯（Reines）的实际结果我们知道交叉反应

$$\nu + n \rightarrow p^{+} + e^{-} \tag{1.12}$$

一定会以差不多同样的速率发生。戴维斯利用反中微子寻找类似的反应：

$$\bar{\nu} + n \rightarrow p^{+} + e^{-} \tag{1.13}$$

他发现这个反应不会发生，因此得到结论中微子和反中微子是不同的粒子。㊁

戴维斯（Davis）的结果并不意外。事实上，1953年科诺平斯基（Konopinski）和马哈茂德（Mahmoud）[13]引入了一个漂亮的规则来确定哪些类似（1.12）的反应会发生，而哪些类似（1.13）的不会发生。事实上，㊂他们给电子、缪子和中微子设置**轻子数** $L = +1$，而给正电子、正缪子和反中微子设置 $L = -1$（所有其他粒子的轻子数取为零）。这开启了类似于电荷守恒的**轻子数守恒定律**：在任何物理过程中，过程开始之前的轻子数之和必须等于过程结束后的轻子数之和。因此，寇万（Cowan）—雷内斯（Reines）反应（1.11）是允许的（过程前后 $L = -1$），但戴维斯（Davis）反应（1.13）被禁止（左边 $L = -1$，右边 $L = +1$）。正是这个规则的预期使得我把方程（1.8）中贝塔衰变粒子叫反中微子；同样地，带电 π 衰变，即方程（1.9）实际应该被写为

$$\pi^{-} \rightarrow \mu^{-} + \bar{\nu} \qquad \pi^{+} \rightarrow \mu^{+} + \nu \tag{1.14}$$

而方程（1.10）给出的缪衰变实际应是

㊀ 值得欣慰的是你知道了日日夜夜每秒都有来自太阳的几千亿中微子穿过你身体的每一平方英寸（它们在夜里从下方穿过地球撞击你）。

㊁ 实际上，这个结论并不像它一度看起来那么坚实。它可能是自旋态 $\bar{\nu}$，而不是它区别于 ν 因而禁止反应（1.13）。目前事实上有两种模型：**狄拉克中微子**，它区别于其反粒子和马约拉纳中微子，对它而言 ν 和 $\bar{\nu}$ 是同一粒子的两个态。这本书的大部分内容中，我们假设处理的是狄拉克中微子，但我们将在第11章回到这个问题。

㊂ 科诺平斯基（Konopinski）和马哈茂德（Mahmoud）没用这个规则因而得到错误的缪子表述。但不管怎样，基本的想法已经存在那儿了。

$$\mu^- \to e^- + \nu + \bar{\nu}$$
$$\mu^+ \to e^+ + \nu + \bar{\nu} \tag{1.15}$$

你可能好奇什么性质可以将中微子和反中微子区分出来。最清晰的答案是：**轻子数**——对中微子是 +1 而对反中微子是 -1。这些数就像电荷一样通过观察所在问题中的粒子如何与别的粒子作用的实验是可被确定的。（我们将会看到，它们在其螺旋度上也有差异：中微子是“左手的”，而反中微子是“右手的”。但这是留存到后面的技术性的内容。）

不久就在中微子的故事中出现了另一个奇怪的事情。实验上，缪子衰变成电子加光子从未被发现：

$$\mu^- \not\to e^- + \gamma \tag{1.16}$$

确实这个过程与电荷守恒和轻子数守恒是一致的。现在，粒子物理一个著名的说法（主要归功于理查德费曼）是没被禁止的就应该是可发生的。没看到 $\mu \to e + \gamma$ 似乎意味着“缪子数”守恒定律，但我们又如何解释观察到的衰变 $\mu \to e + \nu + \bar{\nu}$？答案来自 20 世纪 50 年代末期和 60 年代早期的若干人[14]：假设有两种不同的中微子——一种与电子相关（ν_e），而一种与缪子相关（ν_μ）。如果我们将 μ^- 和 ν_μ 的缪子数设置为 $L_\mu = +1$，将 μ^+ 和 $\bar{\nu}_\mu$ 的缪子数设置为 $L_\mu = -1$，同时将 e^- 和 ν_e 的电子数设置为 $L_e = +1$，将 e^+ 和 $\bar{\nu}_e$ 的电子数设置为 $L_e = -1$，并将轻子数守恒改进成两个独立的定律——电子数守恒和缪子数守恒——我们可以顾及所有允许和禁戒的过程。中子贝塔衰变变为

$$n \to p^+ + e^- + \bar{\nu}_e \tag{1.17}$$

π 衰变变为

$$\pi^- \to \mu^- + \bar{\nu}_\mu$$
$$\pi^+ \to \mu^+ + \nu_\mu \tag{1.18}$$

而缪子衰变成为

$$\mu^- \to e^- + \bar{\nu}_e + \nu_\mu$$
$$\mu^+ \to e^+ + \nu_e + \bar{\nu}_\mu \tag{1.19}$$

我以前说过当最开始分析 π 衰变时很“自然”和“经济”地假定出射中性粒子与贝塔衰变是一样的，这看似完全正确：自然又经济，却是错误的。

第一个关于两中微子假设（和电子和缪子数分别守恒）的实验检验是 1962 年在布鲁克海文[15]做的。利用大约 10^{14} 个来自 π^- 衰变的反中微子，莱德曼（Lederman）、施瓦茨（Schwartz）、施特恩伯格（Steinberger）和他们的合作者识别出了 29 个期望反应的例子

$$\bar{\nu}_\mu + p^+ \to \mu^+ + n \tag{1.20}$$

而没发现禁止过程

$$\bar{\nu}_\mu + p^+ \to e^+ + n \tag{1.21}$$

若只有一种中微子，第二个反应将和头一个一样普通。（偶然地，这个实验真正展示具有纪念意义的屏蔽问题。从战列舰上拆卸下的钢块堆砌成 44ft[⊖] 厚，以保证除了中微子没有其他东西能穿过并到达靶。）

我前面提过中微子极轻——事实上直到最近，（若没特别好的原因）一般还假设它们是无质量的。这简化了很多计算，但我们现在知道这不是严格正确的：中微子有质量，虽然我

⊖ ft（英尺）现在已为非法定计量单位。1ft = 0.3048m。——编辑注

们还不知道这些质量是多少，但一再强调它们的质量即使与电子相比也是很小。更进一步，在长距离上在一种称之为**中微子振荡**的现象中一种类型的中微子可以转换成另外的类型（例如，电子中微子转化成缪子中微子）——再转化回来。而这个故事属于后面的研究内容，值得详细介绍，我把它留到第11章。

到1962年，轻子家族发展为8个成员：电子、缪子、它们对应的中微子，还有相应的反粒子（见表1.1）。轻子的特点是它们不参与强相互作用。这以后的14年过得相当安静，只有这些轻子存在，因此这是个暂停去追寻强相互作用粒子的好地方——被合起来称之为强子的介子和重子。

表1.1　轻子家族，1962—1976。

	轻子数	电子数	缪子数
		轻子	
e^-	1	1	0
ν_e	1	1	0
μ^-	1	0	1
ν_μ	1	0	1
		反轻子	
e^+	-1	-1	0
$\bar{\nu}_e$	-1	-1	0
μ^+	-1	0	-1
$\bar{\nu}_\mu$	-1	0	-1

1.6　奇异粒子（1947—1960）

1947年曾有一个短暂的时间，人们似乎认为基本粒子物理的主要问题已经解决。在经过追寻缪子的漫长弯路之后，汤川的介子（π）最后被确认了。狄拉克的正电子被发现了，泡利的中微子虽仍逍遥法外（如我们所见，仍会搞恶作剧），但被广泛接受了。缪子的角色令人困惑（拉比问道："谁安排的这个?"）——整体看起来完全没必要。然而，总的来说好像基本粒子物理的任务在1947年已经基本完成了。

但这种舒适的状态没有持续太长的时间[16]。在这年的12月，罗切斯特（Rochester）和Butler（布特勒）[17]发布了图1.7所示的云室照片。宇宙线从左上方进入并撞击铅板，产生了一个中性粒子，其存在由它衰变形成右下方倒"V"的两个带电次级粒子所揭示。仔细的分析揭示了这些带电粒子实际上是一个π^+和一个π^-。因此这是一个质量至少为π介子质量两倍的新的中性粒子；我们叫它K^0（"K介子"）：

$$K^0 \to \pi^+ + \pi^- \tag{1.22}$$

1949年，布朗（Brown）和她的合作者发布了图1.8所示的照片，显示了一个带电的K介子的衰变：

$$K^+ \to \pi^+ + \pi^+ + \pi^- \tag{1.23}$$

（K^0一开始被叫作V^0，后来又叫θ^0；K^+原来被叫作τ^+。它们被证明分别为同一种基本粒子的中性和带电表现这件事直到1956年仍未完全确定——但这是另一个故事，我们将在第4章讨论。）K介子的行为像重π介子，因此介子家族被扩展到包含它们。随后的进程中，

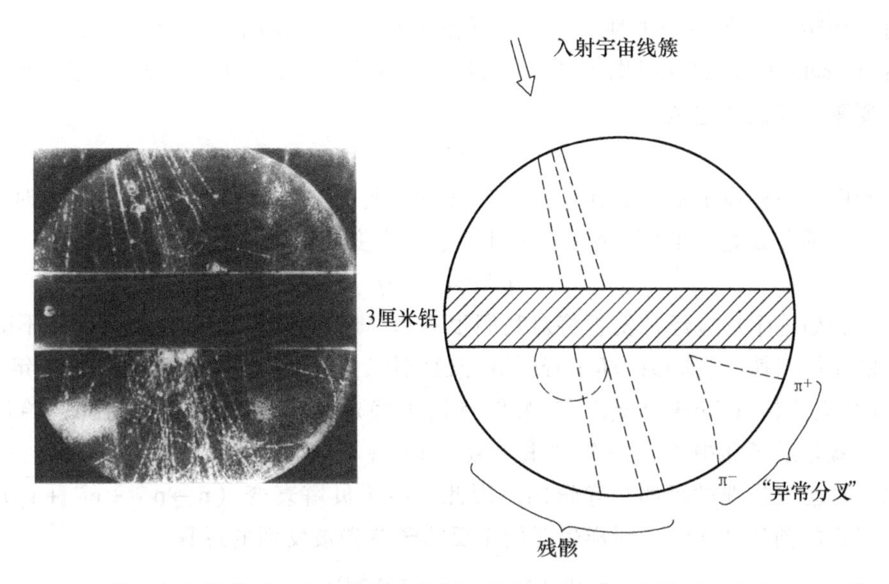

图 1.7　第一个奇异粒子。宇宙线撞击铅板，产生一个 K^0，它然后又衰变成一对带电 π 介子。（照片蒙 G. D. Rochester 教授（©1947）允许 . Nature，160，855. 麦克米兰杂志有限公司版权。）

更多的介子被发现了——η、ϕ、ω、ρ 等。

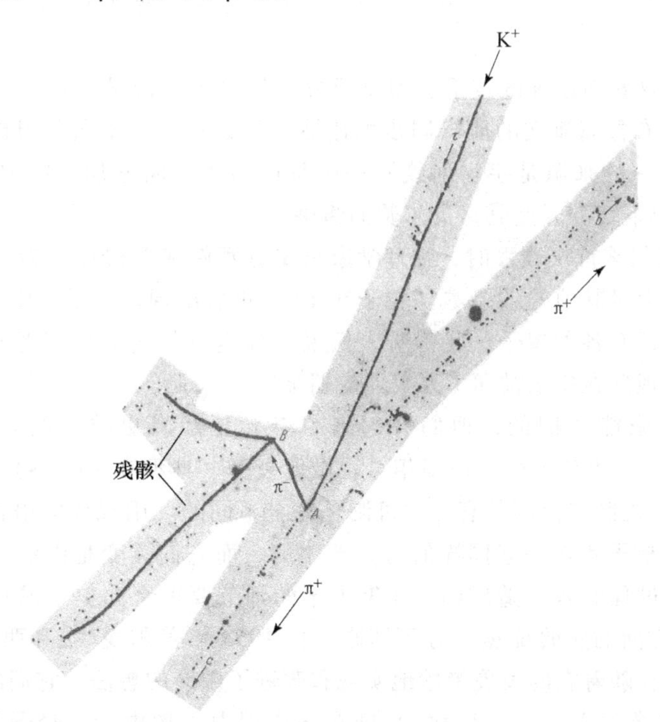

图 1.8　K^+，从上方进入，在 A 点衰变：$K^+ \to \pi^+ + \pi^+ + \pi^-$。（$\pi^-$ 随后在 B 点造成核碎裂。）（来源：C. F. Powell，P. H. Fowler 和 D. H. Perkins（1959），通过照相方法研究基本粒子，Pergamon，New York。首次发表在 Nature，163，82（1949）.）

同时，1950 年，另一个中性“V”粒子由加州理工学院的安德森小组发现。照片类似罗切斯特（Rochester）的（见图 1.7），但这次产物是一个 p^+ 和一个 π^-。很明显，这个粒子比质子要重，我们叫它 Λ：

$$\Lambda \to p^+ + \pi^- \tag{1.24}$$

Λ 与质子和中子一样属于重子家族。为了解这点，我们必须追溯到 1938 年。当时提出的问题是“为什么质子是稳定的?”例如，为什么它不衰变成一个正电子加一个光子：

$$p^+ \to e^+ + \gamma \tag{1.25}$$

毋庸讳言，假如这个反应经常发生将对我们很不利（所有原子将会分解），这并不破坏 1938 年所知道的任何定律。（这却破坏了轻子数守恒定律，但要知道这个定律在 1953 年之前尚未确立。）斯杜克伯格（Stückelberg）[18]为保持质子稳定提出重子数守恒定律：给所有重子（在 1938 年就是质子和中子）一个“重子数” $A=+1$，对反重子（$\bar{p}$ 和 $\bar{n}$）$A=-1$；而总重子数之和对任何物理过程都是守恒的。因此，中子贝塔衰变（$n \to p^+ + e^- + \bar{\nu}_e$）是被允许的（在过程的前后 $A=1$），同样也适用于反质子首先被发现的过程：

$$p + p \to p + p + p + \bar{p} \tag{1.26}$$

（两边都是 $A=2$）。但质子作为最轻的重子，没地方可去；重子数守恒确保它是绝对稳定的。㊀如果你对反应（1.24）坚持重子数守恒，Λ 必须被排进重子家族。在随后若干年里，更多的重重子被发现——Σ、Ξ、Δ，等等。顺便说一下，不像轻子和重子，没有介子守恒定律。在 π 衰变（$\pi^- \to \mu^- + \bar{\nu}_\mu$）中一个介子消失，在 Λ 衰变（$\Lambda \to p^+ + \pi^-$）中，一个介子产生。

有些奇怪的是这些新出现的重重子和介子被一起称作“奇异”粒子。1952 年，第一个现代粒子加速器（布鲁克海文的质子同步加速器）开始运行，不久就可能在实验室产生奇异粒子（这之前唯一的来源是宇宙射线）……且产出率不断增加。威利斯·兰姆（Willis Lamb）1955 年用以下言辞开始其诺贝尔奖的演讲[19]：

1901 年当诺贝尔奖首次颁发时，物理学家只知道两件现在被称之为“基本粒子”的东西：电子和质子。大量其他的“基本”粒子在 1930 年后出现；中子、中微子、缪子、π 介子、更重的介子，还有各种超子。我曾听人们说“新基本粒子的发现者通常会荣获诺贝尔奖，但这样一个发现现在应该被罚 1 万美元的罚金”。

不仅新粒子是未能预期的；他们看起来“奇异”却有更技术的含义：它们（在约 10^{-23}s的时间尺度上）大量产生，但却相对缓慢地衰变（典型在 10^{-10}s）。这促使派斯和其他人[20]考虑其产生机制与控制其衰变的机制是完全不同的。用现代的语言，奇异粒子是通过强作用力（与把核子团在一起同样的力）产生的，而它们衰变是由弱力（负责贝塔衰变和所有其他中微子过程的力）造成的。派斯方案的细节要求奇异粒子成对产生（所谓联合产生）。在当时这方面的实验证据十分不清晰，但 1953 年盖尔曼[21]和西岛[22]发现了一个巧妙而简单的方法，随着它的发展绝妙地实现和改进了派斯的想法。它们给每个粒子赋予一个新的性质（盖尔曼称之为“奇异数”）即在强作用中（像电荷、轻子数和重子数那样）保持守恒，但（不像其他那些）在弱作用中不守恒。在 π—质子碰撞中，例如，我们可能

㊀ “大统一理论”（GUTs）允许有重子数守恒的微小违背，在这些理论中质子不是绝对稳定的（见 2.6 节和 12.2 节）。直到 2007 年，质子衰变也未被观测到，它的寿命超过 10^{29} 年——这相当稳定，如果你考虑宇宙的年龄也不过才约 10^{10} 年。

会产生两个奇异粒子：

$$\begin{aligned} \pi^- + p^+ &\rightarrow K^+ + \Sigma^- \\ &\rightarrow K^0 + \Sigma^0 \\ &\rightarrow K^0 + \Lambda \end{aligned} \tag{1.27}$$

这里几个 K 各携带奇异数 $S=+1$，几个 Σ 和 Λ 具有 $S=-1$，而普通粒子——π、p 和 n 具有 $S=0$。而我们从未产生一个奇异粒子：

$$\begin{aligned} \pi^- + p^+ &\nrightarrow \pi^+ + \Sigma^- \\ &\nrightarrow \pi^0 + \Lambda \\ &\nrightarrow K^0 + n \end{aligned} \tag{1.28}$$

另一方面，当这些粒子衰变时，奇异数不再守恒：

$$\begin{aligned} \Lambda &\rightarrow p^+ + \pi^- \\ \Sigma^+ &\rightarrow p^+ + \pi^0 \\ &\rightarrow n + \pi^+ \end{aligned} \tag{1.29}$$

这些是弱作用过程，它们不遵守奇异数守恒定律。

奇异数的排列明显地有一些任意性。我们可以同样指定 Σ 和 Λ 的 $S=+1$，K^+ 和 K^0 的 $S=-1$；回顾过去，这可能更好些。（在严格的意义上讲，本杰明·富兰克林原来对正负电荷的约定在当时是完全任意的，遗憾的是，它导致传导电流的粒子——电子——带负电。）有意义之处是存在一种对所有强子（重子和介子）自洽的奇异数的排列，适用于观察到的强作用过程并“解释”为什么其他过程没有发生。（轻子和光子完全不受强作用力，因而奇异数不适用于它们。）

1947 年看起来十分整洁的花园到 1960 年长成为丛林，强子物理只能被描述为混沌的世界。过多的强作用粒子被分为两大家族——重子和介子——每个家族的成员通过电荷、奇异数和质量来区分；但除此之外没有发现任何进一步的条理。这个窘况提醒物理学家们想起一个多世纪前化学的状态，即在元素周期表出现之前的日子，当时元素的种类已经被确认，但没有根本的秩序或系统。1960 年，基本粒子在等待它们自己的“周期表”。

1.7 八重态（1961—1964）

基本粒子的门捷列夫是莫雷·盖尔曼，他在 1961 年引入了所谓的八重态[23]。（基本相同的方案也独立地由尼曼（Ne'eman）提出。）八重态把重子和介子按照他们的电荷和奇异数排列进奇怪的几何图案中。八个最轻的重子正好放进一个六边形的方阵中，其中两个粒子放在中央：㊀这个粒子组叫作**重子八重态**。注意具有同样电荷的粒子都被放在向下倾斜的线上：$Q=+1$（以质子电荷为单位）对质子和 Σ^+；$Q=0$ 对中子、Λ、Σ^0 和 Ξ^0；$Q=-1$ 对 Σ^- 和 Ξ^-。水平线联系具有同样奇异数的粒子：对质子和中子 $S=0$，对着中间线 $S=-1$，而对着两个 Ξ，$S=-2$。

㊀ 在中心的粒子的相对位置是任意的，但在本书中我把三重态的中性成员（这里是 Σ^0）放在单态（这里是 Λ）之一。

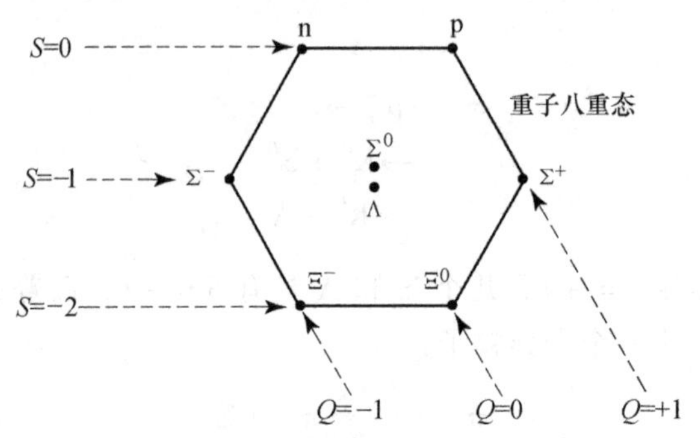

八个最轻的介子填充类似的六边形图案，形成（赝标）**介子八重态**：

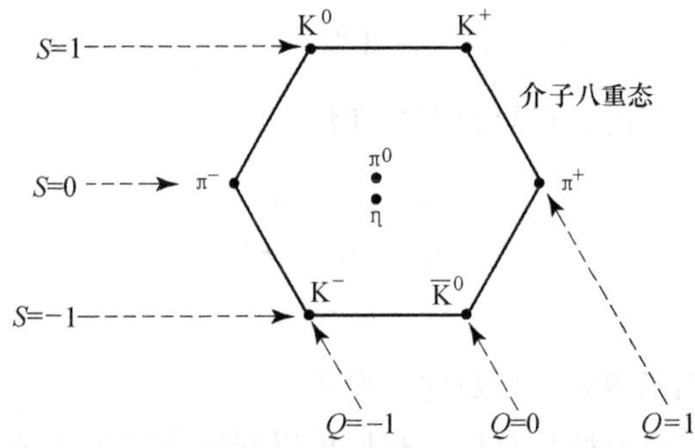

同样地，倾斜线决定电荷，水平线决定奇异数，只是这次在水平线中最上面的线是 $S=1$，中间线 $S=0$，底下的线是 $S=-1$。（这个差别同样是历史的偶然；盖尔曼可以同样安排质子和中子的 $S=1$，几个 Σ 和 Λ 的 $S=0$，几个Ξ的 $S=-1$。1953 年时他还没有理由偏好这个选择，看起来最自然的给熟悉粒子——质子、中子和 π——奇异数为零。1961 年之后，一个新的荷——超荷——被引入，它对介子等于 S 而对重子等于 $S+1$。但后来的发展显示奇异数总体是更好的量，“超荷”这个词现在被拿来用于完全不同的用途了。）

六边形不是八重态允许的唯一图形，例如还有包含 10 个更重的重子的三角形阵——**重子十重态**：[⊖]

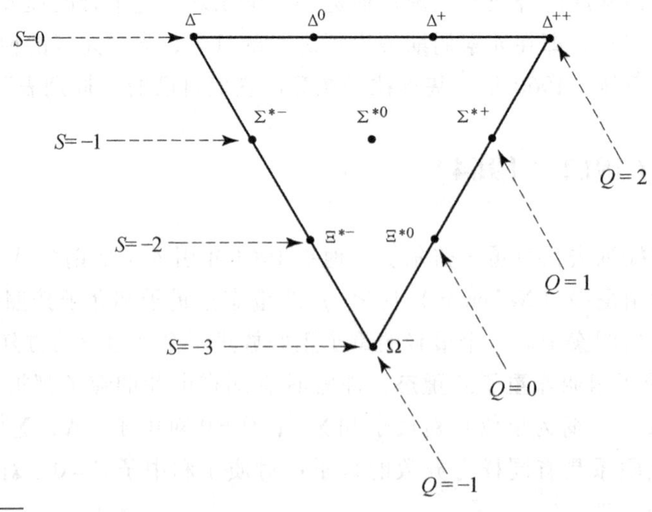

⊖ 在本书中，为简单，我们坚持用老式的约定，其中十重态粒子被标记为 Σ^* 和 Ξ^*；现代使用扔掉了星标记而放质量在括号中 Σ（1385）和 Ξ（1530）。

现在，随着盖尔曼把这些粒子放进十重态，一个绝对可爱的事情发生了。九个粒子在实验上是已知的，但那时第十个粒子（那个在最底下电荷 -1 奇异数 -3 的粒子）没有看到；在实验室里从未检测到粒子有这样的性质[24]。盖尔曼勇敢地预言这样一个粒子将会被发现，并且准确地告诉实验学家们如何产生它。更进一步，他计算了它的质量（就像你自己在习题 1.6 中也能做的那样）和寿命（见习题 1.8）——而足够确定，1964 年著名的欧米茄负粒子被发现了[25]，精确的就像盖尔曼所预言的那样（见图 1.9）。㊀

由于发现欧米茄负（Ω^-），再没有人真正怀疑八重态的正确性。以后十年，每个新强子都在八重态的超多重态中找到了一个位置。它们中的一部分由图 1.10 显示。㊁除了重子八重态、十重态，等等，当然还存在带相反电荷和奇异数的反重子八重态、十重态，等等。然而，对介子，反粒子和相应的粒子一样属于同样的超多重态中，只是待在径向相反的位置上。即 π 正的反粒子是 π 负，反 K 负是 K 正，等等（π 零和 η 是它们自己的反粒子）。

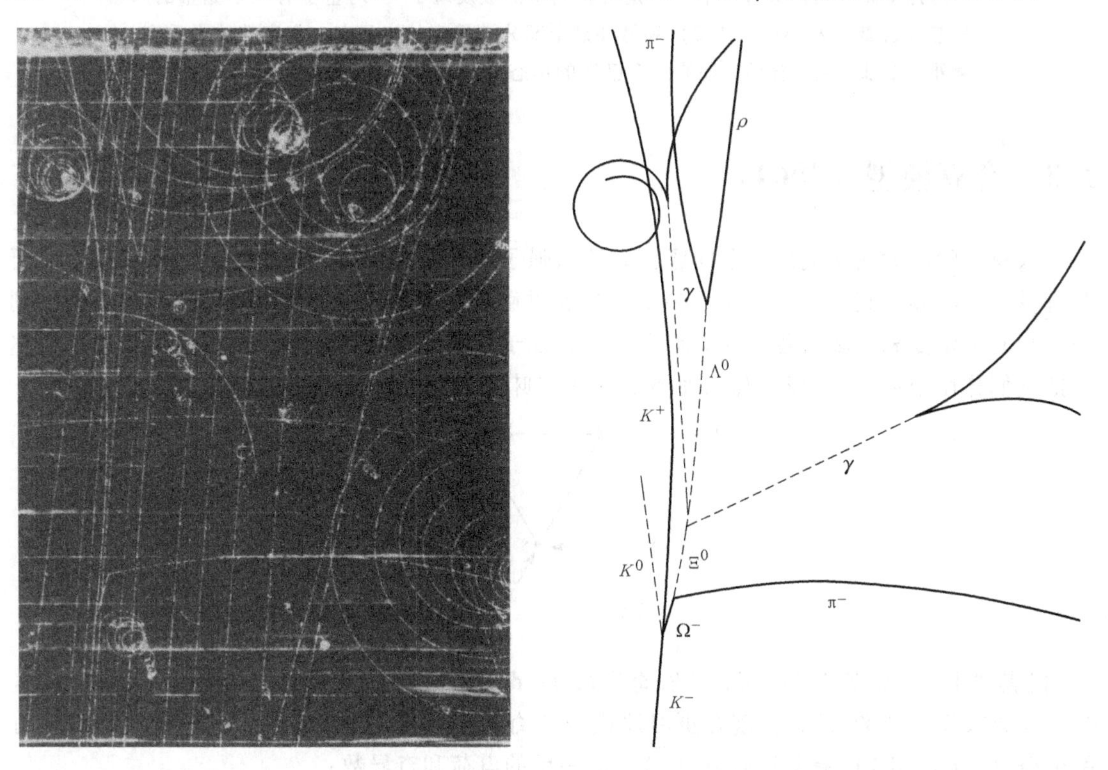

图 1.9　Ω^- 的发现。实际的气泡云室照片放在左边。相关的径迹线图放在右边。（照片由布鲁克海文国家实验室授权）

分类是任何科学发展的第一个阶段。八重态所做的超过了仅仅分类强子，但真正的重要之处在于它所提供的组织结构。我认为说八重态开启了粒子物理的现代时期是合适的。

㊀ 类似的事件也发生在元素周期表当中。在门捷列夫的图中有三个著名的“空洞”（空缺的元素），因此他预言新的元素将被发现以填补空缺。就像盖尔曼一样，他充满信心地描述了它们的性质，在 20 年里三个“空洞”——镓、钪、锗——都被发现了。

㊁ 确实偶尔有错误的警报——粒子看起来不适合盖尔曼的安排——但最后它们总被发现是实验的错误。基本粒子有一种出现和消失的方式。在 1963 年的标准表里罗列的 26 个介子，19 个后来被发现是虚假的！

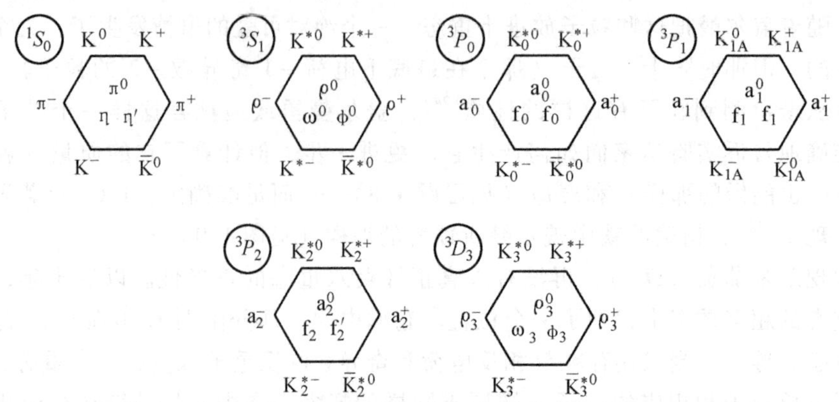

图 1.10 部分采用谱线约定（见第 5 章）标记的介子九重态。现在至少有 15 个确认的九重态（虽然某些情形下不是所有成员都被发现了）。对重子有三个完整的八重态（自旋 1/2、3/2 和 5/2）和另外是个部分被填充的；只有一个完整的十重态，额外六个部分被填充的，还有三个已知的单态。

1.8 夸克模型（1964）

八重态的巨大成功提出一个问题：为什么强子要组成这样的离奇图案？元素周期表需要等待量子力学和泡利不相容原理很多年为其提供解释。而对八重态的理解在 1964 年已经到来，当时盖尔曼和茨威格各自独立地提出所有强子事实上是由更基本的组分所构成的，盖尔曼把它们称作夸克[26]。夸克有三种类型（或“味道”），形成三角形“八重态”图形：

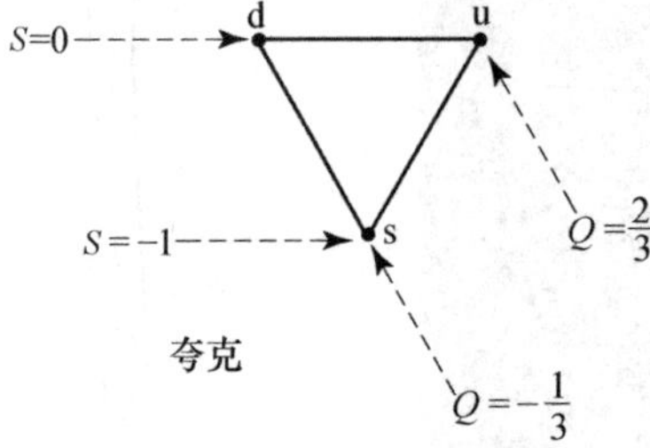

u（代表“上”）夸克携带电荷 2/3 和奇异数 0；d（代表“下”）夸克携带电荷 −1/3 和 $S=0$；s（原来代表“旁边”，而现在更习惯代表“奇异”）夸克携带电荷 −1/3 和 $S=-1$。对每个夸克（q）相应的有其反夸克（$\bar{q}$），带相反的电荷和奇异数：

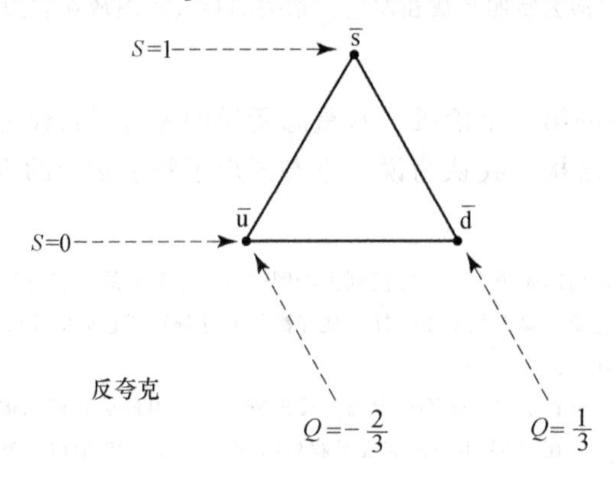

有两个组成规则：

1. 每个重子都由三个夸克组成（而每个反重子都由三个反夸克组成）。

2. 每个介子都由一个夸克和一个反夸克组成。

由这个规则，构造重子十重态和介子八重态只是个算术问题。我们需要罗列三个夸克（或夸克反夸克对）的组合并加上它们的电荷和奇异数：

重子十重态

qqq	Q	S	重子
uuu	2	0	Δ^{++}
uud	1	0	Δ^{+}
udd	0	0	Δ^{0}
ddd	-1	0	Δ^{-}
uus	1	-1	Σ^{*+}
uds	0	-1	Σ^{*0}
dds	-1	-1	Σ^{*-}
uss	0	-2	Ξ^{*0}
dss	-1	-2	Ξ^{*-}
sss	-1	-3	Ω^{-}

注意三个夸克有十种结合方式。例如，三个 u，每个 $Q=2/3$，产生总电荷 +2 且奇异数 0。这是 Δ^{++} 粒子。继续沿表向下数，我们得到所有十重态的成员并以 Ω^{-} 结尾，它明显是由三个 s 夸克组成的。

类似的夸克反夸克组合的排列构成了介子表：

介子八重态

$q\bar{q}$	Q	S	介子
$u\bar{u}$	0	0	π^{0}
$u\bar{d}$	1	0	π^{+}
$d\bar{u}$	-1	0	π^{-}
$d\bar{d}$	0	0	η
$u\bar{s}$	1	1	K^{+}
$d\bar{s}$	0	1	K^{0}
$s\bar{u}$	-1	-1	K^{-}
$s\bar{d}$	0	-1	$\bar{K}^{0}$
$s\bar{s}$	0	0	?

等一下！这里有第九个组合，而在介子八重态中只有八个粒子。夸克模型要求（在 π^0 和 η 之外）存在第三个 $Q=0$ 和 $S=0$ 的粒子。就像它所要求的，这样的粒子已经在实验上被发现了——η'。在八重态中，η'被分类为全部只是其自己的单态。按照夸克模型，它和其他八个介子一起形成**介子九重态**。（实际上，因为 $u\bar{u}$、$d\bar{d}$、$s\bar{s}$都具有 $Q=0$ 和 $S=0$ 的性质，以我们目前所做的任何东西为基础，不可能区分谁是 π^0、谁是 η 和谁是 η'。但不要紧，关键在有 $Q=S=0$ 的三个介子。）顺便说，反介子像介子一样自动落入同一个超多重态：$u\bar{d}$ 是 $d\bar{u}$的反粒子，等等。

你可能注意到我回避谈重子八重态——事实上我们还尚不清楚应该怎样把三个夸克放在一起得到八个重子。事实上过程完美而直接，但这却要求对自旋有些处理，我将把细节留到

第 5 章。从现在起，我将展示给你一个神秘的现象，就是如果取十重态并去掉三个角（在那里夸克都是一样的——uuu，ddd 和 sss）并加倍中心（这里所有三个都是不同的——uds），你会严格得到重子八重态里的八个态。因此同组夸克可以用于八重态；只是有些组合不再出现，某个出现两次而已。

事实上，所有八重态、超多重态都在夸克模型中自然地出现。当然，夸克的同种组合能够构成一定数目的不同粒子：Δ 正和质子都由两个 u 和一个 d 组成；π 正和 ρ 正都是 $u\bar{d}$，等等。正像氢原子（电子加质子）有很多不同能级那样，给定的夸克组合可以用很多不同的方式结合在一起。而电子/质子系统的各种能级相对比较靠近（在一个静止能大约 10^9 eV 的原子中，能级间隔典型为几个电子伏特,），因此我们自然把它们都看作是“氢原子”，束缚夸克系统的不同态的能级间隔很大，我们通常把它们看成不一样的粒子。因此，原则上我们可以用三个夸克构造无穷数目的强子。然而注意，有些东西是绝对被排除在夸克模型之外的：例如，$S=1$ 或 $Q=-2$ 的重子；没有三个夸克的组合可以产生这样的数（虽然它们确能对反重子发生）。同样没有介子可以带电荷 +2（像 Δ^{++} 重子那样）或奇异数 -3（像 Ω^-）。有很长一段时间，有一些实验主要去寻找这些所谓的“例外”粒子；发现它们将会毁灭夸克模型，但没有任何一个被发现（见习题 1.11）。

然而，夸克模型却被缠受于一个深刻的窘迫事实：尽管人们最勤奋地寻找，但从未看到单个的夸克。现在，如果质子的确由三个夸克组成，你会想如果你撞击它足够狠，夸克应会被弹出来。它们将不再难于辨认，携带着不可能被误认的分数电荷的印记——一个普通的密里根油滴实验就能解决鉴别问题。进一步，至少有一种夸克应该是绝对稳定的；因为没有更轻的带分数电荷的粒子，它还能衰变成什么？因此夸克应该容易产生，容易被鉴别，容易储存，但至今人们尚未发现过一个。

产生孤立夸克实验的失败引发广泛地对 20 世纪 60 年代末和 70 年代初的夸克模型的怀疑。那些相信模型的人试着引进夸克禁闭来隐藏他们的失望：可能由于还未知的原因，夸克完全被囚禁在重子和介子之中，因此不管你如何努力，都无法把它们分离出来。当然，这没解释任何事，只是给我们一个失望的名字。但这却尖锐地指出至今仍未回答至关重要的理论问题：夸克禁闭的机制是什么？[27]

即使所有夸克被限在强子内部，这不意味它们在实验研究中是不可企及的。人们可以用卢瑟福探究原子内部同样的方式探索质子的内部——通过发射东西撞击它。这样的实验在 20 世纪 60 年代末利用在斯坦福直线加速器中心（SLAC）的高能电子完成了。人们在 1970 年早期利用在 CERN 的中微子束以后又用质子重复了实验。这些所谓的“深度非弹”实验[28]结果凸显了卢瑟福的早期发现（见图 1.11）：大多数入射粒子直接穿过，而一小部分被猛烈地弹回来。这意味着质子的电荷是集中在小的块状物上，正像卢瑟福的结果所揭示的那样即原子中的正电荷集中在原子核中[29]。然而在用质子的情形，证据表明有三个块状物，而不是一个。这明显是很强的对夸克模型的支持，虽然仍不是结论性的。

最后，存在理论上对夸克模型的反对：它看起来破坏了泡利的不相容原理。在泡利原始的体系中，不相容原理说没有两个电子可以占据同一个状态。而后来人们了解到同样的规则适用于所有自旋为半整数的粒子（它的证明是量子场论最重要的成就之一）。特别地，不相容原理应该适用于夸克，我们将看到它们带自旋 1/2。现在例如 Δ^{++} 预期是由在同一状态三个相同的 u 夸克构成的；这（还有 Δ^- 和 Ω^-）看起来和泡利原理不相一致。1964 年格林伯

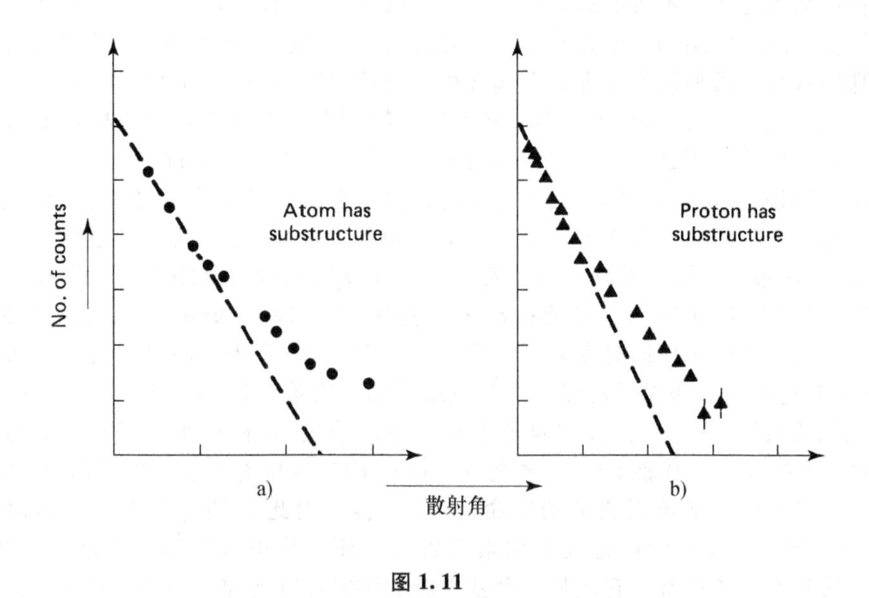

图 1.11

格（O. W. Greenberg）提出一个解决此困难的方法[30]。他建议夸克不仅具有三个**味道**（u、d 和 s），还有三个颜色（例如“红”、“绿”和“蓝”）。为组成一个重子，我们需要使每个夸克带一种颜色；因而 Δ^{++} 中的三个 u 不再是全同的（一个红，一个绿，还有一个蓝）。由于不相容原理只应用于全同粒子，这样，上述问题就得以解决了。

色假设听起来好像变魔术的花招，很多人最初把它看作夸克模型的最后一口气。以后的发展表明，引入颜色是极其有成果的[31]。我需要说这里的“颜色”绝对与它的普通含义无关。红、蓝和绿只是简单地用于给除电荷和奇异数之外夸克所具有的新性质做标记；红色夸克携带一个单位的红，零个蓝和零个绿；它的反粒子携带 -1 单位的红，等等。例如，我们也可叫这些量 X、Y 和 Z。然而，“颜色”这个术语具有一个特别好的特征：它给出自然界中所发现的夸克组合令人愉快的简单特点。

所有自然存在的粒子都是无色的。

对“无色”，我指要么每个色的总量为零或者所有三种色以等量出现。（后一种情形模仿光学情景，三原色的光束结合成白光。）此聪明的规则“解释”了（如果这是合适的词）为什么你无法用两个夸克或四个夸克组成一个粒子，且为什么单个的夸克不能在自然界存在。唯一你可以构造的无色组合是 $q\bar{q}$（介子）、qqq（重子）和 $\bar{q}\bar{q}\bar{q}$（反重子）。⊖

1.9　十一月革命及其以后（1974—1983 和 1995）

1964 年到 1974 年这段时间对基本粒子物理来说是一个贫瘠的十年。开始时前景如此看

⊖ 当然，你可以把它们的组合堆砌起来——例如，氘是六夸克态（三个 u 和三个 d）。2003 年，曾掀起一阵明显观察到四夸克”介子”（实际是 $qq\bar{q}\bar{q}$)）和五夸克“重子”（$qqqq\bar{q}$）的喧嚣。后者出现似乎是人工制造的统计[32]，［在 2016 年 CERN 的 LHCb 实验上，人们最终确认发现了五夸克态（译者注）。］但前者现在至少出现在日本的 KEK 发现的一个介子（所谓的 X（3872））中，四夸克的解释看起来成立，虽然仍不清楚最好是把它看作 $D\bar{D}^*$ 的“分子”还是看作介子[33]。

好的夸克模型结果处于很不爽的孤立状态。它曾取得突出的成功：完美地解释了八重态，正确地预言了质子的块状结构。但它有两个显著的缺陷：实验上未发现自由夸克和与泡利原理不相容。那些喜欢此模型的人用那时看起来相当合理的理由——禁闭和颜色假设来掩盖此模型的失败。但我认为说到 1974 年大多数基本粒子物理学家对夸克模型仍感觉不太自在是合适的。质子中的块状物叫**部分子**，把它们明显地辨认为夸克并不流行。

相当奇怪的是，拯救夸克模型的不是发现自由夸克，或夸克禁闭的解释或颜色假设的证实，而是一些完全不同和（几乎）[34]完全未预期的事：ψ 介子的发现。ψ 首先由丁肇中小组于 1974 年夏天在布鲁克海文发现。但丁希望在公开发表前检查其结果。此发现令人吃惊地被保守秘密直到 11 月 10-11 日，那天在 SLAC 的波顿里奇特（Burton Richter）组独立地发现了此新粒子。两个团队然后同时发表了结果[35]，丁命名粒子为 J 而里奇特（Richter）命名其为 ψ。J/ψ 是电中性，极重的粒子——超过质子的三倍重（原来使用了很长时间的介子的注释“中间的质量”、重子的注释“重的重量”由此消失）。而这个粒子不平常的原因是其极长的寿命，ψ 持续大约整整 10^{-20}s 才衰变。现在 10^{-20}s 可能不会给你特别长时间的印象，但你须知道强子在此质量范围典型的寿命是 10^{-23} 秒。因此 ψ 的寿命大约比其他粒子长约 1000 倍。就好像某个人来到秘鲁或高加索孤僻的村庄，那里人们似乎生活在 70000 年前。这应不只是某些实际的反常，它应是一个基本新的种物存在迹象。也就是由于 ψ：它的长寿命及人们对此所了解的，给出了基本的新的物理。由于很好的理由，ψ 发现促成的事件被称作 **“十一月革命”**[36]。

随后几个月，ψ 介子的性质成为被热烈讨论的议题，而获胜的解释是由夸克模型给出的：ψ 是一个新（第四个）夸克 c（粲）和其反夸克 $\bar{c}$ 的束缚态，即 $\psi = (c\bar{c})$。实际上，第四种味道的想法，甚至其奇怪的名字，很多年前已经被布约肯（Bjorken）和格拉肖引进了[37]。在轻子和夸克间有对等的相关性：

轻子：e，ν_e，μ，ν_μ

夸克：d，u，s

如果所有介子和重子都由夸克组成，这两个家族应是真正基本的粒子。但为什么有四个轻子而只有三个夸克呢？有四个不是更好吗？后来，格拉肖、伊利珀勒斯（Iliopoulos）和麦阿尼（Maiani）[38]提出了需要第四个夸克更强有力的技术理由，而夸克和轻子对等的简单想法还有另一个不寻常多于其作者想象的看法。

因此当 ψ 被发现，夸克模型已经准备好并等待给其以解释。更有甚之这是一个孕育着应用的解释。因为如果存在第四个夸克，将会具有所有可能的携带各种粲数的新重子和介子。它们中的部分在图 1.12 上显示；你可以自己做出各种可能（见习题 1.14 和 1.15）。注意 ψ 自己并不带粲荷，因为如果 c 被安排粲荷 +1，$\bar{c}$ 就有粲荷 −1；ψ 的粲荷就是如你所说“被隐藏”了。为了证实粲假设，很重要的是产生具有“裸”（或“单”）粲荷的粒子[39]。第一个粲重子（$\Lambda_c^+ = udc$ 和 $\Sigma_c^{++} = uuc$）的迹象出现在 1975 年（见图 1.13[40]），随后又有 $\Xi_c = usc$ 和 $\Omega_c = ssc$。（2002 年费米实验室看到了第一个双粲重子的迹象。㊀）第一个粲介子（$D^0 = c\bar{u}$ 和 $D^+ = c\bar{d}$）被发现于 1976 年[41]，随后粲奇异介子（$D_s^+ = c\bar{s}$）于 1977 年被发现[42]。由于这些发现，ψ 作为 $c\bar{c}$ 的构成已无任何异议。更重要的，夸克模型恢复了它以前的地位。

然而，事情并未就此结束，1975 年一个新的轻子被发现[43]，破坏了格拉肖的对称性。

㊀ 这个结果分别被 LHCb 上 2012 年 $\sqrt{s} = 8$TeV 和 2016 年 $\sqrt{s} = 13$TeV 的数据所否认，但 LHCb 的中国组在对后来的这些数据分析中确认了另一个双粲重子，详细见 *Phys. Rev. Lett.* 119. 112001（2017）。——译者注

这个新粒子（τ）有自己的中微子，因此我们已有六个轻子，而只有四个夸克。但不要绝望，因为两年后一个新的重子（Υ）被发现了[44]，它很快被认定为第五种夸克 b（代表美丽或底，看你的嗜好）的携带者：$\Upsilon = b\bar{b}$。立刻寻找带有“裸美”或“裸底”的强子开始了。(我很抱歉。我没有发明这个术语。在某种方式上，其愚蠢在于提醒早期谨慎的人们是如何认真地对待夸克模型的。）第一个底重子，$\Lambda_b^0 = udb$ 在 1980 年被观测到，第二个（$\Sigma_b^+ = uub$）2006 年被看到；2007 年第一个由三代夸克组成的重子（$\Xi_b^- = dsb$）被发现。第一个底介子（$\bar{B}^0 = b\bar{d}$和 $B^- = b\bar{u}$）在 1983 年被发现[45]。$B^0/\bar{B}^0$ 系统被证实特别丰富，现在正在 SLAC（“BaBar”）在 KEK（“Belle”）运行所谓的“B 工厂”。㊀㊁粒子物理数据手册还罗列了 $B_s^0 = s\bar{b}$和 $B_c^+ = c\bar{b}$。

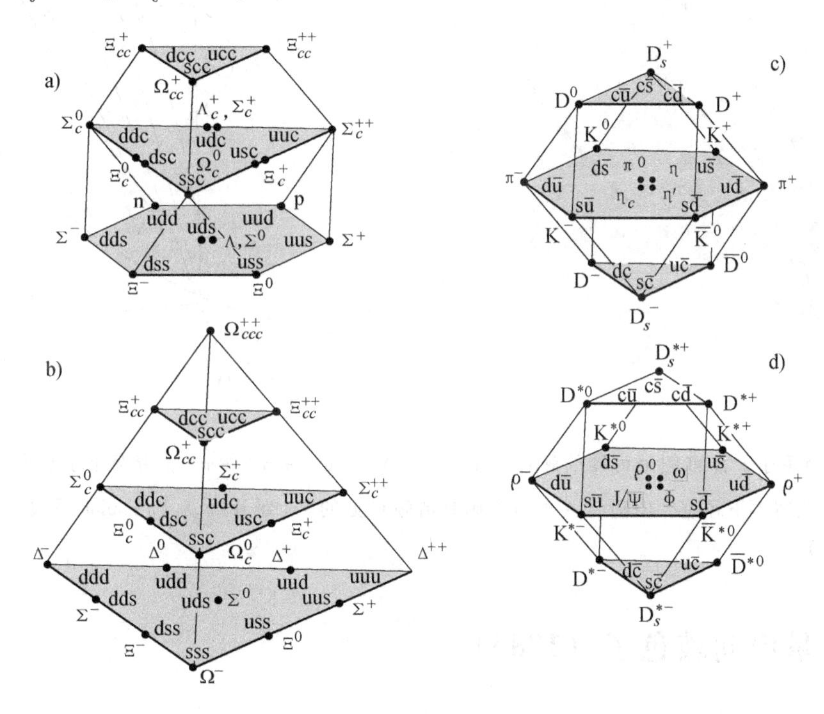

图 1.12 用四味夸克构造的超多重态：重子（a 和 b）和介子（c 和 d）（来源：粒子物理评论）

到此地步，不需要天才就可预言第六种夸克（t，代表真理或顶）很快会被发现，以六种夸克和六种轻子重现格拉肖的对称性。但结果发现顶夸克极其重，令人沮丧难以捉摸（$174\mathrm{GeV}/c^2$，是底夸克重量的 40 倍）。早期寻找“顶夸克偶素”（类似于 ψ 和 Υ 的 $t\bar{t}$介子）并不成功，既是由于电子—正电子对撞机没有达到足够的能量，也是由于，像我们现在所知道的，顶夸克过于短命以致无法形成束缚态——显然不存在顶重子和介子。顶夸克没被确认一直到 1995 年，那时 Tevatron 最后积累了足够的数据强烈地支持前些年的证据[46]。(基本的反应是 $u+\bar{u}$（或 $d+\bar{d}$）$\to t+\bar{t}$；顶夸克和反顶夸克立即衰变，通过分析衰变产物人们能够分辨出它们的踪迹。）直到 LHC 开始运行，费米实验室还曾是世界上唯一能够产生顶夸克的加速器。

㊀ 这两个 B 工厂分别于 2008 年 4 月 7 日和 2010 年 6 月 30 日关机。

㊁ 升级改造后的 SuperKEKB 的 Belle Ⅱ 实验将于 2019 年开始物理取数。——译者注

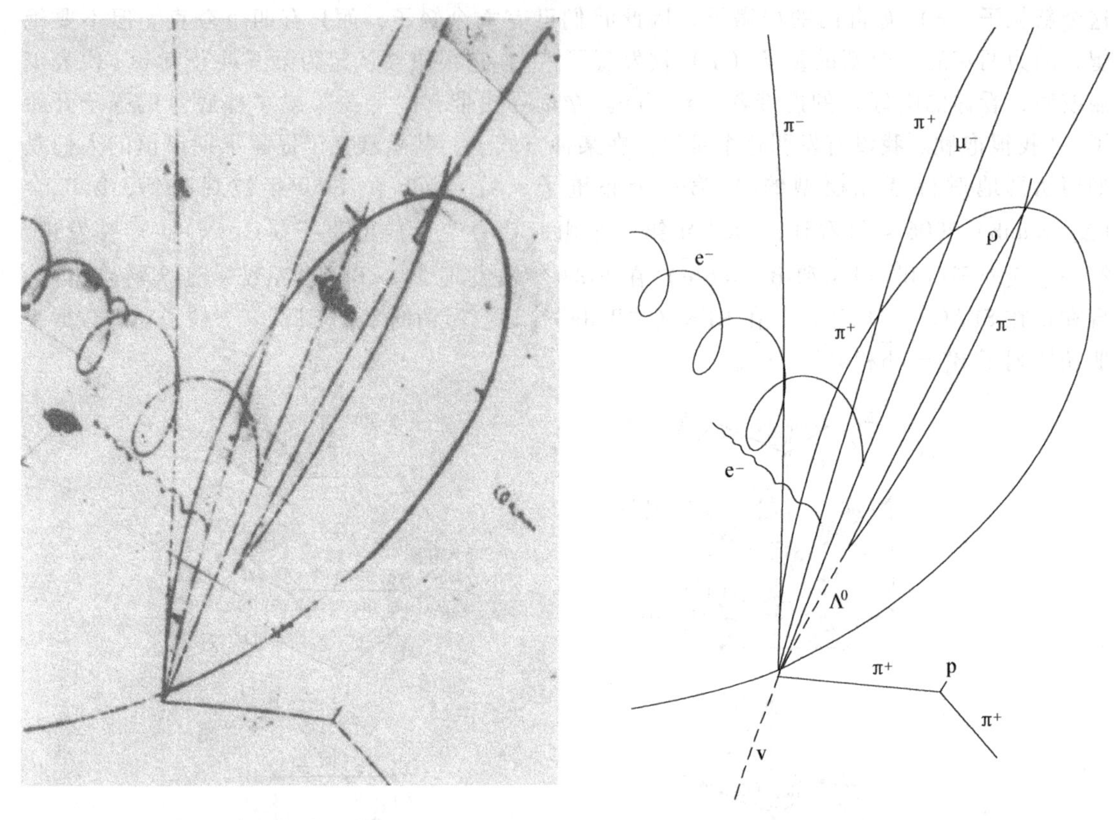

图 1.13 带粲重子。此事例最可能的解释是 $\nu_\mu + p \to \Lambda_c^+ + \mu^- + \pi^+ + \pi^-$。带粲重子衰变（$\Lambda_c^+ \to \Lambda + \pi^+$）太快以致留不下径迹，但随后 Λ 的衰变确是清晰可见的。（照片经 N. P. Samios 授权，布鲁克海文国家实验室。）

1.10 矢量中间玻色子（1983）

在原始的贝塔衰变理论（1933）中，费米将此过程处理为发生在单一点的接触型相互作用，因此不要求媒介粒子。实际上弱力（负责贝塔衰变）是极短程力，因此费米的模型离真实相差不远，在低能区给出了极好的近似结果。然而，人们普遍相信这个做法在高能区将会失败，而最终迟早将被一个相互作用是由交换某些粒子的理论所替代。媒介粒子被如实地称作**矢量中间玻色子**。对理论学家的挑战是去预言矢量中间玻色子的性质，而对实验学家的挑战是在实验室里产生它。你可能会回忆起汤川秀树，对强作用力面临类似的问题，能利用力程估计了 π 介子的质量，他把它近似取为与核子同样的尺寸。但我们没有对应的方法去衡量弱作用的力程；不存在能给我们信息的“弱束缚态”——弱力就是太弱无法把粒子结合在一起。很多年来，对矢量中间玻色子质量的预言是一个相当有依据的猜测（“依据”主要来自实验即在逐渐升高的能量区去探测粒子的失败）。到 1962 年，已知此质量至少有半个质子重；十年后实验的下限升至 2.5 个质子质量。

直到格拉肖、温伯格和萨拉姆的电弱理论出现，这个质量的确切坚实预言才成为可能。在这个理论中，实际有三个矢量中间玻色子，其中两个带电（$W^\pm$）和一个中性（Z）。它

们的质量被计算为[47]

$$M_W = 82 \pm 2\ \mathrm{GeV}/c^2, \quad M_Z = 92 \pm 2\ \mathrm{GeV}/c^2 \quad (\text{预言}) \tag{1.30}$$

在 1970 年的晚些时间，CERN 开始建造专门为产生这些极重粒子而设计的质子-反质子对撞机（记住质子质量是 0.94 GeV/c^2，因此我们所谈的是几乎约 100 倍重的粒子）。在 1983 年 1 月，卡罗鲁比亚（Carlo Rubbia）组报道了 W 的发现[48]，五个月后同一个团队宣布发现了 Z[49]。他们测到的质量是

$$M_W = 80.403 \pm 0.029\ \mathrm{GeV}/c^2, \quad M_Z = 91.188 \pm 0.002\ \mathrm{GeV}/c^2 \quad (\text{测量}) \tag{1.31}$$

这些实验代表极端技术的胜利[50]，它们在证实那时物理学界十分看重的标准模型的关键方面具有非常根本的重要性（而因此被授予了诺贝尔奖）。不像奇异粒子或 ψ（但像十年后的顶夸克），矢量中间玻色子被等待了很长时间，并且是众望所归，因此一般的反应是释怀，而不是震动或吃惊。

1.11 标准模型（1978—2012）㊀

用现代的观点，所有物质都由三种基本粒子构成：轻子、夸克和媒介子。有六种轻子，按它们的电荷（Q）、电子数（L_e）、缪子数（L_μ）和陶子数（L_τ）进行分类。它们自然地分成三代：

轻子分类

	l	Q	L_e	L_μ	L_τ
第一代	e	−1	1	0	0
	ν_e	0	1	0	0
第二代	μ	−1	0	1	0
	ν_μ	0	0	1	0
第三代	τ	−1	0	0	1
	ν_τ	0	0	0	1

还有六种反轻子，其中所有符号都要反号。例如，正电子携带电荷 +1、电子数 −1。因此实际有 12 种轻子，全都讲过了。

类似地，有六种“味道”的夸克通过电荷、奇异数（S）、粲数（C）、美数（B）和真数（T）来分类。（为自洽，我假设我们应该包括“上数”U，和“下数”D，尽管这些数很少使用。它们是多余的，例如像夸克带 $S=C=B=T=0$ 和 $Q=2/3$ 的就是 u 夸克，因此不必再指明 $U=1$ 和 $D=0$。）夸克也分为三代：

夸克分类

	Q	Q	D	U	S	C	B	T
第一代	d	−1/3	−1	0	0	0	0	0
	u	2/3	0	1	0	0	0	0
第二代	s	−1/3	0	0	−1	0	0	0
	c	2/3	0	0	0	1	0	0
第三代	b	−1/3	0	0	0	0	−1	0
	t	2/3	0	0	0	0	0	1

㊀ 原书标题后括号内写的时间是“1978—?”，考虑到 2012 年在 CERN 的 LHC 上发现了标准模型的最后一个粒子——希格斯粒子，标准模型中的所有粒子到 2012 年都被发现了，因此原文中的“?”被改写为 2012。——译者注

再有对反夸克所有表中的符号都要反号。同时每个夸克和反夸克都还有三种颜色，因此总共有 36 种。

最后，每种相互作用都由其媒介子——光子负责电磁力，两个 W 和一个 Z 负责弱力，引力子（可能）负责引力……但什么来负责强作用力？在汤川的原始理论中，强力的媒介是 π，但随着重介子的发现，这个简单的图像不再成立；质子和中子现在可以交换 ρ、η、K、ϕ 和所有其他的介子。夸克模型带来一个更关键的修正：如果质子、中子和介子具有复杂的复合结构，就没有理由相信它们之间的相互作用应该是简单的。为在基本的层面研究强力，人们应该转而探求单个夸克间的相互作用。因此问题化为：两个夸克之间交换什么粒子？这个媒介叫**胶子**，在标准模型中它们有八种。我们将会看到，胶子自身携带颜色，因此（像夸克一样）无法作为孤立粒子存在。我们可以期望只能在强子内部或和其他胶子形成无色的组合（胶球）时才能检测到胶子。不管怎么说，确有胶子存在的重要间接实验证据：深度非弹散射实验显示，大约一半的质子动量由可能是胶子的电中性组分所携带。高能非弹散射的特征喷注结构可以通过飞出的夸克和胶子的碎裂来解释[51]，另外胶球可能会令人信服地被观测到[52]。

这些全都加起来就是所建议的令人窘迫的大数目的“基本”粒子：12 个轻子，36 个夸克，12 个媒介子（我没涉及引力子，因为引力子没被包括进标准模型）。并且像我们将要看到的，格拉肖-温伯格-萨拉姆理论至少还需要一个希格斯粒子，因此我们至少有 61 个粒子。根据我们先是来自原子和后来来自强子的经验，很多人建议，这 61 个中至少部分应该是一些更基本的亚粒子的复合粒子（见习题 1.18）[53]。这样的观点超出了标准模型和本书的范围。从个人的角度，我不认为在标准模型中大数目的“基本”粒子值得大惊小怪，因为它们是相互紧密相连的。例如，八个胶子除了颜色是全同的，而第二代和第三代是模仿第一代（见图 1.14）。

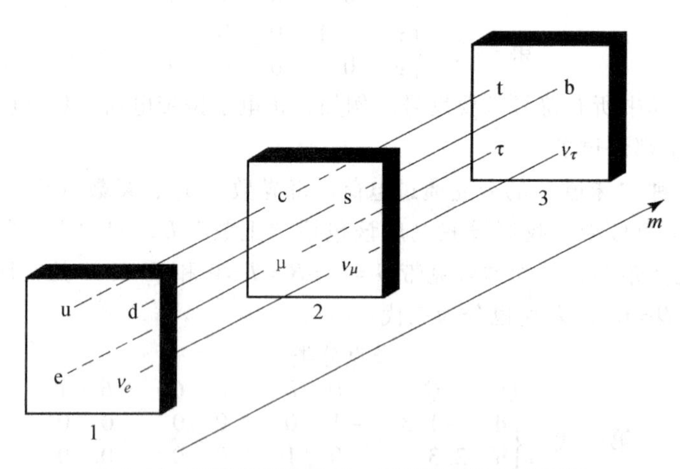

图 1.14 三代夸克和轻子，按照质量增加的顺序。

确实看起来需要有三代夸克和轻子很奇怪——不管怎么说，普通物质是由上夸克和下夸克（以质子和中子的形式）及电子构成的，都来自第一代。为什么要有两个“额外”的代；谁需要它们？这是一个特殊的问题，假定造物主某些目的和效率，这只有很少的证据……人们禁不住要想象。实际上，有一个令人吃惊的答案：就像我们将要看到的，要在标准模型中合理地放入物质主导于反物质，（至少）要有三代。

当然，这也提出一个相反的问题：为什么只有三代？可以有还未被发现的更多代吗（它们可能因为太重致使现有机器无法制造出来）？最近如 1988 年[54]，有很好的理由预期第四代、甚至第五代。但仅一年内这个可能性就被在 SLAC 和 CERN 的实验所排除[55]。Z^0 在其可衰变到任何夸克/反夸克或轻子/反轻子对（$e^- + e^+$，$u+\bar{u}$，$\nu_\mu + \bar{\nu}_\mu$，等等）的意义上（如萨达姆所说）是“所有粒子之母”，只要那个粒子的质量小于 Z^0（否则将没有足够的能量去产生粒子对）的一半。因此通过测量 Z^0 的寿命，你可以实际数出质量小于 $45\text{GeV}/c^2$ 的夸克和轻子数。数目越多，Z^0 的寿命越短，就像我们感染越多的致命疾病，我们的平均寿命就越短一样。实验显示 Z^0 的寿命就是严格建立在三代基础上你所期望的值。当然，在假设的第四代中的夸克（还甚至令人信服地有带电轻子）可能太重以致无法影响 Z^0 的寿命，但很难想象第四代中微子会突然跳过 $45\text{GeV}/c^2$。不管怎么说，实验清楚地显示轻中微子的数目是 2.99 ± 0.06。

虽然标准模型生存了 30 年而未受伤害，这当然不是故事的结尾。有很多重要的问题未得到回答——例如，它未告诉我们如何计算夸克和轻子的质量。㊀

夸克和轻子的质量（以 MeV/c^2 为单位）

轻子	质量	夸克	质量
ν_e	$<2\times10^{-6}$	u	2
ν_μ	<0.2	d	5
ν_τ	<18	s	100
e	0.511	c	1200
μ	106	b	4200
τ	1777	t	174000

在标准模型中，它们只是些简单的取自实验的经验数字，但一个成熟的理论应该能够解释它们，正像我们对元素周期表所能做的那样。㊁像我们将要看到的，标准模型还需要在小林诚-益川敏英（Kobayashi-Maskawa）矩阵中取三个角度和一个位相作为经验输入，还有对轻子类似的数目，还有描写电弱混合的温伯格角，还有……总的来说在标准模型中有超过 20 个任意参数，这对任何“终极”理论是完全不可接受的[56]。

在实验这边，仍有很多关于中微子振荡（见第 11 章）和 CP 破坏（见第 12 章）的知识要学，但最显眼的缺失物件是希格斯粒子，它在标准模型中负责 W 和 Z 的质量（且可能也负责所有其他粒子的质量）。像顶夸克一样，由于新的实验未能发现它，预期的希格斯质量随着时间不断增加。到此水平上，可能它超过任何存在的加速器的范围，而由于 SSC 的取消，LHC 成为我们发现这个难以捉摸的粒子的最大希望。㊂

同时，有若干超出标准模型的理论推断（到目前为止还没有直接的实验支持）。有大统一理论（GUTs）统一强、电磁和弱作用（见第 2 章）；这些理论被如此广泛地接受，至少以某种形式成为实际正统理论。还有对理论家很有吸引力的“超对称”（SUSY）的想法，它加倍粒子的数目，把每个费米子与一个玻色子联系起来，反之亦然。因此轻子将由“轻子伴子”加盟（“电子伴子”，“中微子伴子”，等等。）而夸克由“夸克伴子”加盟；媒介

㊀ 轻夸克质量有很大的不准确性；我为了清楚对它们进行了取整。

㊁ 然而注意，夸克/轻子的质量公式看起来十分奇怪，因为它从电子中微子到顶夸克覆盖 10 的 11 次幂的范围。

㊂ CERN 已于 2012 年 7 月 4 日宣布 LHC 在 $126\text{GeV}/c^2$ 处发现了希格斯粒子。

子们将要求它们的孪生子（“光子伴子”，“胶子伴子”，“W 伴子”，“Z 伴子”）。如果亚夸克或超对称被发现，这将是重置基本粒子物理下个时代日程的重大新闻。但除了几个逗弄人的错误警讯[57]，两者到现在都还没有出现的迹象。

然后还有超弦理论，从 1984 年起它吸引了一整代的粒子理论学家的想象。超弦承诺不仅协调量子力学和广义相对论，剪除了折磨量子场论的无穷大，还提供一个统一的“万有理论”，即所有基本粒子物理（包括引力）都将浮现成为其不可避免的结果。弦理论想当然地受到了那些才华横溢且有历险精神的青年人的欢迎；它是否能实现其过度的雄心仍有待观察[58]。

参考文献

1 There are many good discussions of the history of elementary particle physics. My own favorite is the delightful little book by Yang, C. N. **(1961)** *Elementary Particles*, Princeton University Press, Princeton, N.J. More recent accounts are (a) Trefil's, J. S. **(1980)** *From Atoms to Quarks*, Scribners, New York; and (b) Close's, F. E. **(1983)** *The Cosmic Onion*, Heinemann Educational Books, London. The early days are treated well in (c) Keller's, A. **(1983)** *The Infancy of Atomic Physics*, Oxford University Press, Oxford; and (d) Weinberg's, S. **(1983)** *Subatomic Particles*, Scientific American Library, New York.For a fascinating and masterful account, see (e) Pais, A.**(1986)** *Inward Bound*, Clarendon Press, Oxford. For a comprehensive bibliography see (f) Hovis, R. C. and Kragh, H. **(1991)** *American Journal of Physics*, **59**, 779.

2 The story is beautifully told by Pais, A. in his biography of Einstein, **(1982)** *Subtle is the Lord*, Clarendon Press, Oxford.

3 Millikan, R. A. **(1916)** *Physical Review*, **7**, 18. Quoted in (a) Pais, A. in his biography of Einstein, **(1982)** *Subtle is the Lord*, Clarendon Press, Oxford.

4 Heisenberg had suggested earlier that the deuteron is held together by exchange of *electrons*, in analogy with the hydrogen molecule ion (H_2^+). Yukawa was apparently the first to understand that a *new* force was involved, distinct both from electromagnetism and from the weak force responsible for beta decay. See Pais, A. **(1986)** *Inward Bound*, Clarendon Press, Oxford; and (a) Brown, L. M. and Rechenberg, H. **(1988)** *American Journal of Physics*, **56**, 982.

5 Conversi, M., Pancini, E. and Piccioni, O. **(1947)** *Physical Review*, **71**, 209.

6 Lattes, C. M. G. *et al.* **(1947)** *Nature*, **159**, 694; **(1947)** *Nature*, **160**, 453, 486.

7 Marshak, R. E. and Bethe, H. A. **(1947)** *Physical Review*, **72**, 506. Actually, Japanese physicists had come to a similar conclusion during the war; see (a) Pais, A. **(1986)** *Inward Bound*, Clarendon Press, Oxford, p. 453.

8 For an informal history of this discovery, see Anderson, C. D. **(1961)** *American Journal of Physics*, **29**, 825.

9 Chamberlain, O. *et al.* **(1955)** *Physical Review*, **100**, 947; (a) Cork, B. *et al.* **(1956)** *Physical Review*, **104**, 1193. See the articles by (b) Segrè, E. and Wiegand, C. E. (June **1956**) *Scientific American*, 37 and by (c) Burbridge, G. and Hoyle, F. (April **1958**), 34. Also (d) Kragh, H. **(1989)** *American Journal of Physics*, **57**, 1034.

10 The history of the neutrino is a fascinating story in its own right. See, for instance, Bernstein, J. **(2004)** *The Elusive Neutrino*, University Press of the Pacific, Honolulu; (a) Brown, L. M. (September **1978**), *Physics Today*, 23; or (b) Morrison, P. (January **1956**) *Scientific American*, 58. An extensive and useful bibliography on the neutrino is provided by (c) Lederman, L. M. **(1970)** *American Journal of Physics*, **38**, 129.

11 Reines, F. and Cowan, C. L. Jr., **(1953)** *Physical Review*, **92**, 8301;

(a) Cowan, C. L. *et al.* **(1956)** *Science*, **124**, 103. Reines finally won the Nobel Prize for this work in 1995 (Cowan was dead by then).

12 Davis, R. and Harmer, D. S. **(1959)** *Bulletin of the American Physiological Society*, **4**, 217. See also (a) Cowan, C. L. Jr., and Reines, F. **(1957)** *Physical Review*, **106**, 825.

13 Konopinski, E. J. and Mahmoud, H. M. **(1953)** *Physical Review*, **92**, 1045.

14 Pontecorvo, B. **(1960)** *Soviet Physics JETP*, **37**, 1236; [translated from **(1959)** *Soviet Physics JETP*, **37**, 1751]; (a) Lee, T. D. **(1960)** Rochester Conference, New York, p. 567.

15 Danby, G. *et al.* **(1962)** *Physical Review Letters*, **9**, 36. See also (a) Lederman, L. (March **1963**) *Scientific American*, 60.

16 Brown, L. M., Dresden, M. and Hoddeson, L. (November **1988**), *Physics Today*, 56.

17 Rochester, G. D. and Butler, C. C. **(1947)** *Nature*, **160**, 855. See also G. D. Rochester's memoir in (a) Sekido, Y. and Elliot, H. (eds) **(1985)** *Early History of Cosmic Ray Studies*, Reidel, Dordrecht, p. 299.

18 Stückelberg himself did not use the term *baryon*, which was introduced by Pais, A. **(1953)** *Progress in Theoretical Physics*, **10**, 457.

19 *Les Prix Nobel 1955* The Nobel Foundation, Stockholm.

20 Pais, A. **(1952)** *Physical Review*, **86**, 663. The same (copious production, slow decay) could be said for the pion (and for that matter the neutron). But their decays produce neutrinos, and people were used to the idea that neutrino interactions are weak. What was new was a purely hadronic decay whose rate was characteristic of neutrino processes. For more on the history see (a) Pais, A. **(1986)** *Inward Bound*, Clarendon Press, Oxford, p. 517; or (b) Brown, L. M., Dresden, M. and Hoddeson, L. (November **1988**), *Physics Today*, 60.

21 Gell-Mann, M. **(1953)** *Physical Review*, **92**, 883; (a) **(1956)** *Nuovo Cimento*, **4** (Suppl. 2), 848.

22 Nakano, T. and Nishijima, K. **(1953)** *Progress in Theoretical Physics*, **10**, 581.

23 The original papers are collected in Gell-Mann, M. and Ne'eman, Y. **(1964)** *The Eightfold Way*, Benjamin, New York.

24 Actually, there is a possibility that it was seen in a cosmic ray experiment in 1954 Eisenberg, Y. **(1954)** *Physical Review*, **96**, 541, but the identification was ambiguous.

25 Barnes, V. E. *et al.* **(1964)** *Physical Review Letters*, **12**, 204; (a) Gell-Mann, M. **(1953)** *Physical Review*, **92**, 883. See also (b) Fowler, W. B. and Samios, N. P. (October **1964**), *Scientific American*, 36.

26 An extensive bibliography on the quark model, and useful commentary, is given by Greenberg, O. W. **(1982)** *American Journal of Physics*, **50**, 1074. Many of the classic papers (including the original unpublished one by G. Zweig) are reprinted in (a) Lichtenberg, D. B. and Rosen, S. P. (eds) **(1980)** *Developments in the Quark Theory of Hadrons*, Hadronic Press, Nonantum.

27 Nambu, Y. (November **1976**) *Scientific American*, 48; (a) Johnson, K. (July **1979**) *Scientific American*, 112; (b) Rebbi, C. (February **1983**) *Scientific American*, 54.

28 Kendall, H. W. and Panofsky, W. K. H. (June **1971**) *Scientific American*, 61.

29 Jacob, M. and Landshoff, P. (March **1980**) *Scientific American*, 66.

30 Greenberg, O. W. **(1964)** *Physical Review Letters*, **13**, 598. Greenberg did not use this language; the terminology was introduced by (a) Lichtenberg, D. B. **(1970)** *Unitary Symmetry and Elementary Particles*, Academic Press, New York. See also (b) Glashow, S. L. (October **1975**) *Scientific American*, 38.

31 See Pais, A. **(1986)** *Inward Bound*, Clarendon Press, Oxford, pp. 562 and 602.

32 Trilling, G. **(2006)** *Review of Particle Physics*, p. 1019.

33 For status reports see Bauer, G. **(2006)** *International Journal of Modern Physics*, **A21**, 959; and (a) Swanson, E. S. **(2006)** Physics Reports, **429**, 243.

34 An exception was Iliopoulos, J. **(1974)** *At an International Conference of Particle Physicists*, London, in the summer of 1974, he remarked, 'I

am ready to bet now a whole case [of wine] that the entire next Conference will be dominated by the discovery of charmed particles'.
35 Aubert, J. J. *et al.* **(1974)** *Physical Review Letters*, **33**, 1404; and (a) Augustin, J.-E. *et al.* **(1974)** *Physical Review Letters*, **33**, 1406.
36 A useful bibliography on this material, and reprints of the major articles, is given in Rosner, J. (ed) **(1981)** *New Physics*, published by the American Association of Physics Teachers, New York. The excitement of the November Revolution is captured in the SLAC publication; (a) **(1976)** *Beam Line*, **7** (11). See also the articles by (b) Drell, S. D. (June **1975**) *Scientific American*, 50, and (c) Glashow, S. L. and Trilling, G. **(2006)** RPP 2006, p. 1019.
37 Bjorken, B. J. and Glashow, S. L. **(1964)** *Physics Letters*, **11**, 255. In 1963 and 1964 there were many speculations about a possible fourth quark, for a variety of different reasons (see Pais, A. **(1986)** *Inward Bound*, Clarendon Press, Oxford, p. 601.
38 Glashow, S. L., Iliopoulos, J. and Maiani, L. **(1970)** *Physical Review*, **D2**, 1285.
39 Schwitters, R. F. (October **1977**) *Scientific American*, 56.
40 Cazzoli, E. G. *et al.* **(1975)** *Physical Review Letters*, **34**, 1125.
41 Goldhaber, G. *et al.* **(1976)** *Physical Review Letters*, **37**, 255; and (a) Peruzzi, I. **(1976)** *Physical Review Letters*, **37**, 569.
42 Brandelik, R. *et al. Physics Letters*, **B70**, 132.
43 Perl, M. *et al.* **(1975)** *Physical Review Letters*, **35**, 1489. See also (a) Perl, M. and Kirk, W. (March **1978**) *Scientific American*, 50; and (b) Perl, M. (October **1997**) *Physics Today*, 34. Perl was awarded the Nobel Prize in 1995 for the discovery of the τ.
44 Herb, S. W. *et al.* **(1977)** *Physical Review Letters*, **39**, 252. See also (a) Lederman, L. M. (October **1978**) *Scientific American*, 72. It is an indication of how eager people were to find the fifth quark that the discoverers of the upsilon jumped the gun (b) (Hom, D. C. *et al.* **(1976)** *Physical Review Letters*, **36**, 1236), announcing a spurious particle now known fondly as the 'oops-Leon' (after Leon Lederman, head of the group).
45 Behrends, S. *et al.* **(1983)** *Physical Review Letters*, **50**, 881.
46 Abe, F. *et al.* **(1995)** *Physical Review Letters*, **74**, 2626; and (a) Abachi, S. *et al.* **(1995)** *Physical Review Letters*, **74**, 2632. See also (b) Liss, T. M. and Tipton, P. L. (September **1997**), *Scientific American*, 54.
47 The formula for the *W* and *Z* masses was first obtained by Weinberg, S. **(1967)** *Physical Review Letters*, **19**, 1264. It involves a parameter θ_W whose value was unknown at that time, and all Weinberg could say for sure was that $M_W \geq 37\ \mathrm{GeV}/c^2$ and $M_Z \geq 75\ \mathrm{GeV}/c^2$. In the next 15 years θ_W was measured in a variety of experiments, and by 1982 the predictions had been refined, as indicated in Equation ((1.30)).
48 Arnison, G. *et al.* **(1983)** *Physics Letters*, **122B**, 103.
49 Arnison, G. *et al.* **(1983)** *Physics Letters*, **126B**, 398.
50 Cline, D. B. and Rubbia, C. (August **1980**) *Physics Today*, 44; and (a) Cline, D. B., Rubbia, C. and van der Meer, S. (March **1982**) *Scientific American*, 48. In 1984 Rubbia and van der Meer were awarded the Nobel Prize for this work. See (b) Sutton, C. **(1984)** *The Particle Connection*, Simon & Schuster, New York; and (c) Watkins, P. **(1986)** *Story of the W and Z*, Cambridge University Press, Cambridge.
51 Jacob, M. and Landshoff, P. (March **1980**) *Scientific American*, 66.
52 Ishikawa, K. (November **1982**), *Scientific American*, 142; (a) Sexton, J., Vaccarino, A. and Weingarten, D. **(1995)** *Physical Review Letters*, **75**, 4563.
53 See, for instance, the review article by Terezawa, H. **(1984)** *XXII International Conference on High-Energy Physics*, vol. **I**, Leipzig, p. 63; and (a) Harari, H. (April **1983**) *Scientific American*, 56.
54 Cline, D. B. (August **1988**) *Scientific American*, 60.
55 Abrams, G. S. *et al.* **(1989)** *Physical Review Letters*, **63**, 2173. See also (a) Feldman, G. J. and Steinberger, J. (February **1991**), *Scientific American*, 70.

56 For a delightful discussion, see Cahn, R. N. **(1996)** *Reviews of Modern Physics*, **68**, 951.

57 On the search for subquarks, see Abe, F. *et al.* **(1996)** *Physical Review Letters*, **77**, 5336. For the evaporating evidence of supersymmetry in measurements of the anomalous magnetic moment of the muon, see (a) Schwarzschild, B. (February **2002**) *Physics Today*, 18.

58 For a brilliant semi-popular account, see Greene, B. **(1999)** *The Elegant Universe*, W. W. Norton, New York. For an accessible introduction to the theory, see (a) Zwiebach, B. **(2004)** *A First Course in String Theory*, Cambridge, UK, Cambridge University Press.) For harsh critiques see (b) Smolin, L. **(2006)** *The Trouble with Physics*, Houghton Mifflin, Boston; and (c) Woit, P. **(2006)** *Not Even Wrong*, Perseus, New York.

习　　题

1.1　如果一个带电粒子无偏转地通过一个均匀的交叉电磁场 $\boldsymbol{E}$ 和 $\boldsymbol{B}$（相互垂直且都垂直于运动方向），它的速度是多少？如果我们现在关闭电场，粒子以半径为 R 的圆弧运动，它的荷质比是多少？

1.2　汤川介子的质量可以按如下方法估计。当核子中的两个质子交换一个介子（质量为 m）时，它们会暂时破坏能量守恒达 mc^2 的量（介子的静止能量）。海森堡测不准原理说你可以“借”能量 ΔE，如果你在时间 Δt 后“还回来”，且 $\Delta E\Delta t=\hbar/2$（其中 $\hbar\equiv h/2\pi$）。在此种情形下，我们需要借 $\Delta E=mc^2$ 要对介子足够长，使其从一个质子跑到另一个质子。它需要跨越核子（半径大小为 r_0），而它可能以某个光速的分数飞行，因此，粗略说，$\Delta t=r_0/c$。把所有这些放在一起，我们有

$$m=\frac{\hbar}{2r_0c}$$

利用 $r_0=10^{-13}\text{cm}$（典型的核子尺寸），计算汤川介子的质量。把你的结果用 MeV/c^2 表达，并和观测到的 π 介子质量进行比较。[评述：如果你觉得论据令人信服，我只能说你很容易受骗。对一个原子试试，你将会得到光子的质量大约是 $7\times10^{-30}\text{g}$ 的结论，这是没道理的。不管怎么说，这是一个有用的快速计算，它对 π 介子应用得很好。不幸的是，很多书把它展示得好像是严格推导似的，这当然不是。测不准原理不允许破坏能量守恒（在这个过程中也不发生任何这样的破坏；我们后面将会看到这是如何发生的）。进一步，它是一个不等式 $\Delta E\Delta t\geqslant\hbar/2$，它最多给你 m 的**下限**。力程反比于媒介子质量是对的，但束缚态的尺寸不总是一个力程的度量。(这是为什么讨论对光子失败的原因：电磁力的力程是无限大，而原子的尺寸却不是。) 一般说，当你听到一个物理学家启用测不准原理时，保持谨慎为好。

1.3　在中子发现之前的有段时间，很多人认为原子核由质子和原子数等于或多于质子数的电子组成。贝塔衰变看起来支持这个想法——最后电子被打出来了；这不意味着有电子在里面吗？利用位置-动量测不准关系，$\Delta x\Delta p\geqslant\hbar/2$，来估计囚禁在原子核（半径 10^{-13}cm）中的一个电子的最小动量。从相对论能量-动量关系 $E^2-\boldsymbol{p}^2c^2=m^2c^4$，确定相应的能量并与一个电子的辐射能进行比较，例如氚的贝塔衰变（见图 1.5）。(这个结果是一些人相信贝塔衰变电子不会在原子核中游荡，而必须是通过衰变本身产生的。)

1.4　盖尔曼-奥库伯（Okubo）质量公式将重子八重态成员的质量相互联系起来（忽略 p 和 n；Σ^+、Σ^0 和 Σ^-；Ξ^0 和 Ξ^- 的小质量差）：

$$2(m_N+m_\Xi)=3m_\Lambda+m_\Sigma$$

利用这个公式，结合一个核子 N 的质量（利用 p 和 n 的平均），Σ（同样，用平均），还有Ξ（同前），“预言” Λ 的质量。你得到的距离观测值有多近？

1.5 同样的公式用于介子（把 $\Sigma\to\pi$，$\Lambda\to\eta$，等等），除了在这个情形下，由于保持某些秘密的原因，你必须改用质量的平方。利用它“预言” η 的质量。你得到的结果有多靠近？

1.6 对十重态质量公式相当简单——列间隔相等：

$$m_{\Delta}-m_{\Sigma^{*}}=m_{\Sigma^{*}}-m_{\Xi^{*}}=m_{\Xi^{*}}-m_{\Omega}$$

利用这个公式（就像盖尔曼做的那样）预言 Ω^- 的质量。（利用头两个间隔的平均估计第三个。）你的预言与观测值有多靠近？

1.7 (a) 重子十重态典型地在 10^{-23}s 后衰变成轻重子（来自重子八重态）和介子（来自赝标介子八重态）。例如 $\Delta^{++}\to p^{+}+\pi^{+}$。请针对 Δ^-、Σ^{*+} 和 Ξ^{*-} 罗列所有类型的衰变模式。记住这些衰变电荷和奇异数必须守恒（它们是强作用）。

(b) 在任何衰变中，初始粒子必须具有足够的质量覆盖衰变产物的质量。（可以多；额外部分将“充斥”以末态动能的形式。）检查你在 (a) 部分中提出的每一个衰变，并看看哪个满足这个判据。其他被运动学所禁戒。

1.8 (a) 分析 Ω^- 的可能衰变模式，就像你在习题 1.7 对 Δ、Σ^* 和 Ξ^* 所做的那样。发现问题了吗？盖尔曼预言 Ω^- 将是“亚稳定的”（即，远比十重态其他成员生存期更长）精确地是这个原因。（Ω^- 确实会衰变，但是由于非常慢的弱作用，它的奇异数不守恒。）

(b) 从气泡云室照片（见图 1.9），测量 Ω^- 的径迹长度，利用它估算 Ω^- 的寿命。（当然，你不知道它飞行多快，但速度小于光速是一个安全的赌博；假如我们说它是 $0.1c$。还有，你不知道再生是放大还是缩小了标度，但不要紧：这些吹毛求疵就是一个因子 2 或 5，或可能 10。重要之处是寿命乃很多量级长过所有十重态成员的特征寿命 10^{-23}s）。

1.9 验证寇曼-格拉肖（Coleman - Glashow）关系 [Phys. Rev. B134, 671 (1964)]：

$$\Sigma^{+}-\Sigma^{-}=p-n+\Xi^{0}-\Xi^{-}$$

（粒子的名字代表它的质量）

1.10 请看由鲁斯（RoosM）(1963) Review of Modern Physics, 35, 314 编辑的“已知”介子表，比较现在的粒子物理手册（Particle Physics Booklet）确定 1963 年的哪些介子经受住了时间的检验。（有些名字变化了，因此你需要从其他性质入手，例如质量、电荷、奇异数、等等。）

1.11 关于习题 1.10 的虚假粒子，哪些是“例外的”（即，和夸克模型不一致的）？有多少生存下来的介子是“例外的”？

1.12 分别用 1、2、3、4、5 或 6 种不同的夸克味道，你可以构造多少种不同的介子组合？对 n 味的一般公式是什么？

1.13 分别用 1、2、3、4、5 或 6 种不同的夸克味道，你可以构造多少种不同的重子组合？对 n 味的一般公式是什么？

1.14 利用四夸克（u、d、s 和 c），构造一个所有可能的重子种类表。有多少种携带粲数 +1 的组合？又有多少种携带粲数 +2，还有 +3？

1.15 与习题 1.14 同样的问题，这次是对介子。

1.16 假定顶夸克太短寿无法形成束缚态（“真”介子和重子），请列出 15 种明显的

$q\bar{q}$介子组合（不计反粒子）的介子和 35 种明显的 qqq 重子组合。从粒子物理手册和/或其他来源，确定哪些已经被实验所发现了。给出它们的名字、质量和发现年代（每种情形只考虑最轻的）。例如，一个重子应该是

sss：Ω^-，1672MeV/c^2，1964。

所有强子都可能是这 50 种夸克组合的各种激发。

1.17 A. De Rujula, H. Georgi 和 S. L. Glashow [Physical Review, D12, 147 (1975)] 估计了所谓的组分夸克质量㊀为：$m_u = m_d = 336\text{MeV}/c^2$，$m_s = 540\text{MeV}/c^2$，和 $m_c = 1500\text{MeV}/c^2$（底夸克大约是 4500MeV/c^2）。如果他们是对的，重子八重态成员的平均结合能是 -63MeV。如果它们都严格具有这个结合能，它们的质量将是多少？比较实际的数值给出百分比的误差。（然而，不要试其他超多重态。实在没有理由建议结合能对组内所有成员都一样。强子质量的问题是一个棘手的课题，我们将在第 5 章讨论它。）

1.18 Shupe M (1979) [Physics Letters, 86B, 87] 提出所有夸克和轻子都由两个更基本的组分构成：c（带电荷为 -1/3）和 n（带电荷为 0）——和它们相应的反粒子，$\bar{c}$ 和 $\bar{n}$。允许你把它们组合成三个粒子或三个反粒子（例如，ccn 或 $\bar{n}\bar{n}\bar{n}$）。请用这种方式构造所有第一代的八个夸克和轻子。（其他态可被认作是激发态。）注意每个夸克态接受三种可能的置换（例如，ccn、cnc、ncc）——这相应三种颜色。媒介子可以用三个粒子加三个反粒子构造。而 $W^\pm$、Z^0 和 γ 涉及三个同类粒子和三个同类反粒子（例如，$W^- = ccc\bar{n}\bar{n}\bar{n}$），请用这种方式构造 $W^\pm$、Z^0 和 γ。胶子涉及混合的结合（例如 $ccn\bar{c}\bar{c}\bar{n}$）。总体有多少种可能？你能设想有什么方法简化它们到八个？

1.19 你的室友是学化学的。她所知道的就是质子、中子和电子，她在实验室里天天见到它们的运动。但你告诉她有关正电子、缪子、中微子、π、夸克和矢量中间玻色子时，她表示怀疑。请向她解释为什么这些粒子中没有一个在化学中起直接的作用。（例如，在缪子的情形下，一个合理的回答可能是“它们不稳定，衰变前只维持百万分之一秒。”）

㊀ 我们将会及时地谈到原因，束缚在强子中的夸克有效质量不同于“裸”的“自由”夸克质量。

第2章

基本粒子动力学

这一章介绍基本粒子相互作用的基本作用力，及我们用来表示这些作用的费曼图。介绍完全是定性的并且可以迅速阅读来获得整体的感受。定量的细节将在第6章~9章讲授。

2.1 四种力

就目前我们所知，自然界有四种基本作用力：强力、电磁力、弱力和引力。他们按照强度递减的顺序排列在下面的表中：㊀

力	强度	理论	媒介
强力	10	色动力学	胶子
电磁力	10^{-2}	电动力学	光子
弱力	10^{-13}	味动力学	W 和 Z
引力	10^{-42}	几何动力学	引力子

这些力中的每种都有一个物理理论。引力的经典理论当然是牛顿的万有引力定律。其相对论推广是爱因斯坦的广义相对论（“几何动力学”应是一个更好的术语）。一个完全满意的引力量子理论还未被构建出来；目前，多数人假设引力太弱致使在基本粒子物理中不起显著的作用。描述电磁力的物理理论叫**电动力学**。它的经典体系是由麦克斯韦在一百多年前所给出的。麦克斯韦理论与狭义相对论是自洽的（事实上，它是相对论的主要启发者）。电动力学的量子理论由朝永振一郎、费曼和施温格在1940年提出。负责核贝塔衰变（还有像我们所见π、缪子和很多奇异粒子的衰变）的弱力在经典物理中是没有的；它们的理论描述从一开始就是相对论性的量子体系。弱力的第一个理论由费米在1933年给出；它被李政道和杨振宁、费曼和盖尔曼、还有很多其他人在20世纪50年代进行了改进，由格拉肖、温伯格和萨拉姆在60年代改成现在的形式。由于将会在某时出现的原因，弱作用理论有时也叫**味动力学**[1]；在本书中，我单指它为格拉肖—温伯格—萨拉姆（GWS）理论。（GWS模型将弱力和电磁力相互作用看成一个单一电弱力的不同表现，在此意义上四种力简化为三种。）对强力，除了1934年汤川秀树的先驱性工作之外就一直没有新的理论，直到20世纪70年代

㊀ 力的“强度”是一个内在不太确切的概念——不管如何，它依赖于源的特性和你离它多远。因此这个表中的数字不需要太认真，而（特别在弱力的情形）你会看到相当不同的图像被引用在其他地方。

代色动力学出现。

这些力的每一种都通过交换粒子来传递。引力是由引力子传递的，电磁力是由光子传递的，强力由**胶子**，弱力由**矢量中间玻色子** W 和 Z 传递。这些媒介粒子在一个夸克或轻子和另外一个之间传递相互作用力。原则上，在球棒和球之间力的效应不过是一边的夸克和轻子与另外一边的夸克和轻子的相互作用的结合效应。更多说一些，两个质子之间的强力，汤川认为是基本和无法约化的过程，必须被看成是六个夸克之间的复杂相互作用。这显然不是一个寻求简单性的地方。进一步，我们必须从分析一个真正基本的粒子和另外一个的作用力开始。在本章，我将定性证明每一种相应的力是如何作用到单个夸克和轻子上的。后续几章再发展需要使理论定量化的工具。

2.2　量子电动力学（QED）

量子电动力学（QED）是最老的、最简单的、最成功的动力学理论；其他的模型是在其之上的推广。因此我将从 QED 的描述开始。**所有电磁现象最终都可以简化为如下基本过程：**

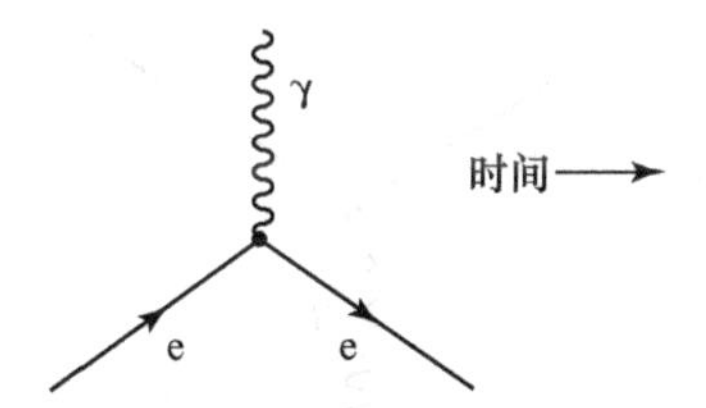

在这个图中时间沿水平方向从左至右流动，因此这个图读作：一个带电粒子 e 进入，辐射（或吸收）一个光子 γ，然后离开。为讨论方便，我假设带电粒子是一个电子；它也可以是一个夸克，或除了中微子（它是中性的，当然不受电磁力作用）之外的轻子。

为描述更为复杂的过程，我们只是简单地把两个或更多的这种初级顶角的复制品结合起来。想象你有一整兜子由柔韧塑料做的“结构玩具”的初级顶角模型。你可以把它们卡在一起，光子对光子或电子对电子（但对后者你必须保持箭头的方向）。例如，考虑如下图所示的情况：

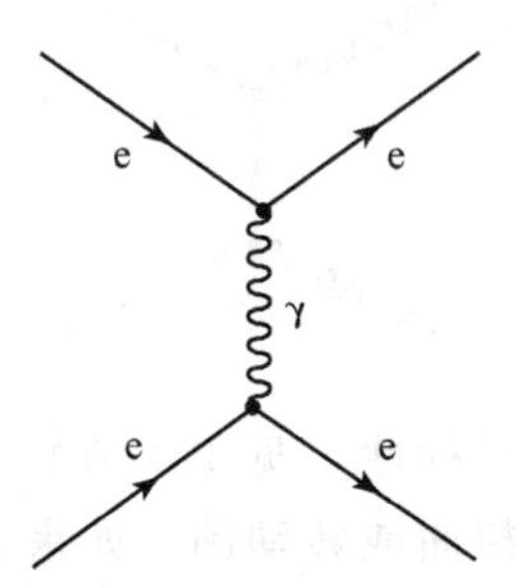

这里，两个电子进入，一个光子在它俩之间走动（我不必说哪个辐射光子哪个吸收光子；这个图代表两种顺序），然后两个电子离开。[⊖]这个图描写了两个电子之间的相互作用；在经

⊖ 看费曼图有时画一个代表时间的横扫到右边的竖直线会有帮助。在一开始（极左边），它与两条电子线相交，到中间它碰到交换的光子，最后（极右边）仍是与两个电子相交。

典理论中，我们叫它同号电荷的库仑排斥力。在 QED，这个过程叫**穆勒散射**；原因现在很明显，我们所说的相互作用是“由交换一个光子传递的”。

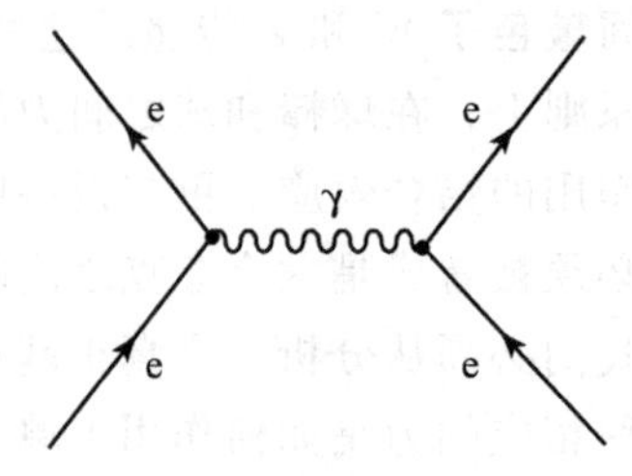

可以允许你把这些“费曼图”扭曲成任何你喜欢的拓扑形状——例如，我们可以站在前一个图的旁边一个粒子线“逆时间”（箭头指向左边）运行被翻译为相应的反粒子向前运动（光子是其自己的反粒子，这是为什么我们不画箭头在光子线上的原因）。在这个过程中一个电子和一个正电子。[⊖]湮灭形成一个光子，它然后变成一个新的电子—正电子对。一个电子和一个正电子进来，一个电子和一个正电子出去（不是同一个哟，但因为所有电子都是全同的，它无法区分）。这代表两个相反电荷之间的相互作用：它们的库仑吸引力。在 QED 中，这个过程叫芭芭散射。实际上还有一个十分不同的图同样也描写芭芭散射：

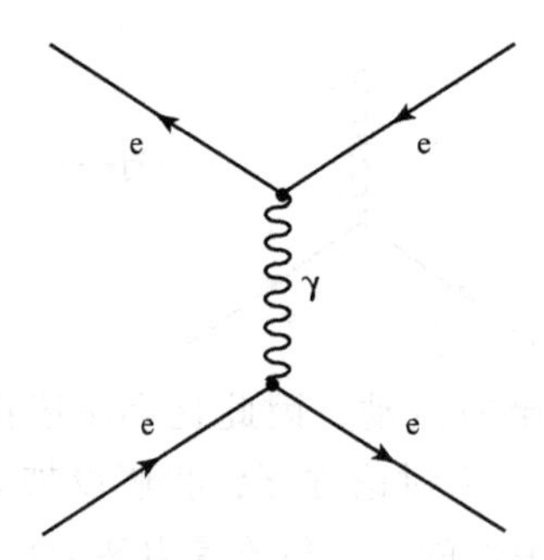

如我们所见，两个图都必须被包括进分析当中去。

利用仅仅两个顶角我们还可以构造以下的图，相应地描写对湮灭，$e^- + e^+ \to \gamma + \gamma$；对产生，$\gamma + \gamma \to e^- + e^+$；康普顿散射，$e^- + \gamma \to e^- + \gamma$

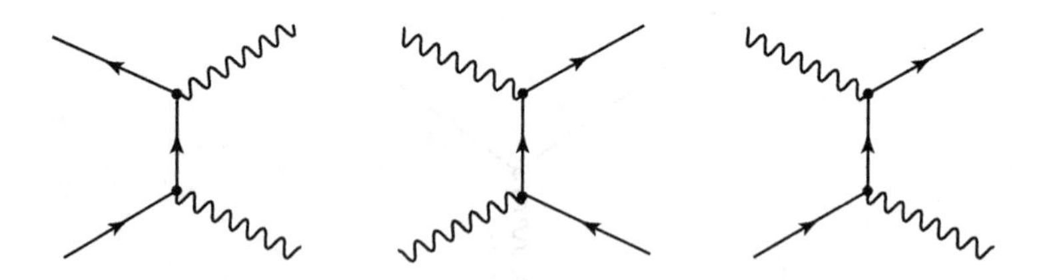

注意芭芭和穆勒散射相互通过交叉对称性（见 1.4 节）联系，就像三个显示在这里的图那样。用费曼图，交叉对称性相应于扭曲或转动图。如果我们允许更多的顶角（只是伸手进包里再多拿出些结构玩具来），可能性迅速激增；例如，用四个顶角我们获得如下一些图：

⊖ 有些作者喜欢把此图的上左和下右线标为 $\bar{e}$，以提示你它是反粒子。我认为这是危险的标记。箭头已经告诉它是反粒子，字面阅读再将建议你它是反粒子沿时间逆向运行……这将是个粒子。我喜欢都用粒子符号标记所有的线，让箭头告诉你它是否是反粒子。

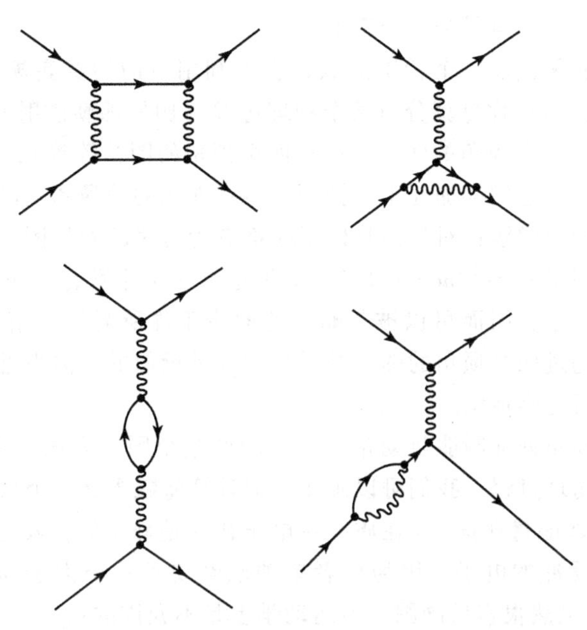

在这些图的每个图中都是两个电子进两个电子出。它们也描写同号电荷的排斥（穆勒散射）。若只关心所观察的过程，图的内部是没什么关系的。内线（那些在图内开始并结束的线）代表观察不到的粒子——不完全改变过程就观察不到它们。我们叫它们**虚粒子**。只有外线（那些进入或离开图的线）代表“实在”（观察到的）粒子。因此外线告诉你什么过程在发生；内线描写所涉及的**机制**。

定性地说，这是像小孩子一样简单的游戏，以至于如你不经意地随便滥用规则就有严重的危险。例如，如果你发现你自己画一个费曼图包含顶角

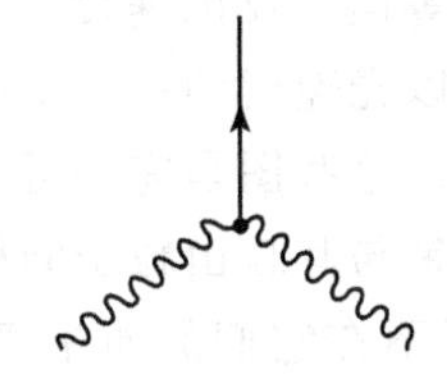

或

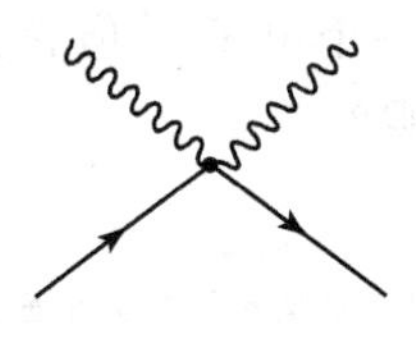

或你把一条光子线贴到电子线上

你就犯错误了——包里没有这样的构造玩具，当你试着把一条光子线连到一条电子线时，粘接不会成功。你的图可能会令人信服地描写某些其他相互作用，但它不是电动力学。

费曼图是纯符号；它们不代表粒子的径迹（如你可能在气泡云室照片中看到的）。水平维度是时间，而垂直空间并不对应物理距离。例如，在芭芭散射中，电子和正电子互相吸引，而不是排斥（像发散的线可能是暗示）。这个图说的是：“一旦有一个电子和一个正电

子交换光子，结果仍是一个电子和一个正电子”。

定量地，每个费曼图代表一个特别的数，它可利用所谓的**费曼规则**（你将在第6章学习如何做）进行计算。假设你打算分析某个物理过程（例如穆勒散射）。首先你画出所有有合适外线的图（一个有两个顶角的图，所有有四个顶角的图，等等），然后你利用费曼规则算出每个图的贡献，并把它们都加起来。把所有给定外线的费曼图全部相加代表实际的物理过程。当然，这里有个小问题：对任何具体反应都有无穷多的费曼图！幸而，图内每个顶角带一个精细结构常数因子 $\alpha = e^2/\hbar c = 1/137$。由于这是一个小数，带越来越多顶角的图对最后结果的贡献也越来越小，因而可以被忽略，这取决于你所需要的精度。事实上，在QED中很少看到计算包含超过四个顶角的图。结果肯定只是近似的，但当近似已达六位有效数字时，只有最挑剔者才可能会抱怨。

费曼规则在每个顶角处强制能量动量守恒，因此整个图也守恒。来自原始的QED顶角本身并不代表可能的物理过程。我们可以画图，但计算将赋予其一个数零。原因是纯运动学的：$e^- \to e^- + \gamma$ 将破坏能量守恒。（在质心系电子初始是静止的，其能量是 mc^2。这无法衰变成一个光子加一个反冲的电子，因为后者单独已经要求一个大于 mc^2 的能量了。）同样地，例如 $e^- + e^+ \to \gamma$ 虽然很容易画图，但运动学上是不允许的：

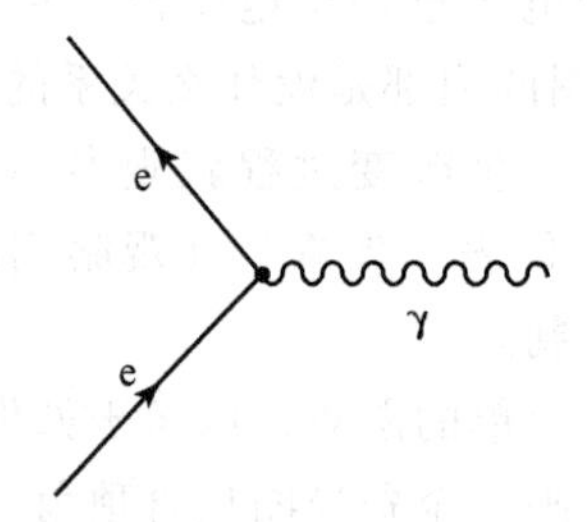

在质心系中电子和正电子对称地以相等但相反的速度进入，因此碰撞前的总动量显然是零。但末态动量不能为零，因为光子总是以光速运动；一个电子-正电子对可以湮灭到两个光子，但不是一个。然而在一个更大的图中，这些图是完全可接受的，因为虽然能量和动量必须在每个顶角守恒，一个虚粒子不需要携带与其自由粒子同样的质量。事实上，一个虚粒子可以具有任意的质量。[㊀]通常我们说虚粒子不在它们的质量壳上。外线相反地代表实粒子，它们携带“正确的”质量。[㊁]

我在上面问题中假设带电粒子是一个电子，[㊂]但它完全也可以是一个缪子，或者是一个夸克。下面这个图你是用什么构成的呢？

㊀ 在狭义相对论中，一个自由粒子的能量 E，动量 $\boldsymbol{p}$ 和质量 m 通过方程 $E^2 - \boldsymbol{p}^2c^2 = m^2c^4$ 相互联系。而虚粒子的 $E^2 - \boldsymbol{p}^2c^2$ 却可取任意值。很多作者诠释这点为虚过程破坏能量守恒（见习题1.2）。个人认为这是误导，至少能量**总是**守恒的。

㊁ 实际上实粒子和虚粒子的物理差异不像我说的那么尖锐。如果一个光子从半人马座阿尔法星发射出被你的眼睛吸收，我觉得这在技术上说是个虚光子。然而一般说，一个虚粒子越远离其质壳，其寿命越短，因此一个来自远距离恒星的光子应该极端接近其“正确的”质量——它应该必须几乎是“实的”。从计算方面，如果你将此过程分为两个分开的事件（由恒星辐射一个实光子，随后由眼睛吸收一个实光子），你将得到同样的答案。你可能说一个实粒子是一个虚粒子持续足够长的时间以至于我们不再关心它是怎么产生的，或它是如何最终被吸收的。

㊂ 在实际中除非特别指明，术语“量子电动力学”通常意指电子、正电子和光子之间的相互作用。

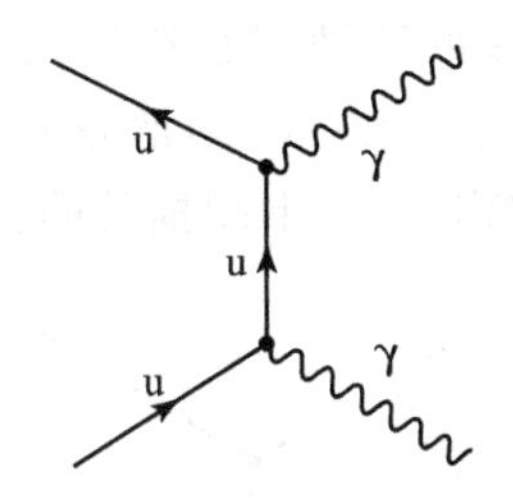

这里 $u/\bar{u}$ 对湮灭，产生两个光子（记住，一个光子是运动学禁戒的）。由于夸克禁闭，你不会像散射实验那样看到这些，但如果夸克束缚成一个介子——例如一个 π^0 又如何？这个图将代表 π^0 的“衰变”：$\pi^0 \to \gamma + \gamma$。我把衰变这个词放在引号里，因为在更深的意义上这根本不是衰变——这正是普通老的对湮灭，其中原始的对碰巧束缚在一起形成介子。这解释了为什么 π^0 的寿命比其带电的兄弟们要小 9 个数量级——它通过电磁过程衰变，而其他需要等更慢的弱过程。

我耐不住要告诉你一个有趣的寓言，但你必须承诺不要过于认真。费曼宣称他的导师(J. A. Wheeler) 某次针对为什么所有电子都是全同的提出如下解释：实际它们只有一个！它游荡在形为如下的图上

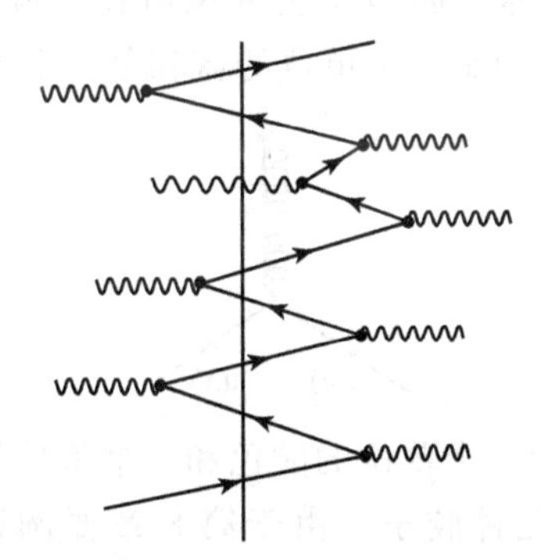

在给定的瞬间（垂直线）电子作为粒子出现（在这段时间）四次而作为反粒子出现三次——但它都是同一个电子。当然，这的确意味着宇宙中的正电子数应等于（给定或取为 1）电子数。

2.3 量子色动力学（QCD）

在色动力学中，颜色起了电荷的角色，（类似于 $e \to e + \gamma$）基本过程是夸克→夸克 + 胶子（$q \to q + g$）[㊀]：

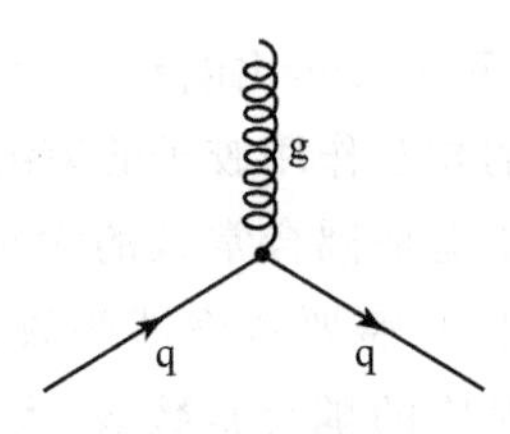

㊀ 由于轻子不带颜色，它们不参与强相互作用。

像以前一样，我们把两个或更多的这种“初级顶角”结合起来代表更复杂的过程。例如，两个夸克之间的作用力（它负责在第一时刻把夸克结合起来形成强子，然后间接将中子和质子粘起来形成核子）在最低阶是由如下图描写的：

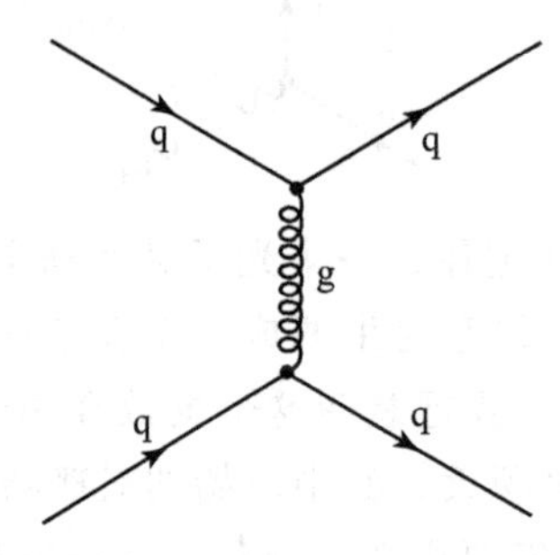

我们说两个夸克之间的力是通过交换胶子来“传递”的。

在这个水平上，色动力学很像电动力学。然而，还有重要的差别，最明显的事实是只有一种电荷（它可正可负，但单一数字足以标志一个粒子的电荷），有三种颜色（红、绿和蓝）。在基本过程 $q\to q+g$ 中，夸克的颜色（而不是它的味道）可能会变化。例如，一个蓝上-夸克可以转化为一个红上-夸克。因为颜色（像电荷一样）总是守恒的，这意味着胶子必须带走那些差别——在此例子中是一个单位的蓝和负一个单位的红。

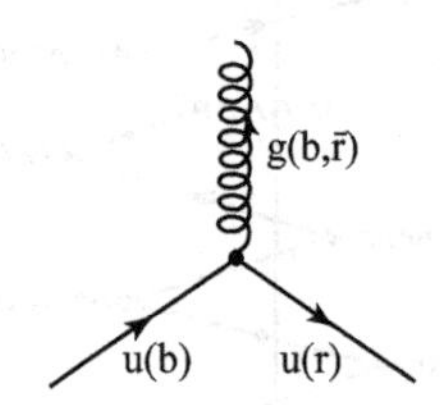

胶子因此是“双色”的，带一个单位的颜色和一个负单位的颜色。这里显然有 $3\times3=9$ 种可能性，因此你可能期待有九种胶子。由于第 8 章要阐述的技术的原因，实际上只有八个。

由于胶子自己携带颜色（不像光子，是电中性的），它们会直接耦合到其他胶子，因此除了基本的夸克-胶子顶角，我们还有初级胶子-胶子顶角；事实上有两种：三胶子顶角和四胶子顶角：

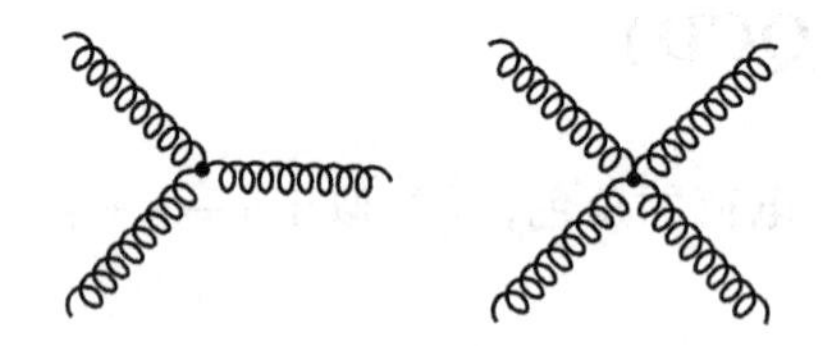

这个直接的胶子-胶子耦合使得色动力学比电动力学复杂许多，因此也丰富许多，例如允许有胶子球的可能性（没有夸克的相互作用胶子的束缚态）。

另一个色动力学和电动力学的差别是耦合常数的大小。记得 QED 的每个顶角引入一个因子 $\alpha=1/137$，这个数很小意味我们只需要考虑那些数目较少顶角的费曼图。实验上，从两个质子之间的作用力确定的强力对应的耦合常数 α_s 大于 1，这个数比较大折磨了粒子物理几十年。更复杂的图不是贡献越来越小，而是越来越大，对 QED 运作得很好的费曼算法显然是失败了。量子色动力学（QCD）的一个伟大胜利是发现其耦合“常数”的数值实际上不是常数，而是取决于相互作用粒子的分离距离（我们称之“跑动”耦合常数）。虽然在相对大的核物理特征距离下它很大，但在很小的距离时（小于质子尺寸）它变得相当小。这个现象叫作**渐进自由**[2]；它意味着在质子或 π 之内，夸克没有太强的相互作用。上述这个行为在深度非弹实验中被发现了。从理论的观点看，渐进自由的发现拯救了费曼的算法并使其成为在高能区 QCD 的合法工具。

即使在电动力学里，有效耦合也多少依赖你离源有多远。这可以被定性地理解如下。先看一个正电荷 q 被嵌入一个电介质（即分子在有电场时会极化的物质）。每个分子偶极子的负末端会朝着 q 被吸引，正端被排斥开，如图 2.1 所示。结果是，粒子要求一个负电荷"晕"，它部分地抵消了其电场。因此当存在电介质时，任何粒子的有效电荷多少是减少的：

$$q_{\text{eff}} = q/\epsilon \tag{2.1}$$

（场被变小的因子 ϵ 叫材料的介电常数；它是物质有多容易被极化的度量[3]。）当然，如果你靠分子更近，屏蔽会消失，你"看见"了这个电荷 q。因此如果你要画一个有效电荷作为距离的函数的图，它看起来类似图 2.2. 有效电荷会在很小的距离上增加。

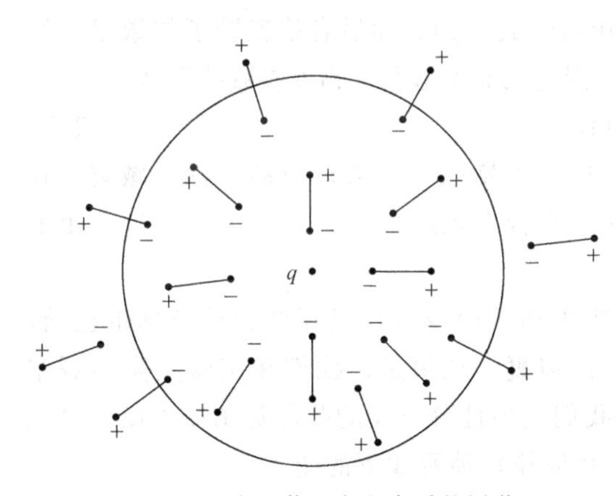

图 2.1　一个电荷 q 由电介质的屏蔽。

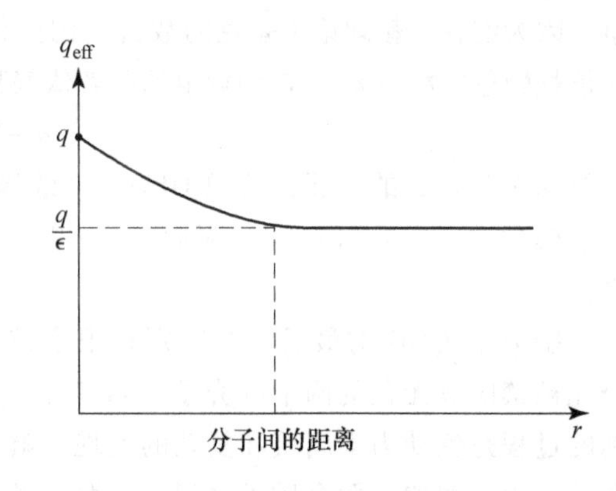

图 2.2　有效电荷作为距离的函数。

现在在量子电动力学中真空本身就像是一个电介质；它会产生出正电子-电子对，就像如下的费曼图所显示的：

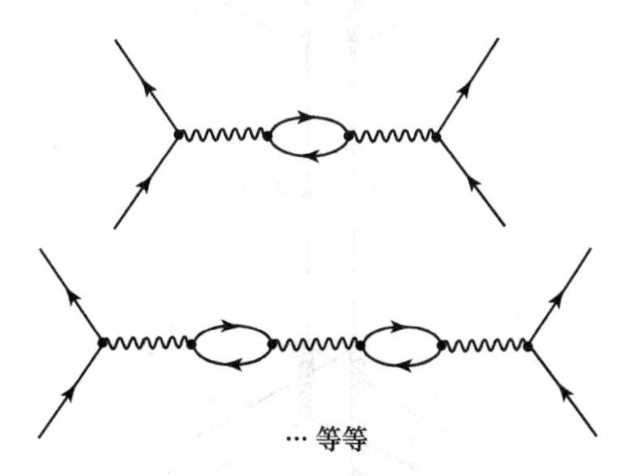

在每一个"泡泡"中的虚电子都朝向 q 并且被吸引，而虚正电子被排斥开；**真空极化**的结果是部分地屏蔽了电荷和它的场。然而同样，如果你足够接近 q，屏蔽就消失了。在这种情形起"分子间距"角色的是电子的康普顿波长，$\lambda_c = h/mc = 2.43 \times 10^{-10}\text{cm}$。比这距离更小，有效电荷增加，正像图 2.2 所示。注意未屏蔽（“特写”）的电荷，即你可能把它看作粒子“真实”的电荷，是我们无法在任何普通实验所能测量的，因为我们很难在如此小的距离下工作。㊀我们总说的“电子的电荷”实际是完全屏蔽的有效电荷。

不说电动力学了。同样的事也在 QCD 中发生，但带一个重要的新内容。我们不仅有夸克-夸克-胶子顶角（它本身将再次导致一个在短距离增强的耦合强度），而且现在还有直接的胶子-胶子顶角。因此除了类似于 QED 真空极化的图外，我们现在还必须包括进胶子圈，例如这些：

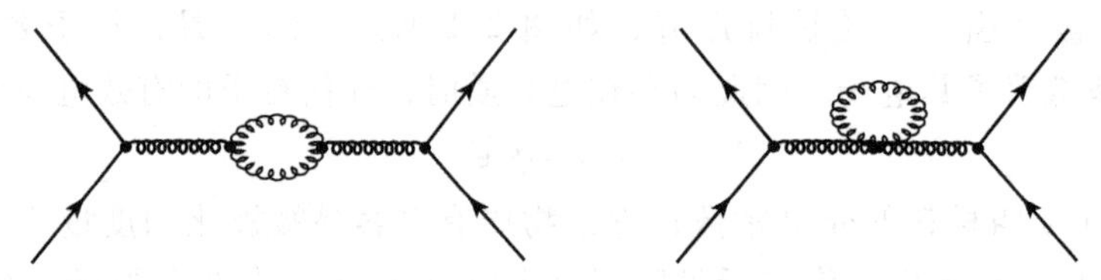

一开始人们不清楚这些图的影响有多大[4]；结果发现，它们的效应是相反的：出现了一种夸克真空极化图（它驱使 α_s 在短距离增强）和胶子真空极化图（驱使 α_s 在减弱）的相互竞争。因为前者依赖理论中夸克的数目（因此依赖味道的数目 f），而后者依赖胶子的数目（因此依赖颜色的数目 n），这场竞争的胜者依赖味道和颜色的相对数目。临界参数结果是

$$a \equiv 2f - 11n \tag{2.2}$$

如果这个数是**正的**，那么就像 QED，有效耦合在短距离**增强**；如果是**负的**，耦合**减弱**。在标准模型中，$f=6$ 而 $n=3$，因此 $a=-21$，QCD 的耦合在短距离减弱。这正是渐进自由的来源。

QED 和 QCD 的最后一个区别是很多粒子携带电荷，而没有自然存在的粒子携带色荷。夸克被禁闭成无色的两个（介子）或三个（重子）包裹。结果是，我们在实验室实际观察到的过程是色动力学间接和复杂的实现。就好像我们从中性分子间的范德瓦尔斯力出发进入电动力学。例如，两个质子之间的（强）力（除其他外）涉及如下的图：

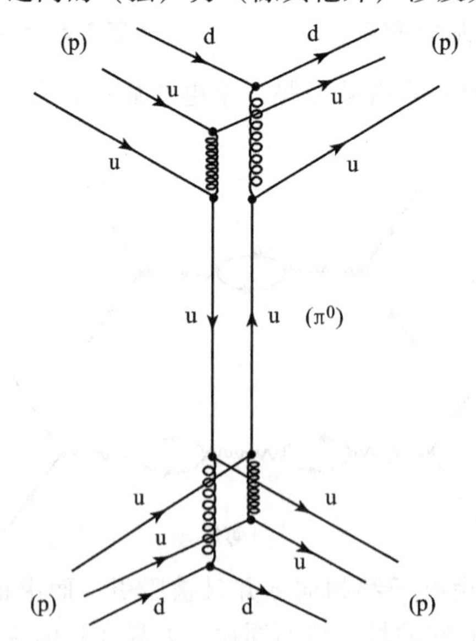

㊀ 一个例外是兰姆位移——氢原子谱的微小扰动——在其中真空极化（或，在短距离缺少它）是清晰可辨的。

你可以在这里认出汤川 π 交换模型遗迹，但整个过程比起汤川以前想象的要复杂多了。

如果 QCD 是正确的，它必须包含对夸克禁闭的解释；即，必须可以证明，作为这个理论的结果，夸克只能存在于无色组合的形式中。可能这个证明将显示当夸克被拉开的越来越远，它们之间的势能会无限增加因而需要有无穷大的能量（或至少足以产生新的夸克-反夸克对）来把它们完全分开（见图 2.3）。到目前为止，没人能提供一个结论性的证明 QCD 意味着禁闭（然而，见第 1 章参考文献 27）。困难是禁闭涉及夸克-夸克相互作用的长程行为，而这确是费曼算法失效的区域。㊀

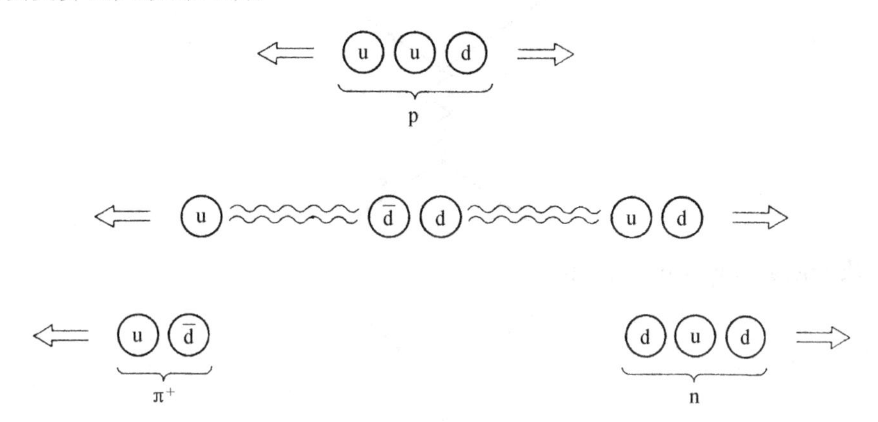

图 2.3　夸克禁闭的一个可能图像：当我们从质子中拉出一个 u 夸克时，一对夸克产生了，我们得到的不是自由夸克而是中子和一个 π 介子。

2.4　弱作用

电荷产生电磁力而色荷产生强力，而对产生弱力的“东西”没有特别的名字。有些人叫它“弱荷”。不管你用什么词，所有夸克和所有轻子都携带它[6]。（轻子没有颜色，因此它们不参与强作用；中微子没有电荷，因此它们不经受电磁力；但它们所有都参与弱作用。）有两种弱作用：带电的（由 W 传递）和中性的（由 Z 传递）。相比起来中性弱作用更加简单，因此我们从它们开始。㊁

2.4.1　中性

基本的中性顶角是：㊂

㊀ 有很强的迹象显示在极高密度——原子核的三到四倍——“相变”发生了，它导致退禁闭和所谓夸克-胶子等离子体。因此自由夸克可能会存在于大爆炸后那一瞬，人们在布鲁克海文的实验室努力地利用相对论重离子碰撞（RHIC）重新产生类似的条件（在一个更小的规模上）。

㊁ 虽然人们从一开始就知道带电弱作用（贝塔衰变是经典的例子），中性弱过程的理论可能性直到 1958 年才被了解。GWS 模型包括中性弱作用如同其基本组分，它们的存在于 1973 年在 CERN 的中微子散射实验中首先被证实[7]。

㊂ 习惯上用波浪线代表光子，弹簧线代表胶子，但对弱媒介子在文献中没有自洽的选择。我打算采用锯齿线，但这不是标准的标记。（我将用实线代表自旋为 1/2 的粒子，这是标准的；而用短划线代表自旋为 0 的粒子，这不是标准的。）

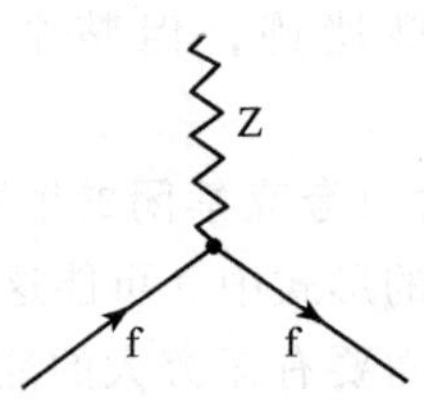

这里 f 可以是任何轻子或夸克。Z 媒介这些过程例如中微子-电子散射（$\nu_\mu + e^- \to \nu_\mu + e^-$）

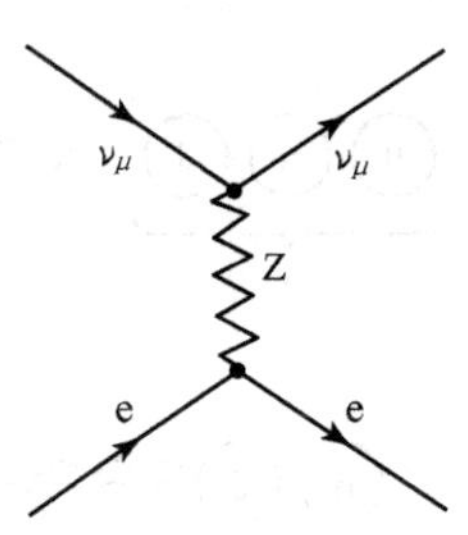

和中微子-质子散射（$\nu_\mu + p \to \nu_\mu + p$）

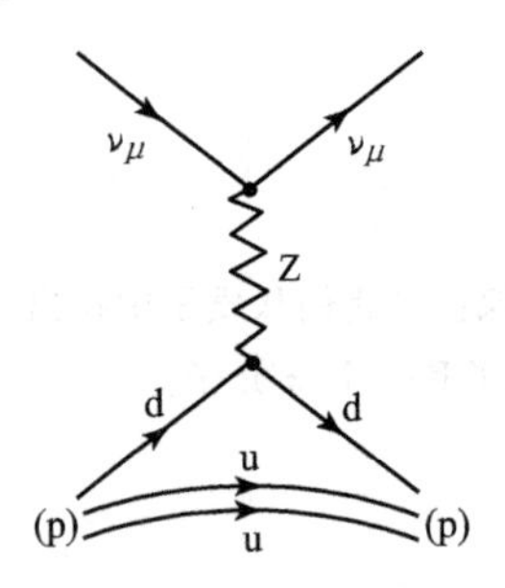

（在后面的情形，两个“旁观者”夸克从左至右运行，和 d 夸克通过强力束缚在一起——胶子交换——我们为简单起见未画出）。⊖

注意任何由光子媒介的过程也可以通过 Z 来媒介——例如，电子-电子散射

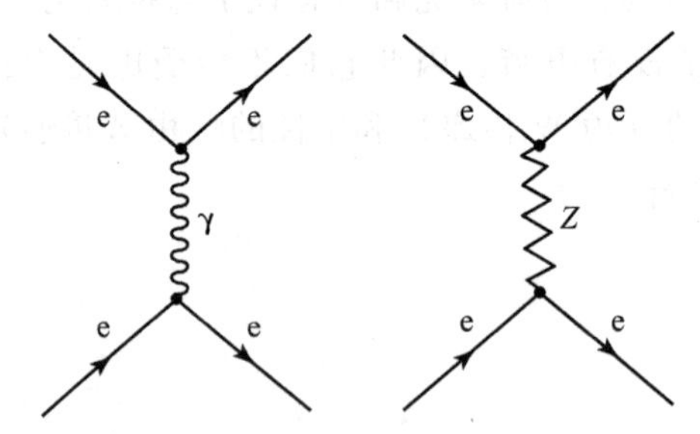

大概第二个图要对库仑定律有一点小的修正，但光子媒介的过程起到压倒性的主导作用。DESY（在汉堡）的实验在很高能量下研究了反应 $e^- + e^+ \to \mu^- + \mu^+$，发现了来自 Z 的贡献的迹象[8]。在原子物理中，电磁过程的中性弱污染有时可以利用弱作用具有的违背宇称守恒（镜像对称性）的独特印记来剔除[9]。为观察纯中性弱作用，人们不得不求助于没有相比拟的电磁机制的中微子散射——而中微子实验是极端困难的。

⊖ 当然，还有 Z 耦合到其中一个 u 夸克的图。

2.4.2 带电

强力、电磁力和中性弱力相互作用的初级顶角都具有共有的特点，即出来的夸克或轻子和进来的是同种的——当然伴随着一个胶子、光子或 Z 随不同情况而定。如 QCD 中，夸克的颜色可能会变化，但味道从不会变。带电弱相互作用是唯一改变味道的，在此意义上它们是唯一能产生“真正的”衰变的（相对于仅仅重新组装的夸克，或隐藏的对产生或湮灭），我将从轻子的带电弱作用开始阐述。[㊀]

基本带电顶角看起来是这样的：

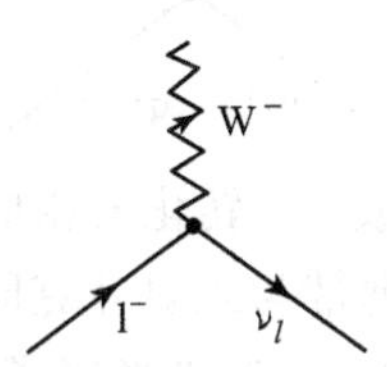

一个带负电的轻子（它可以是 e^-、μ^- 或 τ^-）转化成相应的中微子，并辐射一个 W^-（或吸收一个 W^+）：$l^- \to \nu_l + W^-$。[㊁] 像以往那样，我们把初级顶角结合起来生成复杂的反应。例如，过程 $\mu^- + \nu_e \to e^- + \nu_\mu$ 将由下面的图代表

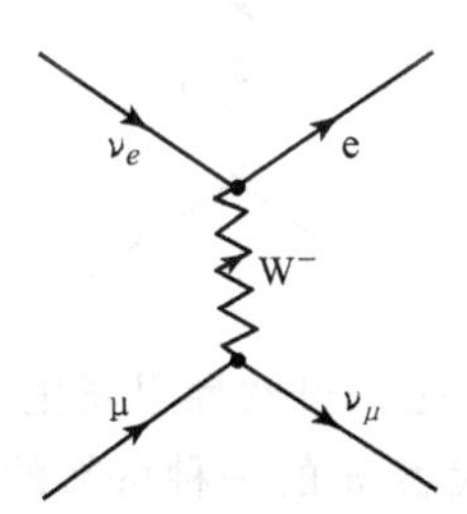

这样一个中微子-缪子散射事例将很难在实验室里建立，但稍微变一下同样的图可描写缪子的衰变，$\mu^- \to e^- + \nu_\mu + \bar{\nu}_e$：

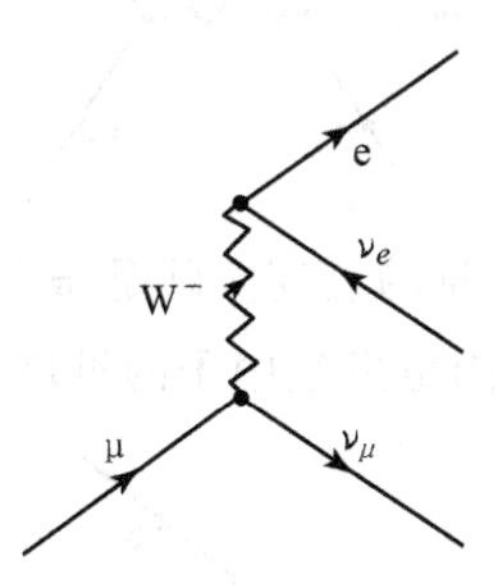

这是最整齐的全带电的弱作用；我们将在第 10 章详细研究它。[㊂]

㊀ 中微子振荡的发现将迫使这个图像做一些修正，但我们还不严格知道它们将取什么形式（可能它们将把理论代入有夸克的路线），因此目前我们将坚持这个最简单的（振荡之前的）形式。

㊁ 当然这意味着交叉反应 $l^+ \to \bar{\nu}_l + W^+$ 也是允许的。

㊂ 技术上，这只是最低阶对缪子衰变的贡献，但在弱作用理论中，人们几乎从不需要考虑高阶修正。

2.4.3 夸克

注意轻子弱顶角连接同一代的成员：e^-转化成 ν_e（伴随辐射 W^-），或 $\mu^- \to \mu^-$（辐射一个 Z），但 e^-不可能变成 μ^-或 μ^-变成 ν_e。在这种情形下，理论服从电子数、缪子数和陶子数守恒。很诱人的建议是把同样的规则应用于夸克，因此基本的带电顶角为

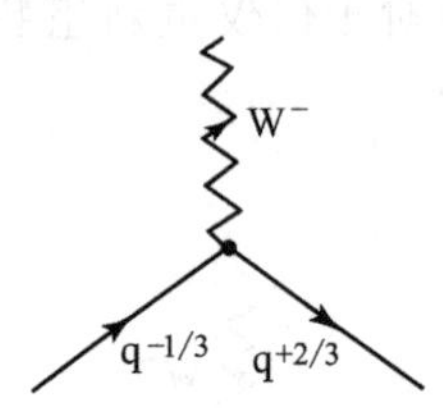

一个带 -1/3 电荷（也就是 d、s 或 b）转化成相应的带 +2/3 电荷的夸克（相应的 u、c 或 t），伴随辐射一个 W^-。出射夸克携带与入射夸克同样的颜色，但不同的味道。[⊖]

W 线的远端可以耦合到轻子（形成一个“半轻子”过程），或耦合到其他夸克（形成纯强子过程）。最重要的半轻子过程是 $d + \nu_e \to u + e$：

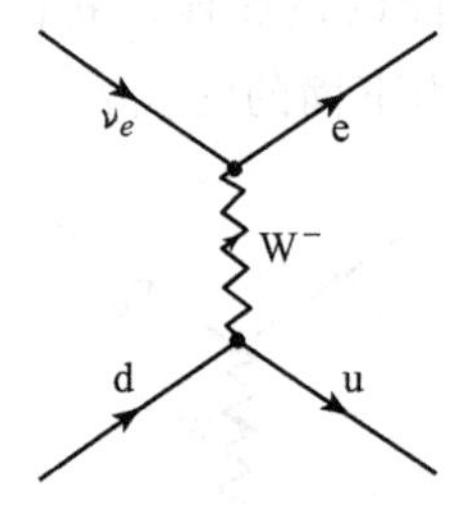

由于夸克禁闭，这个过程将不可能在自然界里发生。然而，把它转一下，并把 $\bar{u}$ 和 d 束缚（通过强力）在一起，这个图就代表 π 的一种可能的衰变，$\pi^- \to e^- + \bar{\nu}_e$：

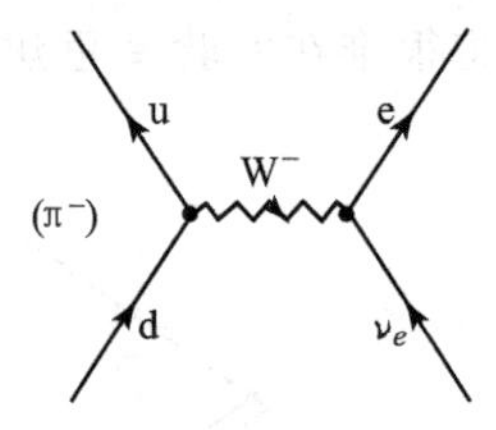

（由于以后要讨论的原因，更常见的衰变实际是 $\pi^- \to \mu^- + \bar{\nu}_\mu$，但图是一样的，只是将 e 换为 μ。）更进一步，基本同样的图也发生中子的贝塔衰变（$n \to p^+ + e^- + \bar{\nu}_e$）：

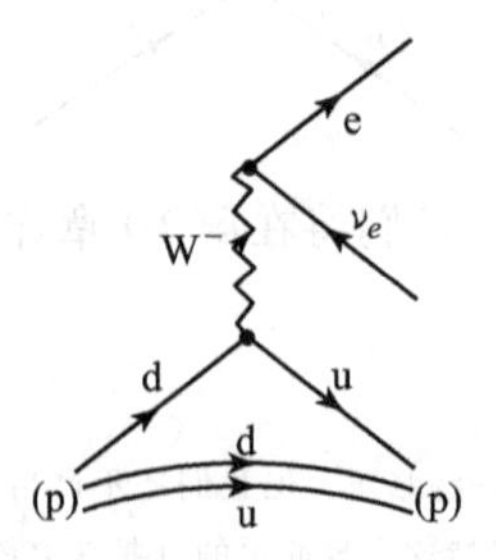

⊖ 这不是 W^-携带了“丢失的”味道——W 不带味道；味道只是在带电弱作用中不守恒而已。

因此除了强作用的污染（来自旁观者夸克）外，中子衰变与缪子衰变在结构上是相同的，并密切联系 π 的衰变。在夸克模型之前的日子，这看起来是三个十分不同的过程。

替换电子-中微子顶角为第二个夸克顶角，我们获得一个纯强子弱作用过程，$\Delta^0 \to p^+ + \pi^-$：㊀

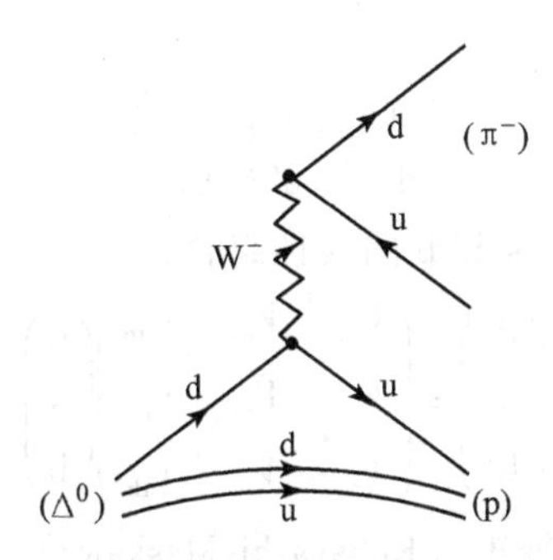

实际上，这个特殊的衰变还可经由强作用：

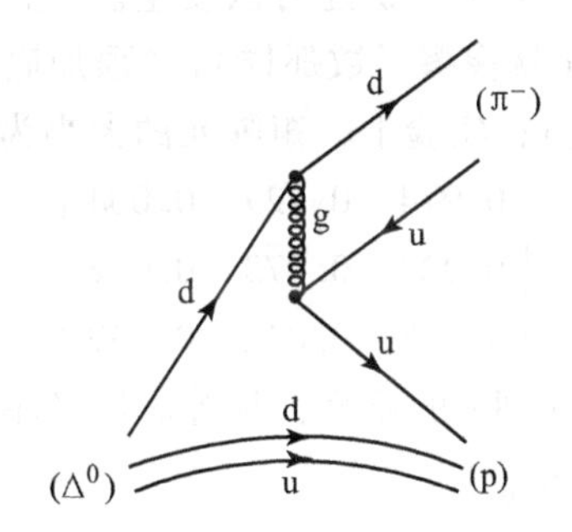

而弱机制是一个不可测量的小贡献。我们一会儿将看到更现实的非轻子弱作用的例子。

但到目前为止，都十分简单：夸克模仿轻子——唯一的差别是强力（记住，对它轻子是免疫的）通过旁观者使图像复杂化，而这和基本的弱过程无关。很不幸地说，这个故事有点太简单。因为要是基本夸克顶角仅允许在每代之内操作，我们永远看不到引起奇异数改变的弱过程，例如 Λ 的衰变（$\Lambda \to p^+ + \pi^-$）或 Ω^-（$\Omega^- \to \Lambda + K^-$），它涉及将一个奇异夸克转化成一个 u 夸克：

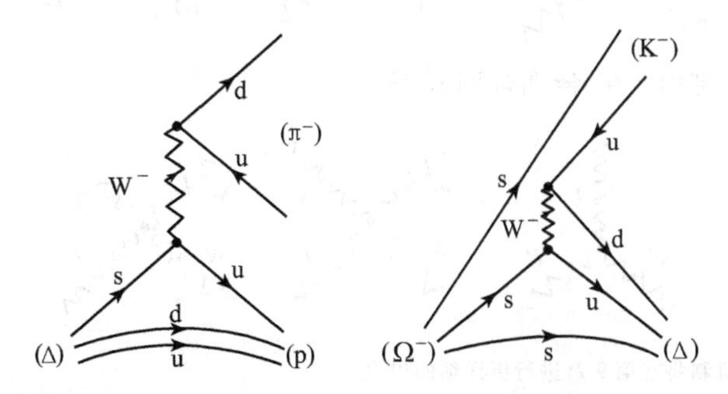

这个困难的解情形是 1963 年由卡比布（Cabibbo）建议的，1970 年由格拉肖、伊利珀勒斯（Illiopoulos）和麦阿尼（Maiani）（GIM）完善，并由小林诚（Kobayashi）和益川敏英

㊀ Δ^0 具有和中子同样的夸克成分，但这个衰变对中子是不可能的，因为它未重到足以产生一个质子和一个 π。

（Maskawa）（KM）于 1973 年推广到三代。[㊀] 基本的想法是不同夸克的代对弱作用会“转动”。[㊁] 弱作用力不是耦合到如下夸克对

$$\begin{pmatrix} u \\ d \end{pmatrix}, \begin{pmatrix} c \\ s \end{pmatrix}, \begin{pmatrix} t \\ b \end{pmatrix} \tag{2.3}$$

而是耦合到

$$\begin{pmatrix} u \\ d' \end{pmatrix}, \begin{pmatrix} c \\ s' \end{pmatrix}, \begin{pmatrix} t \\ b' \end{pmatrix} \tag{2.4}$$

其中 d′、s′和 b′是物理夸克的 d、s 和 b 的线性组合：

$$\begin{pmatrix} d' \\ s' \\ b' \end{pmatrix} = \begin{pmatrix} V_{ud} & V_{us} & V_{ub} \\ V_{cd} & V_{cs} & V_{cb} \\ V_{td} & V_{ts} & V_{tb} \end{pmatrix} \begin{pmatrix} d \\ s \\ b \end{pmatrix} \tag{2.5}$$

如果这个 3×3 小林诚-益川敏英（Kobayashi-Maskawa）矩阵是单位矩阵，那么 d′、s′和 b′将和 d、s 和 b 一样，且没有“跨代”跃迁可以发生。“上加下”将绝对守恒（就像电子数那样）；“奇异加粲”将守恒（就像缪子数那样）；“顶加底”将守恒（就像陶子数那样）。但它不是单位矩阵（虽然很接近）；实验上，矩阵元的大小为[10]

$$\begin{pmatrix} 0.974 & 0.227 & 0.004 \\ 0.227 & 0.973 & 0.042 \\ 0.008 & 0.042 & 0.999 \end{pmatrix} \tag{2.6}$$

V_{ud}度量 u 到 d 的耦合，V_{us}度量 u 到 s 的耦合，等等。后者不为零的事实就是允许奇异数改变过程，例如 Λ 和 Ω^- 的衰变发生。[㊂]

2.4.4 W 和 Z 的弱耦合和电磁耦合

在 GWS 理论中存在 W 和 Z 之间的直接耦合（就像 QCD 中存在胶子-胶子的直接耦合一样）：

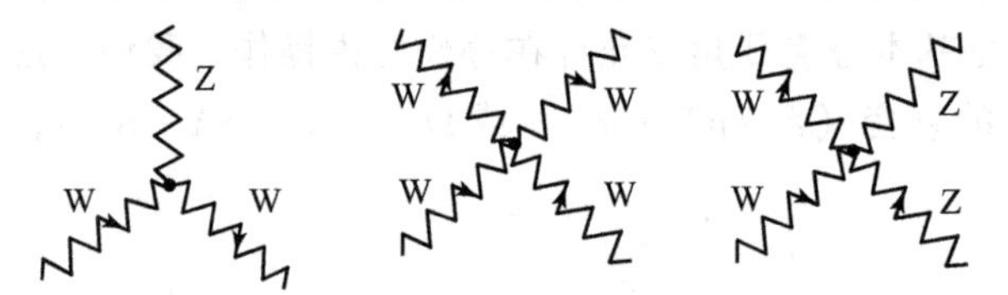

进一步，由于 W 带电，它会耦合到光子：

㊀ Cabibbo/GIM/KM 机制将在第 9 章进行更详细的讨论。

㊁ 技术上，这既适用于中性也适用于带电弱作用。但对前者无所谓，在这个阶段我试着避免涉及此事以保持我们的陈述尽可能的清晰。历史上，当只有三个已知夸克时，为什么（实验上）没有奇异数改变的中性弱作用是一个谜。GIM 机制（在十一月革命之前四年）引入了第四个夸克，和一个 2×2 “KM 矩阵”，以提供一个奇妙的相互抵消，其纯效应（在中性的情形）是我们好像从未“转动”和一开始的夸克是一样的。

㊂ 中微子振荡涉及轻子部分的跨代耦合，因此可能我们对轻子也应有“KM 矩阵”。见第 11 章。

虽然这些相互作用对理论的内在自洽性是很关键的，但在目前阶段只有有限的实际重要性（见习题2.6）。

2.5　衰变和守恒定律

基本粒子一般性之中最显眼的一个就是它们的衰变倾向；我们几乎可以称它为一个普适原理：**每个粒子都会衰变成更轻的粒子，除非存在某些守恒定律阻止其发生**。光子是稳定的（零质量，没有更轻的东西让它衰变）；电子是稳定的（它是最轻的带电粒子，电荷守恒防止它衰变）；质子可能是稳定的（它是最轻的重子，受重子数守恒保护——同样轻子数守恒保护最轻的中微子）。用同样的讨论，正电子、反质子和最轻的反中微子都是稳定的。而大多数粒子会自发衰变——即使中子，虽然它在很多原子核的保护环境下是稳定的。在实际中，我们的世界中主要充斥着质子、中子、电子、光子和中微子；更奇怪的东西时不时（通过碰撞）被产生出来，但它们持续不久。每个不稳定的种类都有其平均的特征寿命 τ㊀：对缪子是 2.2×10^{-6}s；对 π^+ 是 2.6×10^{-8}s；对 π^0 是 8.3×10^{-17}s。事实上，大多数粒子会展现出不同的衰变模式；例如64%的所有 K^+ 衰变到 $\mu^++\nu_\mu$，而21%到 $\pi^++\pi^0$，6%到 $\pi^++\pi^++\pi^-$，5%到 $e^++\nu_e+\pi^0$，等等。基本粒子理论的目标之一就是计算这些寿命和**分支比**。

一个给定的衰变是由三种基本力之一来主导的：例如 $\Delta^{++}\to p^++\pi^+$ 是一个强衰变；$\pi^0\to\gamma+\gamma$ 是电磁衰变；而 $\Sigma^-\to n+e^-+\bar{\nu}_e$ 是弱衰变。你怎么区分？如果发出光子，过程肯定是电磁的；如果中微子出现，过程肯定是弱的。但如果即没光子也没中微子出现，就很难说了。例如，$\Sigma^-\to n+\pi^-$ 是弱的，而 $\Delta^-\to n+\pi^-$ 却是强的。一会儿我将证明如何区分它们，但首先我阐述强、电磁和弱衰变最显著的实验差别：典型的强衰变涉及的寿命在 10^{-23}s 左右，典型的电磁衰变在 10^{-16}s 左右，而弱衰变的时间从 10^{-13}s（对陶子）到15min（对中子）。对一个给定的相互作用，初始粒子和衰变产物之间的质量差越大衰变一般进行得越快，就像球会更快地滚下一个更陡的山坡一样。㊁正是这个运动学效应负责巨大范围的弱作用寿命。特别地，质子和电子一起与中子质量非常接近使得衰变 $n\to p^++e^-+\bar{\nu}_e$ 很不容易发生，因此中子的寿命远比其他不稳定粒子要长。实验上，当然强衰变和电磁衰变有巨大的分别（大约1千万的因子），而电磁衰变和弱衰变差别也很大（至少1千的因子）。实际上，粒子物理学家已习惯于认为 10^{-23}s 是一个“正常”的时间以至于手册上一般用寿命分类为大于 10^{-17}s 或是一个稳定粒子！㊂

㊀　寿命 τ 通过公式 $t_{1/2}=(\ln2)\tau=0.693\tau$ 与半衰期 $t_{1/2}$ 相联系。半衰期是大量样品粒子衰变到只剩一半时所需的时间。

㊁　有些例外：例如 $\pi^+\to\mu^++\nu_\mu$ 比 $\pi^+\to e^++\nu_e$ 少一个因子 10^4，但这个情形迫切需要一些特殊的解释。

㊂　顺便说，10^{-23}s 是光跨越一个质子（直径 $\sim10^{-15}$m）大约需要的时间。很明显你无法用秒表去确定这样一个粒子的寿命，或甚至通过测量其径迹的长度（像你在习题1.8（b）对 Ω^- 所做的那样）——它不会运动多远去留下径迹。取而代之，你做一个质量测量的柱状图，利用测不准原理：$\Delta E\Delta t\geqslant\hbar/2$。这里 $\Delta E=(\Delta m)c^2$，而 $\Delta t=\tau$，因此

$$\tau\geqslant\frac{\hbar}{2(\Delta m)c^2}$$

因此散布的质量是提供粒子寿命的一个测量。（技术上这只是 τ 的下限，但对这样短寿的粒子，我们用测不准原理的极限可能是对的[11]）。

现在像我所说守恒定律允许某些反应而禁戒其他的到底是怎么回事？作为开始，有纯运动学守恒定律——能量动量守恒（我们将在第3章学习它们）和角动量守恒（在第4章中学习）。一个粒子无法自发衰变成比其更重的粒子的事实实际是能量守恒的结果（虽然这可能看起来如此“显而易见”以致根本不需任何解释）。运动学守恒定律适用于所有相互作用——强、电磁、弱，还有任何未来可能出现的东西——因为它们缘自狭义相对论本身。然而，我们现在关心的是来自基本顶角的**动力学**守恒定律：

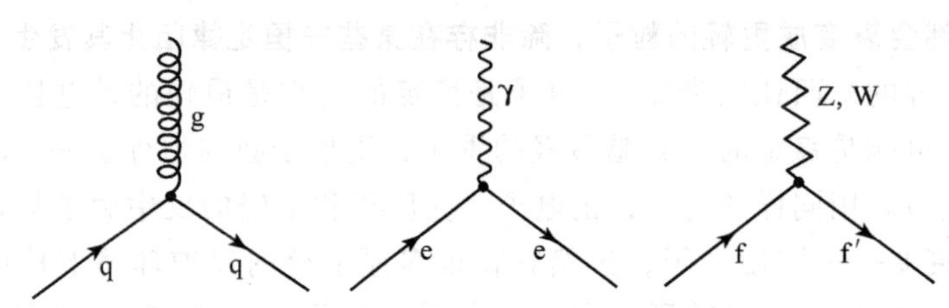

由于所有物理过程是通过把这些顶角以更复杂的结合方式粘在一起，在每个顶角的任何守恒一定会导致整个反应的守恒。因此，我们已经有了些什么呢？

1）电荷：所有三种相互作用，当然电荷都守恒。在弱作用情形，出来的轻子（或夸克）可以不具有进去的同样的电荷，如果是这样，差别是由W带走的。

2）颜色：电磁和弱作用不影响颜色。在一个强顶角夸克颜色确会改变，但差别是由胶子携带走的。（直接胶子-胶子耦合也颜色守恒。）然而，因为自然界里存在的粒子总是无色的，观察到的颜色守恒的实现是相当平庸的：零进，零出。

3）重子数：在所有初级顶角中，如果一个夸克进，一个夸克出，因此出现的全部夸克数是一个常数。在此算法中我们记反夸克为负的，因此例如在顶角 $q+\bar{q}\rightarrow g$ 中，夸克数之前是零、之后也是零。当然，我们从未看见单个夸克，只看见重子（夸克数3），反重子（夸克数-3）和介子（夸克数零）。因此，实际中更方便地是说重子数守恒（重子是1，反重子是-1，其他所有都是0）。夸克的重子数是1/3。注意不存在类似的**介子数**；因为介子携带零夸克数，一个给定的碰撞或衰变可以产生任意的介子，只要与能量守恒一致就行。

4）轻子数：强力根本不触及轻子。在电磁相互作用同一个粒子进出（伴随一个光子）；在弱作用中，一个轻子进，一个轻子出（这时不必同一个）。因此，轻子数是绝对守恒的。直到最近出现的轻子间的不跨代的混合，因此电子数、缪子数和陶子数都是分别守恒的。这在大多数情形保持正确，但中微子振荡显示这不是绝对的。[⊖]

5）味道：夸克味道如何？味在强和电磁顶角上是守恒的，但在弱顶角上不是，在那里一个上夸克可以转化成一个下夸克或奇异夸克，丢失的上或获得的下或奇异没有被拿走。由于弱力太弱，我们说各种味道**近似**守恒。事实上，如你可能记得的，正是这个近似的守恒导致盖尔曼首先引入奇异性的标记。他“解释”了奇异粒子总是以对的形式产生的事实，例如：

$$\pi^-(d\bar{u})+p^+(uud)\rightarrow K^+(u\bar{s})+\Sigma^-(dds) \tag{2.7}$$

而

⊖ 会有类似的夸克代类型的守恒（上加下，奇异加粲，美丽加真实），但这里代之间的混合已经有几十年了。而由于KM矩阵的非对角元相对较小，跨代衰变会被压低，要求两次跨越的过程极其罕见——因此老的规则“禁戒”$\Delta S=2$ 的衰变。

$$\pi^-(d\bar{u})+p^+(uud)\nrightarrow\pi^+(u\bar{d})+\Sigma^-(dds) \tag{2.8}$$

可通过它破坏奇异数守恒来解释。（实际上，这是一个可能的弱过程，但它将永远不会在实验室里看到，因为它必须和巨多可能的奇异数守恒的强过程竞争。）在衰变上，奇异数不守恒是很显著的，因为对很多粒子来说，这是它们衰变的唯一方式；没有来自强和电磁过程的竞争。例如，Λ 是最轻的奇异重子；如果它衰变，它必须衰变到 n（或 p）加些什么。但最轻的奇异介子是 K，而 n（或 p）加 K 远重过 Λ。如果 Λ 衰变（如我们所知，它确衰变：64% 的时间 $\Lambda\to p^++\pi^-$，和 36% 的时间 $\Lambda\to n+\pi^0$），那么奇异数便不能守恒。且反应一定通过弱作用进行。相反地，Δ^0（带奇异数 0）可通过强作用衰变到 $p^++\pi^-$ 或 $n+\pi^0$，其寿命相应也短许多。

6）OZI 规则：最后我要告诉你们一个十分特殊的情形，它自从第 1 章起就在我的脑海里了。我在心里关心的是由粲夸克和其反夸克组成的束缚态 $\psi=c\bar{c}$的衰变。ψ 具有反常的长寿命（$\sim10^{-20}$s）。问题是为什么会这样？这和粲数守恒没有关系；ψ 的纯粲数是零。ψ 寿命太短以致其衰变明显是因为强作用。但它为什么比强作用“应该”的值慢 1 千倍？解释（若你这么叫它）来自奥库珀（Okubo）、茨维格（Zweig）和伊祖卡（Iizuka）的被称之为“OZI 规则”的观察。这些作者[12]迷惑于 φ 介子（其夸克成分为 $s\bar{s}$，使它成为奇特地类似于 ψ 的情形）衰变到两个 K 多于三个 π（两 π 衰变由于其他原因被禁戒，将在第 4 章讨论），尽管三 π 衰变在能量上是更有利的（两个 K 的质量是 990MeV/c^2；三个 π 的质量是 415MeV/c^2）。从图 2.4，我们看到三 π 图可通过剪开那些胶子线被切成两半。OZI 规则说这样的过程是被“压低”的。提醒你不是绝对禁戒，因为衰变 $\phi\to3\pi$ 确实发生，但远小于人们原来期待的。OZI 规则在下列意义上与渐进自由联系：在一个 OZI 压低的图形中胶子必须是“硬”（高能）的，由于它们携带致使强子碎裂的能量。但渐进自由说胶子在高能（短距离）耦合变弱。相反地，在 OZI 允许的过程中，胶子是典型“软”（低能）的，在这个区域耦合是强的。这至少定性上解释了 OZI 规则。（定量细节将等待对 QCD 更完全的理解。）

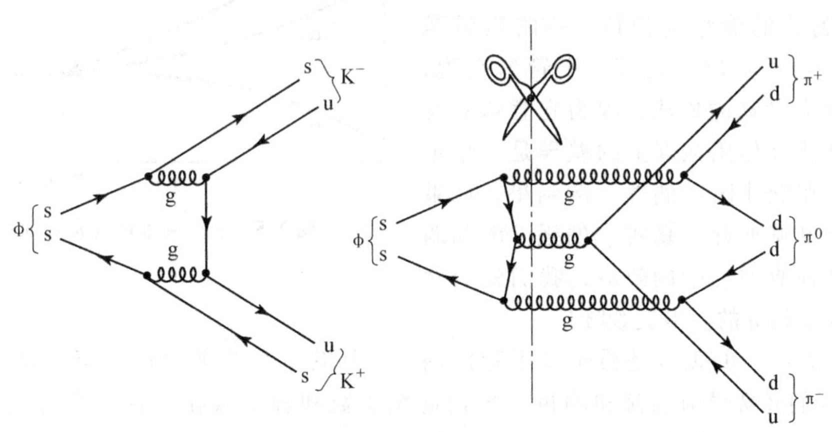

图 2.4 OZI 规则：若图通过只剪断胶子线能被分成两半（不剪任何外线），过程会被压低。

但这和 ψ 有什么关系呢？假设同样的规则适用，压低 $\psi\to3\pi$，留下到两个带粲的 D 介子的衰变（类似于到 K，但把奇异夸克换为粲夸克）作为最可能的路线。只是有一个新的变化在 ψ 系统，因为两个 D 太重：一对 D 重过 ψ。因此衰变 $\psi\to D^++D^-$（或 $\psi\to D^0+\bar{D}^0$）是运动学禁戒的，而 $\psi\to3\pi$ 是 OZI 压低的，正是这个快乐的结合使 ψ 具有了非寻常的长寿命。

2.6 统一方案

在某个时候，电和磁是两件不相关的东西，一个与木球、电池和闪电相关，另一个与天然磁石、棒状磁铁和北极有关。但1820年奥斯特（Oersted）注意到电流可以使磁指南针偏转，10年后法拉第发现运动的磁铁可以在附近的导线圈里产生电流。等到麦克斯韦把整个理论写成其最后的形式，电和磁被适当地看作一个单一物体电磁的两个方面。

爱因斯坦梦想更进一步，将引力和电动力学结合起来形成一个单一的统一场论。虽然这个项目没有成功，类似的视野激励了格拉肖、温伯格和萨拉姆把弱力和电磁力结合起来。它们的理论从四个无质量的媒介子出发，但随着理论的发展，三个获得了质量（通过所谓的希格斯机制）成为W和Z，而剩下的一个光子保持无质量。虽然实验上由W和Z媒介的反应与γ媒介的完全不同，但它们一起代表了单一的电弱相互作用。弱力的相对弱是由于矢量中间玻色子的巨大质量；其内禀强度如我们将在第9章所看到的，事实上还比电磁力的稍大。

从20世纪70年代早期开始，很多人尝试在下一个步骤上工作：把电弱力（GWS）和强力（色动力学）结合起来。实现这个**大统一**的几种不同的方案现在已放在桌上，虽然去下确定的结论还太早，但基本的想法已被广泛接受。你记得强耦合常数 α_s 在短距离**减小**（也就是说对很高能的碰撞）。对弱耦合 α_w 也是这样，不过速率变慢。同时，电磁耦合常数 α_e 是三个中最小的，却在**增加**。在极高能区它们是否能收敛到一个共同的极限值（见图2.5）？这是大统一（GUTs）的承诺。事实上，跑动耦合常数的函数形式看似可能估计出这个统一发生的能量：大约 10^{15}GeV。这比起现在可到达的能量（记住，Z 的质量是 $90\text{GeV}/c^2$）当然是出奇的高。不管怎么说，这是一个令人激动的想法，因为它意味着观察到的三种相互作用强度上的差异是一个由于我们工作在低能区“偶然”的结果。如果我们能走得足够近看“真实”的强、电和弱荷，没有任何真空屏蔽的效应，我们就会发现它们全都是相等的。多美妙呀！

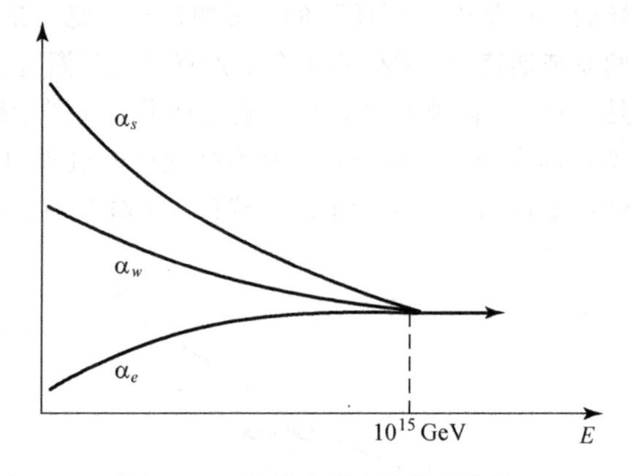

图2.5 三个基本耦合常数的演化

另一个大统一的预言是质子是不稳定的，虽然其半衰期极端长（至少是宇宙寿命的 10^{19}倍）。人们经常强调电荷和颜色守恒比起重子数和轻子数在某种意义上是更“基本”的，因为电荷是电动力学的“源”，色荷是色动力学的“源”。如果这些量不守恒，QED和QCD将不得不完全重写。而重子数和轻子数不是任何相互作用源的函数，因此它们的守恒将没有更深刻的动力学意义。在大统一理论中新的相互作用被考虑进来，允许衰变例如

$$p^+ \to e^+ + \pi^0 \quad \text{或} \quad p^+ \to \bar{\nu}_\mu + \pi^+ \tag{2.9}$$

其中重子数和轻子数发生了改变。有几个主要的实验在探寻这些质子衰变，但到目前为止结果仍是否定的[13]。

如果大统一是对的，所有基本粒子将被约化为单一力的作用。最后的步骤将是把引力拉进来，用终极的统一来最后实现爱因斯坦的梦想。关于这点超弦理论是最理想的方案。[⊖]等着吧！

参考文献

1 Consistent etymology would call for *geusidynamics*, from the Greek word for 'flavor'; see Gaillard, M. (April **1981**) *Physics Today*, 74. M. Gaillard suggests *asthenodynamics*, from the Greek word for *weak*.

2 Gross, Politzer, and Wilcek won the 2004 Nobel Prize for the discovery of asymptotic freedom. For an accessible account see Gross, D. J. (January **1987**) *Physics Today*, 39.

3 See, for example, Purcell, E. M. (**1985**) *Electricity and Magnetism*, 2nd edn, McGraw-Hill, New York, Sec. 10.1.

4 Quigg, C. (April **1985**) *Scientific American*, 84, gives a qualitative interpretation of the effect of gluon polarization.

5 For a status report, see S. Aronson and T. Ludlam **(2005)** Hunting the Quark Gluon Plasma, BNL-73847 Brookhaven National Laboratory, Brookhaven.

6 The classic papers on weak interaction theory up to 1960 are collected in Kabir, P. K. (ed) **(1963)** *The Development of Weak Interaction Theory*, Gordon & Breach, New York. A similar collection covering the modern era is contained in (a) Lai, C. H. (ed) **(1981)** *Gauge Theory of Weak and Electromagnetic Interactions*, World Scientific, Singapore. See also (b) Commins, E. D. and Bucksbaum, P. H. **(1983)** *Weak Interactions of Leptons and Quarks*, Cambridge University Press, Cambridge, UK.

7 Hasert, F. J. *et al.* **(1973)** *Physics Letters*, **46B**, 138; and *Nuclear Physics*, **B73**, 1. See also (a) Cline, D. B., Mann, A. K. and Rubbia, C. (December **1974**) *Scientific American*, 108.

8 Wu, S. L. **(1984)** *Physics Reports*, **107**, 59), Section 5.6. See also (a) Bouchiat, M. -A. and Pottier, L. (June **1984**) *Scientific American*, 100.

9 See Levi, B. G. (April **1997**) *Physics Today*, 17.

10 The numbers are from the *Particle Physics Booklet*, **(2006)**.

11 See Gillespie, D. T. (1973) *A Quantum Mechanics Primer*, International Textbook Co., London, p. 78, for a careful justification of this procedure.

12 Okubo, S. **(1963)** *Physics Letters*, **5**, 165; (a)Zweig, G. **(1964)** CERN Preprints TH 401 and TH 412; (b)Iizuka, J. **(1966)** *Progress in Physics Suppl.*, **37**, 21.

13 Weinberg, S. (June **1981**) *Scientific American*, 64; (a) LoSecco, J. M., Reines, F. and Sinclair, D. (June **1985**) *Scientific American*, 54. The best current limits on the proton lifetime come from Super-Kamiokande; see (b)Shiozawa, M. *et al.* **(1998)** *Physical Review Letters*, **81**, 3319.

习　　题

2.1　计算两个静止电子之间的引力吸引力对电排斥力的比值。（我需要告诉你它俩应离开多远吗？）

2.2　画出戴尔布儒克（Delbrunk）散射的最低阶费曼图：$\gamma+\gamma\to\gamma+\gamma$。（这个光光散射的过程没有其经典电动力学的类似物。）

2.3　画出所有四阶（四个顶角）的康普顿散射的费曼图。（有17个，不连接图不算。）

2.4　确定芭芭散射的每一个最低阶图中的虚光子质量（假设电子和正电子静止），它的速度是多少？（注意这些回答对实光子是不可能的。）

⊖　更多的关于大统一见12.2节，而关于超对称和超弦见12.4节。

2.5 (a) 你认为哪个衰变更可能发生？

$\Xi^- \to \Lambda + \pi^-$ 或 $\Xi^- \to n + \pi^-$

解释你的答案，并寻找实验数据验证它。

(b) D^0 ($c\bar{u}$) 介子的哪个衰变更可能？

$D^0 \to K^- + \pi^+$，$D^0 \to \pi^- + \pi^+$，$D^0 \to K^+ + \pi^-$

哪个最不可能？画费曼图，解释你的回答并检验实验数据。(Cabibbo/GIM/KM 模型的成功预言之一是带粲介子会更喜欢衰变到奇异介子，即使在能量上 2π 模式更有优势。)

(c) “美”(B) 介子如何？它们会衰变到 D、K 或 π 吗？

2.6 画出对 $e^+ + e^- \to W^+ + W^-$ 过程有贡献的所有最低阶图。(一个涉及 Z 到 W 的直接耦合，另一个涉及 γ 到 W 的耦合，因此当 LEP（在 CERN 的电子-正电子对撞机）达到足够的能量去产生两个 W 时，1996 年，这些例外的过程就能被实验所研究了。见 B. Schwarzschild，*Physics Today* (September 1996)，p21。)

2.7 检验如下过程，对每一个按标准模型（不包括大统一及其可能的轻子数和重子数守恒的破坏）说明它是否是可能或不可能的。对前者，说明所负责的相互作用——强、电磁或弱；对后者，引用禁戒它发生的守恒定律。[⊖] (按照通常的习惯，当无含混时我将不会指明电荷，因此 γ、Λ 和 n 是中性的；p 是正的，e 是负的；等等)

(a) $p + \bar{p} \to \pi^+ + \pi^0$　　(b) $\eta \to \gamma + \gamma$

(c) $\Sigma^0 \to \Lambda + \pi^0$　　(d) $\Sigma^- \to n + \pi^-$

(e) $e^+ + e^- \to \mu^+ + \mu^-$　　(f) $\mu^- \to e^- + \bar{\nu}_e$

(g) $\Delta^+ \to p + \pi^0$　　(h) $\bar{\nu}_e + p \to n + e^+$

(i) $e + p \to \nu_e + \pi^0$　　(j) $p + p \to \Sigma^+ + n + K^0 + \pi^+ + \pi^0$

(k) $p \to e^+ + \gamma$　　(l) $p + p \to p + p + p + \bar{p}$

(m) $n + \bar{n} \to \pi^+ + \pi^- + \pi^0$　　(n) $\pi^+ + n \to \pi^- + p$

(o) $K^- \to \pi^- + \pi^0$　　(p) $\Sigma^+ + n \to \Sigma^- + p$

(q) $\Sigma^0 \to \Lambda + \gamma$　　(r) $\Xi^- \to \Lambda + \pi^-$

(s) $\Xi^0 \to p + \pi^-$　　(t) $\pi^- + p \to \Lambda + K^0$

(u) $\pi^0 \to \gamma + \gamma$　　(v) $\Sigma^- \to n + e + \bar{\nu}_e$

2.8 有些衰变涉及两种（或甚至三种）不同的力。对下列过程画出可能的费曼图：

(a) $\mu \to e + e + e^+ + \nu_\mu + \bar{\nu}_e$

(b) $\Sigma^+ \to p + \gamma$

它们涉及了什么相互作用？(顺便说一下，这两个衰变都被观测到了。)

2.9 Υ 介子 $b\bar{b}$ 是 ψ 即 $c\bar{c}$ 的底夸克类似物。其质量是 9460MeV/c^2，寿命为 1.5×10^{-20}s。从这些信息，你能对 B 介子 $u\bar{b}$ 的质量说些什么？(观测到的质量是 5280MeV/c^2。)

2.10 ψ′介子 3686MeV/c^2 具有与 ψ ($c\bar{c}$) 同样的夸克构成。其主要衰变模式是 ψ′→

⊖ 注意：碰撞从来不会被运动学禁戒。例如，如果你声称反应 (e) 由能量守恒禁戒（因为电子比缪子轻），你至少错了一半——它能够（且确实）发生，只要电子具有足够的动能克服这些差别。但不要试图对衰变玩这个游戏——一个单一粒子无法衰变到更重的次级粒子，不管其动能多大，就像你在衰变粒子的静止系观测此过程所看到的那样。

$\psi+\pi^{+}+\pi^{-}$。这是强作用吗？它是 OZI 压低的吗？你预期 ψ'的寿命为多少？（观测到的值是 3×10^{-21}s。）

2.11　图 1.9 显示在氢原子气泡云室中首次证实的 Ω^{-}产生。入射 K^{-}显然撞击静止粒子 X，产生一个 K^{0}，一个 K^{+}和 Ω^{-}。(a) X 的电荷是多少？它的奇异数是多少？你猜测它是什么粒子？(b) 跟随右手图的每一条线，列出你跟随的每个反应；并指明相互作用的种类——所负责的强、电磁或弱作用。(假使图不清楚，两个光子被认为来自同一个点。偶然地，而 $\gamma\to e^{-}+e^{+}$在真空是不可能的（破坏动量守恒），这确在一个原子核附近发生——原子核吸收了“缺失”的动量。反应实际是 $\gamma+p\to e^{-}+e^{+}+p$，而 p 没留下径迹，因为它太重因此很难运动；电子和正电子带走光子的能量，质子只简单地作为一个被动的动量“沉积”。)

2.12　W^{-}是 1983 年在 CERN 利用质子/反质子散射时被发现的：

$$p+\bar{p}\to W^{-}+X$$

其中 X 代表一个或多个粒子。对这个过程最可能的 X 是什么？画出你的反应的费曼图，解释为什么你的 X 比其他的更可能。

第3章 相对论运动学

在这一章里，我概述相对论运动学的基本原理、记号和术语。这是为了理解第6~10章而必须要完全了解的内容（然而对第4~5章的学习，它是不必要的，如果你喜欢先读它们的话）。虽然这种处理是合理的，但前提是我假设你以前碰到过狭义相对论——如果不是，你应该在这里暂停并在继续往下学之前去读一下任意物理导引教科书的相关章节。如果你已经相当熟悉狭义相对论，这章将是个易懂的总结——但一定通读它，因为有些讲法可能对你来说是新的。

3.1 洛伦兹变换

按照狭义相对论[1]，物理定律在相对以恒定速度运动的参考系中与它们在静止系中一样能很好地成立。一个令人窘迫的结果是没办法区分哪个系统（如果有的话）是静止的，因此没办法知道任何其他系统的“确切”速度是多少。下面我开始从头讲起。

按照狭义相对论[1]，物理定律在所有惯性系都等价地成立。惯性系是服从牛顿第一定律（惯性定律）的系统：物体保持以恒定速度直线运动除非有力作用其上。㊀很容易看到任何两个惯性系必须相对以恒定速度运动，而任何相对惯性系以恒定速度运动的系同样都是惯性系。

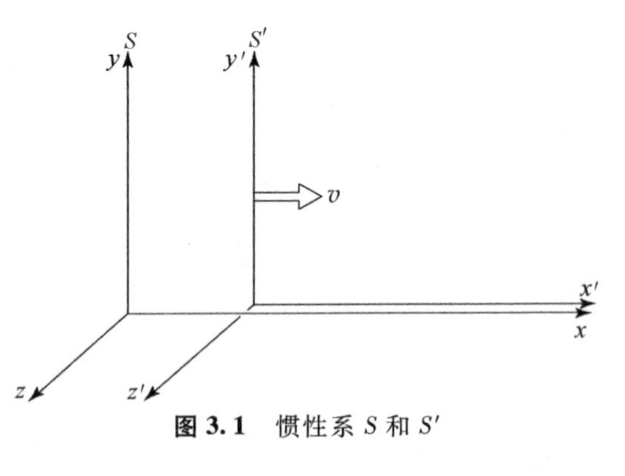

图 3.1 惯性系 S 和 S'

假设我们有两个惯性系 S 和 S'，S'以匀速 $\boldsymbol{v}$（大小 v）相对 S 运动（S 因此以速度 $-\boldsymbol{v}$ 相对 S'运动）。我们还可以把坐标取成使运动沿通常的 x/x'轴（见图 3.1），并将每个惯性系的钟安在原点，因此两个钟在两系重合时读数都为零（即当 $x=x'=0$ 时，$t=t'=0$）。假设现在某个事件在 S 系的位置 (x, y, z) 在时刻

㊀ 如果你质疑一个在均匀引力场中自由下落的系统是否是“惯性”的，那么你所知道的已经超过了要求。让我们先不考虑引力。

t 发生。

问题：这同一个事件在 S'系的时空坐标 t'和（x'，y'，z'）是多少？答案由洛伦兹变换提供：

$$\begin{aligned} &\text{i}. \quad x' = \gamma(x - vt) \\ &\text{ii}. \quad y' = y \\ &\text{iii}. \quad z' = z \\ &\text{iv}. \quad t' = \gamma\left(t - \frac{v}{c^2}x\right) \end{aligned} \tag{3.1}$$

其中

$$\gamma \equiv \frac{1}{\sqrt{1 - \frac{v^2}{c^2}}} \tag{3.2}$$

从 S'变换到 S 的逆变换可以通过简单地改变 v 的符号得到（见习题 3.1）：

$$\begin{aligned} &\text{i}'. \quad x = \gamma(x' + vt') \\ &\text{ii}'. \quad y = y' \\ &\text{iii}'. \quad z = z' \\ &\text{iv}'. \quad t = \gamma\left(t' + \frac{v}{c^2}x'\right) \end{aligned} \tag{3.3}$$

洛伦兹变换有一系列的结果，一些最重要的结果如下：

1）同时性的相对性：如果两个事件在 S 系同时但不同的地点发生，它们在 S'系不再同时发生。具体地，如果 $t_A = t_B$，那么

$$t'_A = t'_B + \frac{\gamma v}{c^2}(x_B - x_A) \tag{3.4}$$

（见习题 3.2）。如果时间在一个惯性系中同时，那么就在其他系不同时。

2）洛伦兹收缩：假定一根棒在 S'系静止地放在 x'轴上。一端在原点（$x' = 0$）而另一端在 L'（因此在 S'系它的长度是 L'）。在 S 系它的长度是多少？由于棒相对 S 运动，我们必须同时（比如说在 $t = 0$）仔细地记录其两端的位置。在那个时刻，左端在 $x = 0$，而右端按照方程（i）是 $x' = L'/\gamma$。因此棒的长度在 S 系是 $L = L'/\gamma$。注意 γ 总是大于或等于 1。注意洛伦兹收缩只适用于沿着运动方向的长度；在垂直的维度上是不受影响的。

3）时间膨胀：假设在 S'系原点的钟走过时间 T'；为简单取它从 $t' = 0$ 走到 $t' = T'$。这段时间间隔在 S 系测量是多少？它从 $t = 0$ 开始，结束在 $x' = 0$ 和 $t' = T'$，因此（按方程（iv'）$t = \gamma T'$。很明显，在 S 系的钟走了更长的间隔，比例因子仍为 γ，$T = \gamma T'$；或换另一种说法：**运动的时钟变慢**。）

不像洛伦兹收缩，它只是间接与基本粒子物理相关，时间膨胀在实验室里是很寻常之事。因为在某种意义上，每个不稳定粒子有个内在时钟：不管它是什么，它告诉什么时候其时间开始启动。而当粒子运动时这些内在时钟走慢了。也就是说，一个运动粒子相对其静止将生存得更长（多一个因子 γ）。[⊖]（表中的寿命当然是粒子静止时的。）事实上，在大气上

⊖ 实际上单个粒子的衰变是无规过程；我们所说“寿命”实际意味这类粒子寿命的平均值。当说一个运动粒子持续更长，实际指一组运动粒子的平均寿命更长。

层产生的宇宙线缪子如果没有时间膨胀将永远不会到达地面（见习题3.4）。

4）速度相加：假定一个粒子相对S'系沿x方向的速度为u'。它相对S系的速度u是多少？它用时间$\Delta t=\gamma[\Delta t'+(v/c^2)\Delta x']$行进了距离$\Delta x=\gamma(\Delta x'+v\Delta t')$，因此

$$\frac{\Delta x}{\Delta t}=\frac{\Delta x'+v\Delta t'}{\Delta t'+(v/c^2)\Delta x'}=\frac{(\Delta x'/\Delta t')+v}{1+(v/c^2)(\Delta x'/\Delta t')}$$

而$\Delta x/\Delta t=u$，且$\Delta x'/\Delta t'=u'$，因此

$$u=\frac{u'+v}{1+(u'v/c^2)} \tag{3.5}$$

注意如果$u'=c$，那么$u=c$：**光速在所有惯性系都是一样的。**

有时遇到某个具体问题时会弄不清，哪个数应该加撇而速度应该取哪个符号。我个人记得三个规则：运动棒子变短（一个因子γ），运动时钟变慢（一个因子γ）——因此把γ（大于1）放到使你能到达这些结果的方程的那边——而

$$v_{AC}=\frac{v_{AB}+v_{BC}}{1+(v_{AB}v_{BC}/c^2)} \tag{3.6}$$

其中（例如）v_{AB}是A相对B的速度。分子是经典结果（所谓“伽利略速度相加规则”）；分母是爱因斯坦的修正——它很接近1，除非速度接近c。

3.2 四矢量

为方便起见引入简化的标记。我们定义位置-时间四矢量x^μ，$\mu=0，1，2，3$如下：

$$x^0=ct,\ x^1=x,\ x^2=y,\ x^3=z \tag{3.7}$$

用x^μ，洛伦兹变换可以写成更为对称的形式：

$$\begin{aligned} x^{0'}&=\gamma(x^0-\beta x^1)\\ x^{1'}&=\gamma(x^1-\beta x^0)\\ x^{2'}&=x^2\\ x^{3'}&=x^3 \end{aligned} \tag{3.8}$$

其中

$$\beta\equiv\frac{v}{c} \tag{3.9}$$

更紧致地

$$x^{\mu'}=\sum_{\nu=0}^{3}\Lambda^\mu_\nu x^\nu \qquad (\mu=0,1,2,3) \tag{3.10}$$

系数Λ^μ_ν可以看成是一个矩阵Λ的矩阵元：

$$\Lambda=\begin{pmatrix}\gamma & -\gamma\beta & 0 & 0\\ -\gamma\beta & \gamma & 0 & 0\\ 0 & 0 & 1 & 0\\ 0 & 0 & 0 & 1\end{pmatrix} \tag{3.11}$$

（即：$\Lambda^0_0=\Lambda^1_1=\gamma$；$\Lambda^1_0=\Lambda^0_1=-\gamma\beta$；$\Lambda^2_2=\Lambda^3_3=1$；其他都为0）。为避免写很多求和号，我们将用爱因斯坦“求和规则”，它要求对重复的希腊指标（一个下标，一个上标）自动从0到

3 求和。因此方程（3.10）最后写为[1]

$$x^{\mu'} = \Lambda^{\mu}_{\nu} x^{\nu} \tag{3.12}$$

这个整齐的表达式的特别优点是对于不沿 x 方向的洛伦兹变换也具有同样的形式；事实上，S 和 S'的坐标轴甚至不必相互平行；Λ 矩阵自然更加复杂，但方程（3.12）仍然成立。（另一方面，使用方程（3.11）并没有丢失一般性，因为我们总可以自由地选择平行轴，并安排 x 轴沿 v 的方向。）

当从 S 到 S'时，按方程（3.12）虽然事件的个体坐标会改变，但它们的一种特殊的组合却保持不变（见习题 3.8）：

$$I \equiv (x^0)^2 - (x^1)^2 - (x^2)^2 - (x^3)^2 = (x^{0'})^2 - (x^{1'})^2 - (x^{2'})^2 - (x^{3'})^2 \tag{3.13}$$

在任何惯性系都有同样的值的这个量叫不变量。（同理，量 $r^2 = x^2 + y^2 + z^2$ 在转动下也是不变的。）现在，我要将这个不变量写成求和的形式：$\sum_{\mu=0}^{3} x^{\mu} x^{\mu}$，但不幸的是其中有三个重复求和的负号。为保留它们的痕迹，我们引入度规，$g_{\mu\nu}$，它的分量可以显示为一个矩阵 $\boldsymbol{g}$：

$$\boldsymbol{g} = \begin{pmatrix} 1 & 0 & 0 & 0 \\ 0 & -1 & 0 & 0 \\ 0 & 0 & -1 & 0 \\ 0 & 0 & 0 & -1 \end{pmatrix} \tag{3.14}$$

（即 $g_{00} = 1$；$g_{11} = g_{22} = g_{33} = -1$；其他都为 0）。[2]由 $g_{\mu\nu}$的帮助，不变量 I 可以写成双求和的形式：

$$I = \sum_{\mu=0}^{3} \sum_{\nu=0}^{3} g_{\mu\nu} x^{\mu} x^{\nu} = g_{\mu\nu} x^{\mu} x^{\nu} \tag{3.15}$$

更进一步，我们定义协变四-矢量 x_{μ}（指标放在下边）如下：

$$x_{\mu} \equiv g_{\mu\nu} x^{\nu} \tag{3.16}$$

（即，$x_0 = x^0$，$x_1 = -x^1$，$x_2 = -x^2$，$x_3 = -x^3$）。为强调区别，我们叫“原来”的四-矢量 x^{μ}（指标在上边）为逆变四-矢量。不变量因此可以被写成最简洁的形式：

$$I = x^{\mu} x_{\mu} \tag{3.17}$$

（或等价地写成 $x_{\mu} x^{\mu}$）。一旦你习惯了这个方法，它将变得很简单。（更进一步地，它很好地推广非笛卡儿坐标系统到广义相对论所遇到的弯曲空间，虽然这两件事都与我们这里无关。）

位-时四矢量 x^{μ}是所有四矢量的典型。当我们从一个惯性系变到另一个时，我们定义四

---

[1] 在一个表达式中，求和用的希腊字母指标 ν 当然是完全任意选的。同样对于“悬着的”上指标 μ 也是一样，只是方程两边的指标必须相配。因此方程（3.12）也可被写成 $x^{\kappa'} = \Lambda^{\kappa}_{\lambda} x^{\lambda}$。这两个表达式都代表同一组四个方程：

$$x^{0'} = \Lambda^0_0 x^0 + \Lambda^0_1 x^1 + \Lambda^0_2 x^2 + \Lambda^0_3 x^3$$

$$x^{1'} = \Lambda^1_0 x^0 + \Lambda^1_1 x^1 + \Lambda^1_2 x^2 + \Lambda^1_3 x^3$$

$$x^{2'} = \Lambda^2_0 x^0 + \Lambda^2_1 x^1 + \Lambda^2_2 x^2 + \Lambda^2_3 x^3$$

$$x^{3'} = \Lambda^3_0 x^0 + \Lambda^3_1 x^1 + \Lambda^3_2 x^2 + \Lambda^3_3 x^3$$

[2] 有些物理学家定义度规多一个负号（−1，1，1，1）。这没什么太大关系——如果 I 是一个不变量，$-I$ 也是。但它确实意味着你必须注意不熟悉的符号。庆幸的是，当今大多数粒子物理学家都采用方程（3.14）给出的约定。

矢量 a^μ 作为一个四分量的量以和 x^μ 同样的方式进行变换，也就是：

$$a^{\mu'} = \Lambda^\mu_\nu a^\nu \tag{3.18}$$

采用同样的系数 Λ^μ_ν。对每一个这样的（逆变）四矢量，我们通过改变其空间分量的符号来引入一个协变四矢量 a_μ，于是

$$a_\mu = g_{\mu\nu} a^\nu \tag{3.19}$$

当然，我们也可以通过再次改变符号反过来从协变到逆变：

$$a^\mu = g^{\mu\nu} a_\nu \tag{3.20}$$

这里 $g^{\mu\nu}$ 技术上是矩阵 $\boldsymbol{g}^{-1}$ 的元素（然而，由于我们的度规是其自己的逆，$g^{\mu\nu}$ 与 $g_{\mu\nu}$ 是一样的）。给定任意两个四矢量，a^μ 和 b^μ，量

$$a^\mu b_\mu = a_\mu b^\mu = a^0 b^0 - a^1 b^1 - a^2 b^2 - a^3 b^3 \tag{3.21}$$

是不变的（在任何惯性系值相同）。我们将称它为 a 和 b 的标量积；这是两个三矢量的点乘积对应的四维类似物（不存在叉积的四维类似物）。[㊀]

如果你不想写上下角标，可以用点积来代替：

$$a \cdot b \equiv a_\mu b^\mu \tag{3.22}$$

然而，你将需要一个区分四维标量积和两个三矢量的普通点乘的方法。最好的方式是在所有三矢量上加一个箭头（可能除了速度v，因为它不是四矢量的一部分，不会混淆）。在这本书中，我用黑体代表三矢量。因此

$$a \cdot b \equiv a_0 b^0 - \boldsymbol{a} \cdot \boldsymbol{b} \tag{3.23}$$

我们还约定 a^2 代表 a^μ 和自己的标量积：[㊁]

$$a^2 \equiv a \cdot a = (a^0)^2 - \boldsymbol{a}^2 \tag{3.24}$$

然而要注意，a^2 不一定是正的。实际上，我们可以把所有四矢量按照 a^2 的符号来分类：

$$\begin{aligned}&\text{如果 } a^2 > 0, a^\mu \text{ 叫类时的}\\&\text{如果 } a^2 < 0, a^\mu \text{ 叫类空的}\\&\text{如果 } a^2 = 0, a^\mu \text{ 叫类光的}\end{aligned} \tag{3.25}$$

从矢量出发，短暂一步就到达张量：一个二阶张量 $s^{\mu\nu}$ 携带两个指标，有 $4^2 = 16$ 个分量，用两个 Λ 变换：

$$s^{\mu\nu'} = \Lambda^\mu_\kappa \Lambda^\nu_\sigma s^{\kappa\sigma} \tag{3.26}$$

一个三阶张量 $t^{\mu\nu\lambda}$ 携带三个指标，有 $4^3 = 64$ 个分量，用三个 Λ 变换：

$$t^{\mu\nu\lambda'} = \Lambda^\mu_\kappa \Lambda^\nu_\sigma \Lambda^\lambda_\tau t^{\kappa\sigma\tau} \tag{3.27}$$

等等。在这些分级中，矢量是阶为 1 的张量，标量（不变）是阶为 0 的张量。我们通过降低指标来构造协变和“混合”张量（代价是对每个空间指标多一个负号），例如

$$s^\mu_\nu = g_{\nu\lambda} s^{\mu\lambda}; \quad s_{\mu\nu} = g_{\mu\kappa} g_{\nu\lambda} s^{\kappa\lambda} \tag{3.28}$$

㊀ 最接近的东西是 $(a^\mu b^\nu - a^\nu b^\mu)$，但它是一个二阶张量，不是一个四矢量（见以下）。

㊁ 表面上，这是危险的标记，因为 a^2 还可以是 a^μ 的第二个空间分量。但在实际中，我们很难把它看成是单个的分量，因此这不会产生问题（如果你确实是指分量，最好明确说出来）。更严重的潜在混淆是在 a^2 和 a^μ 的三矢量部分的平方。我个人把后者用黑体写以避免错误理解：$\boldsymbol{a}^2 \equiv \boldsymbol{a} \cdot \boldsymbol{a}$。这不是标准的标记，然而如果你喜欢某些其他的设计，也是可以的。但我要劝你找个清楚的方式去区分 a^2 和 $\boldsymbol{a}^2$，否则你会在以后碰到麻烦。

等等。注意两个张量的积本身也是一个张量：($a^\mu b^\nu$) 是一个二阶张量；($a^\mu t^{\nu\lambda\sigma}$) 是一个四阶张量；等等。最后，我们可以从任意 $n+2$ 阶张量通过求和一对上下指标“收缩”成 n 阶张量。因此 s^μ_μ 是标量；$t^{\mu\nu}_\nu$ 是矢量；$a_\mu t^{\mu\nu\lambda}$ 是二阶张量。

3.3 能量和动量

若你在高速路上行驶，假如你正接近光速。你可能会密切注视两种不同的“时间”：如果你急于参加一个在旧金山的约会，你会查看排在路边的静止时钟。但如果你要考虑什么是合适的停车吃饭时间，很显然你会看腕上的手表。因为按照相对论，运动的时钟（这里是你的手表）变慢（相对地面“静止的时钟”），同样你的心跳速率、你的新陈代谢、你的说话和思维，所有的事都变慢。具体地，当“地面”时间经历一个无穷小间隔 $\mathrm{d}t$，你自己的（或原）时间则经历一个小量 $\mathrm{d}\tau$：

$$\mathrm{d}\tau = \frac{\mathrm{d}t}{\gamma} \tag{3.29}$$

当然在通常的速度下，γ 接近于 1，使得 $\mathrm{d}t$ 和 $\mathrm{d}\tau$ 几乎相等。但在基本粒子物理中实验室时间（墙上的钟的读数）和粒子时间（好像出现在粒子身上的手表）的差别是十分关键的。虽然我们总可以利用方程（3.29）从一个得到另一个，在实际中通常最方便采用原时，因为 τ 是不变的——所有观测者都可读出粒子的手表，且在任何给定时刻它们应全都一样，即使它们自己的钟可能和它不同也和其他的不同。

当我们谈及一个粒子（相对实验室）的“速度”，当然我们的意思是指它（在实验室系测量的）走过的距离除以（用实验室的钟测量的）它所花费的时间：

$$v = \frac{\mathrm{d}\boldsymbol{x}}{\mathrm{d}t} \tag{3.30}$$

而按刚才所说的观点，引入原速度 η 是有用的，它是走过的距离（同样是实验室测量的）除以原时：[⊖]

$$\boldsymbol{\eta} = \frac{\mathrm{d}\boldsymbol{x}}{\mathrm{d}\tau} \tag{3.31}$$

按照方程（3.29），两个速度由因子 γ 相互联系：

$$\boldsymbol{\eta} = \gamma v \tag{3.32}$$

而 η 更容易处理，因为如果我们想从实验室系 S 变到运动系 S'，方程（3.30）的分子和分母都必须变换——导致繁琐的速度叠加规则方程（3.5）——而在方程（3.31）中只需要将分子进行变换；$\mathrm{d}\tau$ 是不变的。事实上，原速度是一个四矢量的一部分：

$$\eta^\mu = \frac{\mathrm{d}x^\mu}{\mathrm{d}\tau} \tag{3.33}$$

它的零分量是

⊖ 原速度在距离用实验室系测得而时间用粒子系测得这个意义上是一个混合量。因此人们反对用形容词“原”，而是应用那些完全都在粒子系里测得的量。当然在粒子自己的系中，它的速度为零。如果我的术语扰乱了你，就叫 η“四速度”吧。我还要加一点，虽然原速度在计算上是更方便的量，普通速度从观测粒子飞过的观测者的角度看仍是更自然的量。

$$\eta^0 = \frac{dx^0}{d\tau} = \frac{d(ct)}{(1/\gamma)dt} = \gamma c \tag{3.34}$$

因此

$$\eta^\mu = \gamma(c, v_x, v_y, v_z) \tag{3.35}$$

附带地，$\eta_\mu \eta^\mu$ 应是不变的，它为

$$\eta_\mu \eta^\mu = \gamma^2(c^2 - v_x^2 - v_y^2 - v_z^2) = \gamma^2 c^2 (1 - v^2/c^2) = c^2 \tag{3.36}$$

它们没造出更多的不变量。

经典上动量是质量乘速度。我们愿意把这用到相对论情形，但问题出现了：我们应用哪种速度——普通速度还是原速度？经典的考虑没给出线索，因为两者在非相对论极限下相等。某种意义上，这只是定义问题，但有个巧妙和不可抗拒的理由说明为什么普通速度将是个坏的选择，而原速度是个好的选择。关键是：如果你定义动量为 mv，那么动量守恒将无法与相对论原理自洽（如果它在一个惯性系成立，它将在其他惯性系不再成立）。但如果我们定义动量为 $m\eta$，动量守恒与相对论原理是自洽的（如果它在一个惯性系成立，它自动在所有惯性系都成立）。你可以在习题 3.12 中证明这点。提醒你，这并不保证动量是守恒的——那是实验去决定的事。但它告诉我们如果期望推广动量守恒到相对论区域，最好定义动量为 $m\eta$ 而不是 mv。

结论是，在相对论中动量定义为质量乘以原速度：

$$\boldsymbol{p} \equiv m\boldsymbol{\eta} \tag{3.37}$$

因为原速度是一个四矢量的一部分，因此动量也是

$$p^\mu = m\eta^\mu \tag{3.38}$$

p^μ的空间分量构成（相对论的）动量三矢量：

$$\boldsymbol{p} = \gamma m \boldsymbol{v} = \frac{m\boldsymbol{v}}{\sqrt{1 - v^2/c^2}} \tag{3.39}$$

同时，“时间”分量是

$$p^0 = \gamma mc \tag{3.40}$$

由于很快将要出现的原因，我们定义相对论性的能量 E 为

$$E \equiv \gamma mc^2 = \frac{mc^2}{\sqrt{1 - v^2/c^2}} \tag{3.41}$$

p^μ的 0 分量因此是 E/c。因此，能量和动量一起构成一个四矢量——能量-动量四矢量（或四动量）

$$p^\mu = \left(\frac{E}{c}, p_x, p_y, p_z\right) \tag{3.42}$$

顺便，从方程（3.36）和方程（3.38），我们有

$$p_\mu p^\mu = \frac{E^2}{c^2} - \boldsymbol{p}^2 = m^2 c^2 \tag{3.43}$$

它也是完全不变的。

相对论动量［方程（3.37）］在非相对论区域（$v \ll c$）退化成经典表达，但同样的内容还不能说是相对论的能量［方程（3.41）］。为看到这个量是怎么被叫成“能量”的，我们把平方根做泰勒展开：

$$E = mc^2\left(1 + \frac{1}{2}\frac{v^2}{c^2} + \frac{3}{8}\frac{v^4}{c^4} + \cdots\right) = mc^2 + \frac{1}{2}mv^2 + \frac{3}{8}m\frac{v^4}{c^2} + \cdots \tag{3.44}$$

注意这里的第二项正是经典的动能项，而领头阶项（mc^2）是一个常数。现在你可能记得在经典力学中只有能量的改变是有物理意义的——你可以加一个常数而不受惩罚。在此意义上，相对论的公式与经典的在极限$v \ll c$展开的高阶项都可忽略时是自洽的。在 $v=0$ 时留下来的常数项叫静止能：

$$R \equiv mc^2 \tag{3.45}$$

剩余部分是对运动粒子的能量叫相对论动能：[⊖]

$$T \equiv mc^2(\gamma - 1) = \frac{1}{2}mv^2 + \frac{3}{8}m\frac{v^4}{c^2} + \cdots \tag{3.46}$$

在经典力学里，没有无质量的粒子；其动量（mv）将是零，它的动能$\left(\frac{1}{2}mv^2\right)$将是零，因为 $F=ma$ 它不受力，因此（有牛顿第三定律）它不会施加力给任何其他东西——它就是个动力学的幽灵。初看起来你可能期待同样的结论在相对论中也应成立，但仔细检查公式

$$\boldsymbol{p} = \frac{m\,v}{\sqrt{1-v^2/c^2}}, \quad E = \frac{mc^2}{\sqrt{1-v^2/c^2}} \tag{3.47}$$

解释了漏洞：当 $m=0$ 时，分子是零；但如果 $v=c$，分母同样是零，而这些方程变成不确定的（0/0）。因此可能我们可以允许 $m=0$，只要粒子总是以光速运动就行。在这种情形下，方程（3.47）将无法作为 E 和 $\boldsymbol{p}$ 的定义；而方程（3.43）却仍然成立：

$$v = c, \quad E = |\boldsymbol{p}|c \quad （对无质量粒子） \tag{3.48}$$

若不是有已知事实的无质量粒子（光子）在自然界中存在，它们确实以光速运行且它们的能量和动量的确通过方程（3.48）联系，我个人宁愿把这些“论据”看成是一个玩笑。因此我们必须认真看待这个漏洞。你可能会问：如果方程（3.47）不能定义 $\boldsymbol{p}$ 和 E，那么什么来决定无质量粒子的动量和能量呢？不是质量（它被假定是零），也不是速度（它总是 c）。那么一个 2eV 能量的光子和 3eV 的光子的差别在哪儿？相对论没回答这个问题，但相当奇怪的是量子力学却用普朗克公式的形式给出了回答：

$$E = h\nu \tag{3.49}$$

由此得知，正是光子的频率决定了它的能量和动量：2eV 的光子是红的，而 3eV 的光子是紫的！

3.4 碰撞

到目前为止，相对论的能量和动量不过只是定义；物理存在着这些量是守恒的这一经验事实。在相对论中，像在经典力学中那样，守恒定律最确切的应用是碰撞。首先想像一个经典碰撞，物体 A 撞击物体 B（可能它们是空气台上的两个小车），产生物体 C 和 D（见图 3.2）。当然，C 和 D 可能与 A 和 B 相同；但我们也可以允许有些油漆（或随便什么其他东

⊖ 注意我从未在这些讨论中陈述“相对论质量”。这是一个没有什么用的多余的量。如果你碰到它，定义 $m_{\text{rel}} \equiv \gamma m$；由于它和能量 E 只差一个因子 c^2，因而绝迹了。当说 m_{rel}你也就是直接说 E。例如，“相对论质量守恒”不是别的就是能量守恒，多除一个因子 c^2。

西）从 A 擦到 B 上，因此最后的质量和原先的不同。（然而我们假设 A、B、C 和 D 是唯一的剧中演员；如果某些碎片 W 离开了舞台，那么我们将谈论一个更复杂的过程：$A+B\to C+D+W$。）由此特点，碰撞是一个发生很快的过程，没有外力（例如引力或和轨道的摩擦）对其产生明显的影响。经典上，质量和动量在这样一个过程里总是守恒的；而动能可能守恒或可能不守恒。

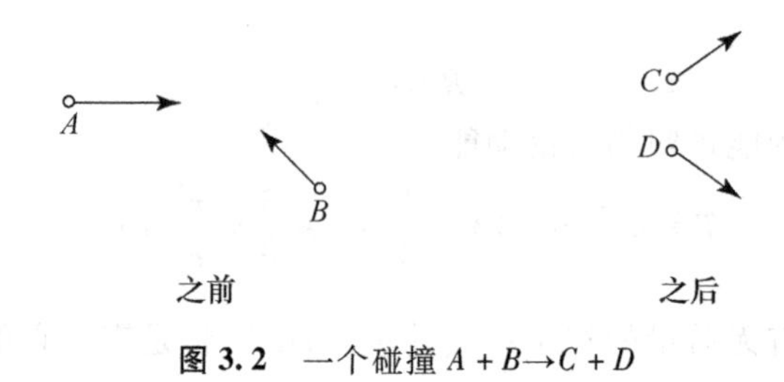

图 3.2　一个碰撞 $A+B\to C+D$

3.4.1　经典碰撞

1. 质量是守恒的：$m_A+m_B=m_C+m_D$。
2. 动量是守恒的：$\boldsymbol{p}_A+\boldsymbol{p}_B=\boldsymbol{p}_C+\boldsymbol{p}_D$。
3. 动能可能守恒或可能不守恒。

我喜欢把碰撞分为三类：“黏性”的，其中动能减少（典型地是转化成热了）；“爆炸性”的，其中动能增加（例如，假定 A 在其前端减震器上有个小弹簧，碰撞过程的撞击释放了那个弹簧使其能量转化成动能）；“弹性”的，其中动能守恒。

(a) 黏性（动能减少）：$T_A+T_B>T_C+T_D$。

(b) 爆炸（动能增加）：$T_A+T_B<T_C+T_D$。

(c) 弹性（动能守恒）：$T_A+T_B=T_C+T_D$。

在（a）的极限情形，两个粒子粘在一起，最后只有一个物体：$A+B\to C$。在（b）的极限情形，一个单一物体破成两个：$A\to C+D$（用粒子物理的预言，A 衰变成 $C+D$）。

3.4.2　相对论碰撞

在相对论碰撞里，能量和动量总是守恒的。换句话说，能-动量四矢量的所有分量都是守恒的。像经典情形一样，动能可能守恒也可能不守恒。

1. 能量是守恒的：$E_A+E_B=E_C+E_D$。
2. 动量是守恒的：$\boldsymbol{p}_A+\boldsymbol{p}_B=\boldsymbol{p}_C+\boldsymbol{p}_D$。
3. 动能可能守恒也可能不守恒。

（头两个可以被结合成单一表达：$p_A^\mu+p_B^\mu=p_C^\mu+p_D^\mu$。）

同样，我们可以把碰撞分为黏性、爆炸和弹性的，依赖于动能减少、增加或不变。由于总能量（静止加动能）总是守恒的，导出静止能（因此质量）在黏性碰撞增加，爆炸碰撞减少，而弹性碰撞不变。

(a) 黏性（动能减少）：静止能和质量增加。

(b) 爆炸（动能增加）：静止能和质量减少。

(c) 弹性（动能守恒）：静止能和质量不变 。

请注意：**除了弹性碰撞外，质量是不守恒的。**㊀例如，在衰变 $\pi^0 \to \gamma + \gamma$ 中，初始质量是 $135\mathrm{MeV}/c^2$，而末态质量是零。这里**静止**能转化成**动能**（或，用大众媒体的荒诞语言说，不管量纲自洽性惹恼人的“质量被转化成了能量”的说法）。相反地，如果质量是守恒的，碰撞就是弹性的，这在基本粒子物理中，只有一种方式永远会发生：同样的粒子进和出，例如电子质子散射（$e + p \to e + p$）。㊁

尽管经典和相对论分析在结构上存在某些类似性，但非弹性碰撞的解释有显著差别。在经典情形，我们说能量从动能形式转化成“内能”形式（热能，弹簧能，等等），或反过来。在相对论情形，我们说能量从动能转化成静止能或反过来。这些如何能自洽？最后，相对论力学在 $v \ll c$ 时应该约化到经典力学。答案是所有能量的“内能”形式都反映了物体的静止能。热土豆比冷土豆重一些，压缩的弹簧比伸展的重一些。在宏观水平上，静止能比内能大很多，因此这些质量差别在日常生活中完全可以被忽略。只有在核物理和粒子物理中典型的内能才和典型的静止能相当。不管怎么说，原则上，当你称量一个物体，你测量的不只是其各组成部分的静止能（质量），还有它们的动能和相互作用能。

3.5　例子和应用

求解相对论运动学问题是一门艺术。虽然所涉及的物理学知识很少——只包括能量守恒和动量守恒——但代数可能很难做。解决一个给定的问题是花两行还是七页取决于你的处理工具和技巧是多么娴熟和有经验。我现在提出来几个例子，随着我的进展请指出一些适合你省力的做法[2]。

例 3.1　两块泥土，每个质量都为 m，以 $\frac{3}{5}c$（见图 3.3）迎头相撞，然后粘在一起。问：最后组成的泥土块质量是多少？

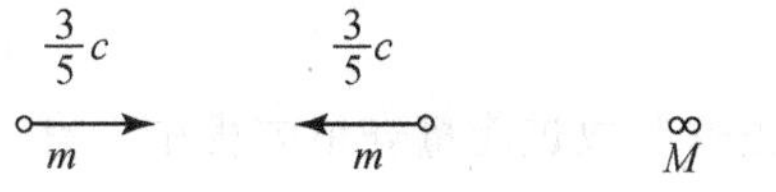

解：能量守恒说 $E_1 + E_2 = E_M$。动量守恒说 $\boldsymbol{p}_1 + \boldsymbol{p}_2 = \boldsymbol{p}_M$。在本例情形下，动量守恒是 $\boldsymbol{p}_1 = -\boldsymbol{p}_2$，因此，末态土块是静止的（这从一开始就是明显的）。初始能量相等，由能量守恒给出

$$Mc^2 = 2E_m = \frac{2mc^2}{\sqrt{1-(3/5)^2}} = \frac{5}{4}(2mc^2)$$

$\frac{3}{5}c$　$\frac{3}{5}c$　m　m　M

碰撞之前　碰撞之后

图 3.3　两个相等质量的黏性碰撞（例 3.1）。

结论：$M = \frac{5}{2}m$。注意这大于两个初始质量的相加；在黏性碰撞中动能转化成静止能，因此质量增加。

例 3.2　一个质量为 M 的粒子，初始静止，衰变成两半，每一半质量均为 m（见图 3.4）。问：每半的飞离速度有多大？

解：这当然是例 3.1 的逆过程。动量守恒说两半以相等的速度反向飞离。能量守恒要求

㊀　在老的术语中，我们会说相对论性的质量守恒，而静止质量不守恒。

㊁　原则上，如果存在两组可区分的粒子对（A、B 和 C、D）碰巧加起来具有同样的质量，我们假设反应 $A + B \to C + D$ 可能是“弹性”的，但在现实里没有这样的巧合，因此对粒子物理学家而言谈“弹性”不得不意味着同样的粒子进和出。

$$M = \frac{2m}{\sqrt{1 - v^2/c^2}}, \quad 因此 \quad v = c\sqrt{1 - (2m/M)^2}$$

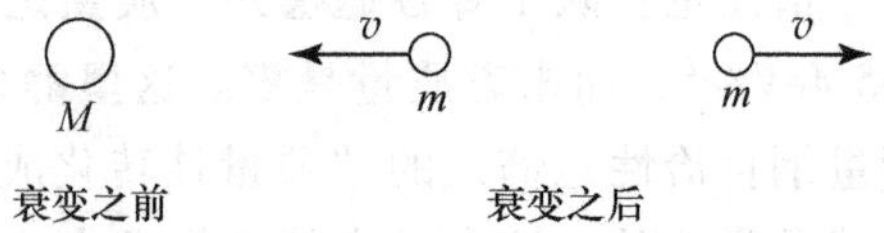

M　m　m
衰变之前　衰变之后

图 3.4　一个粒子衰变成两半（例 3.2）。

这个答案在 M 小于 $2m$ 的时候是没意义的：至少要有足够合适的静止能去覆盖末态的静止能（任何超出都是好的；它可被汲取为动能）。我们说 $M = 2m$ 是过程 $M \to 2m$ 的阈。例如氘是在衰变成质子加中子的阈之下（$m_d = 1875.6\text{MeV}/c^2$；$m_p + m_n = 1877.9\text{MeV}/c^2$），因此是稳定的。氘核可以被扯开，但只能在泵入系统足够的覆盖那些差别的能量后才行。（如果 p 和 n 的束缚态比起其组分之和轻这事使你困惑，要点是氘的结合能——它像所有内能一样是其静止质量的反映——是负的。实际上，任何稳定态的结合能都是负的；如果复合粒子比其组分之和重，它就会自发衰变。）

例 3.3　一个静止的 π 衰变成一个缪子加一个中微子（见图 3.5）。问：缪子的速度是多少？

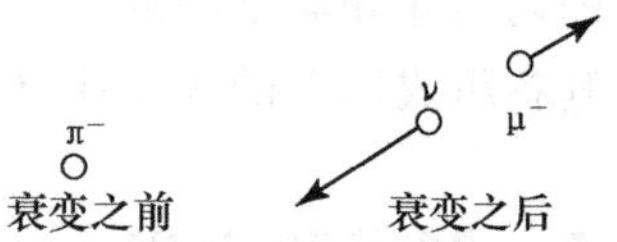

π^-　ν　μ^-
衰变之前　衰变之后

图 3.5　带电 π 的衰变（例 3.3）。

解：能量守恒要求 $E_\pi = E_\mu + E_\nu$。动量守恒要求 $\boldsymbol{p}_\pi = \boldsymbol{p}_\mu + \boldsymbol{p}_\nu$；但 $\boldsymbol{p}_\pi = 0$，因此 $\boldsymbol{p}_\mu = -\boldsymbol{p}_\nu$。即缪子和中微子以相等相反的动量背对背飞离。为进行下去，我们需要一个联系粒子能量和动量的公式；方程（3.43）正适合。[⊖]

建议 1. 当你知道了动量，为得到粒子的能量（或反过来），**利用不变量**

$$E^2 - \boldsymbol{p}^2 c^2 = m^2 c^4 \tag{3.50}$$

在目前的情形，我们得到

$$E_\pi = m_\pi c^2$$

$$E_\mu = c\sqrt{m_\mu^2 c^2 + \boldsymbol{p}_\mu^2}$$

$$E_\nu = |\boldsymbol{p}_\nu| c = |\boldsymbol{p}_\mu| c$$

把这些放进能量守恒方程中，有

$$m_\pi c^2 = c\sqrt{m_\mu^2 c^2 + \boldsymbol{p}_\mu^2} + |\boldsymbol{p}_\mu| c$$

或

$$(m_\pi c - |\boldsymbol{p}_\mu|)^2 = m_\mu^2 c^2 + \boldsymbol{p}_\mu^2$$

解出 $|\boldsymbol{p}_\mu|$：

$$|\boldsymbol{p}_\mu| = \frac{m_\pi^2 - m_\mu^2}{2m_\pi} c$$

同时，从方程（3.50）缪子的能量是

$$E_\mu = \frac{m_\pi^2 + m_\mu^2}{2m_\pi} c^2$$

一旦我们知道了粒子的能量和动量，就很容易得到其速度。如果 $E = \gamma mc^2$ 和 $\boldsymbol{p} = \gamma m\boldsymbol{v}$，相除两式得

$$\boldsymbol{p}/E = \boldsymbol{v}/c^2$$

⊖　你可能倾向用方程（3.39）解出速度，把结果到代入方程（3.41），但这是个很坏的战略。一般说，速度在相对论中是个不好的工作参量。最好用方程（3.43），它能使你直接在 E 和 $\boldsymbol{p}$ 之间来回过渡。

建议 2. 如果你知道一个粒子的能量和动量，而你想求出其速度，利用

$$v = \boldsymbol{p}c^2/E \tag{3.51}$$

因此我们问题的答案是

$$v_\mu = \frac{m_\pi^2 - m_\mu^2}{m_\pi^2 + m_\mu^2}c$$

把实际质量放进去，就得到 $v_\mu = 0.271c$。

这个计算没任何错，它直接和系统地利用了守恒定律。但我想向你展示一个利用四矢量更快地得到缪子能量和动量的方法。(我应该在所有四矢量上标上上标 μ，但我为避免你把粒子标记 μ 和时空指标 μ 相混淆，因此我将在此和以后经常省略时空指标，利用点乘去代表标量积。) 能量和动量守恒要求

$$p_\pi = p_\mu + p_\nu \quad 或者 \quad p_\nu = p_\pi - p_\mu$$

两边同时取自已对自己的标量积，我们得到

$$p_\nu^2 = p_\pi^2 + p_\mu^2 - 2p_\pi \cdot p_\mu$$

但

$$p_\nu^2 = 0;\ p_\pi^2 = m_\pi^2 c^2,\ p_\mu^2 = m_\mu^2 c^2;\quad p_\pi \cdot p_\mu = \frac{E_\pi E_\mu}{c\ \ c} = m_\pi E_\mu$$

因此

$$0 = m_\pi^2 c^2 + m_\mu^2 c^2 - 2m_\pi E_\mu$$

从而 E_μ 立刻就可以得到。

同样地，

$$p_\mu = p_\pi - p_\nu$$

两边平方得到

$$m_\mu^2 c^2 = m_\pi^2 c^2 - 2m_\pi E_\nu$$

而 $E_\nu = |\boldsymbol{p}_\nu| c = |\boldsymbol{p}_\mu| c$，因此

$$2m_\pi |\boldsymbol{p}_\mu| c = (m_\pi^2 - m_\mu^2)c$$

这给出了 $|\boldsymbol{p}_\mu|$。在目前情形下，问题相当简单，四矢量做法省下的功夫不是很显著，但在更复杂的问题中受益可以很巨大。

建议 3. 利用四-矢量算法和不变量点积。记住对任何（实际）粒子 $p^2 = m^2c^2$，即方程(3.43)。

为什么在这些问题中使用不变量如此有效的一个原因是我们可以自由地在我们喜欢的惯性系中计算它们。通常实验室系并不是最简单的做工作的地方。例如在一个典型的散射实验中，一束粒子射向一个静止靶。所研究的反应可以是，p + p→任何东西，但在实验室，情形是不对称的，因为一个质子运动而另一个静止。运动学上，当在一个两质子以相等的速度相向运动的系中过程非常简单。我们称之为动量中心（质心）系，因为在这个系统中（三矢量）动量是零。

例 3.4 伯克利的质子加速器是通过反应 $p + p \rightarrow p + p + p + \bar{p}$ 产生反质子而建立的。也就是一个高能质子撞击一个静止的质子，产生（在原来粒子之外）一个质子-反质子对。问题：这个反应的阈值（即，入射质子的最小能量）是多少?

解： 在实验室系，过程由图 3.6a 给出；在中心动量系，过程由图 3.6b 给出。现在，阈

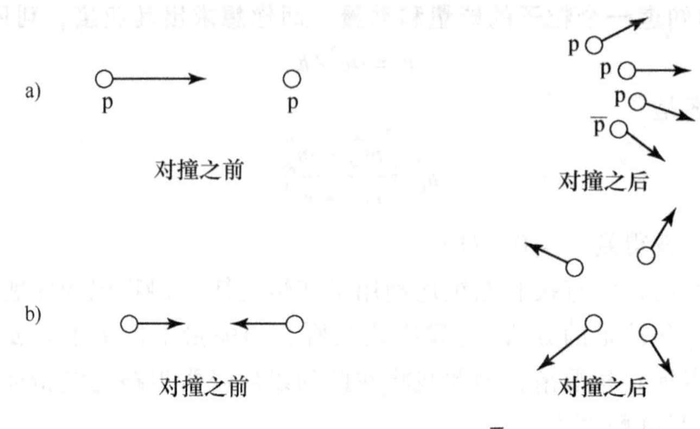

图 3.6　$p+p \to p+p+p+\bar{p}$

a）实验室系　b）中心动量系

值的条件是什么？答案：就是足够产生两个额外粒子的入射能量。在实验室系，很难看出如何实现这个条件，但在中心动量系容易确认：**所有末态粒子必须静止**，没有任何“浪费的”动能。（当然，由于动量守恒要求存在一些剩余运动，我们不能在实验室做这样的要求。）

让 p^{μ}_{TOT} 为在实验室系全部的能动量四矢量；它是守恒的，因此你在碰撞前或碰撞后计算它都没关系。我们在之前做：

$$p^{\mu}_{\mathrm{TOT}}=\left(\frac{E+mc^2}{c},|\boldsymbol{p}|,0,0\right)$$

其中 E 和 $\boldsymbol{p}$ 是入射质子的能量和动量，m 是质子的质量。$p^{\mu\prime}_{\mathrm{TOT}}$ 是在质心系的能动量四矢量。我们同样可以在碰撞前或碰撞后计算它；这次我们选择碰撞之后：

$$p^{\mu\prime}_{\mathrm{TOT}}=(4mc,0,0,0)$$

这是因为（在阈值上）所有四个粒子都静止。现在明显地 $p^{\mu}_{\mathrm{TOT}}\neq p^{\mu\prime}_{\mathrm{TOT}}$，但其不变积 $p_{\mu\mathrm{TOT}}p^{\mu}_{\mathrm{TOT}}$ 和 $p'_{\mu\mathrm{TOT}}p^{\mu\prime}_{\mathrm{TOT}}$ 相等：

$$\left(\frac{E}{c}+mc\right)^2-\boldsymbol{p}^2=(4mc)^2$$

利用标准的不变量［方程（3.50）］消去 $\boldsymbol{p}^2$，并解出 E，我们发现

$$E=7mc^2$$

很明显要使这个过程发生，入射质子必须携带至少六倍于其静止能的动能。（而事实是第一个反质子当机器达到约 6000MeV 时就被发现了。）

这可能是一个强调守恒量和不变量的差别的好地方。能量是守恒的——碰撞前后有同样的值——但它不是不变的，质量是不变的——在所有惯性系都一样——但它不是守恒的。有些量既是不变也是守恒的（如电荷）；很多则都不是（例如速度）。如例 3.4 所示，聪明地利用守恒和不变量可以省去很多繁杂的代数运算。它还显示有些问题在质心系分析比较容易，而其他可能在实验室系简单。

建议 4. 如果一个问题在实验室系看起来很麻烦，就试试在质心系分析它。

即使如果你处理一些比两个全同粒子碰撞更复杂的情形，质心系（其中 $\boldsymbol{p}_{\mathrm{TOT}}=0$）仍是有用的参考系，因为在这个系中动量守恒是平常的：之前之后都为零。而你可能质疑是否总存在一个质心系。换句话说，给定一组粒子质量为 m_1，m_2，m_3，…，速度为 v_1，v_2，

v_3，…，是否一定存在一个惯性系，在其中粒子总（三矢量）动量为零？答案是肯定的；我将通过找到这个系并证明其速度小于 c 来证明它。在实验室系（S）的总能量和动量为

$$E_{\mathrm{TOT}} = \sum_i \gamma_i m_i c^2, \quad \boldsymbol{p}_{\mathrm{TOT}} = \sum_i \gamma_i m_i \boldsymbol{v}_i \tag{3.52}$$

由于 p^{μ}_{TOT} 是四矢量，我们可以用洛伦兹变换得到沿 $\boldsymbol{p}_{\mathrm{TOT}}$ 方向以速度 v 运动的系 S' 的动量

$$|\boldsymbol{p}'_{\mathrm{TOT}}| = \gamma\left(|\boldsymbol{p}_{\mathrm{TOT}}| - \beta\frac{E_{\mathrm{TOT}}}{c}\right)$$

特别地，可取 v 使这个动量为零：

$$\frac{v}{c} = \frac{|\boldsymbol{p}_{\mathrm{TOT}}|c}{E_{\mathrm{TOT}}} = \frac{|\sum \gamma_i m_i \boldsymbol{v}_i|}{\sum \gamma_i m_i c}$$

现在，三矢量求和的长度不会超过其长度的求和（这在几何上显然的事实叫作**三角不等式**），因此

$$\frac{v}{c} \leqslant \frac{\sum \gamma_i m_i (v_i/c)}{\sum \gamma_i m_i}$$

由于 $v_i < c$，我们肯定 $v < c$。[㊀] 因此质心系总是存在，其相对实验室系的速度是

$$\boldsymbol{v}_{\mathrm{CM}} = \frac{\boldsymbol{p}_{\mathrm{TOT}} c^2}{E_{\mathrm{TOT}}} \tag{3.53}$$

看起来奇怪，回来看例 3.4 的答案，要取动能六倍于静止能去产生一个 $p/\bar{p}$ 对。而最后我们只产生了 $2mc^2$ 的新静止能。这个例子说明固定靶散射的低效率；动量守恒强迫你浪费很多能量作为末态的动能。假设我们能相向发射两个质子，使实验室系本身成为质心系。那么只要给每个质子动能 mc^2，六分之一固定靶实验所要求的就足以了。这个实现导致在 1970 年早期，碰撞束流机器的发展（见图 3.7）。今天，实际上高能物理每一个新机器都是一个对撞机。

A○⟶ ⟵○B　　　A○⟶ ○B

a)　　　b)

图 3.7 两种实验安排：

a）束流对撞 b）固定靶

例 3.5 假定两个全同粒子，每个质量为 m 动能为 T，迎头对撞。问题：它们的相对动能 T' 是多少？（即在一个静止的系中的另一个的动能。）

解： 有很多方法来求解。一个快的方法是写出在质心和实验室系的总四动量

$$p^{\mu}_{\mathrm{TOT}} = \left(\frac{2E}{c}, 0\right), \quad p^{\mu'}_{\mathrm{TOT}} = \left(\frac{E' + mc^2}{c}, \boldsymbol{p}'\right)$$

取 $(p_{\mathrm{TOT}})^2 = (p'_{\mathrm{TOT}})^2$：

$$\left(\frac{2E}{c}\right)^2 = \left(\frac{E' + mc^2}{c}\right)^2 - \boldsymbol{p}'^2$$

利用方程（3.50）消去 $\boldsymbol{p}'$

㊀ 我心照不宣地假定至少有一个粒子是有质量的。如果所有粒子都是无质量的，我们可以得到 $v = c$，在这种情形下，没有质心系。例如对单个光子而言就没有质心系。

$$2E^2 = mc^2(E' + mc^2)$$

把答案用 $T = E - mc^2$ 和 $T' = E' - mc^2$ 表达，则

$$T' = 4T\left(1 + \frac{T}{2mc^2}\right) \tag{3.54}$$

经典答案将是 $T' = 4T$，这是在 $T \ll mc^2$ 时约化得到的。（在 B 的静止系中，A 经典上有两倍的速度，因而四倍的动能，就像质心一样。）现在，因子 4 是些红利，确实由相对论可以获得更多。例如在实验室 1GeV 动能的电子将会具有 4GeV 的相对动能！

参考文献

1 There are many excellent textbooks on special relativity. I especially recommend Smith, J. H. **(1996)** *Introduction to Special Relativity*, Dover, New York. For a fascinating (but unorthodox) approach, see (a) Taylor, E. F. and Wheeler, J. A. **(1992)** *Spacetime Physics*, 2nd edn. Freeman, San Francisco, C.A.

2 If you want to go into this much more deeply, the standard reference is Hagedorn, R. **(1964)** *Relativistic Kinematics*, Benjamin, New York.

习　题

3.1　解方程（3.1），用 x'，y'，z'，t 表达 x，y，z，t，验证你得到了方程（3.3）。

3.2　（a）推导方程（3.4）。

（b）按照地面钟（系 S），（相距 4km 远）的街灯 A 和 B 在下午 8 点整点亮。在一列从 A 向 B 以 3/5 的光速运行的火车（系 S'）上的观察者看哪个灯先开？多长时间（用秒作单位）后另一个才点亮？注意，在相对论中总是这样的，我们这里谈 S' 看到了什么，是修正后光到达她的时间，不是她实际看到了什么（这将取决于她在火车上的位置）。

3.3　（a）体积如何变换？（如果一个容器的体积在其静止系 S' 是 V'，在一个相对它以速度 v 运动的系 S 中的观察者测量的体积是多少？）

（b）密度如何变换？（如果一个容器在其静止系 S' 单位体积内有 ρ' 个分子，那么在 S 系中此容器单位体积内有多少个分子？）

3.4　宇宙线缪子产生于大气的高层（例如 8000m）并以接近光速（例如 $0.998c$）飞向地面。

（a）给定缪子的寿命（2.2×10^{-6}s），按相对论之前的物理，它衰变前能走多远？缪子能到达地面吗？

（b）现在用相对论物理来回答同样的问题。（由于时间膨胀，缪子能持续更长的时间，因此它们飞得更远。）

（c）在大气上层同样会产生 π。事实的序列是（来自外空的）质子撞击（大气中的）质子→$p + p +$ 若干 π。π 然后衰变到缪子：$\pi^- \to \mu^- + \bar{\nu}_\mu$；$\pi^+ \to \mu^+ + \nu_\mu$。但 π 的寿命更短（$2.6 \times 10^{-8}$s）。假设 π 具有同样的速度（$0.998c$），它们能到达地面吗？

3.5　一半的单能束缪子在头 600m 衰变。它们走了多远？

3.6　歹徒开着 3/4 光速的车逃跑，警察从 1/2 光速的警车上开枪。子弹的枪口速度

（相对枪的速度）是1/3光速。子弹能打到它的目标吗？

（a）按照相对论之前的物理？

（b）按照相对论？

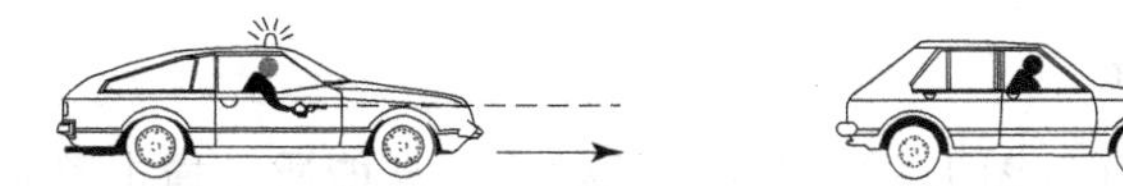

3.7　找出能逆方程（3.12）的矩阵 M：$x^{\mu}=M^{\mu}_{\nu}x^{\nu\prime}$利用方程（3.3），证明 M 是矩阵 Λ 的逆：$\Lambda M=1$。

3.8　证明量 I（方程（3.13）中的）在洛伦兹变换方程（3.8）下是不变的。

3.9　给定两个四矢量，$a^{\mu}=(3,\ 4,\ 1,\ 2)$ 和 $b^{\mu}=(5,\ 0,\ 3,\ 4)$，计算：a_{μ}，b_{μ}，$\boldsymbol{a}^2$，$\boldsymbol{b}^2$，$\boldsymbol{a}\cdot\boldsymbol{b}$，$a^2$，$b^2$，$a\cdot b$。指出 a^{μ}，b^{μ} 的类时、类空或类光性质。

3.10　如果交换一个二阶张量的指标结果不变（$s^{\nu\mu}=s^{\mu\nu}$），它就叫对称的；如果结果变号，它就叫反对称的（$a^{\nu\mu}=-a^{\mu\nu}$）。

（a）一个对称张量有多少个独立的元素？（由于 $s^{12}=s^{21}$，它们应该只被记为一个独立元素。）

（b）一个反对称张量有多少个独立的元素？

（c）证明洛伦兹变换保持张量的对称性——如果 $s^{\mu\nu}$ 是对称的，$s^{\mu\nu\prime}$ 也是。反对称性如何？

（d）如果 $s^{\mu\nu}$是对称的，证明 $s_{\mu\nu}$也是对称的。如果 $a^{\mu\nu}$是反对称的，证明 $a_{\mu\nu}$也是反对称的。

（e）如果 $s^{\mu\nu}$是对称的，$a^{\mu\nu}$是反对称的，证明 $s^{\mu\nu}a_{\mu\nu}=0$。

（f）证明任何二阶张量（$t^{\mu\nu}$）总可以被写作反对称的部分（$a^{\mu\nu}$）和对称的部分（$s^{\mu\nu}$）：$t^{\mu\nu}=a^{\mu\nu}+s^{\mu\nu}$。对给定的 $t^{\mu\nu}$，明确地构造 $s^{\mu\nu}$和 $a^{\mu\nu}$。

3.11　一个粒子以$\frac{3}{5}c$沿 x 方向运动。计算其原速度 η^{μ}（所有四个分量）。

3.12　考虑粒子 A（带四动量 p^{μ}_{A}）撞击粒子 B（带四动量 p^{μ}_{B}）的一个碰撞，产生粒子 C（p^{μ}_{C}）和 D（p^{μ}_{D}）。假设系统 S 的（相对论）能量和动量是守恒的（$p^{\mu}_{A}+p^{\mu}_{B}=p^{\mu}_{C}+p^{\mu}_{D}$）。利用洛伦兹变换方程（3.12），证明能量和动量在 S'系也是守恒的。

3.13　对一个质量 m 的（实）粒子的 p^{μ} 是类时的、类空的还是类光的？无质粒子呢？虚粒子呢？

3.14　一个热土豆比冷土豆重多少（用kg为单位）？

3.15　一个以速度 v 飞行的 π 衰变成一个缪子和一个中微子，$\pi^-\rightarrow\mu^-+\bar{\nu}_{\mu}$。如果中微子以90°角相对原来的 π 方向出现，缪子将以什么角度飞出？［答案：$\tan\theta=(1-m^2_{\mu}/m^2_{\pi})/(2\beta\gamma^2)$］

3.16　粒子 A（能量为 E）撞击粒子 B（静止），产生粒子 C_1，C_2，…：$A+B\rightarrow C_1+C_2+\cdots+C_n$。计算这个反应的阈值（即最小的 E），用各种粒子的质量表达结果。

$$\left[\text{答案：}\frac{M^2-m^2_A-m^2_B}{2m_B}c^2\text{，其中 }M\equiv m_1+m_2+\cdots+m_n\right]$$

3.17　利用3.16的结果计算下列反应的阈能，假设靶质子静止：㊀

（a）$p+p \to p+p+\pi^0$

（b）$p+p \to p+p+\pi^+ +\pi^-$

（c）$\pi^- +p \to p+\bar{p}+n$

（d）$\pi^- +p \to K^0+\Sigma^0$

（e）$p+p \to p+\Sigma^+ +K^0$

3.18 第一个人造 Ω^-（见图1.9）是通过发射一个高能质子撞击静止氢原子以产生一个 K^+/K^- 对而产生的：$p+p \to p+p+K^+ +K^-$；K^- 反过来撞击另外一个静止质子，$K^- + p \to \Omega^- +K^0+K^+$。如此产生 Ω^- 所需的最小动能（对入射质子）是多少？（盖尔曼做这个计算为了看看实验是否可行。）

3.19 静止的粒子 A 衰变成粒子 B 和 C（$A \to B+C$）。

（a）计算出射粒子的能量，用各种质量表达结果。

$\left[答案：E_B = \dfrac{m_A^2+m_B^2-m_C^2}{2m_A}c^2\right]$

（b）计算出射粒子的动量的大小。

［答案：$|\boldsymbol{p}_B| = |\boldsymbol{p}_C| = \dfrac{\sqrt{\lambda(m_A^2, m_B^2, m_C^2)}}{2m_A c}$，其中 λ 是所谓三角函数：

$$\lambda(x,y,z) \equiv x^2+y^2+z^2-2xy-2xz-2yz$$］

（c）注意 λ 因子：$\lambda(a^2,b^2,c^2) \equiv (a+b+c)(a+b-c)(a-b+c)(a-b-c)$。因此当 $m_A = m_B+m_C$ 时 $|\boldsymbol{p}_B|$ 为零，而当 $m_A < m_B+m_C$ 时 $|\boldsymbol{p}_B|$ 为虚值。请给予解释。

3.20 利用习题3.19的结果计算下列反应的每个衰变产物的质心能量（见习题3.17的脚注）：

（a）$\pi^- \to \mu^- +\bar{\nu}_\mu$

（b）$\pi^0 \to \gamma+\gamma$

（c）$K^+ \to \pi^+ +\pi^0$

（d）$\Lambda \to p+\pi^-$

（e）$\Omega^- \to \Lambda+K^-$

3.21 一个静止的 π 衰变成一个缪子和一个中微子（$\pi^- \to \mu^- +\bar{\nu}_\mu$）。平均来说缪子在衰变之前能飞（在真空里）多远？［答案：$d = [(m_\pi^2-m_\mu^2)/(2m_\pi m_\mu)]c\tau = 186\text{m}$。］

3.22 一个静止的粒子衰变成三个或更多的粒子：$A \to B+C+D+\cdots$。

（a）计算此衰变中 B 可以有的最大和最小能量，用各种质量表达结果。

（b）计算缪子衰变 $\mu^- \to e^- +\bar{\nu}_e+\nu_\mu$ 中最大和最小的电子能量。

3.23 （a）一个以速度 u 运行的粒子接近一个静止的同样粒子。每个粒子在质心系的速度（v）是多少？（当然经典情况将是 $u/2$。）

［答案：$(c^2/u)(1-\sqrt{1-u^2/c^2})$］

（b）用 $\gamma' \equiv 1/\sqrt{1-u^2/c^2}$ 计算 $\gamma \equiv 1/\sqrt{1-v^2/c^2}$。

㊀ 当心：粒子物理手册（和其他来源）罗列粒子“质量”用MeV。例如，缪子的质量被引用为105.658MeV。这些当然是指缪子的静止能：$m_\mu c^2 = 105.658\text{MeV}$，或同样的 $m_\mu = 105.658\text{MeV}/c^2$。在插进任何数字前，最安全的是从质量的公式转化成静止能的。例如在目前情形下，在上和下都乘 c^2，得到 $E_{\min} = [(Mc^2)^2-(m_Ac^2)^2-(m_Bc^2)^2]/2(m_Bc^2)$。

［答案：$\sqrt{(\gamma'+1)/2}$］

（c）利用你得到的（b）的结果表达质心系中每一个粒子的动能，因此重新推导方程（3.54）。

3.24 在 $A+B \to A+C_1+C_2+\cdots$ 类型的反应（粒子 A 和粒子 B 散射，产生 C_1，C_2，…）中，除了实验室系（B 静止）和质心系（$\boldsymbol{p}_{TOT}=0$），有另外一个惯性系有时是有用的。它叫布莱特系或“砖墙”系，它是这样一个参考系，A 反冲使其动量翻转（$\boldsymbol{p}_{之后}=-\boldsymbol{p}_{之前}$），好像它从一个砖墙弹回似的。取弹性散射的情形（$A+B \to A+B$）；如果粒子 A 的能量是 E，在质心系的散射角 θ，其在布莱特系的能量是多少？计算布莱特系相对质心系的速度（大小和方向）。

3.25 对两体散射事例，$A+B \to C+D$，引入 Mandelstam 变量是方便的

$$s \equiv (p_A+p_B)^2/c^2$$
$$t \equiv (p_A-p_C)^2/c^2$$
$$u \equiv (p_A-p_D)^2/c^2$$

（a）证明 $s+t+u=m_A^2+m_B^2+m_C^2+m_D^2$。Mandelstam 变量的理论优点表现在它们是洛伦兹不变量，因而在任何惯性系都有同样的值。而实验上更易接近的量是能量和散射角。

（b）用 s、t、u 和质量计算质心系 A 的能量。［答案：$E_A^{CM}=(s+m_A^2-m_B^2)c^2/2\sqrt{s}$］

（c）计算实验室系（B 静止）A 的能量。［答案：$E_A^{lab}=(s-m_A^2-m_B^2)c^2/2m_B$］

（d）计算质心总能量（$E_{TOT}=E_A+E_B=E_C+E_D$）。［答案：$E_{TOT}^{CM}=\sqrt{s}c^2$］

3.26 对全同粒子的弹性散射，$A+A \to A+A$，证明 Mandelstam 变量（见习题 3.25）成为

$$s=4(\boldsymbol{p}^2+m^2c^2)/c^2$$
$$t=-2\boldsymbol{p}^2(1-\cos\theta)/c^2$$
$$u=-2\boldsymbol{p}^2(1+\cos\theta)/c^2$$

其中 $\boldsymbol{p}$ 是入射粒子的质心动量，θ 是散射角。

3.27 计算康普顿散射的运动学：一个波长 λ 的光子与一个质量 m 的带电粒子发生弹性碰撞。如果光子的散射角是 θ，计算其出射波长 λ'。［答案：$\lambda'=\lambda+(h/mc)(1-\cos\theta)$］

第4章 对称性

对称性在基本粒子物理中起重要的作用，部分是由于它们和守恒定律的关系，部分是由于当一个完全的动力学理论还没建立时它仍可允许人们取得某些进展。本章的第一节包含对称性的数学描述的某些评述和对称性与守恒定律的关系（诺特定理）。然后我们考虑转动对称性的情形——同位旋，$SU(3)$ 和味 $SU(6)$。最后，我们考虑“分立”对称性——宇称、电荷共轭和时间反演。除了自旋理论（4.2 节）——它被广泛应用于后面的章节——还有4.1 节关于宇称的材料——这是对第9 章有用的材料——这一章如果读者愿意可以只做面上（或深度）阅读。如果需要的话，我建议在目前阶段尽快通过，以后再回到特殊的段落。有些矩阵理论是预设的；熟悉量子力学的读者将发现角动量那几节是个简单的综述（那些不了解量子力学的读者会发现他们极其难懂，在这种情形下他们应该去学习一下量子教科书的相关章节）。在这里群论只以极其粗略方式介绍了一点（主要目的是介绍一些标准的术语）；一个严谨的基本粒子物理学生应当计划最后来深入详细地学习这个内容。

4.1 对称性、群和守恒定律

看一下图 4.1。我不告诉你 $f(x)$ 的函数形式是什么，但有一点是清楚的：它是一个奇

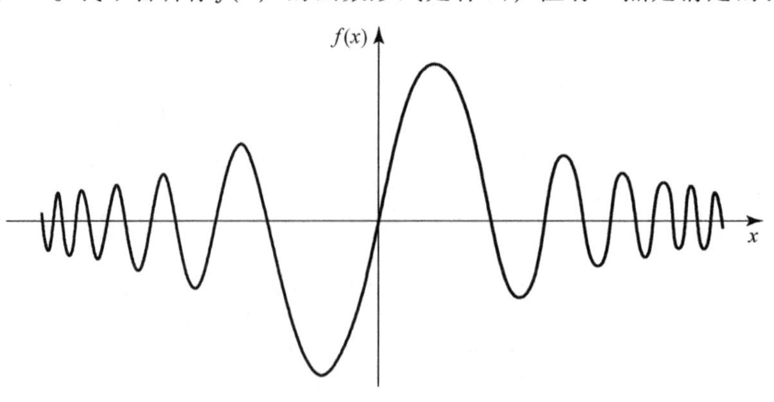

图 4.1 一个奇函数。

函数，$f(-x)=-f(x)$。（如果你不相信我，跟着曲线，转180°，检验转后的和原来的完全重合。）由此我们得到以下形式，如

$$[f(-x)]^6=[f(x)]^6,\quad \int_{-3}^{+3} f(x)\,\mathrm{d}x=0$$

$$\left.\frac{\mathrm{d}f}{\mathrm{d}x}\right|_{+2}=\left.\frac{\mathrm{d}f}{\mathrm{d}x}\right|_{-2},\quad \int_{-7}^{+7}[f(x)]^2\mathrm{d}x=2\int_{0}^{+7}[f(x)]^2\mathrm{d}x \tag{4.1}$$

在傅里叶展开中没有 cos 项，且在泰勒展开中只有 x 的奇次阶项。事实上在此情形下，即使你不知道它的形式，只从它具有的一个特别对称性——奇函数，你就可得到很多 $f(x)$ 的性质。在物理中，一般原理和直观经常在一个问题里暗示某些对称性，系统地利用它们可以成为极其有效的工具。㊀

在物理中对称性最显著的例子我认为是晶体。但我们在一个运动的动力学系统中对形状的静态性质不那么感兴趣。希腊人显然相信自然界的对称性应该会被运动的物体直接反映：恒星之所以沿圆周运动因为这些是最对称的轨迹。当然，行星不必如此，这很窘迫（对称性的天真直观与实验相冲突，这不是最后一次）。牛顿认识到基本对称性不显示在单个物体的运动中，而是体现在一组所有可能的运动中——对称性实现在运动方程中而不是这些方程特别的解中。例如牛顿的万有引力定律展示球对称性（力在所有方向都一样），而行星轨道却是椭圆的。因此系统潜在的对称性只是间接地与我们相关；实际上，如果我们没有强烈地预感到引力场应该是“球对称”的，你可能纠结我们从观测到的行星轨迹如何能发现它。

直到1917年对称性的动力学应用才被了解。那年，艾米诺特发表了她著名的关联对称性和守恒定律的定理：

诺特的定理：对称性↔守恒定律

自然界的每个对称性都产生一个守恒定律；反过来，每个守恒定律都反映一个潜在的对称性。例如，物理定律在时间平移上是对称的（这些过去和现在都成立）。诺特定理将这个对称性关联到能量守恒。如果系统在空间平移下是不变的，那么动量是守恒的；如果它在转动下关于一个点是对称的，那么角动量是守恒的。类似地，电动力学在规范变换下的不变性导致电荷守恒（我们称这为内部对称性，与时空对称性形成对照）。我不打算证明诺特定理；细节不是很有启发性[1]。重要之处是对称性与守恒定律相关联这一深刻而美妙的想法（见表4.1）。

表4.1 对称性和守恒定律

对称性		守恒定律	对称性		守恒定律
时间平移	↔	能量	转动	↔	角动量
空间平移	↔	动量	规范变换	↔	电荷

㊀ 从某些方面看，要求对称性是理论**不完备**的特征。例如，如果我们发现了 $f(x)$ 的明显形式，例如说 $f(x)=\mathrm{e}^{-x^2}\sin(x^3)$，方程（4.1）中的定理就将失去光泽。当我们可以了解其全部时为什么还要烦恼于其**部分**的信息？但是在一个成熟的理论中，对称性的考虑会导致更深刻的理解和计算的简化。例如，如果要你从 -3 到 3 积分 $f(x)$，这就要关注 $f(x)$ 是不是奇的，即使你确实知道其具体函数形式。

关于对称性我说得相当随便，还引用了一些例子；但一个对称性的精确含义是什么？它是你可在一个系统上实行的（至少概念上）一种导致其不变的操作——它使系统变成的状态与原来状态一模一样而不可区分。在图 4.1 的情形，改变自变量的符号，$x \to -x$，并整体乘 -1，$f(x) \to -f(-x)$ 是一个对称性操作。考虑一个耐人寻味的例子，一个等边三角形（见图 4.2）。它顺时针转动 120°（R_+）和逆时针转 120°（R_-），沿垂直轴 a（R_a），或轴 b（R_b），或轴 c（R_c）翻转都将变成它自己。这些是否是全部？不做任何事（I）显然也让它不变，因此这也是一个对称操作，只不过是一个相当平庸的而已。然后我们可以结合各种操作——例如，顺时针转动 240°。而这和逆时针转动 120°是一样的（即 $R_+^2 = R_-$）。结果是我们已经得到所有在等边三角形上的可区分的对称性操作（见习题 4.1）。

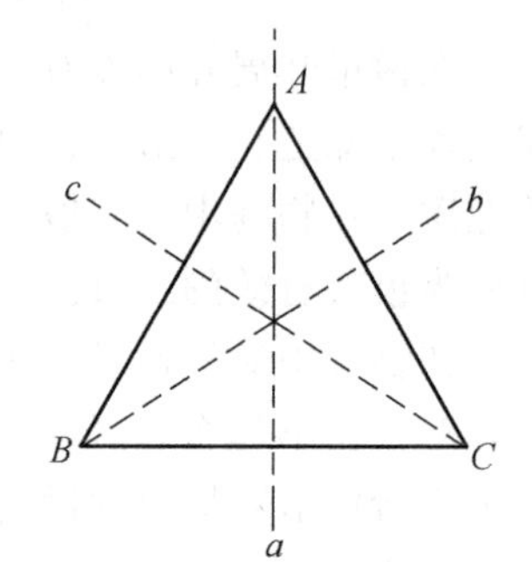

图 4.2 等边三角形的各种对称性。

所有（对一个特定系统）的对称性操作的集合具有以下性质：

1）封闭性：如果 R_i 和 R_j 在此集合中，那么它们的积，$R_i R_j$——含义是：先做 R_j 操作再做 R_i 操作㊀——也在集合中；即存在某个 R_k 使得 $R_i R_j = R_k$。

2）单位元：存在一个单位元 I 使得对所有元素 R_i 有 $IR_i = R_i I = R_i$。

3）逆：对每一个元素 R_i 都有一个逆元 R_i^{-1}，使得 $R_i R_i^{-1} = R_i^{-1} R_i = I$。

4）结合律：$R_i(R_j R_k) = (R_i R_j) R_k$。

这些是数学上群的性质的定义。实际上，群论可以被看成是对对称性的系统研究。注意群元一般不必对易：$R_i R_j \neq R_j R_i$。如果群中所有元素都满足对易，这种群叫阿贝尔群。空间和时间的平移形成阿贝尔群；（三维）转动不是[2]。群可以是有限的（像三角群，只有六个元素）或无限的（例如整数的集合，用相加代表群的“乘法”）。我们将会遇到连续群（如在一个平面上的所有转动形成的群），其中元素依赖一个或多个连续参数（在这种情形是转动角）㊁，还有分立群，其中元素可以由只取整数值的指标标记（所有有限群当然是分立的）。

绝大多数物理里感兴趣的群都可以表达为矩阵群。例如洛伦兹群由第 3 章介绍的 4×4 的 Λ 矩阵构成。在粒子物理中最常用的群是数学家叫的 $U(n)$ 群：所有幺正 $n \times n$ 矩阵的集合（见表 4.2）。（一个幺正矩阵是其逆等于其转置加共轭的矩阵：$U^{-1} = \tilde{U}^*$。）如果我们进一步限制自己到行列式为 1 的幺正矩阵，群叫 $SU(n)$。（S 代表“特殊”专指“行列式为 1”。）如果我们把自己限制到实的幺正矩阵，群是 $O(n)$。（O 代表“正交”；一个正交矩阵是其逆等于其转置的矩阵：$O^{-1} = \tilde{O}$。）最后一个群是实的、正交的、行列式为 1 的 $n \times n$ 矩阵是 $SO(n)$；

㊀ 注意这个“反向”排序。想象系统的对称操作作用在它们的右边：$R_i R_j(\Delta) = R_i[R_j(\Delta)]$；$R_j$ 首先作用，然后是 R_i 作用在结果上。）

㊁ 如果这个依赖是解析函数，就叫李群。人们在物理里碰到的所有连续群都是李群[3]。

表 4.2 重要的对称性群。

群名称	维数	群中的矩阵	群名称	维数	群中的矩阵
$U(n)$	$n\times n$	幺正($\tilde{U}^* U=1$)	$O(n)$	$n\times n$	正交($\tilde{O}O=1$)
$SU(n)$	$n\times n$	幺正,行列式为1	$SO(n)$	$n\times n$	正交,行列式为1

$SO(n)$ 可被认作 n 维空间中所有转动组成的群。因此，$SO(3)$ 描写了我们世界的转动对称性，这是一个通过诺特定理关联至角动量守恒的对称性。实际上，整个角动量的量子理论只不过是个群论的壁橱。碰巧 $SO(3)$ 在数学结构上几乎与基本粒子物理中最重要的**内部**对称性 $SU(2)$ 一样。因此我们下面要讨论的角动量理论实际上为我们服务了两次。

最后一件事。每个群都可以有一个矩阵群来代表：对每个群元 a 相应有一个矩阵 M_a，还有相应的群乘法，在如此意义上，如果 $ab=c$，则 $M_aM_b=M_c$。表示不必是“忠实”的：可以很多不同的群元由同一个矩阵代表。（数学上，矩阵群是同态，不必同构于 G。）实际上，有一个平庸的情形，在其中我们用 1×1 单位矩阵（实际就是数字1）代表每一个元素。如果 G 是一个矩阵群，例如 $SU(6)$ 或 $O(18)$，那么（显然）它是自己的一个表示——我们叫它**基础表示**。但一般地会有很多其他具有各种维数的矩阵表示。例如，$SU(2)$ 具有维数为1（平庸的）、2（矩阵本身）、3、4、5，还有实际上每一个正整数。表示群论的主要问题是对一个给定的群标记其所有的表示。

当然，你总可以通过结合两个老的表示来构造一个新的表示，因此

$$M_a=\begin{pmatrix} M_a^{(1)} & (\text{都是}0) \\ (\text{都是}0) & M_a^{(2)} \end{pmatrix}$$

但我们不单记它；当我们罗列一个群的表示时，我们指所谓的**不可约**表示，它不可以被分解为块对角的形式。实际上，你已经碰到群表示的几个例子，可能没注意：一个普通的标量属于转动群 $SO(3)$ 的一维表示，而一个矢量属于三维表示；四矢量属于洛伦兹群的四维表示；而奇怪的盖尔曼八重态的几何安排对应群 $SU(3)$ 的不可约表示。

4.2 角动量

地球在其运动中携带两种角动量：与绕太阳公转相关联的轨道角动量 rmv，和与绕北极—南极轴自转相关联的自旋角动量 $I\omega$。同样，对氢原子中的电子也是一样：它也同时携带轨道和自旋角动量。在宏观情形，区别不是太深刻；地球的自旋角动量不过是组成它的所有的岩石和尘埃云每天绕它们的轴的“轨道”运行的“轨道”角动量之和。在电子的情形时此解释则不再成立：就我们所知电子是真正的点粒子；其自旋角动量不来自其绕轴转动的组分，而是一个粒子本身简单的内禀性质（见习题4.8）。

经典上，我们可以自由地测量轨道角动量矢量 $\boldsymbol{L}=\boldsymbol{r}\times m\boldsymbol{v}$ 的所有三个分量到任意希望的精度，且这些分量可以取任意的值。然而在量子力学中，原则上不可能同时测量所有三个分量；测量 L_x 不可避免地改变 L_y 的值到一个不可预言的量。我们能做的是测量 $\boldsymbol{L}$ 的大小（或其平方：$L^2=\boldsymbol{L}\cdot\boldsymbol{L}$）和某一个分量（习惯取 z 分量 L_z）。然而这些测量只能给出“允许”

的值。[㊀]特别地，一个 L^2（足够的）测量所产生的数总是形为

$$l(l+1)\hbar^2 \tag{4.2}$$

其中 l 是非负整数：

$$l=0,1,2,3,\cdots \tag{4.3}$$

对一个给定的 l，L_z的测量总是给出结果形为

$$m_l\hbar \tag{4.4}$$

其中 m_l是从 $-l$ 到 l 的整数，有（$2l+1$）种可能：

$$m_l=-l,-l+1,\cdots,-1,0,+1,\cdots,l-1,l \tag{4.5}$$

图 4.3 可以帮助你直观地想象这个情形。

这里 $l=2$，因此 L 的大小为$\sqrt{6}\hbar=2.45\hbar$；L_z 可以取值 $2\hbar$，$\hbar$，0，$\hbar$，$-2\hbar$。注意角动量矢量无法纯指向 z 方向。

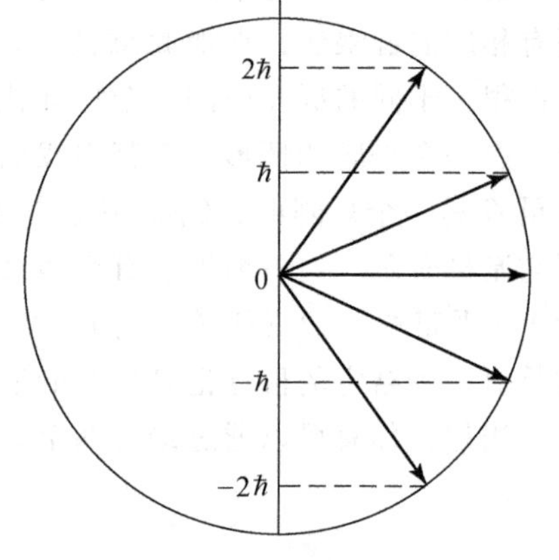

图 4.3 $l=2$ 的角动量矢量的可能方向。

对自旋角动量是同样的：一个 $S^2=\mathbf{S}\cdot\mathbf{S}$ 的测量只能

$$s(s+1)\hbar^2 \tag{4.6}$$

然而在自旋的情形，量子数 s 可以是半整数或整数：

$$s=0,\frac{1}{2},1,\frac{3}{2},2,\frac{5}{2},\cdots \tag{4.7}$$

对一个给定的 s，S_z的测量总是给出结果形为

$$m_s\hbar \tag{4.8}$$

其中 m_s是从 $-s$ 到 s 的整数和半整数（不管 s 是什么），有（$2s+1$）种可能：

$$m_s=-s,-s+1,\cdots,s-1,s \tag{4.9}$$

现在，一个给定粒子可以具有任何的你喜欢的轨道角动量 l，但对每种粒子，s 的值是固定的。例如每个 π 或 K 都是 $s=0$；每个电子、质子、中子和夸克都携带 $s=1/2$；对 ρ、ψ、光子和胶子，$s=1$；对各种 Δ 和 Ω^-，$s=3/2$；等等。我们叫 s 为粒子的“自旋”。带半整数自旋的粒子是**费米子**——所有重子、轻子和夸克都是费米子；带整数自旋的是玻色子——所有介子和媒介子都是玻色子（见表 4.3）。[㊁]

表 4.3 粒子通过自旋分类

玻色子(整数自旋)		费米子(半整数自旋)		
自旋 0	自旋 1	自旋 1/2	自旋 3/2	
希格斯粒子[㊂]	媒介子	夸克/轻子	—	←基本粒子
赝标介子	矢量介子	重子八重态	重子十重态	←复合粒子

㊀ 我不打算证明角动量的量子化规则，如果这部分材料对你是新的，我建议你看些量子力学的教科书。所有我这里打算做的是总结以后我们将要需要的基本结果。

㊁ 术语“费米子”和玻色子指构造全同粒子复合波函数时的规则：玻色子的波函数必须对交换任意两个粒子是对称的，费米子波函数是反对称的。这导致费米子的泡利不相容原理和两种粒子在统计学上的深刻差异。“自旋统计关系”（所有费米子的自旋都是半整数的，而所有玻色子的是整数的）是一个量子场论的深刻定理。

㊂ 希格斯粒子于 2012 年在 CERN 的 LHC 被发现，它是标准模型中唯一的标量粒子。原书出版时希格斯粒子尚未被发现，因此这栏空着。现在作者把它加了进来。——译者注

4.2.1 角动量的相加

角动量态由“右矢”代表：$|l\ m_l\rangle$ 或$|s\ m_s\rangle$。因此，如果一个氢原子中的电子占据轨道态$|3\ \ -1\rangle$ 和自旋态$|1/2\ 1/2\rangle$，那么它的 $l=3$，$m_l=-1$，$s=1/2$（这是不必要的，如果是电子，s 一定是 1/2）和 $m_s=1/2$。现在可能我们并不对单个的自旋和轨道角动量感兴趣，而关心总角动量 $\boldsymbol{L}+\boldsymbol{S}$。（在有 $\boldsymbol{L}$ 和 $\boldsymbol{S}$ 的耦合的情形——如果是地球－太阳系统就是潮汐；对电子-质子系统就是磁性——是两者之和，而不是 L 和 S 单独守恒。）或者我们正研究两个夸克如何组成一个 ψ 介子；在这个情形，如我们将要见到的，轨道角动量是零，但我们遭遇到如何叠加两个夸克的自旋为 ψ 的总自旋的问题：$\boldsymbol{S}=\boldsymbol{S}_1+\boldsymbol{S}_2$。在两种情形，问题都是：如何叠加两个角动量。⊖

$$\boldsymbol{J}=\boldsymbol{J}_1+\boldsymbol{J}_2 \tag{4.10}$$

当然经典上，我们就只把分量相加。但在量子力学中我们不能知道所有三个分量；我们只能用一个分量和大小工作。因此问题成为：如果我们把两个态$|j_1 m_1\rangle$ 和$|j_2 m_2\rangle$ 相加，总角动量态$|jm>$是什么？z 分量自然仍然是相加的，因此有

$$m=m_1+m_2 \tag{4.11}$$

但是大小并不是简单相加；它依赖 $\boldsymbol{J}_1$ 和 $\boldsymbol{J}_2$ 的相对方向（见图 4.4）。如果它们相互平行大小就是相加，而如果它们是反平行，大小就是相减；一般地，矢量和的大小介于两个极端情形之间。结果我们得到每个 j 从 (j_1+j_2) 以整数步长到 $|j_1-j_2|$ [4]：

$$j=|j_1-j_2|,|j_1-j_2|+1,\cdots,(j_1+j_2)-1,(j_1+j_2) \tag{4.12}$$

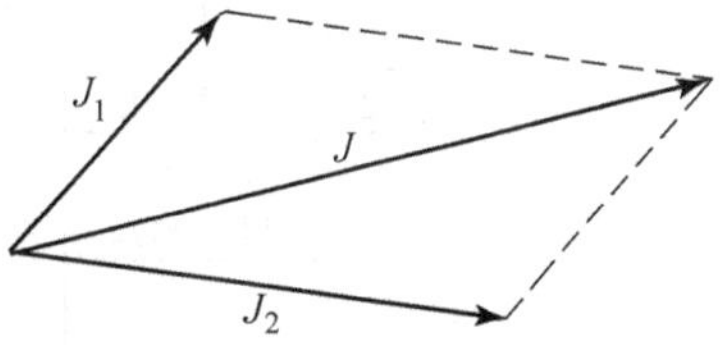

图 4.4 角动量相加。

例如，一个自旋为 1、轨道态 $l=3$ 的粒子总角动量可以是 $j=4$（即 $J^2=20\hbar^2$），或 $j=3$（即 $J^2=12\hbar^2$），或 $j=2$（即 $J^2=6\hbar^2$）。

例 4.1 一个夸克和一个反夸克束缚在一起，形成零轨道角动量态的介子。问题：介子自旋的可能值是多少？

解： 夸克（因此还有反夸克）带自旋 1/2，因此我们可以得到$\frac{1}{2}+\frac{1}{2}=1$ 或$\frac{1}{2}-\frac{1}{2}=0$。自旋 0 结合给出我们“赝标”介子（π，K，η，η′）——“标”意味自旋 0，“赝”一会儿将被解释。自旋 1 结合给出“矢量”介子（ρ，K^*，ϕ，ω）——“矢量”意味自旋 1。

要三个角动量相加，我们先利用方程（4.12）把其中两个相加，然后再加上第三个。因此，如果我们允许例 4.1 的轨道角动量 $l>0$，我们得到介子自旋 $l+1$、l 和 $l-1$。由于轨道量子数必须是一个整数，所有介子携带整数自旋（它们是玻色子）。同样的讨论给出所有的重子（由三个夸克组成）必须有半整数自旋（它们是费米子）。

例 4.2 假设你叠加三个夸克在零轨道角动量的态。问题：结果重子的可能自旋是多少？

⊖ 我将用 J 代表一般的角动量——它可以是轨道的（L）、自旋（S）或一些结合后的量。

解：从每个自旋 1/2 的两夸克，得到总角动量$\frac{1}{2}+\frac{1}{2}=1$或$\frac{1}{2}-\frac{1}{2}=0$。加入第三个夸克产生$1+\frac{1}{2}=\frac{3}{2}$或$1-\frac{1}{2}=\frac{1}{2}$（前两个加出 1），以及$0+\frac{1}{2}=\frac{1}{2}$（前两个加出 0）。因此重子可以有自旋 3/2 或 1/2（且后者可以通过两种方式得到）。在实际中，$s=3/2$ 是十重态，$s=1/2$ 是八重态，且明显地夸克模型将允许另外一个 $s=1/2$ 的家族。（如果我们允许夸克相互绕行，引进某些轨道角动量，可能性的数目相应增加——但整体上总是半整数）。

方程（4.12）告诉我们总角动量 j 可以通过结合 j_1 和 j_2 得到，但偶尔地我们要求将 $|j_1m_1\rangle|j_2m_2\rangle$ 明确地分解成具体的总角动量态 $|jm\rangle$：

$$|j_1m_1\rangle|j_2m_2\rangle=\sum_{j=|j_1-j_2|}^{(j_1+j_2)}C_{mm_1m_2}^{jj_1j_2}|jm\rangle\quad m=m_1+m_2 \tag{4.13}$$

$C_{mm_1m_2}^{jj_1j_2}$叫科莱布什-戈登（Clebsch-Gordan）系数。高级量子力学中将会介绍如何计算它们。在实际中，我们通常查表去找它们。（在粒子物理手册中有一个，在图 4.5 中重现了 $j_1=2$，$j_2=1/2$ 的情形。）如果我们在一个由两个角动量态 $|j_1m_1\rangle$ 和 $|j_2m_2\rangle$ 构成的系统上测量 J^2，科莱布什-戈登系数告诉你对任何特定的被允许的 j 的获得的 $j(j+1)\hbar^2$ 概率是相应科莱布什-戈登系数的平方。

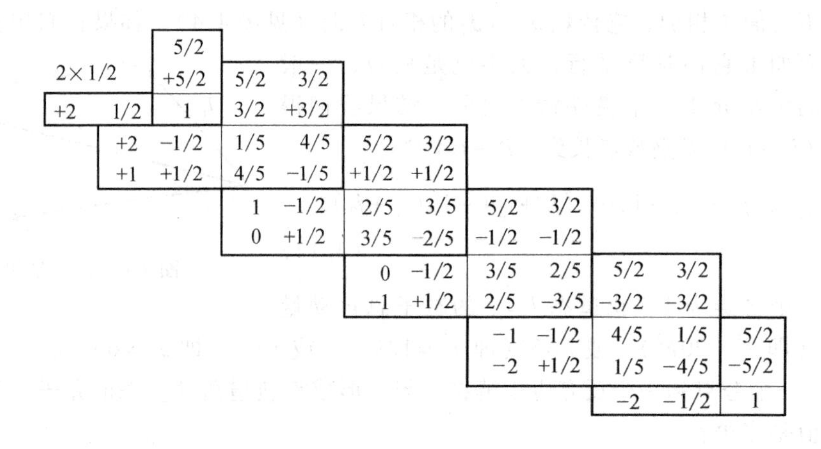

图 4.5 $j_1=2$，$j_2=1/2$ 的科莱布什-戈登系数（每个数字都应有一个平方根符号）。

例 4.3 氢原子中的电子占据轨道态 $|2\ -1\rangle$ 和自旋态 $|1/2\ 1/2\rangle$。问题：如果我们测量 J^2，其值可能是多少？每个值的概率又是多少？

解：j 的可能值为 $l+s=2+1/2=5/2$ 和 $l-s=2-1/2=3/2$ 。加入 z 分量：$m=-1+1/2=-1/2$。我们利用（见图 4.5）标记 2×1/2 的 Clebsch-Gordan 系数表，它代表我们要把 $j_1=2$ 和 $j_2=1/2$ 结合起来，在水平行寻找 −1，1/2；它们是 m_1 和 m_2 的值。读出两个结果，我们发现

$|2\ -1\rangle\left|\frac{1}{2}\ \frac{1}{2}\right\rangle=\sqrt{\frac{2}{5}}\left|\frac{5}{2}\ -\frac{1}{2}\right\rangle-\sqrt{\frac{3}{5}}\left|\frac{3}{2}\ -\frac{1}{2}\right\rangle$。因此获得 $j=5/2$ 的概率是 2/5，$j=3/2$ 的概率是 3/5。注意概率相加是 1，当然这是必须的。

例 4.4 从例 4.1 我们知道两个自旋 1/2 的态结合给出自旋 1 和 0。问题：找出这些态

明确的科莱布什-戈登分解。

解：从$\frac{1}{2}\times\frac{1}{2}$表，我们得到：

$$\left|\frac{1}{2}\ \frac{1}{2}\right\rangle\left|\frac{1}{2}\ \frac{1}{2}\right\rangle=|1\ 1\rangle$$
$$\left|\frac{1}{2}\ \frac{1}{2}\right\rangle\left|\frac{1}{2}\ -\frac{1}{2}\right\rangle=\left(\frac{1}{\sqrt{2}}\right)|1\ 0\rangle+\left(\frac{1}{\sqrt{2}}\right)|0\ 0\rangle$$
$$\left|\frac{1}{2}\ -\frac{1}{2}\right\rangle\left|\frac{1}{2}\ \frac{1}{2}\right\rangle=\left(\frac{1}{\sqrt{2}}\right)|1\ 0\rangle-\left(\frac{1}{\sqrt{2}}\right)|0\ 0\rangle \tag{4.14}$$
$$\left|\frac{1}{2}\ -\frac{1}{2}\right\rangle\left|\frac{1}{2}\ -\frac{1}{2}\right\rangle=|1\ -1\rangle$$

因此，三个自旋1的态为

$$|1\ 1\rangle=\left|\frac{1}{2}\ \frac{1}{2}\right\rangle\left|\frac{1}{2}\ \frac{1}{2}\right\rangle$$
$$|1\ 0\rangle=\left(\frac{1}{\sqrt{2}}\right)\left[\left|\frac{1}{2}\ \frac{1}{2}\right\rangle\left|\frac{1}{2}\ -\frac{1}{2}\right\rangle+\left|\frac{1}{2}\ -\frac{1}{2}\right\rangle\left|\frac{1}{2}\ \frac{1}{2}\right\rangle\right] \tag{4.15}$$
$$|1\ -1\rangle=\left|\frac{1}{2}\ -\frac{1}{2}\right\rangle\left|\frac{1}{2}\ -\frac{1}{2}\right\rangle$$

而自旋0的态是

$$|0\ 0\rangle=\left(\frac{1}{\sqrt{2}}\right)\left[\left|\frac{1}{2}\ \frac{1}{2}\right\rangle\left|\frac{1}{2}\ -\frac{1}{2}\right\rangle-\left|\frac{1}{2}\ -\frac{1}{2}\right\rangle\left|\frac{1}{2}\ \frac{1}{2}\right\rangle\right] \tag{4.16}$$

顺便说一下，方程（4.15）和方程（4.16）都可以直接从科莱布什-戈登系数表中读出；系数在两种情形都可用：

$$|jm\rangle=\sum_{j_1,j_2}C^{jj_1j_2}_{mm_1m_2}|j_1m_1\rangle|j_2m_2\rangle \tag{4.17}$$

这次我们按列读，不是沿行读。自旋1的组合叫“三重态”，而自旋0的叫“单态”。为了将来参考，注意三重态对粒子交换1↔2是对称的，而单态是反对称（即改变符号）的。碰巧单态中自旋是反向排列（反平行）的；而在三重态自旋并不都一定是平行的；对$m=1$和$m=-1$是，但对$m=0$不是。

4.2.2　自旋1/2

最重要的自旋系统是$s=1/2$；质子、中子、电子、所有夸克和左右轻子都是自旋1/2。进一步，一旦你了解了$s=1/2$的体系，任何其他情形都很容易做出来。因此在这里详细地介绍一些自旋1/2的理论。

一个自旋1/2的粒子可以有$m_s=1/2$（“自旋上”）和$m_s=-1/2$（“自旋下”）两种状态。我们非正式地用两个箭头：↑和↓代表这两个状态。但一个更好的表达式是用两分量的列矩阵，或旋量：

$$\left|\frac{1}{2}\ \frac{1}{2}\right\rangle=\begin{pmatrix}1\\0\end{pmatrix},\quad\left|\frac{1}{2}\ -\frac{1}{2}\right\rangle=\begin{pmatrix}0\\1\end{pmatrix} \tag{4.18}$$

经常会听说自旋1/2的粒子只能存在于这两个态之一，这是相当错误的。最普通的自旋

1/2 粒子态是线性组合

$$\begin{pmatrix}\alpha\\\beta\end{pmatrix}=\alpha\begin{pmatrix}1\\0\end{pmatrix}+\beta\begin{pmatrix}0\\1\end{pmatrix} \tag{4.19}$$

其中 α 和 β 是两个复数。测量 S_z 只能给出值 $+\frac{1}{2}\hbar$ 和 $-\frac{1}{2}\hbar$ 是正确的，但第一个结果并不说明粒子在测量之前就处在↑态上。在一般的情形下［方程（4.19）］，$|\alpha|^2$ 是测量 S_z 给出 $+\frac{1}{2}\hbar$ 的概率，而 $|\beta|^2$ 是测量 S_z 给出 $-\frac{1}{2}\hbar$ 的概率。由于这些是唯一可能的结果，这要求

$$|\alpha|^2+|\beta|^2=1 \tag{4.20}$$

除了这个“归一化”条件，对数 α 和 β 事先不再有限制。

假设我们现在要对一个在由方程（4.19）给出的一般的态上测量 S_x 或 S_y，我们可能得到什么结果，每种结果的概率多大？不管怎么说，对称性要求允许的值为 $\pm\frac{1}{2}\hbar$——首先我们选择哪个方向叫作 z 是完全任意的。但确定概率不是那么容易，对 $\boldsymbol{S}$ 的每个分量，我们有一个 2×2 的矩阵：[㊀]

$$\hat{S}_x=\frac{\hbar}{2}\begin{pmatrix}0&1\\1&0\end{pmatrix},\quad \hat{S}_y=\frac{\hbar}{2}\begin{pmatrix}0&-i\\i&0\end{pmatrix},\quad \hat{S}_z=\frac{\hbar}{2}\begin{pmatrix}1&0\\0&-1\end{pmatrix} \tag{4.21}$$

$\hat{S}_x$ 的本征值 $\pm\frac{1}{2}\hbar$，相应的归一化本征矢是[㊁]

$$\chi_{\pm}=\begin{pmatrix}\frac{1}{\sqrt{2}}\\\pm\frac{1}{\sqrt{2}}\end{pmatrix} \tag{4.22}$$

（见习题 4.15）。一个任意的旋量 $\begin{pmatrix}\alpha\\\beta\end{pmatrix}$ 总可以写成这些本征矢的线性叠加：

$$\begin{pmatrix}\alpha\\\beta\end{pmatrix}=a\begin{pmatrix}\frac{1}{\sqrt{2}}\\\frac{1}{\sqrt{2}}\end{pmatrix}+b\begin{pmatrix}\frac{1}{\sqrt{2}}\\-\frac{1}{\sqrt{2}}\end{pmatrix} \tag{4.23}$$

其中

$$a=\left(\frac{1}{\sqrt{2}}\right)[\alpha+\beta];\qquad b=\left(\frac{1}{\sqrt{2}}\right)[\alpha-\beta] \tag{4.24}$$

㊀ 这些矩阵的推导同样将会出现在任何量子力学的教科书里。我在这里的任务是显示给你在粒子物理里角动量是如何工作的，不是去解释它为什么会如此工作。

㊁ 一个非零的列矩阵 $\chi=\begin{pmatrix}a_1\\a_2\\\vdots\\a_n\end{pmatrix}$ 叫作一个 $n\times n$ 矩阵 M 的本征矢，如果对某些 λ（本征值）有 $M\chi=\lambda\chi$。注意任何具有同样本征值的 χ 的多重态仍是本征矢。

测量 S_x 得到 $+\frac{1}{2}\hbar$ 的概率是 $|a|^2$；$-\frac{1}{2}\hbar$ 的概率是 $|b|^2$。明显地 $|a|^2+|b|^2=1$（见习题 4.16）。

这是一个特例，一般的程序如下：

1）构造一个代表问题中的观测量 $\hat{A}$ 的矩阵。

2）A 允许的值是 $\hat{A}$ 的本征值。

3）将系统的态写成 $\hat{A}$ 的本征矢的线性叠加；第 i 个本征矢前的系数的绝对值平方就是 A 将可能给出第 i 个本征值的概率。

例 4.5　我们考虑测量一个处在 $\begin{pmatrix}\alpha\\ \beta\end{pmatrix}$ 态的粒子的 $(S_x)^2$。其值可能是多少？每个值的概率又是多少？

解：　矩阵 $(S_x)^2$ 是矩阵 S_x 的平方：

$$\hat{S}_x^2=\frac{\hbar^2}{4}\begin{pmatrix}1 & 0\\ 0 & 1\end{pmatrix} \tag{4.25}$$

因为

$$\frac{\hbar^2}{4}\begin{pmatrix}1 & 0\\ 0 & 1\end{pmatrix}\begin{pmatrix}\alpha\\ \beta\end{pmatrix}=\frac{\hbar^2}{4}\begin{pmatrix}\alpha\\ \beta\end{pmatrix}$$

每个旋量都是 $(S_x)^2$ 的本征值为 $\frac{\hbar^2}{4}$ 的本征矢。因此我们肯定得到 $\frac{\hbar^2}{4}$（概率 1）。对 $(S_y)^2$ 和 $(S_z)^2$ 也是一样的，因此每个旋量都是 $\hat{S}^2=\hat{S}_x^2+\hat{S}_y^2+\hat{S}_z^2$ 本征值 $\frac{3\hbar^2}{4}$ 的本征态。得到这个结果并不奇怪——一般说，对自旋 s 我们有 $S^2=s(s+1)\hbar^2$。

从数学的角度，因子 $+\frac{1}{2}\hbar$ 放在方程（4.21）中显得很难看，习惯是引入泡利自旋矩阵：

$$\sigma_x=\begin{pmatrix}0 & 1\\ 1 & 0\end{pmatrix},\quad \sigma_y=\begin{pmatrix}0 & -i\\ i & 0\end{pmatrix},\quad \sigma_z=\begin{pmatrix}1 & 0\\ 0 & -1\end{pmatrix} \tag{4.26}$$

因此 $\hat{\boldsymbol{S}}=\left(\frac{\hbar}{2}\right)\boldsymbol{\sigma}$。泡利矩阵具有很多有趣的性质，有些在习题 4.19 和习题 4.20 中进行了探究。我们将在这本书的章节中不断重复碰到它们。

某个意义上，旋量（两分量的东西）占据标量（一个分量）和矢量（三个分量）中间的位置。现在，当你转动坐标轴时，矢量的分量以一种给定的方式改变（见习题 4.6），而我们可能质询旋量的分量在同样情形下如何变换。答案[5]由下面规则提供：

$$\begin{pmatrix}\alpha'\\ \beta'\end{pmatrix}=U(\boldsymbol{\theta})\begin{pmatrix}\alpha\\ \beta\end{pmatrix} \tag{4.27}$$

其中 $U(\boldsymbol{\theta})$ 是 2×2 矩阵：

$$U(\boldsymbol{\theta})=\mathrm{e}^{-i(\theta\cdot\sigma)/2} \tag{4.28}$$

矢量 $\boldsymbol{\theta}$ 指向沿转动的轴，大小就是按轴的右手意义上的转动角。注意这里的指数本身是一个矩阵！这个形式的表达式被解释为幂次展开：

$$e^A \equiv 1 + A + \frac{1}{2}A^2 + \frac{1}{3!}A^3 + \cdots \tag{4.29}$$

(见习题4.21)。[1]你可以自行检验（见习题4.22），$U(\boldsymbol{\theta})$ 是行列式为1的幺正矩阵；事实上，所有这样的转动矩阵组成 $SU(2)$ 群。因此自旋1/2粒子在转动下按照 $SU(2)$ 的二维表示变换。类似地，由矢量描写的自旋1的粒子，属于 $SU(2)$ 的三维表示；由四分量描写的自旋3/2粒子，按照 $SU(2)$ 的四维表示变换；等等。（在习题4.23探讨了这些高维表示的构造。）你可能质疑 $SU(2)$ 怎么和转动有关；就像我前面所说过的，$SU(2)$ 基本上[2]与三维空间中的转动群 $SO(3)$ 是同一个群。不同自旋的粒子，因此属于转动群的不同表示。

4.3 味对称性

在1932年中子被发现之后不久海森堡观察到一个特别的事情：除了不带电荷的明显事实外，中子几乎与质子完全相同。特别地，它们的质量惊人地接近，$m_p = 938.28\text{MeV}/c^2$，$m_n = 939.57\text{MeV}/c^2$。海森堡[6]提出我们应该把它们看成是一个单一粒子——核子的两个“态”。而小的质量差可能来源于质子带电，因为按照爱因斯坦公式 $E = mc^2$，能量可以储存于电场之中因而对惯性产生贡献。（不幸地，这个论据认为质子将是两个粒子中重的那个，这不仅是不对的，而且会引发物质不稳定的灾难。稍后有更多的讨论。）如果我们能“关掉”所有电荷，按照海森堡所说，质子和中子将是不可区分的。或更通俗地说，质子和中子所受的**强力**是相同的。

为实现海森堡的想法，我们把核子写作两分量的列矩阵

$$N = \begin{pmatrix} \alpha \\ \beta \end{pmatrix} \tag{4.30}$$

并且

$$p = \begin{pmatrix} 1 \\ 0 \end{pmatrix} \quad 和 \quad n = \begin{pmatrix} 0 \\ 1 \end{pmatrix} \tag{4.31}$$

这些当然只是些约定，但它诱使我们回忆起我们刚在角动量理论中碰到的旋量。类似于自旋 $\boldsymbol{S}$，我们被导致引入同位旋 $\boldsymbol{I}$。[3]然而，$\boldsymbol{I}$ 不是普通空间分量沿坐标 x、y 和 z 方向的矢量，

[1] 须知：对矩阵 $e^A e^B = e^{A+B}$ 一般并不成立。你可以利用习题4.21中的矩阵检验这一点。而如果 A 和 B 可对易（即如果 $AB = BA$），则前面规则成立。

[2] 实际上 $SU(2)$ 和 $SO(3)$ 之间有精细的差别。按照习题4.21，矩阵 U 转动角度 2π 是 -1；一个旋量在这样一个转动下改变符号。几何上转动 2π 完全等价于不转动。$SU(2)$ 是一种“双值”型的 $SO(3)$，其中你只有转到720°时才能转回原处。在这个意义上，$SU(2)$ 的旋量表示不是转动群的“真实”表示，这是为什么他们没有出现在经典物理中的原因。在量子力学中，只有波函数的平方具有物理意义，而平方后负号就没有了。

[3] 这个词来自对老的术语（由Wigner在1937年引入的）各向同性自旋的误解。核物理学家利用（更好的）同位旋这个词。

而是在抽象的“同位旋空间”，我们将分量称之为 I_1、I_2 和 I_3。以此理解为基础，我们可以把在本章前面发展的角动量的所有架构借用过来。核子带同位旋 1/2，第三分量 I_3 有本征值[㊀] +1/2（质子）和 −1/2（中子）：

$$p=\left|\frac{1}{2}\ \frac{1}{2}\right\rangle,\quad n=\left|\frac{1}{2}\ -\frac{1}{2}\right\rangle \tag{4.32}$$

质子是“同位旋上”；中子是“同位旋下”。

这仍只是标记；**物理**来自海森堡的建议：**强作用在同位旋空间转动下是不变的**，就像电力在普通位形空间的转动下是不变的一样。我们称这为**内部对称性**，因为它与时空无关，但确与不同粒子之间的关系有关。关于同位旋空间第一个轴的 180°的转动能将质子变成中子，反之亦然。如果强力在同位旋空间的转动下是不变的，由诺特定理得到在所有强作用中同位旋是守恒的，就像角动量在普通空间的具有转动不变性的过程中是守恒的那样。[㊁]

用群论的语言，海森堡认为强作用在内部对称性群 $SU(2)$ 下是不变的，且核子属于二维表示（同位旋 1/2）。1932 年，这是个大胆的建议；今天证据已经都在我们周围，它是强子的最丰富的“多重态”结构。回忆第 1 章的八重态图：水平行显示核子抓住海森堡眼球的确切特征；它们具有很接近的质量但不同的电荷。对每种这些多重态，我们安排一个特别的同位旋 I，而对多重态中的每个成员，我们安排一个特别的 I_3。对 π，$I=1$：

$$\pi^+=|1\ 1\rangle,\quad \pi^0=|1\ 0\rangle,\quad \pi^-=|1\ -1\rangle \tag{4.33}$$

对 Λ，$I=0$：

$$\Lambda=|0\ 0\rangle \tag{4.34}$$

对各种 Δ'，$I=3/2$：

$$\Delta^{++}=\left|\frac{3}{2}\ \frac{3}{2}\right\rangle,\ \Delta^{+}=\left|\frac{3}{2}\ \frac{1}{2}\right\rangle,\quad \Delta^{0}=\left|\frac{3}{2}\ -\frac{1}{2}\right\rangle,\quad \Delta^{-}=\left|\frac{3}{2}\ -\frac{3}{2}\right\rangle \tag{4.35}$$

等等。为确定一个多重态的同位旋，只要数数它包含的粒子数；因为 I_3 取值从 $-I$ 到 I，间隔整数，多重态的粒子数是 $2I+1$：

$$\text{多重数}=2I+1 \tag{4.36}$$

同位旋的第三分量 I_3 与粒子所带的电荷 Q 有联系。我们令最大值 $I_3=I$ 给多重态中具有最高电荷的成员，并按照 Q 递减的顺序填充剩下的位置。对“1974 年之前”的强子——它们只由 u、d 和 s 夸克组成——明显的 Q 和 I_3 的关系是盖尔曼-西岛公式：

$$Q=I_3+\frac{1}{2}(A+S) \tag{4.37}$$

其中 A 是重子数而 S 是奇异数。[㊂]原来这个方程只是纯经验观察，而在夸克模型里它简单地来源于夸克的同位旋安排：u 和 d 形成一个“二重态”（像质子和中子一样）：

㊀ 这里没有因子 $\hbar$；同位旋是无量纲的。

㊁ 有过于强调所谓的强力的“电荷无关性”（它们对质子和中子都一样的事实）的企图。它不是说如果你把一个单个质子替换为中子，而只是如果你交换**所有**的质子和中子，你才会得到同样的结果。（例如，有一个质子和中子的束缚态——氘核——但却不存在两个质子或两个中子的束缚态。）事实上，任何这类的使用都和泡利不相容原理相互抵触，由于质子和中子可以存在于同一量子态，而两个中子（或两个质子）却不行。

㊂ 由于 Q、A 和 S 都在电磁力中守恒，因此 I_3 也守恒。然而，其他两个分量（I_1 和 I_2），因此还有 I 本身在电磁作用中是不守恒的。例如在衰变 $\pi^0\to\gamma+\gamma$ 中，I 从 1 变成 0。对弱作用，它甚至不守恒 S，因此 I_3 在弱过程中也不守恒（例如，$\Lambda\to p+\pi^-$ 使 $I_3=0$ 变到了 $I_3=-1/2$）。

$$u = \left|\frac{1}{2}\ \frac{1}{2}\right\rangle,\quad d = \left|\frac{1}{2}\ -\frac{1}{2}\right\rangle \tag{4.38}$$

并且所有其他味道携带同位旋0㊀（见习题4.25和4.26）。

而这些分类不只是所有同位旋为我们所做的。它还有重要的动力学应用。例如，假设我们有两个核子。从角动量相加规则我们知道，结合体的总同位旋是1和0。具体地（利用例4.4），我们获得对称的同位旋三重态：

$$\begin{aligned}|1\ 1\rangle &= \mathrm{pp}\\ |1\ 0\rangle &= \left(\frac{1}{\sqrt{2}}\right)(\mathrm{pn}+\mathrm{np})\\ |1\ -1\rangle &= \mathrm{nn}\end{aligned} \tag{4.39}$$

和反对称的同位旋单态：

$$|0\ 0\rangle = \left(\frac{1}{\sqrt{2}}\right)(\mathrm{pn}-\mathrm{np}) \tag{4.40}$$

实验上，中子和质子形成单一的束缚态，即氘核（d）；不存在两个质子或两个中子的束缚态。因此，氘核一定是同位旋单态。如果它是一个三重态，所有三个态都应出现，因为他们只相差同位旋空间的转动。明显地，在$I=0$的道具有一个强的吸引，在$I=1$的道没有。大概是两个核子之间的相互作用势包含一个形为$\boldsymbol{I}(1)\cdot\boldsymbol{I}(2)$的项，它对三重态取值1/4，单态-3/4（见习题4.27）。

同位旋不变性还对核子—核子散射也有应用。考虑过程

$$\begin{aligned}&(\mathrm{a})\ \mathrm{p}+\mathrm{p}\to\mathrm{d}+\pi^+\\ &(\mathrm{b})\ \mathrm{p}+\mathrm{n}\to\mathrm{d}+\pi^0\\ &(\mathrm{c})\ \mathrm{n}+\mathrm{n}\to\mathrm{d}+\pi^-\end{aligned} \tag{4.41}$$

由于氘核带$I=0$，在反应右边的同位旋态相应的是$|1\ 1\rangle$、$|1\ 0\rangle$和$|1\ -1\rangle$，而左边是$\mathrm{pp}=|1\ 1\rangle$，$\mathrm{nn}=|1\ -1\rangle$和$\mathrm{pn}=\left(\frac{1}{\sqrt{2}}\right)(|1\ 0\rangle+|0\ 0\rangle)$。㊁只有$I=1$的组合会有贡献（因为在每种情形末态是纯$I=1$，而同位旋是守恒的），因此散射振幅的比例是

$$\mathcal{M}_a:\mathcal{M}_b:\mathcal{M}_c = 1:\left(\frac{1}{\sqrt{2}}\right):1 \tag{4.42}$$

我们将会看到，㊂截面σ是振幅绝对值的平方；因此

$$\sigma_a:\sigma_b:\sigma_c = 2:1:2 \tag{4.43}$$

过程（c）将很难在实验室里建立，而（a）和（b）已经被测到了，且（当电磁效应的修正也被考虑进来以后）它们被发现就是所预言的比例[7]。

作为最后一个例子，让我们考虑π-核散射，$\pi\mathrm{N}\to\pi\mathrm{N}$。有六个弹性过程：

$$\begin{aligned}&(\mathrm{a})\ \pi^+ + \mathrm{p}\to\pi^+ + \mathrm{p} \qquad &(\mathrm{b})\ \pi^0 + \mathrm{p}\to\pi^0 + \mathrm{p}\\ &(\mathrm{c})\ \pi^- + \mathrm{p}\to\pi^- + \mathrm{p} \qquad &(\mathrm{d})\ \pi^+ + \mathrm{n}\to\pi^+ + \mathrm{n}\\ &(\mathrm{e})\ \pi^0 + \mathrm{n}\to\pi^0 + \mathrm{n} \qquad &(\mathrm{f})\ \pi^- + \mathrm{n}\to\pi^- + \mathrm{n}\end{aligned} \tag{4.44}$$

㊀ 由于同位旋只与强力有关，它是一个与轻子无关的量。为自洽，所有轻子和媒介子都被假定同位旋0。

㊁ 把方程（4.39）和方程（4.40）相加。

㊂ 散射振幅和截面的理论将在第6章建立。在这段和下一段中，我先预期后面的结果，但我希望从内容本身看如何实行计算是清楚的。如果你愿意，可以跳过现在这两段。

四个电荷交换过程：

$$(g)\ \pi^+ + n \to \pi^0 + p \qquad (h)\ \pi^0 + p \to \pi^+ + n$$
$$(i)\ \pi^0 + n \to \pi^- + p \qquad (j)\ \pi^- + p \to \pi^0 + n \tag{4.45}$$

由于 π 携带 $I=1$，而核子携带 $I=1/2$，总同位旋可以是3/2或1/2。因此这里只有两个可区分的振幅：对 $I=3/2$ 的 $\mathscr{M}_3$ 和 $I=1/2$ 的 $\mathscr{M}_1$。从Clebsch-Gordan表我们找到如下分解：

$$\begin{aligned}
\pi^+ + p:&\quad |1\ 1\rangle\left|\tfrac{1}{2}\ \tfrac{1}{2}\right\rangle = \left|\tfrac{3}{2}\ \tfrac{3}{2}\right\rangle\\
\pi^0 + p:&\quad |1\ 0\rangle\left|\tfrac{1}{2}\ \tfrac{1}{2}\right\rangle = \sqrt{\tfrac{2}{3}}\left|\tfrac{3}{2}\ \tfrac{1}{2}\right\rangle - \left(\tfrac{1}{\sqrt{3}}\right)\left|\tfrac{1}{2}\ \tfrac{1}{2}\right\rangle\\
\pi^- + p:&\quad |1\ {-1}\rangle\left|\tfrac{1}{2}\ \tfrac{1}{2}\right\rangle = \left(\tfrac{1}{\sqrt{3}}\right)\left|\tfrac{3}{2}\ {-\tfrac{1}{2}}\right\rangle - \sqrt{\tfrac{2}{3}}\left|\tfrac{1}{2}\ {-\tfrac{1}{2}}\right\rangle\\
\pi^+ + n:&\quad |1\ 1\rangle\left|\tfrac{1}{2}\ {-\tfrac{1}{2}}\right\rangle = \left(\tfrac{1}{\sqrt{3}}\right)\left|\tfrac{3}{2}\ \tfrac{1}{2}\right\rangle + \sqrt{\tfrac{2}{3}}\left|\tfrac{1}{2}\ \tfrac{1}{2}\right\rangle\\
\pi^0 + n:&\quad |1\ 0\rangle\left|\tfrac{1}{2}\ {-\tfrac{1}{2}}\right\rangle = \sqrt{\tfrac{2}{3}}\left|\tfrac{3}{2}\ {-\tfrac{1}{2}}\right\rangle + \left(\tfrac{1}{\sqrt{3}}\right)\left|\tfrac{1}{2}\ {-\tfrac{1}{2}}\right\rangle\\
\pi^- + n:&\quad |1\ {-1}\rangle\left|\tfrac{1}{2}\ {-\tfrac{1}{2}}\right\rangle = \left|\tfrac{3}{2}\ {-\tfrac{3}{2}}\right\rangle
\end{aligned} \tag{4.46}$$

反应（a）和（f）是纯 $I=3/2$ 的：

$$\mathscr{M}_a = \mathscr{M}_f = \mathscr{M}_3 \tag{4.47}$$

其他都是混合的；例如，

$$\mathscr{M}_c = \frac{1}{3}\mathscr{M}_3 + \frac{2}{3}\mathscr{M}_1 \qquad \mathscr{M}_j = \left(\frac{\sqrt{2}}{3}\right)\mathscr{M}_3 - \left(\frac{\sqrt{2}}{3}\right)\mathscr{M}_1 \tag{4.48}$$

（我会让你做出剩余的，见习题4.28）。而截面由如下比率代表：

$$\sigma_a:\sigma_c:\sigma_j = 9|\mathscr{M}_3|^2 : |\mathscr{M}_3 + 2\mathscr{M}_1|^2 : 2|\mathscr{M}_3 - \mathscr{M}_1|^2 \tag{4.49}$$

在一个质心能量1232MeV处，1951年首先由费米等人在 π—核散射看到了一个著名戏剧性的鼓包[8]；这里 π 和核结合形成了一个短寿命的“共振”态—Δ。我们知道 Δ 携带 $I=3/2$，因此我们期待在此能量 $\mathscr{M}_3 >> \mathscr{M}_1$，因此

$$\sigma_a:\sigma_c:\sigma_j = 9:1:2 \tag{4.50}$$

实验上，很容易测量总截面，因此（c）和（j）结合起来

$$\frac{\sigma_{\text{tot}}(\pi^+ + p)}{\sigma_{\text{tot}}(\pi^- + p)} = 3 \tag{4.51}$$

如你在图4.6所能见到的，此预言被数据很好地证实。

在1950年后期历史重演。就像1932年质子和中子被看到形成了对，现在更加清楚核子、Λ、各种 Σ 和 Ξ 一起在重子家族构成自然的一组。它们都携带自旋1/2，它们的质量类似。后者从核子的940MeV/c^2 直到 Ξ 的1320MeV/c^2，因此论证它们都是一个粒子的不同状态不过是个延展的事，就像海森堡对质子和中子所建议的那样。因此人们企图将这八个重子看作一个**超多重态**，而这可能意味着它们属于某个扩大了的对称群的同一个表示，同位旋 $SU(2)$ 将嵌入其作为**子群**。关键问题是：更大的群是什么？（如所称“八重子问题”并不是总这么叫；那时大多数物理学家令人吃惊地并不了解群论。盖尔曼从一开始做出所需要的大

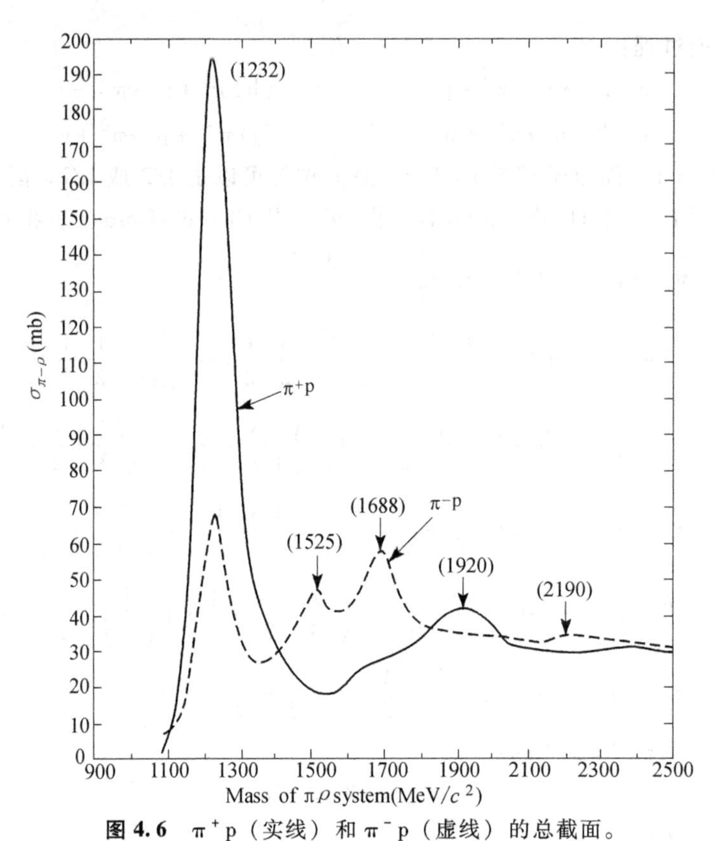

图 4.6 $\pi^+ p$（实线）和 $\pi^- p$（虚线）的总截面。

（来源：Gasiorowicz, S.（1966）基本粒子物理, John Wiley & Sons, New York, p. 294. John Wiley and Sons, Inc. 给予重印许可）

部分体系，只是后来才知道这对数学家是熟知的。）八重态是盖尔曼对八重子问题的解。对称性群是 $SU(3)$；八重态构成 $SU(3)$ 的八维表示，十重态是十维表示，等等。一个使得这种情形比海森堡的更加困难是因为没有自然存在的粒子落入 $SU(3)$ 的基本（三维）表示，像核子和后来的 K、Ξ等等，$SU(2)$ 也是一样。这个角色保留给夸克：u、d 和 s 一起形成 $SU(3)$ 的三维表示，它破缺成 $SU(2)$ 的同位旋二重态（u，d）和同位旋单态。

当然，当粲夸克进入后，强作用的味对称群再一次进一步扩展——这次是到 $SU(4)$（部分 $SU(4)$ 超多重态在图 1.13 展示过了）。但事情很难暂停在那里，随着底夸克降临，使我们到了 $SU(5)$，而最后的顶夸克，又到 $SU(6)$。然而在这个漂亮的级差中有一个重要的警告：同位旋，$SU(2)$ 是很“好”的对称性；同位旋多重态成员的质量差最多在 2% 或 3%，它处于电磁修正被期待的水平。[⊖]而八重态，$SU(3)$ 是很坏的“破缺”对称性；在重子八重态中的质量分裂大约 40%。当我们包括进粲对称性的破缺更坏；Λ_c^+（udc）比 Λ（uds）重过两倍，虽然它们同在一个 $SU(4)$ 超多重态内。包括进底夸克将坏得更加厉害，而对顶夸克绝对极坏，它根本形成不了束缚态。

为什么同位旋存在如此好的对称性，八重态还算可以，而味 $SU(6)$ 存在如此差的对称性？标准模型归咎其于夸克质量。现在夸克质量的理论还不可靠，还无法由直接实验测量检

⊖ 事实上，习惯认为同位旋是强作用的严格对称性，所有对称破缺来自电磁污染。认为 n－p 质量分裂是纯电磁的导致错误方向的事实产生了麻烦，我们现在相信 $SU(2)$ 只是强作用近似的对称性。

验。各种论据[9]假定 u 和 d 夸克很轻，大约是 10 倍的电子质量。然而，被禁闭在强子里，它们的有效质量会重很多。准确的值实际上依赖环境；在重子里倾向于比在介子里更重一点（更多的讨论见第 5 章）。用某种同样的方式，当你搅动蜂蜜时一个勺子的有效惯性比起你搅动茶时更大，在两种情形它都超过勺子的真实质量。一般说，强子里夸克的有效质量大约是 350MeV/c^2大于其裸质量[10]（见表 4.4）。比较一下，上和下夸克相当不同的裸质量实际上是没关系的；它们显示的好像它们具有相同的质量。而 s 夸克确比较重，且 c、b 和 t 夸克质量之间是有很大分离的。除了夸克质量差外，强作用对待所有味道都等价。因此同位旋有好的对称性是因为有效 u 和 d 的质量是如此接近相等（这是说，在更基本的层次，因为它们的裸质量如此之小）；八重态存在一个差不多的对称性是因为奇异夸克的有效质量离 u 和 d 的并不太远。但重夸克离开得如此之远以致它们的味对称性受到严重的破坏。当然，这个“解释”提出两个进一步的问题：（i）为什么夸克结合成强子会增加它们的有效质量约 350MeV/c^2？答案可能在 QCD 之内，但细节还不全了解[11]。（ii）为什么裸夸克具有它们现在所取得的那些质量？这里是否有什么方案？对这个问题，标准模型没有给出答案；六个裸夸克质量，还有六个轻子质量就单单是输入参数，现在说它们从哪里来是超出标准模型的理论的事。

表 4.4　夸克质量（MeV/c^2）

夸克味	裸质量	有效质量
u	2	336
d	5	340
s	95	486
c	1300	1550
b	4200	4730
t	174000	177000

警告：这些数字多少是推测的并和模型相关[12]。

4.4　分立对称性

4.4.1　宇称

1956 年之前，人们普遍相信物理定律是左右对称的，即任何物理过程的镜像也是完美可能的物理过程[13]。确定一点，我们在右边开车（至少，美国人这么做），而我们的心脏在左边，但这显然是历史或进化的偶然；这也可以取另外一种形式的。事实上，大多数物理学家坚持自然定律的镜像对称性（或“宇称不变性”）应是不言而喻的。但 1956 年，李和杨[14]开始质疑（我们将在这节末尾谈原因）是否对此假设有任何实验的检验。在文献里寻找之后，他们吃惊地发现虽然在强和电磁过程中有大量的宇称不变的证据，在弱作用的情形却没有证实。他们提出一个后来由吴（健雄）[15]在同年晚些时候完成的测试去检验这件事。在这个著名的实验里，放射性钴 60 核被仔细地设置，使它们的自旋指向 z 方向（见图

4.7)。钴 60 经历贝塔衰变（$^{60}\mathrm{Co}\to{}^{60}\mathrm{Ni}+\mathrm{e}+\bar{\nu}_e$），吴记录了辐射出的电子的方向。她发现大多数的电子来自“南边的”方向，与核自旋**相反**。

这就是那时所看到的。而这个简单的观察却有令人吃惊的应用。对此推测我们检验同一过程的镜像过程（见图 4.8）。核子以相反的方向旋转；其自旋指向**向下**。而电子（镜子里）仍然向下出射。因此在镜子里更喜欢在与核子自旋同样的方向辐射。因此这是一个其镜像不在自然界发生的物理过程；明显地，宇称在弱作用中不是不变的。如果是的话，在吴的实验中的电子应该以相等的数目从“北”和“南”方向出射，但它们**没有**。

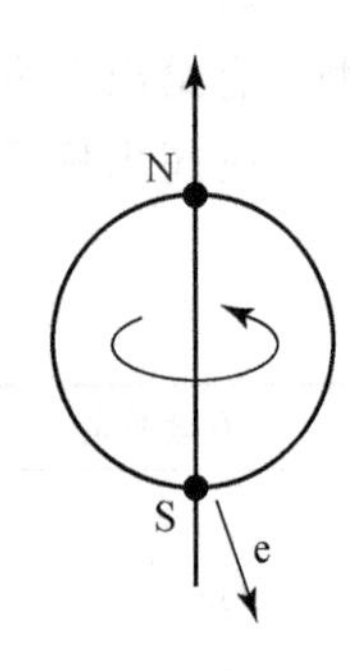

图 4.7 在钴 60 的贝塔衰变中，大多数电子沿反核自旋的方向辐射。

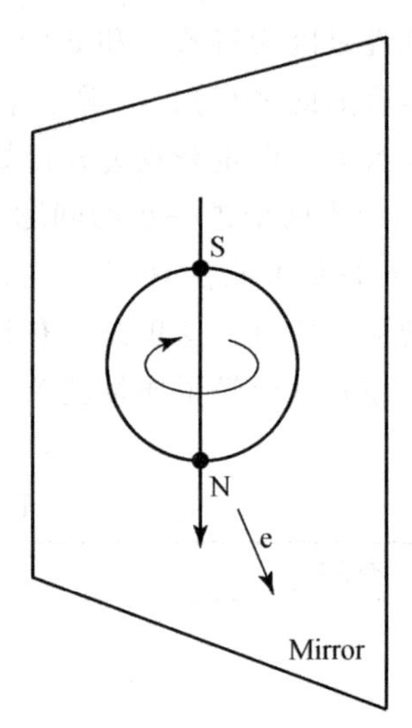

图 4.8 图 4.7 的镜像：大多数沿平行核自旋的方向辐射。

抛弃宇称对物理学家产生了深刻的影响——有些是灾难性的，而其他则是令人振奋的[16]。破缺不是一个小的效应；像我们将在第 9 章所看到的，它实际上是“最大的”。不止局限于钴的贝塔衰变；一旦你发现了它，宇称破坏实际是弱力的一个**标志**。这在中微子的行为中表现得最为充分。在角动量理论中，量子化的轴习惯上选 z 轴。当然，z 轴的方向选取完全依赖我们，但如果我们处理一个在实验室里以速度v 运行的粒子，一个自然的选择是其自己：为什么不把 z 轴选为**运动方向**？相对这个轴 m_s/s 的数值叫作粒子的**螺旋度**。因此一个自旋 1/2 的粒子有螺旋度 +1（$m_s=1/2$）或 −1（$m_s=-1/2$）；我们称前者为“右手”而后者为“左手”。㊀差别并不太深刻，由于这不是洛伦兹不变的。假设我有一个右手电子向右运动（见图 4.9a），而某个人从一个向右以大于 v 的速度运行的惯性系观察它。从此人的角度，电子是向左运行（见图 4.9b）；而其仍以同样的方式旋转，因此这个观察者将说它是一个左手电子。换句话说，你可以通过简单地改变你的参考系来把一个右手电子转化成左手电子。这就是我所说的含义，差别不是洛伦兹不变的。

但如果我们应用同样的论据到一个中微子时——先暂取其为零质量的，它以光速运行，因此没有观察者能比它运行得更快——将会怎样呢？不可能通过进到一个更快的运动的参考系来使一个（零质量）中微子“改变运动方向”，因此中微子的螺旋度（或任何其他零质量

㊀ 在第 9 章中，我们将引进“手性”和“螺旋度”之间技术性的区分，但目前我们将互换地使用它们。

图 4.9 螺旋度。a）中自旋和速度平行（螺旋度 +1）；b）中自旋和速度反平行（螺旋度 -1）。

粒子）是洛伦兹不变的。㊀——这是一个确定和基本的性质，它不是观测者参考系的人为产物。确定一个给定中微子的螺旋度成为一个重要的实验课题。直到 20 世纪 50 年代中期，每个人都假设所有中微子的一半应是左手的，另一半是右手的，就像光子那样。后来实际发现的确是：

中微子是左手的；

反中微子是右手的。

当然很不容易直接测量中微子的螺旋度；去做检测相当难。然而有一个利用 π 的衰变相对间接的方法：$\pi^- \to \mu^- + \bar{\nu}_\mu$。如果 π 是静止的，缪子和反中微子背对背出射（见图 4.10）。进一步，因为 π 的自旋为零，缪子和反中微子的自旋必须反向排列。㊁因此如果反中微子是右手的，缪子也必须是右手的（在 π 静止系）——这确实是实验所做的发现[17]。测量缪子的螺旋度因此使我们能确定反中微子的螺旋度。同样地，在 π^+ 衰变中，反缪子总是左手的，而这意味着中微子是左手的。相反地，考虑中性 π，$\pi^0 \to \gamma + \gamma$。另外在任何给定的衰变中，两个光子必须具有同样的螺旋度。但这是电磁过程，它遵从宇称守恒，因此平均说我们得到同样多的右手光子对和左手光子对。不像中微子；它们只通过弱作用相互作用，且每个都是左手的；中微子的镜像不存在。㊂这就是你可能要询问的明显镜像对称性的破缺㊃。

图 4.10 静止的 π^- 发生衰变。

㊀ 对无质量粒子，只存在最大值的 $|m_s|$。例如，光子可以具有 $m_s = +1$ 或 $m_s = -1$，但没有 $m_s = 0$ 因此无质粒子的螺旋度总是 ±1。在光子情形，存在左旋和右旋极化。缺少 $m_s = 0$ 相应于缺少经典光学中的纵向极化。

㊁ 轨道角动量（如果有的话）指向垂直于出射速度，因此它不影响这个论据。

㊂ 这是一个过强的表述。我可假设，周围可能存在右手中微子，但它们没有通过任何现在已知的机制与普通物质的相互作用。事实上，由于我们现在知道中微子具有小而非零的质量，右手中微子必须存在。然而这些都改变不了当 π^- 衰变时在质心系出现的缪子是右手且其自己就破坏镜像对称性的事实。顺便说，回到 1929 年，狄拉克方程发表后不久，Weyl 对零质量自旋 1/2 的粒子给出一个漂亮而简单的理论，其特点是这些粒子携带固定的“手性”。在那时，Weyl 的理论只激起有限的兴趣，因为除了自旋 1 的光子外，还没有发现零质量粒子。当泡利 1931 年引入中微子时，你可能想象他会重新启用 Weyl 的理论，发挥它的作用。他没有，泡利拒绝 Weyl 的理论，因为它破坏镜像对称性。他后悔犯了这个错误，而在 1957 年，Weyl 的理论取得了成功。

㊃ 可能就像那时很多物理学家那样，这对你也可能会发生，即如果我们同时将所有粒子变为其反粒子，那么某种镜像对称性恢复；$\pi^- \to \mu^- + \bar{\nu}_\mu$（含右手反中微子）的镜像成为 $\pi^+ \to \mu^+ + \nu_\mu$（含左手中微子），这是完全没问题的。这种实现直到 1964 年之前还是可以的，但到那年也被证明是错误的。下节会做更多的讨论。

尽管在弱过程中发生破缺，宇称不变性在强和电磁作用中仍保持是一个对称性。这因此对发展一些体系和术语是有用的。首先一个小的技术点：除了有赖我们选择任意的“镜子”平面，我们将谈论**反演**，在这里每个点都变换到相对原点对面的位置（见图4.11）。两种变换都把右手变成左手；事实上，反演不过是反射再加一个转动（在图里是关于 y 轴的 180°）。因此在所感兴趣的情形（也具有转动对称性），不在乎用哪个。让 P 代表反演；我们叫它“宇称算符”。如果所在问题的系统是右手的，P 把它头改成向下并前后颠倒成左手的（见图4.11b）。当我们应用它到一个矢量 $\boldsymbol{a}$ 时，P 产生一个指向相反方向的矢量：$P(\boldsymbol{a}) = -\boldsymbol{a}$。对叉乘 $\boldsymbol{c}=\boldsymbol{a}\times\boldsymbol{b}$ 又怎样？如果 $\boldsymbol{a}$ 和 $\boldsymbol{b}$ 改变符号，那么 $\boldsymbol{c}$ 本身应该不变号：$P(\boldsymbol{c})=\boldsymbol{c}$。十分奇怪！很明显，有两种矢量——“普通”的，它们在宇称变换下改变符号，另外一种叉乘是其经典例子，它不改变符号。当需要指明区别时，我们叫前者“极”矢量，后者“赝”（或“轴”）矢量。注意一个极矢量和一个赝矢量的叉乘将给出一个极矢量。

你以前接触过赝矢量，虽然可能没有使用这种语言；角动量是一个，还有磁场。在一个有宇称不变性的理论中，你从不允许把一个矢量加到一个赝矢量之上。例如考虑洛伦兹力公式：$\boldsymbol{F}=q[\boldsymbol{E}+(v\times\boldsymbol{B})/c]$；$v$ 是一个矢量，而 $\boldsymbol{B}$ 是一个赝矢量，因此 $v\times\boldsymbol{B}$ 是矢量，可以合法地把它加到 $\boldsymbol{E}$ 上。但 $\boldsymbol{B}$ 本身从不能加到 $\boldsymbol{E}$ 上。如我们将要看到的，在弱作用中恰恰是把矢量和赝矢量相加导致了宇称的破坏。

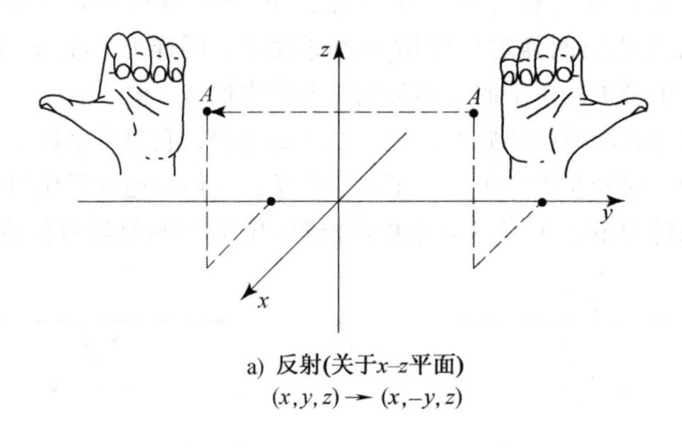

a) 反射(关于 x–z 平面)
$(x,y,z)\to(x,-y,z)$

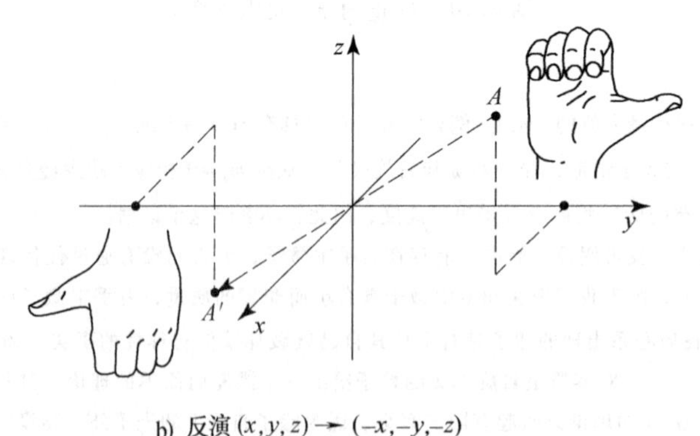

b) 反演 $(x,y,z)\to(-x,-y,-z)$

图 4.11 反射和反演。

最后，两个极矢量的点乘在 P 作用下不改变符号，但极矢量和赝矢量的点乘（或三个矢量的混合积 $\boldsymbol{a}\cdot(\boldsymbol{b}\times\boldsymbol{c})$）却改变符号。因此也有两种标量：“普通”的不改变符号，而

“赝标量”改变。这个规律被总结在表4.5中。[⊖]

表4.5 标量和矢量的宇称

标量：	$P(s)=s$
赝标量：	$P(p)=-p$
矢量(或极矢量)：	$P(v)=-v$
赝矢量(或轴矢量)：	$P(\boldsymbol{a})=\boldsymbol{a}$

如果你使用宇称算符两次，当然你回到开始之处：

$$P^2=I \tag{4.52}$$

(宇称群因此只由两个元素组成：I 和 P。) 它给出 P 的本征值是 ±1 (见习题4.34)。例如，标量和赝矢量具有本征值 +1，而矢量和赝标量具有本征值 −1。强子是 P 的本征态因而可以按照其本征值分类，就像我们按照自旋、电荷、同位旋、奇异数等等分类一样。按照量子场论，费米子(半整数自旋)的宇称必须与其对应的反粒子相反，而玻色子(整数自旋)的则和其反粒子的相同。我们取夸克具有正的内禀宇称，因此反夸克是负的。[⊜]复合系统基态的宇称是其组分宇称的乘积(我们说宇称是“相乘”的量子数，与电荷、奇异数等等“相加”的量子数形成对应)。[⊝]因此重子八重态和十重态具有正宇称，即 $(+1)^3$，而赝标和矢量介子九重态具有负宇称，即 $(-1)(+1)$。(前缀“赝”表示粒子的宇称。) 对一个(两粒子的)激发态，有一个额外的因子 $(-1)^l$，这里 l 是轨道角动量[18]。因此一般地，介子携带宇称 $(-1)^{l+1}$ (见表4.6)。同时，光子是一个矢量粒子(它由矢量势 A^μ 代表)；它的自旋是1，内禀宇称是 −1。

强和电磁作用的镜像对称性意味着在所有这样的过程中宇称是守恒的。原来，大家认为它对弱作用也同样成立。但在20世纪50年代早期被称为“τ−θ之谜”的恼人佯谬出现了。两个奇异介子，在当时叫 τ 和 θ，看起来在每个方面都相同——同样的质量、同样的自旋(零)，同样的电荷，等等——除了一个衰变成两个 π 而另一个衰变到三个 π，两个具有相反宇称的态：

$$\begin{aligned}&\theta^+\to\pi^++\pi^0 &&(P=(-1)^2=+1)\\&\tau^+\to\begin{Bmatrix}\pi^++\pi^0+\pi^0\\\pi^++\pi^++\pi^-\end{Bmatrix} &&(P=(-1)^3=-1)\end{aligned} \tag{4.53}$$

表4.6 部分介子九重态的量子数

轨道角动量	纯自旋	J^{PC}	观察到的九重态			平均质量(MeV/c^2)
			$I=1$	$I=1/2$	$I=0$	
$l=0$	$s=0$	0^{-+}	π	K	η, η′	400
	$s=1$	1^{--}	ρ	K*	ϕ, ω	900

⊖ 所有这些术语很简单地推广到狭义相对论：$a^\mu=(a^0,\ \boldsymbol{a})$ 叫赝矢量，如果其空间分量组成一个赝矢量 $P(\boldsymbol{a})=\boldsymbol{a}$；$p$ 是一个赝标量如果在空间反演下变成自己的负值 $P(p)=-p$。

⊜ 这个选择是完全任意的；我们完全可以采取另一种选择。事实上原则上我们可以安排某些夸克味具有正宇称而其他的为负宇称。这将导致一个不同的强子宇称集合，而宇称守恒仍将成立。我们这里选择的规则无疑是最简单的，它导致通常的安排。

⊝ 其区别是前者实际看到的比较少；某个意义上它来自标记反常。严谨的自洽性将要求我们把宇称算符写成指数形式 $P=e^{i\pi K}$，K 算符扮演类似自旋 [见方程 (4.28)] 的作用。K 的本征值将为0和1，对应 P 的 +1 和 −1，宇称的相乘对应 K 的相加。

（续）

轨道角动量	纯自旋	J^{PC}	观察到的九重态			平均质量(MeV/c^2)
			$I=1$	$I=1/2$	$I=0$	
$l=1$	$s=0$	1^{+-}	b_1	$\mathrm{K}_{1\mathrm{B}}$	$\mathrm{h}_1,\mathrm{h}_1$	1200
	$s=1$	0^{++}	a_0	$\mathrm{K}_0{}^*$	$\mathrm{f}_0,\mathrm{f}_0$	1100
	$s=1$	1^{++}	a_1	$\mathrm{K}_{1\mathrm{A}}$	$\mathrm{f}_1,\mathrm{f}_1$	1300
	$s=1$	2^{++}	a_2	$\mathrm{K}_2{}^*$	$\mathrm{f}'_2,\mathrm{f}_2$	1400

两个其他方面都一样的粒子却携带不同的宇称这件事看起来很是特别。李和杨 1956 年提出另类建议将 τ 和 θ 实际看成是**同一种粒子**（现在叫作 K^+），宇称就是在其中一个衰变中简单地不守恒。这个想法促使他们寻找弱作用中宇称不变性的证据，却没发现任何一个，因而导致对他们的提议寻求实验检验。

4.4.2 电荷共轭

经典电动力学在改变所有电荷的符号下是不变的；势和场改变符号，但在洛伦兹公式中还有一个补偿的电荷因子，因此力还维持原样。在基本粒子物理中，我们引入一个推广这个“改变电荷符号”的操作。它叫**电荷共轭**，C，它把每个粒子变为其反粒子：

$$C|p\rangle = |\bar{p}\rangle \tag{4.54}$$

“电荷共轭”是个有点用词不当的词，因为 C 可以用于中性粒子，像中子（产生反中子），它改变**所有**“内禀”量子数——电荷、重子数、轻子数、奇异数、粲数、美数、真数——的符号但不触及质量、能量、动量和自旋。

像 P 一样，应用 C 两次使我们回到原始态：

$$C^2=I \tag{4.55}$$

因此 C 的本征值是 ±1。然而不像 P，自然界大多数粒子明显不是 C 的本征态。因为如果 $|p\rangle$ 是 C 的本征态，它意味着

$$C|p\rangle = \pm|p\rangle = |\bar{p}\rangle \tag{4.56}$$

因此 $|p\rangle$ 和 $|\bar{p}\rangle$ 至多只相差一个符号，它意味着它们代表同一个物理态。因此**只有那些是其自己的反粒子的粒子可以是 C 的本征态**。这留给我们的是光子，还有那些躺在八重态中心的介子：π^0，η，η'，ρ^0，ϕ，ω，ψ 等等。由于光子是电磁场的量子，它在 C 操作下改变符号，光子的“电荷共轭数”是 -1 应该是对的。可以证明[19]组成由 1/2 的粒子组成的系统和其反粒子，在轨道角动量 l 和总自旋 s 的位形下构成 C 的本征值为 $(-1)^{l+s}$。按照夸克模型，问题中的介子精确地具有此形式：对赝标粒子，$l=0$ 和 $s=0$，因此 $C=+1$；对矢量粒子，$l=0$ 和 $s=1$，因此 $C=-1$（经常，就像表 4.6，C 罗列的就好像其对整个超多重态都是一个好的量子数；而事实是它只对中心成员成立。）

电荷共轭是一个相乘量子数，就像宇称一样，它对强和电磁作用是守恒的。因此例如对 π^0 到两个光子的衰变：

$$\pi^0 \to \gamma+\gamma \tag{4.57}$$

（对 n 个光子 $C(-1)^n$，因此在此情形反应之前和之后都是 $C=+1$），但它不能衰变成三个光子。类似地，ω 可以衰变到 $\pi^0+\gamma$，但从不可能衰变为 $\pi^0+2\gamma$。在强作用中，电荷共轭不变性要求例如在如下反应中带电 π 介子的能量分布

$$p+\bar{p}\to\pi^{+}+\pi^{-}+\pi^{0} \tag{4.58}$$

应该是（平均来说）恒等的[20]。另一方面，电荷共轭不是弱作用的对称性：当被用到中微子（记住，左手），C 给出左手反中微子，这不存在。因此任何涉及中微子的过程的电荷共轭版不是一个可能的物理过程。而纯强子弱作用也被证明就像 P 一样破缺 C。

由于只有很少的粒子是 C 的本征态，其直接在基本粒子物理中的应用是很有限的。如果我们把注意力限制在强作用中，通过把它和合适的同位旋变换结合起来，其威力可以被扩充。相对同位旋空间的第二个轴转动 180°㊀将把 I_3 转成 $-I_3$，转化例如 π^+ 到 π^-。如果我们接着使用电荷共轭算符，我们回到 π^+。因此带电 π 介子是这个组合算符的本征态，即使它们不是单独 C 的本征态。由于某些原因这个组合变换叫作"G 宇称"：

$$G=CR_2,\qquad 其中\ R_2=e^{i\pi I_2} \tag{4.59}$$

所有不带奇异数的介子（或粲、美或真）都是 G 的本征态；㊁对一个同位旋为 I 的多重态本征值是（见习题 4.36）

$$G=(-1)^{I}C \tag{4.60}$$

其中 C 是中性成员的电荷共轭数。对单一 π，$G=-1$，而对 n 个 π 介子的态

$$G=(-1)^{n} \tag{4.61}$$

这是一个很好用的结果，因为它告知你在一个特殊的辐射中可以有多少 π。例如 ρ 介子带 $I=1$，$C=-1$，因此 $G=+1$，可以到两个 π，但三个不行，而 φ、ω 和 ψ（都是 $I=0$）可以到三个，而不是两个。

4.4.3 *CP*

如我们所见，弱作用在宇称变换 P 下不是不变的；最清楚的证据是 π 衰变中辐射反缪子的事实

$$\pi^{+}\to\mu^{+}+\nu_{\mu} \tag{4.62}$$

它总是以左手出射。弱作用在 C 变换下也不是不变的，对上面反应的电荷共轭过程应是

$$\pi^{-}\to\mu^{-}+\bar{\nu}_{\mu} \tag{4.63}$$

其中缪子是左手的，而实际中缪子总是以右手出射。然而，如果把两种操作结合起来我们回到可用的情形：CP 改变左手反缪子到右手缪子，这恰恰是我们在自然界中所看到的。很多受到失去宇称惊吓的人从这里得到了安慰；可能我们一直谈论的直觉正是这个结合——可能我们说的右手电子的"镜像"的含义应是左手正电子。㊂如果我们把我们现在叫的 CP 从一开始就定义为宇称，宇称破缺的损害就可以避免了（或至少被推迟）。现在改变术语太晚了，但这帮我们改善了本能地觉得世界"应是"左右对称的感觉。

4.4.3.1 中性 K 介子

CP 不变性如盖尔曼和派斯在一个经典文章所指出的那样[21]，对中性 K 介子有古怪的

㊀ 有些作者利用第一个轴。很显然，在第一和第二轴构成的平面内的任何一个轴都可以做此事。

㊁ 例如 K^+ 不是 G 的本征态，R_2 将它变为 K^0，而 C 进一步把它变成 $\bar{K}^0$。这个想法通过使用合适的 $SU(3)$ 变换替代 R_2 可以被推广到 K 介子，但由于 $SU(3)$ 不是强力的一个很好的对称性，做此事没多大必要。

㊂ 偶然地，我们完全可以在经典电动力学中把电荷取成赝标量，E 成为赝矢量而 B 是矢量，所有结果都将一样。一个正电荷的镜像是正还是负完全是你的口味。但看起来最简单的似乎是让电荷不变，而这就是标准的约定。

应用。他们注意到 K^0 的奇异数 +1 可以被转换为其奇异数 −1 的反粒子 $\overline{K}^0$，

$$K^0 \Leftrightarrow \overline{K}^0 \tag{4.64}$$

通过一个我们现在用图 4.12 的“箱”图代表的二阶弱作用实现。[㊀]结果是，我们在实验室里通常观察的不是 K^0 和 $\overline{K}^0$，而是两者的某种线性结合。特别地，我们可以形成如下的 CP 本征态。因为 K 介子是赝标量

$$P\,|K^0\rangle = -\,|K^0\rangle,\quad P\,|\overline{K}^0\rangle = -\,|\overline{K}^0\rangle \tag{4.65}$$

另一方面，从方程 4.54

$$C\,|K^0\rangle = |\overline{K}^0\rangle,\quad C\,|\overline{K}^0\rangle = |K^0\rangle \tag{4.66}$$

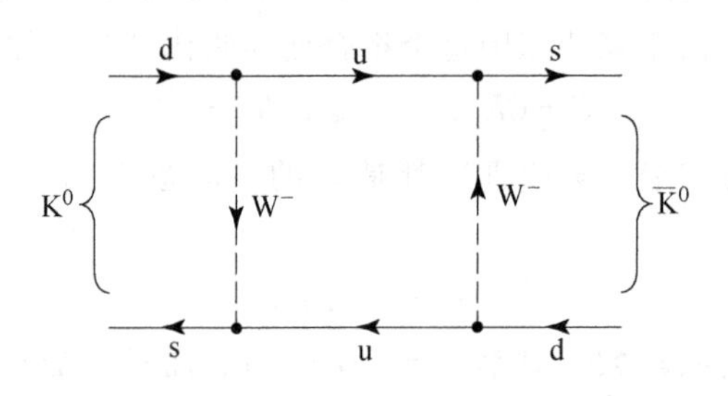

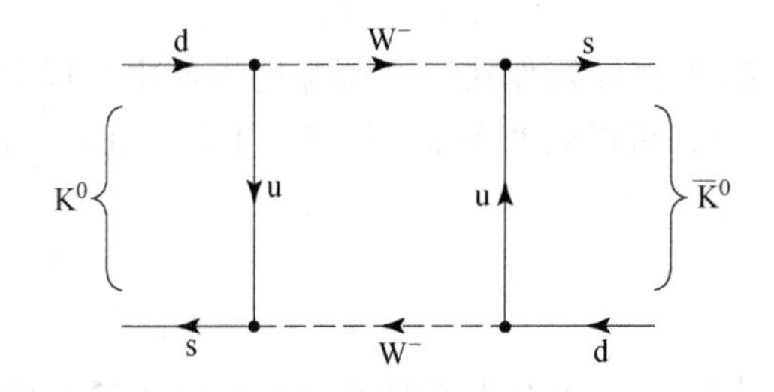

图 4.12 贡献 $K^0 \Leftrightarrow \overline{K}^0$ 的费曼图。（还有其他的，包括那些把一个或两个 u 夸克换位为 c 或 t）

相应地

$$CP\,|K^0\rangle = -\,|\overline{K}^0\rangle,\qquad CP\,|\overline{K}^0\rangle = -\,|K^0\rangle \tag{4.67}$$

因此（归一化的）CP 本征态为

$$|K_1\rangle = \left(\frac{1}{\sqrt{2}}\right)(|K^0\rangle - |K^0\rangle) \qquad 和 \qquad |K_2\rangle = \left(\frac{1}{\sqrt{2}}\right)(|K^0\rangle + |\overline{K}^0\rangle) \tag{4.68}$$

其中

$$CP\,|K_1\rangle = |K_1\rangle \qquad 和 \qquad CP\,|K_2\rangle = -\,|K_2\rangle \tag{4.69}$$

假定 CP 在弱作用中是守恒的，K_1 只能衰变成一个 $CP = +1$ 的态，而 K_2 必须衰变成一个 $CP = -1$ 的态。典型地中性 K 介子衰变成两或三个 π。而我们已经看到两 π 组合携带宇称 +1，三系统有 $P = -1$［见方程（4.53）］；两者都有 $C = +1$。结论：K_1 衰变成两 π；K_2 衰变成三 π（不可能到两个）：[㊁]

㊀ 这样的转化可能性对中性 K 系统几乎是唯一的；在“稳定”强子中唯一其他可能的候选者是 $D^0/\overline{D}^0$，$B^0/\overline{B}^0$，$B_s^0/\overline{B}_s^0$（见习题 4.38）。

㊁ 实际上，采用合适的轨道角动量组合，可能构造出 $CP = +1$ 的 $\pi^+\pi^-\pi^0$ 系统，而这可以允许 K_1 衰变成三 π，但它无法改变 K_2 不能衰变成两 π 的事实。

$$K_1 \to 2\pi, \qquad K_2 \to 3\pi \tag{4.70}$$

现在，两 π 衰变由于能量释放更大因而更快。因此，如果我们从一束 K^0 开始：

$$|K^0\rangle = \left(\frac{1}{\sqrt{2}}\right)(|K_1\rangle + |K_2\rangle) \tag{4.71}$$

K_1 的分量将会很快衰变掉，我们将剩下一个纯 K_2 的束流。在源附近，我们应该看到很多两 π 事例，但更远的地方我们将只期待有三 π 衰变。

到此已经讲了很多了。就像克罗宁（Cronin）在一个很好的回忆录中所述[22]：

因此这些绅士，盖尔曼和派斯，预言除了短寿命的 K 介子，应该存在长寿命的 K 介子。它们漂亮、优美而简单地做出了此事。我认为他们做的是一篇有时只是为了其纯优美的理由就应阅读的文章。它发表在 1955 年的《物理评论》上。一个非常可爱的东西！当你发现你看懂了时，你会特别激动。那时，很多最著名的理论家都认为这个预言是实在荒谬的。

但这是不荒谬的，1956 年，莱德曼和他的合作者在布鲁克海文发现了 K_2 介子[23]。实验上，两个的寿命是

$$\begin{aligned} \tau_1 &= 0.859 \times 10^{-10}\,\text{s} \\ \tau_2 &= 5.11 \times 10^{-8}\,\text{s} \end{aligned} \tag{4.72}$$

因此 K_1 飞行几厘米后基本都没有了，而 K_2 可以飞行很多米。注意 K_1 和 K_2 相互之间不是像 K^0 和 $\overline{K}^0$ 那样的反粒子；进一步，它们每个都是其自己的反粒子（K_1 的 $C=-1$ 和 K_2 的 $C=+1$）。它们的质量差别如此之小，实验给出[24]

$$m_2 - m_1 = 3.48 \times 10^{-6}\,\text{eV}/c^2 \tag{4.73}$$

中性 K 介子系统对老问题加入了一个微妙的扭曲，“什么是一个粒子？”K 介子典型地作为奇异数本征态（K^0 和 $\overline{K}^0$）由强作用产生，但它们通过弱作用以 CP 本征态（K_1 和 K_2）衰变。因此，哪种是“实际”的粒子？如果我们坚持一个“粒子”必须具有唯一的寿命，那么“真实”的粒子是 K_1 和 K_2。[㊀] 但我们不必那么教条。在实际中，有时用一种而有时又用另一种会更方便。此情形在很多方面类似极化光。线性极化可以看作是左旋极化和右旋极化的叠加。如果想像一个介质喜欢吸收右旋极化光，用一个线性极化束照射它，当光穿过物质时，逐渐出现越来越多的左旋极化，就像 K^0 束变成 K_2 束那样。然而是否选线性还是圆极化态来分析此过程完全是你的口味。

4.4.3.2　*CP* 破坏

中性 K 提供了一个完美的实验系统去检验 *CP* 不变性。通过利用足够长的束流，我们可以产生任意纯度的长寿命种类样品。如果在这个位置我们观察到一个 2π 衰变，我们将知道 *CP* 被破坏了。这个实验于 1964 年由克罗宁（Cronin）和菲茨（Fitch）报道。[25] 在 57ft 长的束流末端，他们在 22700 个全部衰变中数出 45 个 2π 事例。这是一个微小的比例（约 1/500），但确是准确无误的 *CP* 破坏证据。明显地，长寿命中性 K 介子最后不是一个完美的

㊀ 顺便说，这是盖尔曼和派斯所提倡的定义。

CP 本征态，而含一个小的 K_1 混合：

$$|K_L\rangle=\frac{1}{\sqrt{1+|\epsilon|^2}}(|K_2\rangle+\epsilon|K_1\rangle) \tag{4.74}$$

系数 ϵ 是偏离完美 CP 不变性的一个自然度量㊀；实验上它的值约是 2.24×10^{-3}。

虽然效应微小，CP 破坏却比宇称具有更深刻的问题。宇称不守恒很快被嵌入弱作用理论（事实上，“新”理论的部分——对中微子的 Weyl 方程——已经等待了很多年）。宇称破缺更容易精确地处理是因为它是一个大的效应：所有中微子都是左手的，而不是它们的 50.01%。宇称在此意义上在弱作用中是**最大地**破缺的。相反地 CP 破坏不管怎么度量都是一个小的效应。在标准模型之内，假设（至少）有三代夸克，它可通过在卡比布-小林诚-益川敏英（Cabibbo-Kobayashi-Maskawa）（CKM）矩阵中引进一个唯象的相参数（δ）来描写。事实上，正是这种实现导致小林诚（Kobayashi）和益川敏英（Maskawa）在 1973 年甚至在粲被发现之前提出三代夸克。[27]

菲茨-克罗宁（Fitch-Cronin）实验破坏了自然界存在严格镜像对称性的最后希望。随后 K_L 的半轻子衰变的研究揭示了更戏剧性的 CP 破坏证据。虽然所有 K_L 衰变的 32% 是我们讨论过的 3π 模式，41% 到

$$(a)\,\pi^++e^-+\bar{\nu}_e \qquad \text{或} \qquad (b)\quad \pi^-+e^++\nu_e \tag{4.75}$$

注意 CP 把（a）变成（b），因此如果 CP 是守恒的，且 K_L 是一个纯本征态，（a）和（b）应该有相同的可能性。但实验显示[28] K_L 衰变到正电子比衰变到电子多 3.3×10^{-3}。这是第一次有一个过程给出绝对的物质和反物质的区分，因而提供了无异议、约定无关的正电荷定义：**它是由在长寿命 K 介子衰变中更容易产生的那个轻子的电荷**。CP 破坏允许不等价的粒子和反粒子处理的事实建议它可能会与宇宙中的物质多于反物质有关。[29] 我们将进一步在第 12 章探索此事。

几乎 40 年了，K_L 衰变是唯一的在实验室观测到的 CP 破坏。1981 年，卡特（Carter）和三田（Sanda）指出破缺应该也在中性 B 介子中发生。[30] 为探究这种可能性，在 SLAC 和 KEK（在日本）建造了“B 工厂”，设计的特别产生巨量数目的 $B^0/\bar{B}^0$ 对[31]。到 2001 年，它们的探测器（相应的“BaBar”和“Belle”）在中性 B 衰变中记录了毋庸置疑的 CP 破坏证据。㊁[32] 不像 K 系统，CP 破坏在相对一般的衰变中是一个微小的效应，例如方程(4.75)，对 B 它在极端稀有衰变中趋向于是一个大效应。例如，$B^0\to K^++\pi^-$ 的分支比只是 1.82×10^{-5}，但这个衰变比其 CP “镜像” $\bar{B}^0\to K^-+\pi^+$ 多 13%。到目前为止，这是唯一的发现 CP 破坏的其他系统。㊂

㊀ 这不仅仅是 K_L 可以衰变成 2π 的唯一路径；在标准模型中，还有小的不涉及 $K^0\leftrightarrow\bar{K}^0$ 混合的“直接” CP 破坏，它联系的是所谓“企鹅”图（见习题 4.40）。在 $K_L\to2\pi$ 中的直接 CP 破坏于 1999 年被证实[26]。

㊁ 中性 B 衰变中的“直接” CP 破坏于 2004 年在两个实验室都被证实[33]。

㊂ 存在某些 $B_s^0/\bar{B}_s^0$ 混合的迹象[34]，和最近的 $D^0/\bar{D}^0$ 混合[35]，但在两个过程中都还没有 CP 破坏的迹象。由于 b 夸克——像 s 夸克——不跨越代边界就无法衰变，B 介子——像 K 介子那样——趋向于相对长寿（10^{-12}s）。c 夸克相反地可以不用跨越边界就变到 s，这使得 D 介子成为短寿的（10^{-15}s）。这使得 B 系统成为一个更有利地寻找 CP 破坏的地方，即使 D 更容易产生。

4.4.4 时间反演和 TCP 定理

假设我们制作某个物理过程的电影，例如两个台球的弹性碰撞。如果我们使电影反向放映，它将刻画一个可能的物理过程或是观者会肯定地说“不、不，这不可能；电影一定是放反了”？在经典弹性碰撞的情形，“时间反演”过程是完全可能的。（肯定的是，如果我们放置很多台球画面，反向运行可能是相当**不可能**的；我们会吃惊地看到小球聚集在一起形成一个完美的三角形，而一个单一母球滚走，我们将强烈地怀疑电影被放反了。但这就是因为我们知道设置必要的初始条件使所有的球将以合适的速度和合适的方向滚到一起是极其困难的。因此初始条件可以给我们“时间箭头”的线索，而控制碰撞的定律本身对向前和向后运行一视同仁地工作。）直到近来，所有基本粒子相互作用都分享这个时间反演不变性才被接受。但随着宇称被推翻，我们很自然地去质询时间反演是否真的是对的。[36]

结果是，检测时间反演比起 P 或 C 要难很多。首先，很多粒子是 P 的本征态，某些是 C 的本征态，没有一个是 T 的本征态（反向放映电影的“时间反演算符”）。㊀因此我们无法像我们对 P 和 C 那样单单通过乘以数字来检验“T 守恒”。最直接的检验将是取一个特别的过程（例，$\mathrm{n}+\mathrm{p}\to\mathrm{d}+\gamma$），并让其逆向运行 $\mathrm{d}+\gamma\to\mathrm{n}+\mathrm{p}$。因为相应的动量、能量和自旋、反应速率条件将在两个方向上都一样。（这叫“细致平衡原理”，它直接来自时间反演不变性。）这样的检验对强和电磁作用结果很好，大量过程被检验过了。结果总是否定的（没有 T 破坏的证据），而这并不令人吃惊。在对 P 和 C 的实验基础上，如果有某处，我们期望看到在弱作用中时间反演的失败。不幸的是，逆过程实验在弱作用实验中很难做。例如，典型的弱衰变 $\Lambda\to\mathrm{p}^{+}+\pi^{-}$。逆反应将是 $\mathrm{p}^{+}+\pi^{-}\to\Lambda$，但我们从未看到这个过程，因为质子和 π 的强作用会淹没虚弱的弱作用。为避免强和电磁污染，我们可以去看中微子过程。但准确测量中微子是极其困难的，且我们这里假设在寻找很小的效应。在实际中，因此 T 不变性判别性的检验涉及仔细地测量那些 T 是完美对称性时精确为零的量。经典的例子是一个静态基本粒子的电偶极矩。㊁可能最敏感的实验检验是中子[37]和电子[38]电偶极矩的上限：

$$d_n<(6\times10^{-26}\mathrm{cm})e,\quad d_e<(6\times10^{-27}\mathrm{cm})e \tag{4.76}$$

其中 e 是质子的电荷；没有实验显示直接的 T 破坏证据。

不管怎么说，存在一个可信的原因使人相信时间反演不是自然界的一个完美对称性。这来自所谓 TCP 定理，量子场论最深刻的结果之一[39]。只依据最一般的假设——洛伦兹不变性、量子力学和相互作用由场代表的想法——TCP 定理说时间反演、电荷共轭和宇称（以任何顺序）的联合操作是一个对任何相互作用的严格对称性。构造 TCP 积不守恒在量子场论是不可能的。如果像菲茨-克罗宁（Fitch-Cronin）实验所证实的，CP 是破缺的，必须存在补偿的 T 破缺。当然，像任何不可能性的证明，TCP 定理可以只是我们缺乏想象的度量；它必须在实验室里被检测到，这是寻找独立的 T 破坏证据如此重要的原因之一。而 TCP 定理

㊀ 粒子可以与其镜像完全相同，而如果它是中性的，也可以与其反粒子相同，但它无法与其反时间运行的像完全相同（至少，不曾发生过）。

㊁ 对一个基本粒子，电偶极矩 $\boldsymbol{d}$，应沿自旋 $\boldsymbol{s}$ 轴指向；没有其他合适的方向。但 $\boldsymbol{d}$ 是矢量，而 $\boldsymbol{s}$ 是赝矢量，因此非零的电偶极矩将意味 P 的破坏。类似地，$\boldsymbol{s}$ 在时间反演下改变符号，而 $\boldsymbol{d}$ 不，因此非零的 $\boldsymbol{d}$ 也（更有趣地）意味 T 的破坏。对进一步的细节，见 Ramsey，参考文献 [32]。

还有有赖实验验证的其他应用：如果定理是正确的，每个粒子必须具有与其反粒子同样精确的质量和寿命。[⊖]对一些粒子-反粒子对做了测量；到今天最敏感的检测是 $K^0-\overline{K}^0$ 质量差，它比上 K^0 质量已知小于 10^{-18}。因此 TCP 定理是在极端坚实的理论基础之上，实验上也相对安全。事实上，如一个著名理论家所说，如果发现了偏离，“恶魔就将降临”。

参考文献

1 See, for example, Halzen, F. and Martin, A. D. **(1984)** *Quarks and Leptons*, John Wiley & Sons, New York. Section 14.2. For a more complete (if somewhat dated) discussion; see (a) Hill, E. L. **(1951)** *Reviews of Modern Physics*, **23**, 253.

2 If this fact is not familiar, you might want to look at Halliday, D., Resnick, R. and Walker, J. **(2001)** *Fundamentals of Physics*, 6th edn, John Wiley & Sons, New York, Section 11.3.

3 For accessible treatments of group theory see Tinkham, M. **(2003)** *Group Theory and Quantum Mechanics*, Dover, New York; (a) Lipkin, H. J. **(2002)** *Lie Groups for Pedestrians*, Dover, New York.

4 See, for example, Merzbacher, E. **(1998)** *Quantum Mechanics*, 3rd edn, John Wiley & Sons, New York, Chapter 17, Section 5.

5 See Tinkham, M. **(2003)** *Group Theory and Quantum Mechanics*, Dover, New York; (a) Lipkin, H. J. **(2002)** *Lie Groups for Pedestrians*, Dover, New York.90 Chapter 16, Sections 3 and 4.

6 Heisenberg, W. **(1932)** *Zeitschrift Fur Physik*, **77**, 1. An English translation of this classic paper appears in (a) Brink, D. M. **(1965)** *Nuclear Forces*, Pergamon, Elmsford, NY.

7 Fliagin, V. B. et al. **(1959)** *Soviet Physics, JETP*, **35** (8), 592.

8 Anderson, H. L., Fermi, E., Long, E. A. and Nagle, D. E. **(1952)** *Physical Review*, **85**, 936.

9 De Rujula, A., Georgi, M. and Glashow, S. L. **(1975)** *Physical Review*, **D12**, 147; (a) Weinberg, S. **(1977)** *Transactions of the New York Academy Sciences, Series II*, **38**, 185; (b) Gasiorowicz, S. and Rosner, J. L. **(1981)** *American Journal of Physics*, **49**, 962; (c) Gasser, J. and Leutwyler, H. **(1982)** *Physics Report*, **87**, 78.

10 Holstein, B. R. **(1995)** *American Journal of Physics*, **63**, 14.

11 A qualitatively plausible mechanism is suggested by the 'MIT Bag Model'. Free quarks of mass m, confined within a spherical shell of radius R, are found to have an effective mass $m_{\text{eff}}=\sqrt{m^2+(\hbar x/Rc)^2}$, where x is a dimensionless number around 2.5. Using the radius of the proton (say, 1.5×10^{-13} cm) for R, we obtain $m_{\text{eff}}=330\ \text{MeV}/c^2$ for the up and down quarks. See Close, F. E. **(1979)** *An Introduction to Quarks and Partons*, Academic, London, Section 18.1.

12 Bare masses are taken from the *Particle Physics Booklet* **(2006)**. The light quark effective masses are somewhat lower in mesons and higher in baryons; the best-fit values depend on the context. See Tables 5.3, 5.5, and 5.6.

13 For an illuminating introduction to parity see Feynman, R. P., Leighton, R. B. and Sands, M. **(1965)** *The Feynman Lectures on Physics*, vol. **III**, Addison-Wesley, Reading, MA, p. 17–22.

14 Lee, T. D. and Yang, C. N. **(1956)** *Physical Review*, **104**, 254.

15 Wu, C. S. et al. **(1957)** *Physical Review*, **105**, 1413. In the interest of clarity I am ignoring the formidable technical difficulties involved in this experiment. To keep the cobalt nuclei aligned, the sample had to be maintained at a temperature of less than 1° K for 10 minutes. Small wonder that no earlier experiments had stumbled on evidence of parity violation.

⊖ 这也可以从 C 不变性得到。然而，由于我们知道后者是破缺的，相等的质量和寿命（顺便说还有磁矩，虽然它们反号。）来自远弱的 TCP 对称性的假设就是有意义的了。

16 See, for example, Pauli's letter to Weisskopf in Pauli, W. (**1964**) *Collected Scientific Papers*, vol. **I**, (eds R. Kronig and V. F. Weisskopf), Wiley-Interscience, New York, p. xii; (a) Morrison, P. (April **1957**) *Scientific American*, 45.

17 Backenstoss, G. et al. (**1961**) *Physical Review Letters*, **6**, 415; (a) Bardon, M. et al. (**1961**) *Physical Review Letters*, **7**, 23. Earlier experiments anticipated this result: (b) Goldhaber, M., Grodzins, L. and Snyder, A. W. (**1958**) *Physical Review*, **109**, 1015.

18 This comes from the angular part of the spatial wave function, $Y_l^m(\theta,\phi)$. See, for example, Tinkham, M. (**2003**) *Group Theory and Quantum Mechanics*, Dover, New York; (a) Lipkin, H. J. (**2002**) *Lie Groups for Pedestrians*, Dover, New York, p. 186, (or Problem 5.3 below).

19 Perkins, D. H. (**1982**) *Introduction to High-Energy Physics*, 2 d edn, Addison-Wesley, Reading, MA, p. 99.

20 Baltay C. et al. (**1965**) *Physical Review Letters*, **15**, 591.

21 Gell-Mann, M. and Pais, A. (**1955**) *Physical Review*, **97**, 1387. This paper was written before the overthrow of parity, but the essential idea remains unchanged if we substitute CP for their C. Of course, they didn't draw a quark diagram like Figure 4.12; they based their argument for Equation 4.64 on the fact that both K^0 and $\overline{K}^0$ can decay into $\pi^+ + \pi^-$, so $K^0 \Leftrightarrow \pi^+ + \pi^- \Leftrightarrow \overline{K}^0$.

22 Cronin J. W. and Greenwood, M. S. (July **1982**) *Physics Today*, 38. Cronin uses an unorthodox sign convention, putting a -1 into our Equation 4.66, but the physics is still the same.

23 Lande, K. et al. (**1956**) *Physical Review*, **103**, 1901.

24 The detection of so minute a mass difference is itself a fascinating story. See, for example, Wu, C. S. et al. (**1957**) *Physical Review*, **105**, 1413. Sect. 16.13.1.

25 Christenson, J. H. et al. (**1964**) *Physical Review Letters*, **13**, 138.

26 Alavi-Harati, A. et al. (**1999**) *Physical Review Letters*, **83**, 22; (a) Fanti, V. et al. (**1999**) *Physics Letters B*, **465**, 335. Earlier claims (see (b) Schwarzschild, B. (October **1988**) *Physics Today*, 17. appear to have been premature.)

27 Kobayashi, M. and Maskawa, T. (**1973**) *Progress in Theoretical Physics*, **49**, 652.

28 Gjesdal S. et al. (**1974**) *Physics Letters*, **52B**, 113; (a) Bennett, S. et al. (**1967**) *Physical Review Letters*, **19**, 993; (b) Dorfan, D. et al. (**1967**) *Physical Review Letters*, **19**, 987.

29 Wilczek, F. (December **1980**) *Scientific American*, 82.

30 Carter, A. B. and Sanda, A. I. (**1981**) *Physical Review D*, **23**, 1567. For a comprehensive treatment of CP violation see (a) Bigi, I. I. and Sanda, A. I. (**2000**) *CP Violation*, Cambridge University Press, Cambridge, UK.

31 Quinn, H. R. and Witherell, M. S. (October **1998**) *Scientific American*, 76.

32 Abashian, A. et al. (**2001**) *Physical Review Letters*, **86**, 2509; (a) Aubert, B. et al. (**2001**) *Physical Review Letters*, **86**, 2515.

33 Aubert, B. et al. (**2004**) *Physical Review Letters*, **93**, 131801; (a) Chao, Y. et al. (**2005**) *Physical Review D*, **71**, 031502.

34 Schneider, O. (**2006**) *Review of Particle Physics*, 836.

35 Aubert, B. et al. (**2007**) *Physical Review Letters*, **98**, 211802.

36 Excellent informal treatments of time reversal are Overseth, O. E. (October **1969**) *Scientific American*, 88; and (a) Sachs, R. G. (**1972**) *Science*, **176**, 587.

37 Harris, P. G. et al. (**1999**) *Physical Review Letters*, **82**, 904; (a) Ramsey, N. F. (**1982**) *Reports of Progress in Physics*, **45**, 95.

38 Regan, B. et al. (**2002**) *Physical Review Letters*, **88**, 071805.

39 The TCP theorem was discovered by Schwinger, J. and Lüders, G. and perfected by Pauli, W. (**1955**) *Niels Bohr and the Development of Physics*, (ed W. Pauli), McGraw-Hill, New York. At first no one paid much attention to the TCP theorem, because at that time everyone thought T, C, and P were all perfect symmetries individually. It was only with the fall of parity, and especially with the failure of CP, that the importance of this theorem was fully appreciated.

习　题

4.1　证明 I、R_+、R_-、R_a、R_b和 R_c都是等边三角形的对称性。[提示：做此事的一种方法是标记三个角如图 4.2 所示，一个给定的对称性操作将 A 变到曾由 A、B 或 C 占据的位置。如果 $A \to A$，那么要么 $B \to B$ 和 $C \to C$ 或 $B \to C$ 和 $C \to B$。从那里取它。]

4.2　构造三角群的“乘法表”，在下表中填空：

	I	R_+	R_-	R_a	R_b	R_c
I						
R_+						
R_-						
R_a						
R_b						
R_c						

在第 i 行、第 j 列，放进积 R_iR_j。这是阿贝尔群吗？只通过看乘法表，你能区分吗？

4.3（a）　构造一个三角群的 3×3 表示：让 $D(R)$ 是操作 R 的矩阵表示。它作用在列矩阵$\begin{pmatrix} A \\ B \\ C \end{pmatrix}$上产生一个新列矩阵$\begin{pmatrix} A' \\ B' \\ C' \end{pmatrix} = D(R)\begin{pmatrix} A \\ B \\ C \end{pmatrix}$，其中 A'现在占据原来由 A 占的顶角。因此，例如，

$$D(R_+) = \begin{pmatrix} 0 & 1 & 0 \\ 0 & 0 & 1 \\ 1 & 0 & 0 \end{pmatrix}$$

找出其他五个矩阵。(你可能想检验你的矩阵的乘法契合你在习题 4.2 里构造的表。)

（b）三角群像其他群一样具有平庸的一维表示。还有一个非平庸的一维表示，其中元素不是都由 1 代表。做出这第二个一维表示。即找出每个群元是由什么数（1×1 矩阵）代表的。这个表示是忠实的吗？

4.4　做出一个四方形的对称性群。它有多少元素？构造乘法表，确定其是否是阿贝尔群。

4.5（a）　证明所有 $n \times n$ 幺正矩阵的集合构成群。(为证明封闭性，例如，你必须证明两个幺正矩阵的乘积本身是幺正的。)

（b）证明所有行列式为 1 的 $n \times n$ 幺正矩阵集合构成群。

（c）证明 $O(n)$ 是一个群。

（d）证明 $SO(n)$ 是一个群。

4.6　考虑一个二维矢量 A。假设其对笛卡儿轴 x、y 的分量是 (a_x, a_y)。当系统逆时

针相对 x、y 系统转动角度 θ，其在 x'、y'的分量（a'_x，a'_y）是多少？用 2×2 矩阵 $R(\theta)$ 表达你的答案：

$$\begin{pmatrix} a'_x \\ a'_y \end{pmatrix} = R \begin{pmatrix} a_x \\ a_y \end{pmatrix}$$

证明 R 是正交矩阵。它的行列式是多少？所有这样的转动构成一个群；这个群的名字是什么？通过相乘证明 $R(\theta_1)R(\theta_2)=R(\theta_1+\theta_2)$；这是阿贝尔群吗？

4.7　考虑矩阵$\begin{pmatrix} 1 & 0 \\ 0 & -1 \end{pmatrix}$。它在 $O(2)$ 群中吗？$SO(2)$ 呢？其作用在习题 4.6 中的矢量 A 的效果如何？它描写了平面中的一个可能的转动吗？

4.8　假设我们把电子从字面上解释成半径为 r、质量为 m、以角动量为$\frac{1}{2}\hbar$ 自转的经典固体球。其赤道上的一点的速度 v 是多少？实验上知道 r 小于 10^{-16}cm。相应的赤道速度是多少？从此你得到什么结论？

4.9　当你利用方程（4.12）相加角动量时，计算一下相加之前和之后态的数目对检验你的结果是有用的。例如，在例 4.1 中我们从两个夸克出发，每个具有 $m_s=+1/2$ 或 $m_s=-1/2$，因此总共有四种可能性。自旋相加之后，我们有一个自旋为 1 的组合（因此 $m_s=1$、0 或 -1）和一个自旋为 0 的组合（$m_s=0$）——，总体仍是四个态。

（a）用此方法检验例 4.2。

（b）把角动量 2、1 和 1/2 加起来。列出所有总角动量的可能取值，通过数态检验你的答案。

4.10　证明“原始”贝塔衰变反应 $n\to p+e$ 会破坏角动量守恒（所有三个粒子都具有自旋 1/2）。如果你是泡利，提出反应实际应是 $n\to p+e+\bar{\nu}_e$，你会给中微子安置什么自旋？

4.11　在衰变 $\Delta^{++}\to p+\pi^+$ 中，末态（质心）轨道角动量量子数 l 的可能取值是多少？

4.12　氢原子中的电子处在轨道角动量量子数 $l=1$ 的态上。如果总角动量量子数 j 是 3/2，且总角动量 z 分量是$\frac{1}{2}\hbar$，发现 $m_s=+1/2$ 的电子的概率是多少？

4.13　假设你有两个自旋为 2 的粒子，都处在 $S_z=0$ 的态。如果你测量这个系统的总角动量，给定轨道角动量是零，你可能得到什么数值？每个值的概率多大？验证它们加起来等于 1。

4.14　假设你有一个自旋为 3/2 的粒子和另一个自旋为 2 的粒子。如果你知道它们的轨道角动量是零，复合系统的总自旋是 5/2，z 分量是 $-1/2$，测量自旋为 2 的粒子的 S_z 可能的值是多少？每个值的概率是多少？验证它们相加等于 1。

4.15　验证方程（4.22）的 $\chi_\pm$ 是方程 4.21 的 $\hat{S}_x$ 归一化的本征矢，并请找出其本征值。

4.16　证明 $|a|^2+|b|^2=1$ [方程（4.24）]，假设问题中的旋量是归一化的 [方程（4.20）]。

4.17　（a）找出 [方程（4.21）] $\hat{S}_y$ 的本征值和归一化的本征旋量。

（b）如果你测量处在态$\begin{pmatrix}\alpha\\ \beta\end{pmatrix}$的一个电子的 S_y，你可能得到些什么值，每个值的概率多大？

4.18 假定电子处在态$\begin{pmatrix}\frac{1}{\sqrt{5}}\\ \frac{2}{\sqrt{5}}\end{pmatrix}$。

（a）如果你测量 S_x，你可能得到些什么值，每个值的概率多大？

（b）如果你测量 S_y，你可能得到些什么值，每个值的概率多大？

（c）如果你测量 S_z，你可能得到些什么值，每个值的概率多大？

4.19 （a）证明 $\sigma_x^2=\sigma_y^2=\sigma_z^2=1$。（这里“1”实际意味 2×2 单位矩阵；如果没写矩阵，就理解为单位矩阵。）

（b）证明 $\sigma_x\sigma_y=-\sigma_y\sigma_x=i\sigma_z$，$\sigma_y\sigma_z=-\sigma_z\sigma_y=i\sigma_x$，$\sigma_z\sigma_x=-\sigma_x\sigma_z=i\sigma_y$。这些结果被简洁地总结为公式

$$\sigma_i\sigma_j=\delta_{ij}+i\epsilon_{ijk}\sigma_k$$

（对 k 求和），其中 δ_{ij}是 Kronecker δ：

$$\delta_{ij}=\begin{cases}1, & \text{如果 } i=j\\ 0, & \text{其他}\end{cases}$$

而 ϵ_{ijk}是 Levi-Civita 符号：

$$\epsilon_{ijk}=\begin{cases}1, & \text{如果 } ijk=123,231 \text{ 或 } 312\\ -1, & \text{如果 } ijk=132,213 \text{ 或 } 321\\ 0, & \text{其他}\end{cases}$$

4.20 利用习题4.19的结果证明

（a）两个泡利矩阵的对易子是 $[\sigma_i,\ \sigma_j]=2i\varepsilon_{ijk}\sigma_k$，其中 $[AB]\equiv AB-BA$。

（b）两个泡利矩阵的反对易子，是 $\{\sigma_i,\ \sigma_j\}=2\delta_{ij}$，其中 $\{A,\ B\}\equiv AB+BA$。

（c）对任意两个矢量 $\boldsymbol{a}$ 和 $\boldsymbol{b}$，$(\boldsymbol{\sigma}\cdot\boldsymbol{a})(\boldsymbol{\sigma}\cdot\boldsymbol{b})=\boldsymbol{a}\cdot\boldsymbol{b}+i\boldsymbol{\sigma}\cdot(\boldsymbol{a}\times\boldsymbol{b})$。

4.21 （a）证明 $e^{i\pi\sigma_z/2}=i\sigma_z$。

（b）找到绕 y 轴旋转 180° 的矩阵 U，证明它如同我们期望的将“自旋上”转成“自旋下”。

（c）更普遍地证明

$$U(\boldsymbol{\theta})=\cos\frac{\theta}{2}-i(\hat{\theta}\cdot\boldsymbol{\sigma})\sin\frac{\theta}{2}$$

其中 U（$\boldsymbol{\theta}$）由方程（4.28）给出，θ 是 $\boldsymbol{\theta}$ 的大小，且 $\hat{\theta}\equiv\boldsymbol{\theta}/\theta$。[提示：利用习题4.20（c）部分。]

4.22 （a）证明方程（4.28）中的 U 是幺正的。

（b）证明 $\det U=1$。[提示：你既可以直接证它（然而见方程（4.29）后的脚注），或用习题4.21的结果。]

4.23 将4.2.2节的所有内容推广到更高自旋是相对直接的。对自旋1我们有三个态（$m_s = +1, 0, -1$），我们可以用列矢量分别代表它们

$$\begin{pmatrix}1\\0\\0\end{pmatrix},\quad\begin{pmatrix}0\\1\\0\end{pmatrix},\quad\begin{pmatrix}0\\0\\1\end{pmatrix}$$

唯一的问题是构造3×3矩阵$\hat{S}_x$，$\hat{S}_y$和$\hat{S}_z$。后者很容易：

（a）构造自旋1的$\hat{S}_z$。为获得$\hat{S}_x$和$\hat{S}_y$最容易的是用“升”和“降”算符，$S_\pm \equiv S_x \pm iS_y$，它具有性质

$$S_\pm|sm\rangle = \hbar\sqrt{s(s+1)-m(m\pm1)}\,|s(m\pm1)\rangle \tag{4.77}$$

（b）构造自旋1的$\hat{S}_+$和$\hat{S}_-$矩阵。

（c）利用（b），确定自旋1的$\hat{S}_x$和S_y矩阵。

（d）对自旋3/2完成同样的构造。

4.24 对如下每一个粒子（见第1章中的八重态）：Ω^-，Σ^+，Ξ^0，ρ^+，η，$\overline{K}^0$，确定其同位旋设置$|II_3\rangle$。

4.25 （a）验证盖尔曼-西岛公式对u、d和s夸克适用。

（b）对反夸克，$\bar{u}$，$\bar{d}$和$\bar{s}$，其合适的同位旋设置$|II_3\rangle$是什么？检验你的设置与盖尔曼-西岛公式相自洽。（由于Q，I_3，A和S都是相加性的，当我们把夸克结合起来时，我们得到盖尔曼-西岛公式对所有由u、d、s、$\bar{u}$、$\bar{d}$和$\bar{s}$组成的强子都适用。）

4.26 （a）盖尔曼-西岛公式，方程（4.37）是在20世纪50年代早期提出的，也就是在粲、美或真夸克发现之前的很早时候。利用夸克的性质表（在1.11节）和夸克的同位旋设置，以及方程（4.38），推导用A、I_3、S、C、B和T表达Q的一般公式。

（b）由于u和d是唯一具有非零同位旋的夸克，应该可以用U（“上数”）和D（“下数”）表达I_3。公式是什么样的？同样地，用味道数U、D、S、C、B和T表达A。

（c）把所有放在一起，（从你在（a）中得到的公式减除A和I_3）获得用味道数表达的Q。这个最后的形式代表三代夸克模型最清晰的盖尔曼-西岛公式的表达。

4.27 对两个同位旋1/2的粒子，证明在三重态$\boldsymbol{I}^{(1)}\cdot\boldsymbol{I}^{(2)}=1/4$，而在单态等于$-3/4$。[提示：$\boldsymbol{I}_{tot}=\boldsymbol{I}^{(1)}+\boldsymbol{I}^{(2)}$；两边取平方。]

4.28 （a）对方程（4.47）和方程（4.48），计算出所有πN散射振幅，用$\mathscr{M}_1$和$\mathscr{M}_3$表达$\mathscr{M}_a$一直到$\mathscr{M}_j$。

（b）推广方程（4.49）包括进所有10个截面。

（c）用同样的方式，推广方程（4.50）。

4.29 找出如下反应截面的比例，假定质心能量中$I=3/2$道主导：（a）$\pi^-+p\to K^0+\Sigma^0$；（b）$\pi^-+p\to K^++\Sigma^-$；（c）$\pi^++p\to K^++\Sigma^+$。如果能量是$I=1/2$道主导，结果又如何？

4.30 下列反应可能的总同位旋是多少：（a）$K^-+p\to\Sigma^0+\pi^0$；（b）$K^-+p\to\Sigma^++$

π^-；(c) $\overline{K}^0+p\to\Sigma^++\pi^0$；(d) $\overline{K}^0+p\to\Sigma^0+\pi^+$。找出截面的比例，假定一个或另一个同位旋道主导。

4.31 在图4.6中我们看到的“共振态”是1525、1688、1920和2190（还有一个在1232）。通过比较两个曲线，确定每个共振的同位旋。对带$I=1/2$的任何态的专有名是N（跟随其质量），而$I=3/2$的是Δ。因此核子是$N(939)$，和“原始的”Δ是$\Delta(1232)$。命名其他的共振，并查看粒子物理手册验证你的答案。

4.32 Σ^{*0}可以衰变到$\Sigma^++\pi^-$，$\Sigma^0+\pi^0$，或$\Sigma^-+\pi^+$（还有$\Lambda+\pi^0$，但我们这里不涉及它）。假定你观察到100个这样的衰变，每种衰变你会看到几个？

4.33 (a) α粒子是两个质子和两个中子的束缚态，即一个^{4}He核。不存在原子量是4（^{4}H）的氢原子的同位素，也没有锂^{4}Li。关于α粒子的同位旋你得到什么结论？

(b) 反应$d+d\to\alpha+\pi^0$从未被看到。解释原因。

(c) 你会期待^{4}Be存在吗？四个中子的束缚态怎样？

4.34 (a) 利用方程（4.52）证明P的本征值是±1。

(b) 证明任何标量函数$f(x, y, z)$都可表达为本征值$+1$的本征函数$f_+(x, y, z)$和本征值-1的本征函数$f_-(x, y, z)$的叠加。用f构造函数f_+和f_-。[提示：$Pf(x, y, z)=f(-x, -y, -z)$。]

4.35 (a) 中微子是P的本征态吗？如果是，其内禀宇称是多少？

(b) 现在我们知道τ^+和θ^+实际都是K^+，方程（4.53）的衰变中哪个实际上破坏了宇称守恒？

4.36 (a) 利用表4.6的信息，确定如下介子的G宇称：π，ρ，ω，η，η'，ϕ，f_2。

(b) 证明$R_2|I0\rangle=(-1)^I|I0\rangle$，并请利用此结果验证方程（4.60）。

4.37 η介子的主要衰变是

$$\eta\to2\gamma(39\%),\quad \eta\to3\pi(55\%),\quad \eta\to\pi\pi\gamma(5\%) \tag{4.78}$$

而它被分类为“稳定”粒子，因此明显地这些衰变没有一个是纯强作用的。这看起来很奇怪，因为在$549\text{MeV}/c^2$，η有很多的质量强衰变到2π和3π。

(a) 解释为什么2π模式对强和电磁作用被禁戒。

(b) 解释为什么3π模式对强作用被禁戒，而对电磁衰变却被允许。

4.38 两个强子相互转化，$A\Longleftrightarrow B$，它们必须具有同样的质量（在实际中这意味它们必须互为反粒子），同样的电荷和同样的重子数。在标准模型中，以通常的三代，证明A和B应必须是中性介子，并鉴别它们可能的夸克内容。那么候选的介子是哪些？为什么中子不和反中子混合，就像K^0和$\overline{K}^0$混合产生K_1和K_2那样？为什么我们没看到中性奇异矢量介子K^{0*}和$\overline{K}^{0*}$的混合？

4.39 假设你想联络在一定距离的星系的某人，他们的心脏也在左边。你如何不送实际的“手性”物体而进行无异议地交流（例如一个螺丝锥，一束圆极化的光，或一个中微子）。因为所有这些你可能知道的是它们的星系可能由反物质构成。你等不起任何回复，但你被允许使用英语。

4.40 带电弱作用耦合一个d、s或b到一个u、c或t，但一个d（例如）无法直接耦合到一个s或一个b。然而，这样的耦合可以间接地发生，通过所谓“企鹅”图，其中夸克辐射一个虚 W 然后又被吸收，同时与胶子相互作用[⊖]：

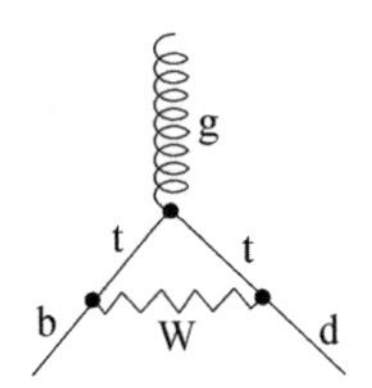

“树”图是没有闭合圈的图。构造代表 $\overline{B}^0 \to \pi^+ + \pi^-$ 的企鹅图，和同一过程的树图（后者应没有胶子）。在两种情形下，让 $\overline{d}$ 夸克为旁观者。（“直接” *CP* 破坏来自这两个图的干涉。）

⊖ 不要在这里寻找任何像鸟的东西——名字是个玩笑。故事讲得最好的是 Woit，P.（2006）*Not Even Wrong*，Basic Books，New York，pp. 54 – 55。

第5章 束缚态

这章的第一部分讨论两粒子束缚态的非相对论理论——氢原子（e^-p^+），正电子偶素（e^-e^+），粲偶素（$c\bar{c}$）和底偶素（$b\bar{b}$）。这部分材料在随后的章节中没有被使用因而可以略读，留待以后读或完全跳过。有些量子力学的知识是基本的。最后两节（5.5和5.6）涉及相对论轻夸克系统——熟悉的介子和重子——关于它们很少能有确信的说法。我聚焦于波函数的自旋/味道/颜色结构并发展一个估计质量和磁矩的模型。

5.1 薛定谔方程

当组分运行速度远小于c时束缚态的分析是最简单的，因为这时非相对论量子力学的结果都可拿来应用。这适用于氢原子和由重夸克（c和b）组成的强子。更熟悉的轻夸克态（由u、d和s组成）相对难处理，因为它们是内在相对论的，而量子场论（如目前所实行的）不太适合描写束缚态。大多数的可用技术都假定粒子在初始是自由的，且在某种短暂的相互作用后又变成自由的，而在束缚态中粒子在一个扩展的时间区间持续地相互作用。因此存在一个很丰富的“粲偶素”理论（$c\bar{c}$，ψ介子系统）和“底偶素”理论（$b\bar{b}$，Υ系统），但对$u\bar{u}$或$d\bar{d}$的激发态能说的却相对较少。

对一个给定的束缚态，你如何区分它是否是相对论的？最简单的判据如下：如果结合能比组分的静止能小，那么系统是非相对论的。㊀例如，氢原子的结合能是13.6eV，而电子的静止能是511000eV——这是一个清楚的非相对论系统。另一方面，夸克-反夸克结合能是几百MeV的量级，它大约与u、d和s夸克的有效静止能是一样的，但比c、b和t要小很多（见表4.4）。因此轻夸克强子是相对论的，而重夸克系统不是。

非相对论量子理论的基础是薛定谔方程[1]

㊀ 一般来说，复合系统的总能量是三项之和：（i）组分的静止能，（ii）组分的动能，（iii）位形的势能。后两者在大小上是典型的可相互比拟的（精确的关系由维里定理给出）。如果结合能比组分静止能小很多，它们的动能也会这样，因此系统是非相对论的。另一方面，如果复合结构的质量与组分静止质量之和非常不同，那么动能会很大因而系统是相对论的。

$$\left(-\frac{\hbar^2}{2m}\nabla^2+V\right)\Psi=\mathrm{i}\hbar\frac{\partial}{\partial t}\Psi \tag{5.1}$$

它控制波函数 $\boldsymbol{\Psi}$（$\boldsymbol{r}$，t）的时间演化，描写一个质量为 m 在指定的势能 V（$\boldsymbol{r}$，t）中的粒子。明确地，$|\boldsymbol{\Psi}(\boldsymbol{r},t)|^2\mathrm{d}^3\boldsymbol{r}$ 是在时刻 t 在无穷小体积元 $\mathrm{d}^3\boldsymbol{r}$ 中发现粒子的概率。由于粒子一定在某处，所以 $|\boldsymbol{\Psi}|^2$ 对全空间的积分必为 1：

$$\int|\boldsymbol{\Psi}|^2\mathrm{d}^3\boldsymbol{r}=1 \tag{5.2}$$

我们说波函数是“归一化”的。㊀

如果 V 不明显地依赖 t，薛定谔方程可以通过分离变量求解：

$$\boldsymbol{\Psi}(\boldsymbol{r},t)=\psi(\boldsymbol{r})\mathrm{e}^{-iEt/\hbar} \tag{5.3}$$

其中 ψ 满足**时间无关的薛定谔方程**

$$\left(-\frac{\hbar^2}{2m}\nabla^2+V\right)\Psi=E\Psi \tag{5.4}$$

而常数 E 是粒子的能量。左边的算符是**哈密顿量**：

$$H\equiv-\frac{\hbar^2}{2m}\nabla^2+V \tag{5.5}$$

且（时间无关）薛定谔方程具有本征值方程的形式：

$$H\psi=E\psi \tag{5.6}$$

ψ 是 H 的一个本征函数，E 是本征值。㊁

对球对称（或“中心”）势，V 只依赖到原点的距离，因此（时间无关）薛定谔方程分解为球坐标：

$$\psi(r,\theta,\phi)=\frac{u(r)}{r}Y_l^{m_l}(\theta,\phi) \tag{5.7}$$

这里 Y 是球谐函数；这些函数在很多地方都给出列表了（包括《粒子物理手册》）；少数特别有用的由表 5.1 给出。常数 l 和 m_l 对应第 4 章引进的轨道角动量量子数。同时，$u(r)$ 满足径向薛定谔方程

$$-\frac{\hbar^2}{2m}\frac{\mathrm{d}^2u}{\mathrm{d}r^2}+\left[V(r)+\frac{\hbar^2}{2m}\frac{l(l+1)}{r^2}\right]u=Eu \tag{5.8}$$

奇怪的是，这和一维的方程（5.4）具有严格一样的形式，除了势扩充了**离心势垒** $\frac{\hbar^2}{2m}\frac{l(l+1)}{r^2}$。

表 5.1　球谐函数，对 l=0，1，2，3

$$Y_0^0=\frac{1}{\sqrt{4\pi}},\quad Y_1^0=\sqrt{\frac{3}{4\pi}}\cos\theta,\quad Y_2^0=\sqrt{\frac{5}{16\pi}}(3\cos^2\theta-1),\quad Y_3^0=\sqrt{\frac{7}{16\pi}}(5\cos^3\theta-3\cos\theta),$$

$$Y_1^1=-\sqrt{\frac{3}{8\pi}}\sin\theta\mathrm{e}^{\mathrm{i}\phi},\quad Y_2^1=-\sqrt{\frac{15}{8\pi}}\sin\theta\cos\theta\mathrm{e}^{\mathrm{i}\phi},\quad Y_3^1=-\sqrt{\frac{21}{64\pi}}\sin\theta(5\cos^2\theta-1)\mathrm{e}^{\mathrm{i}\phi}$$

$$Y_2^2=\sqrt{\frac{15}{32\pi}}\sin^2\theta\mathrm{e}^{2\mathrm{i}\phi},\quad Y_3^2=\sqrt{\frac{105}{32\pi}}\sin^2\theta\cos\theta\mathrm{e}^{\mathrm{i}\phi},\quad Y_3^3=-\sqrt{\frac{35}{64\pi}}\sin^3\theta\mathrm{e}^{3\mathrm{i}\phi}$$

㊀ 薛定谔方程的解乘以任意一个常数仍是一个解。在实际中，我们通过要求方程（5.2）必须被满足来确定这个常数；这个过程叫“归一化”波函数。

㊁ 注意，$|\Psi|^2=|\psi|^2$。对大多数用途而言只有波函数的绝对值平方有用，我们将几乎全用 ψ。我们经常不经意地把 ψ 叫作“波函数”，但要记住实际的波函数携带了指数的时间依赖。

这大约是我们对此问题一般描述能走得最远的了；到这步我们不得不把手边的问题放进特殊的 $V(r)$ 的策略是求解径向方程得到 $u(r)$，将结果结合合适的球谐函数并乘上指数因子 $\mathrm{e}^{-\mathrm{i}Et/\hbar}$得到完整的波函数 Ψ。然而在求解径向方程的过程中，我们发现只有某些特定的 E 值产生可接受的结果。对大多数 E 的取值，方程（5.8）的解在大 r 处都变成无穷大，因此导致不可归一化的波函数。那样的解不代表可能的物理态。这个相当技术的细节是量子力学最显著和重要特征的来源：束缚态无法具有任意的能量（像它经典所能的那样）；取而代之，能量只能取某些特定的值，系统**允许的能量**。事实上，我们实际关心的不是波函数本身，而是允许能量的谱。

5.2 氢原子

氢原子（电子加质子）当然不是一个基本粒子，但它**可作为**非相对论束缚态的模型。质子（相对地）如此之重使其只待在原点；问题中的波函数就是电子的。其核子的电吸引势能是（高斯单位制）

$$V(r) = -\frac{e^2}{r} \tag{5.9}$$

当把这个势放进径向方程后，发现可归一化的解只在 E 取如下特殊值之一时才有

$$E_n = -\frac{me^4}{2\hbar^2 n^2} = -\alpha^2 mc^2\left(\frac{1}{2n^2}\right) = -13.6\mathrm{eV}/n^2 \tag{5.10}$$

其中 $n=1, 2, 3, \cdots$，且

$$\alpha \equiv \frac{e^2}{\hbar c} = \frac{1}{137.036} \tag{5.11}$$

是**精细结构常数**。相应的（归一化的）波函数，$\Psi_{n,l,m_l}(r, \theta, \phi, t)$ 为

$$\left\{\left(\frac{2}{na}\right)^3 \frac{(n-l-1)!}{2n[(n+l)!]^3}\right\}^{1/2} \mathrm{e}^{-r/na}\left(\frac{2r}{na}\right)^l L_{n-l-1}^{2l+1}\left(\frac{2r}{na}\right) Y_l^{m_l}(\theta,\phi)\,\mathrm{e}^{-\mathrm{i}E_n t/\hbar} \tag{5.12}$$

其中

$$a \equiv \frac{\hbar^2}{me^2} = 0.529\times 10^{-8}\mathrm{cm} \tag{5.13}$$

是玻尔半径（粗略说是原子的尺寸），L 是缔合拉盖尔多项式。

显然波函数本身很乱，但这并不是我们所真正关心的。关键是公式所允许的能量，如方程（5.10）。它是玻尔在 1913 年通过一个偶然的不适用的经典想法和初始的量子理论——像拉比所说“艺术和厚颜无耻”的混合——首先得到（比引进薛定谔方程早十多年）的。

注意波函数由三个数标记：n（主量子数），它可以是任意正整数——它决定了态的能量［方程（5.10）］；l，从 0 到 $n-1$ 的整数标记总轨道角动量［方程（4.2）］；m_l，在 $-l$ 到 l 之间的任意整数，给出角动量的 z 分量［方程（4.4）］。明显地，对每个 l 有 $2l+1$ 个不同的 m_l，对每个 n 有 n 个不同的 l。同一主量子数 n（因此同样的能量）的总不同态数是

$$\sum_{l=0}^{n-1}(2l+1) = n^2 \tag{5.14}$$

这叫第 n 个能级的**简并度**。氢原子是一个令人吃惊的简并系统；球对称本身要求对给定总角动量的 $2l+1$ 个态应该简并，因为它们只是 L 的方向不同，但这只建议序列 1，3，5，7，…，而氢原子的能级具有更高的简并：1，4，9，16，…，这是因为不同的 l 共享同样的 n；这是库仑势的一个不寻常特征。

在实际中我们不测量能量本身，而是当电子从高能级向低能级跃迁时辐射光的波长（或反过来吸收光的波长）[2]。光子携带了初和末态的能级差。按照普朗克公式［方程（1.1）］，

$$E_{\text{photon}} = h\nu = E_{\text{initial}} - E_{\text{final}} = -\frac{me^4}{2\hbar^2}\left(\frac{1}{n_{\text{i}}^2} - \frac{1}{n_{\text{f}}^2}\right) \tag{5.15}$$

因此辐射波长是

$$\frac{1}{\lambda} = R\left(\frac{1}{n_{\text{f}}^2} - \frac{1}{n_{\text{i}}^2}\right) \tag{5.16}$$

其中

$$R \equiv \frac{me^4}{4\pi\hbar^3 c} = 1.09737 \times 10^5/\text{cm} \tag{5.17}$$

方程（5.16）是著名的氢原子的**里德伯公式**。它是由 19 世纪的谱学家在实验中发现的，其中 R 只是一个简单的经验常数。玻尔理论的伟大胜利是它导出了里德伯公式，并把 R 表达为基本常数 m、e、c 和 $\hbar$（见图 5.1）。

5.2.1　精细结构

随着谱的实验精度的改进，对里德伯公式的小偏离被检测到了。谱线分成二重态、三重态和甚至更大的间距很近的峰组成的家族。这个精细结构实际来自两个独立的机制：

1. 相对论修正：哈密顿量的第一项［方程（5.5）］来自动能的经典表达式（$p^2/2m$），把它做量子置换 $p \to -i\hbar\nabla$。最低阶的相对论修正（见习题 5.4）是 $-p^4/8m^3c^2$。

2. 自旋轨道耦合：转动的电子构成一个小磁铁，带磁矩㊀

$$\boldsymbol{\mu}_e = -\frac{e}{mc}\boldsymbol{S} \tag{5.18}$$

从电子的角度“轨道”质子建立磁场 $\boldsymbol{B}$，自旋轨道项联系的是磁场能 $-\boldsymbol{\mu}_e \cdot \boldsymbol{B}$。第 n 级能级的纯微扰结果给出[1]

$$\Delta E_{fs} = -\alpha^4 mc^2 \frac{1}{4n^4}\left[\frac{2n}{(j+\frac{1}{2})} - \frac{3}{2}\right] \tag{5.19}$$

其中 $j = l \pm 1/2$ 是电子［方程（4.12）］的总角动量（自旋加轨道）。记得玻尔的能级是 $\alpha^2 mc^2$（方程 5.10）；精细结构多带两个 α 幂次，所以约小一个因子 10^{-4}。因此我们在谈论

㊀ 在 SI 系统磁偶极矩定义为电流乘以面积（Ia），而在高斯单位中它是 Ia/c。磁偶极距和角动量之间的比例因子叫作旋磁比。经典上，它应有（高斯）值[3] $-e/2mc$，这对轨道角动量是正确的。但对自旋产生磁偶极子结果是“两倍于它所应该的”（狄拉克原始理论的主要成功就是解释了这个额外的 2）。然而即使这个仍不完全对；量子电动力学（QED）引进小的修正是由施温格（Schwinger）在 1940 年晚些时候首先计算的。到目前为止，电子的反常磁矩的理论和实验确定已经达到了极好的精度，并且惊人的一致[4]。

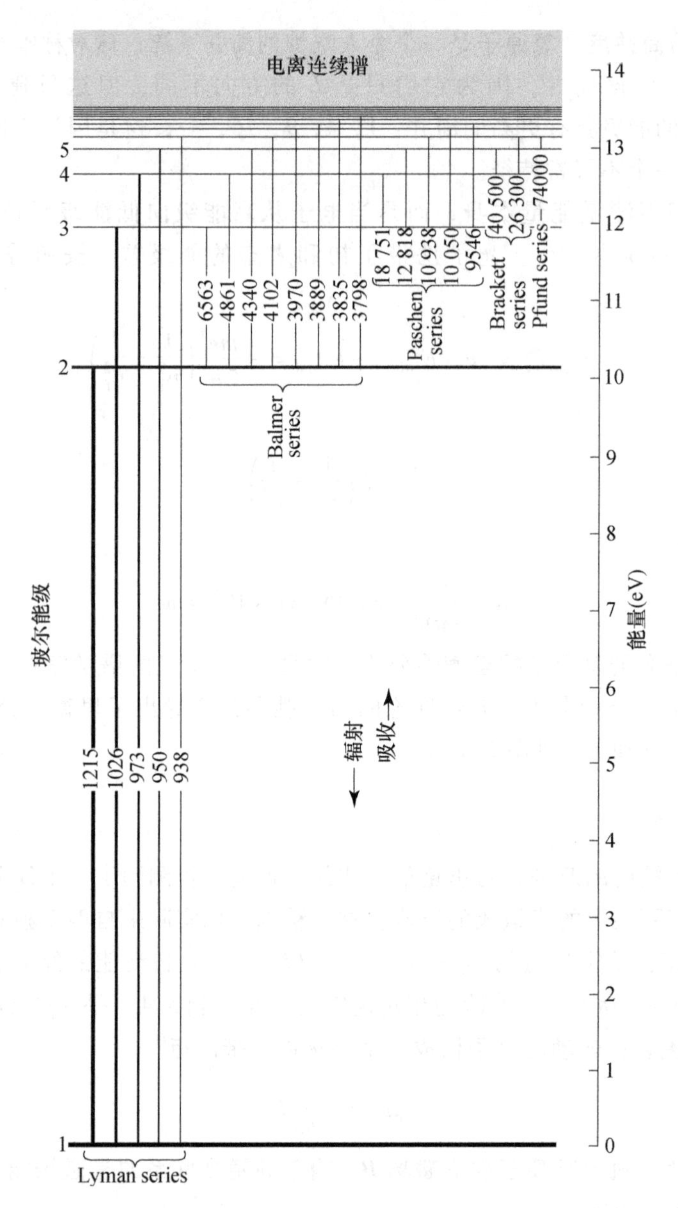

图 5.1 氢原子谱。当原子从一个态变到另一个态时，能量差以辐射量子形式出现。光子的能量直接正比于辐射的频率而反比于其波长。吸收辐射激发向高能量的跃迁；原子落入低能态放出辐射。有共同低能级的谱排成线的序列。波长用埃为单位；谱线的相对强度由其粗细代表。

（来源：Hansch, T. W., Schawlow, A. L. and Series, G. W.（March 1979）'The Spectrum of Atomic Hydrogen', *Scientific American*, p. 94，经允许。）

一个微小的修正。[⊖]由于 l 可取从 0 到 $n-1$ 之间的任意整数，j 可以是从 1/2 到 $n-1/2$ 之间的任意半整数；因此第 n 个玻尔能级 E_n 分裂成 n 个子能级（见图 5.2）。

⊖ 精细结构常数叫此名字正是因为它（或 α^2）给出了氢原子精细结构的相对尺度。然而，人们可以同样好地说 α^2 给出了玻尔能级本身。实际上，最好的表征精细结构常数的方式是说它是基本电荷（的平方）的一个无量纲（以单位 $\hbar c$）度量：$\alpha=e^2/\hbar c$。

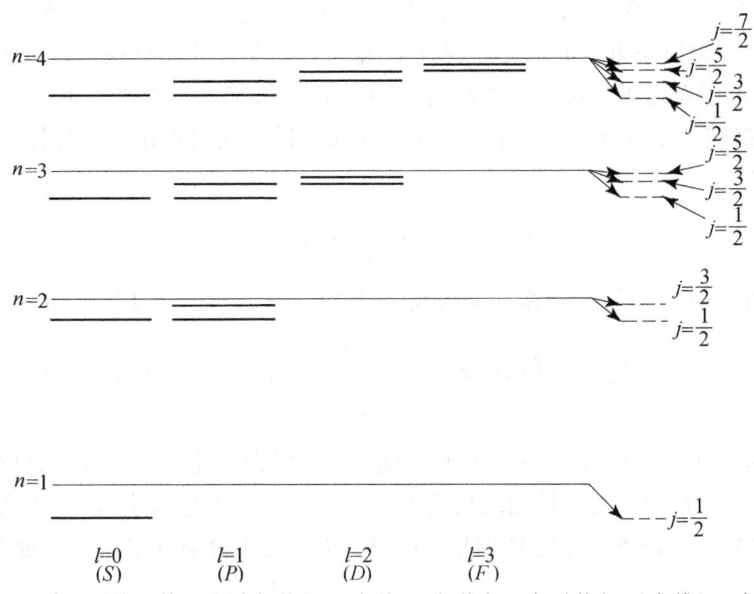

图 5.2　氢原子的精细结构。第 n 个玻尔能级（实线）分裂为 n 个子能级（虚线），由 $j=1/2, 3/2, \cdots, (n-1/2)$ 标记。除了最后这些，l 的两个不同值对每个能级都有贡献：$l=j-1/2$ 和 $l=j+1/2$。谱学家命名——S 代表 $l=0$，P 代表 $l=1$，D 代表 $l=2$，F 代表 $l=3$。所有能级都如图向下移动（然而图没有标度）。

5.2.2　兰姆位移

精细结构公式（5.19）的一个突出特征是它只依赖 j，不依赖 l；一般说，两个不同的 l 值共享同一能量。例如，$2S_{1/2}$（$n=2$，$l=0$，$j=1/2$）和 $2P_{1/2}$（$n=2$，$l=1$，$j=1/2$）保持完全的简并。1947 年，兰姆和里色福德（Retherford）做了个经典实验[5]证明事实上情况不是这样；S 态比 P 态的能量稍高。兰姆位移的解释由贝特（Bethe）、费曼、施温格、朝永振一郎（Tomonaga）和其他人给出；这是由于**电磁场本身量子化**的原因。在分析其他的每个地方——玻尔能级、精细结构公式，以及超精细分裂（下一节）——电磁场都采用完全经典的处理。相反地，**兰姆位移**是 QED 辐射修正的例子，而半经典理论㊀对其是不敏感的。在费曼的体系中，它来自圈图，例如图 5.3 所示的那些图，我们后面将定量地讨论它们。

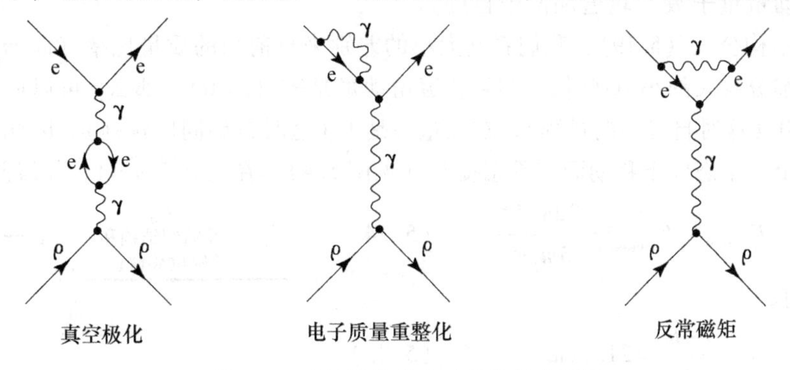

图 5.3　对兰姆位移有贡献的部分圈图。

㊀　我称它为半经典是由于电子按量子力学处理，而电磁场按经典处理。

定性上，图 5.3 中的第一个图描写的是核子附近的电子正电子对的自发产生（错误命名为真空极化），导致质子电荷的部分屏蔽（见图 2.1）。第二个图反映电磁场的基态不是零这一事实[6]；当电子在场里穿过“真空涨落”时，它稍微摆动就改变了其能量。第三个图导致电子的磁偶极矩的小改变［见方程（5.18）的说明］。我们现在不是计算这些效应的时候，但这是结果[7]：对 $l=0$，

$$\Delta E_{\text{Lamb}}=\alpha^5 mc^2\frac{1}{4n^3}k(n,0) \tag{5.20}$$

其中 $k(n, 0)$ 是一个数值因子稍微随 n 变化，从 12.7（$n=1$）到 13.2（$n\to\infty$）。对 $l\neq 0$，

$$\Delta E_{\text{Lamb}}=\alpha^5 mc^2\frac{1}{4n^3}\left\{k(n,l)\pm\frac{1}{\pi(j+\frac{1}{2})(l+\frac{1}{2})}\right\} \quad \text{对 } j=l\pm 1/2 \tag{5.21}$$

其中 $k(n, l)$ 是一个很小的数（小于 0.05）随 n 和 l 轻微变化。很明显兰姆位移很小，除了 $l=0$ 的态，它大约是十分之一精细结构的大小。然而，由于它依赖 l，它解除了具有共同 n 和 j 的态的简并对，在图 5.2 中它特别把 $2S_{1/2}$ 和 $2P_{1/2}$ 能级分裂开来（见习题 5.6）。

5.2.3 超精细分裂

精细结构和兰姆位移是对玻尔能级的小的修正，但这些还不是故事的结尾；还有细化即有更小（千分之一的因子）的由于核自旋的分裂。质子就像电子一样构成一个小磁铁，但由于它太重，其偶极矩更小：

$$\boldsymbol{\mu}_p=-\gamma_p\frac{e}{m_p c}\boldsymbol{S}_p \tag{5.22}$$

（质子是复合物体，其磁矩不简单是 $e\hbar/2m_p c$，那是对真正的自旋为 1/2 的基本粒子的。因此因子 γ_p 的实验值是 2.7928。后面我们将会看到如何在夸克模型中计算它。）核自旋与电子的轨道运动通过和自旋轨道贡献精细结构一样的机制相互作用；此外它还直接和电子自旋作用。合起来，核自旋-轨道相互作用和质子-电子自旋-自旋耦合导致**超精细分裂**[8]：

$$\Delta E_{\text{hf}}=\left(\frac{m}{m_p}\right)\alpha^4 mc^2\frac{\gamma_p}{2n^3}\frac{\pm 1}{(f+\frac{1}{2})(l+\frac{1}{2})}, \quad \text{对 } f=j\pm 1/2 \tag{5.23}$$

其中 f 是总角动量量子数（轨道加两个自旋）。

比较精细结构公式（5.19），我们看到大小的差别来自前面的质量比率（m/m_p）；它给出氢原子的超精细分裂大约小 1000 倍。如果轨道角动量是零（$l=0$），那么 f 可以取两个可能的值：在单态是 0（这时自旋相向排列），在三重态是 1（这时自旋同向排列）。因此，每个 $l=0$ 能级分裂成两个，单态向下移动而三重态提升（见图 5.4）。在基态[9] $n=1$，能级差是

$$\epsilon=E_{\text{triplet}}-E_{\text{singlet}}=\frac{32\gamma_p E_1^2}{3m_p c^2} \tag{5.24}$$

相应的光子波长

$$\lambda=\frac{2\pi\hbar c}{\epsilon}=21.1\text{cm} \tag{5.25}$$

这给出的是微波天文中著名的“21 厘米线”的跃迁[10]。

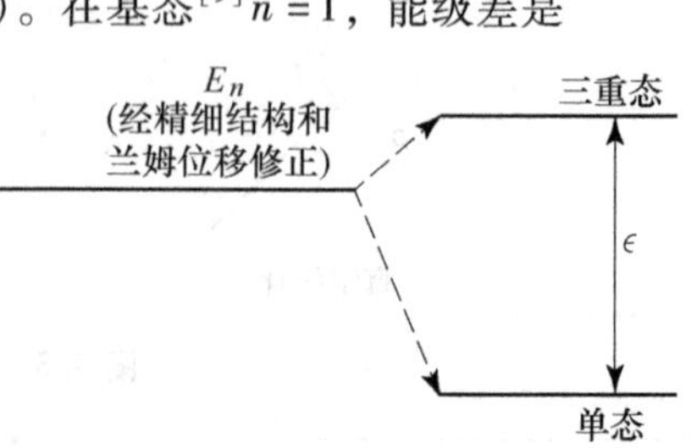

图 5.4 对 $l=0$ 的超精细分裂。

5.3 正电子偶素

氢原子的理论经过一些改动变成所谓的“例外”原子，其中质子或电子被换成某些其他粒子。例如，我们可以做成缪氢原子（$p^+\mu^-$）、正电子偶素（e^+e^-）、缪子偶素（μ^+e^-）等等。当然，这些例外态是不稳定的，但它们中很多都持续足够长到可以展示很好定义的谱。特别地，正电子偶素提供一个对 QED 进行丰富检验的场地。它由皮雷尼（Pirenne）在 1944 年进行了理论分析，1951 年由德国人在实验室首先产生出来[11]。在粒子物理中，正电子偶素作为夸克偶素的模型具有特别的重要性。

正电子偶素和氢原子之间最显眼的差别是我们不再处理一个电子围着绕行的重而基本静止的核，而是两个相同质量的粒子，共同绕公共的中心转动。在经典力学中，这个两体问题可以转化成等价的具有**约化质量**的一体问题[1]：

$$m_{\mathrm{red}}=\frac{m_1m_2}{m_1+m_2} \tag{5.26}$$

在正电子偶素的情形 $m_1=m_2=m$，而 $m_{\mathrm{red}}=m/2$，因此我们通过在玻尔公式［方程（5.10）］中做简单的代换 $m\to m/2$ 得到㊀

$$E_n^{\mathrm{pos}}=\frac{1}{2}E_n=-\alpha^2mc^2\frac{1}{4n^2}\qquad(n=1,2,3,\cdots) \tag{5.27}$$

例如，基态的结合能是 13.6eV/2 = 6.8eV。波函数和氢原子相同［方程（5.12）］，除依赖 1/m 的玻尔半径［方程（5.13）］被加倍外：

$$a^{\mathrm{pos}}=2a=1.06\times10^{-8}\mathrm{cm} \tag{5.28}$$

微扰和以前一样做，除了讨厌的数值因子和一个戏剧性的例外：在正电子偶素中，超精细分裂与精细结构同阶（α^4mc^2），因为在氢原子中压低质子自旋效应的质量比率（m/m_p）对正电子偶素是 1。㊁同时，由于“核”（e+）不再是静止的，有来自电磁场有限传播时间的新修正；其贡献也是（α^4mc^2）阶的。当把所有这些放到一起，正电子偶素的精细结构公式就是[11]

$$E_{fs}^{\mathrm{pos}}=\alpha^4mc^2\frac{1}{2n^3}\left[\frac{11}{32n}-\frac{\left(1+\frac{1}{2}\epsilon\right)}{(2l+1)}\right] \tag{5.29}$$

其中对单态自旋组合 $\epsilon=0$，而对三重态㊂

㊀ 在氢原子中，约化质量和电子质量只差很小一点，大约 0.05%。不管怎么说，技术上玻尔公式里的 m 是约化质量，而这导致在氢原子和氘谱之间可观察的差别。

㊁ 这导致文献中有些术语上的混淆。我将使用“精细结构”代表所有 α^4mc^2 阶的微扰，除对湮灭项（见下）外，包括自旋-自旋和正电子自旋-轨道耦合，其氢原子类似物应叫“超精细结构”。

㊂ 在氢原子中，质子自旋（$\boldsymbol{S}_p$）只在超精细层次产生贡献，我们用 $\boldsymbol{J}$ 代表电子自旋和轨道角动量的和（$\boldsymbol{J}=\boldsymbol{L}+\boldsymbol{S}_e$）；对总角动量我们需要一个新字母：$\boldsymbol{F}=\boldsymbol{L}+\boldsymbol{S}_e+\boldsymbol{S}_p$。对正电子偶素两个自旋做同样的贡献，习惯先把它们加起来（$\boldsymbol{S}=\boldsymbol{S}_1+\boldsymbol{S}_2$）并用 $\boldsymbol{J}$ 代表总角动量：$\boldsymbol{J}=\boldsymbol{L}+\boldsymbol{S}_1+\boldsymbol{S}_2$。

$$\epsilon = \begin{cases} -\dfrac{(3l+4)}{(l+1)(2l+3)}, & 对\ j=l+1 \\ \dfrac{1}{l(l+1)}, & 对\ j=l \\ \dfrac{(3l-1)}{l(2l-1)}, & 对\ j=l-1 \end{cases} \tag{5.30}$$

阶为$\alpha^5 mc^2$的兰姆位移对它只有很小的贡献；但是由于正电子偶素中在精细结构的层级"偶然"简并已经消除，此贡献失去其大部分的兴趣。然而，有一个全新的没有氢原子类似物且来自e^+和e^-可以暂时湮灭产生一个虚光子的微扰。用费曼图，这个过程用图5.5代表。由于它要求电子正电子合并，此微扰正比于$|\Psi(0)|^2$，因此只当$l=0$才能发生［Ψ在原点趋向r^l——见方程（5.12）］。进一步，由于光子带自旋1，这只在三重态组合才能发生。这个过程提升三重态S的能量为

$$\Delta E_{\text{ann}} = \alpha^4 mc^2 \frac{1}{4n^3} \qquad (l=0, s=1) \tag{5.31}$$

它和精细结构同属一阶。正电子偶素$n=1$和$n=2$玻尔能级完整的分裂由图5.6给出。[㊀]

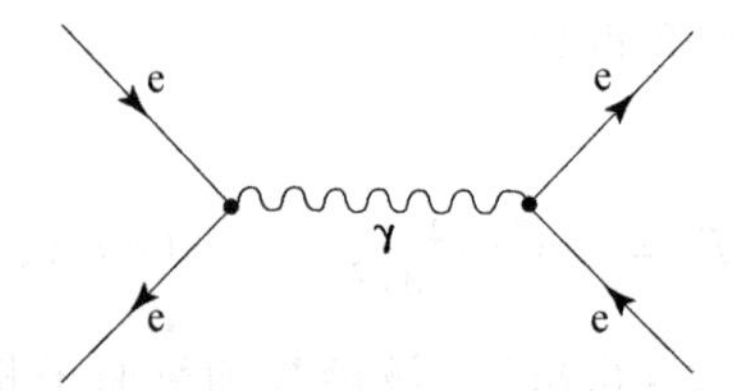

图5.5 对湮灭图，它影响正电子偶素谱，但在氢原子中不会发生。

像氢原子中情形一样，正电子偶素可以通过从一个态到另一个的跃迁辐射或吸收一个光子，其波长由两个能级的能级差决定。不像氢原子，正电子偶素也会彻底衰变，正电子湮灭电子产生两个或更多的实光子。正电子偶素的电荷共轭数是$(-1)^{l+s}$，而n个光子是$C=(-1)^n$（见4.4.2节）。因此电荷共轭不变性对处在l、s态的正电子偶素衰变为n个光子指定选择定则

$$(-1)^{l+s} = (-1)^n \tag{5.32}$$

由于正电子和电子只当$l=0$时会有重叠，这样的衰变只能发生在S态。[㊁]明显地，单态（$s=0$）必须衰变到偶数个光子（典型的是两个），而三重态（$s=1$）衰变到奇数（典型的是三个）。在第7章我们将计算基态的寿命：

$$\tau = \frac{2\hbar}{\alpha^5 mc^2} = 1.25\times10^{-10}\,\text{s} \tag{5.33}$$

㊀ 正电子偶素态习惯上标记为$n^{(2s+1)}l_j$，l是谱学家的标记（$l=0$代表S，$l=1$代表P，$l=2$代表D，等等），而s是总自旋（单态是0，三重态是1）。

㊁ 实际上，正电子偶素原则上可以从$l>0$的态通过高阶过程直接衰变，但这多更可能先级联衰变到S态，再从这儿开始继续衰变。

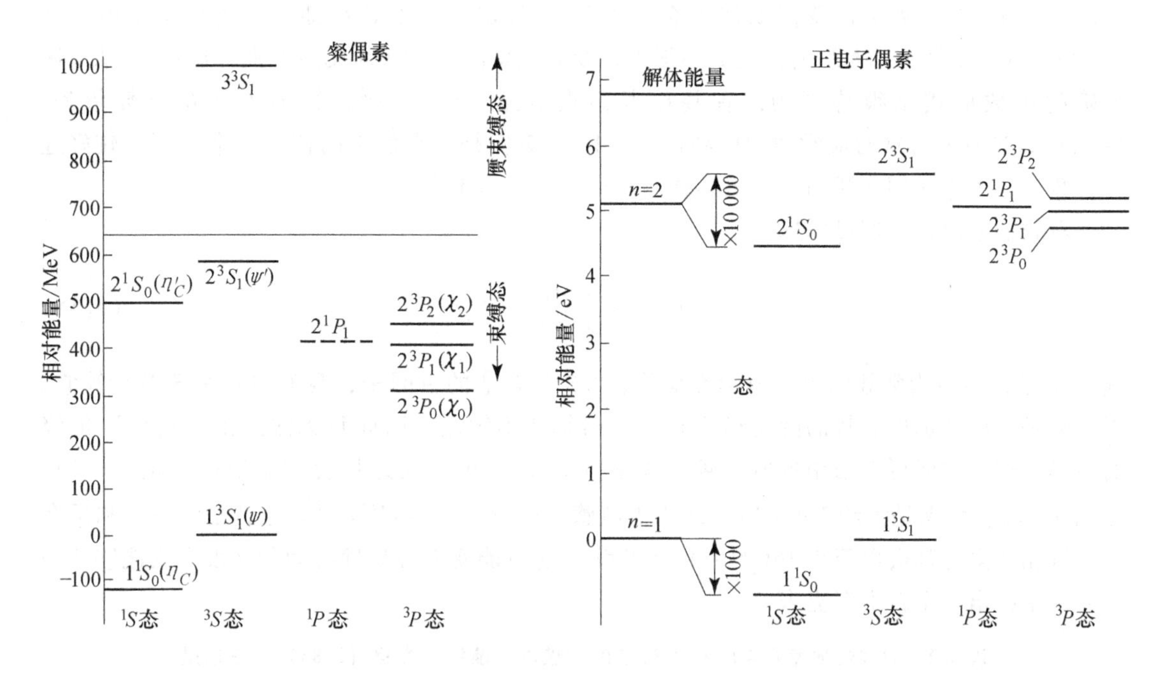

图 5.6 正电子偶素和粲偶素的能级谱。注意粲偶素的尺度大出一个 1 亿的因子。在正电子偶素中角动量的各种组合只产生很小的能量漂移（显示为竖直展开标度），而粲偶素的漂移则大很多。所有能量都以 1^3S_1 态为参照。到 6.8eV 时正电子偶素解体。高于 ψ633MeV 的能量时，粲偶素变成赝束缚态，由于它可以衰变到 D^0 和 $\overline{D}^0$ 介子。（来源：Bloom, E. and Feldman, G.（May 1982）‘Quarkonium’, *Scientific American*, p. 66，经允许。）

5.4 夸克偶素

在夸克模型中所有介子都是两粒子束缚态，$q_1\overline{q}_2$，你自然会问对氢原子和正电子偶素发展的方法是否也可以被用于处理介子。轻夸克（u、d、s）态是内在相对论的，因此任何依据薛定谔方程的分析都出了问题，而重夸克介子（$c\overline{c}$、$b\overline{c}$和 $b\overline{b}$）应是合适的候选者。然而相互作用能量（E）占总能量如此之大的比例致使我们把各种能级看作是不同的粒子，其质量是

$$M = m_1 + m_2 + E/c^2 \tag{5.34}$$

不像氢原子和正电子偶素，其中起作用的力完全是电磁的，能级可以被很精确地计算，夸克由强力束缚；我们不知道应用什么势去替代库仑势，或为获得自旋耦合什么可能是磁力的强力替代物。原则上，这些可以从色动力学推导出来，但还没人知道如何计算它们。然而我们仍可做些有根据的猜测，因为除了非线性项，色动力学具有和电动力学类似的结构，由于渐进自由，它可能在短距离不会贡献太多。

在量子色动力学（QCD）中，短距离行为由单胶子交换主导，就像 QED 一样是由单光子交换主导。由于胶子和光子都是无质量自旋为 1 的粒子，相互作用在此近似下，除了整体耦合强度和各种来自计及对给定过程做贡献的不同胶子的数目的所谓“色因子”外都是一

样的。因此，在短距离区我们期待库仑势 V-$1/r$，且定性地说其精细结构类似于正电子偶素[12]。另一方面，在大距离区我们不得不计及夸克禁闭：势必须无限增强。$V(r)$ 在大 r 区精确的函数形式是很特别的；有些作者喜欢谐振子势，V-r^2，其他人喜欢对数依赖，V-$\ln(r)$，还有人喜欢对应常数力的线性势，V-r。事实是，它们中的任意一个都可以较好地符合数据，因为它们在相当窄的敏感探测距离区间相差不大。

对我们来说，我们可以取

$$V(r) = -\frac{4}{3}\frac{\alpha_s \hbar c}{r} + F_0 r \tag{5.35}$$

其中 α_s是精细结构常数的色动力学类似物，4/3 是合适的色因子，我们将在第 8 章计算它。不幸的是，线性加库仑势的薛定谔方程的严格解还不知道，因此我无法给出“玻尔”能级的简单公式。然而可以采用数值计算（见表 5.2），F_0可以通过拟合实验数据确定[13]（见习题 5.11）。结果是大约 16t（!），或用更敏感的单位，900MeVfm^{-1}，也就是说夸克和反夸克不管相离多远都会以至少 16t 的力相互吸引。㊀这可能使人容易理解为什么没有人能够从一个介子中拉出一个自由夸克来。

表 5.2　对线性加库仑势取各种 F_0值的“玻尔”能级［方程（5.83）］。它们是 S 态（$l=0$）并假设 $\alpha_s=0.2$，$m=1500\text{MeV}/c^2$（约化质量，$750\text{MeV}/c^2$）。数值结果来自由克兰朵（Richard E. Crandall）整理的未发表的表。

F_0(MeV · fm^{-1})	E_1(MeV)	E_2(MeV)	E_3(MeV)	E_4(MeV)
500	307	677	961	1210
1000	533	1100	1550	1940
1500	727	1480	2040	2550

5.4.1　粲偶素

ψ 粒子发现不久，埃泼奎斯特（Appelquist）和泡利策（Politzer）[14]猜想如果重的“粲”夸克存在（像格拉肖和其他人所提出的那样），它将形成能谱类似于正电子偶素的非相对论束缚态，$c\bar{c}$。他们把该系统称为“粲偶素”（它比只是称呼做得更多）。当 1974 年发现 ψ 时，很快被鉴别为粲偶素的 1^3S_1态。㊁（在 SLAC 的实验，ψ 由 e^+e^-通过一个虚光子湮灭产生：$e^+e^-\to\gamma\to\psi$，因此它必须与 γ 携带相同的量子数——特别地，自旋是 1。即它可能不是粲偶素的基态，但大概它是总角动量为 1 的最低态。）查阅正电子偶素能级图（见图 5.6），我们立即预言一个质量更低的自旋为 0 的态（1^1S_0）和 6 个 $n=2$ 的组合。两个星期之内，$\psi'(2^3S_1)$ 被发现了。这很容易，因为它和光子一样携带同样的自旋——和宇称——它像 ψ 一样的方式产生，简单地启动束流能量就行。

㊀　在极短距离区间，F_0和 α_s本身会减小，导致渐进自由，但目前我们将把它们当成常数。

㊁　此命名借用正电子偶素，见方程（5.31）后的脚注。

在适当的时候除反映特殊的实验问题的 2^1P_1 在预期的约 3500MeV/c^2 的质量之外，所有 $n=1$ 和 $n=2$ 的态都被发现了[15]。以下命名被接受：单态 S 态（自旋0）叫作 η_c，三重态 S 态（自旋1）叫作 ψ，而三重态 P 态（自旋0、1或2）叫作 χ_{c0}，χ_{c1} 和 χ_{c2}。在某段时间 n 的值用撇标记，但很快就无法控制，现在的做法是简单地在括号里列出质量；因此对 $n=1$ 我们有 $\psi=\psi$（3097）；对 $n=2$ 我们有 $\psi'=\psi$（3686）；对 $n=3$ 我们有 $\psi''=\psi$（4040）；对 $n=4$ 我们有 $\psi'''=\psi$（4160）；等等。㊀粲偶素态和正电子偶素态的关联几乎是完美的（见图5.6）。记住粲偶素两个 $n=1$ 的能级的能隙（在氢原子的情形它叫超精细分裂）比正电子偶素大一个因子 10^{11}。即使存在如此巨大的量级差别，但对给定值的 n 能级的顺序和它们的相对间隔却突出地类似。

所有 $n=1$ 和 $n=2$ 的粲偶素态都相对长寿，因为 OZI 规则（见2.5节）压低了它们的强衰变。对 $n>3$ 粲偶素质量在产生两个（OZI 允许的）粲 D 介子阈值之上（D^0，$\overline{D}^0$ 质量为 1865MeV/c^2，或 D ± 质量为 1869MeV/c^2）。它们的寿命因此很短，我们叫它们“赝束缚态”（见图5.7）。粲偶素的赝束缚态被观察到要至少高到 $n=5$。

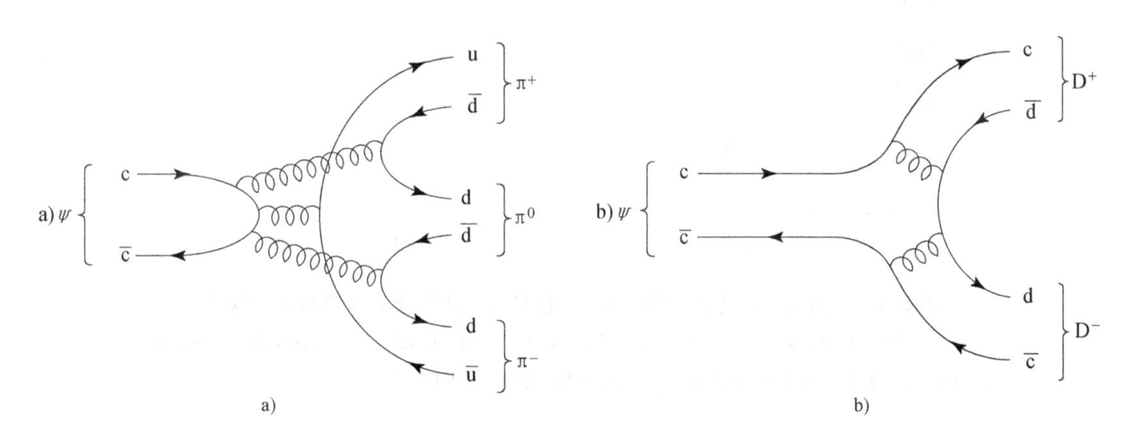

图5.7　a）在 D $\overline{\text{D}}$域下的粲偶素 OZI 压低的衰变，b）在 D $\overline{\text{D}}$域上的粲偶素 OZI 允许的衰变。

5.4.2　底偶素

十一月革命之后人们广泛地推断可能存在第三代（b 和 t）夸克，1976 年爱晨（Eichten）和高特夫里德（Gottfried）[16]预言“底偶素”将会展示比粲偶素更丰富的极差（见图5.8）。D 介子的底类似物（即 B）具有足够大的估计质量，不仅 $n=1$ 和 $n=2$，还有 $n=3$ 的能级都应是束缚态。1977 年 Υ 粒子被发现，它立即被解释为底偶素的 1^3S_1 态。

目前 $^3S_1$ 态已被发现 n 到6，还有6个 $n=2$ 和 $n=3$ 的 ^3P 态。ψ 和 Υ 系统㊁的能级间距极其类似（见图5.9），尽管底夸克超过粲夸克三倍重[17]。

㊀ 有些作者，包括那些粒子物理手册的，连续地标记态，对各种是 s、l 和 j 的组合从1开始，因此我叫 $2P$（见图5.6）的态被列为 $1P$。抱歉。偶尔，ψ(3770) 被写成 3^3D_1 态，而这不属于这个差别。

㊁ 原则上对 $B_c^{\pm}$ 介子（c $\bar{\text{b}}$和 b $\bar{\text{c}}$）存在类似的系统，但到目前为止它们之中只有一个在 6286MeV 在实验室被产生出来了。

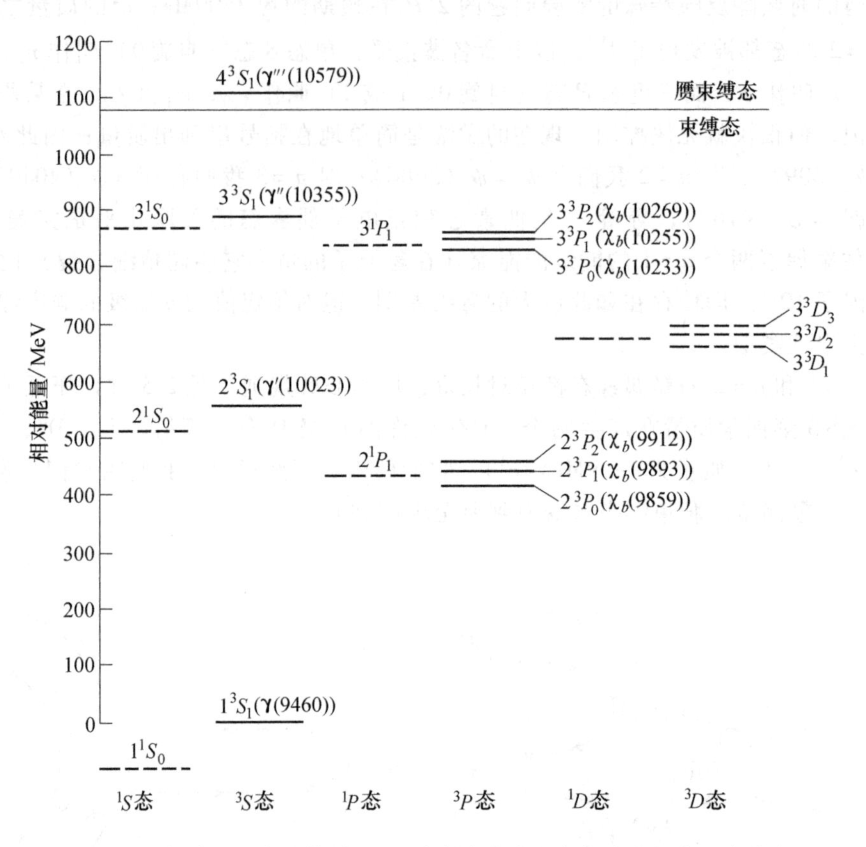

图 5.8 底偶素。注意比较图 5.6，底偶素存在比粲偶素多得多的束缚态。
[来源：Bloom, E. and Feldman, G.（May 1982）'Quarkonium', *Scientific American*, p. 66，经允许。质量修正来自《粒子物理手册》（2006）。]

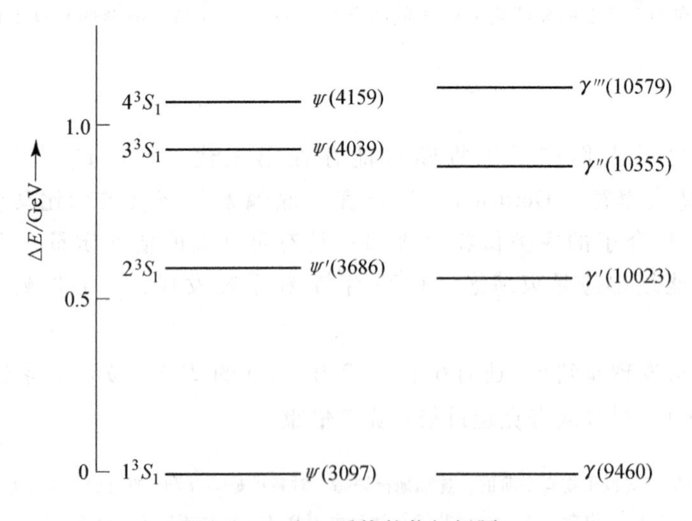

图 5.9 ψ 和 γ 系统的能级间隔。
（来源：《粒子物理手册》（2006）。）

5.5 轻夸克介子

考虑介子完全由轻夸克（u、d、s）构成。记住这些是相对论系统，因此我们不能利用薛定谔方程，而理论是很有限的[18]。特别地，我们将不像重夸克情形那样关心激发态的谱（见表4.6），而把我们的注意力局限到 $l=0$ 的基态。夸克的自旋可以是反平行（单态，$s=0$）或平行（三重态，$s=1$）；前者位形产生赝标九重态，后者给出矢量九重态（见图5.10）。

作为开始，我们先澄清第1章未解决的一个问题。我们通过把一个夸克和一个反夸克以所有可能的方式组合起来得到九种介子（见1.8节），而这留下三个奇异数为0的中性态（$u\bar{u}$、$d\bar{d}$和 $s\bar{s}$），不清楚它们中哪个是 π^0，哪个是 η，而哪个是 η'（或在矢量的情形，ρ^0、ω 和 ϕ）。我们现在是解决此不确定性的时候了。上夸克和下夸克构成同位旋二重态：

$$u=\left|\frac{1}{2}\,\frac{1}{2}\right\rangle,\qquad d=\left|\frac{1}{2}\,-\frac{1}{2}\right\rangle \tag{5.36}$$

对反夸克也是

$$\bar{d}=-\left|\frac{1}{2}\,\frac{1}{2}\right\rangle,\qquad \bar{u}=\left|\frac{1}{2}\,-\frac{1}{2}\right\rangle \tag{5.37}$$

（注意 $\bar{d}$ 携带 $I_3=+1/2$，而 $\bar{u}$ 携带 $I_3=-1/2$；在一个多重态中，有更高电荷的粒子被安排更大的 I_3。负号是个技术细节[19]，它根本不影响这里的论据。）当我们把两个粒子结合成 $I=1/2$ 时，我们得到一个同位旋三重态［方程（4.15）］

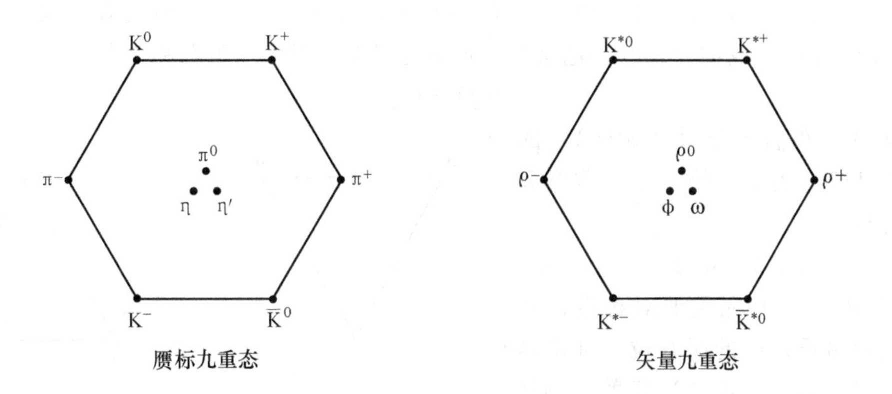

图5.10 $I=0$ 的轻夸克介子。

$$\begin{cases}|11\rangle=-u\bar{d}\\ |10\rangle=(u\bar{u}-d\bar{d})/\sqrt{2}\\ |1\,-1\rangle=d\bar{u}\end{cases} \tag{5.38}$$

和同位旋单态［方程（4.16）］

$$|00\rangle=(u\bar{u}+d\bar{d})/\sqrt{2} \tag{5.39}$$

在赝标介子的情形三重态是 π；对矢量介子是 ρ。明显地，π^0（或 ρ^0）不可能是 $u\bar{u}$和 $d\bar{d}$，而应是组合

$$\pi^0, \rho^0 = (u\bar{u} - d\bar{d})/\sqrt{2} \tag{5.40}$$

如果你把一个 π^0扯开，一半时间你会一手得到一个 u，另一手一个 $\bar{u}$，而另一半时间你会得到一个 d 和一个 $\bar{d}$。

这留下两个 $I=0$ 的态［同位旋单态组合，方程（5.39）和 $s\bar{s}$］它们一定代表 η 和 η′（或 ω 和 φ）。这里情况不是很清楚，因为这些粒子携带相同的量子数，而它们实际倾向“混合”。在赝标情形物理态成为

$$\eta = (u\bar{u} + d\bar{d} - 2s\bar{s})/\sqrt{6} \tag{5.41}$$

$$\eta' = (u\bar{u} + d\bar{d} + s\bar{s})/\sqrt{3} \tag{5.42}$$

而对矢量介子

$$\omega = (u\bar{u} + d\bar{d})/\sqrt{2} \tag{5.43}$$

$$\phi = s\bar{s} \tag{5.44}$$

到八重态为好对称性的范围，赝标组合更“自然”，因为 η'对称地对待 u、d 和 s 是不受 $SU(3)$变换影响的；它在 $SU(3)$ 下是“单态”，同 π^0在 $SU(2)$（同位旋）下一样有同样严格的单态的含义。η 同时作为 $SU(3)$“八重态”的一部分变换，它的其他成员是三个 π 和四个 K。（这实际是原来的赝标八重态。）相对照地，ω 和 φ 都不是 $SU(3)$ 的单态。你可以说它们是“最大地”混合，由于奇异夸克孤立于其他两个。碰巧，其他几个介子九重态看起来按 ω - φ 方案混合[20]。

同时，奇异介子通过把 s 夸克和 u 或 d 组合起来构造

$$K^+ = u\bar{s},\quad K^0 = d\bar{s},\quad \bar{K}^0 = -s\bar{d},\quad K^- = s\bar{u} \tag{5.45}$$

用群论的语言，三个轻夸克属于 $SU(3)$ 的基础表示（标记为 3），而反夸克属于共轭表示（$\bar{3}$）（见图 5.11）。我们所做的是把这些表示组合起来，得到八重态和单态：

$$3 \otimes \bar{3} = 8 \oplus 1 \tag{5.46}$$

正像第 4 章里我们组合两个 $SU(2)$ 的二维（自旋 1/2）表示获得一个三重态和一个单态那样：㊀

$$2 \otimes \bar{2} = 3 \oplus 1 \tag{5.47}$$

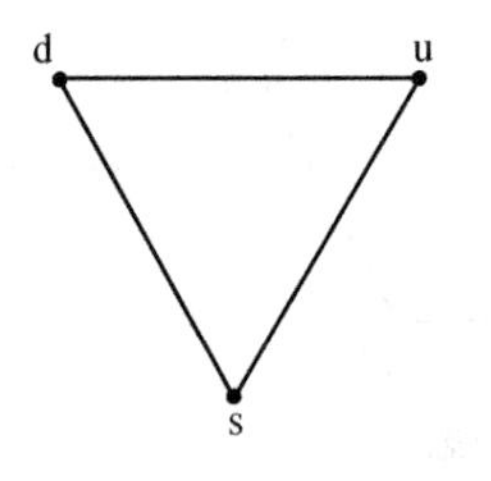

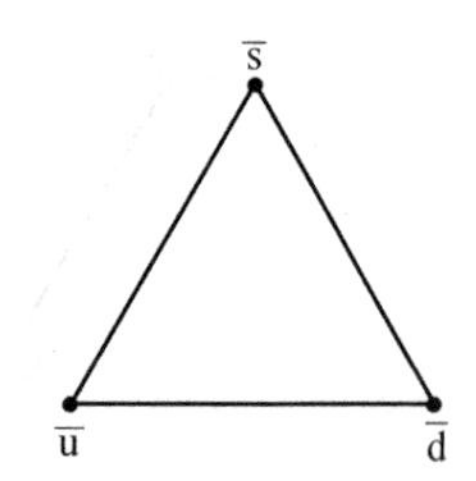

图 5.11 夸克和反夸克

如果 $SU(3)$ 是完美的对称性，在一个给定的超多重态中的所有粒子都将具有同样的质量。而显然不是这样的；例如 K 比 π 重三倍。像我在第 4 章所指出的，味对称性的破缺是由于夸克本身具有不同的质量；u 和 d 夸克大约同重，但 s 夸克却重很多。粗略说，K 比 π 重是由于它们包含 s 取代了一个 u 或 d。但这还不是故事的全部，因为如果这样，ρ 将和 π 一样重；毕竟它们具有同样的夸克成分并都在空间的基态（$n=1$，$l=0$）。由于赝标和矢量介子的差别只体现在夸克自旋的相对方向上，它们的质量差别应来自自旋-

㊀ 不幸地（从标记自洽的角度）$SU(3)$ 表示习惯用其维数标记，而 $SU(2)$ 表示却经常用它们的自旋来区分，因此方程（5.45）通常应被写为 $\frac{1}{2} \otimes \frac{1}{2} = 1 \oplus 0$。顺便说 $SU(2)$ 的基本表示等价于其共轭；只有一种自旋 1/2。这是为什么我们能在方程（5.79）中用普通同位旋 1/2 态代表 $\bar{u}$ 和 $\bar{d}$。对 $SU(3)$ 则没这回事。

自旋相互作用，即氢原子基态超精细分裂的 QCD 类似物。建议介子有如下的质量分裂公式：㊀

$$M(\text{meson}) = m_1 + m_2 + A\frac{(\boldsymbol{S}_1 \cdot \boldsymbol{S}_2)}{m_1 m_2} \tag{5.48}$$

其中 A 是一个常数[21]。通过平方 $\boldsymbol{S} = \boldsymbol{S}_1 + \boldsymbol{S}_2$，我们得到

$$\boldsymbol{S}_1 \cdot \boldsymbol{S}_2 = \frac{1}{2}(S^2 - S_1^2 - S_2^2) = \begin{cases} \frac{1}{4}\hbar^2, & \text{对 } s=1\text{(矢量介子)} \\ -\frac{3}{4}\hbar^2, & \text{对 } s=0\text{(赝标介子)} \end{cases} \tag{5.49}$$

对组分质量 $m_u = m_d = 308\text{MeV}/c^2$，$m_s = 483\text{MeV}/c^2$，$A$ 的最好的拟合值是 $(2m_u/\hbar)^2 159\text{MeV}/c^2$，我们得到表 5.3 的结果。

表 5.3　赝标和矢量介子质量（MeV/c^2）

介子	计算	观测
π	139	138
K	487	496
η	561	548
ρ	775	776
ω	775	783
K*	892	894
φ	1031	1020

5.6　重子

可能某天我们将能造出非相对论重夸克重子——ccc、ccb、cbb 和 bbb。这些是夸克偶素的重子亲戚——你可以叫它“quarkelium”，因为最靠近的原子类似物是氦。然而，目前很难造出有一个重夸克的重子，更不用说三个了㊁，我在这里不推测重夸克谱了。而另一方面，观测到的轻夸克重子却是大量的（见表 5.4）。

表 5.4　轻夸克重子。（J = 自旋，P = 宇称，S = 奇异数，I = 同位旋。这不是完整的列表；自旋高到 11/2 的重子已经被观察到了。）

$SU(3)$表示	J^P	$S=0$	$S=-1$		$S=-2$	$S=-3$
			$I=0$	$I=1$		
8	$\frac{1}{2}^+$	N(939)	Λ(1116)	Σ(1193)	Ξ(1318)	
10	$\frac{3}{2}^+$	Δ(1232)		Σ(1385)	Ξ(1530)	Ω(1672)
1	$\frac{1}{2}^-$		Λ(1405)			

㊀ $l=0$ 的态的超精细分裂修正正比于磁矩的点乘 $\mu_1 \cdot \mu_2$；偶极矩反过来正比于自旋角动量反比于质量。这是来自方程（5.46）的启发。当然，它是来自 QED 不是 QCD。更糟糕的是，它丢掉了波函数的质量依赖（含在“常数”A 中），且它是依据非相对论量子力学。但没东西能胜过成功，而方程（5.46）成立的惊奇地好。（注意，η′没被包括进表里，见习题 5.12）。

㊁ 双粲重子已在 LHCb 实验上被发现，见第 30 页译者注。——译者注

（续）

SU(3)表示	J^P	$S=0$	$S=-1$ $I=0$	$S=-1$ $I=1$	$S=-2$	$S=-3$
	$\frac{3}{2}^-$		Λ(1520)			
8	$\frac{1}{2}^-$	N(1535)	Λ(1670)	Σ(1620)	?	
	$\frac{3}{2}^-$	N(1520)	Λ(1690)	Σ(1670)	Ξ(1820)	
	$\frac{5}{2}^-$	N(1675)	Λ(1830)	Σ(1775)	?	
10	$\frac{1}{2}^-$	Δ(1620)		?	?	?
	$\frac{3}{2}^-$	Δ(1700)		?	?	?
8	$\frac{3}{2}^+$	N(1720)	Λ(1890)	?	?	
	$\frac{5}{2}^+$	N(1680)	Λ(1820)	Σ(1915)	Ξ(2030)	
10	$\frac{5}{2}^+$	Δ(1905)		?	?	?
	$\frac{7}{2}^+$	Δ(1950)		Σ(2030)	?	?
8	$\frac{1}{2}^+$	N(1440)	Λ(1600)	Σ(1660)	?	

（来源：《粒子物理手册》（2006），14.4 节。）

5.6.1 重子波函数

重子比介子难于分析有几方面的原因。首先，重子是三体系统。它没有单一的轨道角动量，而是有两个（见图 5.12）。我们将集中于基态，其中 $l=l'=0$。在这种情况下，重子的角动量完全来自三个夸克自旋的组合。现在夸克携带自旋 1/2，因此每个占据两个态之一："自旋上"（↑）或"自旋下"（↓）。因此对三个夸克我们有八种可能的状态：（↑↑↑），（↑↑↓），（↑↓↑），（↑↓↓），（↓↑↑），（↓↑↓），（↓↓↑）和（↓↓↓）。但这不是最方便的计算排列，因为它们不是总角动量的本征态。如我们在例 4.2 中所发现的，夸克自旋可以组合成总的 3/2 或 1/2，后者可以被写成两种可区分的方式。具体地，

$$\left.\begin{aligned} \left|\tfrac{3}{2}\ \tfrac{3}{2}\right\rangle &= (\uparrow\uparrow\uparrow) \\ \left|\tfrac{3}{2}\ \tfrac{1}{2}\right\rangle &= (\uparrow\uparrow\downarrow+\uparrow\downarrow\uparrow+\downarrow\uparrow\uparrow)/\sqrt{3} \\ \left|\tfrac{3}{2}\ -\tfrac{1}{2}\right\rangle &= (\downarrow\downarrow\uparrow+\downarrow\uparrow\downarrow+\uparrow\downarrow\downarrow)/\sqrt{3} \\ \left|\tfrac{3}{2}\ -\tfrac{3}{2}\right\rangle &= (\downarrow\downarrow\downarrow) \end{aligned}\right\}\quad \text{自旋}\frac{3}{2}(\psi_s) \tag{5.50}$$

$$\left.\begin{aligned}\left|\frac{1}{2}\ \frac{1}{2}\right\rangle_{12} &= (\uparrow\downarrow - \downarrow\uparrow)\uparrow/\sqrt{2}\\ \left|\frac{1}{2}\ -\frac{1}{2}\right\rangle_{12} &= (\uparrow\downarrow - \downarrow\uparrow)\downarrow/\sqrt{2}\end{aligned}\right\}\quad 自旋\frac{1}{2}(\psi_{12}) \tag{5.51}$$

$$\left.\begin{aligned}\left|\frac{1}{2}\ \frac{1}{2}\right\rangle_{23} &= \uparrow(\uparrow\downarrow - \downarrow\uparrow)/\sqrt{2}\\ \left|\frac{1}{2}\ -\frac{1}{2}\right\rangle_{23} &= \downarrow(\uparrow\downarrow - \downarrow\uparrow)/\sqrt{2}\end{aligned}\right\}\quad 自旋\frac{1}{2}(\psi_{23}) \tag{5.52}$$

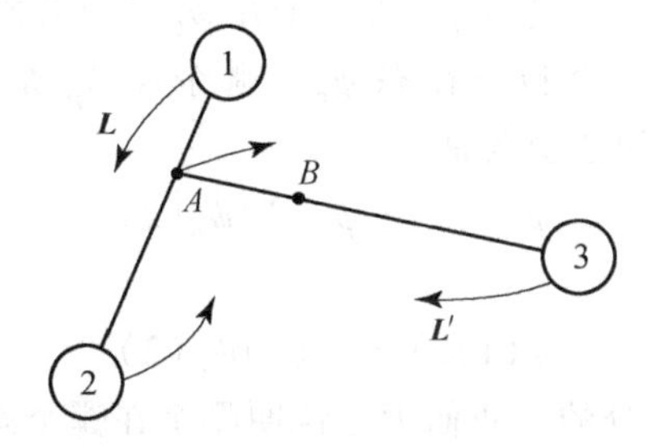

图 5.12　三体系统的轨道角动量。$\boldsymbol{L}$ 是 1 和 2 关于它们质心 A 的角动量；$\boldsymbol{L}'$是此组合和 3 关于所有三个物体质心 B 的角动量。

自旋 3/2 的组合在交换任意两个粒子都不改变状态的意义上是完全对称的。自旋 1/2 的组合是部分反对称的——交换两个粒子改变符号。第一组对粒子 1 和 2 是反对称的——因此标出了下标；第二组对 2 和 3 反对称。我们当然也可以构造 1 和 3 的反对称态：

$$\left.\begin{aligned}\left|\frac{1}{2}\ \frac{1}{2}\right\rangle_{13} &= (\uparrow\uparrow\downarrow - \downarrow\uparrow\uparrow)/\sqrt{2}\\ \left|\frac{1}{2}\ -\frac{1}{2}\right\rangle_{13} &= (\uparrow\downarrow\downarrow - \downarrow\downarrow\uparrow)/\sqrt{2}\end{aligned}\right\}\quad 自旋\frac{1}{2}(\psi_{13}) \tag{5.53}$$

然而，这些和前两个是相互依赖的；你可以自己验证，

$$|\ \rangle_{13} = |\ \rangle_{12} + |\ \rangle_{23} \tag{5.54}$$

用群论的语言，三个 $SU(2)$（二维）基本表示的直积分解成一个四维表示和两个二维表示的直和：[⊖]

$$2\otimes2\otimes2 = 4\oplus2\oplus2 \tag{5.55}$$

重子比介子复杂的第二个方面与泡利不相容原理有关。泡利原理的原始体系说没有两个电子可以占据同一量子态。这是为了去解释为什么原子中的所有电子不简单地塌缩到基态上，ψ_{100}（如果那样，将不会给化学留下太多东西了）：不能，因为基态只允许电子有两个状态——一个自旋向上，一个向下。一旦这些位置被占据了，下一个电子将被排斥到第一激发态上，$n=2$，…，等等。采用这种形式，看起来泡利原理有点人为，但实际上它依据一些更深刻的东西：如果两个粒子绝对相同，那么波函数将完全等价地对待它们。如果某人秘密地交换了它们，物理态不会改变。你可能从这会得到 $\psi(1,\ 2)=\psi(2,\ 1)$，但这有点太强

⊖　如果表示用自旋标记而不是维数，方程（5.55）读成$\frac{1}{2}\otimes\frac{1}{2}\otimes\frac{1}{2}=\frac{3}{2}\oplus\frac{1}{2}\oplus\frac{1}{2}$。碰巧，还可以构造一种对粒子 1 和 2 对称的自旋 1/2 组合：$|\ \rangle = |\ \rangle_{13} + |\ \rangle_{23}$。有些作者喜欢用 $|\ \rangle_{12}$和 $|\ \rangle$ 而不是 $|\ \rangle_{12}$和 $|\ \rangle_{23}$。

了。物理量由波函数的平方决定，因此我们能肯定的是 $\psi(1, 2)=\pm\psi(2, 1)$：波函数在交换两个全同粒子时必须或者偶——对称——或者奇——反对称。[㊀]而哪个是偶或奇？非相对论量子力学没给出答案；存在两类粒子—玻色子，其波函数是偶的；费米子，其波函数是奇的。经验事实是所有整数自旋的粒子都是玻色子，而自旋半整数的是费米子。量子场论的一个主要成就就是严格证明了这个“自旋和统计”的关系。

玻色子(整数自旋)⇒对称的波函数：$\psi(1, 2)=\psi(2, 1)$

费米子（半整数自旋）⇒反对称的波函数：$\psi(1, 2)=-\psi(2, 1)$

假设我们有两个粒子，一个在态 ψ_α，另一个在 ψ_β。如果粒子是可区分的（比如一个是缪子，一个是电子），那么问哪个粒子在态 ψ_α，哪个在 ψ_β 是有意义的。如果粒子 1 在态 ψ_α，粒子 2 在 ψ_β 态，则系统的波函数是

$$\psi(1,2)=\psi_\alpha(1)\psi_\beta(2)$$

反之则为

$$\psi(1,2)=\psi_\beta(1)\psi_\alpha(2)$$

但如果两个粒子是不可区分的，我们无法说明哪个在哪个态上。如果粒子是全同的玻色子，波函数是对称的组合

$$\psi(1,2)=(1/\sqrt{2})[\psi_\alpha(1)\psi_\beta(2)+\psi_\beta(1)\psi_\alpha(2)] \tag{5.56}$$

如果是全同的费米子，波函数是反对称的组合

$$\psi(1,2)=(1/\sqrt{2})[\psi_\alpha(1)\psi_\beta(2)-\psi_\beta(1)\psi_\alpha(2)] \tag{5.57}$$

特别地，如果你试图把两个粒子（例如电子）放进同一个态（$\psi_\alpha=\psi_\beta$）你则得到零；不允许这么做。这是原始的泡利不相容原理；而我们看到它不是一个人为假设，而是全同粒子波函数结构要求的结果。注意，顺便说泡利原理不适用玻色子；你可以放你喜欢的任意多的 π 在同一个态上。对可区分的粒子也没有任何对称性的要求；这是我们为什么不必担心构造介子的波函数（因为一个组分是夸克而另一个是反夸克，它们总是可区分的）。但在重子的情形，我们把三个夸克放在一起，这时我们必须考虑反对称化的要求。

现在，重子波函数由几部分组成；有空间部分，描写三个夸克所在的位置；有自旋部分，代表它们的自旋；有味道分量，反映 u、d 和 s 是如何组合的；还有颜色项，指明夸克的颜色：

$$\psi=\psi(\text{空间})\psi(\text{自旋})\psi(\text{味道})\psi(\text{颜色}) \tag{5.58}$$

是整体在交换任意两个夸克下必须反对称。[㊁]我们不知道空间基态波函数的函数形式，但它肯定是对称的；因为 $l=l'=0$，没有任何角度依赖。自旋态可以完全对称（$j=3/2$）或混合对称（$j=1/2$）。至于味道，有 $3^3=27$ 种可能性：uuu，uud，udu，udd，…，sss，我们把它们重新排成对称的、反对称的和混合的组合；它们形成 $SU(3)$ 的不可约表示，就像自旋组合形成 $SU(2)$ 的表示那样。这些可以很方便地用八重态图案展示：

㊀ 从 $|\psi(1, 2)|^2=|\psi(2, 1)|^2$ 得到 $\psi(1, 2)=e^{i\phi}\psi(2, 1)$。但交换两次应回到初始状态，因此 $e^{2i\phi}=1$，即 $e^{i\phi}=\pm1$。

㊁ 注意“全同粒子”注释在这里做了隐含的精细推广，因为我们对待所有夸克，不管颜色或甚至味道，均为一个单一粒子的不同状态[22]。

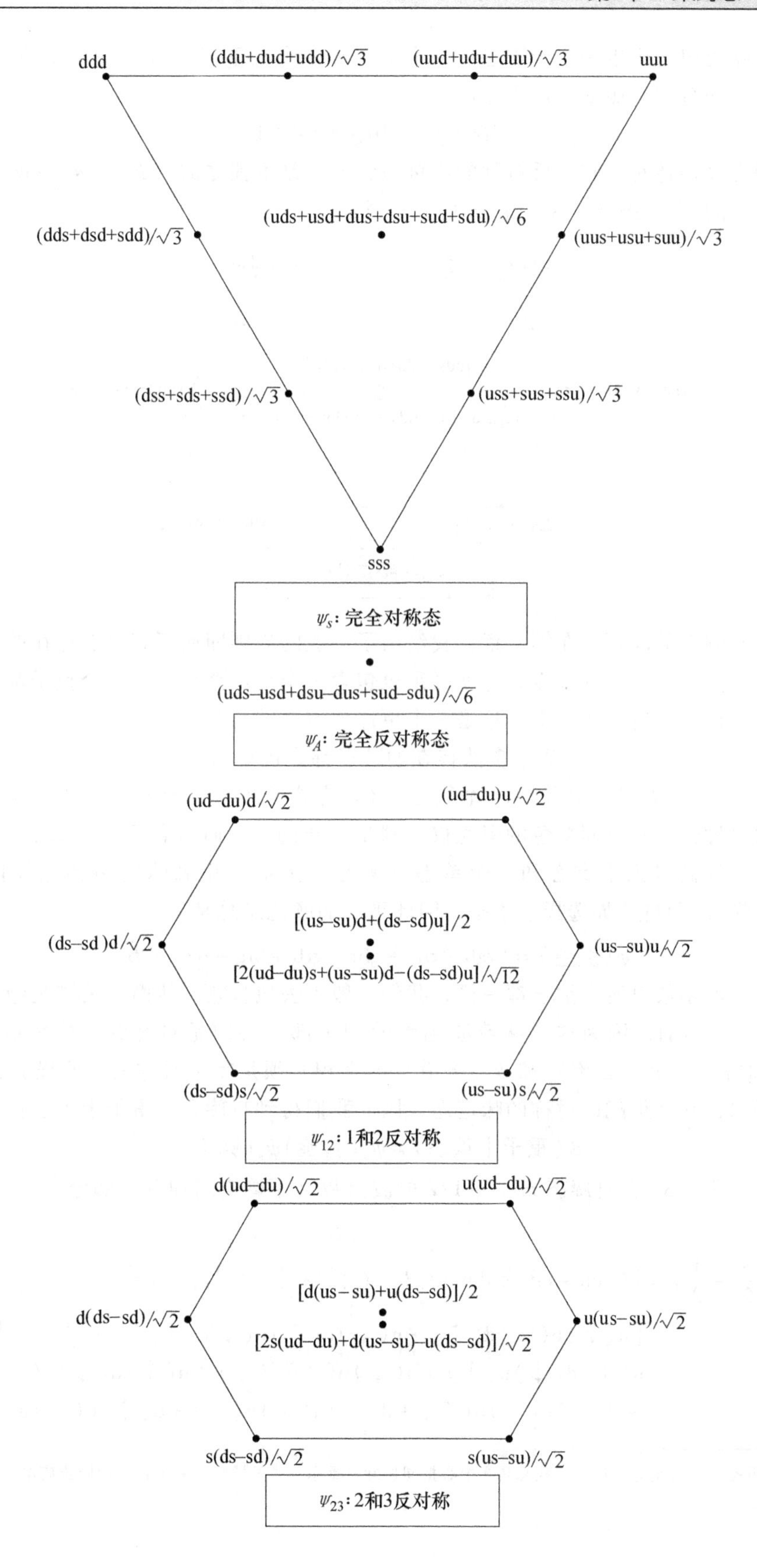
ddd
(ddu+dud+udd)/√3
(uud+udu+duu)/√3
uuu
(dds+dsd+sdd)/√3
(uds+usd+dus+dsu+sud+sdu)/√6
(uus+usu+suu)/√3
(dss+sds+ssd)/√3
(uss+sus+ssu)/√3
sss
ψ_S: 完全对称态
(uds−usd+dsu−dus+sud−sdu)/√6
ψ_A: 完全反对称态
(ud−du)d/√2
(ud−du)u/√2
(ds−sd)d/√2
[(us−su)d+(ds−sd)u]/2
[2(ud−du)s+(us−su)d−(ds−sd)u]/√12
(us−su)u/√2
(ds−sd)s/√2
(us−su)s/√2
ψ_12: 1和2反对称
d(ud−du)/√2
u(ud−du)/√2
d(ds−sd)/√2
[d(us−su)+u(ds−sd)]/2
[2s(ud−du)+d(us−su)−u(ds−sd)]/√2
u(us−su)/√2
s(ds−sd)/√2
s(us−su)/√2
ψ_23: 2和3反对称

因此轻夸克味道组合产生一个十重态、一个单态和两个八重态；[⊖]用群论的语言，$SU(3)$ 的三个基本表示的直积按照如下规则分解

$$3\otimes3\otimes3=10\oplus8\oplus8\oplus1 \tag{5.59}$$

同理，我们也可构造对 1 和 3 反对称的八重态，但它是不独立的（$\psi_{13}=\psi_{12}+\psi_{23}$）；我们已经用尽了可用的 27 个态构造 4 个表示 10，8，8 和 1。

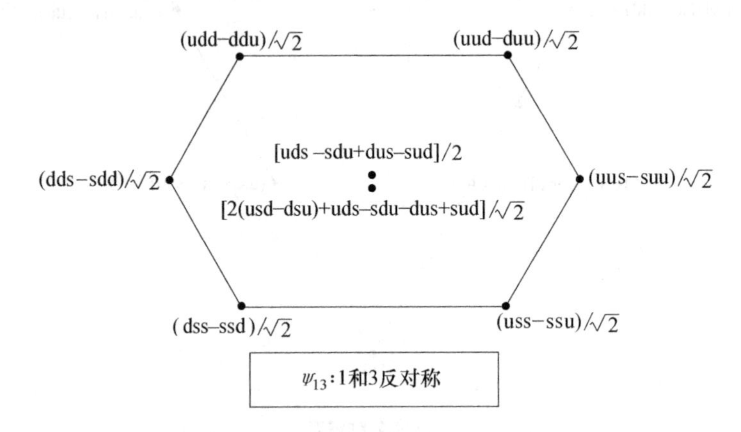

ψ_{13}：1和3反对称

最后还有颜色的问题。在第 1 章，我给出了一般的规则即使所有自然存在的粒子都是无色的；如果介子包含一个红夸克，它就必须也包含一个反红夸克，而每个重子都必须是一个夸克的各种颜色的港湾。实际上，这是一个更深刻定律的直观表达：

每个自然存在的粒子都是色单态。

三种颜色产生一个 $SU(3)$ 对称性，就像三种轻夸克味道产生味 $SU(3)$ 一样。（然而前者是一个严格的对称性——不同颜色的夸克权重都是一样的——而后者只是近似的。）把三个颜色放在一起，我们得到十重态和一个单态（只是在上面图里做味道→颜色代换，u→红，d→绿，s→蓝）。而自然界选择了单态，因此重子的颜色态总是

$$\psi(\text{颜色})=(rgb-rbg+gbr-grb+brg-bgr)/\sqrt{6} \tag{5.60}$$

由于颜色波函数对所有重子都一样，我们一般不去包含它。然而，关键是绝对要记住 ψ（颜色）是反对称的，因为这意味着波函数的剩余部分必须是对称的。特别地对基态，ψ（空间）是对称的，ψ（自旋）和 ψ（味道）的乘积必须是完全对称的。假设我们从对称的自旋组合开始；它必须配以对称的味道态，因此我们得到自旋 3/2 重子十重态：

$$\psi(\text{重子十重态})=\psi_s(\text{自旋})\psi_s(\text{味道}) \tag{5.61}$$

例 5.1 写下 Δ^+ 在自旋态 $m_j=-1/2$ 的波函数（不管空间和颜色部分）。

解：

$$\left|\Delta^+:\frac{3}{2}\ -\frac{1}{2}\right\rangle=\{(uud+udu+duu)/\sqrt{3}\}[(\downarrow\downarrow\uparrow+\downarrow\uparrow\downarrow+\uparrow\downarrow\downarrow)/\sqrt{3}]$$

$$\begin{aligned}=[&u(\downarrow)u(\downarrow)d(\uparrow)+u(\downarrow)u(\uparrow)d(\downarrow)+u(\uparrow)u(\downarrow)d(\downarrow)+\\&u(\downarrow)d(\downarrow)u(\uparrow)+u(\downarrow)d(\uparrow)u(\downarrow)+u(\uparrow)d(\downarrow)u(\downarrow)+\\&+d(\downarrow)u(\downarrow)u(\uparrow)+d(\downarrow)u(\uparrow)u(\downarrow)+d(\uparrow)u(\downarrow)u(\downarrow)]/3\end{aligned}$$

⊖ 在八重态（和九重态）图中，我总是在中心把同位旋三重态（“Σ^0”）放在上面，而同位旋单态（“Λ”）放在它下面。

例如，如果你扯开这样一个粒子，第一个夸克将是 d 自旋上的概率是 1/9，是 u 自旋下的是 4/9。

重子八重态有点复杂，这里我们必须把混合对称性的态放在一起去构造完全的对称组合。注意首先两个反对称函数的积本身是对称的。因此 ψ_{12}（自旋）$\times\psi_{12}$（味道）对 1 和 2 是对称的，因为当 $1\leftrightarrow 2$ 我们得到两个负号。类似地 ψ_{23}（自旋）$\times\psi_{23}$（味道）对 2 和 3 是对称的，ψ_{13}（自旋）$\times\psi_{13}$（味道）对 1 和 3 是对称的。如果我们现在把这些加起来，结果将显然对所有三个都对称（对归一化因子，见习题 5.16）：

$$\psi(\text{重子八重态})=(\sqrt{2}/3)[\psi_{12}(\text{自旋})\psi_{12}(\text{味道})+\psi_{23}(\text{自旋})\psi_{23}(\text{味道})+\psi_{13}(\text{自旋})\psi_{13}(\text{味道})] \tag{5.62}$$

例 5.2 写出自旋上的质子的自旋/味道波函数。

解：

$$\begin{aligned}\left|p:\frac{1}{2}\frac{1}{2}\right\rangle &= \left\{\frac{1}{2}(\uparrow\downarrow\uparrow-\downarrow\uparrow\uparrow)(udu-duu)+\frac{1}{2}(\uparrow\uparrow\downarrow-\uparrow\downarrow\uparrow)(uud-udu)+\right.\\ &\quad\left.\frac{1}{2}(\uparrow\uparrow\downarrow-\downarrow\uparrow\uparrow)(uud-duu)\right\}\frac{\sqrt{2}}{3}\\ &=\left\{uud(2\uparrow\uparrow\downarrow-\uparrow\downarrow\uparrow-\downarrow\uparrow\uparrow)+\right.\\ &\quad\left.udu(2\uparrow\downarrow\uparrow-\downarrow\uparrow\uparrow-\uparrow\uparrow\downarrow)+duu(2\downarrow\uparrow\uparrow-\uparrow\downarrow\uparrow-\uparrow\uparrow\downarrow)\right\}\frac{1}{3\sqrt{2}}\\ &=\frac{2}{3\sqrt{2}}(u(\uparrow)u(\uparrow)d(\downarrow))-\frac{1}{3\sqrt{2}}(u(\uparrow)u(\downarrow)d(\uparrow))-\frac{1}{3\sqrt{2}}(u(\downarrow)u(\uparrow)d(\uparrow))+\text{置换}\end{aligned}$$

如果没有其他的，我希望你从这个练习中学到在夸克模型中构造重子波函数不是一件平庸的事。除了空间波函数，还有三个自旋即三个味道和三个颜色要来要弄，所有都要放在一起使其与泡利原理相自洽。我推迟解释三个夸克如何产生重子八重态还请见谅（记住，回到第 1 章我们通过直接数夸克得到了十重态。）基本点是十重态的角包含三个全同夸克（uuu、ddd 和 sss）；它们必须形成对称的味态，因此必须采用对称的自旋态（$j=3/2$）。用两个全同夸克（例 uud）有三种排列（uud，udu，duu）；你可以构造一个对称的线性组合，它导致十重态和两个混合对称性，它们属于 $SU(3)$ 的八重态。最后用三个不同的，如 uds，有六种可能性——完全对称的线性组合覆盖了十重态，完全反对称的组合构成一个$SU(3)$的单态，剩下四个形成两个八重态。在所有这些中要注意颜色的基本（如果隐藏了）角色。没有它我们将寻找反对称的自旋/味道波函数；自旋 3/2（对称）将和味单态（反对称）匹配。有可能不使用颜色构造自旋 1/2 八重态（见习题 5.18），但对十重态我们将只有一个自旋 3/2 重子。为避免这个灾难，不牺牲泡利原理，颜色在一开始就被引入了。

5.6.2 磁矩

作为重子自旋/味道波函数的应用，我们现在计算八重态中粒子的磁偶极矩。没有轨道运动时，重子的磁矩是简单的三个组分夸克磁矩的矢量和：

$$\mu=\mu_1+\mu_2+\mu_3 \tag{5.63}$$

它依赖夸克的味道（因为三个味道携带不同的磁矩）和自旋构型（因为它决定三个偶极子

的相对方向）。除了小的辐射修正，按照式（5.18），电荷 q 质量 m 的自旋为 1/2 点粒子的磁偶极矩是

$$\boldsymbol{\mu} = \frac{q}{mc}\boldsymbol{S} \tag{5.64}$$

它的大小为

$$\mu = \frac{q\hbar}{2mc} \tag{5.65}$$

更精确地，这是自旋上态的 μ_z 的值，其中 $S_z = \hbar/2$。习惯用 μ 而不是 $\boldsymbol{\mu}$ 本身作为粒子的“磁矩”。对夸克，

$$\mu_u = \frac{2}{3}\frac{e\hbar}{2m_u c},\quad \mu_d = -\frac{1}{3}\frac{e\hbar}{2m_d c},\quad \mu_s = -\frac{1}{3}\frac{e\hbar}{2m_s c} \tag{5.66}$$

重子 $\boldsymbol{B}$ 的磁矩因此是

$$\mu_B = \langle B\uparrow|(\mu_1+\mu_2+\mu_3)_z|B\uparrow\rangle = \frac{2}{\hbar}\sum_{i=1}^{3}\langle B\uparrow|(\mu_i S_{i_z})|B\uparrow\rangle \tag{5.67}$$

例 5.3　计算质子的磁矩。

解： 通过例 5.2 得到了波函数。第一项是

$$\frac{2}{3\sqrt{2}}[\mathrm{u}(\uparrow)\mathrm{u}(\uparrow)\mathrm{d}(\downarrow)]$$

现在

$$(\mu_1 S_{1_z}+\mu_2 S_{2_z}+\mu_3 S_{3_z})\,|\,\mathrm{u}(\uparrow)\mathrm{u}(\uparrow)\mathrm{d}(\downarrow)\rangle = \left[\mu_u\frac{\hbar}{2}+\mu_u\frac{\hbar}{2}+\mu_d\left(-\frac{\hbar}{2}\right)\right]|\,\mathrm{u}(\uparrow)\mathrm{u}(\uparrow)\mathrm{d}(\downarrow)\rangle$$

因此这项贡献

$$\left(\frac{2}{3\sqrt{2}}\right)^2\frac{\hbar}{2}\sum_{i=1}^{3}\langle \mathrm{u}(\uparrow)\mathrm{u}(\uparrow)\mathrm{d}(\downarrow)\,|\,(\mu_i S_{i_z})\,|\,\mathrm{u}(\uparrow)\mathrm{u}(\uparrow)\mathrm{d}(\downarrow)\rangle = \frac{2}{9}(2\mu_u-\mu_d)$$

类似地，第二项（$\mathrm{u}(\uparrow)\mathrm{u}(\downarrow)\mathrm{d}(\downarrow)$）给出 $\frac{1}{18}\mu_d$，像第三项一样。[⊖] 我们可以用此种方法继续算出所有九项，而剩下的只是简单的置换，其中 d 占据位置 2 或 1。最后结果是

$$\mu_p = 3\left[\frac{2}{9}(2\mu_u-\mu_d)+\frac{1}{18}\mu_d+\frac{1}{18}\mu_d\right] = \frac{1}{3}(4\mu_u-\mu_d)$$

同理，我们可以用 μ_u、μ_d 和 μ_s 计算所有八重态的磁矩（见习题 5.19）。结果列在表 5.5 的第二列。为获得具体的数值，我们需要知道夸克的磁矩［方程（5.66）］。利用组分夸克质量 $m_u = m_d = 336\mathrm{MeV}/c^2$，$m_s = 538\mathrm{MeV}/c^2$，我们获得表 5.5 的第三列的数值。考虑到夸克质量的不确定性，该数值与实验对照吻合得很好。如果我们考虑比率会得到更好的预言。特别地，取 $m_u = m_d$，则有

$$\frac{\mu_n}{\mu_p} = -\frac{2}{3} \tag{5.68}$$

⊖ 注意所有东西都是归一化的，因此例如 $\langle \mathrm{u}(\uparrow)\,|\,\mathrm{u}(\uparrow)\rangle = 1$，且态是正交的 $\langle \mathrm{u}(\uparrow)\,|\,\mathrm{u}(\downarrow)\rangle = 0$。

它和实验值 $-0.68497945 \pm 0.00000058$ 相比吻合得很好。

表 5.5 八重态重子的磁偶极矩。

重子	磁矩	预言	实验
p	$\left(\frac{4}{3}\right)\mu_u-\left(\frac{1}{3}\right)\mu_d$	2.79	2.793
n	$\left(\frac{4}{3}\right)\mu_d-\left(\frac{1}{3}\right)\mu_u$	-1.86	-1.913
Λ	μ_s	-0.58	-0.613
Σ^+	$\left(\frac{4}{3}\right)\mu_u-\left(\frac{1}{3}\right)\mu_s$	2.68	2.458
Σ^0	$\left(\frac{2}{3}\right)(\mu_u+\mu_d)-\left(\frac{1}{3}\right)\mu_s$	0.82	?
Σ^-	$\left(\frac{4}{3}\right)\mu_d-\left(\frac{1}{3}\right)\mu_s$	-1.05	-1.160
Ξ^0	$\left(\frac{4}{3}\right)\mu_s-\left(\frac{1}{3}\right)\mu_u$	-1.40	-1.250
Ξ^-	$\left(\frac{4}{3}\right)\mu_s-\left(\frac{1}{3}\right)\mu_d$	-0.47	-0.651

（数值由核磁子 $e\hbar/2m_pc$ 多重态给出。来源：《粒子物理手册》（2006）。）

5.6.3 质量

最后我们转向重子的质量。情况和介子一样：如果味 $SU(3)$ 是完美的对称性，所有八重态的重子的重量将相同，但实际上却不是。这首先归咎于 s 夸克比 u 和 d 重很多。但这不是故事的全部，否则 Λ 将和几个 Σ 具有同样的质量，而 Δ 将和质子一样。明显地，具有显著的自旋-自旋（“超精细”）贡献，像以前一样，我们取它正比于自旋的点乘反比于质量的乘积。唯一的差别是这时有三种自旋对：

$$M(\text{重子})=m_1+m_2+m_3+A'\left[\frac{\mathbf{S}_1\cdot\mathbf{S}_2}{m_1m_2}+\frac{\mathbf{S}_1\cdot\mathbf{S}_3}{m_1m_3}+\frac{\mathbf{S}_2\cdot\mathbf{S}_3}{m_2m_3}\right] \tag{5.69}$$

这里 A'，像方程（5.46）中的 A 一样，是个常数，我们调节它去拟合数据。

自旋乘积当三个夸克质量相等时最容易处理，因为

$$J^2=(\mathbf{S}_1+\mathbf{S}_2+\mathbf{S}_3)^2=S_1^2+S_2^2+S_3^2+2(\mathbf{S}_1\cdot\mathbf{S}_2+\mathbf{S}_1\cdot\mathbf{S}_3+\mathbf{S}_2\cdot\mathbf{S}_3) \tag{5.70}$$

因此

$$\mathbf{S}_1\cdot\mathbf{S}_2+\mathbf{S}_1\cdot\mathbf{S}_3+\mathbf{S}_2\cdot\mathbf{S}_3=\frac{\hbar^2}{2}\left[j(j+1)-\frac{9}{4}\right]=\begin{cases}\frac{3}{4}\hbar^2 & \text{对 } j=\frac{3}{2}(\text{十重态})\\ -\frac{3}{4}\hbar^2 & \text{对 } j=\frac{1}{2}(\text{八重态})\end{cases} \tag{5.71}$$

因此核子（中子或质子）的质量是

$$M_N = 3m_u - \frac{3}{4}\frac{\hbar^2}{m_u^2}A' \tag{5.72}$$

Δ 为

$$M_\Delta = 3m_u + \frac{3}{4}\frac{\hbar^2}{m_u^2}A' \tag{5.73}$$

而 Ω^- 为

$$M_\Omega = 3m_s + \frac{3}{4}\frac{\hbar^2}{m_s^2}A' \tag{5.74}$$

在十重态情形，自旋都“平行”（每个对都组合成 1），因此

$$(\boldsymbol{S}_1 + \boldsymbol{S}_2)^2 = S_1^2 + S_2^2 + 2\boldsymbol{S}_1 \cdot \boldsymbol{S}_2 = 2\hbar^2 \tag{5.75}$$

（同样，对 1 和 3 或 2 和 3）。因此对十重态

$$\boldsymbol{S}_1 \cdot \boldsymbol{S}_2 = \boldsymbol{S}_1 \cdot \boldsymbol{S}_3 = \boldsymbol{S}_2 \cdot \boldsymbol{S}_3 = \frac{\hbar^2}{4} \tag{5.76}$$

注意这与方程（5.71）是自洽的，因此

$$M_{\Sigma^*} = 2m_u + m_s + \frac{\hbar^2}{4}A'\left(\frac{1}{m_u^2} + \frac{2}{m_u m_s}\right) \tag{5.77}$$

而

$$M_{\Xi^*} = m_u + 2m_s + \frac{\hbar^2}{4}A'\left(\frac{2}{m_u m_s} + \frac{1}{m_s^2}\right) \tag{5.78}$$

注意到上和下夸克相应组合成同位旋 1 和 0 就可做出 Σ 和 Λ，为了自旋/味道波函数在交换 u 和 d 下是对称的，自旋因此必须对应组合成总的 1 和 0。对 Σ：

$$(\boldsymbol{S}_u + \boldsymbol{S}_d)^2 = S_u^2 + S_d^2 + 2\boldsymbol{S}_u \cdot \boldsymbol{S}_d = 2\hbar^2,\ \text{因此}\ \boldsymbol{S}_u \cdot \boldsymbol{S}_d = \frac{\hbar^2}{4} \tag{5.79}$$

而对 Λ：

$$(\boldsymbol{S}_u + \boldsymbol{S}_d)^2 = 0,\ \text{因此}\ \boldsymbol{S}_u \cdot \boldsymbol{S}_d = -\frac{3}{4}\hbar^2 \tag{5.80}$$

把这些结果都放进方程（5.71），我们发现

$$\begin{aligned} M_\Sigma &= 2m_u + m_s + A'\left[\frac{\boldsymbol{S}_u \cdot \boldsymbol{S}_d}{\mathrm{m}_u \mathrm{m}_d} + \frac{(\boldsymbol{S}_1 \cdot \boldsymbol{S}_2 + \boldsymbol{S}_1 \cdot \boldsymbol{S}_3 + \boldsymbol{S}_2 \cdot \boldsymbol{S}_3 - \boldsymbol{S}_u \cdot \boldsymbol{S}_d)}{m_u m_s}\right] \\ &= 2m_u + m_s + \frac{\hbar^2}{4}A'\left(\frac{1}{m_u^2} - \frac{4}{m_u m_s}\right) \end{aligned} \tag{5.81}$$

和

$$M_\Lambda = 2m_u + m_s - \frac{3}{4}\frac{\hbar^2}{m_u^2}A' \tag{5.82}$$

我将让你算出Ξ的质量（见习题 5.22）：

$$M_\Xi = 2m_s + m_u + \frac{\hbar^2}{4}A'\left(\frac{1}{m_s^2} - \frac{4}{m_u m_s}\right) \tag{5.83}$$

利用组分夸克质量 $m_u = m_d = 363\mathrm{MeV}/c^2$，$m_s = 538\mathrm{MeV}/c^2$，并令 $A' = (2m_u/\hbar)^2 50\mathrm{MeV}/c^2$，

我们获得了与实验非常吻合的数据（见表 5.6）。㊀

表 5.6 重子八重态和十重态质量 （单位：MeV/c^2）

重子	计算	观测
N	939	939
Λ	1114	1116
Σ	1179	1193
Ξ	1327	1318
Δ	1239	1232
Σ*	1381	1385
Ξ*	1529	1533
Ω	1682	1672

参考文献

1 Readers unfamiliar with quantum mechanics will need to consult an appropriate textbook for background, and for details of the calculations presented here. See, for instance, Park, D. **(1992)** *Introduction to the Quantum Theory*, 3rd edn, McGraw-Hill, New York; (a) Townsend, J. S. **(2000)** *A Modern Approach to Quantum Mechanics*, University Science Books, Sausalito, CA; (b) Griffiths, D. J. **(2005)** *Introduction to Quantum Mechanics*, 2nd edn, Prentice Hall, Upper Saddle River, NJ.

2 For a fascinating account of the experimental study of the hydrogen spectrum, from its beginnings in the mid-nineteenth century up to the present day, see the article by Hänsch, T. W., Schawlow, A. L. and Series, G. W. (March **1979**) *Scientific American*, 94.

3 See, for example, Griffiths, D. J. **(1999)** *Introduction to Electrodynamics*, 3rd edn, Prentice Hall, Upper Saddle River, NJ; Problem 5.56.

4 For the calculation, see Kinoshita, T. and Nio, M. **(2006)** *Physical Review D*, **73**, 013003; for the measurement, see (a) Odom, B. *et al.* **(2006)** *Physical Review Letters*, **97**, 030801.

5 Lamb, W. E. Jr. and Retherford, R. C. **(1947)** *Physical Review*, **72**, 241.

6 Each normal mode of the electromagnetic field functions as an oscillator; in quantum mechanics the ground-state energy of a harmonic oscillator is not zero, but rather, $\frac{1}{2}\hbar\omega$. See Bjorken, J. D. and Drell, S. D. **(1964)** *Relativistic Quantum Mechanics*, McGraw-Hill, New York, p. 58.

7 Bethe, H. A. and Salpeter, E. E. **(1977)** *Quantum Mechanics of One- and Two-Electron Atoms*, Plenum, New York. Sect. 21, for details.

8 Bethe, H. A. and Salpeter, E. E. **(1977)** *Quantum Mechanics of One- and Two-Electron Atoms*, Plenum, New York, p. 110.

9 For an accessible account of hyperfine splitting in the ground state of hydrogen, see Griffiths, D. J. **(1982)** *American Journal of Physics*, **50**, 698.

10 Ewen, H. I. and Purcell, E. M. **(1951)** *Nature*, **168**, 356.

11 The spectrum of positronium is discussed in Bethe, H. A. and Salpeter, E. E. **(1977)** *Quantum Mechanics of One- and Two-Electron Atoms*, Plenum, New York; Sect. 21, for details. Sect. 23. See also (a) Berko, S. and Pendleton, H. N. **(1980)** *Annual*

㊀ 然而注意我们被迫使用有些不同于表 5.3、5.5 和 5.6 的组分夸克质量，就像我在表 4.4 的脚注里警告你的那样。

Review of Nuclear and Particle Science, **30**, 543; and (b) Rich, A. **(1981)** *Reviews of Modern Physics*, **53**, 127.

12 The details of the fine structure are not quite the same in quarkonium as in positronium; see Eichten, E. and Feinberg, F. **(1979)** *Physical Review Letters*, **43**, 1205; and *Physical Review*, **(1981) D23**, 2724.

13 There are other ways to estimate F_0, which give roughly the same answer. See Perkins, D. H. **(2000)** *Introduction to High Energy Physics*, 4th edn, Cambridge University Press, Cambridge, UK; Section 6.3.

14 Appelquist, T. and Politzer, H. D. **(1975)** *Physical Review Letters*, **34**, 43; **(1975)** *Physical Review*, **D12**, 1404.

15 For an interesting account of these discoveries, see the article 'Quarkonium' by Bloom, E. D. and Feldman, G. J. (May **1982**) *Scientific American*, 66.

16 Eichten, E. and Gottfried, K. **(1977)** *Physics Letters B*, **66**, 286.

17 The effect of vacuum polarization on the spectrum of bottomonium is explored in an accessible article by Conway, J. *et al.* **(2001)** *European Journal of Physiology*, **22**, 533.

18 The 'MIT Bag Model' offers a possible approach to relativistic light-quark systems, but at the cost of vastly oversimplified dynamics. The quarks are treated as free particles confined within a spherical 'bag', which is stabilized by an *ad hoc* external pressure. Many interesting calculations have been carried out using the bag model, but no one would pretend that it is a realistic picture of hadron structure. See Close, F. E. **(1979)** *An Introduction to Quarks and Partons*, Academic, London; Chapter 18.

19 See, for example, Halzen, F. and Martin, A. D. **(1984)** *Quarks and Leptons*, John Wiley & Sons, New York, p. 42.

20 **(2006)** *Review of Particle Physics*; Section 14.2.

21 Gasiorowicz, S. and Rosner, J. L. **(1981)** *American Journal of Physics*, **49**, 954; an article that contains a wealth of useful and accessible information about the quark model.

22 Pais, A. **(1986)** *Inward Bound*, Oxford University Press, Oxford, UK, p. 425; attributes the extension to (a) Cassen, B. and Condon, E. U. **(1936)** *Physical Review*, **50**, 846.

习　题

5.1　（a）氘的质量是 1875.6MeV/c^2。其结合能多大？是相对论系统吗？

（b）如果你取表 4.4 给的上夸克和下夸克质量，π 的结合能多大？是相对论系统吗？

5.2　请利用方程（5.12）获得 ψ_{100} 的基态波函数。证明它在合适的能量下满足薛定谔方程［式（5.1）］，并验证它是合理的归一化的。［答案：$\Psi_{100}=(1/\sqrt{\pi a^3})\,\mathrm{e}^{-r/a}\mathrm{e}^{-\mathrm{i}E_1 t/\hbar}$］

5.3　请利用方程（5.12）算出 $n=2$ 的所有氢原子波函数。（有多少？）

5.4　利用方程（3.43）将动能（$T=E-mc^2$）用 p（和 m 表达），证明对 $T=p^2/2m$ 最低阶的相对论修正是 $-p^4/8m^3c^2$。

5.5　用电子伏特为单位计算 $n=2$ 的能级 $j=3/2$ 和 $j=1/2$（见图 5.2）的能级分裂。它比起 $n=2$ 和 $n=1$ 的玻尔能级的间隔如何？

5.6　利用方程（5.20）和方程（5.21）估计氢原子 $2S_{1/2}$ 和 $2P_{1/2}$ 能级的兰姆位移的间隙。在这样一个跃迁中光子的频率是多少？（实验值是 1057MHz）

5.7　如果你包括进精细结构、兰姆位移和超精细结构，在氢原子里总共有多少不同的 $n=2$ 能级？找出 $2S_{1/2}$ 和 $2P_{1/2}$ 能级的超精细分裂，并与兰姆位移进行比较（见习题 5.6）。

5.8　分析正电子偶素 $n=3$ 的玻尔能级分裂。那里有多少不同的能级，且它们的相对能量是多少？做一个类似图 5.6 的能级图。

5.9 你认为 $\phi(s\bar{s})$ 介子是束缚态还是赝束缚态？

5.10 利用维数分析证明一个纯线性势 $V(r)=F_0 r$ 的能级必须具有形式

$$E_n=\left(\frac{(F_0\hbar)^2}{m}\right)^{1/3}a_n \tag{5.84}$$

其中 a_n是一个无量纲数值因子。

5.11 利用表 5.2 的数值结果"预言"四个最轻的 ψ 和 Υ 的质量；并与实验结果（见图 5.9）进行比较。F_0的什么值给出能级间距的最好符合？为什么计算出的质量没能和实验结果符合得更好？

5.12 利用方程（5.46）及书中所给的 m_u、m_d、m_s和 A 的数值计算表 5.3 中的介子质量。[提示：对 η，首先找出对纯 $u\bar{u}$、纯 $d\bar{d}$和纯 $s\bar{s}$的质量，并把 η 看作$\frac{1}{6}u\bar{u}$、$\frac{1}{6}d\bar{d}$和$\frac{2}{3}s\bar{s}$。] 再用公式于 η′，并注意灾难性的结果。[对 η′质量的评论见 Quigg, C. (1983) *Gauge Theories of the Strong, Weak, and Electromagnetic Interactions*, Benjamin, New York, p. 252.]

5.13 在书中我们用方程（5.46）计算了轻夸克赝标介子和矢量介子的质量。而同样的公式可以被用到包含粲和美夸克的重夸克系统。

(a) 计算赝标介子 $\eta_c(c\bar{c})$，$D^0(c\bar{u})$，$D_s^+(c\bar{s})$ 和对应的矢量介子 $\psi(c\bar{c})$，$D^{*0}(c\bar{u})$，$D^{*+}(c\bar{s})$ 的质量。并与粒子数据手册的实验值进行比较。

(b) 对底介子 $u\bar{b}$，$s\bar{b}$，$c\bar{b}$和 $b\bar{b}$做同样的计算。目前只有赝标量 $B^+(u\bar{b})$，$B_s^0(s\bar{b})$，$B_c^+(c\bar{b})$ 和矢量 $\Upsilon(b\bar{b})$ 被实验探测到了。

5.14 构造 5.6.1 节中的八个态 ψ_{12}。[提示：外面六个容易——夸克构成由 Q 和 S 确定，而你需要做的所有工作就是反对称化 1 和 2。为得到中心的两个态，记住一个在"Σ^0"位置的和"Σ^+"及"Σ^-"一起形成同位旋三重态；然后"Λ"可以通过与"Σ^0"和 ψ_A 正交来构造。]

5.15 类似于方程（5.60），构造介子的（单态）色波函数。

5.16 验证重子八重态自旋/味道波函数［方程（5.60）］是正确地归一化的。记住 ψ_{13} 不独立于 ψ_{12}和 ψ_{23}。

5.17 像例 5.2 那样，对Σ^+自旋上和 Λ 自旋下，构造其自旋－味道波函数。

5.18 构造一个全反对称的自旋/味道重子八重态。（在此构形中我们不需要颜色去反对称波函数。然而，一个反对称的十重态无法构造。见 Halzen and Martin，参考文献［19］，习题 2.18。）

5.19 (a) 推导表 5.5 第二列的表达式。

(b) 从这些结果出发利用书中所给的夸克质量计算表 5.5 的第三列。

5.20 用习题 5.18 中你发现的构形计算 μ_n/μ_p。注意在此情形下 μ_p是负的！你的结果与实验相自洽吗？（这里是第二个没有颜色就与夸克模型冲突的地方，第一个是其无法解释十重态。）

5.21 证明 $\mu_{\rho^+}=-\mu_{\rho^-}=\mu_p$。（见 Halzen and Martin，参考文献［19］，习题 2.19。）

5.22 利用方程（5.69）确定Ξ的质量。

5.23 利用方程（5.12）、方程（5.13）和方程（5.28），计算正电子偶素基态中正电子处的电子密度，$|\psi_{100}(0)|^2$。

第6章 费曼算法

在这章中，我们学习基本粒子动力学的定量体系。它在实际中包括计算衰变率（Γ）和散射截面（σ）。过程包括两个可区分的部分：①计算相关的费曼图，确定所讨论问题过程的“振幅”（$\mathscr{M}$）；②根据具体情况而定，将 $\mathscr{M}$ 插入费米的“黄金规则”计算 Γ 和 σ。为避免复杂的代数运算，我在这里引入一个简化模型。现实理论——QED、QCD 和 GWS——在后续章节讲述。如果你喜欢，第 6 章可以在第 3 章之后立即阅读。请细心阅读，否则以下内容很难理解。

6.1 衰变和散射

如我在引言中所述，我们有三种实验探测基本粒子的相互作用：束缚态、衰变和散射。非相对论量子力学（薛定谔体系）特别适合用于处理束缚态，这是我们为什么在第 5 章尽可能地利用它的原因。相对照地，相对论理论（费曼体系）特别适用于描写衰变和散射。在本章我将介绍费曼“算法”的基本想法和策略；在后续章节我们将用它发展强、电磁和弱相互作用的理论。

6.1.1 衰变率

作为开始，我们必须确定将要打算计算什么物理量。在衰变的情形，最有趣的项目是所在问题中粒子的**寿命**。当我们谈例如缪子的寿命时，需要知道其准确的含义是什么。我们当然会想到一个静止的缪子；一个运动的缪子由于时间膨胀（从我们的观点）会持续更长的时间。但即使静止的缪子并不是都持续同样的时间，因为衰变过程有一个内在随机因素。我们无法期望计算任何特定缪子的寿命；我们算的是大量样本下的平均缪子寿命 τ。

基本粒子没有记忆，因此一个给定缪子的衰变概率在下个微秒内衰变的可能性跟它产生了多久无关。（这和生物系统十分不同：与一个 20 岁的年轻人相比，一个 80 岁的老人在下一年更可能去世，其身体显示 80 年的磨砺和损伤。而所有缪子都是一样的，不管它们何时产生；从精算的观点它们都是等价的。）关键的参数是衰变率 Γ，即对任何给定缪子将在**单位时间衰变的概率**。如果我们聚集了大量的缪子，例如在时刻 t 有 $N(t)$ 个，那么 $N\Gamma dt$ 将

是下个时间间隔 dt 中衰变的数目。它当然就是剩下粒子数目的减少量：

$$dN = -\Gamma N dt \tag{6.1}$$

它给出

$$N(t) = N(0)e^{-\Gamma t} \tag{6.2}$$

显然，剩下的粒子数目随时间指数下降。如你可自己验证（见习题6.1），平均寿命就简单地理解成是衰变率的倒数：

$$\tau = \frac{1}{\Gamma} \tag{6.3}$$

实际上，大多数粒子可以通过几种不同的路径衰变。例如 π^+ 通常衰变到 $\mu^+ + \nu_\mu$，而有时又到 $e^+ + \nu_e$；偶尔一个 π^+ 还会衰变到 $\mu^+ + \nu_\mu + \gamma$，甚至还会到 $e^+ + \nu_e + \pi^0$。在这样的情形下，总衰变率变成单个衰变率的总和：

$$\Gamma_{tot} = \sum_{i=1}^{n} \Gamma_i \tag{6.4}$$

而粒子的寿命是 Γ_{tot} 的倒数：

$$\tau = \frac{1}{\Gamma_{tot}} \tag{6.5}$$

除了 τ，我们还希望计算各种分支比，即给定类型的一种模式衰变相对到所有可能粒子的衰变的分数。分支比由衰变率决定：

$$\text{第}\ i\ \text{种衰变模式的分支比} = \Gamma_i/\Gamma_{tot} \tag{6.6}$$

因此对衰变而言基本问题是计算每个模式的衰变率 Γ_i；从这里很容易获得寿命和分支比。

6.1.2　截面

散射是怎样的？实验家应测量哪些量而理论家应计算哪些量呢？如果我们谈论一个弓箭手瞄准一个“公牛的眼睛”，感兴趣的参量应该是靶的尺寸或更其精确地展示给入射箭头束的截面面积。粗略的意义上，同样应用于基本粒子的散射：如果你发射一束电子到一箱氢原子（它本质是一堆质子），感兴趣的参量是质子的尺寸——展示给入射束的截面面积 σ。然而由于几个原因，情况比起弓箭手来说更为复杂。首先所有靶是“软的”；它不是简单的“击中或没击中”情形，而是“离得越近偏转越大”。不管怎么说，仍然可以定义一个“有效的”截面；我马上会告诉你如何做。第二，截面依赖“箭头”和“靶”的性质。氢原子散射电子比中微子更厉害但不如 π，由于涉及不同的相互作用。它还依赖出射粒子；如果能量足够高我们不仅会有弹性散射（$e + p \to e + p$），还会有各种非弹性过程，例如 $e + p \to e + p + \gamma$ 或 $e + p \to e + p + \pi^0$，或原则上甚至为 $\nu_e + \Lambda$。这些过程的每一个都具有自己的（“单举”）散射截面 σ_i（对过程 i）。然而在有些实验里，最后的产物是不关心的，我们只对总（“遍举”）截面感兴趣：

$$\sigma_{tot} = \sum_{i=1}^{n} \sigma_i \tag{6.7}$$

最后，每个截面典型地会依赖入射粒子的速度。在最直观的水平我们可以期望截面正比于入射粒子在靶附近所花费的时间，也就是说 σ 应该反比于 v。但这个行为在“共振”——

粒子“喜欢”发生作用以在分裂开之前形成短寿命的半束缚态的特殊的能量——附近被戏剧性地改变了。这种在 σ 对 v 的（或更经常画的，σ 对 E）图上的“鼓包”实际上是短寿命粒子发现的主要方法（见图4.6）。因此，不像弓箭手的靶，在基本粒子截面中有很多的物理。

现在让我们回到当靶是软的“截面”是什么含义的问题。假定一个粒子（可能是一个电子）入射进来，遇到某种势（可能是静止质子的库仑势），而以角度 θ 散射离开。此散射角是瞄准距离 b——入射粒子沿其原始轨迹运行偏离散射中心的距离——的函数（见图6.1）。一般地，瞄准距离越小，偏转越大，但实际 $\theta(b)$ 的函数形式依赖所涉及的具体势。

例 6.1　硬球散射假定一个粒子被一个半径 R 的球弹性散射。从图6.2，我们有

$$b = R\sin\alpha,\ 2\alpha + \theta = \pi$$

得到

$$\sin\alpha = \sin(\pi/2 - \theta/2) = \cos(\theta/2)$$

因此

$$b = R\cos(\theta/2) \quad 或 \quad \theta = 2\arccos(b/R)$$

这是经典硬球散射中 θ 和 b 的关系。

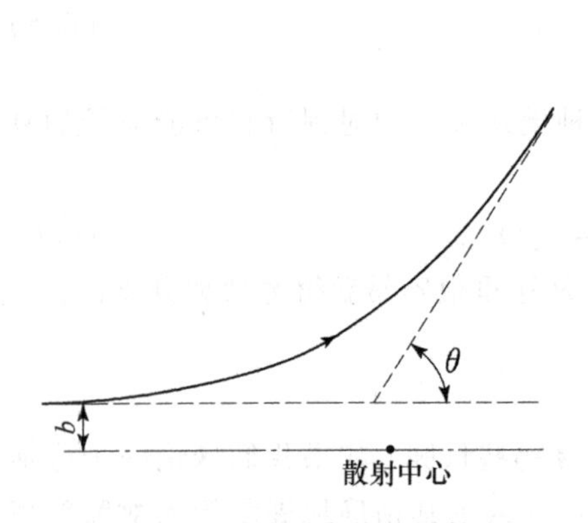

图 6.1　一个固定势的散射：θ 是散射角，b 是瞄准距离。

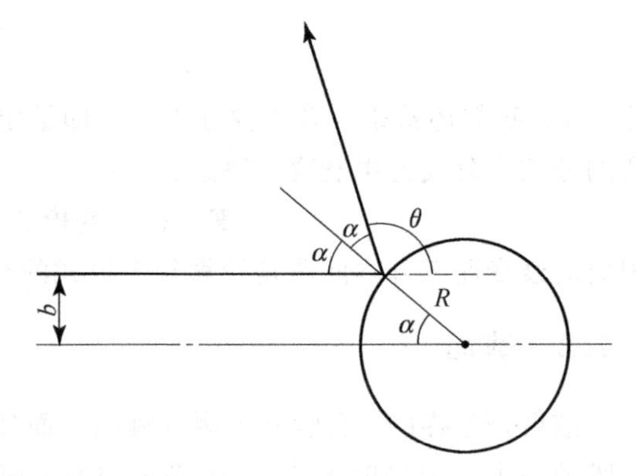

图 6.2　硬球散射。

如果粒子在瞄准距离 b 到 $b + db$ 区间入射，它将在散射角 θ 到 $\theta + d\theta$ 之间出射。更一般地，如果它穿过无穷小的面积 $d\sigma$，它将散射到立体角 $d\Omega$（见图6.3）。自然地，$d\sigma$ 越大，$d\Omega$ 也应越大。比例因子叫作**微分（散射）截面**，D：[⊖]

$$d\sigma = D(\theta)\,d\Omega \tag{6.8}$$

名字选得不太好；它不是个微分或甚至在数学意义上不是一个导数。这些词对 $d\sigma$ 比起 $d\sigma/d\Omega$ 更自然……但我们还得用它。

现在，从图6.3我们看到

$$d\sigma = |b\,db\,d\phi|,\quad d\Omega = |\sin\theta\,d\theta\,d\phi| \tag{6.9}$$

（面积和立体角都是正的，因此取了绝对值。）相应地，

⊖ 原则上 D 可以依赖方位角 ϕ；然而多数感兴趣的势是球对称的，它的微分截面只依赖于 θ（或如果你喜欢，依赖 b）。顺便说标记（D）是我自己选的；多数人就写 $d\sigma/d\Omega$，在本书剩余部分我同样这么用。

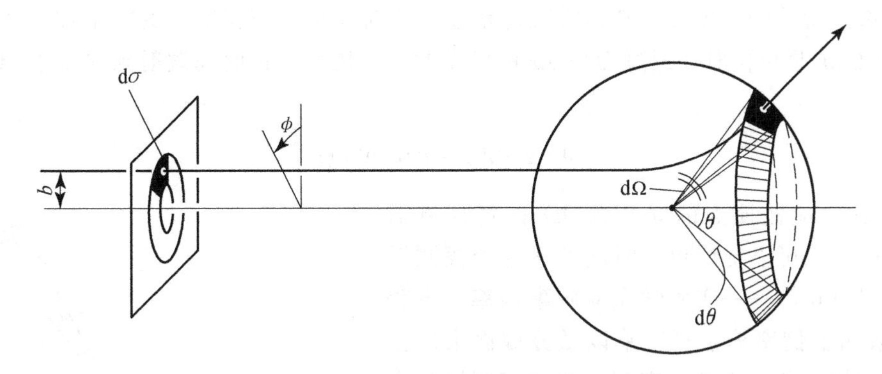

图 6.3 在面积 dσ 入射立体角 dΩ 散射的粒子。

$$D(\theta)=\frac{\mathrm{d}\sigma}{\mathrm{d}\Omega}=\left|\frac{b}{\sin\theta}\left(\frac{\mathrm{d}b}{\mathrm{d}\theta}\right)\right| \tag{6.10}$$

例 6.2 在硬球散射的情形，从例 6.1 我们发现

$$\frac{\mathrm{d}b}{\mathrm{d}\theta}=-\frac{R}{2}\sin\left(\frac{\theta}{2}\right)$$

因此

$$D(\theta)=\frac{Rb\sin(\theta/2)}{2\sin\theta}=\frac{R^2}{2}\frac{\cos(\theta/2)\sin(\theta/2)}{\sin\theta}=\frac{R^2}{4}$$

最后，总截面是 $\mathrm{d}\sigma$ 对所有立体角的积分

$$\sigma=\int\mathrm{d}\sigma=\int D(\theta)\,\mathrm{d}\Omega \tag{6.11}$$

例 6.3 对硬球散射

$$\sigma=\int\frac{R^2}{4}\mathrm{d}\Omega=\pi R^2$$

它当然是球展示给入射束的总截面：任何在此面积之内的粒子将被散射，而任何在外的粒子将不受影响地穿过去。

如例 6.3 所示，这里建立的体系在“硬”靶情形与我们直观的感觉“截面”是一致的；其优点是它也可应用到没有尖锐边界的“软”靶。

例 6.4 **卢瑟福散射** 一个带电荷 q_1 的粒子被一个带电荷 q_2 的静止粒子散射。在经典力学中，联系瞄准距离与散射角的公式是[1]

$$b=\frac{q_1q_2}{2E}\cot(\theta/2)$$

其中 E 是入射粒子的初始动能。微分截面因此是

$$D(\theta)=\left(\frac{q_1q_2}{4E\sin^2(\theta/2)}\right)^2$$

在此情形下，总截面实际是无穷大：㊀

$$\sigma=2\pi\left(\frac{q_1q_2}{4E}\right)^2\int_0^\pi\frac{1}{\sin^4(\theta/2)}\sin\theta\,\mathrm{d}\theta=\infty$$

㊀ 这与库仑势具有无穷长力程的事实有关（见 1.3 节的脚注）。

假设我们有一束均匀亮度 $\mathcal{L}$（$\mathcal{L}$ 是沿飞行路径单位时间单位面积通过的粒子数）入射粒子。那么 $\mathrm{d}N=\mathcal{L}\mathrm{d}\sigma$ 是单位时间通过面积 $\mathrm{d}\sigma$ 的粒子数目，因此单位时间散射到立体角 $\mathrm{d}\Omega$ 的粒子数：

$$\mathrm{d}N=\mathcal{L}\mathrm{d}\sigma=\mathcal{L}D(\theta)\,\mathrm{d}\Omega \tag{6.12}$$

假设我围着对应碰撞点的立体角 $\mathrm{d}\Omega$ 设置探测器（见图6.4）。我可以统计单位时间到达这个探测器的粒子数目（$\mathrm{d}N$）——实验学家应叫**事例率**。方程(6.12)表明事例率等于亮度乘以微分截面乘以立体角。操控加速器的人控制亮度；建造探测器的人决定立体角。利用这些已有的参数，微分截面可以简单地通过统计进入探测器的粒子数来度量：

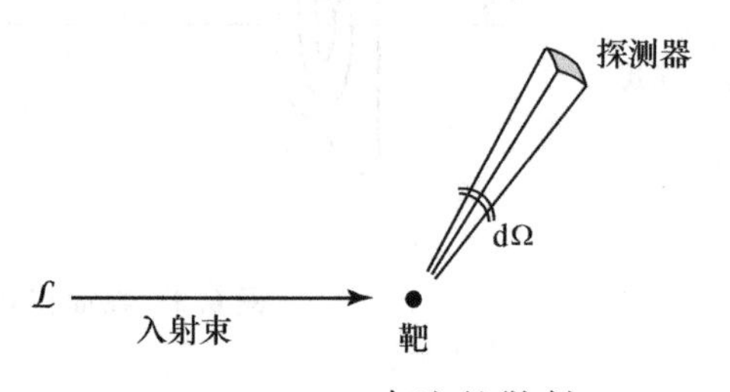

图6.4 亮度 $\mathcal{L}$ 束流的散射。

$$\frac{\mathrm{d}\sigma}{\mathrm{d}\Omega}=\frac{\mathrm{d}N}{\mathcal{L}\mathrm{d}\Omega} \tag{6.13}$$

如果探测器完全覆盖靶，那么 $N=\sigma\mathcal{L}$；像加速器物理学家喜欢说，“事例率是截面乘以亮度”。㊀

6.2 黄金规则

在6.1节，我引入了我们需要计算的物理量：衰变率和截面。在两种情形下都有两个内容：①过程的振幅（$\mathscr{M}$）；②合适的相空间。㊁振幅包含所有动力学信息；我们通过利用对问题中的相互作用合适的费曼规则计算费曼图得到它。相空间因子是纯**运动学**的；它依赖参与者的质量、能量和动量，反映一个给定的过程更可能发生在末态有更多的“空间去运作”这一事实。例如，一个重粒子衰变到次级轻粒子会涉及一个大的相空间因子，因为有很多不同的方式去分摊合适的能量。形成对照的是，中子衰变（$\mathrm{n}\rightarrow\mathrm{p}+\mathrm{e}+\bar{\nu}_e$），由于几乎没有多余的质量剩下，被严格限制因而相空间很小。㊂

计算反应率的过程由恩里科费米起了**黄金规则**的绰号。基本上，费米的黄金规则说跃迁率由相空间和振幅的（绝对值）平方的乘积给出。你可能已经碰到过时间依赖的微扰论中的非相对论的版本[2]。我们需要来自量子场论的相对论版本[3]。我无法在这里推导，我将做的是表述黄金规则并试着使它看起来合理。实际上，我会做两次：一次做适于衰变的形式而另一次做适于散射的形式。

㊀ 在这个讨论中，我已假定靶本身是静止的，而入射粒子通过散射势时只是简单地偏转。我的目的是在最简单的情形引进基本的想法。但6.2节的体系完全是一般的；它包括靶的反冲，并允许在散射过程中改变参与者的身份（例在反应 $\pi^-+\mathrm{p}^+\rightarrow\mathrm{K}^++\Sigma^-$ 中，$\mathrm{d}\Omega$ 可以代表 K^+ 散射的立体角）。

㊁ 振幅也叫**矩阵元**；相空间有时叫**末态密度**。

㊂ 对更极端的情形，考虑（运动学禁戒）衰变 $\Omega^-\rightarrow\Xi^-+\overline{\mathrm{K}}^0$。由于末态比 Ω 重，根本没有合适的相空间因此衰变率是零。

6.2.1 衰变的黄金规则

假定粒子 1（静止）[一]衰变到若干其他粒子 2，3，4，…，n：

$$1 \to 2+3+4+\cdots+n \tag{6.14}$$

衰变率由如下公式给出：

$$\Gamma = \frac{S}{2\hbar m_1}\int |\mathscr{M}|^2 (2\pi)^4 \delta^4(p_1 - p_2 - p_3 \cdots - p_n) \times \prod_{j=2}^{n} 2\pi\delta(p_j^2 - m_j^2c^2)\theta(p_j^0)\frac{\mathrm{d}^4 p_j}{(2\pi)^4} \tag{6.15}$$

其中 m_i是第 i 个粒子的质量，p_i是其四动量。S 是一个当末态有全同粒子时导致的统计因子修正：对每组 s 个这样的粒子群，S 中将有一个（$1/s!$）因子。例如，如果 $a \to b+b+c+c+c$，那么 $S=(1/2!)(1/3!)=1/12$。如果末态没有全同粒子（最经常的情形），那么 $S=1$。

记住：过程的动力学被包含在振幅 $\mathscr{M}$（p_1，p_2，…，p_n）中，它是各种动量的函数；我们（后面）将通过计算合适的费曼图来计算它。剩下是相空间；它告诉我们要在下面三个运动学限制下积掉所有出射的四动量：

1）每个出射粒子都待在其质壳上：$p_j^2 = m_j^2c^2$（也就是说 $E_j^2 - \boldsymbol{p}_j^2c^2 = m_j^2c^4$）。这通过施加 $\delta(p_j^2 - m_j^2c^2)$ 实现，它除了自变量是零的情形，都为零。[二]

2）每个出射粒子的能量都是正的：$p_j^0 = E_j/c > 0$。因此引入 θ 函数。[三]

3）能量和动量必须守恒：$p_1 = p_2 + p_3 + \cdots + p_n$。这是通过因子 $\delta(p_1 - p_2 - p_3 - \cdots - p_n)$ 来保证的。

黄金规则［方程（6.15）］可能看起来很可怕，而它实际上也确不容易：所有与三个自然运动学限制自洽的产出都有相同的可能性。确切地，动力学（包含在 $\mathscr{M}$ 中）可能相对其他更偏好某些动量的组合，但考虑进这个调制后你需要把**所有可能性都加起来**。那些 2π 因子如何？如果你细心地坚持如下规则则很容易追寻其踪迹：[四]

$$\text{每个 } \delta \text{ 有一个 } (2\pi)\text{；每个 d 有一个 } 1/(2\pi)\text{。} \tag{6.16}$$

四维“体积”元可以被分解为空间和时间部分：

$$\mathrm{d}^4 p = \mathrm{d}p^0 \mathrm{d}^3 \boldsymbol{p} \tag{6.17}$$

（为简单我将省略下标 j，此安排适用于所有出射动量）。p^0积分[五]利用 δ 函数可以立即完成

$$\delta(p^2 - m^2c^2) = \delta[(p^0)^2 - \boldsymbol{p}^2 - m^2c^2] \tag{6.18}$$

现在

$$\delta(x^2 - a^2) = \frac{1}{2a}[\delta(x-a) + \delta(x+a)] \qquad (a>0) \tag{6.19}$$

（见习题 A.7），因此

[一] 假定粒子 1 静止并不失一般性；这只是简单精明的参考系选择。

[二] 如果你不熟悉狄拉克 δ 函数，那么你在继续下去之前必须仔细学习附录 A。

[三] $\theta(x)$ 是（Heaviside）阶梯函数：如果 $x<0$ 是 0，而如果 $x>0$ 是 1（见附录 A）。

[四] 这些因子中部分最后会抵消掉，你可能想知道是否存在更有效率的处理它们的方式。我不那么认为。费曼会恼怒地大叫（对一个不能在意这些平庸的事的研究生）“如果你无法把 2π 搞对，你不会了解任何事！”

[五] 方程（6.15）的积分符号实际代表 4（$n-1$）个积分即 $n-1$ 个出射动量的每个分量各一个。

$$\theta(p^0)\delta[(p^0)^2-\boldsymbol{p}^2-m^2c^2]=\frac{1}{2\sqrt{\boldsymbol{p}^2+m^2c^2}}\delta(p^0-\sqrt{\boldsymbol{p}^2+m^2c^2}) \tag{6.20}$$

（θ 函数抹掉了 $p^0=-\sqrt{\boldsymbol{p}^2+m^2c^2}$ 这一项，而它对 $p^0=\sqrt{\boldsymbol{p}^2+m^2c^2}$ 是 1）。因此方程（6.15）简化成

$$\Gamma=\frac{S}{2\hbar m_1}\int|\mathscr{M}|^2(2\pi)^4\delta^4(p_1-p_2-p_3\cdots-p_n)\times\prod_{j=2}^{n}\frac{1}{2\sqrt{\boldsymbol{p}_j^2+m_j^2c^2}}\frac{\mathrm{d}^3\boldsymbol{p}_j}{(2\pi)^3} \tag{6.21}$$

并只要出现 p_j^0（在 $\mathscr{M}$ 和剩下的 δ 函数中），就需做代换

$$p_j^0\rightarrow\sqrt{\boldsymbol{p}_j^2+m_j^2c^2} \tag{6.22}$$

这是更有用的表达黄金规则的方式，虽然它隐藏了物理内容。[⊖]

6.2.1.1 两粒子衰变

特别地，如果末态只有两个粒子

$$\Gamma=\frac{S}{32\pi^2\hbar m_1}\int|\mathscr{M}|^2\frac{\delta^4(p_1-p_2-p_3)}{\sqrt{\boldsymbol{p}_2^2+m_2^2c^2}\sqrt{\boldsymbol{p}_3^2+m_3^2c^2}}\mathrm{d}^3\boldsymbol{p}_2\mathrm{d}^3\boldsymbol{p}_3 \tag{6.23}$$

四维 δ 函数是时间和空间部分的乘积：

$$\delta^4(p_1-p_2-p_3)=\delta(p_1^0-p_2^0-p_3^0)\delta^3(\boldsymbol{p}_1-\boldsymbol{p}_2-\boldsymbol{p}_3) \tag{6.24}$$

而粒子 1 是静止的，因此 $\boldsymbol{p}_1=0$ 且 $p_1^0=m_1c$。同时 p_2^0 和 p_3^0 被替换了［方程（6.22）］，因此[⊖]

$$\Gamma=\frac{S}{32\pi^2\hbar m_1}\int|\mathscr{M}|^2\frac{\delta(m_1c-\sqrt{\boldsymbol{p}_2^2+m_2^2c^2}-\sqrt{\boldsymbol{p}_3^2+m_3^2c^2})}{\sqrt{\boldsymbol{p}_2^2+m_2^2c^2}\sqrt{\boldsymbol{p}_3^2+m_3^2c^2}}\delta^3(\boldsymbol{p}_2+\boldsymbol{p}_3)\mathrm{d}^3\boldsymbol{p}_2\mathrm{d}^3\boldsymbol{p}_3 \tag{6.25}$$

$\boldsymbol{p}_3$ 积分现在是平常的：利用末态 δ 函数只要简单地做置换

$$\boldsymbol{p}_3\rightarrow-\boldsymbol{p}_2 \tag{6.26}$$

则有

$$\Gamma=\frac{S}{32\pi^2\hbar m_1}\int|\mathscr{M}|^2\frac{\delta(m_1c-\sqrt{\boldsymbol{p}_2^2+m_2^2c^2}-\sqrt{\boldsymbol{p}_2^2+m_3^2c^2})}{\sqrt{\boldsymbol{p}_2^2+m_2^2c^2}\sqrt{\boldsymbol{p}_2^2+m_3^2c^2}}\mathrm{d}^3\boldsymbol{p}_2 \tag{6.27}$$

对剩下的积分我们采用球坐标，$\boldsymbol{p}_2\rightarrow(r,\theta,\phi)$，$\mathrm{d}^3\boldsymbol{p}_2\rightarrow r^2\sin\theta\mathrm{d}r\mathrm{d}\theta\mathrm{d}\phi$（这是在动量空间，当然：$r=|\boldsymbol{p}_2|$）。

$$\Gamma=\frac{S}{32\pi^2\hbar m_1}\int|\mathscr{M}|^2\frac{\delta(m_1c-\sqrt{r^2+m_2^2c^2}-\sqrt{r^2+m_3^2c^2})}{\sqrt{r^2+m_2^2c^2}\sqrt{r^2+m_3^2c^2}}r^2\sin\theta\mathrm{d}r\mathrm{d}\theta\mathrm{d}\phi \tag{6.28}$$

现在 $\mathscr{M}$ 原来是四动量 p_1、p_2 和 p_3 的函数，而 $p_1=(m_1c,\ 0)$ 是一个常数（对积分来说），而有些积分已经做过置换 $p_2^0\rightarrow\sqrt{\boldsymbol{p}_2^2+m_2^2c^2}$，$p_3^0\rightarrow\sqrt{\boldsymbol{p}_3^2+m_3^2c^2}$ 和 $\boldsymbol{p}_3\rightarrow-\boldsymbol{p}_2$，因此现在 $\mathscr{M}$ 只依赖 $\boldsymbol{p}_2$。然而我们将看到振幅必须是标量，你可以用一个矢量构造唯一的标量是其对自己的

⊖ 你可以把量 $\sqrt{\boldsymbol{p}_j^2+m_j^2c^2}$ 看作为 E_j/c，而很多书确用这种方式写。这是个危险的写法：p_j 是一个积分变量，因此 E_j 不是你可以拿出积分的某个常数。如果你喜欢用它做缩写，但需记住 E_j 是 p_j 的函数，不是独立变量。

⊖ 我们可以在最后的 δ 函数中扔掉负号，因为 $\delta(-x)=\delta(x)$。

点乘：[1] $\boldsymbol{p}_2 \cdot \boldsymbol{p}_2 = r^2$。到此阶段 $\mathscr{M}$ 只是 r 的函数（不是 θ 或 ϕ）。这种情形下我们可以完成角度积分

$$\int_0^{\pi} \sin\theta \mathrm{d}\theta = 2, \qquad \int_0^{2\pi} \mathrm{d}\phi = 2\pi \tag{6.29}$$

剩下的只有 r 的积分：

$$\Gamma = \frac{S}{8\pi\hbar m_1}\int_0^{\infty} |\mathscr{M}(r)|^2 \frac{\delta(m_1 c - \sqrt{r^2 + m_2^2c^2} - \sqrt{r^2 + m_3^2c^2})}{\sqrt{r^2 + m_2^2c^2}\sqrt{r^2 + m_3^2c^2}} r^2 \mathrm{d}r \tag{6.30}$$

为了简化 δ 函数的自变量，定义

$$u \equiv \sqrt{r^2 + m_2^2c^2} + \sqrt{r^2 + m_3^2c^2} \tag{6.31}$$

因此

$$\frac{\mathrm{d}u}{\mathrm{d}r} = \frac{ur}{\sqrt{r^2 + m_2^2c^2}\sqrt{r^2 + m_3^2c^2}} \tag{6.32}$$

则

$$\Gamma = \frac{S}{8\pi\hbar m_1}\int_{(m_2+m_3)c}^{\infty} |\mathscr{M}(r)|^2 \delta(m_1 c - u) \frac{r}{u} \mathrm{d}u \tag{6.33}$$

最后这个积分把 u 固定到 $m_1 c$，[2] 因此 r 是

$$r_0 = \frac{c}{2m_1}\sqrt{m_1^4 + m_2^4 + m_3^4 - 2m_1^2m_2^2 - 2m_1^2m_3^2 - 2m_2^2m_3^2} \tag{6.34}$$

（见习题 6.5）。记住 r 实际是 $|\boldsymbol{p}_2|$；r_0 是 $|\boldsymbol{p}_2|$ 与能量守恒相自洽的值，而方程（6.25）简单地重现了我们在第 3 章获得的结果（见习题 3.19）。用更容易理解的表达，即

$$\Gamma = \frac{S|\boldsymbol{p}|}{8\pi\hbar m_1^2 c}|\mathscr{M}|^2 \tag{6.35}$$

其中 $|\boldsymbol{p}|$ 是每个出射动量的大小，通过方程（6.34）用三个质量表达，而 $\mathscr{M}$ 必须在守恒定律限制的动量下计算。各种迭代［方程（6.22）、方程（6.26）和方程（6.34）］系统地执行了这些守恒定律—并不奇怪，因为它们是来自黄金规则。

两体衰变公式（6.35）惊人地简单；我们能在还不知道 $\mathscr{M}$ 的函数形式时就完成所有的积分！数学上，这是由于正好有足够多的 δ 函数覆盖所有的变量；物理上，两体衰变是由运动学来决定的：粒子必须背对背用相反的动量出射——这个轴的方向并不确定，但由于初态是对称的，所以这没关系。我们将会频繁地使用方程（6.35）。不幸的是，当末态有三个或更多的粒子时，在我们知道 $\mathscr{M}$ 的具体函数形式之前是无法完成积分的。在那样的情形下（我们将会幸运地很少碰到），你不得不回到黄金规则重新做起。

6.2.2 散射的黄金规则

假设粒子 1 和 2 碰撞，产生粒子 3，4，…，n：

---

[1] 如果粒子携带自旋，那么 $\mathscr{M}$ 可能还可依赖 $\boldsymbol{p}_i \cdot \boldsymbol{S}_j$ 或 $\boldsymbol{S}_i \cdot \boldsymbol{S}_j$。然而，由于实验很难测量自旋的方向，我们几乎总是处理自旋平均的振幅。在这种情形，当然还有自旋为 0 的情形，唯一能看到的矢量是 $\boldsymbol{p}_2$，唯一的标量变量是 $(\boldsymbol{p}_2)^2$。

[2] 这假设 $m_1 > (m_2 + m_3)$；否则 δ 函数的变量在积分区域之外，因此我们得到 $\Gamma = 0$，它代表粒子无法衰变到更重的次级粒子这个事实。

$$1+2\to 3+4+\cdots+n \tag{6.36}$$

散射截面由如下公式给出：

$$\sigma=\frac{S\hbar^2}{4\sqrt{(p_1\cdot p_2)^2-(m_1m_2c^2)^2}}\int|\mathscr{M}|^2(2\pi)^4\delta^4(p_1+p_2-p_3\cdots-p_n)\times \prod_{j=2}^{n}2\pi\delta(p_j^2-m_j^2c^2)\theta(p_j^0)\frac{\mathrm{d}^4p_j}{(2\pi)^4} \tag{6.37}$$

其中 p_i是第 i 个粒子（质量 m_i）的四动量，统计因子（S）与以前一样，见方程（6.15）。相空间基本上和以前一样：在三个运动学限制下对所有出射动量积分（每个出射粒子在其质壳上，每个出射能量都是正的，且能量和动量均是守恒的），这些限制通过 δ 和 θ 函数实现。再一次地，我们可以通过完成 p_j^0的积分进行简化：

$$\sigma=\frac{S\hbar^2}{4\sqrt{(p_1\cdot p_2)^2-(m_1m_2c^2)^2}}\int|\mathscr{M}|^2(2\pi)^4\delta^4(p_1+p_2-p_3\cdots-p_n)\times \prod_{j=2}^{n}\frac{1}{2\sqrt{\boldsymbol{p}_j^2+m_j^2c^2}}\frac{\mathrm{d}^3\boldsymbol{p}_j}{(2\pi)^3} \tag{6.38}$$

其中

$$p_j^0=\sqrt{\boldsymbol{p}_j^2+m_j^2c^2} \tag{6.39}$$

一旦它在 $\mathscr{M}$ 或 δ 函数中出现就做上述代换。

6.2.2.1 在质心系的两体散射

在质心系考虑过程

$$1+2\to 3+4 \tag{6.40}$$

$\boldsymbol{p}_2=-\boldsymbol{p}_1$（见图 6.5），其中（见习题 6.7）

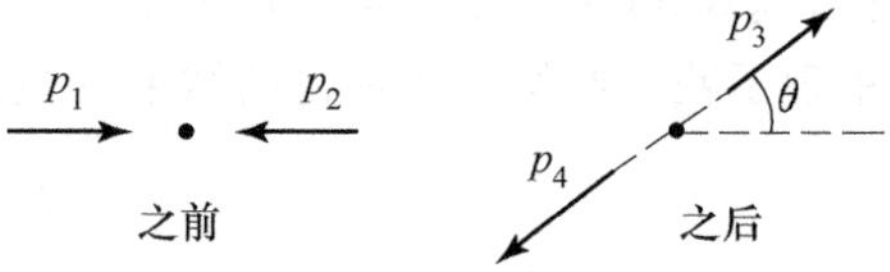

$$\sqrt{(p_1\cdot p_2)^2-(m_1m_2c^2)^2}=(E_1+E_2)|\boldsymbol{p}_1|/c \tag{6.41}$$

图 6.5 质心系中的两体散射。

在此情形下，方程（6.38）简化为

$$\sigma=\frac{S\hbar^2c}{64\pi^2(E_1+E_2)|\boldsymbol{p}_1|}\int|\mathscr{M}|^2\frac{\delta^4(p_1+p_2-p_3-p_4)}{\sqrt{\boldsymbol{p}_3^2+m_3^2c^2}\sqrt{\boldsymbol{p}_4^2+m_4^2c^2}}\mathrm{d}^3\boldsymbol{p}_3\mathrm{d}^3\boldsymbol{p}_4 \tag{6.42}$$

像以前一样，我们通过重写 δ 函数开始：⊖

$$\delta^4(p_1+p_2-p_3-p_4)=\delta\left(\frac{E_1+E_2}{c}-p_3^0-p_4^0\right)\delta^3(\boldsymbol{p}_3+\boldsymbol{p}_4) \tag{6.43}$$

我们下面把方程（6.39）插入并完成 $\boldsymbol{p}_4$积分（它导致 $\boldsymbol{p}_4\to-\boldsymbol{p}_3$）：

$$\sigma=\left(\frac{\hbar}{8\pi}\right)^2\frac{Sc}{(E_1+E_2)|\boldsymbol{p}_1|}\int|\mathscr{M}|^2\times \frac{\delta[(E_1+E_2)/c-\sqrt{\boldsymbol{p}_3^2+m_3^2c^2}-\sqrt{\boldsymbol{p}_3^2+m_4^2c^2}]}{\sqrt{\boldsymbol{p}_3^2+m_3^2c^2}\sqrt{\boldsymbol{p}_3^2+m_4^2c^2}}\mathrm{d}^3\boldsymbol{p}_3 \tag{6.44}$$

⊖ 注意 $\boldsymbol{p}_1$和 $\boldsymbol{p}_2$是固定的矢量（由于我们所选的参考系 $\boldsymbol{p}_2=-\boldsymbol{p}_1$），但在此阶段 $\boldsymbol{p}_3$和 $\boldsymbol{p}_4$是积分变量。只有在 $\boldsymbol{p}_4$积分之后它俩才变成被约束的（$\boldsymbol{p}_4=-\boldsymbol{p}_3$），而在 $|\boldsymbol{p}_3|$积分之后，它们由散射角 θ 决定。

然而这时，$|\mathscr{M}|^2$即依赖$\boldsymbol{p}_3$的方向也依赖其大小，[㊀]因此我们无法完成角度积分。但没关系——我们首先不是要σ；而是$\mathrm{d}\sigma/\mathrm{d}\Omega$。像以前一样取球坐标，

$$\mathrm{d}^3\boldsymbol{p}_3 = r^2\mathrm{d}r\mathrm{d}\Omega \tag{6.45}$$

（这里r是$|\boldsymbol{p}_3|$的缩写且$\mathrm{d}\Omega=\sin\theta\mathrm{d}\theta\mathrm{d}\phi$），我们得到

$$\frac{\mathrm{d}\sigma}{\mathrm{d}\Omega} = \left(\frac{\hbar}{8\pi}\right)^2 \frac{Sc}{(E_1+E_2)|\boldsymbol{p}_1|}\int_0^\infty |\mathscr{M}|^2 \times$$

$$\frac{\delta[(E_1+E_2)/c - \sqrt{r^2+m_3^2c^2} - \sqrt{r^2+m_4^2c^2}]}{\sqrt{r^2+m_3^2c^2}\sqrt{r^2+m_4^2c^2}}r^2\mathrm{d}r \tag{6.46}$$

对r的积分与方程（6.30）相同，只是要做代换$m_2\to m_4$和$m_1\to(E_1+E_2)/c^2$。引用我们前面的结果［方程（6.35）］，我得到结果

$$\frac{\mathrm{d}\sigma}{\mathrm{d}\Omega} = \left(\frac{\hbar c}{8\pi}\right)^2 \frac{S|\mathscr{M}|^2}{(E_1+E_2)}\frac{|\boldsymbol{p}_f|}{|\boldsymbol{p}_i|} \tag{6.47}$$

其中$|\boldsymbol{p}_f|$是出射动量的大小而$|\boldsymbol{p}_i|$是入射动量的大小。

像衰变情形一样，两体末态能在我们不知道明显$\mathscr{M}$的函数形式时完成到最后的计算，在这个意义上它特别简单。我们将会在以后章节中频繁使用方程（6.47）。

顺便说，寿命明显带的是时间（秒）量纲；衰变率（$\Gamma=1/\tau$）因此用秒逆度量。截面的量纲是面积——cm^2，或更方便地，“靶”（b）：

$$1\,\mathrm{b} = 10^{-24}\,\mathrm{cm}^2 \tag{6.48}$$

微分截面$\mathrm{d}\sigma/\mathrm{d}\Omega$由每立体弧度靶给出或简单的就是靶（弧度像径向长度一样是没量纲的）。振幅$\mathscr{M}$的单位依赖所涉及的粒子：如果有n条外线（入射加出射），$\mathscr{M}$的单位是动量的$(4-n)$次幂：

$$\mathscr{M}\text{ 的量纲} = (mc)^{4-n} \tag{6.49}$$

例如，在一个三体过程（$A\to B+C$）中，$\mathscr{M}$是动量的量纲；在一个四体过程（$A\to B+C+D$或$A+B\to C+D$）中，$\mathscr{M}$是无量纲的。你可以自行检验两个黄金规则对Γ和σ会给出正确的单位。

6.3 玩具理论的费曼规则

在6.2节，我们学习了如何依据所在问题的过程中的振幅$\mathscr{M}$计算衰变率和散射截面。现在我们将告诉你如何利用“费曼规则”计算费曼图来确定$\mathscr{M}$本身。我们可以直接处理“现实生活”系统，如量子电动力学，其中电子和光子通过初始顶角作用：

㊀ 一般地$|\mathscr{M}|^2$依赖所有的四动量。然而在目前情形下有$\boldsymbol{p}_2=-\boldsymbol{p}_1$和$\boldsymbol{p}_4=-\boldsymbol{p}_3$，因此它只是$\boldsymbol{p}_1$和$\boldsymbol{p}_3$的函数（再次假定自旋没有进来）。从这些矢量我们可以构造三个标量：$\boldsymbol{p}_1\cdot\boldsymbol{p}_1=|\boldsymbol{p}_1^2|$，$\boldsymbol{p}_3\cdot\boldsymbol{p}_3=|\boldsymbol{p}_3^2|$和$\boldsymbol{p}_1\cdot\boldsymbol{p}_3=|\boldsymbol{p}_1||\boldsymbol{p}_3|\cos\theta$。但$\boldsymbol{p}_1$是固定的，因此$|\mathscr{M}|^2$可依赖的唯一积分变量是$|\boldsymbol{p}_3|$和$\theta$。

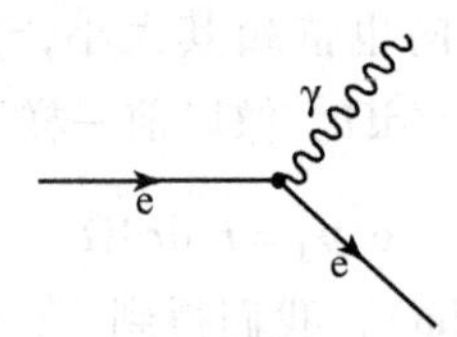

这是最重要、初始的、最好的对费曼技术应用的了解。不幸的是，它涉及了自旋的复杂性（电子自旋 1/2；光子无质量，自旋 1），这些与费曼算法没关。在第 7 章中，我将告诉你如何处理粒子的自旋，但目前我不想混淆主题，因此我打算引进一个“玩具”理论，它不企图表示现实世界，但将用最小的额外负担来说明这种方法[4]。

想象世界上只有三种粒子——叫它们 A、B 和 C—带质量 m_A、m_B 和 m_C。它们都是自旋 0 且都是自己的反粒子（因此我们不需要线上的箭头）。三个粒子通过一个初始顶角相互作用：

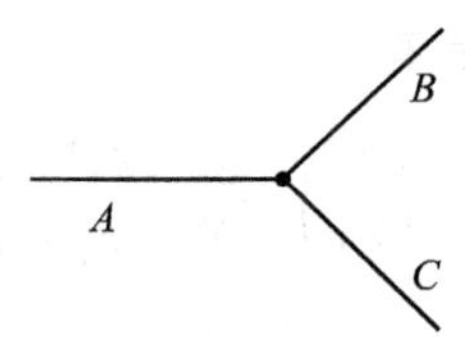

我将假设 A 是三个中最重的且事实上比 B 和 C 加起来还重，因此它可以衰变成 $B+C$。描写此衰变的最低阶图是初始顶角本身；在此之上有（小的）三阶修正：

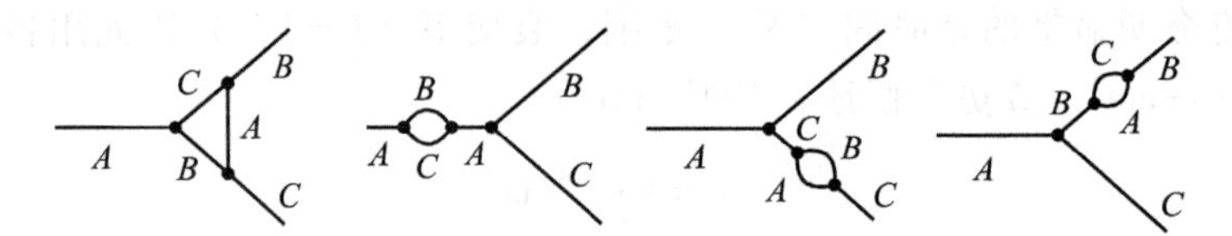

及更小的高阶修正。我们的第一个项目是计算最低阶的 A 的寿命。然后，我们将寻求例如 $A+A \to B+B$ 的散射过程：

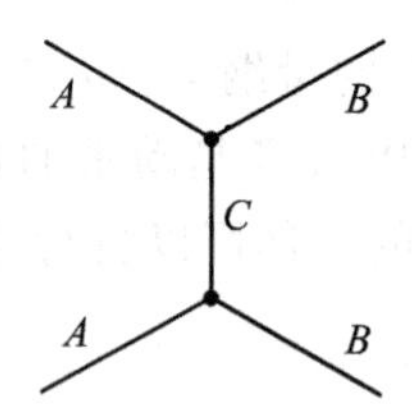

还有 $A+B \to A+B$

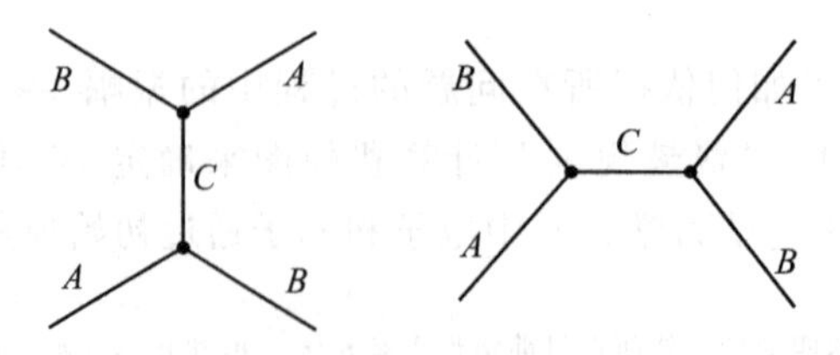

等等。

我们的问题是找到给定的费曼图的振幅 $\mathscr{M}$。程序如下[5]：

1）标记：标出入射和出射动量 p_1，p_2，…，p_n（见图 6.6）。标记内线动量 q_1，q_2，…。在每条线上放一个箭头，保证其的“正”方向（外线沿时间的正方向，内线任意）。

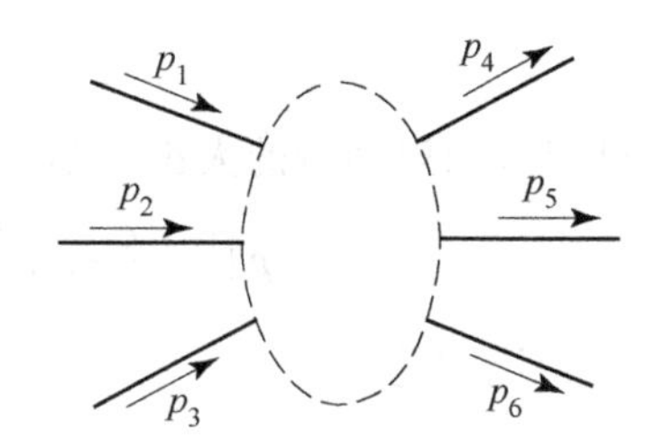

图 6.6 外线标记了（内线没画出来）的一般费曼图。

2）顶角因子：对每个顶角，写下一个因子

$$-\mathrm{i}g$$

g 叫耦合常数；它代表 A、B 和 C 之间的相互作用强度。在此玩具理论中，g 具有动量的量纲；在我们将要遇到的“现实世界”的理论中，耦合常数都是无量纲的。

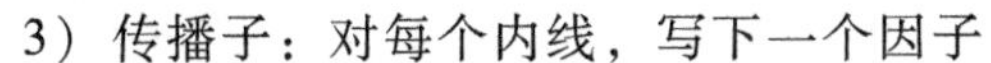

3）传播子：对每个内线，写下一个因子

$$\frac{\mathrm{i}}{q_j^2-m_j^2c^2}$$

其中 q_j是内线的四动量，而是 m_j线是所描述的粒子的质量。（注意 $q_j^2 \neq m_j^2c^2$，因为虚粒子不在其质壳上。）

4）**能量和动量守恒**：对每个顶角，写下一个 δ 函数

$$(2\pi)^4\delta^4(k_1+k_2+k_3)$$

其中 3 个 k 是三个进入顶角的四动量（如果箭头向外指，那么那条线的四动量 k 是负的）。这个因子对每个顶角施加了能量和动量守恒，因为除非进入的动量之和等于流出的动量之和，δ 函数才是零。

5）积掉内动量：对每条内线，写下一个因子[㊀]

$$\frac{1}{(2\pi)^4}\mathrm{d}^4q_j$$

并积掉所有内线动量。

6）δ 函数的相消：结果应包含 δ 函数

$$(2\pi)^4\delta^4(p_1+p_2+\cdots-p_n)$$

反映整体的能量和动量守恒。扣掉这个因子[㊁]，并乘以 i，结果就是 $\mathscr{M}$。

6.3.1 *A* 的寿命

代表 $A\to B+C$ 最低阶贡献的最简单可能的图根本没有内线（见图 6.7）。有一个顶角，在顶角上我们放上一个因子 $-\mathrm{i}g$（规则 2）和一个 δ 函数

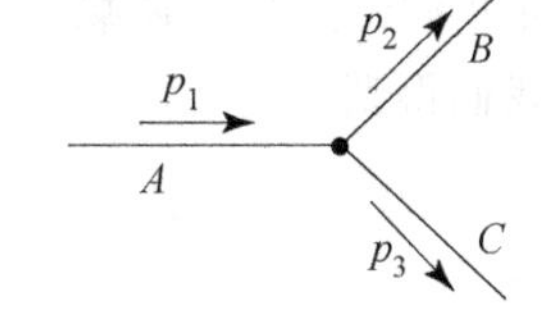

图 6.7 $A\to B+C$ 的最低阶贡献。

$$(2\pi)^4\delta^4(p_1-p_2-p_3)$$

（规则 4），我们应该立刻扔掉 δ 函数（规则 6）。乘以因子 i，我们得到

$$\mathscr{M}=g \tag{6.50}$$

这就是振幅（最低阶）；衰变率可以通过把 $\mathscr{M}$ 放进方程（6.35）：

㊀ 注意（再次）每个 δ 配有一个（2π）因子，而每个 d 配有一个因子 $1/(2\pi)$。

㊁ 当然，黄金规则把这个因子放回方程（6.15）和方程（6.37），而你可能会想为什么我们不把它放在 $\mathscr{M}$ 中。问题是 $|\mathscr{M}|^2$，不是 $\mathscr{M}$ 出现在黄金规则中，且 δ 函数的平方是没定义的。因此你必须在这里把它移除，即使你将会在下个阶段把它放回来。

$$\Gamma=\frac{g^2|\boldsymbol{p}|}{8\pi\hbar m_A^2c} \tag{6.51}$$

其中$|\boldsymbol{p}|$（出射动量的大小）是

$$|\boldsymbol{p}|=\frac{c}{2m_A}\sqrt{m_A^4+m_B^4+m_C^4-2m_A^2m_B^2-2m_A^2m_C^2-2m_B^2m_C^2} \tag{6.52}$$

A的寿命因此是

$$\tau=\frac{1}{\Gamma}=\frac{8\pi\hbar m_A^2c}{g^2|\boldsymbol{p}|} \tag{6.53}$$

你可以自行验证结果的τ具有正确的量纲。

6.3.2 $A+A\to B+B$ 散射

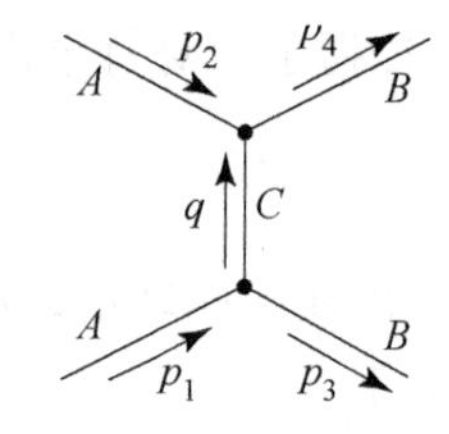

图 6.8 $A+A\to B+B$ 的最低阶贡献。

过程$A+A\to B+B$的最低阶贡献由图6.8给出。在此情形下，有两个顶角（因此两个因子$-\mathrm{i}g$），一个内线，其传播子

$$\frac{\mathrm{i}}{q^2-m_C^2c^2}$$

两个δ函数

$$(2\pi)^4\delta^4(p_1-p_3-q)\quad 和 \quad (2\pi)^4\delta^4(p_2+q-p_4)$$

和一个积分

$$\frac{1}{(2\pi)^4}\mathrm{d}^4q$$

由规则1~5，然后给出

$$-\mathrm{i}(2\pi)^4g^2\int\frac{1}{q^2-m_C^2c^2}\delta^4(p_1-p_3-q)\delta^4(p_2+q-p_4)\mathrm{d}^4q$$

完成积分，第二个δ函数要求$q\to p_4-p_2$，我们得到

$$-\mathrm{i}g^2\frac{1}{(p_4-p_2)^2-m_C^2c^2}(2\pi)^4\delta^4(p_1+p_2-p_3-p_4)$$

如我们说过的，还剩下一个反映整体能量和动量守恒的δ函数。扔掉它并乘i（规则6），我们得到

$$\mathscr{M}=\frac{g^2}{(p_4-p_2)^2-m_C^2c^2} \tag{6.54}$$

但这还不算故事的全部，因为还有另外一个阶g^2的图，它可通过“扭曲”B线（见图6.9）得到[⊖]。由于从图6.8看这个差别只是交换$p_3\leftrightarrow p_4$，没必要再从头算起；引用方程（6.54），我们可以对过程$A+A\to B+B$立即写下总振幅（到阶g^2）：

$$\mathscr{M}=\frac{g^2}{(p_4-p_2)^2-m_C^2c^2}+\frac{g^2}{(p_3-p_2)^2-m_C^2c^2} \tag{6.55}$$

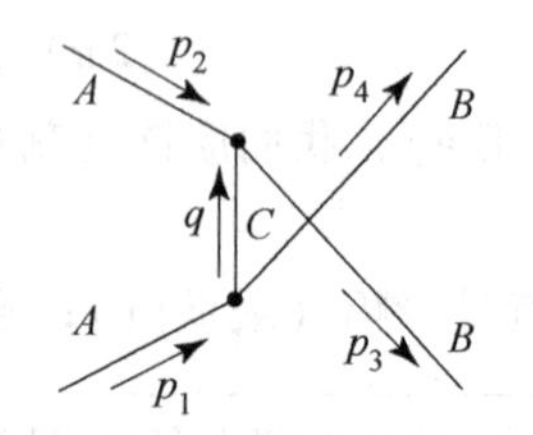

图 6.9 $A+A\to B+B$ 的最低阶贡献的第二个图。

⊖ 你通过扭曲A线不会再得到其他新的图了；这里唯一的选择是p_3是连接到p_1还是p_2。

顺带地注意，$\mathscr{M}$ 是洛伦兹不变（标量）量。总是这样；这是建立在费曼规则中的。

假定我们对这个过程在质心系（见图6.10）的微分截面（$d\sigma/d\Omega$）感兴趣。为简单起见取 $m_A = m_B = m$ 和 $m_C = 0$。那么

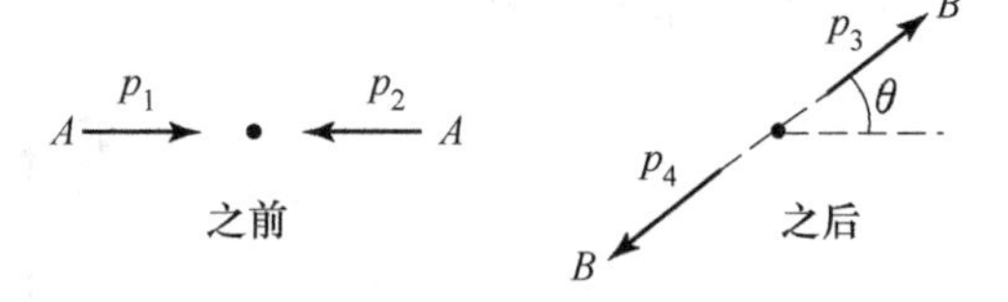

图 6.10 在质心系的 $A + A \to B + B$。

$$(p_4 - p_2)^2 - m_C^2 c^2 = p_4^2 + p_2^2 - 2p_2 \cdot p_4 = -2\boldsymbol{p}^2(1 - \cos\theta) \tag{6.56}$$

$$(p_3 - p_2)^2 - m_C^2 c^2 = p_3^2 + p_2^2 - 2p_3 \cdot p_2 = -2\boldsymbol{p}^2(1 + \cos\theta) \tag{6.57}$$

（其中 $\boldsymbol{p}$ 是入射粒子 1 的动量），因此

$$\mathscr{M} = -\frac{g^2}{\boldsymbol{p}^2 \sin^2\theta} \tag{6.58}$$

由方程（6.47），得到

$$\frac{d\sigma}{d\Omega} = \frac{1}{2}\left(\frac{\hbar c g^2}{16\pi E \boldsymbol{p}^2 \sin^2\theta}\right)^2 \tag{6.59}$$

（因为末态有两个全同粒子，因此 $S = 1/2$）。像卢瑟福散射（例 6.4）的情形一样，总截面是无穷大。

6.3.3 高阶图

到目前为止我们只讨论了最低阶（“树图”）的费曼图；例如对 $A + A \to B + B$，我们考虑了图

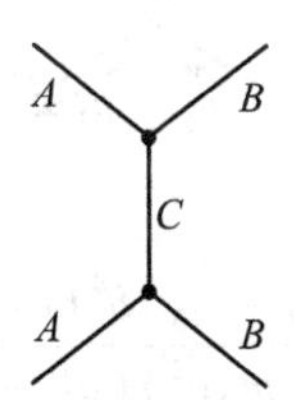

这个图具有两个顶角，因此 $\mathscr{M}$ 正比于 g^2。而有 8 个带四个顶角的图（和额外 8 个将外 B 线“扭曲”的图）：

- 五个“自能”图，其中一条线上长出一个圈：

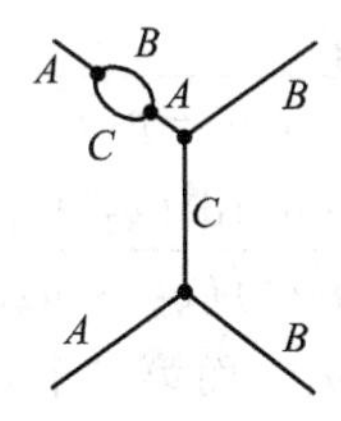

- 两个“顶角修正”图，其中一个顶角变成一个三角形：

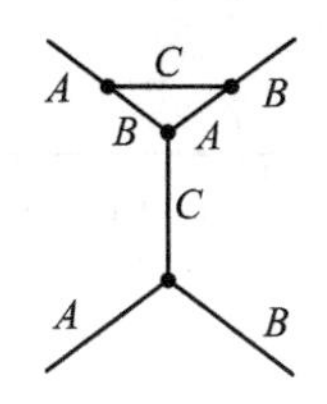

· 一个“箱子”图：

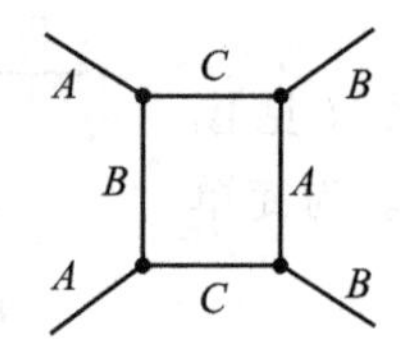

（没有计及如下图所示的非连通图。）

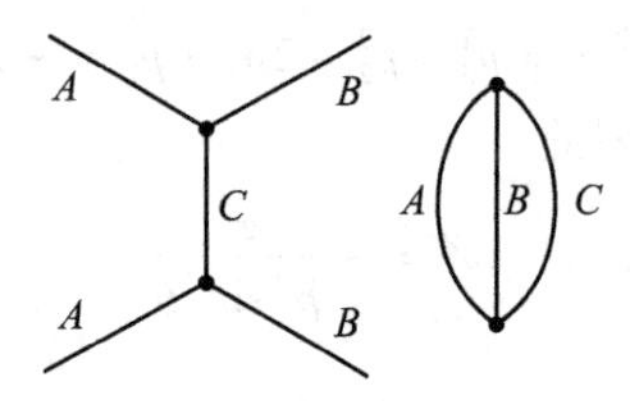

我当然并不打算计算所有这些“一圈”图（或甚至考虑两圈图），而我宁可对其中一个做更仔细的讨论——一个虚 C 线上有一个圈的图：

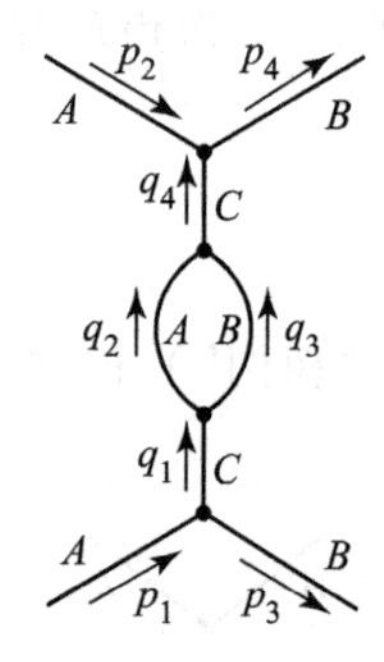

应用费曼规则 1 ~ 5，我们得到

$$g^4\int\frac{\delta^4(p_1-q_1-p_3)\delta^4(q_1-q_2-q_3)\delta^4(q_2+q_3-q_4)\delta^4(q_4+p_2-p_4)}{(q_1^2-m_C^2c^2)(q_2^2-m_A^2c^2)(q_3^2-m_B^2c^2)(q_4^2-m_C^2c^2)}\times$$
$$\mathrm{d}^4q_1\mathrm{d}^4q_2\mathrm{d}^4q_3\mathrm{d}^4q_4 \tag{6.60}$$

利用第一个 δ 函数积掉 q_1，导致将 q_1 置换为 (p_1-p_3)；利用第四个 δ 函数积掉 q_4，导致将 q_4 置换为 (p_4-p_2)：

$$\frac{g^4}{[(p_1-p_3)^2-m_C^2c^2][(p_4-p_2)^2-m_C^2c^2]}\times$$
$$\int\frac{\delta^4(p_1-p_3-q_2-q_3)\delta^4(q_2+q_3-p_4+p_2)}{(q_2^2-m_A^2c^2)(q_3^2-m_B^2c^2)}\mathrm{d}^4q_2\mathrm{d}^4q_3 \tag{6.61}$$

这里，第一个 δ 函数要求 $q_2\to p_1-p_3-q_3$，而第二个 δ 函数成为

$$\delta^4(p_1+p_2-p_3-p_4)$$

由规则 6 它应该被扔掉，留下

$$\mathscr{M}=\mathrm{i}\left(\frac{g}{2\pi}\right)^4\frac{1}{[(p_1-p_3)^2-m_C^2c^2]^2}\int\frac{1}{[(p_1-p_3-q)^2-m_A^2c^2](q^2-m_B^2c^2)}\mathrm{d}^4q \tag{6.62}$$

（在这里我丢掉了 q_3 上的下标。）

如果你有能力可以试着计算这个积分，但我要告诉你现在你会碰到障碍。四维体积积分可以被写作 $d^4q=q^3dqd\Omega'$（其中 $d\Omega'$代表角度部分），正像两维极坐标的面积元是 $rdrd\theta$，而三维球坐标的体积元是 $r^2 dr\sin\theta d\theta d\phi$ 一样。对大 q 被积函数基本是 $1/q^4$，因此 q 的积分具有形式

$$\int^{\infty}\frac{1}{q^4}q^3 dq = \ln q\mid^{\infty} = \infty \tag{6.63}$$

积分在大 q 是对数发散的。这个灾难，以一种或其他形式，阻碍量子电动力学近二十年的发展，直到通过很多伟大的物理学家——来自狄拉克、泡利、克雷默（Kramers）、威斯科夫（Weisskopf），还有贝特（Bethe）通过朝永振一郎、施温格和费曼——的联合努力，发展出系统的方法把“无穷大扫入地毯下面”。第一步是利用合适的截断程序使其变成有限的而不破坏其他希望的特点（例如洛伦兹不变性）**正规化**积分。在方程（6.62）的情形，这可以通过引入一个因子到积分号下来完成

$$\frac{-M^2c^2}{(q^2-M^2c^2)} \tag{6.64}$$

截断质量 M 取得很大，在最后将取为无穷大［注意方程（6.64 中的“修正因子”当 $M\to\infty$ 时趋于1］。㊀积分可以现在计算[6]并分成两部分：独立于 M 的有限项和涉及（在此情形）M 的对数的项，它随着 $M\to\infty$ 变成无穷大。

在此处，一件奇妙的事发生了：所有的发散，M 依赖的项以对质量和耦合常数相加的形式出现在最后的结果中。如果我们认真对待此事，它意味着**物理的**质量和耦合常数不是原来出现在费曼规则中的那些 m 和 g，而是“重整化”的，它包含这些额外的因子：

$$m_{物理}=m+\delta m; \quad g_{物理}=g+\delta g \tag{6.65}$$

δm 和 δg 是无穷大（在 $M\to\infty$ 极限下）虽令人烦恼，但不致命，因为我们从未测量过它们；所有我们在实验室看到的是物理的值，而它们（显然）是有限的（明显的未测量的“裸”质量和耦合常数，m 和 g，应包含补偿的无穷大）。㊁作为实际的问题，我们通过在费曼规则中采用 m 和 g 的物理值，并系统地扔掉来自高阶图的发散贡献的方法来处理无穷大问题。

同时，还留有来自圈图的有限（独立于 M）贡献。它们也导致对 m 和 g 的改变（在此情形是可以完全计算的）——然而它们是加进了圈的外线四动量的函数（例子里的 p_1-p_3）。这意味着有效质量和耦合常数实际上依赖所涉及的粒子的能量；我们称它们“跑动”质量

㊀ 没人否认此过程是人为的。然而可以认为包括进方程（6.64）只是承认我们对量子场论高能（短距离）行为的无知。可能费曼传播子在此区域不是太对，而 M 只是一个简单粗糙地计及未知的改变的方法。（例如如果“粒子”具有在极小的区域起作用的子结构，就是一种情形。）狄拉克对重整化说：

> 这只是一个临时应急的措施。我们的想法应该进行某些基本改变，可能就像从玻尔的轨道理论到量子力学那样的基本变化。当你对一个本该有限的数得到无穷大时，你应该承认你的方程的某处有问题，并别期望只是篡改一下这个数就能得到一个好理论。
>
> P. Buckley and F. D. Peat, A Question of Physics
>
> (Toronto: University of Toronto Press, 1979, page 39)

㊁ 也许有些安慰，因为本质上同样的事也发生在经典电动力学之中：点电荷的静电能是无穷大，并对粒子的质量产生无穷大的贡献（通过 $E=mc^2$）。可能这在经典电动力学中意味着没有点粒子；可能这在量子场论也有同样的意味。然而在两种情形下我们都不知道如何从理论构造上避免点粒子。

和“跑动”耦合常数。依赖在低能区典型地很轻微，因而习惯被略去，但这以兰姆位移（在 QED）和渐进自由（在 QCD）的形式确具有可观察的结果。㊀

我在最近三段简述的过程叫重整化[7]。如果所有高阶图导致的无穷大都可用这个方法处理，我们说理论是可重整的。*ABC* 理论和量子电动力学是可重整的。在 20 世纪 70 年代早期，'tHooft 证明所有规范理论，包括色动力学和格拉肖、温伯格和萨拉姆的电弱理论，是可重整的。这是一个深刻而重要的发现，因为超出最低阶计算，不可重整理论给出的结果是截断依赖的，因而是没有意义的。

参考文献

1 See, for example, Taylor, J. R.(**2005**) *Classical Mechanics*, University Science Books, Sausalito, C.A. Sect.14.6, or; (a) Goldstein, H., Poole, C. and Safko, J. (**2002**) *Classical Mechanics*, 3rd edn, Addison-Wesley, San Francisco, C.A. Sect. 3-10.

2 See, for example, Park, D. (**1992**) *Introduction to the Quantum Theory*, 3rd edn, McGraw-Hill, New York. Sect. 7.9; (a) Townsend, J. S. (**2000**) *A Modern Approach to Quantum Mechanics*, University Science Books, Sausalito, C.A. Sect. 14.7; (b) Griffiths, D. J. (**2005**) *Introduction to Quantum Mechanics*, 2nd edn, Prentice Hall, Upper Saddle River, N.J. Sect. 9.2.3.

3 Convincing and accessible accounts are in fact difficult to find. Feynman, R. P. (**1961**) *Theory of Fundamental Processes*, Benjamin, Reading, M.A. Chapters 15 and 16, is a good place to start. See also; (a) Jauch, J. M. and Rohrlich, F. (**1976**) *Theory of Photons and Electrons*, 2nd edn, Springer-Verlag, Berlin. Sect. 8.6; (b) Hagedorn, R. (**1963**) *Relativistic Kinematics*, Benjamin, New York. Chap. 7; (c) Ryder, L. H. (**1985**) *Quantum Field Theory*, Cambridge University Press, Cambridge. Sect. 6.10; (d) Peskin, M. E. and Schroeder, D. V. (**1995**) *An Introduction to Quantum Field Theory*, Perseus, Cambridge. Chap. 4; (e) Weinberg, S. (**1995**) *The Quantum Theory of Fields*, vol. I, Cambridge University Press, Cambridge. Sect. 3.4.

4 This model was shown to me by Max Dresden. For a more sophisticated treatment see Aitchison, I. J. R. and Hey, A. J. G. (**2003**) *Gauge Theories in Particle Physics*, 3rd edn, vol. I, Institute of Physics, Bristol, UK. Section 6.3.

5 You may well ask where these rules *come* from, and I am not sure Feynman himself could have given you

㊀ QED 和 QCD 中的跑动耦合常数的物理诠释在第 2 章的 2.3 节给出。一个很好的质量重整化的解释由奈尔森（P. Nelson）在 American Scientist，73，66（1985）中给出：

按照重整化理论，不仅各种相互作用的强度，而且参与粒子的质量都随不同的尺度变化。为直观感受这个看起来很荒谬的陈述，想象在水下的一个加农炮开炮。即使忽略摩擦，弹道也将与在地上非常不同，因为加农炮弹必须拉扯相当量的水，改变其明显的或“有效”质量。我们可以用实验通过以速率 ω 前后摇晃它来测量加农炮弹的有效质量，用 $F=ma$ 计算质量。（这就是宇航员如何在太空中给他们自己“称重”的。）找到了有效质量，我们可以通过一个简化的近似替换水下弹道学的困难问题：我们去掉水，但在牛顿方程中简单地将真实的加农炮弹质量替换为有效质量。与介质相互作用的复杂细节因此被简化成去确定一个有效参数。此做法的一个核心的特点是如此计算的有效质量依赖于 ω，因为随着 ω 趋于零，例如，水就没有效应了。换句话说，介质的存在会引进一个尺度依赖的有效质量。我们说有效质量是被介质“重整化”了。在量子物理中，所有粒子都在由理论中所有粒子的量子涨落组成的“介质”中运动。我们同样通过扔掉它，但改变我们的参数以标度依赖的“有效”数值来考虑此介质的效应。

a completely satisfactory answer in 1949, when he first published the rules for QED Feynman, R. P. **(1949)** *Physical Review*, **76**, 749-769. It remained for Freeman Dyson to show how the Feynman rules could be obtained from quantum field theory; (a) Dyson, F. J. **(1949)** *Physical Review* **75**, 486 and 1376; and **(1951) 82**, 428. For a fascinating personal history of these events, see Chapters 5 and 6 of Dyson's book **(1979)** *Disturbing The Universe*, Harper & Row, New York. We shall return to the question of how Feynman's rules are derived in Chapter 11; for now I will simply treat them as axioms.

6 The method is explained in Sakurai, J. J. **(1967)** *Advanced Quantum Mechanics*, Addison-Wesley, Reading, M.A.; see particularly the useful collection of formulas in Appendix E.

7 Renormalization of *ABC* theory is studied in Griffiths, D. J. and Kraus, P. **(1992)** *American Journal of Physical*, **60**, 1013.

习　　题

6.1 推导方程（6.3）。[提示：在 t 到 $t+\mathrm{d}t$ 区间原始样本的衰变比例是多少？而在 t 到 $t+\mathrm{d}t$ 区间任何给定粒子的衰变（初始）概率 $p(t)\mathrm{d}t$ 是多少？平均寿命是 $\int_0^\infty tp(t)\mathrm{d}t$ 。]

6.2 核物理学家习惯使用“半衰期”（$t_{1/2}$），而不是平均寿命（τ）；$t_{1/2}$是大量样本衰变到其半数时所需的时间。对指数衰变[方程（6.2）]，推导 $t_{1/2}$的公式（作为 τ 的另类）。

6.3 （a）假设你一开始有 100 万缪子（静止）；到 2.2×10^{-5}s 后还剩多少？

（b）一个 π^- 持续 1s 的概率有多大（用 10 的幂次表达你的结果）？

6.4 一个质量为 m 动能为 E 的非相对论粒子被一个固定的排斥势所散射，$V(r)=k/r^2$，其中 k 是常数。

（a）找出散射角 θ 作为瞄准距离 b 的函数。

（b）确定微分截面 $\mathrm{d}\sigma/\mathrm{d}\Omega$ 作为 θ（不是 b）的函数。

（c）计算总截面。

[参考文献：Goldstein，H.，Poole，C. and Safko，J.（2002）*Classical Mechanics*，3rd edn，Addison-Wesley，San Francisco，CA. Sect. 3-10.，Equation 3-97；Becker，R. A.（1954）*Introduction to Theoretical Mechanics*，McGraw-Hill，New York，Example 10-3.]

6.5 从方程（6.31）开始用 $u=m_1c$ 推导方程（6.34）。

6.6 作为黄金规则的一个应用，考虑衰变 $\pi^0\to\gamma+\gamma$。当然，π^0 是复合物体，因此方程（6.35）实际不成立，但让我们假设其确是一个基本粒子，看看我们能走多近。不幸地，我们不知道振幅 $\mathscr{M}$；然而它一定具有质量乘速度的量纲[方程（6.49）]，而只有一个质量和一个速度是合适的。进一步，每个光子的辐射引进一个因子$\sqrt{\alpha}$（精细结构常数）进入 $\mathscr{M}$，像我们在第 7 章将要看到的，因此振幅一定正比于 α。在此基础上，估计 π^0 的寿命，并与实验值进行比较。[很明显，π^0 的衰变是比这个粗糙的模型所建议的要复杂得多的过程。见 Quigg，C.（1997）*Gauge Theories of the Strong*，*Weak*，*and Electromagnetic Interactions*，Addison-Wesley，Reading，M. A，Equation 1.2.25——但注意打印错误：f_π 应该平方。]

6.7 （a）对质心系中的粒子 1 和 2 的散射推导方程（6.41）。

（b）计算在实验室系的对应公式（粒子 2 静止）。

[答案：$m_2|\boldsymbol{p}_1|c$]

6.8 考虑在实验室系（b 初始静止）的弹性散射，$a+b\to a+b$，假设靶如此之重

($m_b c^2 >> E_a$）以致其反冲可以忽略。定出微分截面。[提示：在这个极限下实验室系和质心系是一样的。]

[答案：$(\mathrm{d}\sigma/\mathrm{d}\Omega)=(\hbar/8\pi m_b c)^2|\mathscr{M}|^2$]

6.9 考虑在实验室系（2 静止）的碰撞 $1+2\to 3+4$，3 和 4 是无质量的。计算微分截面公式。

$$\left[\text{答案：}\frac{\mathrm{d}\sigma}{\mathrm{d}\Omega}=\left(\frac{\hbar}{8\pi}\right)^2\frac{S|\mathscr{M}|^2|\boldsymbol{p}_3|}{m_2|\boldsymbol{p}_1|\ (E_1+m_2c^2-|\boldsymbol{p}_1|c\cos\theta)}\right]$$

6.10 (a) 分析实验室系（粒子 2 静止）的弹性散射（$m_3=m_2$，$m_4=m_2$）问题。推导微分散射截面公式。

$$\left[\text{答案：}\frac{\mathrm{d}\sigma}{\mathrm{d}\Omega}=\left(\frac{\hbar}{8\pi}\right)^2\frac{\boldsymbol{p}_3^2 S|\mathscr{M}|^2}{m_2|\boldsymbol{p}_1||(E_1+m_2c^2)\ |\boldsymbol{p}_3|-|\boldsymbol{p}_1|E_3\cos\theta|}\right]$$

(b) 如果入射粒子是无质量的（$m_1=0$），证明（a）部分的结果可简化为

$$\frac{\mathrm{d}\sigma}{\mathrm{d}\Omega}=S\left(\frac{\hbar E_3}{8\pi m_2 c E_1}\right)^2|\mathscr{M}|^2$$

6.11 (a) $A\to B+B$ 在 ABC 理论中是否是一个可能的过程？

(b) 考虑一个图有 n_A 个 A 外线，n_B 个 B 外线，n_C 个 C 外线。找出一个简单的判据来决定它是否是一个允许的反应。

(c) 假设 A 足够重，在 $A\to B+C$ 之后，下一个最可能的衰变模式是什么？对每个衰变画出费曼图。

6.12 (a) 对 $A+A\to A+A$，画出所有最低阶的图。（共有六个。）

(b) 假设 $m_B=m_C=0$，计算这个过程的最低阶振幅。以对一个剩余动量 q 的积分的形式给出你的答案。

6.13 假设 $m_B=m_C=0$，计算质心系中 $A+A\to B+B$ 的 $\mathrm{d}\sigma/\mathrm{d}\Omega$ 和总截面 σ。

6.14 在实验室系计算 $A+A\to B+B$ 的 $\mathrm{d}\sigma/\mathrm{d}\Omega$ 和 σ。（假设 $m_B=m_C=0$。让 E 为入射 A 的能量，p 为动量。）确定你的公式的非相对论和超相对论的极限。

6.15 (a) 计算 $A+B\to A+B$ 的最低阶振幅。（有两个图）

(b) 假设 $m_A=m_B=m$，$m_C=0$，计算这个过程在质心系的微分截面。用入射能量（A 的）E 和散射角（对粒子 A）θ 表达你的结果。

(c) 假设 B 比 A 重很多且保持静止，A 以能量 E 入射，计算在实验室系这个过程的 $\mathrm{d}\sigma/\mathrm{d}\Omega$。[提示：见习题 6.8，假设 $m_B >> m_A$，m_C 和 E/c^2。]

(d) 计算（c）情形中的总截面 σ。

第7章 量子电动力学

在这一章中，我会引进狄拉克方程，表述量子电动力学的费曼规则，提出有用的计算工具，并推导一些经典的 QED 结果。这些处理非常依赖第 2、3 和 6 章的内容，还有第 4 章自旋 1/2 的体系。反过来，第 7 章是后续所有内容不可缺少的基础（然而，你可以跳过例 7.8 和第 7.9 节，及第 8 和 9 章相关的段落）。

7.1 狄拉克方程

虽然第 6 章的“ABC”模型是完全合法的量子场理论，但它并不能描写现实世界，因为粒子 A、B 和 C 自旋为零，而夸克和轻子携带自旋 1/2、媒介粒子携带自旋 1。把自旋加进来会导致复杂的代数运算；这是为什么我要在一个不会引起分心的“玩具”理论中介绍费曼算法的原因。

在非相对论量子力学中，粒子由薛定谔方程描写；在相对论量子力学中，自旋 0 的粒子由克莱因-戈登方程描写，自旋 1/2 的粒子由狄拉克方程描写，自旋 1 的粒子由普罗卡方程描写。然而一旦建立了费曼规则，背后的场方程退化成背景——这是我们在第 6 章没有提到克莱因-戈登方程而能进行下去的原因。但对自旋 1/2 的费曼规则需要预先假定熟悉狄拉克方程。因此以下三节我们将学习狄拉克理论本身。

一种对薛定谔方程的“推导”是从经典能量动量关系出发：

$$\frac{\boldsymbol{p}^2}{2m}+V=E \tag{7.1}$$

应用量子对应

$$\boldsymbol{p}\to -\mathrm{i}\hbar\,\nabla \qquad E\to \mathrm{i}\hbar\frac{\partial}{\partial t} \tag{7.2}$$

并让结果的算符作用在“波函数” $\boldsymbol{\Psi}$ 上：

$$-\frac{\hbar^2}{2m}\nabla^2\boldsymbol{\Psi}+V\boldsymbol{\Psi}=\mathrm{i}\hbar\frac{\partial \boldsymbol{\Psi}}{\partial t}\qquad \text{（薛定谔方程）} \tag{7.3}$$

克莱因-戈登方程可以严格地通过同样的方式得到，从相对论的能量-动量关系开始，$E^2-\boldsymbol{p}^2c^2=m^2c^4$，或（更好）

$$p^{\mu}p_{\mu}-m^2c^2=0 \tag{7.4}$$

（从现在起我将不管势能而只处理自由粒子）。令人吃惊的是，量子替代本身并不额外要求相对论修正；用四矢量记号，它成为

$$p_{\mu}\to \mathrm{i}\hbar\partial_{\mu} \tag{7.5}$$

这里㊀

$$\partial_{\mu}\equiv\partial/\partial x^{\mu} \tag{7.6}$$

也就是

$$\partial_0=\frac{1}{c}\frac{\partial}{\partial t},\quad \partial_1=\frac{\partial}{\partial x},\quad \partial_2=\frac{\partial}{\partial y},\quad \partial_3=\frac{\partial}{\partial z} \tag{7.7}$$

把方程（7.5）代入方程（7.4），并让微商作用在波函数 ψ 上，㊁我们得到

$$-\hbar^2\partial^{\mu}\partial_{\mu}\psi-m^2c^2\psi=0 \tag{7.8}$$

或

$$-\frac{1}{c^2}\frac{\partial^2\psi}{\partial t^2}+\nabla^2\psi=\left(\frac{mc}{\hbar}\right)^2\psi \quad \textbf{（克莱因-戈登方程）} \tag{7.9}$$

薛定谔在用他名字命名的非相对论方程之前发现了这个方程；当发现这个方程（包含进了库仑势）无法产生正确的氢原子玻尔能级时，薛定谔就放弃了它。问题是电子具有自旋1/2，而克莱因-戈登方程应用的粒子自旋是0。进一步，克莱因-戈登方程与波恩的统计解释不符，它是说 $|\psi(\boldsymbol{r})|^2$ 给出在位置 r 处发现粒子的概率。这个困难的起源应追诉到克莱因-戈登方程是 t 的二阶方程这一事实。㊂因此狄拉克想去寻找一个与相对论能量-动量公式一致而且是一阶的方程。令人啼笑皆非的是1934年泡利和威斯科夫（Weisskopf）证明统计解释本身必须在相对论量子场论中才能被建立，㊃因而在保持对自旋1/2粒子的狄拉克方程同时恢复了克莱因-戈登方程本应有的地位。

狄拉克的战略是“因子化”能动量关系［方程（7.4）］。如果只有 p^0（即如果 $\boldsymbol{p}$ 是零）这将很容易：

$$(p^0)^2-m^2c^2=(p^0+mc)(p^0-mc)=0 \tag{7.10}$$

我们得到两个一阶方程：

$$p^0-mc=0 \qquad 或 \qquad p^0+mc=0 \tag{7.11}$$

它俩中的每个都能保证 $p^{\mu}p_{\mu}-m^2c^2=0$。但当把空间分量包含进来时，这确实很难做到；因为我们要寻求形式

$$(p^{\mu}p_{\mu}-m^2c^2)=(\beta^{\kappa}p_{\kappa}+mc)(\gamma^{\lambda}p_{\lambda}-mc) \tag{7.12}$$

其中 β^{κ} 和 γ^{λ} 是八个待定系数。㊄把右边乘开，我们得到

㊀ 相应于协变位置-时间四矢量的梯度本身是一个四矢量；因此如此放置指标。全写出来，方程（7.5）变为 $(E/c,\ -\boldsymbol{p})\to\mathrm{i}\hbar\left(\frac{1}{c}\frac{\partial}{\partial t},\ \nabla\right)$。当然 $\partial^{\mu}\equiv\partial/\partial x_{\mu}$。见习题7.1。

㊁ 在非相对论量子力学中我们习惯采用大写的字母（Ψ）代表波函数，留给 ψ 代表其空间部分［方程（5.3）］。在相对论理论中更通常的是用 ψ 代表波函数本身。

㊂ 注意薛定谔方程是 t 的一阶方程。

㊃ 一个相对论理论必须能讨论对产生和湮灭，因此粒子数不是一个守恒量。

㊄ 万一此写法让你混淆，我把方程（7.12）写成“普通的写法”：

$$(p^0)^2-(p^1)^2-(p^2)^2-(p^3)^2-m^2c^2$$
$$=(\beta^0p^0-\beta^1p^1-\beta^2p^2-\beta^3p^3+mc)(\gamma^0p^0-\gamma^1p^1-\gamma^2p^2-\gamma^3p^3-mc)$$

$$\beta^{\kappa}\gamma^{\lambda}p_{\kappa}p_{\lambda}-mc(\beta^{\kappa}-\gamma^{\kappa})p_{\kappa}-m^2c^2$$

我们不想要 p_{κ} 的线性项，因此选 $\beta^{\kappa}=\gamma^{\kappa}$ 来完成工作，我们还需要定下系数 γ^{κ} 以使

$$p^{\mu}p_{\mu}=\gamma^{\kappa}\gamma^{\lambda}p_{\kappa}p^{\lambda}$$

也就是说

$$\begin{aligned}&(p^0)^2-(p^1)^2-(p^2)^2-(p^3)^2\\&=(\gamma^0)^2(p^0)^2+(\gamma^1)^2(p^1)^2+(\gamma^2)^2(p^2)^2+(\gamma^3)^2(p^3)^2+(\gamma^0\gamma^1+\gamma^1\gamma^0)p_0p_1+\\&(\gamma^0\gamma^2+\gamma^2\gamma^0)p_0p_2+(\gamma^0\gamma^3+\gamma^3\gamma^0)p_0p_3+(\gamma^1\gamma^2+\gamma^2\gamma^1)p_1p_2+\\&(\gamma^1\gamma^3+\gamma^3\gamma^1)p_1p_3+(\gamma^2\gamma^3+\gamma^3\gamma^2)p_2p_3\end{aligned}\tag{7.13}$$

你看到问题所在：我们可以选 $\gamma^0=1$ 和 $\gamma^1=\gamma^2=\gamma^3=i$，但这看起来无法消掉那些交叉项。

对此狄拉克有了一个极聪明的想法：如果 γ 不是数而是矩阵会怎样？因为矩阵不对易，我们可能可以找到一个集合使

$$(\gamma^0)^2=1,\quad (\gamma^1)^2=(\gamma^2)^2=(\gamma^3)^2=-1$$

$$\gamma^{\mu}\gamma^{\nu}+\gamma^{\nu}\gamma^{\mu}=0\qquad 对\ \mu\neq\nu\tag{7.14}$$

或更简明地

$$\{\gamma^{\mu},\gamma^{\nu}\}=2g^{\mu\nu}\tag{7.15}$$

其中 $g^{\mu\nu}$ 是闵可夫斯基度规［方程（3.13）］，大括弧代表**反对易子**：

$$\{A,B\}\equiv AB+BA\tag{7.16}$$

你可以试着自己摆弄一下这个问题。结果是可以做，但最小的矩阵须是 4×4 的。有不少等价的"γ 矩阵"集合；我们将利用标准的"布约肯（Bjorken）和德莱尔（Drell）"的约定[1]：

$$\gamma^0=\begin{pmatrix}1&0\\0&-1\end{pmatrix},\quad \gamma^i=\begin{pmatrix}0&\sigma^i\\-\sigma^i&0\end{pmatrix}\tag{7.17}$$

其中 σ^i（i=1，2，3）是泡利矩阵方程（4.26），1 代表 2×2 单位矩阵，而 0 是零的 2×2 矩阵。⊖

作为一个 4×4 矩阵，相对论能量-动量关系因而被因子化成

$$(p^{\mu}p_{\mu}-m^2c^2)=(\gamma^{\kappa}p_{\kappa}+mc)(\gamma^{\lambda}p_{\lambda}-mc)=0\tag{7.18}$$

我们通过丢掉一项获得狄拉克方程（到底哪项实际没有关系，这是选择约定，见习题 7.10）：

$$\gamma^{\mu}p_{\mu}-mc=0\tag{7.19}$$

最后，我们采用量子替代 $p_{\mu}\to i\hbar\partial_{\mu}$［方程（7.5）］，并把结果作用到波函数 ψ 上：

$$i\hbar\gamma^{\mu}\partial_{\mu}\psi-mc\psi=0\qquad \textbf{（狄拉克方程）}\tag{7.20}$$

注意 ψ 现在是一个四元素的列矩阵：

⊖ 当内容不会产生混淆时，我将利用 1 和 0 的这种方式于 2×2 和 4×4 单位矩阵；还有合适维数的单位矩阵在需要时是隐含的，如方程（7.15）的右边。顺带地，因为 σ 不是四矢量的空间分量，我们不再区分上指标和下指标：$\sigma^i\equiv\sigma_i$。

$$\psi=\begin{pmatrix}\psi_1\\\psi_2\\\psi_3\\\psi_4\end{pmatrix} \tag{7.21}$$

我们叫它“双旋量”或“狄拉克旋量”。（虽然它有四个分量，这个东西不是四矢量。在 7.3 节我将告诉你当你改变惯性系时它会如何变换；这已经不是普通的洛伦兹变换了。）

7.2 狄拉克方程的解

假设 ψ 与空间坐标无关：

$$\frac{\partial\psi}{\partial x}=\frac{\partial\psi}{\partial y}=\frac{\partial\psi}{\partial z}=0 \tag{7.22}$$

由方程（7.5）可知，它描写了一个零动量态（$\boldsymbol{p}=0$），也就是说粒子是静止的。狄拉克方程（7.20）化成

$$\frac{\mathrm{i}\hbar}{c}\gamma^0\frac{\partial\psi}{\partial t}-mc\psi=0 \tag{7.23}$$

或

$$\begin{pmatrix}1&0\\0&-1\end{pmatrix}\begin{pmatrix}\partial\psi_A/\partial t\\\partial\psi_B/\partial t\end{pmatrix}=-\mathrm{i}\frac{mc^2}{\hbar}\begin{pmatrix}\psi_A\\\psi_B\end{pmatrix} \tag{7.24}$$

其中

$$\psi_A=\begin{pmatrix}\psi_1\\\psi_2\end{pmatrix} \tag{7.25}$$

构成两个上分量，且

$$\psi_B=\begin{pmatrix}\psi_3\\\psi_4\end{pmatrix} \tag{7.26}$$

组成两个下分量。因此

$$\frac{\partial\psi_A}{\partial t}=-\mathrm{i}\left(\frac{mc^2}{\hbar}\right)\psi_A,\qquad -\frac{\partial\psi_B}{\partial t}=-\mathrm{i}\left(\frac{mc^2}{\hbar}\right)\psi_B \tag{7.27}$$

因此解是

$$\psi_A(t)=\mathrm{e}^{-\mathrm{i}(mc^2/\hbar)t}\psi_A(0),\qquad \psi_B(t)=\mathrm{e}^{+\mathrm{i}(mc^2/\hbar)t}\psi_B(0) \tag{7.28}$$

根据方程（5.10），我们识别因子

$$\mathrm{e}^{-\mathrm{i}Et/\hbar} \tag{7.29}$$

为能量 E 的量子态的特征时间依赖。对静止粒子，$E=mc^2$，因此 ψ_A 就是我们所期望在 $\boldsymbol{p}=0$ 时得到的。而 ψ_B 如何？它表面上代表一个带负能的状态（$E=-mc^2$）。这就是我们在第 1 章提到的著名的灾难，狄拉克首先通过假定无穷多的不可见负能粒子“海”填充所有这些不期望的态来避免它。[⊖]取而代之，我们现在取这些解以代表正能反粒子的“反常”的时间

[⊖] 你可能问为什么不简单地规定 $\psi_B(0)=0$——称“负能”解是“物理上不可接受的”，因此忘掉它。不幸的是，不能这么做。在量子系统中，我们需要态的完备集，正能态本身是不完备的。

依赖。㊀因此 ψ_A 描写电子（例如），而 ψ_B 就描写正电子；每个都是一个两分量旋量，正好是一个自旋 1/2 的系统。结论：$\boldsymbol{p}=0$ 的狄拉克方程给出四个解（目前先不管归一化因子）：

$$\psi^{(1)}=\mathrm{e}^{-\mathrm{i}(mc^2/\hbar)t}\begin{pmatrix}1\\0\\0\\0\end{pmatrix},\quad \psi^{(2)}=\mathrm{e}^{-\mathrm{i}(mc^2/\hbar)t}\begin{pmatrix}0\\1\\0\\0\end{pmatrix}$$

$$\psi^{(3)}=\mathrm{e}^{+\mathrm{i}(mc^2/\hbar)t}\begin{pmatrix}0\\0\\1\\0\end{pmatrix},\quad \psi^{(4)}=\mathrm{e}^{+\mathrm{i}(mc^2/\hbar)t}\begin{pmatrix}0\\0\\0\\1\end{pmatrix} \tag{7.30}$$

它们对应地描写一个自旋上的电子，一个自旋下的电子，一个自旋下的正电子，㊁和一个自旋上的正电子。

下面我们寻找波包解：㊂

$$\psi(x)=a\mathrm{e}^{-\mathrm{i}k\cdot x}u(k) \tag{7.31}$$

我们希望找到一个四矢量 k^μ 和相应的双旋量 $u(k)$ 使得 $\psi(x)$ 满足狄拉克方程（a 是一个归一化因子，与我们目前的目的无关，而在以后为保证单位的自洽性是必要的）。由于 x 的依赖只限于指数㊃

$$\partial_\mu\psi=-\mathrm{i}k_\mu\psi \tag{7.32}$$

把这些都放进狄拉克方程（7.20），我们得到

$$\hbar\gamma^\mu k_\mu\mathrm{e}^{-\mathrm{i}k\cdot x}u-mc\mathrm{e}^{-\mathrm{i}k\cdot x}u=0$$

或

$$(\hbar\gamma^\mu k_\mu-mc)u=0 \tag{7.33}$$

注意这个方程是纯代数方程——没有微商。如果 u 满足方程（7.33），而方程（7.31）中 ψ 满足狄拉克方程。

现在

$$\gamma^\mu k_\mu=\gamma^0k^0-\boldsymbol{\gamma}\cdot\boldsymbol{k}=k^0\begin{pmatrix}1&0\\0&-1\end{pmatrix}-\boldsymbol{k}\cdot\begin{pmatrix}0&\boldsymbol{\sigma}\\-\boldsymbol{\sigma}&0\end{pmatrix}=\begin{pmatrix}k^0&-\boldsymbol{k}\cdot\boldsymbol{\sigma}\\\boldsymbol{k}\cdot\boldsymbol{\sigma}&-k^0\end{pmatrix} \tag{7.34}$$

因此

㊀ 在薛定谔方程中出现的符号 i 完全是约定。如果薛定谔做了相反的选择，$\mathrm{e}^{\mathrm{i}Et/\hbar}$ 就将是能量 E 的定态的“正常”时间依赖。在相对论理论中两种符号都会出现，而这经合适的诠释就意味着存在反粒子。

㊁ 注意反粒子自旋的“反向”指向。在狄拉克的解释中（它仍保留为一个方便的记忆设置）$\psi^{(3)}$ 是一个负能自旋上的电子，它的缺失（“海”里的一个“空穴”）表现得就像一个自旋下的正能正电子一样[2]。

㊂ 这里 $k\cdot x=k_\mu x^\mu=k^0ct-\boldsymbol{k}\cdot\boldsymbol{r}$，因此指数的实部是 $\cos(k^0ct-\boldsymbol{k}\cdot\boldsymbol{r})$ 它代表（角）频率为 $\omega=ck^0$、波长为 $\lambda=2\pi/|\boldsymbol{k}|$，沿 $\boldsymbol{k}$ 方向传播的正弦平面波。

㊃ 这看起来是对的，但如果它使你紧张你可以很容易检验它：

$$\partial_0\mathrm{e}^{-\mathrm{i}k\cdot x}=(1/c)\frac{\partial}{\partial t}\mathrm{e}^{-\mathrm{i}k^0ct+\mathrm{i}\boldsymbol{k}\cdot\boldsymbol{r}}=-\mathrm{i}k^0\mathrm{e}^{-\mathrm{i}k\cdot x}$$

（且 $k^0=k_0$）。类似地

$$\partial_1\mathrm{e}^{-\mathrm{i}k\cdot x}=\mathrm{i}k^1\mathrm{e}^{-\mathrm{i}k\cdot x}$$

（但 $k^1=-k_1$）。

$$(\hbar\gamma^\mu k_\mu - mc)u = \begin{pmatrix} (\hbar k^0 - mc) & -\hbar\boldsymbol{k}\cdot\boldsymbol{\sigma} \\ \hbar\boldsymbol{k}\cdot\boldsymbol{\sigma} & (-\hbar k^0 - mc) \end{pmatrix}\begin{pmatrix} u_A \\ u_B \end{pmatrix} = \begin{pmatrix} (\hbar k^0 - mc)u_A - \hbar\boldsymbol{k}\cdot\boldsymbol{\sigma}u_B \\ \hbar\boldsymbol{k}\cdot\boldsymbol{\sigma}u_A - (\hbar k^0 + mc)u_B \end{pmatrix}$$

其中像以前一样下标 A 代表两个上分量，而 B 代表两个下分量。为了满足方程（7.33），我们必须有

$$u_A = \frac{1}{k^0 - mc/\hbar}(\boldsymbol{k}\cdot\boldsymbol{\sigma})u_B \quad 和 \quad u_B = \frac{1}{k^0 + mc/\hbar}(\boldsymbol{k}\cdot\boldsymbol{\sigma})u_A \tag{7.35}$$

把第二个方程代入第一个方程，给出

$$u_A = \frac{1}{(k^0)^2 - (mc/\hbar)^2}(\boldsymbol{k}\cdot\boldsymbol{\sigma})^2 u_A \tag{7.36}$$

而

$$\begin{aligned} \boldsymbol{k}\cdot\boldsymbol{\sigma} &= k_x\begin{pmatrix} 0 & 1 \\ 1 & 0 \end{pmatrix} + k_y\begin{pmatrix} 0 & -\mathrm{i} \\ \mathrm{i} & 0 \end{pmatrix} + k_z\begin{pmatrix} 1 & 0 \\ 0 & -1 \end{pmatrix} \\ &= \begin{pmatrix} k_z & (k_x - \mathrm{i}k_y) \\ (k_x + \mathrm{i}k_y) & -k_z \end{pmatrix} \end{aligned} \tag{7.37}$$

因此

$$\begin{aligned} (\boldsymbol{k}\cdot\boldsymbol{\sigma})^2 &= \begin{pmatrix} k_z^2 + (k_x - \mathrm{i}k_y)(k_x + \mathrm{i}k_y) & k_z(k_x - \mathrm{i}k_y) - k_z(k_x - \mathrm{i}k_y) \\ k_z(k_x + \mathrm{i}k_y) - k_z(k_x + \mathrm{i}k_y) & (k_x + \mathrm{i}k_y)(k_x - \mathrm{i}k_y) + k_z^2 \end{pmatrix} \\ &= \boldsymbol{k}^2 1 \end{aligned} \tag{7.38}$$

其中 1 是 2×2 单位矩阵（仅在这一次明显写出来）。因此

$$u_A = \frac{\boldsymbol{k}^2}{(k^0)^2 - (mc/\hbar)^2}u_A \tag{7.39}$$

因此[⊖]

$$(k^0)^2 - (mc/\hbar)^2 = \boldsymbol{k}^2 \quad 或 \quad k^2 = k^\mu k_\mu = (mc/\hbar)^2 \tag{7.40}$$

为了 $\psi(x) = \mathrm{e}^{-\mathrm{i}k\cdot x}u(k)$ 满足狄拉克方程，$\hbar k^\mu$ 必须是一个联系粒子的四矢量，其“平方”是 m^2c^2。当然我们知道这样一个量：能量—动量四矢量。明显地

$$k^\mu = \pm p^\mu/\hbar \tag{7.41}$$

正号（时间依赖 $\mathrm{e}^{-\mathrm{i}Et/\hbar}$）联系粒子态，而负号（时间依赖 $\mathrm{e}^{+\mathrm{i}Et/\hbar}$）联系反粒子态。

回到方程（7.35），并利用方程（7.37），简单地来构造狄拉克方程的四个独立解：

（1）选 $u_A = \begin{pmatrix} 1 \\ 0 \end{pmatrix}$：$u_B = \dfrac{\boldsymbol{p}\cdot\boldsymbol{\sigma}}{p^0 + mc}\begin{pmatrix} 1 \\ 0 \end{pmatrix} = \dfrac{c}{E + mc^2}\begin{pmatrix} p_z \\ p_x + \mathrm{i}p_y \end{pmatrix}$

（2）选 $u_A = \begin{pmatrix} 0 \\ 1 \end{pmatrix}$：$u_B = \dfrac{\boldsymbol{p}\cdot\boldsymbol{\sigma}}{p^0 + mc}\begin{pmatrix} 0 \\ 1 \end{pmatrix} = \dfrac{c}{E + mc^2}\begin{pmatrix} p_x - \mathrm{i}p_y \\ -p_z \end{pmatrix}$

（3）选 $u_B = \begin{pmatrix} 1 \\ 0 \end{pmatrix}$：$u_A = \dfrac{\boldsymbol{p}\cdot\boldsymbol{\sigma}}{p^0 + mc}\begin{pmatrix} 1 \\ 0 \end{pmatrix} = \dfrac{c}{E + mc^2}\begin{pmatrix} p_z \\ p_x + \mathrm{i}p_y \end{pmatrix}$

⊖ 方程（7.39）也会允许 $u_A = 0$ 作为解。而同样的论据，从方程（7.35）出发但把第一个代入第二个，给出方程（7.39）但用 u_B 替换 u_A。因此除非 u_A 和 u_B 都为零（这时方程根本没解），否则方程（7.40）必须成立。

（4）选 $u_B=\begin{pmatrix}0\\1\end{pmatrix}$：$u_A=\dfrac{\boldsymbol{p}\cdot\boldsymbol{\sigma}}{p^0+mc}\begin{pmatrix}0\\1\end{pmatrix}=\dfrac{c}{E+mc^2}\begin{pmatrix}p_x-\mathrm{i}p_y\\-p_z\end{pmatrix}$ (7.42)

对于（1）和（2）我们在方程（7.41）里使用了正号——否则当 $\boldsymbol{p}\to 0$ 时 u_B 变成无穷大；这些是粒子解。在（3）和（4）中我们应该使用负号；这些是反粒子态。

这些旋量的一个方便的归一化是[⊖]

$$u^\dagger u=2E/c \tag{7.43}$$

这里†代表转置加共轭（或厄米共轭）：

$$u=\begin{pmatrix}\alpha\\\beta\\\gamma\\\delta\end{pmatrix}\Rightarrow u^\dagger=(\alpha^*\beta^*\gamma^*\delta^*)$$

因此

$$u^\dagger u=|\alpha|^2+|\beta|^2+|\gamma|^2+|\delta|^2 \tag{7.44}$$

用结果的归一化因子（见习题7.3）

$$N\equiv\sqrt{(E+mc^2)/c} \tag{7.45}$$

四个正则解成为

$$u^{(1)}=N\begin{pmatrix}1\\0\\\dfrac{c(p_z)}{E+mc^2}\\\dfrac{c(p_x+\mathrm{i}p_y)}{E+mc^2}\end{pmatrix},\quad u^{(2)}=N\begin{pmatrix}0\\1\\\dfrac{c(p_x-\mathrm{i}p_y)}{E+mc^2}\\\dfrac{c(-p_z)}{E+mc^2}\end{pmatrix} \tag{7.46}$$

$$v^{(1)}=N\begin{pmatrix}\dfrac{c(p_x-\mathrm{i}p_y)}{E+mc^2}\\\dfrac{c(-p_z)}{E+mc^2}\\0\\1\end{pmatrix},\quad v^{(2)}=-N\begin{pmatrix}\dfrac{c(p_z)}{E+mc^2}\\\dfrac{c(p_x+\mathrm{i}p_y)}{E+mc^2}\\1\\0\end{pmatrix} \tag{7.47}$$

$$\psi=a\mathrm{e}^{-\mathrm{i}p\cdot x/\hbar}u(\text{粒子}),\quad \psi=a\mathrm{e}^{\mathrm{i}p\cdot x/\hbar}v(\text{反粒子}) \tag{7.48}$$

从这里起，如所示习惯上用字母 v 代表反粒子（还在 $v^{(2)}$ 中包含了一个负号）。注意粒子态满足动量空间的**狄拉克方程**［方程（7.33）］形为

$$(\gamma^\mu p_\mu-mc)u=0 \tag{7.49}$$

反粒子（v 的）满足

$$(\gamma^\mu p_\mu+mc)v=0 \tag{7.50}$$

⊖ 注意 u 乘个任意常数仍是方程（7.33）的解；归一化仅仅是固定整体常数。实际上，文献中至少有三种不同的约定：$u^\dagger u=2E/c$［哈尔真（Halzen）和马丁（Martin）］，$u^\dagger u=E/mc^2$［布约肯（Bjorken）和德莱尔（Drell）］，$u^\dagger u=1$［波格留波夫（Bogoliubov）和舍尔科夫（Shirkov）］。在这个例子中我偏离布约肯（Bjorken）和德莱尔（Drell）的约定，其选择在 $m\to 0$ 时引入了虚假的困难。

你可能猜测 $u^{(1)}$ 描述自旋上的电子，$u^{(2)}$ 描述自旋下的电子，$v^{(1)}$ 描述自旋上的正电子，$v^{(2)}$ 描述自旋下的正电子，[㊀] 但不全是这样。因为狄拉克粒子自旋矩阵［推广方程 (4.21)］是

$$S = \frac{\hbar}{2}\Sigma, \quad 其中\ \Sigma \equiv \begin{pmatrix} \boldsymbol{\sigma} & 0 \\ 0 & \boldsymbol{\sigma} \end{pmatrix} \tag{7.51}$$

很容易检验 $u^{(1)}$ 例如不是 Σ_z 的本征态。然而如果我们将 z 轴指向运动方向（这种情形下 $p_x = p_y = 0$），那么 $u^{(1)}$，$u^{(2)}$，$v^{(1)}$ 和 $v^{(2)}$ 是 S_z 的本征矢；$u^{(1)}$ 和 $v^{(1)}$ 是自旋上，$u^{(2)}$ 和 $v^{(2)}$ 是自旋下[㊁]（见习题 7.6）。

顺便说，平面波当然是相当特别的狄拉克方程解。它们之所以是我们的兴趣之一，是由于它们用特定的能量和动量描写粒子，在典型的实验中这些是我们控制和测量的参数。

7.3 双线性协变量

我在 7.1 节说过当你从一个惯性系到另外一个时，狄拉克旋量的分量不按四矢量变换。那么它们如何变换？我将不在这里推出它（你会在习题 7.11 中做此事），而只引用结果：如果你变到一个以速度 v 在 x 方向运动的系统

$$\psi \to \psi' = S\psi \tag{7.52}$$

其中 S 是如下 4×4 矩阵：

$$S = a_+ + a_-\gamma^0\gamma^1 = \begin{pmatrix} a_+ & a_-\sigma_1 \\ a_-\sigma_1 & a_+ \end{pmatrix} = \begin{pmatrix} a_+ & 0 & 0 & a_- \\ 0 & a_+ & a_- & 0 \\ 0 & a_- & a_+ & 0 \\ a_- & 0 & 0 & a_+ \end{pmatrix} \tag{7.53}$$

其中

$$a_\pm = \pm\sqrt{\frac{1}{2}(\gamma \pm 1)} \tag{7.54}$$

如通常一样 $\gamma = 1/\sqrt{1 - v^2/c^2}$。

如果我们要用旋量 ψ 构造一个标量，合理的做法是试验如下表达式：

$$\psi^\dagger \psi = (\psi_1^*\psi_2^*\psi_3^*\psi_4^*)\begin{pmatrix} \psi_1 \\ \psi_2 \\ \psi_3 \\ \psi_4 \end{pmatrix} = |\psi_1|^2 + |\psi_2|^2 + |\psi_3|^2 + |\psi_4|^2 \tag{7.55}$$

㊀ 见方程 (7.30) 对正电子自旋指向的脚注。

㊁ 事实上，不可能构造狄拉克方程的平面波解并同时是 S_z 的本征态（除了特殊的情形 $\boldsymbol{p} = p_z\hat{z}$）。原因是 $\boldsymbol{S}$ 本身不是一个守恒量；只有总角动量 $\boldsymbol{L} + \boldsymbol{S}$ 在这里是守恒的（见习题 7.8）。可能构造**螺旋度**的本征态，$\Sigma \cdot \hat{\boldsymbol{p}}$（没有运动方向的轨道角动量），而这些是很烦人的（见习题 7.7），而在实际中更容易用方程 (7.46) 和方程 (7.47) 给出的旋量，即使它们的物理解释不那么清楚。重要的是我们有了一组解的完备集。

不幸的是，这不是不变的，你可以通过利用变换规则验证：[⊖]

$$(\psi^\dagger\psi)'=(\psi')^\dagger\psi'=\psi^\dagger S^\dagger S\psi\neq(\psi^\dagger\psi)\tag{7.56}$$

事实上（见习题7.13）：

$$S^\dagger S=S^2=\gamma\begin{pmatrix}1 & -(v/c)\sigma_1\\ -(v/c)\sigma_1 & 1\end{pmatrix}\neq 1\tag{7.57}$$

当然，四矢量元素的平方和也同样不是不变的；我们需要在空间分量前加一个负号［方程(3.12)］。用一点试错法你就会发现在旋量的情形，我们需要在第三和四分量前加个负号。正像在第3章我们保留应有的符号引进协变四矢量一样，我们现在引入**伴随**旋量：

$$\bar{\psi}\equiv\psi^\dagger\gamma^0=(\psi_1^*\psi_2^*-\psi_3^*-\psi_4^*)\tag{7.58}$$

我声明，量

$$\bar{\psi}\psi=\psi^\dagger\gamma^0\psi=|\psi_1|^2+|\psi_2|^2-|\psi_3|^2-|\psi_4|^2\tag{7.59}$$

是一个相对论不变量。因为 $S^\dagger\gamma^0 S=\gamma^0$（见习题7.13），因此

$$(\bar{\psi}\psi)'=(\psi')^\dagger\gamma^0\psi'=\psi^\dagger S^\dagger\gamma^0 S\psi=\psi^\dagger\gamma^0\psi=\bar{\psi}\psi\tag{7.60}$$

在第4章我们学到依据在宇称变换下的行为，$P:(x,y,z)\to(-x,-y,-z)$ 来区分标量和赝标量。赝标量改变符号；标量不变。很自然要问 $\bar{\psi}\psi$ 是前者还是后者。首先，我们需要知道狄拉克旋量在 P 下的变换行为。还是那样，我不推导它，只简单地引用结果[⊜]（见习题7.12）：

$$\psi\to\psi'=\gamma^0\psi\tag{7.61}$$

它给出

$$(\bar{\psi}\psi)'=(\psi')^\dagger\gamma^0\psi'=\psi^\dagger(\gamma^0)^\dagger\gamma^0\gamma^0\psi=\psi^\dagger\gamma^0\psi=\bar{\psi}\psi\tag{7.62}$$

因此 $\bar{\psi}\psi$ 在 P 下是不变的——它是“真的”标量。而我们也可以用 ψ 构造一个赝标量：

$$\bar{\psi}\gamma^5\psi\tag{7.63}$$

其中

$$\gamma^5\equiv \mathrm{i}\gamma^0\gamma^1\gamma^2\gamma^3=\begin{pmatrix}0 & 1\\ 1 & 0\end{pmatrix}\tag{7.64}$$

我将让你验证它是洛伦兹不变的（见习题7.14）。至于它在宇称下的行为

$$(\bar{\psi}\gamma^5\psi)'=(\psi')^\dagger\gamma^0\gamma^5\psi'=\psi^\dagger\gamma^0\gamma^0\gamma^5\gamma^0\psi=\psi^\dagger\gamma^5\gamma^0\psi\tag{7.65}$$

（在最后一步我用了$(\gamma^0)^2=1$ 的结果。）现在，γ^0 在 γ^5的“错误一边”，但我们可以把它“拉过去”，因为它与 γ^1、γ^2 和 γ^3 反对易［方程（7.15)］，而（当然）与它自己对易（$\gamma^3\gamma^0=-\gamma^0\gamma^3$，$\gamma^2\gamma^0=-\gamma^0\gamma^2$，$\gamma^1\gamma^0=-\gamma^0\gamma^1$，$\gamma^0\gamma^0=\gamma^0\gamma^0$），因此

$$\gamma^5\gamma^0=\mathrm{i}\gamma^0\gamma^1\gamma^2\gamma^3\gamma^0=(-1)^3\gamma^0(i\gamma^0\gamma^1\gamma^2\gamma^3)=-\gamma^0\gamma^5$$

用同样的方法，γ^5 与所有其他的 γ 矩阵反对易：

$$\{\gamma^\mu,\gamma^5\}=0\tag{7.66}$$

⊖ 注意积的转置等于逆序转置的积：

$$(\widetilde{AB})_{ij}=(AB)_{ji}=\sum_k A_{jk}B_{ki}=\sum_k\widetilde{B}_{ik}\widetilde{A}_{kj}=(\widetilde{B}\widetilde{A})_{ij}$$

厄米共轭同样：

$$(AB)^\dagger=B^\dagger A^\dagger$$

⊜ 方程（7.61）的符号是纯约定；$-\gamma^0\psi$ 也可同样做。

最后

$$(\bar{\psi}\gamma^5\psi)' = -\psi^\dagger\gamma^0\gamma^5\psi = -(\bar{\psi}\gamma^5\psi) \tag{7.67}$$

因此它是赝标量。

由于 i 与 j 的取值均为 1 至 4，所以共有 16 种形式的 $\psi_i^*\psi_j$ 积（取一个分量的 ψ^*，而取另一个分量的 ψ）。这 16 种积可以被组合成各种线性组合来构造不同的变换行为，如下：

$$\left\{\begin{array}{lll}(1) & \bar{\psi}\psi = \text{标量} & (\text{一个分量}) \\ (2) & \bar{\psi}\gamma^5\psi = \text{赝标量} & (\text{一个分量}) \\ (3) & \bar{\psi}\gamma^\mu\psi = \text{矢量} & (\text{四个分量}) \\ (4) & \bar{\psi}\gamma^\mu\gamma^5\psi = \text{赝矢量} & (\text{四个分量}) \\ (5) & \bar{\psi}\sigma^{\mu\nu}\psi = \text{反对称张量} & (\text{六个分量})\end{array}\right\} \tag{7.68}$$

其中

$$\sigma^{\mu\nu} \equiv \frac{i}{2}(\gamma^\mu\gamma^\nu - \gamma^\nu\gamma^\mu) \tag{7.69}$$

共给出 16 项，这是我们可以期望做的全部。例如你无法在 ψ^* 和 ψ 之间构造一个对称张量，且如果你寻找一个矢量，$\bar{\psi}\gamma^\mu\psi$ 是唯一的候选者。㊀（另一种看此结果的方式是：1、γ^5、γ^μ、$\gamma^\mu\gamma^5$ 和 $\sigma^{\mu\nu}$ 组成所有 4×4 矩阵空间的一组“基”；任何 4×4 矩阵都可写成这些 16 个矩阵的线性组合。特别地，如果你曾碰到过五个 γ 矩阵的积，例如，你可以肯定它可以被约化成不超过两个的积。）

暂停一下来欣赏方程（7.68）中的精巧标记。**双线性协变量**的张量特征，甚至它们在宇称下的行为被很直观地显示：$\bar{\psi}\gamma^\mu\psi$ 看起来像个四矢量，它就是个四矢量。而 γ^μ 本身肯定不是一个四矢量；它是一组四个固定的矩阵［方程（7.17）］；当你变到不同的惯性系中它们不会改变——是 ψ 改变，并以这种方式给出整个有果酱在内的张量味道的“三明治”。

7.4 光子

在经典电动力学中，由电荷密度 ρ 和电流密度 $\boldsymbol{J}$ 产生的电场和磁场（$\boldsymbol{E}$ 和 $\boldsymbol{B}$）由麦克斯韦方程组决定：㊁

$$\left\{\begin{array}{ll}(\text{i})\ \nabla\cdot\boldsymbol{E} = 4\pi\rho & (\text{iii})\ \nabla\cdot\boldsymbol{B} = 0 \\ (\text{ii})\ \nabla\times\boldsymbol{E} + \dfrac{1}{c}\dfrac{\partial\boldsymbol{B}}{\partial t} = 0 & (\text{iv})\ \nabla\times\boldsymbol{B} - \dfrac{1}{c}\dfrac{\partial\boldsymbol{E}}{\partial t} = \dfrac{4\pi}{c}\boldsymbol{J}\end{array}\right\} \tag{7.70}$$

在相对论的表达中，$\boldsymbol{E}$ 和 $\boldsymbol{B}$ 合起来形成反对称二阶张量，“场强张量” $F^{\mu\nu}$：

$$F^{\mu\nu} = \begin{pmatrix} 0 & -E_x & -E_y & -E_z \\ E_x & 0 & -B_z & B_y \\ E_y & B_z & 0 & -B_x \\ E_z & -B_y & B_x & 0 \end{pmatrix} \tag{7.71}$$

㊀ 注意 $\bar{\psi}\gamma^0\psi = \psi^\dagger\gamma^0\gamma^0\psi = \psi^\dagger\psi$，因此 $\psi^\dagger\psi$ 实际是一个四矢量的零分量。这是为什么那时无疑看起来很特别的归一化条件［方程（7.43）］实际是很敏感的。通过归一化 $u^\dagger u$ 到四矢量 p^μ 的零分量，我们得到一个相对论“自然的”约定（见习题 7.16）。

㊁ 这节预先假设你已熟悉经典电动力学；它设计得使在量子电动力学里对光子的描写更加合理。像以往一样，我用高斯单位制。

（也就是，$F^{01}=-E_x$，$F^{12}=-B_z$，等等），而 ρ 和 $\boldsymbol{J}$ 构成四矢量：

$$J^{\mu}=(c\rho,\boldsymbol{J}) \tag{7.72}$$

方程（7.70）中的非奇次麦克斯韦方程组（ⅰ）和（ⅳ）可以被写成更漂亮的张量形式（见习题7.20）

$$\partial_{\mu}F^{\mu\nu}=\frac{4\pi}{c}J^{\nu} \tag{7.73}$$

从 $F^{\mu\nu}$ 的反对称性质（$F^{\nu\mu}=-F^{\mu\nu}$）得到（见习题7.20）J^{μ} 是无散的：

$$\partial_{\mu}J^{\mu}=0 \tag{7.74}$$

或用三维表达，$\nabla\cdot\boldsymbol{J}=-\partial\rho/\partial t$；这是表达局域电荷守恒的“连续性方程”（见习题7.21）。

方程（7.70）中的奇次麦克斯韦方程组（ⅲ）等价于说 $\boldsymbol{B}$ 可以被写成矢量势 $\boldsymbol{A}$ 的旋度：

$$\boldsymbol{B}=\nabla\times\boldsymbol{A} \tag{7.75}$$

由它，（ⅱ）变为

$$\nabla\times\left(\boldsymbol{E}+\frac{1}{c}\frac{\partial\boldsymbol{A}}{\partial t}\right)=0 \tag{7.76}$$

这等价于说 $\boldsymbol{E}+(1/c)(\partial\boldsymbol{A}/\partial t)$ 可以被写作一个标量势 V 的梯度：

$$\boldsymbol{E}=-\nabla V-\frac{1}{c}\frac{\partial\boldsymbol{A}}{\partial t} \tag{7.77}$$

在相对论表达里，方程（7.75）和方程（7.77）成为

$$F^{\mu\nu}=\partial^{\mu}A^{\nu}-\partial^{\nu}A^{\mu} \tag{7.78}$$

其中

$$A^{\mu}=(V,\boldsymbol{A}) \tag{7.79}$$

用这个四矢量，非奇次麦克斯韦方程组（7.73）变成：

$$\partial_{\mu}\partial^{\mu}A^{\nu}-\partial^{\nu}(\partial_{\mu}A^{\mu})=\frac{4\pi}{c}J^{\nu} \tag{7.80}$$

在经典电动力学中场强是物理量；势只是有用的数学构造。势体系的优点是它自动地满足奇次麦克斯韦方程组：给出方程（7.75）和方程（7.77），方程（7.70）的（ⅱ）和（ⅲ）立即自动得到，不管 V 和 $\boldsymbol{A}$ 可能是什么取值。只需要关心非奇次方程（7.80）。势体系的缺点是 V 和 $\boldsymbol{A}$ 不能完全确定。事实上，从方程（7.78）清楚地获得新的势

$$A_{\mu}'=A_{\mu}+\partial_{\mu}\lambda \tag{7.81}$$

（其中 λ 是位置和时间的任意函数）同样能做，因为 $\partial^{\mu}A^{\nu\prime}-\partial^{\nu}A^{\mu\prime}=\partial^{\mu}A^{\nu}-\partial^{\nu}A^{\mu}$。这样一个对场强没有影响的势的改变叫**规范变换**。我们可以利用这个规范自由度来施加一个额外对势的限制[3]：

$$\partial_{\mu}A^{\mu}=0 \tag{7.82}$$

它叫**洛伦兹条件**；利用它麦克斯韦方程组（7.80）可以进一步简化：

$$\Box A^{\mu}=\frac{4\pi}{c}J^{\mu} \tag{7.83}$$

这里

$$\Box\equiv\partial^{\mu}\partial_{\mu}=\frac{1}{c^2}\frac{\partial^2}{\partial t^2}-\nabla^2 \tag{7.84}$$

是拉普拉斯算符（∇^2）的相对论推广；它叫作达朗贝尔算符。

然而即使洛伦兹条件也没有唯一确定 A^μ。进一步不影响方程（7.82）的规范变换仍是可能的，假设规范函数 λ 满足波动方程：

$$\Box\lambda=0 \tag{7.85}$$

不幸的是，没有清楚的方式减除 A^μ 中剩余的不确定性，人们必须选择要么和不确定性共存，它意味着携带虚假的自由度，或者施加额外的限制，这会破会理论的洛伦兹协变性。两种做法都在 QED 中被使用；我们将用后一种做法。在空的空间，$J^\mu=0$，我们选择（见习题 7.22）

$$A^0=0 \tag{7.86}$$

洛伦兹条件变成

$$\nabla\cdot\boldsymbol{A}=0 \tag{7.87}$$

这个选择（库仑规范）简单而有吸引力，但通过选择对一个分量（A^0）特殊处理，使我们限于某个特别的惯性系（或它强制我们伴随洛伦兹变换同时实行一个规范变换，以恢复库仑规范条件）。在实际中这不是个问题，但美学上并不完美。

QED 中，A^μ 成为光子的波函数。自由光子在 $J^\mu=0$ 时满足方程（7.83）

$$\Box A^\mu=0 \tag{7.88}$$

我们把它看成对无质量粒子的克莱因-戈登方程。像在处理狄拉克方程时那样，我们寻求四动量 $p=(E/c,\ \boldsymbol{p})$ 的平面波解：

$$A^\mu(x)=a\mathrm{e}^{-(\mathrm{i}/\hbar)p\cdot x}\epsilon^\mu(p) \tag{7.89}$$

这里 ϵ^μ 是极化矢量——它标志光子的自旋——而 a 是一个归一化常数。把方程（7.89）代进方程（7.88），我们获得对 p^μ 的一个限制：

$$p^\mu p_\mu=0 \quad 或 \quad E=|\boldsymbol{p}|c \tag{7.90}$$

正像它对无质量粒子做的那样。

同时，ϵ^μ 有四个分量，但不都是独立的。洛伦兹条件［方程（7.82）］要求

$$p^\mu\epsilon_\mu=0 \tag{7.91}$$

进一步库仑规范，

$$\epsilon^0=0, \quad 因此\ \boldsymbol{\epsilon}\cdot\boldsymbol{p}=0 \tag{7.92}$$

它说极化三矢量（$\boldsymbol{\epsilon}$）垂直于传播方向；我们说自由光子是**横向极化**的。[㊀]现在有两个线性独立垂直于 $\boldsymbol{p}$ 的三矢量；例如，如果 $\boldsymbol{p}$ 指向 z 方向，我们可以选择

$$\boldsymbol{\epsilon}^{(1)}=(1,0,0), \quad \boldsymbol{\epsilon}^{(2)}=(0,1,0) \tag{7.93}$$

对给定动量，不是有四个独立解（对自旋 1 太多了），我们只剩下两个。这听起来有点太少了——光子不应具有三个自旋态吗？答案是否定的：一个自旋 s 的有质量粒子允许自旋有 $2s+1$ 个不同的指向，但无质量粒子只能有两个，不管它的自旋是多少（除了 $s=0$，只有一个）。沿着运动方向只可能有 $m_s=+s$ 和 $m_s=-s$；换句话说其螺旋度只能是 +1 或 -1。[㊁]

㊀ 这对应电磁波是横波的事实。

㊁ $m_s=\pm1$ 的光子态对应右旋和左旋极化；相应的极化矢量是 $\boldsymbol{\epsilon}_\pm=\mp(\boldsymbol{\epsilon}^{(1)}\pm i\boldsymbol{\epsilon}^{(2)})/\sqrt{2}$。注意我们是通过选定特殊的规范来减除非物理（$m_s=0$）的解的。如果我们用“协变”体系避免施加库仑规范，纵向自由光子将出现在理论中。但这些“鬼”同其他所有东西退耦，它们不影响最后的结果。

7.5 QED 的费曼规则

在 7.2 节我们发现动量 $p=(E/c, \boldsymbol{p})$，其中 $E=\sqrt{m^2c^4+\boldsymbol{p}^2c^2}$的自由电子和正电子由如下波函数代表：㊀

$$\underline{\text{电子}} \qquad\qquad \underline{\text{正电子}}$$

$$\psi(x)=a\mathrm{e}^{-(\mathrm{i}/\hbar)p\cdot x}u^{(s)}(p) \qquad \psi(x)=a\mathrm{e}^{(\mathrm{i}/\hbar)p\cdot x}v^{(s)}(p) \tag{7.94}$$

其中 $s=1, 2$ 代表两个自旋态。旋量 $u^{(s)}$ 和 $v^{(s)}$ 满足动量空间狄拉克方程：

$$(\gamma^\mu p_\mu - mc)u=0 \qquad (\gamma^\mu p_\mu + mc)v=0 \tag{7.95}$$

它们的伴随量 $\bar{u}=u^\dagger\gamma^0$，$\bar{v}=v^\dagger\gamma^0$，满足

$$\bar{u}(\gamma^\mu p_\mu - mc)=0 \qquad \bar{v}(\gamma^\mu p_\mu + mc)=0 \tag{7.96}$$

它们是正交的：

$$\bar{u}^{(1)}u^{(2)}=0 \qquad \bar{v}^{(1)}v^{(2)}=0 \tag{7.97}$$

归一化的：

$$\bar{u}u=2mc \qquad \bar{v}v=-2mc \tag{7.98}$$

且在以下意义上是完备的：

$$\sum_{s=1,2}u^{(s)}\bar{u}^{(s)}=(\gamma^\mu p_\mu + mc) \qquad \sum_{s=1,2}v^{(s)}\bar{v}^{(s)}=(\gamma^\mu p_\mu - mc) \tag{7.99}$$

（见习题 7.24）。在方程（7.46）和方程（7.47）中给出了一个方便的明显集合 $\{u^{(1)}, u^{(2)}, v^{(1)}, v^{(2)}\}$。通常地，我们将对电子和正电子自旋进行平均，而在这种情形下这些是自旋上或下是没关系的——我们所需要的是完备性。对某些自旋指定的问题，当然我们必须利用手边合适的旋量。

同时，一个动量 $p=(E/c, \boldsymbol{p})$，其中 $E=|\boldsymbol{p}|c$ 的自由光子由如下波函数代表：

$$\underline{\text{光子}}$$

$$A_\mu(x)=a\mathrm{e}^{-(\mathrm{i}/\hbar)p\cdot x}\epsilon_\mu^{(s)} \tag{7.100}$$

其中 $s=1, 2$ 代表两个自旋态（极化）。极化矢量 $\epsilon_\mu^{(s)}$ 满足动量空间洛伦兹条件：

$$p^\mu\epsilon_\mu=0 \tag{7.101}$$

它们在以下意义上是正交的：

$$\epsilon_\mu^{(1)*}\epsilon^{(2)\mu}=0 \tag{7.102}$$

和归一化的：

$$\epsilon^{\mu*}\epsilon_\mu=-1 \tag{7.103}$$

在库仑规范下

$$\epsilon^0=0, \qquad \boldsymbol{\epsilon}\cdot\boldsymbol{p}=0 \tag{7.104}$$

而极化三矢量服从完备性条件（见习题 7.25）

$$\sum_{s=1,2}\epsilon_i^{(s)}\epsilon_j^{(s)*}=\delta_{ij}-\hat{p}_i\hat{p}_j \tag{7.105}$$

㊀ 作为参考，我从小结前几节的基本结果开始。为谈论“电子”和“正电子”，但它们也可以是“缪子”和“反缪子”，或“陶子”和“反陶子”，或（带合适的电荷）夸克和反夸克——简言之，任何自旋 1/2 的点电荷。

一个方便的显式对（$\epsilon^{(1)}$，$\epsilon^{(2)}$）由方程（7.93）给出。

为计算一个特别的费曼图的振幅 $\mathscr{M}$，过程如下：

费曼规则

1）约定：每条外线联系一个动量 p_1，p_2，…，p_n，并在每条线上画一个箭头，指示正方向（时间向前）。[⊖] 每条内线联系一个动量 q_1，q_2，…；同样每条线上要画箭头指示正方向（任意安排）。见图 7.1。

2）外线：外线贡献如下因子：

电子：入射（→•）：u；出射（•→）：$\bar{u}$

正电子：入射（←•）：$\bar{v}$；出射（•←）：v

光子：入射（∿•）：ϵ_μ；出射（•∿）：ϵ_μ^*

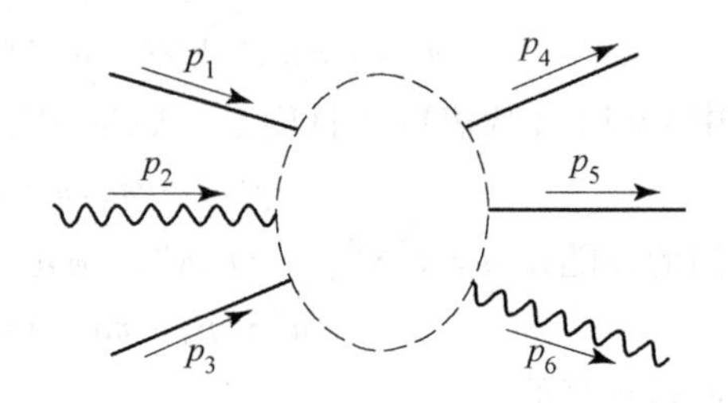

图 7.1 一个一般的外线标记了的 QED 图。（内线没画）

3）顶角因子：每个顶角贡献一个因子

$$\mathrm{i}g_e\gamma^\mu$$

无量纲耦合常数 g_e 与电子的电荷有关：$g_e = e\sqrt{4\pi/\hbar c} = \sqrt{4\pi\alpha}$。[⊜]

4）传播子：每条内线贡献一个如下因子：

电子和正电子：$\dfrac{\mathrm{i}(\gamma^\mu q_\mu + mc)}{q^2 - m^2c^2}$

光子：$\dfrac{-\mathrm{i}g_{\mu\nu}}{q^2}$

5）能量和动量守恒：对每个顶角，写下一个 δ 函数形为

$$(2\pi)^4\delta^4(k_1 + k_2 + k_3)$$

其中 k 是三个流进顶角的四动量（如果箭头向外指，k 就是那条线动量的负值）。

6）积掉内线动量：对每个内线动量 q，写一个因子

$$\frac{\mathrm{d}^4 q}{(2\pi)^4}$$

并进行积分。

7）抵消 δ 函数：结果将包含一个因子

$$(2\pi)^4\delta^4(p_1 + p_2 + \cdots - p_n)$$

对应于整体能量-动量守恒。扔掉这个因子，乘上 i；就是 $\mathscr{M}$。

最重要的是各部分被按正确的顺序组装起来——否则矩阵相乘就是无稽之谈。最安全的程序是**对图反向沿每条费米子线做**。（例）从出射电子线开始，跟着箭头（在线上的）直至

⊖ 当然对费米子已经有箭头在线上了，这告诉我们它是电子还是正电子。两个箭头之间没有关系；它们可以指向也可以不指向同一方向。

⊜ 在亥维赛－洛伦兹单位制里，$\hbar$ 和 c 都取为 1，g_e 是正电子的电荷，它在大多数教科书中被写成 e。在这本书中我们采用高斯单位制，并保留所有 $\hbar$ 和 c 的因子。最简单的避免单位的麻烦的方式是用无量纲的数 α 表达所有的结果。在写 QED 的费曼规则时，我假设我们处理的是电子和正电子。一般地，QED 的耦合常数是 $-q\sqrt{4\pi/\hbar c}$，其中 q 是粒子的电荷（与反粒子符号相反）。对电子，$q=-e$，而对“上”夸克，例，$q=2e/3$。

走到其起始处，或者作为入射电子或者作为出射正电子，从左至右写下你碰到的各种线的因子顶角因子和传播子。每个费米子线产生一个形为伴随旋量，4×4 矩阵，旋量形的“三明治”（行×矩阵×列=数）。同时，每个顶角携带一个逆变矢量指标（μ，v，λ，…），它和连着的光子线或传播子的协变指标收缩。（不要着急：当我们计算一些例子时，所有这些都会有更好的感受，但为将来参考我想指明规矩。）

像以前一样，总的想法是写出所有对问题中的过程有贡献的图（到所希望的阶），计算每个图的振幅（$\mathscr{M}$），把它们加起来得到总振幅，然后看情况按黄金规则把它合适地插入衰变率或散射截面。有个新的变化偶尔出现：反对称的费米子波函数要求我们在组合的振幅里插入一个负号，这只在交换两个全同外费米子时产生差别。哪个图加负号没有关系，因为总结果最后要进行平方；但它们之间必须有相对的负号：

8）反对称化：在相差交换两个入射（或出射）电子（或正电子），或一个入射电子和一个出射正电子的图（或反过来）之间加入一个负号。

7.6　例子

我们现在处在重现很多量子电动力学经典计算的位置。为了使你不至于陷于细节，我先开始给你一个最重要过程的目录（见表 7.1）。最简单的是电子-缪子散射，由于这里到二阶只有一个图有贡献。[⊖]

表 7.1　基本量子电动力学过程目录。

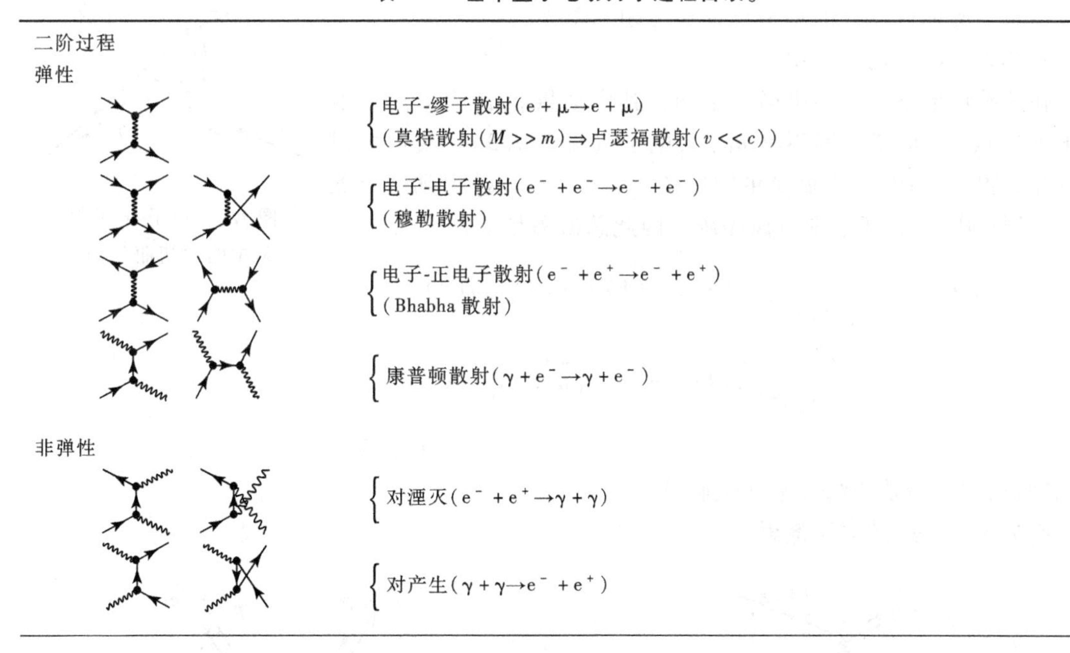

⊖ 当然不必一定是 e 和 μ。任何自旋 1/2 点电荷都行（例如 e 和 τ，或 μ 和 τ，或电子和夸克，等等），只要你放进正确的质量和电荷。事实上，多数书采用电子 - 质子散射作为正则例子，但这是个相当不合适的选择，因为质子具有复合结构，不是点粒子。当然，若质子的内部结构可以被忽略，这不是一个坏的近似（就像在太阳系理论中把太阳看成是一个质点一样）。如果“缪子”比电子重很多，我们得到**莫特散射**；如果更进一步，“电子”是非相对论的，我们得到卢瑟福散射，对它 QED 精确地重现了经典的公式（例 6.4）。

（续）

最重要的三阶过程

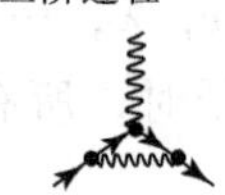

⇒电子的反常磁矩

例 7.1　电子-缪子散射

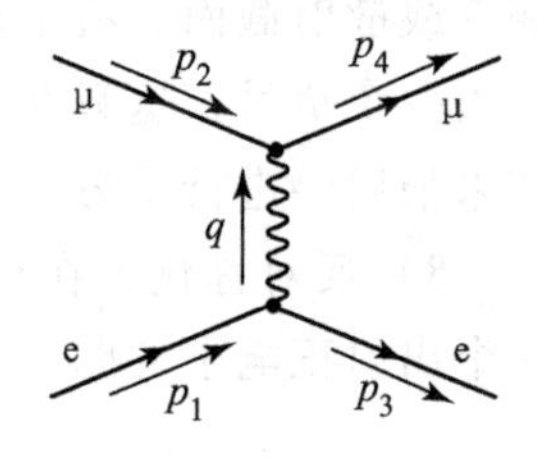

图 7.2　电子-缪子散射。

沿着每一条费米子线“反向”走（见图 7.2），走的过程中使用费曼规则：

$$(2\pi)^4\int[\bar{u}^{(s_3)}(p_3)(\mathrm{i}g_e\gamma^\mu)u^{(s_1)}(p_1)]\times$$
$$\frac{-\mathrm{i}g_{\mu\nu}}{q^2}[\bar{u}^{(s_4)}(p_4)(\mathrm{i}g_e\gamma^\nu)u^{(s_2)}(p_2)]\times$$
$$\delta^4(p_1-p_3-q)\delta^4(p_2+q-p_4)\mathrm{d}^4q$$

注意光子传播子上的指标是如何与光子线两边的顶角因子上的指标一起收缩的。完成（平常的）q 积分，扔掉整体的 δ 函数，我们得到

$$\mathscr{M}=-\frac{g_e^2}{(p_1-p_3)^2}[\bar{u}^{(s_3)}(p_3)\gamma^\mu u^{(s_1)}(p_1)][\bar{u}^{(s_4)}(p_4)\gamma_\mu u^{(s_2)}(p_2)] \tag{7.106}$$

尽管它的表达式复杂，有四个旋量和八个 γ 矩阵，但这是个数，一旦给定自旋你可以立即算出它（见习题 7.26）。

例 7.2　电子-电子散射

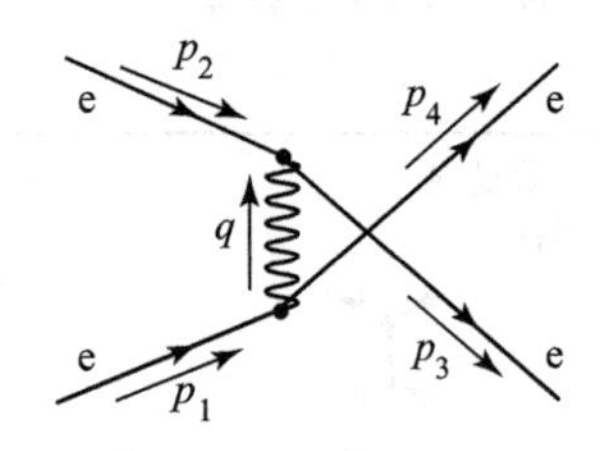

图 7.3　电子-电子散射中的“扭曲”图。

在这种情形下，还多出第二个图，其中动量 p_3 自旋 s_3 的出射电子来自 p_2、s_2 电子，而不是 p_1、s_1 电子（见图 7.3）。我们可以通过在方程（7.106）中做简单的代换 p_3，$s_3\leftrightarrow p_4$，s_4 得到这个振幅。按照规则 8），两个图应该相减，因此总振幅是

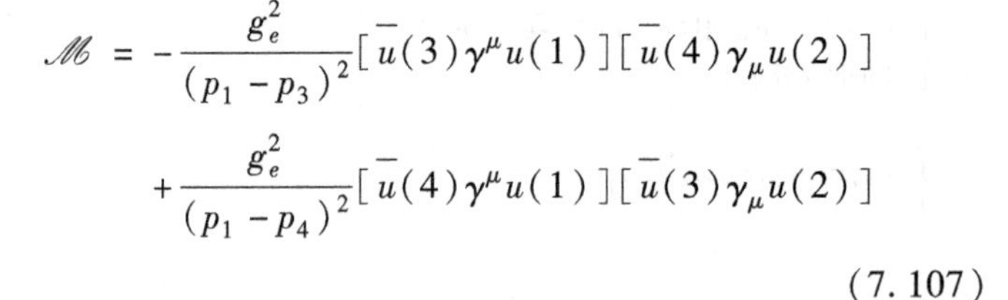

$$\mathscr{M}=-\frac{g_e^2}{(p_1-p_3)^2}[\bar{u}(3)\gamma^\mu u(1)][\bar{u}(4)\gamma_\mu u(2)]+\frac{g_e^2}{(p_1-p_4)^2}[\bar{u}(4)\gamma^\mu u(1)][\bar{u}(3)\gamma_\mu u(2)] \tag{7.107}$$

（注意我采用了清楚的缩写来标记旋量。）

例 7.3　电子-正电子散射

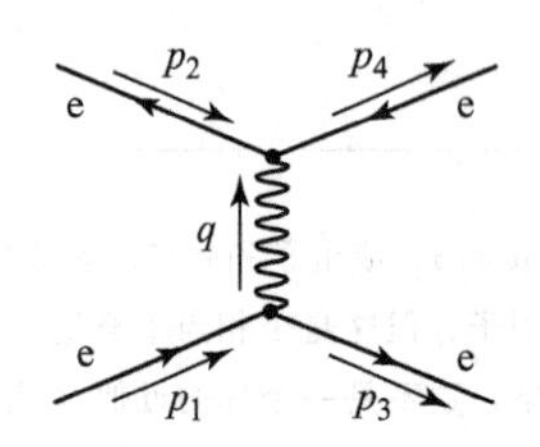

图 7.4　电子-正电子散射。

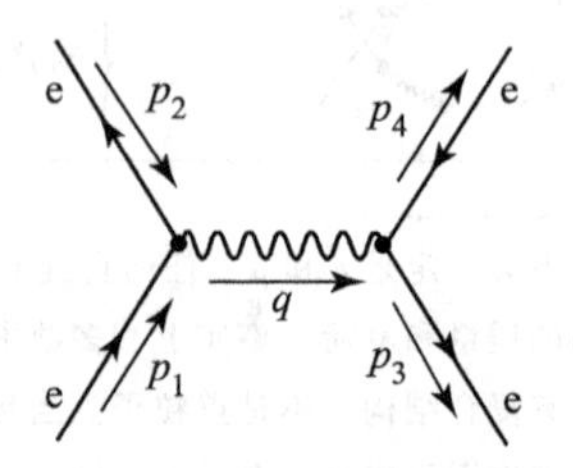

图 7.5　电子-正电子散射的第二个图。

同样有两个图。[⊖]第一个图和电子-缪子图（见图7.4）类似：

$$(2\pi)^4\int[\bar{u}(3)(ig_e\gamma^\mu)u(1)]\frac{-ig_{\mu\nu}}{q^2}[\bar{v}(2)(ig_e\gamma^\nu)v(4)]\times$$
$$\delta^4(p_1-p_3-q)\delta^4(p_2+q-p_4)\mathrm{d}^4q$$

注意沿一个反粒子线的“反向行进”意味着沿时间正向前进；顺序总是**伴随旋量/矩阵/旋量**。因此这个图的振幅是

$$\mathscr{M}_1=-\frac{g_e^2}{(p_1-p_3)^2}[\bar{u}(3)\gamma^\mu u(1)][\bar{v}(2)\gamma_\mu v(4)] \tag{7.108}$$

另一个图代表电子和正电子的虚湮灭，随后是对产生（见图7.5）：

$$(2\pi)^4\int[\bar{u}(3)(ig_e\gamma^\mu)v(4)]\frac{-ig_{\mu\nu}}{q^2}[\bar{v}(2)(ig_e\gamma^\nu)u(1)]\times$$
$$\delta^4(q-p_3-p_4)\delta^4(p_1+p_2-q)\mathrm{d}^4q$$

因此这个图的振幅是

$$\mathscr{M}_2=-\frac{g_e^2}{(p_1+p_2)^2}[\bar{u}(3)\gamma^\mu v(4)][\bar{v}(2)\gamma_\mu u(1)] \tag{7.109}$$

现在，我们应该是把这些图加起来还是相减？在第二个图（见图7.5）里交换入射正电子和出射电子，并把它重画成更习惯的形状

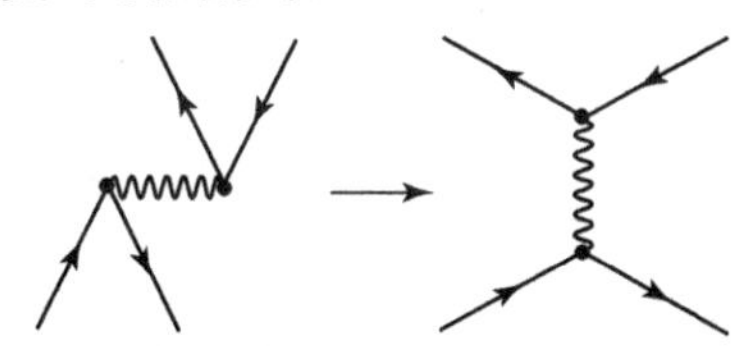

我们得到第一个图（见图7.4）。按照规则8)，那么我们需要一个负号：

$$\mathscr{M}=-\frac{g_e^2}{(p_1-p_3)^2}[\bar{u}(3)\gamma^\mu u(1)][\bar{v}(2)\gamma_\mu v(4)]$$
$$+\frac{g_e^2}{(p_1+p_2)^2}[\bar{u}(3)\gamma^\mu v(4)][\bar{v}(2)\gamma_\mu u(1)] \tag{7.110}$$

例7.4　康普顿散射

作为一个涉及电子传播子和光子极化的例子，考虑康普顿散射，γ + e→γ + e。同样有两个图，但它们并不是相差交换费米子，因此振幅是相加的。第一个图（见图7.5）给出

$$(2\pi)^4\int\varepsilon_\mu(2)[\bar{u}(4)(ig_e\gamma^\mu)\frac{i(\not{q}+mc)}{(q^2-m^2c^2)}(ig_e\gamma^\nu)u(1)]\epsilon_\nu(3)^*\times$$
$$\delta^4(p_1-p_3-q)\delta^4(p_2+q-p_4)\mathrm{d}^4q$$

⊖ 电子-电子和电子-正电子散射有两个图，而电子-缪子散射只有一个图的事实将暂时会导致与经典极限不一致。毕竟库仑定律说两个粒子之间的吸引力或排斥力只依赖它们的电荷，而不管它们是否全同（或是另一个的反粒子）；因此在非相对论极限下，不管我们用电子-缪子的公式或是电子-电子的公式我们应该得到同样的答案。振幅确实是不一样的，但截面方程（6.34）带一个因子 S，它对电子-电子散射是1/2，而对电子-缪子散射是1。对电子-正电子散射，$S=1$，而第二个振幅［方程（7.109）］小于第一个振幅［方程（7.108）］一个因子 $(v/c)^2$，因此在非相对论极限下只有 $\mathscr{M}_1$ 有贡献。

注意在每个光子极化矢量上的时空指标是与光子产生或吸收的顶角的 γ 矩阵的指标一起收缩。还要注意当我们沿电子线反向走时电子传播子是如何放进来的。我在这里引进了方便的“斜杠”标记：

$$\not{a} \equiv a^{\mu}\gamma_{\mu} \tag{7.111}$$

明显地，与图7.6关联的振幅是[⊖]

$$\mathcal{M}_1 = \frac{g_e^2}{(p_1 - p_3)^2 - m^2c^2}[\bar{u}(4)\not{\epsilon}(2)(\not{p}_1 - \not{p}_3 + mc)\not{\epsilon}(3)^* u(1)] \tag{7.112}$$

同时，第二个图（见图7.7）给出

$$\mathcal{M}_2 = \frac{g_e^2}{(p_1 + p_2)^2 - m^2c^2}[\bar{u}(4)\not{\epsilon}(3)^*(\not{p}_1 + \not{p}_2 + mc)\not{\epsilon}(2)u(1)] \tag{7.113}$$

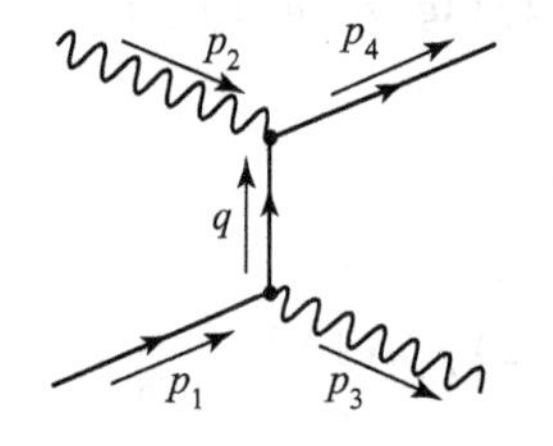

图7.6 康普顿散射。

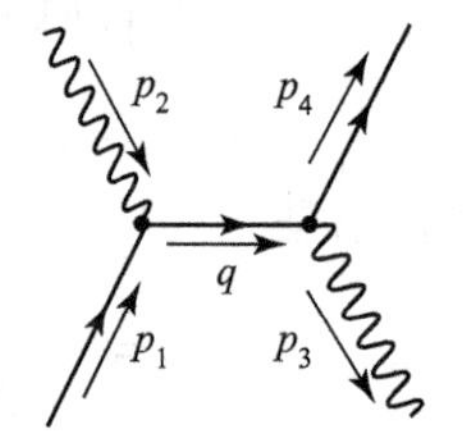

图7.7 康普顿散射的第二个图。

而总振幅是 $\mathcal{M} = \mathcal{M}_1 + \mathcal{M}_2$。

7.7 喀什米尔窍门

在一些实验中入射和出射电子（或正电子）的自旋是确定的，且光子的极化也是给出的。如果是这样，下一步要做的事就是在 $\mathcal{M}$ 中插入合适的旋量和极化矢量，并计算 $|\mathcal{M}|^2$——它是我们实际为确定截面和寿命所需要的。然而更经常地，我们对自旋不感兴趣。一个典型的实验始自一束指向随机的粒子，并只记录在给定方向散射的粒子数目。在这种情形下相关的截面是对所有初态自旋位形 s_i 的平均和，对所有末态自旋位形 s_f 的求和。原则上，我们可以对每种可能的组合计算 $|\mathcal{M}(s_i \to s_f)|^2$，然后再做求和与平均：

$$\langle |\mathcal{M}|^2 \rangle \equiv \text{对 } |\mathcal{M}(s_i \to s_f)|^2 \text{ 的初态自旋}\textbf{平均}\text{,末态自旋}\textbf{求和}\text{。} \tag{7.114}$$

在实际中，更容易直接计算 $\langle |\mathcal{M}|^2 \rangle$，而不计算单独的振幅。

例如考虑电子-缪子散射振幅方程式（7.106）。做平方，我们得到

$$|\mathcal{M}|^2 = \frac{g_e^4}{(p_1 - p_3)^4}[\bar{u}(3)\gamma^{\mu}u(1)][\bar{u}(4)\gamma_{\mu}u(2)][\bar{u}(3)\gamma^{\nu}u(1)]^*[\bar{u}(4)\gamma_{\nu}u(2)]^* \tag{7.115}$$

（我用 v 做第二个收缩，因为 μ 已经用过了。）看一下第一个和第三个“三明治”（或第二个和第四个）提示我们必须处理如下一般形式的量：

$$G \equiv [\bar{u}(a)\Gamma_1 u(b)][\bar{u}(a)\Gamma_2 u(b)]^* \tag{7.116}$$

⊖ 这里和以后，$\not{\epsilon}^*$ 意味 $\gamma^{\mu}(\epsilon_{\mu}^*)$；$\gamma$ 矩阵不求共轭。

其中 a 和 b 代表合适的自旋和动量，而 $\boldsymbol{\Gamma}_1$ 和 $\boldsymbol{\Gamma}_2$ 是 4×4 矩阵。7.6 节描写的所有其他过程——穆勒、芭芭（Bhabha）和康普顿散射，及对产生和湮灭——都导致类似结构的表达式。作为开始，我们计算复共轭（它和厄米共轭是一样的，因为括号了的量是 1×1 "矩阵"）：

$$[\bar{u}(a)\Gamma_2 u(b)]^* = [u(a)^\dagger\gamma^0\Gamma_2 u(b)]^\dagger = u(b)^\dagger\Gamma_2^\dagger\gamma^{0\dagger}u(a) \tag{7.117}$$

现在，$\gamma^{0\dagger}=\gamma^0$，且 $(\gamma^0)^2=1$，因此

$$u(b)^\dagger\Gamma_2^\dagger\gamma^{0\dagger}u(a) = u(b)^\dagger\gamma^0\gamma^0\Gamma_2^\dagger\gamma^0 u(a) = \bar{u}(b)\bar{\Gamma}_2 u(a) \tag{7.118}$$

其中㊀

$$\bar{\Gamma}_2 \equiv \gamma^0\Gamma_2^\dagger\gamma^0 \tag{7.119}$$

因此

$$G \equiv [\bar{u}(a)\Gamma_1 u(b)][\bar{u}(b)\bar{\Gamma}_2 u(a)] \tag{7.120}$$

我们现在已准备好对粒子 b 的自旋指向求和。利用完备性关系［方程（7.99）］，我们有

$$\begin{aligned}\sum_{b\text{自旋}} G &= \bar{u}(a)\Gamma_1\Big\{\sum_{s_b=1,2} u^{(s_b)}(p_b)\bar{u}^{(s_b)}(p_b)\Big\}\bar{\Gamma}_2 u(a) \\ &= \bar{u}(a)\Gamma_1(\not{p}_b + m_b c)\bar{\Gamma}_2 u(a) = \bar{u}(a)\mathcal{Q}u(a)\end{aligned} \tag{7.121}$$

其中 $\mathcal{Q}$ 是一个暂时的 4×4 矩阵的缩写

$$\mathcal{Q} \equiv \Gamma_1(\not{p}_b + m_b c)\bar{\Gamma}_2 \tag{7.122}$$

下面，我们对粒子 a 做同样的事：

$$\sum_{a\text{自旋}}\sum_{b\text{自旋}} G = \sum_{s_a=1,2}\bar{u}^{(s_a)}(p_a)\mathcal{Q}u^{(s_a)}(p_a)$$

或明显写出矩阵相乘：㊁

$$\begin{aligned}\sum_{s_a=1,2}\sum_{i,j=1}^{4}\bar{u}^{(s_a)}(p_a)_i\mathcal{Q}_{ij}u^{(s_a)}(p_a)_j &= \sum_{i,j=1}^{4}\mathcal{Q}_{ij}\Big\{\sum_{s_a=1,2}u^{(s_a)}(p_a)\bar{u}^{(s_a)}(p_a)\Big\}_{ji} \\ &= \sum_{i,j=1}^{4}\mathcal{Q}_{ij}(\not{p}_a + m_a c)_{ji} = \sum_{i=1}^{4}[\mathcal{Q}(\not{p}_a + m_a c)]_{ii} = \mathrm{Tr}[\mathcal{Q}(\not{p}_a + m_a c)]\end{aligned} \tag{7.123}$$

其中"Tr"代表矩阵的迹（其对角元的求和）：

$$\mathrm{Tr}(A) \equiv \sum_i A_{ii} \tag{7.124}$$

结论：

$$\sum_{\text{所有自旋}}[\bar{u}(a)\Gamma_1 u(b)][\bar{u}(a)\Gamma_2 u(b)]^* = \mathrm{Tr}[\Gamma_1(\not{p}_b + m_b c)\bar{\Gamma}_2(\not{p}_a + m_a c)] \tag{7.125}$$

㊀ 注意上横杠现在用于两种不同的功能。在旋量上它代表伴随：$\bar{\psi}\equiv\psi^\dagger\gamma^0$［方程（7.58）］；而在 4×4 矩阵上它定义一个新矩阵：$\bar{\Gamma}\equiv\gamma^0\Gamma^\dagger\gamma^0$。

㊁ 这是奇特的角标计算，请看仔细。你不能把两个旋量的顺序搞乱，但它们的分量只是数字…它们可以用不同方式写：$\bar{u}_i u_j = u_j\bar{u}_i$。在第二步我们把这个积写作矩阵 $u\bar{u}$ 的 ji 元（注意这里的不寻常的矩阵乘法，列乘行：4×1 乘 1×4 产生 4×4）。

这看起来好像没做多少，实际上已进行了大量的简化。注意没有旋量留下——一旦你做了对自旋的求和，所有剩下的事就是把矩阵相乘并求迹。这有时叫“喀什米尔窍门”，因为喀什米尔显然是第一个使用它的[4]。顺便说，如果方程（7.125）中的 u 都被替换为 v，对应右边的质量改变符号（见习题7.28）。

例 7.5 在电子-缪子散射的情形［方程（7.115）］，$\Gamma_2=\gamma^\nu$，因此 $\overline{\Gamma}_2=\gamma^0\gamma^{\nu\dagger}\gamma^0=\gamma^\nu$（见习题7.29）。应用喀什米尔窍门两次，我们得到

$$\langle|\mathscr{M}|^2\rangle=\frac{g_e^4}{4(p_1-p_3)^4}\mathrm{Tr}[\gamma^\mu(\not p_1+mc)\gamma^\nu(\not p_3+mc)]\times \mathrm{Tr}[\gamma_\mu(\not p_2+Mc)\gamma_\nu(\not p_4+Mc)] \tag{7.126}$$

其中 m 是电子的质量，而 M 是缪子的质量。因子 1/4 被包括进来是因为我们要对初态自旋平均；由于有两个粒子，每个有两个可能的指向，平均是四分之一的求和。

喀什米尔窍门把所有问题简化为计算某些 γ 矩阵的复杂乘积的迹。这个代数可有一组我将罗列的定理辅助（我将把证明留给你——见习题7.31－7.34）。首先，我将给出三个一般的迹的性质：如果 A 和 B 是任意两个矩阵，而 α 是任意数

1）$\mathrm{Tr}(A+B)=\mathrm{Tr}(A)+\mathrm{Tr}(B)$

2）$\mathrm{Tr}(\alpha A)=\alpha\mathrm{Tr}(A)$

3）$\mathrm{Tr}(AB)=\mathrm{Tr}(BA)$

从3）得到 $\mathrm{Tr}(ABC)=\mathrm{Tr}(CAB)=\mathrm{Tr}(BCA)$，但这一般说不等于矩阵按另外一种顺序的迹：$\mathrm{Tr}(ACB)=\mathrm{Tr}(BAC)=\mathrm{Tr}(CBA)$。你可以“剥离”在积的末尾的矩阵并把它移到最前面，但你必须保持顺序。注意

4）$g_{\mu\nu}g^{\mu\nu}=4$

并回忆 γ 矩阵的基本反对易关系（配合以“斜杠”积）：

5）$\gamma^\mu\gamma^\nu+\gamma^\nu\gamma^\mu=2g^{\mu\nu}$　　5′）$\not a\not b+\not b\not a=2a\cdot b$

从这些可以得到一系列的“收缩定理”：

6）$\gamma_\mu\gamma^\mu=4$

7）$\gamma_\mu\gamma^\nu\gamma^\mu=-2\gamma^\nu$　　7′）$\gamma_\mu\not a\gamma^\mu=-2\not a$

8）$\gamma_\mu\gamma^\nu\gamma^\lambda\gamma^\mu=4g^{\nu\lambda}$　　8′）$\gamma_\mu\not a\not b\gamma^\mu=4(a\cdot b)$

9）$\gamma_\mu\gamma^\nu\gamma^\lambda\gamma^\sigma\gamma^\mu=-2\gamma^\sigma\gamma^\lambda\gamma^\nu$　　9′）$\gamma_\mu\not a\not b\not c\gamma^\mu=-2\not c\not b\not a$

及一组“迹定理”：

10）奇数个 γ 矩阵的迹为零。

11）$\mathrm{Tr}(1)=4$

12）$\mathrm{Tr}(\gamma^\mu\gamma^\nu)=4g^{\mu\nu}$　　12′）$\mathrm{Tr}(\not a\not b)=4(a\cdot b)$

13）$\mathrm{Tr}(\gamma^\mu\gamma^\nu\gamma^\lambda\gamma^\sigma)=4(g^{\mu\nu}g^{\lambda\sigma}-g^{\mu\lambda}g^{\nu\sigma}+g^{\mu\sigma}g^{\nu\lambda})$

13′）$\mathrm{Tr}(\not a\not b\not c\not d)=4(a\cdot bc\cdot d-a\cdot cb\cdot d+a\cdot db\cdot c)$

最后，因为 $\gamma^5=i\gamma^0\gamma^1\gamma^2\gamma^3$ 是偶数个 γ 矩阵的积，由规则10）我们得到 $\mathrm{Tr}(\gamma^5\gamma^\mu)=\mathrm{Tr}(\gamma^5\gamma^\mu\gamma^\nu\gamma^\lambda)=0$。当 γ^5 乘上偶数个 γ 矩阵时，我们得到

14）$\mathrm{Tr}(\gamma^5)=0$

15）$\mathrm{Tr}(\gamma^5\gamma^\mu\gamma^\nu)=0$　　15′）$\mathrm{Tr}(\gamma^5\not a\not b)=0$

16）$\mathrm{Tr}(\gamma^5\gamma^\mu\gamma^\nu\gamma^\lambda\gamma^\sigma)=4i\epsilon^{\mu\nu\lambda\sigma}$　　16′）$\mathrm{Tr}(\gamma^5\not a\not b\not c\not d)=4i\epsilon^{\mu\nu\lambda\sigma}a_\mu b_\nu c_\lambda d_\sigma$

其中[⊖]

$$\epsilon^{\mu\nu\lambda\sigma} \equiv \begin{cases} -1, & \text{如果 } \mu\nu\lambda\sigma \text{ 是 0123 的偶置换,} \\ +1, & \text{如果 } \mu\nu\lambda\sigma \text{ 是 0123 的奇置换,} \\ 0, & \text{如果任何两个指标相同。} \end{cases} \tag{7.127}$$

例 7.6 计算电子-缪子散射的迹 [方程 (7.126)]:

$$\begin{aligned} &\mathrm{Tr}[\gamma^{\mu}(\not{p}_1 + mc)\gamma^{\nu}(\not{p}_3 + mc)] \\ &= \mathrm{Tr}(\gamma^{\mu}\not{p}_1\gamma^{\nu}\not{p}_3) + mc[\mathrm{Tr}(\gamma^{\mu}\not{p}_1\gamma^{\nu}) + \mathrm{Tr}(\gamma^{\mu}\gamma^{\nu}\not{p}_3)] + (mc)^2\mathrm{Tr}(\gamma^{\mu}\gamma^{\nu}) \end{aligned}$$

解: 按照规则 10), 中括号里的项为零。最后一项可以用规则 12) 计算, 而第一项用规则 13) 有:

$$\begin{aligned} \mathrm{Tr}(\gamma^{\mu}\not{p}_1\gamma^{\nu}\not{p}_3) &= (p_1)_{\lambda}(p_3)_{\sigma}\mathrm{Tr}(\gamma^{\mu}\gamma^{\lambda}\gamma^{\nu}\gamma^{\sigma}) \\ &= (p_1)_{\lambda}(p_3)_{\sigma}4(g^{\mu\lambda}g^{\nu\sigma} - g^{\mu\nu}g^{\lambda\sigma} + g^{\mu\sigma}g^{\lambda\nu}) \\ &= 4[p_1^{\mu}p_3^{\nu} - g^{\mu\nu}(p_1 \cdot p_3) + p_3^{\mu}p_1^{\nu}] \end{aligned}$$

因此

$$\mathrm{Tr}[\gamma^{\mu}(\not{p}_1 + mc)\gamma^{\nu}(\not{p}_3 + mc)] = 4\{p_1^{\mu}p_3^{\nu} + p_3^{\mu}p_1^{\nu} + g^{\mu\nu}[(mc)^2 - (p_1 \cdot p_3)]\} \tag{7.128}$$

方程 (7.126) 的第二个迹是同样的, 只要做置换 $m \to M$, $1 \to 2$, $3 \to 4$, 并将希腊字母上角标改为下角标。因此

$$\begin{aligned} \langle |\mathscr{M}|^2 \rangle &= \frac{4g_e^4}{(p_1 - p_3)^4}\{p_1^{\mu}p_3^{\nu} + p_3^{\mu}p_1^{\nu} + g^{\mu\nu}[(mc)^2 - (p_1 \cdot p_3)]\} \times \\ &\quad \{p_{2\mu}p_{4\nu} + p_{4\mu}p_{2\nu} + g_{\mu\nu}[(Mc)^2 - (p_2 \cdot p_4)]\} \\ &= \frac{8g_e^4}{(p_1 - p_3)^4}[(p_1 \cdot p_2)(p_3 \cdot p_4) + (p_1 \cdot p_4)(p_2 \cdot p_3) \\ &\quad - (p_1 \cdot p_3)(Mc)^2 - (p_2 \cdot p_4)(mc)^2 + 2(mMc^2)^2] \end{aligned} \tag{7.129}$$

7.8 截面和寿命

我们现在回到熟悉的地域。计算了 $|\mathscr{M}|^2$ (或 $\langle |\mathscr{M}|^2 \rangle$), 我们把它放入第 6 章的相关截面公式: 方程 (6.38) 在一般的情形, 方程 (6.47) 对质心系的两体散射或来自习题 6.8、习题 6.9 或来自习题 6.10 在实验室系的方程之一。

例 7.7 莫特和卢瑟福散射 一个电子 (质量 m) 被一个更重的"缪子" (质量 $M \gg m$) 散射。假设 M 的反冲可以被忽略, 计算实验室系 (M 静止) 的微分截面。

解: 按照习题 6.8, 截面是

$$\frac{d\sigma}{d\Omega} = \left(\frac{\hbar}{8\pi Mc}\right)^2 \langle |\mathscr{M}|^2 \rangle$$

⊖ 说"偶置换"我指的是对两个指标的交换进行偶数次。因此 $\epsilon^{\mu\nu\lambda\sigma} = -\epsilon^{\nu\mu\lambda\sigma} = \epsilon^{\nu\lambda\mu\sigma} = -\epsilon^{\nu\lambda\sigma\mu}$ 等等。换句话说, $\epsilon^{\mu\nu\lambda\sigma}$ 对每一对上标都是反对称的。可能奇怪 ϵ^{0123} 是负 1; 为什么不让它为正 1? 这纯是约定。当然明显地, 某人定义了 ϵ_{0123} 是正 1, 而从它就得到 $\epsilon^{0123} = -1$, 由于有三个空间指标被提升了。顺便说, 如果你已经习惯了三维的列维-奇维塔 (Levi-Civita) 符号 ϵ_{ijk} (见习题 4.19), 警告一下虽然三个指标的偶数次置换对应保持循环顺序 ($\epsilon_{ijk} = \epsilon_{jki} = \epsilon_{kij}$), 这对四个指标是不对的: $\epsilon^{\mu\nu\lambda\sigma} = -\epsilon^{\nu\lambda\sigma\mu} = \epsilon^{\lambda\sigma\mu\nu} = -\epsilon^{\sigma\mu\nu\lambda}$。

由于靶是静止的，我们有（见图 7.8）：

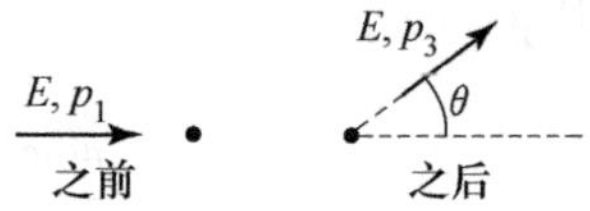

$p_1=(E/c,\boldsymbol{p}_1)$，$p_2=(Mc,0)$，$p_3=(E/c,\boldsymbol{p}_3)$，$p_4=(Mc,0)$

其中 E 是入射（和散射）电子能量，$\boldsymbol{p}_1$是入射动量，而 $\boldsymbol{p}_3$ 是散射动量（它们的大小是相等的，$|\boldsymbol{p}_1|=|\boldsymbol{p}_3|\equiv|\boldsymbol{p}|$，之间的夹角是 θ，因此 $\boldsymbol{p}_1\cdot\boldsymbol{p}_3=\boldsymbol{p}^2\cos\theta$），因此

图 7.8　电子被重靶散射。

$$(p_1-p_3)^2=-(\boldsymbol{p}_1-\boldsymbol{p}_3)^2=-\boldsymbol{p}_1^2-\boldsymbol{p}_3^2+2\boldsymbol{p}_1\cdot\boldsymbol{p}_3$$
$$=-2\boldsymbol{p}^2(1-\cos\theta)=-4\boldsymbol{p}^2\sin^2(\theta/2)$$
$$(p_1\cdot p_3)=(E/c)^2-\boldsymbol{p}_1\cdot\boldsymbol{p}_3=\boldsymbol{p}^2+m^2c^2-\boldsymbol{p}^2\cos\theta=m^2c^2+2\boldsymbol{p}^2\sin^2(\theta/2)$$
$$(p_1\cdot p_2)(p_3\cdot p_4)=(p_1\cdot p_4)(p_2\cdot p_3)=(ME)^2$$
$$(p_2\cdot p_4)=(Mc)^2$$

把这些放进方程（7.129），我们有

$$\langle|\mathscr{M}|^2\rangle=\left(\frac{g_e^2Mc}{\boldsymbol{p}^2\sin^2(\theta/2)}\right)^2[(mc)^2+\boldsymbol{p}^2\cos^2(\theta/2)]\tag{7.130}$$

因此（记住 $g_e=\sqrt{4\pi\alpha}$）

$$\frac{d\sigma}{d\Omega}=\left(\frac{\alpha\hbar}{2\boldsymbol{p}^2\sin^2(\theta/2)}\right)^2[(mc)^2+\boldsymbol{p}^2\cos^2(\theta/2)]\tag{7.131}$$

这是莫特公式。它给出了电子-质子散射微分截面的很好近似。如果入射电子是非相对论的，因此 $\boldsymbol{p}^2\ll(mc)^2$，方程（7.131）简化成卢瑟福公式（比较例 6.4）：

$$\frac{d\sigma}{d\Omega}=\left(\frac{e^2}{2mv^2\sin^2(\theta/2)}\right)^2\tag{7.132}$$

衰变如何？实际上，在纯 QED 中没有这件事，因为如果一个单一费米子进来，同样的费米子必须最后出去；一个费米子线无法简单地在一个图内截止，在 QED 中也没有任何机制转化一个费米子（例如一个缪子）成其他粒子（例如一个电子）。无可否认，复合粒子存在电磁衰变，例如，$\pi^0\to\gamma+\gamma$；但在这个过程中的电磁分量不是别的，正是夸克-反夸克对湮灭，$q+\bar{q}\to\gamma+\gamma$。这实际是散射事件，两个碰撞粒子碰巧在一个束缚态里了。

这样一个过程最清楚的例子是正电子偶素的衰变：$e^++e^-\to\gamma+\gamma$，我们在下面的例子中就考虑它。我们将在正电子偶素静止系中做分析（就是说，在电子-正电子对的质心系中）。电子和正电子运动得相当慢——事实上，为计算振幅我们将假设它们是静止的。另一方面，这是那些我们无法平均初态自旋的例子之一，因为复合系统要么是在单态位形——自旋反平行——或三重态——自旋平行——因此截面（和寿命）的公式在两种情形是相当不同的。[㊀]

例 7.8　对湮灭[㊁]　假设电子和正电子都是静止的，并处在单态自旋构形中，计算 e^++

㊀ 事实上，你可以通过喀什米尔窍门做此特别的问题，由于相当特别的环境：单态只能衰变到偶数个光子（主要是两个），而三重态衰变到奇数个光子（通常是三个）。因此在 $e^++e^-\to\gamma+\gamma$ 的矩阵元计算中，我们自动选择出单态位形即使三重态被包含进对自旋的求和中。见习题 7.40。

㊁ 警告：这是一个不容易的计算，虽然每一步都是合理直接的。你可能喜欢快速浏览（或完全跳过）它。最后的结果将在后面被用到一两次，但在此阶段没必要了解细节。（但我却认为它是一个费曼规则的很闪亮的应用。

$e^- \to \gamma + \gamma$ 的振幅 $\mathscr{M}$。

解： 两个图有贡献（见图 7.9）。振幅是（为简单，我将省略在 ϵ 上的复共轭符号）：

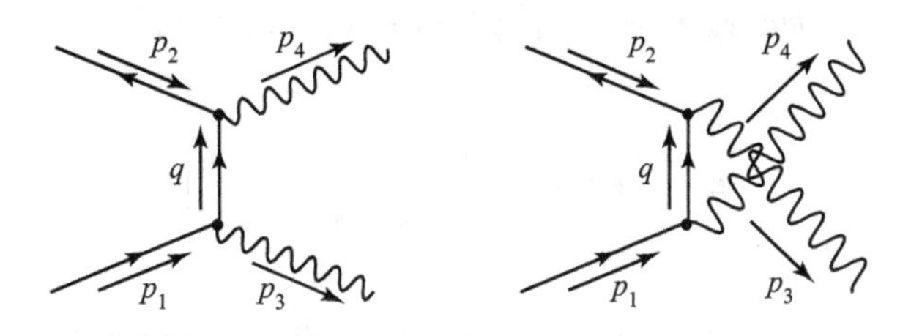

图 7.9　对湮灭的两个贡献图。

$$\mathscr{M}_1 = \frac{g_e^2}{(p_1 - p_3)^2 - m^2c^2}\bar{v}(2)\not{\epsilon}_4(\not{p}_1 - \not{p}_3 + mc)\not{\epsilon}_3 u(1) \tag{7.133}$$

$$\mathscr{M}_2 = \frac{g_e^2}{(p_1 - p_4)^2 - m^2c^2}\bar{v}(2)\not{\epsilon}_3(\not{p}_1 - \not{p}_4 + mc)\not{\epsilon}_4 u(1) \tag{7.134}$$

并把它们加起来

$$\mathscr{M} = \mathscr{M}_1 + \mathscr{M}_2 \tag{7.135}$$

由于初态粒子静止，光子背对背出射，因此我们可以选择 z 轴与第一个光子同向。故

$$p_1 = mc(1,0,0,0),\ p_2 = mc(1,0,0,0),\ p_3 = mc(1,0,0,1),\ p_4 = mc(1,0,0,-1) \tag{7.136}$$

所以

$$(p_1 - p_3)^2 - M^2c^2 = (p_1 - p_4)^2 - M^2c^2 = -2(mc)^2 \tag{7.137}$$

如果我们利用 7.7 节的规则 5′）振幅就被简化了一些：

$$\not{p}_1\not{\epsilon}_3 = -\not{\epsilon}_3\not{p}_1 + 2(p_1 \cdot \epsilon_3)$$

但 ϵ_3（在库仑规范）只有空间分量，而 p_1 是纯时间的，即 $p_1 \cdot \epsilon_3 = 0$，因此

$$\not{p}_1\not{\epsilon}_3 = -\not{\epsilon}_3\not{p}_1 \tag{7.138}$$

类似地

$$\not{p}_3\not{\epsilon}_3 = -\not{\epsilon}_3\not{p}_3 + 2(p_3 \cdot \epsilon_3)$$

而利用方程（7.91）洛伦兹条件 $p_3 \cdot \epsilon_3 = 0$，即

$$\not{p}_3\not{\epsilon}_3 = -\not{\epsilon}_3\not{p}_3 \tag{7.139}$$

因此

$$(\not{p}_1 - \not{p}_3 + mc)\not{\epsilon}_3 = \not{\epsilon}_3(-\not{p}_1 + \not{p}_3 + mc)$$

但 $(\not{p}_1 - mc)u(1) = 0$ ［方程（7.33）］，因此

$$(\not{p}_1 - \not{p}_3 + mc)\not{\epsilon}_3 u(1) = \not{\epsilon}_3\not{p}_3 u(1) \tag{7.140}$$

用同样的方法，

$$(\not{p}_1 - \not{p}_4 + mc)\not{\epsilon}_4 u(1) = \not{\epsilon}_4\not{p}_4 u(1) \tag{7.141}$$

把所有这些放在一起，我们得到

$$\mathscr{M} = -\frac{g_e^2}{2(mc)^2}\bar{v}(2)[\not{\epsilon}_4\not{\epsilon}_3\not{p}_3 + \not{\epsilon}_3\not{\epsilon}_4\not{p}_4]u(1) \tag{7.142}$$

现在

$$\not{p}_3 = mc(\gamma^0 - \gamma^3)\,,\ \not{p}_4 = mc(\gamma^0 + \gamma^3)$$

因此中括号里的表达式［方程（7.142）］可以写成

$$mc[\not{\epsilon}_4\not{\epsilon}_3 + \not{\epsilon}_3\not{\epsilon}_4]\gamma^0 - (\not{\epsilon}_4\not{\epsilon}_3 - \not{\epsilon}_3\not{\epsilon}_4)\gamma^3] \tag{7.143}$$

但

$$\not{\epsilon} = -\boldsymbol{\epsilon}\cdot\boldsymbol{\gamma} = -\begin{pmatrix} 0 & \boldsymbol{\sigma}\cdot\boldsymbol{\epsilon} \\ -\boldsymbol{\sigma}\cdot\boldsymbol{\epsilon} & 0 \end{pmatrix} \tag{7.144}$$

因此

$$\begin{aligned} \not{\epsilon}_3\not{\epsilon}_4 &= \begin{pmatrix} 0 & \boldsymbol{\sigma}\cdot\boldsymbol{\epsilon}_3 \\ -\boldsymbol{\sigma}\cdot\boldsymbol{\epsilon}_3 & 0 \end{pmatrix}\begin{pmatrix} 0 & \boldsymbol{\sigma}\cdot\boldsymbol{\epsilon}_4 \\ -\boldsymbol{\sigma}\cdot\boldsymbol{\epsilon}_4 & 0 \end{pmatrix} \\ &= -\begin{pmatrix} (\boldsymbol{\sigma}\cdot\boldsymbol{\epsilon}_3)(\boldsymbol{\sigma}\cdot\boldsymbol{\epsilon}_4) & 0 \\ 0 & (\boldsymbol{\sigma}\cdot\boldsymbol{\epsilon}_3)(\boldsymbol{\sigma}\cdot\boldsymbol{\epsilon}_4) \end{pmatrix} \end{aligned} \tag{7.145}$$

在第 4 章（见习题 4.20）我们碰到一个有用的定理

$$(\boldsymbol{\sigma}\cdot\boldsymbol{a})(\boldsymbol{\sigma}\cdot\boldsymbol{b}) = \boldsymbol{a}\cdot\boldsymbol{b} + \mathrm{i}\boldsymbol{\sigma}\cdot(\boldsymbol{a}\times\boldsymbol{b}) \tag{7.146}$$

它给出

$$(\not{\epsilon}_4\not{\epsilon}_3 + \not{\epsilon}_3\not{\epsilon}_4) = -2\boldsymbol{\epsilon}_3\cdot\boldsymbol{\epsilon}_4 \tag{7.147}$$

我们也可以利用规则 5′）得到它，且

$$(\not{\epsilon}_4\not{\epsilon}_3 - \not{\epsilon}_3\not{\epsilon}_4) = 2\mathrm{i}(\boldsymbol{\epsilon}_3\times\boldsymbol{\epsilon}_4)\cdot\boldsymbol{\Sigma} \tag{7.148}$$

其中像以前一样，$\Sigma = \begin{pmatrix} \boldsymbol{\sigma} & 0 \\ 0 & \boldsymbol{\sigma} \end{pmatrix}$。相应地

$$\mathscr{M} = \frac{g_e^2}{mc}\,\bar{v}(2)[(\boldsymbol{\epsilon}_3\cdot\boldsymbol{\epsilon}_4)\gamma^0 + \mathrm{i}(\boldsymbol{\epsilon}_3\times\boldsymbol{\epsilon}_4)\cdot\boldsymbol{\Sigma}\gamma^3]u(1) \tag{7.149}$$

到目前为止我还没对电子和正电子的自旋说任何话。记住我们感兴趣的是单态：

$$(\uparrow\downarrow - \downarrow\uparrow)/\sqrt{2}$$

用符号表达

$$\mathscr{M}_{单态} = (\mathscr{M}_{\uparrow\downarrow} - \mathscr{M}_{\downarrow\uparrow})/\sqrt{2} \tag{7.150}$$

$\mathscr{M}_{\uparrow\downarrow}$是从方程（7.149）得到的，其中电子“自旋上”，即方程（7.46）中的 $u^{(1)}$

$$u(1) = \sqrt{2mc}\begin{pmatrix} 1 \\ 0 \\ 0 \\ 0 \end{pmatrix} \tag{7.151}$$

和“自旋下”的正电子，即方程（7.47）中的 $v^{(2)}$

$$\bar{v}(2) = \sqrt{2mc}(0\ 0\ 1\ 0) \tag{7.152}$$

利用这些旋量，我们发现

$$\bar{v}(2)\gamma^0 u(1) = 0 \tag{7.153}$$

$$\bar{v}(2)\,\Sigma\gamma^3 u(1) = -2mc\,\hat{z} \tag{7.154}$$

因此

$$\mathscr{M}_{\uparrow\downarrow} = -2\mathrm{i}g_e^2\,(\boldsymbol{\epsilon}_3\times\boldsymbol{\epsilon}_4)_z \tag{7.155}$$

同时对 $\mathscr{M}_{\downarrow\uparrow}$，我们有

$$u(1)=\sqrt{2mc}\begin{pmatrix}0\\1\\0\\0\end{pmatrix},\ \bar{v}(2)=-\sqrt{2mc}(0\ 0\ 0\ 1)\tag{7.156}$$

利用它们我们得到

$$\mathcal{M}_{\downarrow\uparrow}=2\mathrm{i}g_e^2(\boldsymbol{\epsilon}_3\times\boldsymbol{\epsilon}_4)_z=-\mathcal{M}_{\uparrow\downarrow}\tag{7.157}$$

因此一个静止的 e^+e^- 对湮灭到出现在 $\pm\hat{z}$方向的两个光子的振幅为

$$\mathcal{M}_{单态}=-2\sqrt{2}\mathrm{i}g_e^2(\boldsymbol{\epsilon}_3\times\boldsymbol{\epsilon}_4)_z\tag{7.158}$$

（我顺便提示由于 $\mathcal{M}_{\uparrow\downarrow}=-\mathcal{M}_{\downarrow\uparrow}$，三重态（$\uparrow\downarrow+\downarrow\uparrow$）$/\sqrt{2}$为 0，证实了我们早先的观察，即在这种情形下两光子衰变为零。）

最后，我们必须放进合适的光子极化矢量。记得对“自旋上”（$m_s=+1$）我们有［见方程（7.94）的脚注］

$$\boldsymbol{\epsilon}_+=-(1/\sqrt{2})(1,\mathrm{i},0)\tag{7.159}$$

而对“自旋下”（$m_s=-1$）

$$\boldsymbol{\epsilon}_-=(1/\sqrt{2})(1,-\mathrm{i},0)\tag{7.160}$$

如果光子沿 $+z$ 方向飞行，这些分别对应于右旋和左旋极化。因为总角动量的 z 分量必须为零，光子自旋必须反向排列：↑↓或↓↑。对前者，我们有

$$\boldsymbol{\epsilon}_3=-(1/\sqrt{2})(1,\mathrm{i},0),\ \boldsymbol{\epsilon}_4=(1/\sqrt{2})(1,-\mathrm{i},0)$$

因此

$$\boldsymbol{\epsilon}_3\times\boldsymbol{\epsilon}_4=\mathrm{i}\,\hat{k}\tag{7.161}$$

对后者 3 和 4 交换

$$\boldsymbol{\epsilon}_3\times\boldsymbol{\epsilon}_4=-\mathrm{i}\hat{k}\tag{7.162}$$

明显我们需要反对称组合，（$\uparrow\downarrow-\downarrow\uparrow$）$/\sqrt{2}$，它的到来并不奇怪：它对应总自旋为零，正像当我们组合两个自旋 1/2 粒子时一样。同样，振幅是$(\mathcal{M}_{\uparrow\downarrow}-\mathcal{M}_{\downarrow\uparrow})/\sqrt{2}$，而只有这时箭头代表光子的极化。最后，

$$\mathcal{M}_{单态}=-4g_e^2\tag{7.163}$$

（我恢复了至今一直被略掉的极化矢量的复共轭；这只是简单地将方程（7.161）和方程（7.162）的符号改号而已。）

对一个不太复杂的答案这是很大的工作量。⊖我们可以用它做什么？首先，我们可以计算电子 - 正电子湮灭的总截面。在质心系，微分截面是［方程（6.47）］

$$\frac{\mathrm{d}\sigma}{\mathrm{d}\Omega}=\left(\frac{\hbar c}{8\pi(E_1+E_2)}\right)^2\frac{|\boldsymbol{p}_f|}{|\boldsymbol{p}_i|}|\mathcal{M}|^2\tag{7.164}$$

这里

$$E_1=E_2=mc^2,\ |\boldsymbol{p}_f|=mc\tag{7.165}$$

⊖ 一旦你习惯了计算费曼图成为冗长费力的过程，有一些计算程序可以为你做这些艰难的工作。特别地，Mathematica 和 Maple（数学推导和计算程序，译者注）程序支持这些有用的程序包[5]。

且因为碰撞是非相对论的：

$$|\boldsymbol{p}_i| = mv \tag{7.166}$$

其中 v 是入射电子（或正电子）速度。[⊖]把所有这些放在一起，我们得到

$$\frac{\mathrm{d}\sigma}{\mathrm{d}\Omega} = \frac{1}{cv}\left(\frac{\hbar\alpha}{m}\right)^2 \tag{7.167}$$

由于没有角度依赖，总截面便是 4π 乘它[6]：

$$\sigma = \frac{4\pi}{cv}\left(\frac{\hbar\alpha}{m}\right)^2 \tag{7.168}$$

截面反比于入射速度有意义吗？**是的**：电子和正电子相互接近得越慢，它们之间就会有越多的相互作用时间，湮灭的可能性就越大。

最后，我们可以计算处在单态的正电子偶素的寿命。这清楚地联系到对湮灭的截面［方程（7.168）］，但准确的关系是什么？回到方程（6.13），

$$\frac{\mathrm{d}\sigma}{\mathrm{d}\Omega} = \frac{1}{\mathscr{L}}\frac{\mathrm{d}N}{\mathrm{d}\Omega}$$

我们看到单位时间散射事例的总数等于总截面乘以亮度：

$$N = \mathscr{L}\sigma \tag{7.169}$$

如果 ρ 是单位体积的入射粒子数，若它们的运行速度是 v，那么亮度（见图 7.10）是

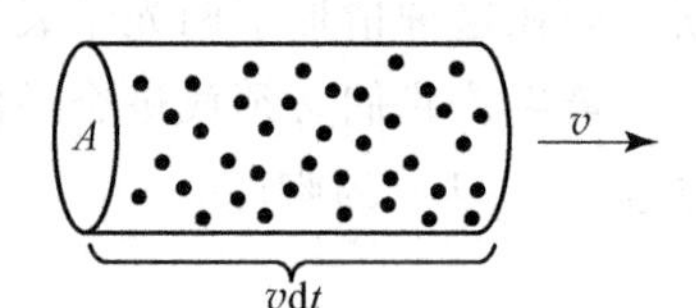

图 7.10 圆柱里的粒子数是 $\rho Av\mathrm{d}t$，因此亮度（单位时间单位面积）是 ρv。

$$\mathscr{L} = \rho v \tag{7.170}$$

对一个单一“原子”，电子密度是 $|\psi(0)|^2$，而 N 代表单位时间衰变的概率，也就是衰变率。因此

$$\Gamma = v\sigma|\psi(0)|^2 = \frac{4\pi}{c}\left(\frac{\hbar\alpha}{m}\right)^2|\psi(0)|^2 \tag{7.171}$$

而在基态

$$|\psi(0)|^2 = \frac{1}{\pi}\left(\frac{\alpha mc}{2\hbar}\right)^3 \tag{7.172}$$

（见习题 5.23），因此正电子的寿命是

$$\tau = \frac{1}{\Gamma} = \frac{2\hbar}{\alpha^5 mc^2} = 1.25\times10^{-10}\mathrm{s} \tag{7.173}$$

这正是我在第 5 章引用的结果，见方程（5.33）。

7.9 重整化

在 7.6 节，我们考虑了有下面图描写的最低阶“电子-缪子”散射：

⊖ 我们计算 $\mathscr{M}$ 时用了 $v=0$，但很明显这里不能这么用。这样会不自洽吗？不见得。可以这么想：$\mathscr{M}$（还有 E_1，E_2，$|\boldsymbol{p}_f|$和$|\boldsymbol{p}_i|$）可以按 v/c 的幂次展开。我们所做的只是计算每项展开的领头阶项而已。

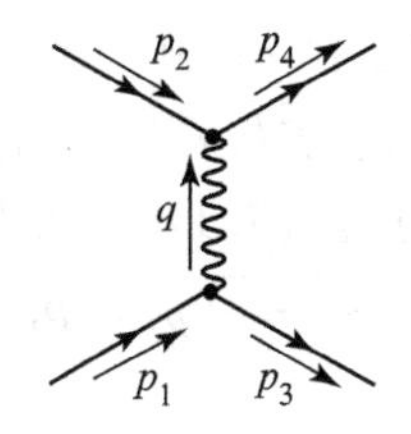

而相应的振幅是

$$\mathscr{M} = -g_e^2[\bar{u}(p_3)\gamma^\mu u(p_1)]\frac{g_{\mu\nu}}{q^2}[\bar{u}(p_4)\gamma^\nu u(p_2)] \tag{7.174}$$

其中

$$q = p_1 - p_3 \tag{7.175}$$

有几个四阶修正，其中可能最有兴趣的是“真空极化”：

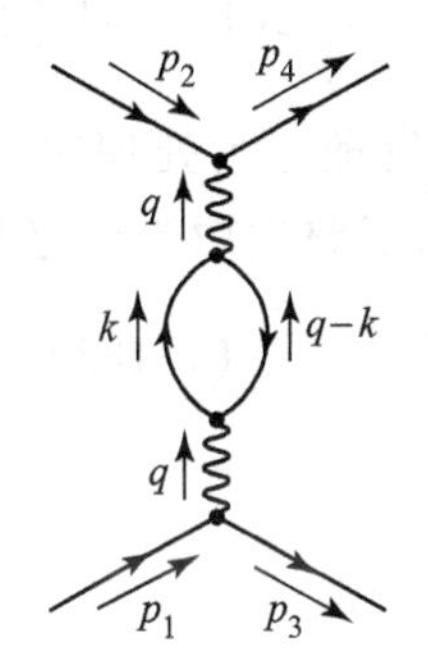

这里虚光子短暂地分裂成一个电子-正电子对，导致（像我们在第 2 章定性地看到的那样）对电子有效电荷的修正。我现在的目的是指出如何定量地把它做出来。

这个图的振幅是（见习题 7.42）

$$\begin{aligned}\mathscr{M} = & \frac{-\mathrm{i}g_e^4}{q^4}[\bar{u}(p_3)\gamma^\mu u(p_1)] \times \\ & \left\{\int \frac{\mathrm{d}^4 k}{(2\pi)^4}\frac{\mathrm{Tr}[\gamma_\mu(\not{k}+mc)\gamma_\nu(\not{k}-\not{q}+mc)]}{(k^2-m^2c^2)[(\not{k}-\not{q})^2-m^2c^2]}\right\}[\bar{u}(p_4)\gamma^\nu u(p_2)]\end{aligned} \tag{7.176}$$

包括进它导致对光子传播子的修改：

$$\frac{g_{\mu\nu}}{q^2} \to \frac{g_{\mu\nu}}{q^2} - \frac{\mathrm{i}}{q^4}I_{\mu\nu} \tag{7.177}$$

其中，比较方程（7.174）和方程（7.176）：

$$I_{\mu\nu} = -g_e^2\int \frac{\mathrm{d}^4 k}{(2\pi)^4}\frac{\mathrm{Tr}[\gamma_\mu(\not{k}+mc)\gamma_\nu(\not{k}-\not{q}+mc)]}{(k^2-m^2c^2)[(k-q)^2-m^2c^2]} \tag{7.178}$$

不幸的是，这个积分是发散的。直觉上，它会表现为

$$\int |k|^3\mathrm{d}|k|\frac{|k|^2}{|k|^4} = \int |k|\mathrm{d}|k| = |k|^2, \text{当} |k| \to \infty \tag{7.179}$$

（即，它将是“二次发散”）。但实际上由于代数的相消，它只表现为 $\ln|k|$（它是“对数发散”）。但不要紧——每种情形都发散。我们在第 6 章碰到了类似的问题；看起来它是费曼算法中闭合圈的特征。同样地，战略是吸收无穷大到“重整化”的质量和耦合常数中去。

方程（7.178）中的积分携带两个时空脚标；一旦我们积掉了 k，剩下的四矢量只有 q^μ，

因此 $I_{\mu\nu}$ 必须具有一般的形式 $g_{\mu\nu}(\ )+q_{\mu}q_{\nu}(\ )$，其中括号里的是 q^2 的函数。我们因此写[7]：

$$I_{\mu\nu} = -\mathrm{i}g_{\mu\nu}q^2 I(q^2) + q_{\mu}q_{\nu}J(q^2) \tag{7.180}$$

第二项不对 $\mathcal{M}$ 产生贡献，因为 q_{μ} 在方程（7.176）要与 γ^{μ} 收缩，给出

$$[\bar{u}(p_3)\not{q}u(p_1)] = \bar{u}(p_3)(\not{p}_1 - \not{p}_3)u(p_1)$$

而从方程（7.95）和方程（7.96），

$$\not{p}_1 u(p_1) = mcu(p_1),\ \bar{u}(p_3)\not{p}_3 = \bar{u}(p_3)mc$$

因此

$$[\bar{u}(p_3)\not{q}\,u(p_1)] = 0 \tag{7.181}$$

因此我们可以忘掉方程（7.180）的第二项。至于第一项，积分式（7.174）经过合适的整理化为形式（见习题 7.43）

$$I(q^2) = \frac{g_e^2}{12\pi^2}\left\{\int_{m^2}^{\infty}\frac{\mathrm{d}z}{z} - 6\int_0^1 z(1-z)\ln\left[1 - \frac{q^2}{m^2c^2}z(1-z)\right]\mathrm{d}z\right\} \tag{7.182}$$

第一个积分是清晰的孤立出来的对数发散。为处理它，我们暂时施加一个截断 M（不要和缪子的质量混淆），我们会在计算的最后将它取为无穷大：

$$\int_{m^2}^{\infty}\frac{\mathrm{d}z}{z} \to \int_{m^2}^{M^2}\frac{\mathrm{d}z}{z} = \ln\frac{M^2}{m^2} \tag{7.183}$$

第二个积分

$$f(x) \equiv 6\int_0^1 z(1-z)\ln[1+xz(1-z)]\mathrm{d}z$$
$$= -\frac{5}{3} + \frac{4}{x} + \frac{2(x-2)}{x}\sqrt{\frac{x+4}{x}}\operatorname{arctanh}\sqrt{\frac{x}{x+4}} \tag{7.184}$$

是很麻烦但完全有限（见图 7.11）的；其对于大和小 x 的极限表达式为

$$f(x) \cong \begin{Bmatrix} x/5 & (x \ll 1) \\ \ln x & (x \gg 1) \end{Bmatrix} \tag{7.185}$$

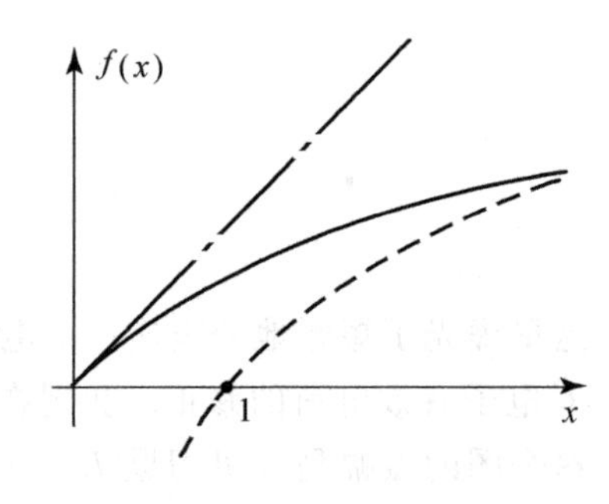

图 7.11 （方程 7.184）$f(x)$ 的图。实线是数值结果；其下的短折线是 $\ln x$［它在大 x 处近似是 $f(x)$］；在它上面是 $x/5$［它在小 x 处近似是 $f(x)$］。

因此

$$I(q^2) = \frac{g_e^2}{12\pi^2}\left\{\ln\left(\frac{M^2}{m^2}\right) - f\left(\frac{-q^2}{m^2c^2}\right)\right\} \tag{7.186}$$

注意这里 q^2 是负的：如果入射电子在质心系的三动量是 $\boldsymbol{p}$，散射角是 θ，那么（见习题 7.44）

$$q^2 = -4\boldsymbol{p}^2\sin^2\frac{\theta}{2} \tag{7.187}$$

因此 $-q^2/m^2c^2 \sim v^2/c^2$，而方程（7.185）的极限分别对应非相对论和极相对论散射的情形。

包括进真空极化的电子-缪子散射的振幅因此是

$$\mathcal{M} = -g_e^2[\bar{u}(p_3)\gamma^{\mu}u(p_1)]\frac{g_{\mu\nu}}{q^2}\left\{1 - \frac{g_e^2}{12\pi^2}\left[\ln\left(\frac{M^2}{m^2}\right) - f\left(\frac{-q^2}{m^2c^2}\right)\right]\right\}\times \tag{7.188}$$
$$[\bar{u}(p_4)\gamma^{\nu}u(p_2)]$$

现在到了关键的步骤，我们通过引进“重整化”耦合常数“吸收”无穷大（包含在动量截断 M 中）

$$g_R \equiv g_e \sqrt{1 - \frac{g_e^2}{12\pi^2}\ln\left(\frac{M^2}{m^2}\right)} \tag{7.189}$$

用 g_R 重写方程（7.188），我们有

$$\mathscr{M} = -g_R^2[\bar{u}(p_3)\gamma^{\mu}u(p_1)]\frac{g_{\mu\nu}}{q^2}\left\{1 + \frac{g_R^2}{12\pi^2}f\left(\frac{-q^2}{m^2c^2}\right)\right\}[\bar{u}(p_4)\gamma^{\nu}u(p_2)] \tag{7.190}$$

方程（7.188）只成立到 g_e^4 阶，因此在大括号内我们用 g_e 还是 g_R 是无所谓的。

关于这个结果有两件重要的事情需要提请注意：

1）无穷大没有了。在方程（7.190）中没有 M 出现。所有与截断相关的量都被吸收到耦合常数中了。确切地，所有东西现在都用 g_R 表达而不是 g_e。这都是很好的：g_R 是我们在实验室里实际测量的（在亥维赛-洛伦兹单位制中它是电子或缪子的电荷，而我们在实验上确定它们作为两个这样粒子之间的吸引或排斥系数），而不是 g_e。如果在我们的理论分析中，只看“树图”（最低阶），我们导致物理电荷与“裸”耦合常数 g_e 相同。但一旦包括进高阶效应我们发现实际是 g_R，不是 g_e，对应于观测的电荷。这意味我们早些的结果都错了吗？不。它的含义是简单地把 g_e 解释为物理电荷会不经意地把高阶图的发散考虑进来。

2）仍有有限的修正项，这里重要的事实注意到它依赖 q^2。我们可以把它也吸收到耦合常数中，那样的“常数”就是 q^2 的函数；我们称它“跑动”耦合常数：

$$g_R(q^2) \equiv g_R(0)\sqrt{1 + \frac{g_R(0)^2}{12\pi^2}f\left(\frac{-q^2}{m^2c^2}\right)} \tag{7.191}$$

或用精细结构“常数”（$g_e = \sqrt{4\pi\alpha}$）：

$$\alpha(q^2) = \alpha(0)\left\{1 + \frac{\alpha(0)}{3\pi}f\left(\frac{-q^2}{m^2c^2}\right)\right\} \tag{7.192}$$

电子（和缪子）的有效电荷依赖碰撞所转移的动量。高动量转移意味靠得更近，因此另一种说它的方式是每个粒子的有效电荷依赖于它们相距多远。这是真空极化的一个结果，它“屏蔽”了每个电荷。我们现在有了在第 2 章给的纯定性描述的显式公式。密里根和卢瑟福，或甚至库仑怎么会没注意到这个效应？如果电子的电荷不是常数，为什么它不会搞砸从电子学到化学的所有东西？答案是在非相对论情形变化极其轻微。即使在以 $c/10$ 的对头碰撞中，方程（7.192）中的修正项只是约 6×10^{-6}（见习题 7.45）。对大多数情形，因此 $\alpha(0)=1/137$ 将是很好的。不管怎么说，方程（7.192）第二项对兰姆位移做了可检测的贡献[8]，而这在 e^+e^- 非弹散射[9]中被直接测量到了。进一步，我们在量子色动力学中会碰到同样的问题，其中（由于夸克禁闭）只有短距离，相对论区是被感兴趣的。

我已经聚焦于一个特殊的四阶过程（真空极化），而当然还有几个其他的。有“梯形图”：

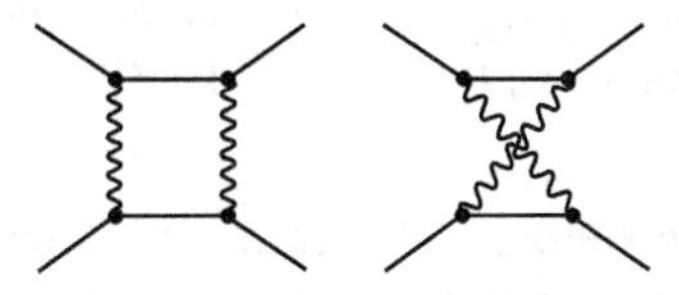

这些是有限的，因而不会碰到什么特别的问题。而也还有三个发散图

（当然还有三个额外的虚光子耦合到缪子的图）。头两个重整化电子的质量；第三个修正其磁矩。进一步所有三个分别都对电子电荷的重整化有贡献。幸运的是后面这三个发散图的贡献相互抵消，因此方程（7.189）仍保持成立。（我说“幸运”是因为这些修正依赖于光子线连接的粒子的质量，而如果它们不相互抵消，我们对缪子将会具有与电子不同的重整化。Ward 恒等式（对此种互相抵消的官方名称）确保重整化保持电荷的恒等式，而不管其携带者的质量）。㊀

而还有更高阶的图，如

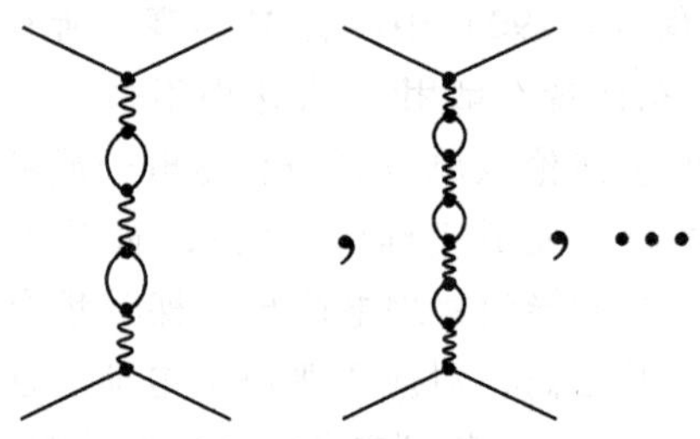

这些在方程（7.192）进一步引进了 α^2，α^3 阶等等的项，而我已经不会在这里继续此事了；基本的想法都已经给出来了。

参考文献

1 Bjorken, J. D. and Drell, S. D. (1964) *Relativistic Quantum Mechanics and Relativistic Quantum Fields*, McGraw-Hill, New York.

2 For further discussion see Bjorken, J. D. and Drell, S. D. (1964) *Relativistic Quantum Mechanics and Relativistic Quantum Fields*, McGraw-Hill, New York. Chapter 5, or Seiden, A. (2005) *Particle Physics: A Comprehensive Introduction*, Addison Wesley, San Francisco, CA, Section 2.14.2.

3 Jackson, J. D. (1999) *Classical Electrodynamics*, 3rd edn, John Wiley & Sons, New York. Sect. 6.3.

4 Pais, A. (1986) *Inward Bound*, Oxford, New York, p. 375.

5 For a review article on automatic computation of Feynman diagrams see Harlander, R. and Steinhauser, M. (1999) *Progress in Particle and Nuclear Physics*, 43, 167.

6 For more elegant derivations of Equation 7.168, see Jauch, J. M. and Rohrlich, F. (1975) *The Theory of Photons and Electrons*, 2nd edn, Springer-Verlag, New York. Sect. 12-6, or; (a) Sakurai, J. J. (1967) *Advanced Quantum Mechanics*, Addison-Wesley, Reading, M.A., pp. 216 ff.

7 My notation follows that of Halzen, F. and Martin, A. D. (1984) *Quarks and Leptons*, John Wiley & Sons, New York. Chap. 7, and Bjorken, J. D. and Drell, S. D. (1964) *Relativistic Quantum Mechanics and Relativistic Quantum Fields*, McGraw-Hill, New York. Chap. 8. I refer the reader to these texts, or to Sakurai, J. J. (1967) *Advanced Quantum Mechanics*, Addison-Wesley, Reading, M.A., pp. 216 ff, for further discussion.

㊀ 当然，我们可以把一个缪子泡放在光子线上，正像我们在方程（7.176）用电子所做的那样。但这将对电子和缪子的电荷修改同样的量。插入电子是主要的贡献，就是因为它是最轻的带电粒子。

8 See, for example, Halzen, F. and Martin, A. D. (1984) *Quarks and Leptons*, John Wiley & Sons, New York. Sect. 7.3.

9 Levine, I. *et al* (1997) *Physical Review Letters*, **78**, 424.

习 题

7.1 证明$\partial\phi/\partial x^{\mu}$是协变四矢量（$\phi$是$x$，$y$，$z$和$t$的标量函数）。[提示：先从方程（3.8）确定协变四矢量如何变换；然后利用$\partial\phi/\partial x^{\mu'}=(\partial\phi/\partial x^{\nu})(\partial x^{\nu}/\partial x^{\mu'})$来找出$\partial\phi/\partial x^{\mu}$如何变换。]

7.2 证明方程（7.17）满足方程（7.15）。

7.3 利用方程（7.43）、（7.46）和（7.47）推导方程（7.45）。

7.4 证明$u^{(1)}$和$u^{(2)}$[方程（7.46）]在$u^{(1)+}u^{(2)}=0$的意义上正交。类似地，证明$v^{(1)}$和$v^{(2)}$正交。$u^{(1)}$和$v^{(1)}$正交吗?

7.5 证明对$u^{(1)}$和$u^{(2)}$[方程（7.46）]下分量（u_B）在非相对论极限下比上分量（u_A）小一个因子v/c。[当我们做非相对论近似时，这简化了计算；我们认为u_A是“大”分量，而u_B是“小”分量。（对$v^{(1)}$和$v^{(2)}$角色反过来了。）相反地，在相对论极限下，u_A和u_B量级相同。]

7.6 如果z轴指向运动方向，证明$u^{(1)}$[方程（7.46）]约化成

$$u^{(1)}=\begin{pmatrix}\sqrt{(E+mc^2)/c}\\0\\\sqrt{(E-mc^2)/c}\\0\end{pmatrix}$$

并构造$u^{(2)}$，$v^{(1)}$和$v^{(2)}$。证明它们都是S_z的本征矢，并请找出本征值。

7.7 构造代表动量p螺旋度±1归一化的旋量$u^{(+)}$和$u^{(-)}$。即，找出满足方程（7.49）和螺旋度算符（$\hat{p}\cdot\Sigma$的本征值±1）的本征旋量的u。

$$\left[\text{解：}u^{(\pm)}=A\begin{pmatrix}u\\\dfrac{\pm c|\boldsymbol{p}|}{(E+mc^2)}u\end{pmatrix}\text{，其中 }u=\begin{pmatrix}p_z\pm|\boldsymbol{p}|\\p_x+\mathrm{i}p_y\end{pmatrix}\text{且 }A^2=\frac{(E+mc^2)}{2|\boldsymbol{p}|c(|\boldsymbol{p}|\pm p_z)}\right]$$

7.8 这道题的目的是证明由狄拉克方程描写的粒子在它们的轨道角动量（L）之外携带“内禀”角动量（S），两者之和虽然守恒但它们本身分别都不守恒。你只有对量子力学有一定的熟悉才能尝试做此题。

（a）对狄拉克方程构造哈密顿量H。[提示：从方程（7.19）解p^0c。

解：$H=c\gamma^0(\boldsymbol{\gamma}\cdot\boldsymbol{p}+mc)$，其中$\boldsymbol{p}\equiv(\hbar/\mathrm{i})\nabla$是动量算符。]

（b）找出H和轨道角动量$\boldsymbol{L}\equiv\boldsymbol{r}\times\boldsymbol{p}$的对易子。[解：$[H,\boldsymbol{L}]\equiv-\mathrm{i}\hbar c\gamma^0(\boldsymbol{\gamma}\times\boldsymbol{p})$，因为$[H,\boldsymbol{L}]$不为零，$\boldsymbol{L}$本身不守恒。显然有其他形式的角动量潜藏在这里。引入方程（7.51）定义的“自旋角动量”S。]

（c）找出H和自旋角动量$\boldsymbol{S}\equiv(\hbar/2)\Sigma$的对易子。[解：$[H,\boldsymbol{S}]\equiv\mathrm{i}\hbar c\gamma^0(\boldsymbol{\gamma}\times\boldsymbol{p})$]它导致总角动量$\boldsymbol{J}\equiv\boldsymbol{L}+\boldsymbol{S}$守恒。

（d）证明每个双旋量都是S^2的本征态，本征值为$\hbar^2 s(s+1)$，并计算s。那么由狄拉克

方程描写的粒子的自旋是多少？

7.9 电荷共轭算符（C）把狄拉克旋量 ψ 变为“电荷共轭”旋量 ψ_c，由

$$\psi_c = i\gamma^2\psi^*$$

给出。其中 γ^2 是第三个狄拉克矩阵。［见 Halzen 和 Martin[7]，5.4 节］找出 $u^{(1)}$ 和 $u^{(2)}$ 的电荷共轭，并把它们和 $v^{(1)}$ 和 $v^{(2)}$ 进行比较。

7.10 从方程（7.18）到方程（7.19）时，我们（任意地）选择采用负号因子。如果我们改方程（7.19）为 $\gamma^\mu p_\mu + mc = 0$，7.2 节的内容将如何变化？

7.11 证明旋量的变换规则［方程（7.52）、方程（7.53）和方程（7.54）］［提示：我们要求它把在原来参考系狄拉克方程的解变到带撇的参考系的解：

$$i\hbar\gamma^\mu\partial_\mu\psi - mc\psi = 0 \leftrightarrow i\hbar\gamma^\mu\partial'_\mu\psi' - mc\psi' = 0$$

其中 $\psi' = S\psi$，且

$$\partial'_\mu = \frac{\partial}{\partial x^{\mu'}} = \frac{\partial x^\nu}{\partial x^{\mu'}}\frac{\partial}{\partial x^\nu} = \frac{\partial x^\nu}{\partial x^{\mu'}}\partial_\nu$$

它导致

$$(S^{-1}\gamma^\mu S)\frac{\partial x^\nu}{\partial x^{\mu'}} = \gamma^\nu$$

洛伦兹（逆）变换给出 $\partial x^\nu/\partial x^{\mu'}$。从那里取出它。］

7.12 利用习题 7.11 的方法推导宇称的变换规则，方程（7.61）。

7.13 （a）从方程（7.53）出发计算 $S^\dagger S$，并验证方程（7.57）。

（b）证明 $S^\dagger\gamma^0 S = \gamma^0$。

7.14 证明 $\bar{\psi}\gamma^5\psi$ 在方程（7.52）变换下是不变的。

7.15 证明伴随旋量 $\bar{u}^{(1,2)}$ 和 $\bar{v}^{(1,2)}$ 满足方程

$$\bar{u}(\gamma^\mu p_\mu - mc) = 0, \quad \bar{v}(\gamma^\mu p_\mu + mc) = 0$$

［提示：将方程（7.49）和方程（7.50）取转置共轭；从右边乘上 γ^0 并证明 $(\gamma^\mu)^\dagger\gamma^0 = \gamma^0\gamma^\mu$。］

7.16 证明用伴随旋量表达的归一化条件［方程（7.43）］是

$$\bar{u}u = -\bar{v}v = 2mc$$

7.17 通过验证其分量服从洛伦兹变换［方程（3.8）］证明 $\bar{\psi}\gamma^\mu\psi$ 是一个四矢量。检验它在宇称变换下按一个（极）矢量变换。（即：“时间”分量不变，而“空间”分量改号。）

7.18 证明代表一个静止的电子的旋量［方程（7.30）］是宇称算符 P 的本征态。其内禀宇称是多少？正电子又怎样？如果我们改变了方程（7.61）中的符号约定又怎样？注意虽然一个自旋 1/2 的粒子的绝对宇称某种意义上是任意的，粒子和反粒子携带相反的宇称的事实却是不任意的。

7.19 （a）将 $\gamma^\mu\gamma^\nu$ 表达为 1，γ^5，γ^μ，$\gamma^\mu\gamma^5$ 和 $\sigma^{\mu\nu}$ 的线性叠加。

（b）构造矩阵 σ^{12}，σ^{13} 和 σ^{23}［方程（7.69）］，并把它们联系到 Σ^1，Σ^2 和 Σ^3［方程（7.51）］。

7.20 （a）从方程（7.73）推导方程（7.70）（i 和 iv）。

（b）从方程（7.73）证明方程（7.74）。

7.21　证明连续性方程（7.74）保证电荷守恒。[如果你不知道如何做，找本电动力学教科书看一下。]

7.22　证明在自由空间我们总可以选择 $A^0=0$。即，给定一个势 A^μ 不满足这个限制，找到一个与方程（7.85）自洽的规范函数 λ，使方程（7.81）里的 A_0' 是零。

7.23　假设我们对平面波势［方程（7.89）］做一个规范变换［方程（7.81）］，利用规范函数

$$\lambda = \mathrm{i}\hbar\kappa a \mathrm{e}^{-(\mathrm{i}/\hbar)p\cdot x}$$

其中 κ 是任意常数，而 p 是光子的四动量。

（a）证明这个 λ 满足方程（7.85）。

（b）证明这个规范变换有改变 ϵ^μ 的效应：$\epsilon^\mu \to \epsilon^\mu + \kappa p^\mu$。（特别地，如果选取 $\kappa = -\epsilon^0/p^0$ 我们得到库仑规范的极化矢量，方程（7.92）这个观察导致针对 QED 规范不变性的一个漂亮而简单的检测：如果 ϵ^μ 被替换为 $\epsilon^\mu + \kappa p^\mu$ 答案一定是不变的。）

7.24　利用 $u^{(1)}$、$u^{(2)}$［方程（7.46）］和 $v^{(1)}$、$v^{(2)}$［方程（7.47）］，证明旋量的完备性［方程（7.99）］。[注意：$u\bar{u}$ 是通过 $(u\bar{u})_{ij} \equiv u_i\bar{u}_j$ 定义的 4×4 矩阵。]

7.25　利用 $\epsilon^{(1)}$ 和 $\epsilon^{(2)}$，即方程（7.93），验证光子的完备性关系方程（7.105）。

7.26　计算在质心系中电子-缪子散射的振幅［方程（7.106）］，假设 e 和 μ 沿 z 轴相互接近，相斥，然后沿 z 轴返回。假设初态和末态粒子都具有螺旋度 +1。[答案：$\mathscr{M} = -2g_e^2$]

7.27　推导对湮灭 $\mathrm{e}^+ + \mathrm{e}^- \to \gamma + \gamma$ 的振幅［方程（7.133）和方程（7.134）］。

7.28　计算对反粒子的喀什米尔窍门［方程（7.125）］

$$\sum_{\text{所有自旋}}[\bar{v}(a)\Gamma_1 v(b)][\bar{v}(a)\Gamma_2 v(b)]^*$$

及“混合”情形

$$\sum_{\text{所有自旋}}[\bar{u}(a)\Gamma_1 v(b)][\bar{u}(a)\Gamma_2 v(b)]^* \text{ 和 } \sum_{\text{所有自旋}}[\bar{v}(a)\Gamma_1 u(b)][\bar{v}(a)\Gamma_2 u(b)]^*$$

7.29　（a）对 $\nu=0$，1，2 和 3，证明 $\gamma^0\gamma^{\nu\dagger}\gamma^0 = \gamma^\nu$。

（b）如果 Γ 是 γ 矩阵的任意积（$\Gamma = \gamma_a\gamma_b\cdots\gamma_c$），证明 $\bar{\Gamma}$［方程（7.119）］是逆序的相同的积，$\bar{\Gamma} = \gamma_c\cdots\gamma_b\gamma_a$。

7.30　利用喀什米尔窍门获得对康普顿散射类似于方程（7.126）的结果。注意这里有四项：

$$|\mathscr{M}|^2 = |\mathscr{M}_1|^2 + |\mathscr{M}_2|^2 + \mathscr{M}_1\mathscr{M}_2^* + \mathscr{M}_1^*\mathscr{M}_2$$

7.31　（a）证明 7.7 节的迹定理 1、2 和 3。

（b）证明方程 4。

（c）利用反对易关系 5 证明 5′。

7.32　（a）利用反对易关系 5 证明收缩定理 6、7、8 和 9。

（b）从 7 证明 7′；从 8 证明 8′；从 9 证明 9′。

7.33　（a）证明迹定理 10、11、12 和 13。

（b）从 12 证明 12′；从 13 证明 13′。

7.34　（a）证明定理 14、15 和 16。

（b）从 15 证明 15′；从 16 证明 16′。

7.35 （a）证明 $\epsilon^{\mu\nu\lambda\sigma}\epsilon_{\mu\nu\lambda\tau}=-6\delta^{\sigma}_{\tau}$（要对 μ、ν、λ 求和）

（b）证明 $\epsilon^{\mu\nu\lambda\sigma}\epsilon_{\mu\nu\theta\tau}=-2(\delta^{\lambda}_{\theta}\delta^{\sigma}_{\tau}-\delta^{\lambda}_{\tau}\delta^{\sigma}_{\theta})$。

（c）找出对 $\epsilon^{\mu\nu\lambda\sigma}\epsilon_{\mu\phi\theta\tau}$ 的类似公式。

（d）找出对 $\epsilon^{\mu\nu\lambda\sigma}\epsilon_{\omega\phi\theta\tau}$ 的类似公式。

[这里 δ^{μ}_{ν} 是克罗内克尔（Kronecher）δ：如果 $\mu=\nu$ 是 1，其他是 0。它也可被用混合度规张量来写：$\delta^{\mu}_{\nu}=g^{\mu}_{\nu}=g_{\nu}^{\mu}$。]

7.36 计算如下迹：

（a）$\mathrm{Tr}[\gamma^{\mu}\gamma^{\nu}(1-\gamma^{5})\gamma^{\lambda}(1+\gamma^{5})\gamma_{\lambda}]$

（b）$\mathrm{Tr}[(\not p+mc)(\not q+Mc)(\not p+mc)(\not q+Mc)]$，其中 p 是一个质量为 m 的（实）粒子的四动量，而 q 是一个质量为 M 的（实）粒子的四动量。把你的结果表达为 m、M、c 和 $(p\cdot q)$ 的函数。

7.37 从方程（7.107）出发，给出弹性电子-电子散射，类似于方程（7.129）的自旋平均振幅。假定我们工作在高能区，因此电子的质量可被忽略（即取 $m=0$）。[提示：你可以从方程（7.129）读出 $\langle|\mathscr{M}_1|^2\rangle$ 和 $\langle|\mathscr{M}_2|^2\rangle$。对 $\langle\mathscr{M}_1\mathscr{M}_2^*\rangle$ 利用同样像喀什米尔窍门的战略得到

$$\langle\mathscr{M}_1\mathscr{M}_2^*\rangle=\frac{-g_e^4}{4(p_1-p_3)^2(p_1-p_4)^2}\mathrm{Tr}(\gamma^{\mu}\not p_1\gamma^{\nu}\not p_4\gamma_{\mu}\not p_2\gamma_{\nu}\not p_3)$$

然后利用收缩定理计算迹。注意对无质粒子动量守恒（$p_1+p_2=p_3+p_4$）意味着 $p_1\cdot p_2=p_3\cdot p_4$，$p_1\cdot p_3=p_2\cdot p_4$ 和 $p_1\cdot p_4=p_2\cdot p_3$。]

$$\left[\text{答案：}\langle|\mathscr{M}_1|^2\rangle=\frac{2g_e^4}{(p_1\cdot p_3)^4(p_1\cdot p_4)^2}[(p_1\cdot p_2)^4+(p_1\cdot p_3)^4+(p_1\cdot p_4)^4]\right]$$

7.38 （a）从方程（7.129）开始，在高能区（m，$M\to 0$）计算质心系的自旋平均电子-缪子散射振幅。

（b）计算质心系高能电子－缪子散射的微分截面。让 E 为电子能量 θ 为散射角。

$$\left[\text{答案：}\frac{d\sigma}{d\Omega}=\left(\frac{\hbar c}{8\pi}\right)^2\frac{g_e^4}{2E^2}\left(\frac{1+\cos^4\theta/2}{\sin^4\theta/2}\right)\right]$$

7.39 （a）利用习题 7.37 的结果，计算高能区（$m\to 0$）质心系中自旋平均的电子-电子散射振幅。

（b）计算质心系高能电子-电子散射的微分截面。

$$\left[\text{答案：}\frac{d\sigma}{d\Omega}=\left(\frac{\hbar c}{8\pi}\right)^2\frac{g_e^4}{2E^2}\left(1-\frac{4}{\sin^2\theta}\right)^2\right]$$

并和习题 7.38 的结果进行比较（见对例 7.3 的脚注）。

7.40 从方程（7.158）开始，计算 $|\mathscr{M}|^2$，并利用方程（7.105）求和光子的极化。检验答案与方程（7.163）一致，并解释为什么这个方法给出正确的答案（注意我们现在求和所有光子的极化，而事实上光子必须在其单态位形中）。

7.41 从方程（7.149）出发，计算 $e^++e^-\to\gamma+\gamma$ 的 $\langle|\mathscr{M}|^2\rangle$，并利用它得到对湮灭的微分截面。比较方程（7.167）（见例 7.8 之前的脚注）。

7.42 推导方程（7.176）。你将需要那个最后的费曼规则：对一个闭合费米子圈要包含一个因子 -1 并求迹。

7.43 推导方程（7.182）[提示：利用樱井（Sakurai）[6]的附录 E 中的积分定理]。

7.44 推导方程（7.187）。

7.45 对质心系对头碰撞情形计算方程（7.192）的修正项；假设电子以 $c/10$ 运行。在实验[9]中，束流能量是 57.8 GeV；测量到的精细结构“常数”将是多少？查一下实际结果，并与你的预言进行比较。

7.46 为什么光子不会通过过程 $\gamma \to \gamma + \gamma$“衰变”（见图 7.12）？计算这个图的振幅。[这是法雷定理的例子，它说任何包含奇数个顶角的闭合电子圈的振幅为零。]

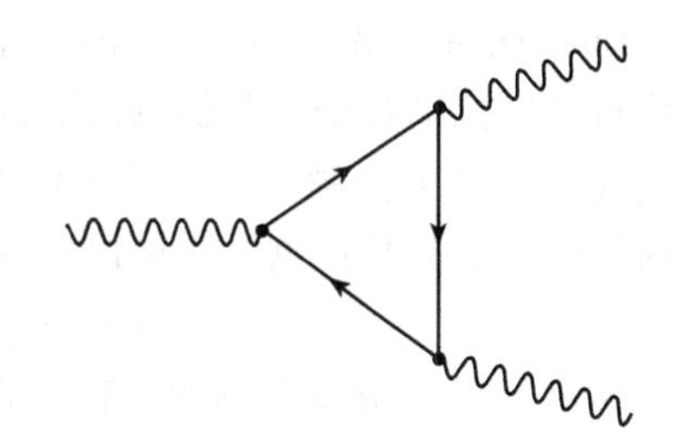

图 7.12 光子衰变，$\gamma \to 2\gamma$—被法雷定理禁戒的过程（见习题 7.46）。

7.47 从你的习题 7.30 的答案出发，推导对康普顿散射（在靶静止系）的克莱因-仁科芳雄公式：

$$\frac{d\sigma}{d\Omega} = \frac{\pi\alpha^2}{m^2}\left(\frac{\omega'}{\omega}\right)^2\left[\frac{\omega'}{\omega} + \frac{\omega}{\omega'} - \sin^2\theta\right]$$

其中 ω 和 ω' 是入射和散射光子的频率（见习题 3.27）。

习题 48 ~ 50 属于如下模型：想象光子，不是无质量矢量（自旋 1）粒子，是一个有质量的标量（自旋 0）粒子。具体地，假设 QED 顶角因子是

$$ig_e 1$$

（其中 1 是 4 × 4 单位矩阵），且“光子”传播子是

$$\frac{-i}{q^2 - (m_\gamma c)^2}。$$

现在没有光子极化矢量，因此没有外光子线因子。除此之外，QED 的费曼规则不变。

7.48 假设它足够重，此“光子”可以衰变。

（a）计算 $\gamma \to e^+ + e^-$ 的衰变率。

（b）如果 $m_\gamma = 300\ \text{MeV}/c^2$，以秒为单位计算“光子”的寿命。

7.49 （a）计算此理论中电子-缪子散射的振幅 $\mathscr{M}$。

（b）计算自旋平均量，$\langle |\mathscr{M}|^2 \rangle$。

（c）计算质心系中电子 - 缪子散射的微分截面。假设能量足够高使电子和缪子质量可以被忽略：m_e，$m_\mu \to 0$。用入射电子能量 E 和散射角 θ 表达你的结果。

（d）利用（c）中你的结果计算总截面，假设“光子”极重，$m_\gamma c^2 \gg E$。

（e）回到（b），现在考虑对极重的“缪子”的低能散射情形：$|p_e|/c \ll m_e \ll m_\gamma \ll m_\mu$。计算实验室系（缪子静止）的微分截面，假设缪子不明显地反冲。与卢瑟福公式（例 7.7）进行比较，且计算总截面。[实际上，如果你取 $m_\gamma \to 0$，并取 $|\boldsymbol{p}| \ll mc$，你得到精确的卢瑟福公式。]

7.50 （a）在此理论中，对湮灭（$e^+ + e^- \to \gamma + \gamma$）计算振幅 $\mathscr{M}$。

（b）计算 $\langle |\mathscr{M}|^2 \rangle$，假设能量足够高我们可以忽略电子和“光子”的质量（m_e，$m_\gamma \to 0$）。

（c）在质心系中计算（b）的结果。用入射电子能量 E 和散射角 θ 表达你的结果。

（d）计算质心系中对湮灭的微分截面，仍然假定 $m_e = m_\gamma = 0$。总截面是有限的吗？

7.51 电中性的自旋 1/2 粒子可令人信服地成为它们自己的反粒子。（如果是这样，它们就叫“马约拉纳”费米子——在标准模型中唯一可能的候选者是中微子。）

（a）按照习题 7.9，电荷共轭旋量是 $\psi_c = \mathrm{i}\gamma^2\psi^*$。显然，如果一个粒子与其反粒子相同，那么 $\psi = \psi_c$。证明这个条件是洛伦兹不变的（如果在一个惯性系对，则在任意惯性系都对）。[提示：利用方程（7.52）和方程（7.53）]

（b）证明如果 $\psi = \psi_c$，ψ 的两个“下”分量联系其两个“上”分量为 $\psi_B = -\mathrm{i}\sigma_y\psi_A^*$。因此对马约拉纳粒子，我们只需要两分量旋量，$\chi \equiv \psi_A$。这有意义：一个狄拉克旋量有四个分量代表（每个）粒子和反粒子的两个自旋态，而在此情形，后面两个是多余的。证明对马约拉纳粒子的狄拉克方程可以被写成两分量形式为

$$\mathrm{i}\hbar[\partial_0\chi + \mathrm{i}(\sigma\cdot\nabla)\sigma_y\chi^*] - mc\chi = 0$$

检验你对“下”分量得到的方程与它是一致的。

（c）构造代表平面波马约拉纳态的旋量 χ。[提示：形成一般的线性组合 $\psi = a_1\psi^{(1)} + a_2\psi^{(2)} + a_3\psi^{(3)} + a_4\psi^{(4)}$（方程（7.46）和方程（7.47）），施加（b）部分的限制，解出 a_3 和 a_4（用 a_1 和 a_2 表达）；然后（例）对 $\chi^{(1)}$ 选 $a_1 = 1$，$a_2 = 0$，而 $\chi^{(2)}$ 选 $a_1 = 0$，$a_2 = 1$。]

第 8 章

夸克的电动力学和色动力学

由于电子的电磁相互作用已被很好地了解，它们可作为有用的工具探测强子的结构。我在第 7 章对轻子讨论的所有内容也同样适用于夸克（当然要采用合适的电荷：2e/3 或 −e/3）。然而，实验情形却很复杂，因为夸克本身从不见天日，因此我们只能从介子和重子观测到的行为推测其组成的行为。在这一章我们将考虑两个重要的例子：电子-正电子碰撞中的强子产生（8.1 节），和电子-质子的弹性散射（8.2 节）。然后我们转向色动力学：费曼规则（8.3 节），色因子（8.4 节），QCD 中的对湮灭（8.5 节）和渐进自由（8.6 节）。

8.1 e^+e^-碰撞中的强子产生

当电子和正电子相碰时，它们（当然）可以弹性散射，$e^+ + e^- \to e^+ + e^-$（芭芭散射），或产生两个光子，$e^+ + e^- \to \gamma + \gamma$（对湮灭），或——如果能量足够高——可以产生一对缪子（或 τ），$e^+ + e^- \to \mu^+ + \mu^-$。而它也可产生一对夸克：$e^+ + e^- \to q + \bar{q}$，下面我要讨论一下这个过程。最低阶的 QED 图是

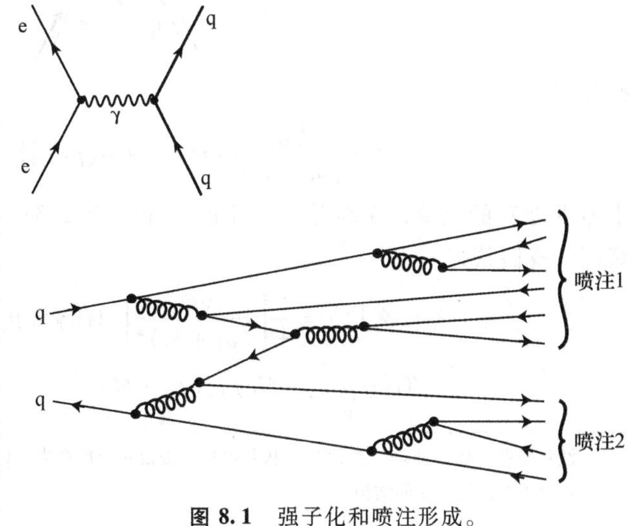

在一个短暂的瞬间夸克作为自由粒子飞出，但当它们到达约 10^{-15} m（强子的直径）的分离距离时，它们的（强）作用如此之强以致新的夸克-反夸克对产生了——这次主要来自胶子。（见图 8.1）。这些夸克和反夸克（在典型的现代实验中差不多有几打）成金字塔的方式结合

图 8.1 强子化和喷注形成。

在一起形成被探测器记录的介子和重子——被称为“强子化”的过程。我们在实验室所观测到的因此是 $e^+ + e^- \rightarrow$ 强子。

在所有这些残骸中经常会留有原始夸克-反夸克对的清晰印记：强子在两个背对背“喷注”中浮现，一个沿原初夸克的方向，[⊖] 另一个沿反夸克的方向（见图 8.2）。有时人们看到一个三喷注事例（见图8.3），意味携带相当比例的总能量的胶子与原始 $q\bar{q}$ 一起产生辐射：

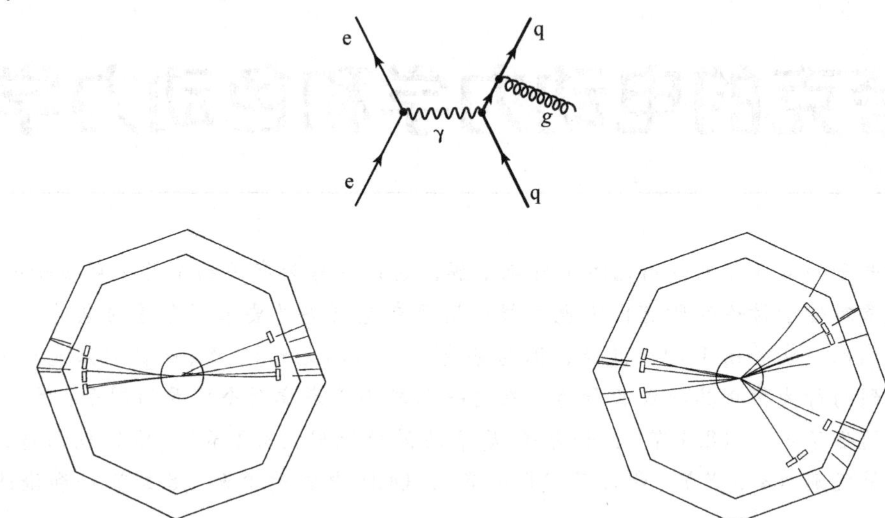

图 8.2 典型的两喷注事例。
（来源：多芬（Dorfan），SLAC）

图 8.3 三喷注事例。
（来源：多芬（Dorfan），SLAC）

事实上，观测到三喷注事例一般地被看作为胶子存在的最直接证据。

现在所有这些（$e^+ + e^- \rightarrow \gamma \rightarrow q + \bar{q}$）的第一步是普通 QED；计算与 $e^+ + e^- \rightarrow \mu^+ + \mu^-$ 完全相同：

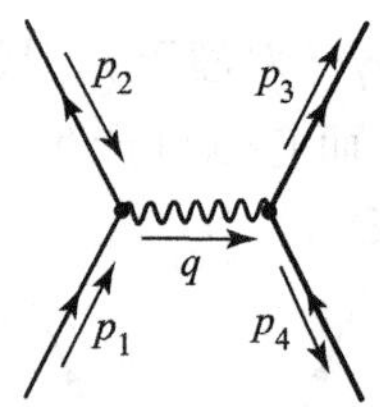

振幅是

$$\mathcal{M} = \frac{Qg_e^2}{(p_1 + p_2)^2}[\bar{v}(p_2)\gamma^\mu u(p_1)][\bar{u}(p_3)\gamma_\mu v(p_4)] \tag{8.1}$$

其中 Q 是夸克的电荷，单位是 e（对 u、c 和 t 是 2/3；对 d、s 和 b 是 $-1/3$）。利用喀什米尔窍门，我们获得

$$\langle |\mathcal{M}|^2 \rangle = \frac{1}{4}\left[\frac{Qg_e^2}{(p_1 + p_2)^2}\right]^2 \mathrm{Tr}[\gamma^\mu(\not{p}_1 + mc)\gamma^\nu(\not{p}_2 - mc)] \times \tag{8.2}$$
$$\mathrm{Tr}[\gamma_\mu(\not{p}_4 - Mc)\gamma_\nu(\not{p}_3 + Mc)]$$

⊖ 注意夸克（例）非得“弹回”并从其他地方捡拾一个反夸克，以使每个喷注为无色的，而只要能量转移相对较小这不会瓦解喷注的结构。

其中 m 是电子的质量，M 是夸克的质量（见习题 8.1）。利用第 7 章的求迹定理，我们可以约化它成为

$$\langle |\mathscr{M}|^2 \rangle = 8\left[\frac{Qg_e^2}{(p_1+p_2)^2}\right]^2 [(p_1\cdot p_3)(p_2\cdot p_4)+(p_1\cdot p_4)(p_2\cdot p_3)+ (mc)^2(p_3\cdot p_4)+(Mc)^2(p_1\cdot p_2)+2(mc)^2(Mc)^2] \tag{8.3}$$

或以（质心）入射电子能量 E 及入射电子和出射夸克之间的夹角 θ：

$$\langle |\mathscr{M}|^2 \rangle = Q^2 g_e^4\left\{1+\left(\frac{mc^2}{E}\right)^2+\left(\frac{Mc^2}{E}\right)^2+\left[1-\left(\frac{mc^2}{E}\right)^2\right]\left[1-\left(\frac{Mc^2}{E}\right)^2\right]\cos^2\theta\right\} \tag{8.4}$$

微分散射截面由方程（6.47）给出；积掉 θ 和 ϕ，我们得到总截面（见习题 8.2）：

$$\sigma = \frac{\pi Q^2}{3}\left(\frac{\hbar c\alpha}{E}\right)^2\sqrt{\frac{1-(Mc^2/E)^2}{1-(mc^2/E)^2}}\left[1+\frac{1}{2}\left(\frac{Mc^2}{E}\right)^2\right]\left[1+\frac{1}{2}\left(\frac{mc^2}{E}\right)^2\right] \tag{8.5}$$

注意阈值在 $E=Mc^2$；因为当能量小于此值时平方根是虚的，这反映出当没有足够的能量产生 $\mathrm{q}\bar{\mathrm{q}}$对时过程在运动学上是被禁戒的这一事实。如果我们足够高于阈值（$E>Mc^2 \gg mc^2$），则方程（8.5）大大简化：[㊀]

$$\sigma = \frac{\pi}{3}\left(\frac{\hbar Qc\alpha}{E}\right)^2 \tag{8.6}$$

当我们增加束流能量，我们会不断碰到这样的阈值——首先是缪子和轻夸克，然后（在约 1300MeV 处）是粲夸克，τ 轻子（1777MeV 处），底夸克（4500MeV 处），最后是顶夸克。有一个漂亮的显示这个结构的方式：假设我们测量强子产生率与缪子对产生率的比率：

$$R \equiv \frac{\sigma(\mathrm{e}^+\mathrm{e}^-\to\text{强子})}{\sigma(\mathrm{e}^+\mathrm{e}^-\to\mu^+\mu^-)} \tag{8.7}$$

因为分子包括了所有夸克-反夸克事例，[㊁]方程（8.6）给出

$$R = 3\sum Q_i^2 \tag{8.8}$$

其中求和覆盖所有阈值低于 E 的夸克味道。注意在前面的数字 3——它记录的是每个味道有三个颜色的事实。我们因而预期 $R(E)$ 有一个“阶梯形”的图，在每个新夸克阈处跨上一个台阶，台阶的高度由夸克的电荷决定。在低能区，只有 u、d 和 s 夸克有贡献，我们预期

$$R = 3\left[\left(\frac{2}{3}\right)^2+\left(-\frac{1}{3}\right)^2+\left(-\frac{1}{3}\right)^2\right]=2 \tag{8.9}$$

在 c 阈和 b 阈之间，我们应有

$$R = 2+3\left(\frac{2}{3}\right)^2=\frac{10}{3}=3.33 \tag{8.10}$$

㊀ 此近似实际上比它看起来要好，由于幸运的代数相消：展开 $\sqrt{1-(Mc^2/E)^2}\left[1+\frac{1}{2}(Mc^2/E)^2\right]=1-\frac{3}{8}(Mc^2/E)^4\cdots$，因此误差是 $(Mc^2/E)^4$，而不是 $(Mc^2/E)^2$。对电子质量项，这些项更小，虽然有二阶修正；然而这些项在计算 R 时严格抵消［方程（8.7）］。

㊁ τ 轻子主要衰变到强子，这因而在高于 1777MeV 处给 R 加一点；这是为什么在图 8.4 中实验的数字有些高于“u+d+s+c”线的原因。

在 b 阈上它稍微升高一点，

$$R=\frac{10}{3}+3\left(-\frac{1}{3}\right)^2=\frac{11}{3}=3.67 \tag{8.11}$$

而顶夸克将产生一个跳跃到 $R=5$。

实验结果由图 8.4 给出。理论和实验符合得相当好，特别在高能区。你可能会问为什么不是完全符合。除了从方程（8.5）到方程（8.6）的近似外（它人为使每个阈值区尖锐化），忽略了 τ，假定我们可以把此过程处理为一系列两个独立过程：$e^+e^-\to q\bar{q}$（QED）然后是 $q\bar{q}\to$强子（QCD），我们做了基本过分的简化。实际上第一步产生的夸克不是服从狄拉克方程的自由粒子；它们是将要参与二次作用的虚粒子。当能量正好形成束缚态（$\phi=s\bar{s}$，$\psi=c\bar{c}$，$\gamma=b\bar{b}$,）时这特别关键；在这些“共振”附近，两夸克之间的相互作用很难被忽略。因此在图里出现尖锐的峰，它们典型地在每个阈值之下发生。最后，高于 50GeV，图开始朝着在 91GeV 的 Z^0 峰上升。

而所有这些实在是吹毛求疵，因为图 8.4 的重要性不在于那些小的差异传闻，而是整体一致的呼喊：方程（8.8）的因子 3 很清楚应属于这里。没有它理论就完全错了（请看图 8.4 中的短折线）——而不只是孤立的共振，应全盘考虑。记住这个 3 计入颜色。这里因此是强烈的支持颜色假设的实验证据——原来由于深奥的理论原因引入，而现在是强作用不可缺少的元素。

8.2 电子-质子弹性散射

我们现在转为讨论电子-质子散射，它是我们对质子的内部结构的最好探测。如果质子只是一个服从狄拉克方程的简单点粒子，我们可以只复制我们对电子-缪子散射的分析即可，只要把 M 换成质子的质量。最低阶的费曼图应是

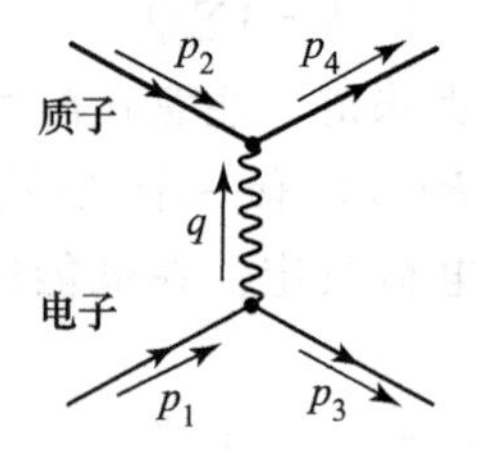

而（自旋平均的）振幅应是［方程（7.126）］

$$\langle|\mathscr{M}|^2\rangle=\frac{g_e^4}{q^4}L^{\mu\nu}_{电子}L_{\mu\nu质子} \tag{8.12}$$

其中 $q=p_1-p_3$ 且［方程（7.128）］

$$L^{\mu\nu}_{电子}=2\{p_1^{\mu}p_3^{\nu}+p_1^{\nu}p_3^{\mu}+g^{\mu\nu}[(mc)^2-(p_1\cdot p_3)]\} \tag{8.13}$$

（还有对 $L^{\mu\nu}_{质子}$类似的表达式，只要做代换 $m\to M$ 和 1，3→2，4）。我们在例 7.7 中使用了这些结果去推导莫特和卢瑟福散射公式。

但质子不是一个简单的点电荷，因此在发现夸克模型以前，一个更灵活的体系被引进来描写电子-质子散射。我们可以在最低阶 QED 中用如下图描写这个过程：

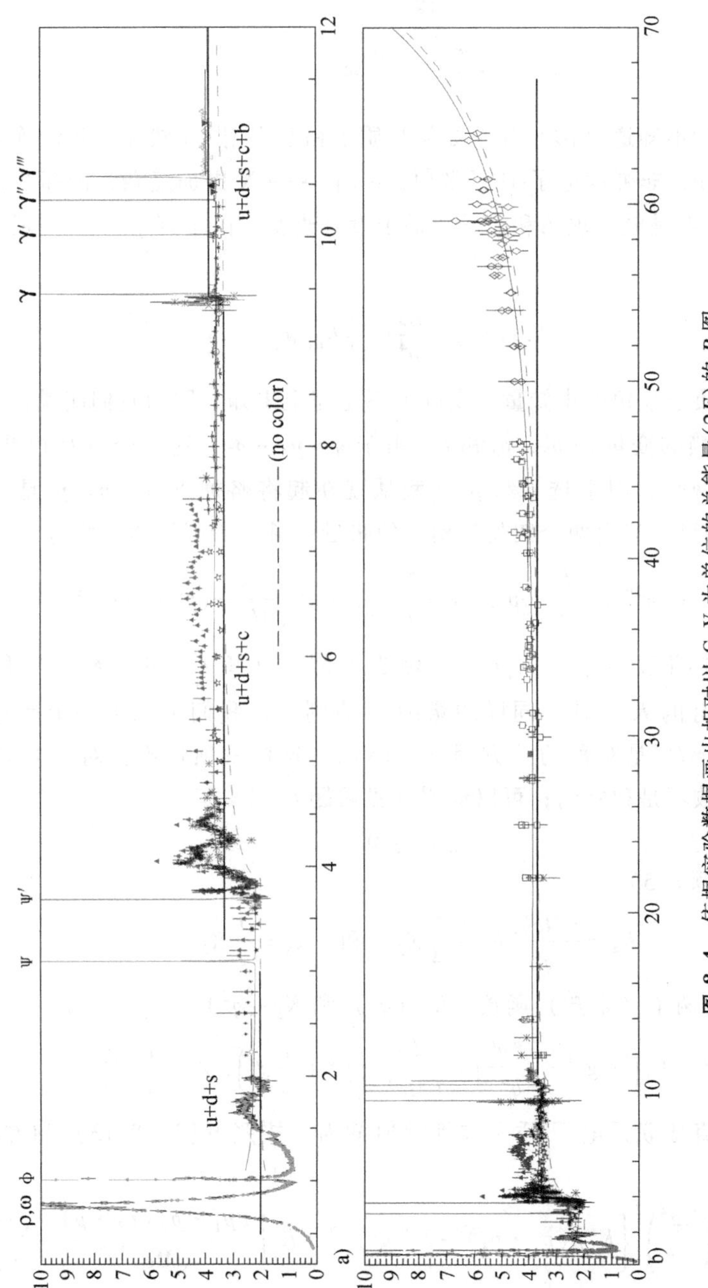

图 8.4　依据实验数据画出相对以 GeV 为单位的总能量（$2E$）的 R 图。
（承蒙 COMPAS（IHEP，俄国）和 HEPDATA（Durham，英国）组帮助，
由 P. Janot（CERN）和 M. Schmitt（西北大学）修正。）

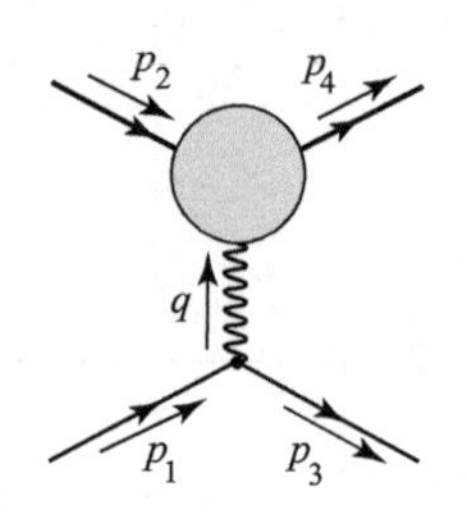

其中灰团提醒我们实际不知道（虚）光子如何与质子相互作用。（然而，我们确实假设散射是弹性的：e + p→e + p；非弹性电子-质子散射，e + p→e + X 更加复杂，因而我们在本书中不考虑它。）现在基本点是电子顶角和光子传播子没有改变，由于 $\langle|\mathscr{M}|^2\rangle$ 灵活地因子化为［方程（8.12）］

$$\langle|\mathscr{M}|^2\rangle=\frac{g_e^4}{q^4}L^{\mu\nu}_{\text{电子}}K_{\mu\nu\text{质子}} \tag{8.14}$$

其中 $K_{\mu\nu}$ 是描写光子-质子顶角的未知量。实际上不是完全未知，因为我们能说：它当然是二阶张量，且它可能依赖的变量是 p_2，p_4 和 q。由于 $q=p_4-p_2$，这三个量互相是不独立的，我们可以自由地选取两个；习惯选 q 和 p_2（我从现在起将略掉下标：$p\equiv p_2$ 是初始质子动量）。现在没有太多的可以只由两个四矢量构造的张量；最一般可能的形式为

$$K^{\mu\nu}=-K_1g^{\mu\nu}+\frac{K_2}{(Mc)^2}p^{\mu}p^{\nu}+\frac{K_4}{(Mc)^2}q^{\mu}q^{\nu}+\frac{K_5}{(Mc)^2}(p^{\mu}q^{\nu}+p^{\nu}q^{\mu}) \tag{8.15}$$

其中 K_i 只是问题里的标量变量 q^2 的（未知）函数。[㊀] 因子 $(Mc)^{-2}$ 被从 K_2、K_4 和 K_5 的定义中抽出来了，这样所有的 K 将具有同样的量纲。[㊁] 原则上，我们可以加一个反对称结合项 $(p^{\mu}q^{\nu}-p^{\nu}q^{\mu})$，但由于 $L^{\mu\nu}$ 是对称的［方程（8.13）］，这样一项将不会对 $\langle|\mathscr{M}|^2\rangle$ 有贡献。现在，这四个函数不是独立的；可以证明（见习题 8.4）

$$q_{\mu}K^{\mu\nu}=0 \tag{8.16}$$

从它我们得到（见习题 8.5）

$$K_4=\frac{(Mc)^2}{q^2}K_1+\frac{1}{4}K_2 \quad \text{和} \quad K_5=\frac{1}{2}K_2 \tag{8.17}$$

因此 $K^{\mu\nu}$ 可以被表达为两个（未知）函数，$K_1(q^2)$ 和 $K_2(q^2)$：

$$K^{\mu\nu}=K_1\left(-g^{\mu\nu}+\frac{q^{\mu}q^{\nu}}{q^2}\right)+\frac{K_2}{(Mc)^2}\left(p^{\mu}+\frac{1}{2}q^{\mu}\right)\left(p^{\nu}+\frac{1}{2}q^{\nu}\right) \tag{8.18}$$

“形状因子” K_1 和 K_2 直接联系电子-质子弹性散射截面。按照方程（8.13）和方程（8.18）（见习题 8.7）

$$\langle|\mathscr{M}|^2\rangle=\left(\frac{2g_e^2}{q^2}\right)^2\left\{K_1[(p_1\cdot p_3)-2(mc)^2]+K_2\left[\frac{(p_1\cdot p)(p_3\cdot p)}{(Mc)^2}+\frac{q^2}{4}\right]\right\} \tag{8.19}$$

我们将在实验室系工作，以靶质子静止，$p=(Mc,0,0,0)$。一个入射能量 E 的电子以角 θ 散射后变成能量 E'。让我们假设这是一个能量适度的碰撞 $(E,E')\gg mc^2$，因此我们可以安

㊀ 注意 $p^2=(Mc)^2$ 是个常数，且 $p_4^2=(q+p)^2=q^2+2q\cdot p+p^2=(Mc)^2\Rightarrow q\cdot p=-q^2/2$。

㊁ 下标 3 习惯上留给进入中微子-质子散射相应的一项，但在这里没这项。

全地忽略电子的质量（取 $m=0$）；[㊀]因此 $p_1=(E/c)\ (1,\ \hat{\boldsymbol{p}}_i)$，而 $p_3=\ (E'/c)\ (1,\ \hat{\boldsymbol{p}}_f)$，其中 $\hat{\boldsymbol{p}}_i\cdot\hat{\boldsymbol{p}}_f=\cos\theta$，我们得到（见习题 8.8）

$$\langle|\mathscr{M}|^2\rangle=\frac{g_e^4c^2}{4EE'\sin^4(\theta/2)}\left(2K_1\sin^2\frac{\theta}{2}+K_2\cos^2\frac{\theta}{2}\right) \tag{8.20}$$

出射电子能量 E' 不是一个独立变量；在运动学上它由 E 和 θ 决定（见习题 8.9）：

$$E'=\frac{E}{1+(2E/Mc^2)\sin^2(\theta/2)} \tag{8.21}$$

对一个无质量入射粒子我们有（见习题 6.10）

$$\frac{\mathrm{d}\sigma}{\mathrm{d}\Omega}=\left(\frac{\hbar E'}{8\pi McE}\right)^2\langle|\mathscr{M}|^2\rangle \tag{8.22}$$

因此对弹性电子-质子散射

$$\frac{\mathrm{d}\sigma}{\mathrm{d}\Omega}=\left(\frac{\alpha\hbar}{4ME\sin^2(\theta/2)}\right)^2\frac{E'}{E}[2K_1\sin^2(\theta/2)+K_2\cos^2(\theta/2)] \tag{8.23}$$

其中 E' 由方程（8.21）给出。称为露森布鲁斯（Rosenbluth）公式；它于 1950 年首先被推导出来[1]。通过计及对给定入射能量在给定方向散射的电子数目，我们可以用实验来确定 $K_1(q^2)$ 和 $K_2(q^2)$。实际上，习惯上喜欢改用“电”和“磁”形状因子，$G_E(q^2)$ 和 $G_M(q^2)$：

$$K_1=-q^2G_M^2,K_2=(2Mc)^2\frac{G_E^2-[q^2/(2Mc)^2]G_M^2}{1-[q^2/(2Mc)^2]} \tag{8.24}$$

G_E 和 G_M 分别联系质子的电和磁矩分布[2]。

所有这些只有很少的物理；我们所做的只是确立对质子的模型的一览表。一个成功的理论必须能使我们计算形状因子，它在目前阶段是完全任意的。最简单的模型将质子看成一个点电荷；在这种情形下（见习题 8.6）

$$K_1=-q^2,\ K_2=(2Mc)^2\Rightarrow G_E=G_M=1 \tag{8.25}$$

这在低能区是个不错的近似，这时电子无法足够接近以“看到”质子的内部。但在高能区是非常不够的（见图 8.5）。明显地质子具有丰富的内部结构。从夸克模型看，这并不奇怪，但对那些仍认为质子是真正的基本粒子的人将是十分震惊的事。

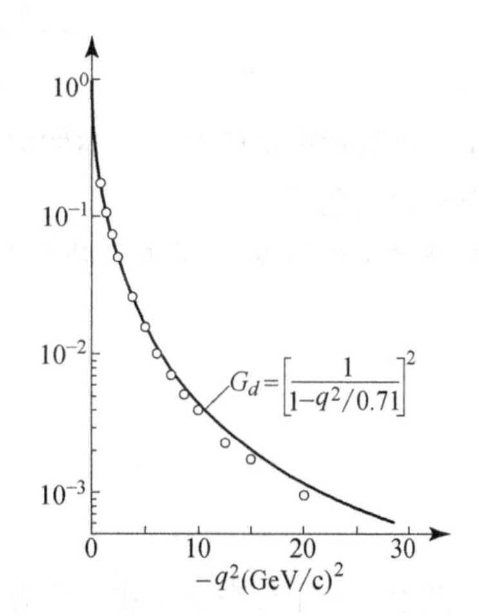

图 8.5　质子弹性形状因子。除一个整体因子外，电和磁的形状因子 G_E 和 G_M 实际是恒等的，且——至少到约 10 $(\mathrm{GeV}/c)^2$——通过唯象的“偶极”函数 G_d 很好地拟合（实线）。圆圈是 $G_M/(1+K)$（$\approx G_E$）。[来源：Frauenfelder, H. and Henley, E. M.（1991）*Subatomic Physics*, 2nd edn, Prentice-Hall, Englewood Cliffs, NJ, p. 141. 依据数据 Kirk, P. N. *et al.*,（1973）*Physical Review*, D8, 63.]

㊀ 莫特公式（7.131）忽略质子的结构和质子的反冲；它适用于区域 $E\ll Mc^2$，但没假设 $E\gg mc^2$。我们现在工作在 $E\gg mc^2$ 的区域，但没忽略质子的结构和反冲（即，我们没有假设 $E\ll Mc^2$）。在中间区域，$mc^2\ll E\ll Mc^2$，两个结果是一致的（见习题 8.10）。

8.3 色动力学的费曼规则

量子电动力学（QED）描写带电粒子的相互作用；量子色动力学（QCD）描写带色粒子的相互作用；电磁作用由光子传递，色动力作用由胶子传递。电磁力的强度由耦合常数

$$g_e = \sqrt{4\pi\alpha} \tag{8.26}$$

决定。在合适的单位中 g_e是基本电荷（正电子的电荷）。色动力的强度由耦合常数

$$g_s = \sqrt{4\pi\alpha_s} \tag{8.27}$$

决定。它可以被看作是颜色的基本单位。夸克有三种颜色，[㊀] “红”（r），“蓝”（b）和“绿”（g）。因此在 QCD 里指明一个夸克态不仅要求狄拉克旋量 $u^{(s)}(p)$ 给出其动量和自旋，还有一个三分量的矢量 c 给出其颜色：

$$c = \begin{pmatrix}1\\0\\0\end{pmatrix}\text{红}, \quad \begin{pmatrix}0\\1\\0\end{pmatrix}\text{蓝}, \quad \begin{pmatrix}0\\0\\1\end{pmatrix}\text{绿} \tag{8.28}$$

我将用字母表近中部的罗马下标标记 c 的元素——例如 c_i——因此 i，j，k，…取值从 1 到 3 遍历夸克的颜色。[㊁]

典型地，在夸克-胶子顶角处夸克会改变颜色，差别由胶子带走。例如：

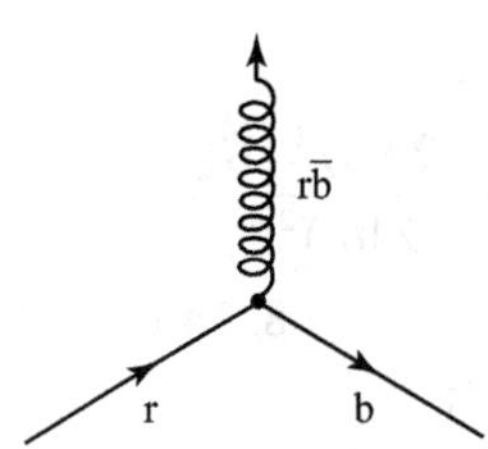

在这个图中，一个红夸克变成一个蓝夸克辐射一个红-反蓝胶子。每个胶子携带一个单位的颜色和一个单位的反颜色。因此应该有九种类型的胶子——$r\bar{r}$，$r\bar{b}$，$r\bar{g}$，$b\bar{r}$，$b\bar{b}$，$b\bar{g}$，$g\bar{r}$，$g\bar{b}$，$g\bar{g}$。这九种胶子原则上都是完全可能的，但它会描写一个和我们自己很不一样的世界。利用 $SU(3)$ 对称性（我们将会看到 QCD 以它为基础），这九个态组成一个“色八重态”：

$$\left\{\begin{array}{ll} |1\rangle = (r\bar{b} + b\bar{r})/\sqrt{2} & |5\rangle = -i(r\bar{g} - g\bar{r})/\sqrt{2} \\ |2\rangle = -i(r\bar{b} - b\bar{r})/\sqrt{2} & |6\rangle = (b\bar{g} + g\bar{b})/\sqrt{2} \\ |3\rangle = (r\bar{r} - b\bar{b})/\sqrt{2} & |7\rangle = -i(b\bar{g} - g\bar{b})/\sqrt{2} \\ |4\rangle = (r\bar{g} + g\bar{r})/\sqrt{2} & |8\rangle = (r\bar{r} + b\bar{b} - 2g\bar{g})/\sqrt{6} \end{array}\right\} \tag{8.29}$$

和一个“色单态”：

$$|9\rangle = (r\bar{r} + b\bar{b} + g\bar{g})/\sqrt{3} \tag{8.30}$$

（见 5.5 节；那里我们关心味道，不是颜色，但数学是一样的——只是将 u、d、s→r、b、g。

㊀ 夸克当然还有不同的味道，但这和 QCD 无关，除了就我所知不同的夸克味具有不同的质量之外。就像 QED 只看粒子的电荷一样，QCD 只看其颜色。

㊁ 我可能得警告你大多数书不明显写出夸克的色态；它们被“隐含”，或“理解为含在 $u(p)$ 中”。我认为在这个阶段把它们明显写出来是明智的，即使要花费一些额外的标记负担。

我们这里不是处理同位旋自旋，因此我们在八重态里使用不同的线性组合。这会简化后面的约定。）如果单态胶子存在，它将像光子一样普通和显眼。[一]禁闭要求所有自然存在的粒子必须是颜色单态，这“解释了”为什么八重态胶子从未作为自由粒子出现过。[二]而 $|9>$ 是色单态，如果它作为媒介粒子存在将会以自由粒子出现。进一步，它可以被两个色单态（例如一个质子和一个中子）所交换，给出强耦合的长程力，[三]而事实上我们知道强力是很短程的。在我们的世界里，明显只能有八个胶子。[四]

像光子一样，胶子是自旋 1 的无质量粒子；它们由正交于胶子动量为 p 的极化矢量 ϵ^{μ} 代表：

$$\epsilon^{\mu} p_{\mu}=0 \qquad (洛伦兹条件) \tag{8.31}$$

像以前一样，我们采用库仑规范：[五]

$$\epsilon^{0}=0,\ 因此\ \boldsymbol{\epsilon} \cdot \boldsymbol{p}=0 \tag{8.32}$$

这破坏了明显的洛伦兹协变性，但这是不可避免的（见 7.4 节）。为了描写胶子的颜色状态，我们需要额外的八元素列矢量，a：

$$对\ |1\rangle, a=\begin{pmatrix}1\\0\\0\\0\\0\\0\\0\\0\end{pmatrix}; \qquad 对\ |7\rangle, a=\begin{pmatrix}0\\0\\0\\0\\0\\0\\1\\0\end{pmatrix}; \quad 等等 \tag{8.33}$$

a 的元素将用字母表中前面的希腊上标标记（a^{α}）：α，β，γ，…从 1 到 8 跑过所有胶子颜色状态。由于胶子本身携带颜色（与电中性的光子相反），它们直接互相耦合。事实上，存在

[一] 可能“第九个胶子”就是光子！这将把强作用和电磁作用漂亮地统一在一起。当然，耦合强度不太对，而这是所有统一方案都要面临的问题，且可以适当地处理。这个想法有一个更严重的问题，我会让你来讨论（见习题 8.10）。

[二] 注意“无色”和“色单态”的差别。胶子 $|3\rangle$ 和 $|8\rangle$ 在每种颜色的纯量为零的意义上是无色的，但它们不是色单态。这个情形在自旋的理论中有一个类似：我们可以有 $S_z=0$ 的态，但这不证明其自旋是 0（虽然自旋 0 意味 $S_z=0$，而同样的做法一个颜色单态必须是无色的）。很多作者用词“无色”代表“色单态”，这可能会导致误导。（回到第 1 章和第 2 章我比较随便，因为在那个阶段不可能解释色单态的想法。）你可能喜欢“色不变”（取代“色单态”）或甚至“色标量”；基本点是这样一个态在 $SU(3)$ 变换下不受影响（见习题 8.12）。

[三] 由于胶子没有质量，它们传递的力具有无限的力程（和电动力学一样）。在这个意义上两个夸克之间的力实际上是**长程**力。然而，禁闭且没有单态胶子，把它对我们隐藏起来了。一个单态（例如质子）只能辐射或吸收一个单态（像 π），因此单个的胶子无法在一个质子和一个中子之间交换。这是为什么我们**看到**的力是**短程**力的原因。如果单态胶子存在，它可以在单态之间交换，因此强力将具有一个无限力程的分量。

[四] 用群论的术语，这里的内容是 QCD 的对称性是 $U(3)$（它将要求所有九种胶子）还是 $SU(3)$（它只要求八个）。实验的情形确定地支持后者。

[五] 这里有个精细的问题，由于色动力学的规范变换比方程（7.81）给的要更加复杂，因此事实上库仑规范无法自洽地施加。然而，对方程（7.81）的修正包含一个因子 g_s，因此在费曼算法里，由采用库仑规范引进的“误差”可以通过合适地修改计算高阶（圈）图的规则来弥补。

三胶子和四胶子顶角：

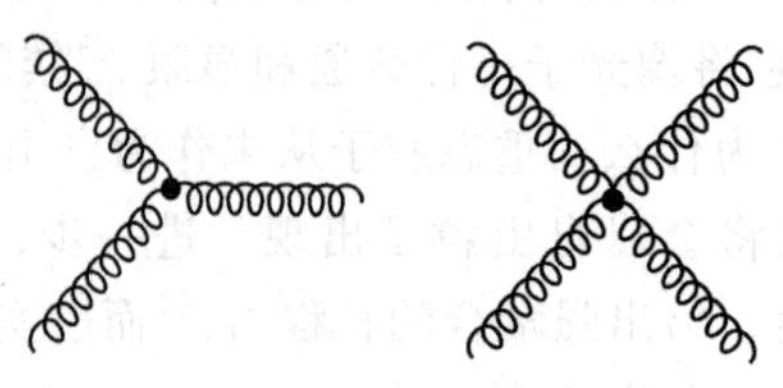

在我可以讲 QCD 的费曼规则之前，我需要介绍两个约定。第一个，盖尔曼的“λ 矩阵”，它是 $SU(2)$ 的泡利自旋矩阵的 $SU(3)$ 推广：

$$\lambda^1=\begin{pmatrix}0&1&0\\1&0&0\\0&0&0\end{pmatrix}\quad \lambda^2=\begin{pmatrix}0&-i&0\\i&0&0\\0&0&0\end{pmatrix}\quad \lambda^3=\begin{pmatrix}1&0&0\\0&-1&0\\0&0&0\end{pmatrix}$$
$$\lambda^4=\begin{pmatrix}0&0&1\\0&0&0\\1&0&0\end{pmatrix}\quad \lambda^5=\begin{pmatrix}0&0&-i\\0&0&0\\i&0&0\end{pmatrix}\quad \lambda^6=\begin{pmatrix}0&0&0\\0&0&1\\0&1&0\end{pmatrix}\tag{8.34}$$
$$\lambda^7=\begin{pmatrix}0&0&0\\0&0&-i\\0&i&0\end{pmatrix}\quad \lambda^8=\frac{1}{\sqrt{3}}\begin{pmatrix}1&0&0\\0&1&0\\0&0&-2\end{pmatrix}$$

第二个，λ 矩阵的**对易子**定义了 $SU(3)$ 群的“结构常数”（$f^{\alpha\beta\gamma}$）：

$$[\lambda^\alpha,\lambda^\beta]=2\mathrm{i}f^{\alpha\beta\gamma}\lambda^\gamma\tag{8.35}$$

（重复指标 γ 意味着从 1 到 8 的求和）。结构常数是完全反对称的，$f^{\beta\alpha\gamma}=f^{\alpha\gamma\beta}=-f^{\alpha\beta\gamma}$。你可以自己证明（见习题 8.15）。由于每个脚标都从 1 变到 8，总共有 $8\times8\times8=512$ 个结构常数，但它们大多数都是零，剩下的可以从下面集合利用反对称性得到：

$$f^{123}=1,\ f^{147}=f^{246}=f^{257}=f^{345}=f^{516}=f^{637}=\frac{1}{2},$$

$$f^{458}=f^{678}=\frac{\sqrt{3}}{2}\tag{8.36}$$

我现在介绍并给出 QCD 树图的费曼规则：

1）**外线**。对动量 p、自旋 s 和颜色 c 的外线夸克：

夸克：
$$\begin{cases}入射(\rightarrow\bullet):u^{(s)}(p)c\\ 出射(\bullet\rightarrow):\bar{u}^{(s)}(p)c^\dagger\end{cases}\tag{8.37}$$

（注意 $c^\dagger=\tilde{c}^*$ 应是个行矩阵）。对外线反夸克：

反夸克：
$$\begin{cases}入射(\leftarrow\bullet):\bar{v}^{(s)}(p)c^\dagger\\ 出射(\bullet\leftarrow):v^{(s)}(p)c\end{cases}\tag{8.38}$$

其中 c 代表相应夸克的颜色。对动量 p、极化 ϵ 和颜色 a 的外线胶子：

胶子：
$$\begin{cases}入射(\overset{\alpha,\mu}{\rightarrow\!\text{0000}\!\bullet}):\epsilon_\mu(p)a^\alpha\\ 出射(\overset{\alpha,\mu}{\bullet\!\text{0000}\!\leftarrow}):\epsilon_\mu^*(p)a^{\alpha*}\end{cases}\tag{8.39}$$

（为避免混淆在图上对你所用的每个胶子指明——时空和颜色——指标是有帮助的。）

2）**传播子**。每条内线贡献一个因子

夸克和反夸克：

$$(\bullet \xrightarrow{q} \bullet):\frac{\mathrm{i}(\not q+mc)}{q^2-m^2c^2} \tag{8.40}$$

胶子：

$$(\alpha,\mu \overset{q}{\bullet\!\!\sim\!\!\sim\!\!\sim\!\!\bullet} \beta,v):\frac{-\mathrm{i}g_{\mu\nu}\delta^{\alpha\beta}}{q^2} \tag{8.41}$$

3）**顶角**。每个顶角引进一个因子

夸克-胶子：

$$(\ \alpha,\mu\ ):\frac{-\mathrm{i}g_s}{2}\lambda^{\alpha}\gamma^{\mu} \tag{8.42}$$

三胶子：

$$(\ \gamma,\lambda;\ k_3;\ \alpha,\mu;\ \beta,v;\ k_1k_2\ ):-g_s f^{\alpha\beta\gamma}[g_{\mu\nu}(k_1-k_2)_{\lambda}+g_{\nu\lambda}(k_2-k_3)_{\mu}+g_{\lambda\mu}(k_3-k_1)_{\nu}] \tag{8.43}$$

这里胶子动量（k_1，k_2，k_3）假设指向**进入**顶角；如果任何指向流出顶角，需要改变符号。

四胶子：

$$(\ (\gamma,\lambda\ \ \delta,\rho):\ \alpha,\mu\ \ \beta,\nu\ ):$$

$$-\mathrm{i}g_s^2[f^{\alpha\beta\eta}f^{\gamma\delta\eta}(g_{\mu\lambda}g_{\nu\rho}-g_{\mu\rho}g_{\nu\lambda})+f^{\alpha\delta\eta}f^{\beta\gamma\eta}(g_{\mu\nu}g_{\lambda\rho}-g_{\mu\lambda}g_{\nu\rho})+$$
$$f^{\alpha\gamma\eta}f^{\delta\beta\eta}(g_{\mu\rho}g_{\nu\lambda}-g_{\mu\nu}g_{\lambda\rho})] \tag{8.44}$$

（隐含对 η 的求和）。

剩下的所有都和 QED 一样㊀：在每个顶角施加能量和动量守恒来确定内线四动量；反向沿着每条费米子线，丢掉整体的 δ 函数，并乘以 i 得到 $\mathcal{M}$。在下面两节我将给出一些例子显示给你如何计算。

8.4 色因子

在本节，我们考虑 QCD 中两个夸克（或一个夸克和一个反夸克）之间的相互作用。当然我们无法直接在实验室里观察到夸克-夸克的散射（虽然强子-强子散射是一种间接实现），因此我们在这里不能找到截面。取而代之，我们集中于夸克之间的有效**势**——对应电动力学中库仑势的 QCD 类似物。回到第 5 章分析夸克偶素时我们曾使用过这个势并承诺以后推导它们。记住这是只在耦合常数 α_s 小时才成立的微扰理论计算。我们无法指望通过这个途径得到势里的禁闭项——我们隐含依赖渐进自由，我们所有要找的都是短距离行为。不管怎么说，我们将获得很有启发性的结果：**当夸克在其色单态位形中时它们相互吸引最强**（事实上，其他的位形一般是相互排斥）。因此，在很近程的区域，色单态是“最大吸引道”——至少对单态更可能相互结合㊁。

㊀ QCD 的圈图要求特殊的规则，包括引进所谓的“Faddeev-Popov 鬼”。这些是我们将不会涉足的深水区[3]。

㊁ 这是很乐观的结果，但它未证明结合力必须只发生在色单态道，或者说在其他位形不会发生。对这一点，我们将不得不了解势的长程行为，关于它目前我们只是猜测。

8.4.1 夸克和反夸克

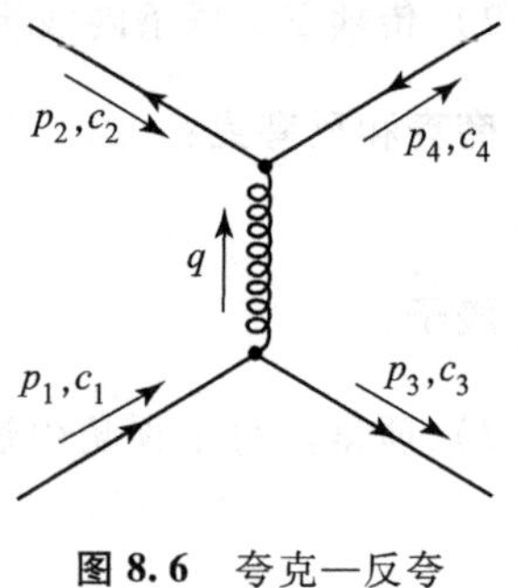

图 8.6 夸克—反夸克相互作用。

首先考虑 QCD 中夸克和反夸克之间的相互作用。我们将假定它们具有不同的味道，因此（最低阶）唯一的图是图 8.6 所代表的，[⊖]例如，$u+\bar{d}\to u+\bar{d}$。

振幅由下式给出

$$\mathscr{M}=\mathrm{i}[\bar{u}(3)c_3^\dagger]\left[-\mathrm{i}\frac{g_s}{2}\lambda^\alpha\gamma^\mu\right][u(1)c_1]\left[\frac{-\mathrm{i}g_{\mu\nu}\delta^{\alpha\beta}}{q^2}\right]\times$$

$$[\bar{v}(2)c_2^\dagger]\left[-\mathrm{i}\frac{g_s}{2}\lambda^\beta\gamma^\nu\right][v(4)c_4] \tag{8.45}$$

因此

$$\mathscr{M}=-\frac{g_s^2}{4q^2}[\bar{u}(3)\gamma^\mu u(1)][\bar{v}(2)\gamma_\mu v(4)](c_3^\dagger\lambda^\alpha c_1)(c_2^\dagger\lambda^\alpha c_4) \tag{8.46}$$

（隐含对 α 的求和）。这是我们有过的电子-正电子散射严格表达式（7.108），当然只是把 g_e 换为 g_s，且我们额外有“色因子”

$$f=\frac{1}{4}(c_3^\dagger\lambda^\alpha c_1)(c_2^\dagger\lambda^\alpha c_4) \tag{8.47}$$

因此，描写 $q\bar{q}$相互作用的势与电动力学中两个相反电荷的作用是一样的（请看：库仑势），只是将 α 换为 α_s而已：

$$V_{q\bar{q}}(r)=-f\frac{\alpha_s\hbar c}{r} \tag{8.48}$$

现在，色因子依赖相互作用的夸克所处的颜色状态。一个夸克和一个反夸克可以做成一个色单态，如方程（8.30），和一个色八重态，如方程（8.29）（所有成员产生同样的 f）。我将首先计算八重态色因子，因为这相对容易[4]。

例 8.1 八重态位形色因子 一个典型的八重态［方程（8.29）］是 $r\bar{b}$（任何其他的也是同样做；见习题 8.16）。这里入射夸克是红的，入射反夸克是反蓝的。由于颜色守恒，[⊜]出射夸克必须也是红的，反夸克是反蓝的。因此

$$c_1=c_3=\begin{pmatrix}1\\0\\0\end{pmatrix},\quad c_2=c_4=\begin{pmatrix}0\\1\\0\end{pmatrix}$$

因此

$$f=\frac{1}{4}\left[(1\ 0\ 0)\lambda^\alpha\begin{pmatrix}1\\0\\0\end{pmatrix}\right]\left[(0\ 1\ 0)\lambda^\alpha\begin{pmatrix}0\\1\\0\end{pmatrix}\right]=\frac{1}{4}\lambda_{11}^\alpha\lambda_{22}^\alpha$$

⊖ 原则上，对同样味道（例如 $u+\bar{u}\to u+\bar{u}$）我们还得包括进像电子-正电子散射（见图 7.5）那样的第二个图。然而，在这里感兴趣的非相对论极限下这第二个图没有贡献（见例 7.3 的脚注），因此在实际中我们所做的是应用于所有的夸克味道。（见习题 8.17）

⊜ 确实夸克在 QCD 顶角可以改变颜色，但在这种情形下出射反夸克无法变化一个正单位的红色，因此出射夸克被迫仍是红的。

看一下 λ 矩阵发现只有 λ^3 和 λ^8 具有非零的 11 和 22 分量。因此

$$f=\frac{1}{4}(\lambda_{11}^{3}\lambda_{22}^{3}+\lambda_{11}^{8}\lambda_{22}^{8})=\frac{1}{4}[(1)(-1)+(1/\sqrt{3})(1/\sqrt{3})]=-\frac{1}{6} \tag{8.49}$$

例 8.2　单态位形色因子　色单态［方程（8.30）］是

$$(1/\sqrt{3})(r\bar{r}+b\bar{b}+g\bar{g})$$

如果入射夸克是单态（例像对一个介子就是这样的），色因子是三项的求和：

$$f=\frac{1}{4}\frac{1}{\sqrt{3}}\left\{\left[c_3^{\dagger}\lambda^{\alpha}\begin{pmatrix}1\\0\\0\end{pmatrix}\right][(1\ 0\ 0)\lambda^{\alpha}c_4]+\left[c_3^{\dagger}\lambda^{\alpha}\begin{pmatrix}0\\1\\0\end{pmatrix}\right]\times\right.$$

$$\left.[(0\ 1\ 0)\lambda^{\alpha}c_4]+\left[c_3^{\dagger}\lambda^{\alpha}\begin{pmatrix}0\\0\\1\end{pmatrix}\right][(0\ 0\ 1)\lambda^{\alpha}c_4]\right\}$$

出射夸克必须也是单态，且我们总共得到九项，它们可紧凑地写为

$$f=\frac{1}{4}\frac{1}{\sqrt{3}}\frac{1}{\sqrt{3}}(\lambda_{ij}^{\alpha}\lambda_{ji}^{\alpha})=\frac{1}{12}\mathrm{Tr}(\lambda^{\alpha}\lambda^{\alpha}) \tag{8.50}$$

（对 i 和 j 从 1 到 3 求和，意味着第二个表达式）。现在

$$\mathrm{Tr}(\lambda^{\alpha}\lambda^{\beta})=2\delta^{\alpha\beta} \tag{8.51}$$

（见习题 8.23），因此结合对 α 从 1 到 8 的求和：

$$\mathrm{Tr}(\lambda^{\alpha}\lambda^{\alpha})=16 \tag{8.52}$$

明显地，色单态因此是

$$f=\frac{4}{3} \tag{8.53}$$

把方程（8.49）和方程（8.53）代入方程（8.48），我们得到夸克-反夸克势是

$$V_{q\bar{q}}(r)=-\frac{4}{3}\frac{\alpha_s\hbar c}{r}\qquad（色单态） \tag{8.54}$$

$$V_{q\bar{q}}(r)=\frac{1}{6}\frac{\alpha_s\hbar c}{r}\qquad（色八重态） \tag{8.55}$$

从符号看出色单态的力是**吸引的**，而八重态是**排斥的**。这帮助解释为什么夸克-反夸克（要形成介子）发生在单态位形而不是（色）八重态位形（它将形成带色的介子）。

8.4.2　夸克和夸克

我们现在转向两个夸克之间的相互作用。同样，我们将假定不同的味道，因此唯一的图（最低阶）是图 8.7，[㊀] 例如代表 $u+d\rightarrow u+d$。振幅是

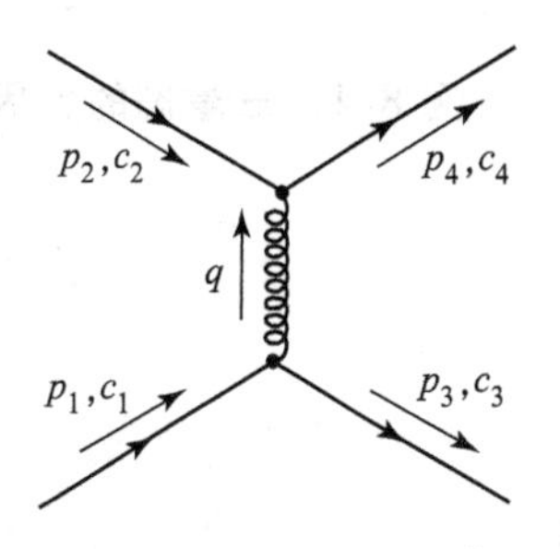

图 8.7　夸克　夸克相互作用。

㊀ 对全同夸克还有一个"交叉"图。然而，包括进这个图，结合截面公式的统计因子 S，导致同样的非相对论极限（见例 7.3 的脚注），因此事实上我们的势甚至对同味夸克也是正确的。

$$\mathscr{M}=\frac{-g_s^2}{4}\frac{1}{q^2}[\bar{u}(3)\gamma^{\mu}u(1)][\bar{u}(4)\gamma_{\mu}u(2)](c_3^{\dagger}\lambda^{\alpha}c_1)(c_4^{\dagger}\lambda^{\alpha}c_2) \tag{8.56}$$

这与电子-缪子散射公式（7.106）相同，只是将 g_e 代换为 g_s，并有一个色因子

$$f=\frac{1}{4}(c_3^{\dagger}\lambda^{\alpha}c_1)(c_4^{\dagger}\lambda^{\alpha}c_2) \tag{8.57}$$

因此势取和电动力学同号电荷的同样形式：

$$V_{qq}(r)=f\frac{\alpha_s\hbar c}{r} \tag{8.58}$$

同样，色因子依赖夸克的位形。然而，两夸克无法（像 $q\bar{q}$ 那样）做成一个单态和一个八重态——然而，我们得到一个三重态（反对称组合）

$$\begin{Bmatrix}(\mathrm{rb}-\mathrm{br})/\sqrt{2}\\(\mathrm{bg}-\mathrm{gb})/\sqrt{2}\\(\mathrm{gr}-\mathrm{rg})/\sqrt{2}\end{Bmatrix}(\text{三重态}) \tag{8.59}$$

和一个六重态（对称组合）：[㊀]

$$\begin{Bmatrix}\mathrm{rr},\mathrm{bb},\mathrm{gg}\\(\mathrm{rb}+\mathrm{br})/\sqrt{2},(\mathrm{bg}+\mathrm{gb})/\sqrt{2},(\mathrm{gr}+\mathrm{rg})/\sqrt{2}\end{Bmatrix}\quad(\text{六重态}) \tag{8.60}$$

例 8.3　六重态位形色因子　一个典型的六重态是 rr（使用任何你喜欢的其他的——你将得到同样的 f）。在这种情形下

$$c_1=c_2=c_3=c_4=\begin{pmatrix}1\\0\\0\end{pmatrix}$$

因此

$$\begin{aligned}f&=\frac{1}{4}\left[(1\ 0\ 0)\lambda^{\alpha}\begin{pmatrix}1\\0\\0\end{pmatrix}\right]\left[(1\ 0\ 0)\lambda^{\alpha}\begin{pmatrix}1\\0\\0\end{pmatrix}\right]=\frac{1}{4}\lambda_{11}^{\alpha}\lambda_{11}^{\alpha}\\&=\frac{1}{4}(\lambda_{11}^{3}\lambda_{11}^{3}+\lambda_{11}^{8}\lambda_{11}^{8})=\frac{1}{4}[(1)(1)+(1/\sqrt{3})(1/\sqrt{3})]=\frac{1}{3}\end{aligned} \tag{8.61}$$

例 8.4　三重态的色因子　典型的三重态是 $(\mathrm{rb}-\mathrm{br})/\sqrt{2}$，因此[㊁]

$$\begin{aligned}f=\frac{1}{4}\frac{1}{\sqrt{2}}\frac{1}{\sqrt{2}}\Bigg\{&\left[(1\ 0\ 0)\lambda^{\alpha}\begin{pmatrix}1\\0\\0\end{pmatrix}\right]\left[(0\ 1\ 0)\lambda^{\alpha}\begin{pmatrix}0\\1\\0\end{pmatrix}\right]\\&-\left[(0\ 1\ 0)\lambda^{\alpha}\begin{pmatrix}1\\0\\0\end{pmatrix}\right]\left[(1\ 0\ 0)\lambda^{\alpha}\begin{pmatrix}0\\1\\0\end{pmatrix}\right]\end{aligned}$$

㊀ 用群论语言，$3\otimes\bar{3}=1\oplus8$，而 $3\otimes3=\bar{3}\oplus6$。

㊁ 这里（rb − br）→（rb − br），因此有四项。用图表示，rb→rb，rb→ − br，− br→rb，和 − br→ − br（在最后这项因子 −1 抵消了）。

$$
-\left[(1\ 0\ 0)\lambda^{\alpha}\begin{pmatrix}0\\1\\0\end{pmatrix}\right]\left[(0\ 1\ 0)\lambda^{\alpha}\begin{pmatrix}1\\0\\0\end{pmatrix}\right]
+\left[(0\ 1\ 0)\lambda^{\alpha}\begin{pmatrix}0\\1\\0\end{pmatrix}\right]\left[(1\ 0\ 0)\lambda^{\alpha}\begin{pmatrix}1\\0\\0\end{pmatrix}\right]\Bigg\}
$$

$$
=\frac{1}{8}(\lambda_{11}^{\alpha}\lambda_{22}^{\alpha}-\lambda_{21}^{\alpha}\lambda_{12}^{\alpha}-\lambda_{12}^{\alpha}\lambda_{21}^{\alpha}+\lambda_{22}^{\alpha}\lambda_{11}^{\alpha})
$$

$$
=\frac{1}{4}(\lambda_{11}^{\alpha}\lambda_{22}^{\alpha}-\lambda_{21}^{\alpha}\lambda_{21}^{\alpha})
$$

$$
=\frac{1}{4}(\lambda_{11}^{3}\lambda_{22}^{3}+\lambda_{11}^{8}\lambda_{22}^{8}-\lambda_{12}^{1}\lambda_{21}^{1}-\lambda_{12}^{2}\lambda_{21}^{2})
$$

$$
=\frac{1}{4}\left(-1+\frac{1}{3}-1-1\right)=-\frac{2}{3} \tag{8.62}
$$

把方程（8.61）和方程（8.62）代入方程（8.58），我们得到夸克-夸克势是

$$
V_{qq}(r)=-\frac{2}{3}\frac{\alpha_s\hbar c}{r}\quad（色三重态） \tag{8.63}
$$

$$
V_{qq}(r)=\frac{1}{3}\frac{\alpha_s\hbar c}{r}\quad（色六重态） \tag{8.64}
$$

特别地，符号表示三重态是吸引的，而六重态是排斥的。当然这没什么太多帮助，因为两种组合都没有在自然界出现。[㊀]然而，这确提供有趣的三夸克结合的应用。这时我们可以做成一个单态（完全反对称）、一个十重态（完全对称）和两个八重态（具有混合对称），就像我们在5.6.1节所发现的那样。[㊁]由于单态是完全反对称的，每个夸克对都在（反对称的）三重态——吸引道。在十重态，每个对都在（对称的）六重态——它们相互排斥。至于两个八重态，有些对是三重态而有些是六重态；我们预期有些吸引而有些排斥。而只有单态位形我们能得到三个夸克的完全相互吸引。同样这是令人欣慰的结果：对介子的情形，势最倾向将夸克结合成色单态。

8.5　QCD中的对湮灭

在这节中我们将考虑夸克加反夸克→两胶子的过程——对湮灭的QCD类似物。计算和例7.8相当类似；然而在QCD中在最低阶有三个图有贡献：

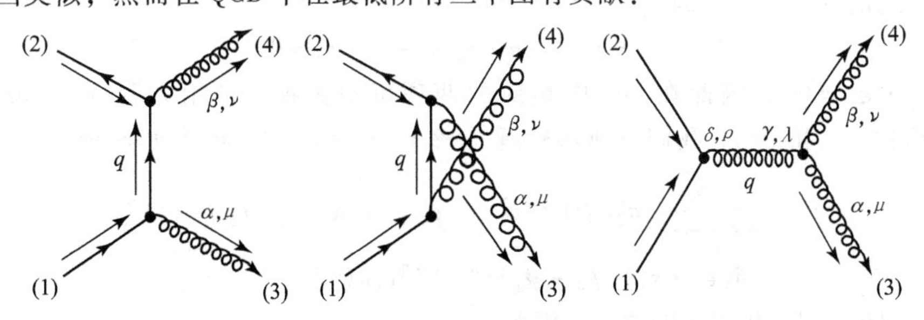

㊀ 如果你不留意8.4节第一段的脚注，你可能被警告三重态相互吸引。有点欣慰的是观察到单态 $q\bar{q}$ 的耦合要强一倍；但如果这就是全部，我们仍可期待三重态qq结合可能发生，导致自由的“双夸克”态。这事实确有一些猜测在核内可能存在双夸克态[5]。

㊁ 在第5章我们处理的是味道，不是颜色，但数学是一样的。群理论上，$3\otimes3\otimes3=1\oplus8\oplus8\oplus10$。

第一个图的振幅是

$$\mathscr{M}_1 = \mathrm{i}[\bar{v}(2)c_2^\dagger]\left[-\mathrm{i}\frac{g_s}{2}\lambda^\beta\gamma^\nu\right][\epsilon_{4\nu}^* a_4^{\beta *}]\left[\frac{\mathrm{i}(\not{q}+mc)}{q^2-m^2c^2}\right]\times$$

$$\left[-\mathrm{i}\frac{g_s}{2}\lambda^\alpha\gamma^\mu\right][\epsilon_{3\nu}^* a_3^{\alpha *}][u(1)c_1] \tag{8.65}$$

（为简化已经过于沉重的指标负担我将省略胶子极化矢量和颜色态上的 * 号标记。）这里 $q=p_1-p_3$，因此

$$q^2-m^2c^2=p_1^2-2p_1\cdot p_3+p_3^2-m^2c^2=-2p_1\cdot p_3 \tag{8.66}$$

因此

$$\mathscr{M}_1=\frac{-g_s^2}{8}\frac{1}{p_1\cdot p_3}\{\bar{v}(2)[\not{\epsilon}_4(\not{p}_1-\not{p}_3+mc)\not{\epsilon}_3]u(1)\}a_3^\alpha a_4^\beta(c_2^\dagger\lambda^\beta\lambda^\alpha c_1) \tag{8.67}$$

类似地，对第二个图：

$$\mathscr{M}_2=\frac{-g_s^2}{8}\frac{1}{p_1\cdot p_4}\{\bar{v}(2)[\not{\epsilon}_3(\not{p}_1-\not{p}_4+mc)\not{\epsilon}_4]u(1)\}a_3^\alpha a_4^\beta(c_2^\dagger\lambda^\alpha\lambda^\beta c_1) \tag{8.68}$$

注意，这里出现的 λ 是相反的顺序。最后，对第三个图：

$$\mathscr{M}_3 = \mathrm{i}[\bar{v}(2)c_2^\dagger]\left[-\mathrm{i}\frac{g_s}{2}\lambda^\delta\gamma_\sigma\right]u(1)c_1\left[-\mathrm{i}\frac{g^{\sigma\lambda}\delta^{\delta\gamma}}{q^2}\right]\{-g_s f^{\alpha\beta\gamma}[g_{\mu\nu}(-p_3+p_4)_\lambda+$$

$$g_{\nu\lambda}(-p_4-q)_u+g_{\lambda\mu}(q+p_3)_v]\}[\epsilon_3^\mu a_3^\alpha][\epsilon_3^\nu a_4^\beta] \tag{8.69}$$

现在 $q=p_3+p_4$，因此 $q^2=2p_3\cdot p_4$；简化（利用 $\epsilon_3\cdot p_3=\epsilon_4\cdot p_4=0$）后我们得到（见习题 8.20）

$$\mathscr{M}_3=\mathrm{i}\frac{g_s^2}{4}\frac{1}{p_3\cdot p_4}\bar{v}(2)[(\epsilon_3\cdot\epsilon_4)(\not{p}_4-\not{p}_3)+2(p_3\cdot\epsilon_4)\not{\epsilon}_3-2(p_4\cdot\epsilon_3)\not{\epsilon}_4]u(1)\times$$

$$f^{\alpha\beta\gamma}a_3^\alpha a_4^\beta(c_2^\dagger\lambda^\gamma c_1) \tag{8.70}$$

到目前为止，这些都是完全一般的（且很乱）。为把它们整理好，我们假设（像我们在研究 e^+e^- 湮灭时所做的那样）初态粒子静止：

$$p_1=p_2=(mc,\mathbf{0}),\ p_3=(mc,\boldsymbol{p}),\ p_4=(mc,-\boldsymbol{p}) \tag{8.71}$$

因此

$$p_1\cdot p_3=p_1\cdot p_4=(mc)^2,\ p_3\cdot p_4=2\ (mc)^2 \tag{8.72}$$

同时在库仑规范［方程（8.32）］

$$p_3\cdot\epsilon_4=-\boldsymbol{p}\cdot\epsilon_4=-p_4\cdot\epsilon_4=0 \tag{8.73}$$

（同样地 $p_4\cdot\epsilon_3=0$），因此在 $\mathscr{M}_3$ 中相应的两项可被丢掉。利用方程（7.140）和方程（7.141）简化 $\mathscr{M}_1$ 和 $\mathscr{M}_2$，我们发现总振幅（$\mathscr{M}=\mathscr{M}_1+\mathscr{M}_2+\mathscr{M}_3$）可写成

$$\mathscr{M}=-\frac{g_s^2}{8\ (mc)^2}a_3^\alpha a_4^\beta\bar{v}(2)c_2^\dagger[\not{\epsilon}_3\not{\epsilon}_4\not{p}_4\lambda^\alpha\lambda^\beta+\not{\epsilon}_4\not{\epsilon}_3\not{p}_3\lambda^\beta\lambda^\alpha-$$

$$\mathrm{i}(\epsilon_3\cdot\epsilon_4)(\not{p}_4-\not{p}_3)f^{\alpha\beta\gamma}\lambda^\gamma]c_1u(1) \tag{8.74}$$

我们可以选取坐标使 z 轴沿 p 的方向；因此

$$\not{p}_3=mc(\gamma^0-\gamma^3),\ \not{p}_4=mc(\gamma^0+\gamma^3),\ \not{p}_4-\not{p}_3=2mc\gamma^3 \tag{8.75}$$

从方程（7.145）和方程（7.146）我们有

$$\not{\epsilon}_3\not{\epsilon}_4=-(\epsilon_3\cdot\epsilon_4)-\mathrm{i}(\epsilon_3\times\epsilon_4)\cdot\Sigma,\not{\epsilon}_4\not{\epsilon}_3=-(\epsilon_3\cdot\epsilon_4)+\mathrm{i}(\epsilon_3\times\epsilon_4)\cdot\Sigma \tag{8.76}$$

把此结果代入方程（8.74），并利用 λ 的对易关系方程（8.35），我们得到

$$\mathscr{M}=\frac{g_s^2}{8mc}a_3^\alpha a_4^\beta \bar{v}(2)c_2^\dagger[(\boldsymbol{\epsilon}_3\cdot\boldsymbol{\epsilon}_4)\{\lambda^\alpha,\lambda^\beta\}\gamma^0+$$
$$\mathrm{i}(\boldsymbol{\epsilon}_3\times\boldsymbol{\epsilon}_4)\cdot\boldsymbol{\Sigma}([\lambda^\alpha,\lambda^\beta]\gamma^0+\{\lambda^\alpha,\lambda^\beta\}\gamma^3)]c_1u(1) \tag{8.77}$$

其中大括号代表反对易子：$\{A,B\}\equiv AB+BA$。你可以把这个结果与相应的 QED 表达式（7.146）进行比较，在那里你需要将所有 λ 取为1，扔掉颜色态 a 和 c，并让 $g_s/2\to g_e$。

如果现在我们把夸克换成自旋0（单态）的态（三重态无法到两胶子；至少得到三胶子）：

$$\mathscr{M}=(\mathscr{M}_{\uparrow\downarrow}-\mathscr{M}_{\downarrow\uparrow})/\sqrt{2} \tag{8.78}$$

对 $\mathscr{M}_{\uparrow\downarrow}$ 我们有［方程（7.153）和方程（7.154）］

$$\bar{v}(2)\gamma^2u(1)=\bar{v}(2)\boldsymbol{\Sigma}\gamma^0u(1)=0,\ \bar{v}(2)\boldsymbol{\Sigma}\gamma^3u(1)=-2mc\,\hat{z} \tag{8.79}$$

像以前一样，$\mathscr{M}_{\downarrow\uparrow}=-\mathscr{M}_{\uparrow\downarrow}$，因此我们剩下㊀

$$\mathscr{M}=-\mathrm{i}\sqrt{2}\ \frac{g_s^2}{4}(\boldsymbol{\epsilon}_3\times\boldsymbol{\epsilon}_4)_z a_3^\alpha a_4^\beta(c_2^\dagger\{\lambda^\alpha,\lambda^\beta\}c_1)\quad（自旋单态） \tag{8.80}$$

再一次，我们得到了同 QED 中相同的结果［方程（7.158）］，只是 $g_e\to g_s$，且有一个色因子

$$f=\frac{1}{8}a_3^\alpha a_4^\beta(c_2^\dagger\{\lambda^\alpha,\lambda^\beta\}c_1) \tag{8.81}$$

特别地，如果夸克占据颜色单态，$(1/\sqrt{3})(\mathrm{r\bar{r}}+\mathrm{b\bar{b}}+\mathrm{g\bar{g}})$，因此

$$f=\frac{1}{8}a_3^\alpha a_4^\beta\frac{1}{\sqrt{3}}\left\{(1\ 0\ 0)\{\lambda^\alpha,\lambda^\beta\}\begin{pmatrix}1\\0\\0\end{pmatrix}+(0\ 1\ 0)\{\lambda^\alpha,\lambda^\beta\}\begin{pmatrix}0\\1\\0\end{pmatrix}+\right.$$
$$\left.(0\ 0\ 1)\{\lambda^\alpha,\lambda^\beta\}\begin{pmatrix}0\\0\\1\end{pmatrix}\right\}=\frac{1}{8\sqrt{3}}a_3^\alpha a_4^\beta\mathrm{Tr}\{\lambda^\alpha,\lambda^\beta\}$$

而

$$\mathrm{Tr}\{\lambda^\alpha,\lambda^\beta\}=2\mathrm{Tr}(\lambda^\alpha\lambda^\beta)=4\delta^{\alpha\beta} \tag{8.82}$$

（见习题8.13），因此

$$f=\frac{1}{2\sqrt{3}}a_3^\alpha a_4^\beta\quad（色单态） \tag{8.83}$$

现在，两胶子的单态（见习题8.22）是

$$|单态\rangle=\frac{1}{\sqrt{8}}\sum_{n=1}^{8}|n\rangle_1|n\rangle_2 \tag{8.84}$$

明显地

㊀ 在目前阶段，所有 $\boldsymbol{\epsilon}_3\cdot\boldsymbol{\epsilon}_4$ 的项都被扔掉。事实上 $\mathscr{M}_3$ 正比于 $\boldsymbol{\epsilon}_3\cdot\boldsymbol{\epsilon}_4$［方程（8.74）］意味着当夸克处在静止的色单态位形时包含三胶子顶角的图没有贡献。大多数书从一开始就简单地扔掉它，但原则上应该把它包括进来（见习题8.21）。

$$a_3^{\alpha} a_4^{\beta} = \frac{1}{\sqrt{8}}(8) = 2\sqrt{2} \tag{8.85}$$

因此

$$f = \sqrt{2/3} \tag{8.86}$$

结论：对夸克处于静止并在自旋单态和色单态位形的 $q + \bar{q} \to g + g$ 振幅是

$$\mathscr{M} = -4\sqrt{2/3}g_s^2 \tag{8.87}$$

[比较方程（7.163）]，截面是

$$\sigma = \frac{2}{3}\frac{4\pi}{cv}\left(\frac{\hbar\,\alpha_s}{m}\right)^2 \tag{8.88}$$

[见方程（7.168）]。正像过程 $e^+ + e^- \to \gamma + \gamma$ 的截面决定了正电子偶素衰变率

$$\Gamma = \sigma v \left| \psi(0) \right|^2 \tag{8.89}$$

[方程（7.171）]，因此我们现在可以给出一个自旋 0 的夸克偶素态，例如 η_c [注意 ψ 和 γ 自己携带自旋 1，且变到三胶子] 的衰变公式

$$\Gamma(\eta_c \to 2g) = \frac{8\pi}{3c}\left(\frac{\hbar\,\alpha_s}{m}\right)^2 \left| \psi(0) \right|^2 \tag{8.90}$$

如它所表达的这公式不太有用，因为我们不知道 $\psi(0)$。然而，电磁衰变 $\eta_c \to 2\gamma$ 涉及同样的因子，且我们可以推导分支比的清晰表达式（见习题 8.23）。

8.6 渐进自由

在第 7 章最后一节我们发现 QED 中的圈图

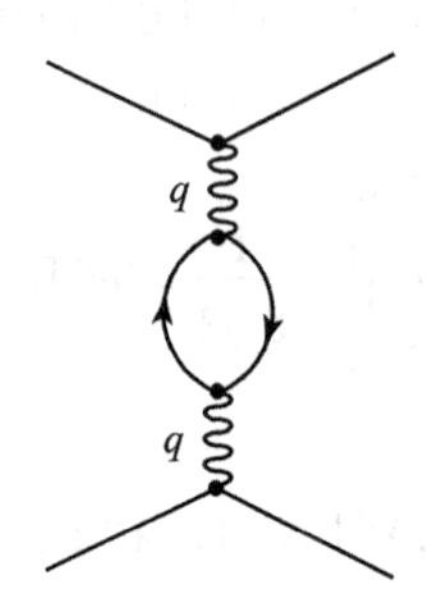

使得电子的有效电荷变成了动量转移 q 的函数[⊖]：

$$\alpha(|q^2|) = \alpha(0)\left\{1 + \frac{\alpha(0)}{3\pi}\ln(|q^2|/(mc)^2)\right\} \quad (|q^2| = -q^2 \gg (mc)^2) \tag{8.91}$$

当电荷靠近（更大的 $|q^2|$）时耦合强度增加，这是一个我们物理上翻译为“真空极化”结果的事实：真空起了某种电介质的作用，部分地屏蔽了荷。我们靠得越近，屏蔽得越少，有效荷就越大。当然，方程（8.91）只成立到 $\alpha(0)^2$ 阶。还有高阶修正，其中主要贡献来自泡泡链图：

⊖ 它还引入了一个发散项，被我们吸进“重整化”的电荷中了 [方程（7.189）]。但那是完全不同的问题，（不管你发现原则上多么复杂）没有可观察结果，因此一旦采用合适的描述就不再有进一步的意义。对 α 和 q^2 的有限依赖是很有意义的事，因此它具有直接和可测量的应用。

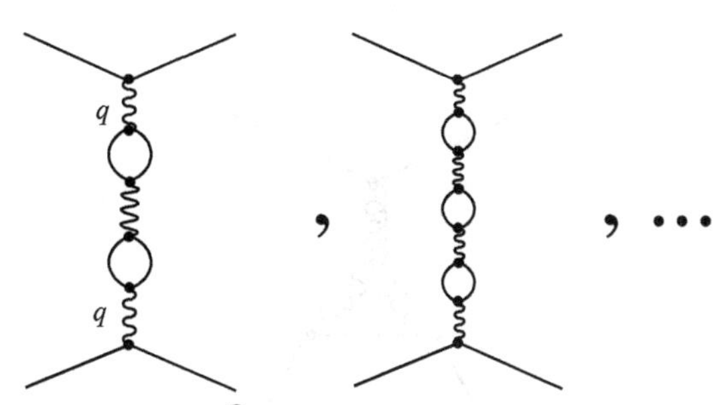

这些图可以被明显求和起来，结果是㊀

$$\alpha(|q^2|)=\frac{\alpha(0)}{1-[\alpha(0)/3\pi]\ln[|q^2|/(mc)^2]}\quad(|q^2|\gg(mc)^2)\tag{8.92}$$

表面上，耦合常数在 $\ln[|q^2|/(mc)^2]=3\pi/\alpha(0)$ 处变为无穷大。然而，这可不必过于认真，因为它发生在能量为 10^{280} MeV 处，这不是可以到达的区域（见习题 8.24）。

相当一样的事情也在 QCD 中发生：夸克-反夸克泡

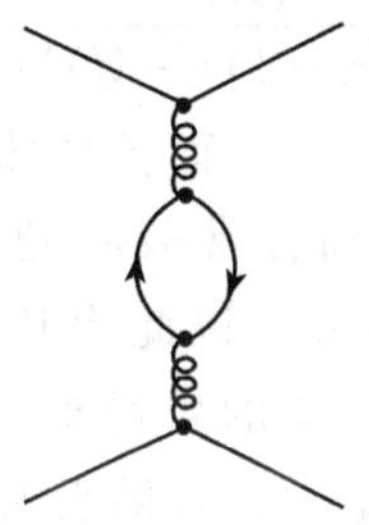

导致夸克颜色屏蔽，它（到合适的颜色因子）与方程（8.91）相同。然而，对 QCD 故事有个新的扭曲，我们还有**虚胶子泡**

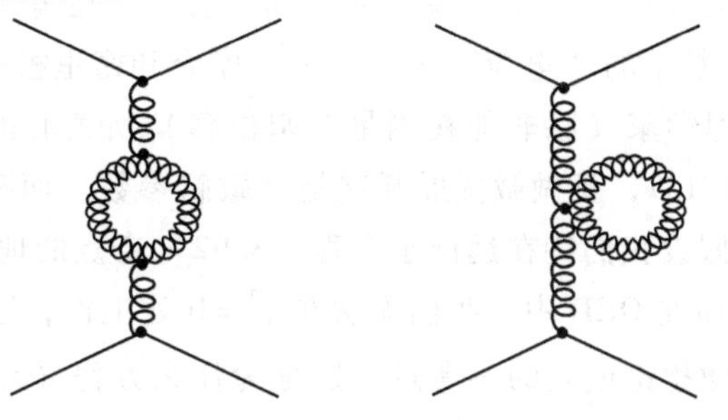

㊀ 这是不奇怪的。我们事实上有集合系列

$$1+x+x^2+x^3+\cdots=\frac{1}{1-x}$$

其中 x 代表一个泡，x^2 代表两个，等等。虽然方程（8.92）修正到 $\alpha(0)$ 的所有阶，它不是严格的，因为我们略掉了如下的图：

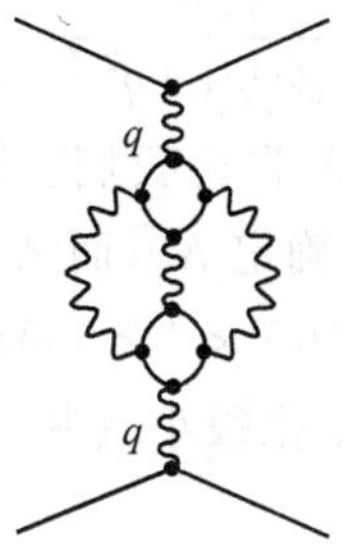

它们可以被证明在极限 $|q^2|\gg(mc)^2$ 下做更小的贡献。方程（8.92）叫作“领头对数”近似。

还有如下的图

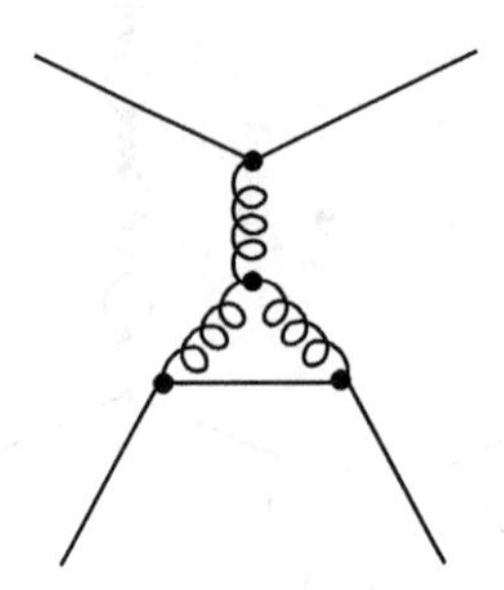

结果是[6]胶子在相反方向贡献，产生“反屏蔽”或“伪装”。我不知道这个效应的有说服力的定性解释[7]——说 QCD 的跑动耦合常数公式［类似于方程（8.92）］是下式就够了

$$\alpha_s(|q^2|)=\frac{\alpha_s(\mu^2)}{1+[\alpha_s(\mu^2)/12\pi](11n-2f)\ln[|q^2|/\mu^2]}\quad(|q^2|\gg\mu^2)\tag{8.93}$$

其中 n 是颜色的数目（标准模型是 3），而 f 是味的数目（标准模型是 6）。对任何 $11n>2f$ 的理论，反屏蔽是主导的，耦合常数将随 $|q^2|$ 增加而减少；在短距离“强”力变得相对较弱。这是**渐进自由**的来源，以此为基础很多定量的强子性质可以被预言。渐进自由给予 QCD 中的计算夸克之间势的费曼算法以合法执照；它是夸克偶素理论的基本内容；且它看起来会导致 OZI 规则。如果没有适时发现渐进自由，色动力学就会被废弃[8]。

你可能注意到在方程（8.93）中出现了一个新参数 μ。在电动力学中，很自然用长程（完全屏蔽）值定义一个粒子的“电荷”——这就是库仑和密里根所测量的，且它是工程师或化学家甚至或原子物理学家（除非他在测量兰姆位移）所关心的。因此 $\alpha(0)$ 是“好的老的”精细结构常数，1/137，且做微扰展开这是个敏感参数。而我们不必这样做；我们可以以任意 q^2 值工作［只假设我们待在远低于方程（8.92）奇点的地方，那里 $\alpha(|q^2|)$ 跑到大于 1，微扰论破坏］。而在 QCD 中，我们无法在 $q^2=0$ 处工作，因为那里 α_s 很大。我们必须利用一个 α_s 足够小使微扰论成立的参考点。这是为什么方程（8.93）表达为 $\alpha_s(\mu^2)$，而不是 $\alpha_s(0)$。假设 μ 足够大，因而 $\alpha_s(\mu^2)<1$，你用多大的值没有关系（见习题 8.25）。事实上，如果我们引进一个新变量 Λ 定义为

$$\ln\Lambda^2=\ln\mu^2-12\pi/[(11n-2f)\alpha_s(\mu^2)]\tag{8.94}$$

跑动耦合常数可以用单一变量表达：

$$\alpha_s(|q^2|)=\frac{12\pi}{(11n-2f)\ln(|q^2|/\Lambda^2)}\quad(|q^2|\gg\Lambda^2)\tag{8.95}$$

（见习题 8.26）。这个紧致结果以常数 Λ 告诉我们在任意 $|q^2|$ 处明显的强作用耦合常数数值。不幸的是，很难从实验数据精确地确定 Λ，而 Λ 看起来处于区间

$$100\text{MeV}<\Lambda<500\text{MeV}\tag{8.96}$$

注意 QED 的耦合常数在可到达的区间变化很小（见习题 8.24），QCD 的耦合常数却变化很大（见习题 8.27）。

参考文献

1 Rosenbluth, M. N. **(1950)** *Physical Review*, **79**, 615.

2 See, for example, Frauenfelder, H. and Henley, E. M. **(1991)** *Subatomic Physics*, 2nd edn, Prentice-Hall, Englewood Cliffs, N.J. Chapter 6. I should warn you that this subject is a notational nightmare in the literature. There are only two variables in the problem – the incident electron energy (E) and the scattering angle (θ) – but it is common to encounter a more or less random mixture of $E, E', \theta, q^2, Q^2 \equiv -q^2, \tau \equiv -q^2/4M^2c^2, \nu \equiv p \cdot q/Mc, \omega \equiv -2p \cdot q/q^2, W \equiv \sqrt{(q+p)^2}, x \equiv -q^2/2p \cdot q$, and $y \equiv p \cdot q/p \cdot p_1$. Moreover, although there are only two independent form factors involved, there are many different ways to express them. Some authors favor F_1 and F_2, with $K_1 = -q^2(F_1 + KF_2)^2$ and $K_2 = (2Mc)^2 F_1^2 - K^2 q^2 F_2^2$ ($K =$ 1.7928 is the 'anomalous' contribution to the proton's magnetic moment); others prefer $G_E = F_1 - K\tau F_2$, $G_M = F_1 + KF_2$. (The latter are related to the Fourier transforms of the charge and magnetic moment distributions, respectively; see; (a) Halzen, F. and Martin, A. D. **(1984)** *Quarks and Leptons*, John Wiley & Sons, New York. Sect. 8.2.) Anyone can play this game; K_1, and K_2 are my own contributions.

3 The interested reader should consult the classic treatise by Abers, E. S. and Lee, B. W. **(1973)** *Physics Reports*, **9 C**, 1.

4 People in the know seem to be able to calculate color factors on their fingers; everyone has his or her own tricks. See Perkins, D. H. **(1982)** *Introduction to High-Energy Physics*, 2nd edn, Addison-Wesley, Reading, M.A. Appendix G (in the 3rd edition (1987) it is Appendix J, and in the 4th (Cambridge, UK: Cambridge University Press, 2000) it has been removed); (a) Halzen, F. and Martin, A. D. **(1984)** *Quarks and Leptons*, John Wiley & Sons, New York, p. 211. Section 2.15; (b) Quigg, C. **(1997)** *Gauge Theories of the Strong, Weak, and Electromagnetic Interactions*, Addison Wesley, Reading, M.A., pp. 198–199. I prefer to do it by the more pedestrian method shown here, which is close in spirit to the approach of; (c) Kane, G. L. **(1977)** *Color Symmetry and Quark Confinement, Proceedings of the 12th Rencontre de Moriond*, vol. III, ed. J. Tran Thanh Van, Frontières, Gif-sur-Yvette, France, p. 9.

5 Close, F. **(1982)** "Demon Nuclei", *Nature*, **296**, 305.

6 Quigg, C. **(1997)** *Gauge Theories of the Strong, Weak, and Electromagnetic Interactions*, Addison Wesley, Reading, M.A., pp. 198–199. Sect. 8.3.

7 See, however, Quigg, C. *Gauge Theories of the Strong, Weak, and Electromagnetic Interactions*, Addison Wesley, Reading, M.A., p. 223; and (April **1985**) *Scientific American*, p. 84.

8 Politzer, H. D. **(1973)** *Physical Review Letters*, **30**, 1346; **(1974)** *Physics Reports*, **14 C**, 130; (a) Gross D. J. and Wilczek, F. **(1973)** *Physical Review Letters*, **30**, 1343.

习　　题

8.1　(a) 从 QED 的费曼规则推导方程 (8.1)。

(b) 从方程 (8.1) 得到方程 (8.2)。

(c) 从方程 (8.2) 推导方程 (8.3)。

(d) 从方程 (8.3) 推导方程 (8.4)。

8.2　从方程 (8.4) 推导方程 (8.5)。

8.3　为什么我们在分母上不用 $\sigma(e^+e^- \to e^+e^-)$ 来定义 R [方程 (8.7)]?

8.4　证明方程 (8.16) [提示：首先证明 $q_\mu L^{\mu\nu}=0$。然后在任何 $K^{\mu\nu}$ 中的项不满足

$q_{\mu}K^{\mu\nu}=0$，将对 $L^{\mu\nu}K_{\mu\nu}$ 没有贡献的意义上论证我们也可以取 $K^{\mu\nu}$ 使 $q_{\mu}K^{\mu\nu}=0$。] 评论：方程（8.16）实际上可以从质子顶角的电荷守恒更简单和一般地得到，但我在这里没建立能得到这个做法的体系（见 Halzen 和 Martin[2]，8.2 和 8.3 节）。

[一种路径如下。取 $q^{\mu}=(0,0,0,q)$；得到 $q_{\mu}L^{\mu\nu}=0\Rightarrow L^{\mu\nu}=\begin{pmatrix} \square & \begin{matrix}0\\0\\0\end{matrix} \\ \begin{matrix}0&0&0\end{matrix} & 0\end{pmatrix}$。因此

$L^{\mu\nu}K_{\mu\nu}=\begin{pmatrix} \square & \begin{matrix}0\\0\\0\end{matrix} \\ \begin{matrix}0&0&0\end{matrix} & 0\end{pmatrix}\begin{pmatrix} \square & \begin{matrix}x\\x\\x\end{matrix} \\ \begin{matrix}x&x&x\end{matrix} & x\end{pmatrix}$，因此 x 可以也为零。]

8.5 从方程（8.16）推导方程（8.17）。[提示：先将 $K^{\mu\nu}$ 和 q_{μ} 收缩，然后和 p_{ν} 收缩。]

8.6 对一个“狄拉克”质子［方程（8.25）］找出 K_1 和 K_2，还有 G_E 和 G_M。

8.7 推导方程（8.19）。

8.8 推导方程（8.20）。

8.9 推导方程（8.21）。

8.10 验证露森布鲁斯公式（8.23）与莫特公式（7.131）在中间能区（$mc^2 \ll E \ll Mc^2$）是一致的。利用适于“狄拉克”质子（见习题 8.6）的 K_1 和 K_2 表达式。

8.11 为什么“第九个胶子”不可以是光子？[答案：胶子会以同样的强度耦合到所有重子，不（像光子那样）是正比于它们的电荷。由于质量和重子数在大块物质中近似成比例，这样一个力事实上将非常像额外的对引力的贡献。在 1986 年早期曾有一段时间人们对此有很大的兴趣。(Fischbach, E. et al., (1986) *Physical Review Letters*, 56, 3, 另见评论 *Physical Review Letters*, (1986) 56, 2423.)]

8.12 色 $SU(3)$ 变换按照如下变换规则重新标记“红”、“蓝”和“绿”

$$c\to c'=Uc$$

其中 U 是任意幺正（$UU^{+}=1$）3×3 行列式为 1 的矩阵，而 c 是三元素列矢量。例如

$$U=\begin{pmatrix}0&1&0\\0&0&1\\1&0&0\end{pmatrix}$$

会使 $r\to g$，$g\to b$，$b\to r$。第九个胶子（$|9\rangle$）明显是在 U 下不变的，而八重态则不是。证明 $|3\rangle$ 和 $|8\rangle$ 变成两者的线性组合

$$|3'\rangle=\alpha|3\rangle+\beta|8\rangle,\quad |8'\rangle=\gamma|3\rangle+\delta|8\rangle$$

找出 α、β、γ 和 δ 的数值。

8.13 证明 $\mathrm{Tr}(\lambda^{\alpha}\lambda^{\beta})=2\delta^{\alpha\beta}$。(注意所有 λ 矩阵都是无迹的。)

8.14 $SU(2)$ 的结构常数是多少？即下式中的 f^{ijk} 的数值是多少？

$$[\sigma^{i},\sigma^{j}]=2\mathrm{i}f^{ijk}\sigma^{k}$$

8.15 (a) 给定 $f^{\alpha\beta\gamma}$ 是完全反对称的（因此自动地 $f^{112}=0$，且如果计算了 f^{123}，我们不是必须要关心 f^{213}，f^{231} 等等。）还剩下多少不同的非平庸的结构常数？

$$\left[\text{答案}:\frac{8\cdot7\cdot6}{3\cdot2\cdot1}=56\right]$$

当然只有九个非零的［已经在方程（8.36）列出来了］，且在其中只有三个不同的数。

(b) 算出 $[\lambda^{1},\lambda^{2}]$，并证明对除了 3 之外的所有 γ 都有 $f^{12\gamma}=0$，而 $f^{123}=1$。

（c）类似地计算 $[\lambda^1, \lambda^3]$ 和 $[\lambda^4, \lambda^5]$，并确定结果的结构常数。

8.16 利用如下态计算八重态 $q\bar{q}$的色因子

（a）$b\bar{g}$

（b）$(r\bar{r} - b\bar{b})/\sqrt{2}$

（c）$(r\bar{r} + b\bar{b} - 2g\bar{g})/\sqrt{6}$

8.17 计算下图的振幅 $\mathscr{M}$

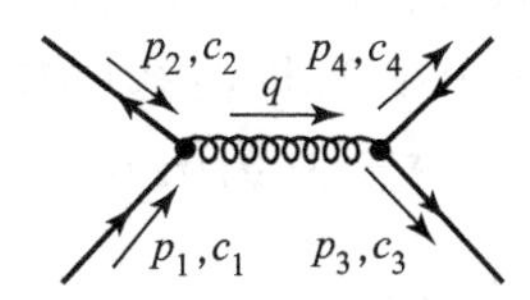

这种情形下色因子［类似于方程（8.47）］是多少？计算色单态位形的 f。你能解释这个结果吗？［答案：是0；单态不能耦合到八重态（胶子）。］

8.18 利用态 $(rb + br)/\sqrt{2}$计算六重态 qq 的色因子。

8.19 色因子总是涉及形为 $\lambda^{\alpha}_{ij}\lambda^{\alpha}_{kl}$（对 α 求和）。对这个量有一个简单的公式，它可简化计算

$$\lambda^{\alpha}_{ij}\lambda^{\alpha}_{kl} = 2\delta_{il}\delta_{jk} - \frac{2}{3}\delta_{ij}\delta_{kl}$$

［见 Kane[4]］。对如下情形验证此定理：

（a）$i = j = k = l = 1$［见方程（8.61）］。

（b）$i = j = 1$，$k = l = 2$［见方程（8.49）］。

（c）$i = l = 1$，$j = k = 2$［见方程（8.62）］。

并

（d）利用它证明方程（8.52）。

8.20 从方程（8.69）出发推导方程（8.70）。

8.21 在 QCD（或 QED）中对振幅 $\mathscr{M}$ 的规范不变性有一个简单的检验：将任意胶子（或光子）的极化矢量替换为其动量（例 $\epsilon_3 \to p_3$），而你应得到零的结果（见习题 7.23）。利用这个判据证明 $\mathscr{M} = \mathscr{M}_1 + \mathscr{M}_2 + \mathscr{M}_3$是规范不变的，但 $\mathscr{M}_1 + \mathscr{M}_2$不是。［因此三胶子顶角在 QCD 中对保持规范不变性是十分基本的。注意，形成对照的是 $\mathscr{M}_1 + \mathscr{M}_2$本身在 QED 中是规范不变的（见例 7.8）。λ 矩阵相互不对易的事实造成了这些差异。］

8.22 构造两胶子的色单态组合［方程（8.84）］。一种方法如下：让

$$c = \begin{pmatrix} r \\ b \\ g \end{pmatrix}$$

在 $SU(3)$ 下，$c \to c' = Uc$ 其中 U 是行列式为 1 的幺正矩阵。类似地，让 $d^{\dagger} = (\bar{r}, \bar{b}, \bar{g})$，按着规则 $d^{\dagger} \to d'^{\dagger} = d^{\dagger}U^{\dagger}$变换。构造矩阵

$$M \equiv cd^{\dagger} = \begin{pmatrix} r\bar{r} & r\bar{b} & r\bar{g} \\ b\bar{r} & b\bar{b} & b\bar{g} \\ g\bar{r} & g\bar{b} & g\bar{g} \end{pmatrix}$$

注意 $M' \equiv c'd'^{\dagger} = UMU^{\dagger}$。现在，扣掉迹：

$$N \equiv M - \frac{1}{3}\ [\mathrm{Tr}(M)]\text{，因此 }\mathrm{Tr}(N) = 0$$

$[\mathrm{Tr}(M') = \mathrm{Tr}(M) = (\mathrm{r}\bar{\mathrm{r}} + \mathrm{b}\bar{\mathrm{b}} + \mathrm{g}\bar{\mathrm{g}})$，因此这个组合是 $SU(3)$ - 不变的；它是 $3 \otimes \bar{3} = 1 \oplus 8$ 的单态组合，N 是八重态。] 注意

$$N' = M' - \frac{1}{3}[\mathrm{Tr}(M')] = UMU^\dagger - \frac{1}{3}[\mathrm{Tr}(M)]UU^\dagger = UNU^\dagger$$

这告诉我们胶子自己（它们是八重态表示）在色 $SU(3)$ 下如何变换。问题是如何把两个八重态组成一个单态；即如何做一个对 N_1 和 N_2 线性而对 U 不变的量。解是

$$s \equiv \mathrm{Tr}(N_1 N_2)$$

因为

$$s' = \mathrm{Tr}(N'_1 N'_2) = \mathrm{Tr}(UN_1U^\dagger UN_2U^\dagger) = \mathrm{Tr}(U^\dagger UN_1N_2) = \mathrm{Tr}(N_1N_2) = s$$

剩下须做出用 M_1 和 M_2 表达式 s：

$$\begin{aligned}
\mathrm{Tr}(N_1N_2) &= \mathrm{Tr}\{(M_1 - \frac{1}{3}[\mathrm{Tr}(M_1)])(M_2 - \frac{1}{3}[\mathrm{Tr}(M_2)])\} \\
&= \mathrm{Tr}(M_1M_2) - \frac{1}{3}[\mathrm{Tr}(M_1)][\mathrm{Tr}(M_2)] \\
&= \frac{2}{3}[(\mathrm{r}\bar{\mathrm{r}})_1(\mathrm{r}\bar{\mathrm{r}})_2 + (\mathrm{b}\bar{\mathrm{b}})_1(\mathrm{b}\bar{\mathrm{b}})_2 + (\mathrm{g}\bar{\mathrm{g}})_1(\mathrm{g}\bar{\mathrm{g}})_2] - \\
&\quad \frac{1}{3}[(\mathrm{r}\bar{\mathrm{r}})_1(\mathrm{b}\bar{\mathrm{b}})_2 + (\mathrm{r}\bar{\mathrm{r}})_1(\mathrm{g}\bar{\mathrm{g}})_2 + (\mathrm{b}\bar{\mathrm{b}})_1(\mathrm{r}\bar{\mathrm{r}})_2 + (\mathrm{b}\bar{\mathrm{b}})_1(\mathrm{g}\bar{\mathrm{g}})_2 + \\
&\quad (\mathrm{g}\bar{\mathrm{g}})_1(\mathrm{r}\bar{\mathrm{r}})_2 + (\mathrm{g}\bar{\mathrm{g}})_1(\mathrm{b}\bar{\mathrm{b}})_2] + [(\mathrm{r}\bar{\mathrm{b}})_1(\mathrm{b}\bar{\mathrm{r}})_2 + (\mathrm{r}\bar{\mathrm{g}})_1(\mathrm{g}\bar{\mathrm{r}})_2 + \\
&\quad (\mathrm{b}\bar{\mathrm{r}})_1(\mathrm{r}\bar{\mathrm{b}})_2 + (\mathrm{b}\bar{\mathrm{g}})_1(\mathrm{g}\bar{\mathrm{b}})_2 + (\mathrm{g}\bar{\mathrm{r}})_1(\mathrm{r}\bar{\mathrm{g}})_2 + (\mathrm{g}\bar{\mathrm{b}})_1(\mathrm{b}\bar{\mathrm{g}})_2] \\
&= |1\rangle_1|1\rangle_2 + |2\rangle_1|2\rangle_2 + |3\rangle_1|3\rangle_2 + |4\rangle_1|4\rangle_2 + \\
&\quad |5\rangle_1|5\rangle_2 + |6\rangle_1|6\rangle_2 + |7\rangle_1|7\rangle_2 + |8\rangle_1|8\rangle_2 \\
&= \sum_{n=1}^{8} |n\rangle_1|n\rangle_2
\end{aligned}$$

（为归一化态，除 $\sqrt{8}$。）这两个八重态的不变积是 $SU(2)$ 中两个三矢量的点积的 $SU(3)$ 类似物。

8.23 计算分支比 $\Gamma(\eta_c \to 2g)/\Gamma(\eta_c \to 2\gamma)$。[提示：对分子利用方程（8.90），对分母则通过利用把方程（7.168）和方程（7.171）做适当修改。有两种改动：（i）夸克电荷是 Qe 且（ii）对单态的夸克有一个色因子 3（方程（8.30））。答案：$\frac{9}{8}(\alpha_s/\alpha)^2$。]

8.24 （a）计算 QED 耦合常数［方程（8.86）］变为无穷大的能量（$\sqrt{|q^2|c^2}$）。（记住精细结构常数 $\alpha(0) = 1/137$。）

（b）在什么能量我们能得到对 $\alpha(0)$ 的 1% 的偏离？这是可达到的能量吗？

8.25 证明方程（9.69）中的 μ 是任意的。[即，假设物理学家 A 使用值 μ_a，而物理学家 B 使用一个不同的值 μ_b。假设 A 版的方程（9.69）是正确的，证明 B 版的也是正确的。]

8.26 从方程（8.93）和方程（8.94）推导方程（9.71）。

8.27 计算在 10GeV 和 100GeV 的 α_s。假设 $\Lambda_c = 0.3\text{GeV}$。如果 $\Lambda_c = 1\text{GeV}$ 如何？$\Lambda_c = 0.1\text{GeV}$ 又如何？

8.28 （胶子-胶子散射）

（a）画出代表两胶子相互作用的最低阶图（共有四个）。

（b）请写下相应的振幅。

（c）将入射胶子放到色单态；出射胶子也同样。计算相应的振幅。

（d）到质心系，在此每个胶子具有能量 E；用 E 和散射角 θ 表达所有运动学因子。加入振幅得到总的 $\mathscr{M}$。

（e）计算微分散射截面。

（f）确定力是吸引还是排斥的（如果是前者，这可能是一个类胶球位形）。

第9章 弱作用

这一章介绍弱相互作用理论。它强烈地依赖第7章，但不依赖第8章；第4.4.1节是有用的基础。我从介绍轻子到 $W^{\pm}$ 的耦合的费曼规则开始，详细地讨论三个经典的问题：缪子、中子和带电 π 的贝塔衰变。然后，我们考虑夸克到 $W^{\pm}$ 的耦合，它引入了卡比布角、*GIM* 机制和小林诚-益川敏英矩阵。在9.6节，我介绍夸克和轻子到 Z^0 耦合的费曼规则，而在最后一节简述格拉肖-温伯格-萨拉姆电弱理论。遍及整章我将中微子取成无质量的；如果（微小的）中微子质量被包括进来，没有结果会受到可观测到的影响。

9.1 带电轻子的弱作用

弱作用的媒介粒子（类似于 QED 中的光子和 QCD 中的胶子）是 W（W^+ 和 W^-）和 Z^0。不像光子和胶子是没有质量的，这些“中间矢量玻色子”都是极重的；实验上，

$$M_W = 80.40 \pm 0.03\,\mathrm{GeV}/c^2,\ M_Z = 91.188 \pm 0.002\,\mathrm{GeV}/c^2 \tag{9.1}$$

现在，自旋1的有质量粒子具有**三个**允许的极化状态（$m_s = 1,\ 0,\ -1$），而自由的无质量粒子却只有**两个**（如果 z 是运动方向，“纵向极化” $m_s = 0$ 不出现）。因此，对光子和胶子，我们施加洛伦兹条件

$$\epsilon^{\mu} p_{\mu} = 0 \tag{9.2}$$

（它把 ϵ^{μ} 的独立分量数从4约化到3）还施加库仑规范（$\epsilon^0 = 0$，因此 $\boldsymbol{\epsilon} \cdot \boldsymbol{p} = 0$，它进一步把独立分量数从3约化到2）。对 W 和 Z 我们不施加后面这个限制。结果是，完备性条件变得相当不同（见习题9.1）且传播子不再简单地是 $-\mathrm{i}g_{\mu\nu}/q^2$，而是⊖

$$\frac{-\mathrm{i}(g_{\mu\nu} - q_{\mu}q_{\nu}/M^2c^2)}{q^2 - M^2c^2} \qquad \text{（W 和 Z 的传播子）} \tag{9.3}$$

其中 M 是 M_{W} 或 M_{Z}，要看情况定。在实际中，q^2 比起 $(Mc)^2$ 往往是如此之小以致我们可以安全地使用

⊖ 当 $M \to 0$ 时它不约化回光子传播子这事可能会使你烦恼。对自旋1（或更高的粒子），零质量极限众所周知地是很危险的。自由度数目（即允许的自旋指向数）突然从 $2s+1$（对 $M \neq 0$）变到2（对 $M = 0$）。有若干种方式表达理论允许光滑地到 $M = 0$ 的转换，但只有以引进虚拟的非物理态代价才行。

$$\frac{\mathrm{i}g_{\mu\nu}}{(Mc)^2} \qquad (\text{对 } q^2 \ll (Mc)^2 \text{的传播子}) \tag{9.4}$$

然而，当过程涉及与Mc^2相比拟的能量时我们当然必须回到严格的表达式。

“带电”弱作用理论（由W媒介）比“中性”（由Z媒介）的简单，因此我将暂时聚焦于前者。在本节我们考虑W对轻子的耦合；下节我们将讨论它们对夸克和强子的耦合。基本的轻子顶角是

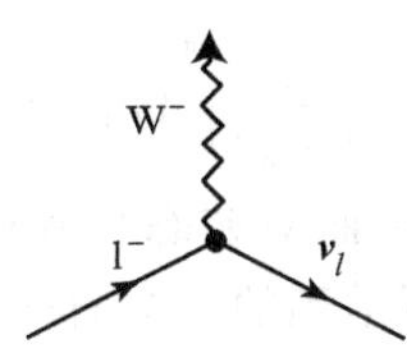

这里一个电子、缪子或陶子转化成相关的中微子，并辐射一个W^-（或吸收W^+）。逆过程（$\nu_l \to l^- + W^+$）也是可能的，当然，还有涉及反轻子的“交叉”反应。费曼规则与QED一样（除了已经说过对有质量媒介所需要的改动），除了顶角因子，它是

$$\frac{-\mathrm{i}g_w}{2\sqrt{2}}\gamma^\mu(1-\gamma^5) \qquad (\text{弱顶角因子}) \tag{9.5}$$

各种2纯是约定，且$g_w=\sqrt{4\pi\alpha_w}$是“弱耦合常数”（类似于QED的g_e和QCD的g_s）。而项$(1-\gamma^5)$具有深刻的重要性，因为γ^μ单独将代表**矢量**耦合（像QED或QCD），而$\gamma^\mu\gamma^5$单独将代表**轴矢量**［见方程（7.68）］。加一个矢量到一个轴矢量的理论是破坏宇称守恒的，因此这是精确在弱作用中所实际发生的。[⊖]

例9.1　逆缪子衰变　考虑过程

$$\nu_\mu + e^- \to \mu^- + \nu_e$$

（在最低阶）由下图代表：

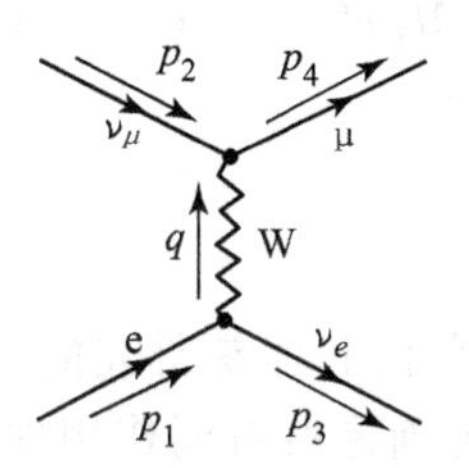

这里$q=p_1-p_3$，且我们将假设$q^2 \ll M_W^2c^2$，因此我们可以安全地使用简化的传播子［方程（9.4）］；振幅是

$$\mathscr{M}=\frac{g_w^2}{8(M_Wc)^2}[\bar{u}(3)\gamma^\mu(1-\gamma^5)u(1)][\bar{u}(4)\gamma_\mu(1-\gamma^5)u(2)] \tag{9.6}$$

使用喀什米尔窍门［方程（7.125）］，并假设中微子质量可被忽略，我们得到

$$\sum_{\text{自旋}}|\mathscr{M}|^2=\left(\frac{g_w^2}{8(M_Wc)^2}\right)^2\mathrm{Tr}[\gamma^\mu(1-\gamma^5)(\not{p}_1+m_ec)\gamma^\nu(1-\gamma^5)\not{p}_3]\times$$

⊖ 事实上，在两项等大的意义上破缺是“最大的”。当宇称破缺被首次考虑时，一个形如$(1+\epsilon\gamma^5)$的因子曾被使用，但实验很快显示$\epsilon=-1$（见习题9.3）。我们叫它“$V-A$”（“矢量减轴矢量”）耦合。费米原来的贝塔衰变理论是纯**矢量**理论（像QED），虽然其他人提出了标量、赝标量、张量或纯轴矢耦合，但是到1956年人们开始认真考虑不同宇称的混合项。

$$\mathrm{Tr}[\gamma_\mu(1-\gamma^5)\not{p}_2\gamma_\nu(1-\gamma^5)(\not{p}_4+m_\mu c)] \tag{9.7}$$

7.7节的定理对第一个迹给出

$$8[p_1^\mu p_3^\nu+p_1^\nu p_3^\mu-g^{\mu\nu}(p_1\cdot p_3)-\mathrm{i}\epsilon^{\mu\nu\lambda\sigma}p_{1\lambda}p_{3\sigma}] \tag{9.8}$$

而第二个迹为

$$8[p_{2\mu}p_{4\nu}+p_{2\nu}p_{4\mu}-g_{\mu\nu}(p_2\cdot p_4)-\mathrm{i}\epsilon_{\mu\nu\kappa\tau}p_2^\kappa p_4^\tau] \tag{9.9}$$

结果是⊖

$$\sum_{\text{自旋}}|\mathscr{M}|^2=4\left(\frac{g_w}{M_W c}\right)^4(p_1\cdot p_2)(p_3\cdot p_4) \tag{9.10}$$

实际上，我们希望对末态自旋求和而对初态自旋进行平均。电子具有**两个**自旋态，而（无质量）中微子（如我们在4.6节所学到的）只有**一个**（如你喜欢，入射中微子总是极化的，因为它们只能是“左手的”）。因此

$$\langle|\mathscr{M}|^2\rangle=2\left(\frac{g_w}{M_W c}\right)^4(p_1\cdot p_2)(p_3\cdot p_4) \tag{9.11}$$

如果你回到质心系，并忽略电子的质量

$$\langle|\mathscr{M}|^2\rangle=8\left(\frac{g_w E}{M_W c^2}\right)^4\left\{1-\left(\frac{m_\mu c^2}{2E}\right)^2\right\} \tag{9.12}$$

其中 E 是入射电子（或中微子）的能量。微分散射截面方程（6.47）是各向同性的（所有散射角度具有相同的可能性）

$$\frac{\mathrm{d}\sigma}{\mathrm{d}\Omega}=\frac{1}{2}\left[\frac{\hbar c g_w^2 E}{4\pi(M_W c^2)^2}\right]^2\left\{1-\left(\frac{m_\mu c^2}{2E}\right)^2\right\}^2 \tag{9.13}$$

而总截面是

$$\sigma=\frac{1}{8\pi}\left[\left(\frac{g_w}{M_W c^2}\right)^2\hbar c E\right]^2\left\{1-\left(\frac{m_\mu c^2}{2E}\right)^2\right\}^2 \tag{9.14}$$

9.2 缪子衰变

电子-中微子散射在世界上不是实验上容易研究的过程，而是密切相关的过程，缪子衰变（$\mu\to e+\nu_\mu+\bar{\nu}_e$）在理论和实验上确是所有弱作用现象中最干净的。费曼图

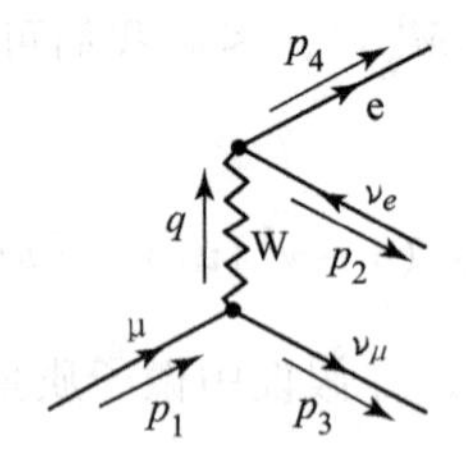

导致振幅

$$\mathscr{M}=\frac{g_w^2}{8(M_W c)^2}[\bar{u}(3)\gamma^\mu(1-\gamma^5)u(1)][\bar{u}(4)\gamma_\mu(1-\gamma^5)v(2)] \tag{9.15}$$

⊖ 注意 $\varepsilon^{\mu\nu\lambda\sigma}\varepsilon_{\mu\nu\kappa\tau}=-2(\delta_\kappa^\lambda\delta_\tau^\sigma-\delta_\tau^\lambda\delta_\kappa^\sigma)$（见习题7.35）。方程（9.7）的迹是这一章中将会不断重复出现的一个结构的特殊情形；在此暂停并做出一般的结果可能是个好想法（见习题9.2）。

同前面一样从它我们得到

$$\langle |\mathscr{M}|^2 \rangle = 2\left(\frac{g_w}{M_W c}\right)^4 (p_1 \cdot p_2)(p_3 \cdot p_4) \tag{9.16}$$

在缪子静止的参考系，$p_1 = (m_\mu c,\ 0)$，我们有

$$p_1 \cdot p_2 = m_\mu E_2 \tag{9.17}$$

由于 $p_1 = p_2 + p_3 + p_4$，

$$\begin{aligned}(p_3 + p_4)^2 &= p_3^2 + p_4^2 + 2p_3 \cdot p_4 \\ &= m_e^2 c^2 + 2p_3 \cdot p_4 = (p_1 - p_2)^2 \\ &= p_1^2 + p_2^2 - 2p_1 \cdot p_2 = m_\mu^2 c^2 - 2p_1 \cdot p_2\end{aligned} \tag{9.18}$$

由此我们得到

$$p_3 \cdot p_4 = \frac{(m_\mu^2 - m_e^2)c^2}{2} - m_\mu E_2 \tag{9.19}$$

如果我们取 $m_e = 0$，在精度上没太大损失，后面的代数将会更简化，因此

$$\langle |\mathscr{M}|^2 \rangle = \left(\frac{g_w}{M_W c}\right)^4 m_\mu^2 E_2 (m_\mu c^2 - 2E_2) = \left(\frac{g_w^2 m_\mu}{M_W^2 c}\right)^2 |\boldsymbol{p}_2| (m_\mu c - 2|\boldsymbol{p}_2|) \tag{9.20}$$

衰变率由方程（6.21）给出：[⊖]

$$\mathrm{d}\Gamma = \frac{\langle |\mathscr{M}|^2 \rangle}{2\hbar m_\mu}\left(\frac{\mathrm{d}^3\boldsymbol{p}_2}{(2\pi)^3 2|\boldsymbol{p}_2|}\right)\left(\frac{\mathrm{d}^3\boldsymbol{p}_3}{(2\pi)^3 2|\boldsymbol{p}_3|}\right)\left(\frac{\mathrm{d}^3\boldsymbol{p}_4}{(2\pi)^3 2|\boldsymbol{p}_4|}\right) \times (2\pi)^4 \delta^4(p_1 - p_2 - p_3 - p_4) \tag{9.21}$$

作为开始，我们剥离 δ 函数：

$$\delta^4(p_1 - p_2 - p_3 - p_4) = \delta(m_\mu c - |\boldsymbol{p}_2| - |\boldsymbol{p}_3| - |\boldsymbol{p}_4|)\delta^3(\boldsymbol{p}_2 + \boldsymbol{p}_3 + \boldsymbol{p}_4) \tag{9.22}$$

并完成对 $\boldsymbol{p}_3$ 的积分：

$$\mathrm{d}\Gamma = \frac{\langle |\mathscr{M}|^2 \rangle}{16(2\pi)^5 \hbar m_\mu} \frac{(\mathrm{d}^3\boldsymbol{p}_2)(\mathrm{d}^3\boldsymbol{p}_4)}{|\boldsymbol{p}_2||\boldsymbol{p}_2 + \boldsymbol{p}_4||\boldsymbol{p}_4|}\delta(m_\mu c - |\boldsymbol{p}_2||\boldsymbol{p}_2 + \boldsymbol{p}_4||\boldsymbol{p}_4|) \tag{9.23}$$

下面我们将完成 $\boldsymbol{p}_2$ 的积分。取极轴沿 $\boldsymbol{p}_4$（对 $\boldsymbol{p}_2$ 的积分它是固定的），我们有

$$\mathrm{d}^3\boldsymbol{p}_2 = |\boldsymbol{p}_2|^2 \mathrm{d}|\boldsymbol{p}_2| \sin\theta \mathrm{d}\theta \mathrm{d}\phi \tag{9.24}$$

且

$$|\boldsymbol{p}_2 + \boldsymbol{p}_4|^2 = |\boldsymbol{p}_2|^2 + |\boldsymbol{p}_4|^2 + 2|\boldsymbol{p}_2||\boldsymbol{p}_4|\cos\theta \equiv u^2 \tag{9.25}$$

ϕ 的积分是简单的（$\int \mathrm{d}\phi = 2\pi$）；为完成 θ 积分我们变换变量（$\theta \to u$）：

$$2u\mathrm{d}u = -2|\boldsymbol{p}_2||\boldsymbol{p}_4|\sin\theta\mathrm{d}\theta \tag{9.26}$$

因此

$$\mathrm{d}\Gamma = \frac{\langle |\mathscr{M}|^2 \rangle}{16(2\pi)^4 \hbar m_\mu} \frac{\mathrm{d}^3\boldsymbol{p}_4}{|\boldsymbol{p}_4|^2} \mathrm{d}|\boldsymbol{p}_2| \int_{u_-}^{u_+} \delta(m_\mu c - |\boldsymbol{p}_2| - |\boldsymbol{p}_4| - u)\mathrm{d}u \tag{9.27}$$

其中

$$u_\pm \equiv \sqrt{|\boldsymbol{p}_2|^2 + |\boldsymbol{p}_4|^2 \pm 2|\boldsymbol{p}_2||\boldsymbol{p}_4|} = ||\boldsymbol{p}_2| \pm |\boldsymbol{p}_4|| \tag{9.28}$$

如果

⊖ 注意这是一个三体衰变，因此我们不得不回到黄金规则。

$$u_- < m_\mu c - |\boldsymbol{p}_2| - |\boldsymbol{p}_4| < u_+ \tag{9.29}$$

u 的积分是 1（其他情形为 0）——这是说（见习题 9.4），

$$\left\{\begin{aligned} |\boldsymbol{p}_2| &< \frac{1}{2}m_\mu c \\ |\boldsymbol{p}_4| &< \frac{1}{2}m_\mu c \\ (|\boldsymbol{p}_2| + |\boldsymbol{p}_4|) &> \frac{1}{2}m_\mu c \end{aligned}\right\} \tag{9.30}$$

这些限制具有很好的运动学含义：例如当粒子 3 和 4 与粒子 2 截然反向时，它获得最大的可能动量：

2 ⟵—— ——⟶ 3 ——⟶ 4

在这种情形下粒子 2 获得一般的能量$\left(\frac{1}{2}m_\mu c^2\right)$，而粒子 3 和 4 分享剩下的部分。如果粒子 3 和 4 之间有非零的夹角，粒子 2 得到的会少些，而粒子 3 加粒子 4 相应的多些。因此 $\frac{1}{2}m_\mu c$是对任何**单个**出射粒子的最大动量，也是对任意**对**的**最小**的总动量。

θ 和 ϕ 的积分留给我们

$$\mathrm{d}\Gamma = \frac{\langle|\mathscr{M}|^2\rangle}{(4\pi)^4\hbar m_\mu}\mathrm{d}|\boldsymbol{p}_2|\frac{\mathrm{d}^3\boldsymbol{p}_4}{|\boldsymbol{p}_4|^2} \tag{9.31}$$

方程（9.30）的不等式指明$|\boldsymbol{p}_2|$和$|\boldsymbol{p}_4|$积分的极限：$|\boldsymbol{p}_2|$从$\frac{1}{2}m_\mu c - |\boldsymbol{p}_4|$开始到$\frac{1}{2}m_\mu c$，而$|\boldsymbol{p}_4|$将从 0 到$\frac{1}{2}m_\mu c$。放进方程（9.20）[㊀]并完成$|\boldsymbol{p}_2|$积分，我们有

$$\begin{aligned}\mathrm{d}\Gamma &= \left(\frac{g_w}{4\pi M_W}\right)^4\frac{m_\mu}{\hbar c^2}\frac{\mathrm{d}^3\boldsymbol{p}_4}{|\boldsymbol{p}_4|^2}\int_{(1/2)m_\mu c - |\boldsymbol{p}_4|}^{(1/2)m_\mu c}|\boldsymbol{p}_2|(m_\mu c - 2|\boldsymbol{p}_2|)\mathrm{d}|\boldsymbol{p}_2| \\ &= \left(\frac{g_w}{4\pi M_W}\right)^4\frac{m_\mu}{\hbar c^2}\left(\frac{m_\mu c}{2} - \frac{2}{3}|\boldsymbol{p}_4|\right)\mathrm{d}^3\boldsymbol{p}_4\end{aligned} \tag{9.32}$$

最后，写

$$\mathrm{d}^3\boldsymbol{p}_4 = 4\pi|\boldsymbol{p}_4|^2\mathrm{d}|\boldsymbol{p}_4|$$

并将结果用电子的能量 $E = |\boldsymbol{p}_4|c$ 表达，我们得到[㊁]

$$\frac{\mathrm{d}\Gamma}{\mathrm{d}E} = \left(\frac{g_w}{M_W c}\right)^4\frac{m_\mu^2 E^2}{2\hbar(4\pi)^3}\left(1 - \frac{4E}{3m_\mu c^2}\right) \tag{9.33}$$

它告诉我们缪子衰变中的电子能量分布；它与实验谱（见图 9.1）很好地吻合。总衰变率是

㊀ 注意$\langle|\mathscr{M}|^2\rangle$只依赖 $\boldsymbol{p}_2$ 的大小，不依赖其方向；这是为什么我可以在 θ 和 ϕ 的积分中自由地忽略它的原因。

㊁ 记住方程（9.33）只适用到 $E = \frac{1}{2}m_\mu c^2$［方程（9.30）］，在这点它突然掉到零（考虑进粒子的质量和辐射修正会稍微软化一点这个角落）。

$$\Gamma=\left(\frac{g_w}{M_W c}\right)^4\frac{m_\mu^2}{2\hbar(4\pi)^3}\int_0^{(1/2)m_\mu c^2}E^2\left(1-\frac{4E}{3m_\mu c^2}\right)\mathrm{d}E=\left(\frac{m_\mu g_w}{M_W}\right)^4\frac{m_\mu c^2}{12\hbar(8\pi)^3} \tag{9.34}$$

因此缪子的寿命是

$$\tau=\frac{1}{\Gamma}=\left(\frac{M_W}{m_\mu g_w}\right)^4\frac{12\hbar(8\pi)^3}{m_\mu c^2} \tag{9.35}$$

注意在缪子寿命公式和电子-缪子散射截面中 g_w 和 M_W 都不单独出现；只以比值出现。事实上习惯上用“费米常数”表达弱作用公式

$$G_F\equiv\frac{\sqrt{2}}{8}\left(\frac{g_w}{M_W c^2}\right)^2(\hbar c)^3 \tag{9.36}$$

因此缪子的寿命写成

$$\tau=\frac{192\pi^3\hbar^7}{G_F^2 m_\mu^5 c^4} \tag{9.37}$$

在费米原来的贝塔衰变理论（1933）中没有 W；相互作用假设成直接的四-粒子耦合，用费曼的语言由如下形式的图代表

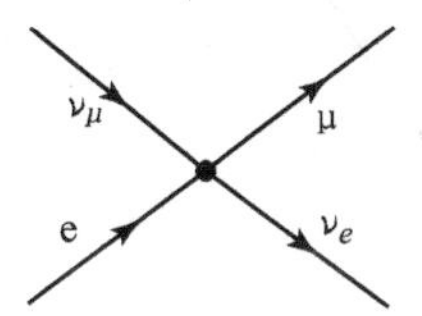

从现代的观点，费米理论把下图中的两个顶角因子和 W 传播子结合起来形成有效四-粒子耦合常数 G_F。它可行，但仅是由于 W 重到使方程（9.4）对真正的传播子［方程（9.3）］是一个很好的近似，[㊀]而事实上在20世纪50年代人们已经认识到费米理论在高能区不能成立。克莱因建议的（类似于光子）弱媒介子的想法可回溯到1938年。

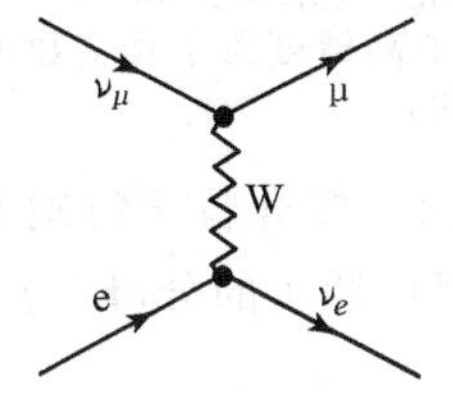

如果我们放进观测到的缪子寿命和质量，发现

$$G_F/(\hbar c)^3=\frac{\sqrt{2}}{8}\left(\frac{g_w}{M_W c^2}\right)^2=1.166\times10^{-5}/\mathrm{GeV}^2 \tag{9.38}$$

相应的 g_w 值是

$$g_w=0.653 \tag{9.39}$$

因此“弱精细结构常数”是

$$\alpha_w=\frac{g_w^2}{4\pi}=\frac{1}{29.5} \tag{9.40}$$

这个数到来的有些震惊：它比电磁精细结构常数（$\alpha=\frac{1}{137}$）大且约为5倍！弱作用弱不是

㊀ 如我们早前所述，费米还认为耦合是纯矢量。尽管这些缺陷（对此很难责难费米；毕竟当中微子还是很不清楚的假设时他发明了这个理论且其本身的狄拉克方程是全新的），但费米的理论却有令人吃惊的先见之明，并且所有随后的发展都只是对其相对小的调整。

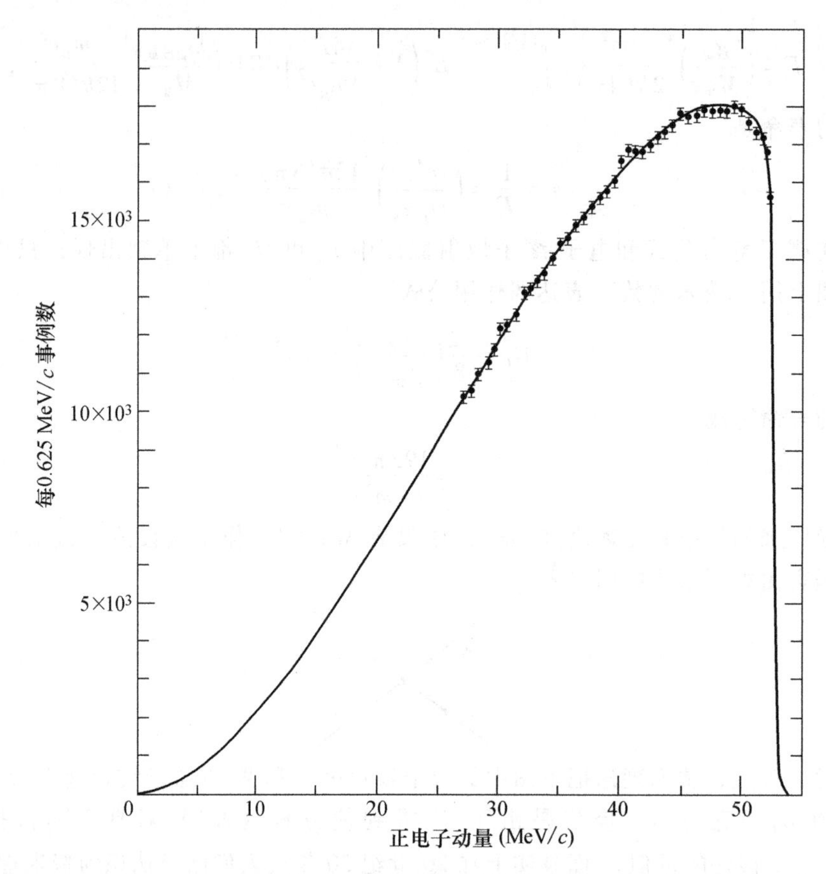

图 9.1 $\mu^+ \to e^+ + \nu_e + \nu_\mu$ 中的正电子实验谱。实线是依据方程（9.33）给出的理论预言谱，加了电磁效应修正。（来源：Bardon，M. *et al.*（1965）Physical Review Letters，14，449。对最近的高精度缪子衰变数据，可上在 TRIUMF，Vancouver，BC. 的 TWIST 合作组网站）

因为其内禀耦合小（它不小），而是由于媒介粒子特别重——或更精确地，由于我们典型地工作在远低于 W 质量的能区从而使得传播子的分母 $|q^2 - M_W^2 c^2|$ 变得极大。

9.3 中子衰变

缪子衰变公式（9.33）的成功鼓励我们对中子的衰变应用同样的方法，$n \to p + e + \bar{\nu}_e$。当然，中子和质子是复合粒子，但正像莫特和卢瑟福截面（它们把质子看成是一个基本的"狄拉克"粒子）给出很好的低能电子-质子散射描写的那样，我们也可期望图

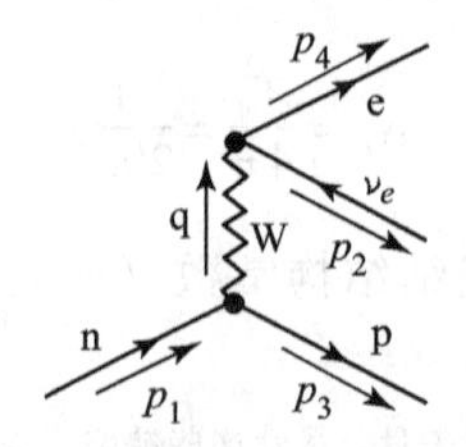

（与缪子衰变同样，只是用 $n \to p + W^-$ 替代 $\mu \to \nu_\mu + W^-$）将代表对中子贝塔衰变的合理近似。从计算的观点唯一新的特点是 3 现在是有质量粒子（质子取代中微子）。而这（见习题

9.8）不改变振幅：

$$\langle |\mathscr{M}|^2 \rangle = 2\left(\frac{g_w}{M_W c}\right)^4 (p_1 \cdot p_2)(p_3 \cdot p_4) \tag{9.41}$$

——与方程（9.16）一样。在中子的静止系，我们发现

$$\langle |\mathscr{M}|^2 \rangle = \frac{m_n}{c}\left(\frac{g_w}{M_W}\right)^4 |\boldsymbol{p}_2|\left(m_n^2 - m_p^2 - m_e^2 - \frac{2m_n|\boldsymbol{p}_2|}{c}\right) \tag{9.42}$$

但由于电子的静止能占据了释放的总能量 $(m_n - m_p - m_e)^2$ 的极大比例，因此我们这时不能忽略电子的质量。

衰变率的计算过程同以前（现在必须把质量包括进来）：

$$\mathrm{d}\Gamma = \frac{\langle |\mathscr{M}|^2 \rangle}{2\hbar m_n}\left(\frac{\mathrm{d}^3\boldsymbol{p}_2}{(2\pi)^3 2|\boldsymbol{p}_2|}\right)\left(\frac{\mathrm{d}^3\boldsymbol{p}_3}{(2\pi)^3 2\sqrt{\boldsymbol{p}_3^2 + m_p^2 c^2}}\right)\left(\frac{\mathrm{d}^3\boldsymbol{p}_4}{(2\pi)^3 2\sqrt{\boldsymbol{p}_4^2 + m_e^2 c^2}}\right) \times (2\pi)^4 \delta^4 \ (p_1 - p_2 - p_3 - p_4) \tag{9.43}$$

$\boldsymbol{p}_3$ 积分给出

$$\mathrm{d}\Gamma = \frac{\langle |\mathscr{M}|^2 \rangle}{16(2\pi)^5 \hbar m_n} \frac{\mathrm{d}^3\boldsymbol{p}_2 \mathrm{d}^3\boldsymbol{p}_4}{|\boldsymbol{p}_2| u \sqrt{\boldsymbol{p}_4^2 + m_e^2 c^2}} \delta\left(m_n c - |\boldsymbol{p}_2| - u - \sqrt{\boldsymbol{p}_4^2 + m_e^2 c^2}\right) \tag{9.44}$$

其中

$$u \equiv \sqrt{(\boldsymbol{p}_2 + \boldsymbol{p}_4)^2 + m_p^2 c^2} \tag{9.45}$$

为完成 $\boldsymbol{p}_2$ 积分，我们再次取

$$\mathrm{d}^3\boldsymbol{p}_2 = |\boldsymbol{p}_2|^2 \mathrm{d}|\boldsymbol{p}_2| \sin\theta \mathrm{d}\theta \mathrm{d}\phi \tag{9.46}$$

且取坐标使 z 轴沿 $\boldsymbol{p}_4$（对 $\boldsymbol{p}_2$ 的积分它是固定的）；因此

$$u^2 = |\boldsymbol{p}_2|^2 + |\boldsymbol{p}_4|^2 + 2|\boldsymbol{p}_2||\boldsymbol{p}_4|\cos\theta + m_p^2 c^2 \tag{9.47}$$

而

$$u\mathrm{d}u = -|\boldsymbol{p}_2||\boldsymbol{p}_4|\sin\theta \mathrm{d}\theta \tag{9.48}$$

ϕ 和 θ（或 u）的积分给出

$$\mathrm{d}\Gamma = \frac{\langle |\mathscr{M}|^2 \rangle}{(4\pi)^4 \hbar m_n} \frac{\mathrm{d}^3\boldsymbol{p}_4}{|\boldsymbol{p}_4| \sqrt{\boldsymbol{p}_4^2 + m_e^2 c^2}} \mathrm{d}|\boldsymbol{p}_2| I \tag{9.49}$$

其中

$$\begin{aligned} I &\equiv \int_{u_-}^{u_+} \delta\left(m_n c - |\boldsymbol{p}_2| - \sqrt{|\boldsymbol{p}_4|^2 + m_e^2 c^2} - u\right) \mathrm{d}u \\ &= \begin{cases} 1, \text{如果 } u_- < \left(m_n c - |\boldsymbol{p}_2| - \sqrt{|\boldsymbol{p}_4|^2 + m_e^2 c^2}\right) < u_+ \\ 0, \text{其他} \end{cases} \end{aligned} \tag{9.50}$$

而极限是

$$u_\pm = \sqrt{(|\boldsymbol{p}_2| \pm |\boldsymbol{p}_4|)^2 + m_p^2 c^2} \tag{9.51}$$

像以前一样，方程（9.50）定义了 $|\boldsymbol{p}_2|$ 的积分区域；我将让你完成相应的代数（见习题9.9）：

$$p_\pm = \frac{\frac{1}{2}(m_n^2 - m_p^2 + m_e^2)c^2 - m_n\sqrt{|\boldsymbol{p}_4|^2 + m_e^2 c^2}}{m_n c - \sqrt{|\boldsymbol{p}_4|^2 + m_e^2 c^2} \mp |\boldsymbol{p}_4|} \tag{9.52}$$

用方程（9.42）的$\langle|\mathscr{M}|^2\rangle$，$|\boldsymbol{p}_2|$的积分成为

$$\int_{p_-}^{p_+}|\boldsymbol{p}_2|\left(m_n^2-m_p^2-m_e^2-\frac{2m_n|\boldsymbol{p}_2|}{c}\right)\mathrm{d}|\boldsymbol{p}_2|\equiv J \tag{9.53}$$

由于

$$\mathrm{d}^3\boldsymbol{p}_4=4\pi|\boldsymbol{p}_4|^2\mathrm{d}|\boldsymbol{p}_4| \tag{9.54}$$

我们得到

$$\frac{\mathrm{d}\Gamma}{\mathrm{d}E}=\frac{1}{\hbar c^2(4\pi)^3}\left(\frac{g_w}{M_W c}\right)^4 J(E) \tag{9.55}$$

其中$E=\sqrt{|\boldsymbol{p}_4|^2+m_e^2c^2}$是电子的能量。

方程（9.55）是准确的［如果你愿意，通过让$m_n\to m_\mu$和m_p，$m_e\to 0$可重新来推导方程（9.33）］，而$J(E)$是相当复杂的函数：

$$J(E)=\frac{1}{2}(m_n^2-m_p^2-m_e^2)c^4(p_+^2-p_-^2)-\frac{2m_nc^3}{3}(p_+^3-p_-^3) \tag{9.56}$$

认清这里有四个小数，在目前阶段是值得做近似的：

$$\epsilon\equiv\frac{m_n-m_p}{m_n}=0.0014,\quad \delta\equiv\frac{m_e}{m_n}=0.0005$$

$$\eta\equiv\frac{E}{m_nc^2}\quad(\delta<\eta<\epsilon),\quad \phi\equiv\frac{|\boldsymbol{p}_4|}{m_nc}=0.0005\quad(0<\phi<\eta) \tag{9.57}$$

（当然这些中的最后一个是不独立的：$\phi^2=\eta^2-\delta^2$。）展开到最低阶（见习题9.9），我们获得

$$J\cong 4m_n^4c^6\eta\phi(\epsilon-\eta)^2=\frac{4}{c^2}E\sqrt{E^2-m_e^2c^4}[(m_n-m_p)c^2-E]^2 \tag{9.58}$$

因此，电子的能量分布由下式给出：

$$\frac{\mathrm{d}\Gamma}{\mathrm{d}E}=\frac{1}{\pi^3\hbar}\left(\frac{g_w}{2M_Wc^2}\right)^4E\sqrt{E^2-m_e^2c^4}[(m_n-m_p)c^2-E]^2 \tag{9.59}$$

实验结果由图9.2给出。电子能量区间从m_ec^2到约$(m_n-m_p)c^2$（见习题9.10）。积掉E，我们得到

总衰变率（见习题9.11）：

$$\Gamma=\frac{1}{4\pi^3\hbar}\left(\frac{g_w}{2M_Wc^2}\right)^4(m_ec^2)^5\times$$
$$\left[\frac{1}{15}(2a^4-9a^2-8)\sqrt{a^2-1}+a\ln(a+\sqrt{a^2-1})\right] \tag{9.60}$$

其中

$$a\equiv\frac{m_n-m_p}{m_e} \tag{9.61}$$

代进数值，我发现（见习题9.12）

$$\tau\equiv\frac{1}{\Gamma}=1318\mathrm{s} \tag{9.62}$$

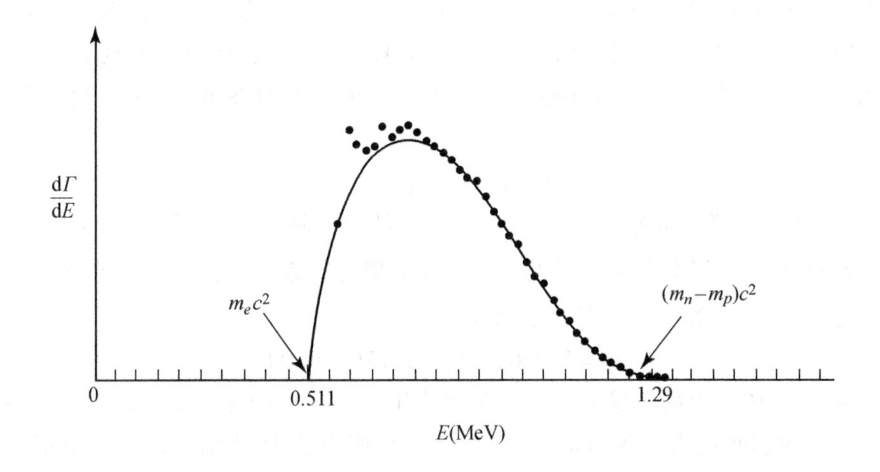

图 9.2 中子贝塔衰变的电子能量分布。（实线是理论曲线；点是实验数据。）（来源：克里斯坦森（Christensen，C. J.）*et al.*（1972）*Physical Review*，D5，1628. 图（9.4）。）

这大致差不多，因为人们说：实验的中子寿命㊀是 885.7 ± 0.8s，考虑到弱衰变的范围从 15min 下降到 10^{-13}s，我们应该满意得到了正确的量级。然而为什么不能符合得更好呢？

主要问题是我们将质子和中子处理成它们好像是简单的点粒子，与 W 以与轻子严格相同的方式相互作用。为诚实地对待它，我们应回到最开始，承认我们确实不知道 W 是如何耦合到复合结构上的，在费曼图上画一个灰圈（以标志我们的无知）

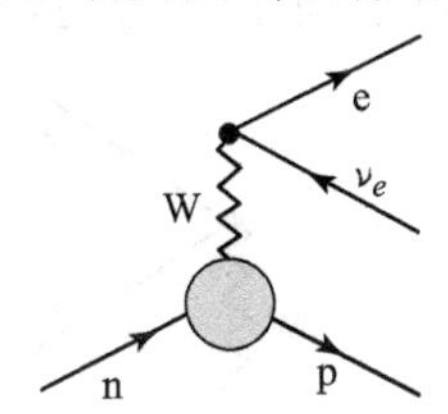

并用各种未知的“形状因子”表达振幅，其结构由洛伦兹协变性限制——正像我们在第 8 章对质子-光子顶角所做的那样。直到成熟的 QCD 为我们提供核子结构的详细信息，我们才处在可以完善中子寿命计算的位置。

而莫特公式对低能电子-质子散射吻合得很好：为什么本质上同样的方式在电动力学中给我们以正确的答案，但却不能在弱相互作用中实现？在两种情形中“探针”的波长（γ 或 W，视情况而定）都是远大于“靶”的直径（p 或 n）（见习题 9.13）；核子的内部结构不被“涉及”，因此它表现为点粒子。关键问题是：这个物体的纯耦合常数是多少？当然质子的纯电荷仍是 e——这与内部进行什么复杂过程无关——价夸克辐射虚胶子，胶子产生夸克-反夸克对，“海”夸克重新结合，等等——由于所有这些狂乱的行为都守恒电荷。从长

㊀ 这个数来自 2006 的《粒子物理手册》（PPB）。自由中子很难操作，而“官方”中子寿命在不同年代变化很大（第一个 PPB 罗列的是 1040 ± 130s）。注意核物理学家倾向引用半衰期（$t_{1/2} = \tau\ln2$），而贝塔衰变专家经常引用“比较半衰期”——所谓的“ft”值——这确把运动学和库仑贡献移除了（对于中子修正因子大约是 1.7）。这只是提醒你文献中对中子“寿命”所给的数值各式各样，需要仔细斟酌和检验日期。

波长光子的角度看它就像一个点，复合核子的纯电荷正是价夸克电荷之和。而没有先验的理由假定同样的事也适用于弱耦合；当胶子分裂成一个夸克-反夸克对时，这个对对弱耦合的纯贡献可能不为零——谁知道呢？为了计及这些，我们在 n→p + W 顶角因子中做如下代换：

$$(1-\gamma^5)\to(c_V-c_A\gamma^5) \tag{9.63}$$

其中 c_V是对矢量“弱核”的修正，而 c_A是对轴矢量“弱核”的修正。幸运的是，同样的基本过程 $n\to p+e+\bar{\nu}_e$ 不仅对自由中子发生，也在放射性核素中发生，因此原则上我们具有很多独立的机会去测量 c_V和 c_A㊀。实验结果如下：

$$c_V=1.000,\quad c_A=1.270\pm0.003 \tag{9.64}$$

令人吃惊的是，在核子中的矢量弱荷不会被强作用改变。可能像电荷一样，它由一个守恒定律所“保护”；我们叫这为“矢量流守恒”（CVC）假设。㊁即使轴项改变的也不是很多；明显地它是“几乎”守恒的。我们称之“轴矢流部分守恒”（PCAC）假设。

如果你有恒心，这个替代在中子寿命上的效应［方程（9.63）］是你可以自己计算的；作为一个好的近似，衰变率增加一个因子

$$\frac{1}{4}(c_V^2+3c_A^2)=1.46 \tag{9.65}$$

因此寿命减少同样的比率：

$$\tau=\frac{1316\text{s}}{1.46}=901\text{s} \tag{9.66}$$

目前这个值很接近实验值。不幸的是，这个一致性是靠不住的，因为还有另外一项修正需要考虑。这里背后的夸克过程是 d→u + W（加两个旁观者）：

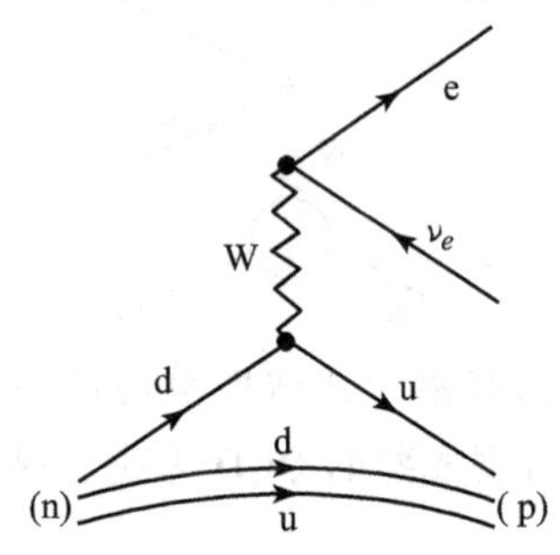

而这个夸克顶角携带一个因子 $\cos\theta_c$，其中 $\theta_C=13.15°$是“卡比布角”。关于这个我将会在9.5 节讲述更多内容，而目前基本点是我们的中子寿命的理论值，通过轴荷不守恒的修正和卡比布角的修正，其值是

$$\tau=\frac{901\text{s}}{\cos^2\theta_C}=950\text{s} \tag{9.67}$$

两步向前，一步向后！㊂

㊀ 一个特别好的过程是$^{14}O\to{}^{14}N$，据说它（从观测到的初态和末态的自旋和宇称）只涉及矢量耦合。

㊁ CVC 被放进了标准模型，今天 c_V被严格取为 1；实验被解释为测量卡比布角（见下）——或更精确地称为 V_{ub}。

㊂ 这还不是故事的结束；例如有小的库仑修正，（由于末态电子和质子的吸引）。但我们得到的值已经在实验结果的 7% 之内了，这是继续前进的时候了。

9.4 π介子衰变

按照夸克模型，带电 π 的衰变（$\pi^- \to l^- + \bar{\nu}_l$，其中 l 是缪子或电子）是一个散射事例，其中入射夸克碰巧被束缚在一起：

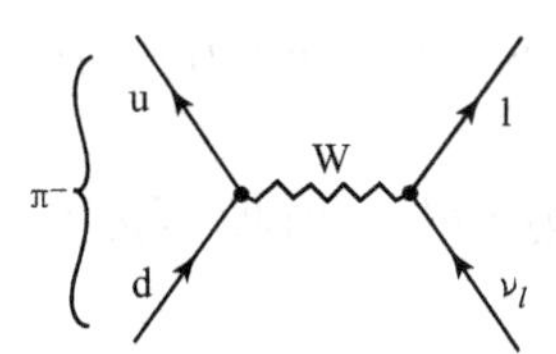

在这个意义上，它是正电子偶素衰变（$e^+ + e^- \to \gamma + \gamma$）或 η_c衰变（$c + \bar{c} \to g + g$）——分别是电磁和强过程的弱作用类似物。我们可以跟随例 7.8 和 8.5 节的方法分析它（见习题 9.14），但最后我们会碰到因子$|\psi(0)|^2$，而在目前阶段我们无法知道在 π 介子中的夸克波函数（ψ）是多少。给出这样一个计算将附带这个未定的相乘因子，按如下方式进行会更容易。

重画费曼图，用灰圈代表 π^-对 W^-的耦合：

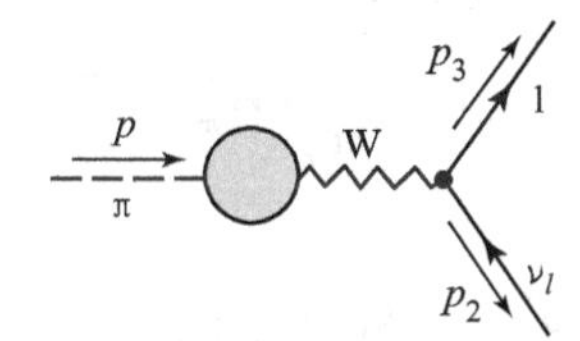

我们可能不知道 W 是如何耦合到 π 的，但我们确知道它是如何耦合到轻子的，因此振幅一定具有一般的形式

$$\mathscr{M} = \frac{g_w^2}{8(M_W c)^2}[\bar{u}(3)\gamma_\mu(1-\gamma^5)v(2)]F^\mu \tag{9.68}$$

其中 F^μ是描写 π→W 灰圈的“形状因子”。它必须是四矢量，与轻子项中的 γ_μ收缩。但 π 的自旋为零；我们可以用于构造 F^μ的唯一的矢量就是其动量 p^μ。㊀（我将不写 π 的动量下标：$p \equiv p_1$。）因此 F^μ必须是某个标量乘上 p^μ：㊁

$$F^\mu = f_\pi p^\mu \tag{9.69}$$

原则上，f_π 是 p^2的函数——只对标量适用——但由于 π 在其质壳上（$p^2 = m_\pi^2 c^2$），f_π 对我们来说是一个固定的数，“π 衰变常数”。㊂

对出射自旋求和，我们得到

㊀ 注意我们在 $\mathscr{M}$ 的层级引进了（弱）π 形状因子，而对（电磁的）质子形状因子我们是一直等到 $\langle|\mathscr{M}|^2\rangle$ 的阶段才做。原因是质子有自旋，因此我们不得不把它们囊括进合适的矢量中；只有我们对自旋平均之后，矢量数才约化成两个，问题才是可处理的。然而 π 没有自旋，因此我们可以直接在 $\mathscr{M}$ 中引进形状因子，其中只有一个矢量，而不是一个张量。

㊁ 由于下节将出现的原因，今天习惯将合适的卡比布-小林诚-益川敏英（CKM）矩阵元因子表示在介子衰变常数之外：$f_\pi \to V_{ud} f_\pi$。为避免混乱的标注我将沿用旧的约定。

㊂ 对其他赝标介子的相应因子将涉及不同的 p^2值，和不同的 CKM 矩阵元（见脚注一）。

$$\langle|\mathscr{M}|^2\rangle=\left[\frac{f_\pi}{8}\left(\frac{g_w}{M_Wc}\right)^2\right]^2p_\mu p_\nu\mathrm{Tr}[\gamma^\mu(1-\gamma^5)\not{p}_2\gamma^\nu(1-\gamma^5)(\not{p}_3+m_lc)]$$
$$=\frac{1}{8}\left[f_\pi\left(\frac{g_w}{M_Wc}\right)^2\right]^2[2(p\cdot p_2)(p\cdot p_3)-p^2(p_2\cdot p_3)] \tag{9.70}$$

[迹已在方程（9.8）中计算过了]。而 $p=p_2+p_3$，因此

$$p\cdot p_2=p_2\cdot p_3,\quad p\cdot p_3=m_l^2c^2+p_2\cdot p_3 \tag{9.71}$$

且

$$p^2=p_2^2+p_3^2+2p_2\cdot p_3,\quad 因此\quad 2p_2\cdot p_3=(m_\pi^2-m_l^2)c^2 \tag{9.72}$$

因此

$$\langle|\mathscr{M}|^2\rangle=\left(\frac{g_w}{2M_W}\right)^4f_\pi^2m_l^2(m_\pi^2-m_l^2) \tag{9.73}$$

(一个常数)。

衰变率由标准的公式（9.35）给出：

$$\Gamma=\frac{|\boldsymbol{p}_2|}{8\pi\hbar m_\pi^2c}\langle|\mathscr{M}|^2\rangle \tag{9.74}$$

而出射动量是［见方程（9.34）或习题3.19］

$$|\boldsymbol{p}_2|=\frac{c}{2m_\pi}(m_\pi^2-m_l^2) \tag{9.75}$$

因此

$$\Gamma=\frac{f_\pi^2}{\pi\hbar m_\pi^3}\left(\frac{g_w}{4M_W}\right)^4m_l^2\ (m_\pi^2-m_l^2)^2 \tag{9.76}$$

当然，如果不知道衰变常数 f_π，我们就无法计算 π 的寿命。[⊖]但我们能确定电子和缪子衰变率的比值：

$$\frac{\Gamma(\pi^-\to e^-+\bar{\nu}_e)}{\Gamma(\pi^-\to\mu^-+\bar{\nu}_\mu)}=\frac{m_e^2\ (m_\pi^2-m_e^2)^2}{m_\mu^2\ (m_\pi^2-m_\mu^2)^2}=1.283\times10^{-4} \tag{9.77}$$

(实验数值是 $1.230\pm0.004\times10^{-4}$。) 初看起来，这是非常令人吃惊的结果，因为它（正确地）预言 π 喜欢缪子道，尽管事实是电子要轻很多。相空间却喜好衰变到那些质量降低越大越好的道，除非某些守恒定律介入，我们普通发现的最轻的末态是最常见的。π 衰变是著名的例外，而这要求某些特殊的动力学解释。一个线索是由方程（9.76）所建议的：注意如果电子是无质量的，$\pi^-\to e^-+\bar{\nu}_e$ 道将完全被禁戒。我们能理解这个极限情形吗？是的：π 自旋为零，因此电子和反中微子必须以相反的自旋出现，因此具有相同的螺旋度：

$\bar{\nu}_e$　　　　　　e

反中微子总是右手，因此电子也必须是右手。但如电子是无质量的，（像中微子）它应只作为左手粒子存在。更精确地，弱顶角因子 $1-\gamma^5$ 应只耦合到左手电子，就像它只耦合到左手中微子那样（见习题9.15）。这就是为什么，如果电子是无质量的，衰变 $\pi^-\to e^-+\bar{\nu}_e$ 根本

⊖ 一个非常震撼的事实是如果你放进 $f_\pi=m_\pi c$（或能更好 $m_\pi c\cos\theta_C$），你就会得到很接近 $\pi^-\to\mu^-+\bar{\nu}_\mu$ 的寿命，而我不知道任何对此试探值有说服力的理由，且图对重介子也不成立。

不能发生，因而为什么（物理的电子十分接近于无质量）衰变如此严重地被压低。

9.5 夸克的带电弱作用

在轻子的情形，对 $W^{\pm}$ 的耦合严格发生在特别的代内部：

$$\begin{pmatrix}\nu_e\\ e\end{pmatrix},\quad \begin{pmatrix}\nu_\mu\\ \mu\end{pmatrix},\quad \begin{pmatrix}\nu_\tau\\ \tau\end{pmatrix}\qquad\text{（轻子代）}$$

即 $e^-\to\nu_e+W^-$，$\mu^-\to\nu_\mu+W^-$，$\tau^-\to\nu_\tau+W^-$，而没有例如形为 $e^-\to\nu_\mu+W^-$ 的跨代的耦合。W 对夸克的耦合并不如此简单，尽管代的结构是类似的

$$\begin{pmatrix}u\\ d\end{pmatrix},\quad \begin{pmatrix}c\\ s\end{pmatrix},\quad \begin{pmatrix}t\\ b\end{pmatrix}\qquad\text{（夸克代）}$$

弱相互作用并不严格遵从它们各自的身份。确切地说，有形如 $d\to u+W^-$ 的相互作用（经历中子衰变的过程 $n\to p+e+\bar{\nu}_e$），而且还存在跨代的耦合，例如 $s\to u+W^-$（例在 $\Lambda\to p+e+\bar{\nu}_e$ 中被看到）。事实上，如果不是这样，我们就会有三个绝对的“味守恒”定律：“上加下”守恒、“粲加奇异”守恒和“真加美”守恒——类似于三个轻子数守恒定律。最轻的奇异粒子（K^-）就会绝对稳定，还有 B 介子（最轻的美粒子）；我们的世界将处在一个相当不同的地方。

1963 年（那时 u、d 和 s 是唯一知道的夸克），Cabibbo[1] 建议 $d\to u+W^-$ 的顶角携带一个因子 $\cos\theta_C$，而 $s\to u+W^-$ 携带一个因子 $\sin\theta_C$；除了这些它们具有完全相同的轻子耦合[方程（9.5）]：

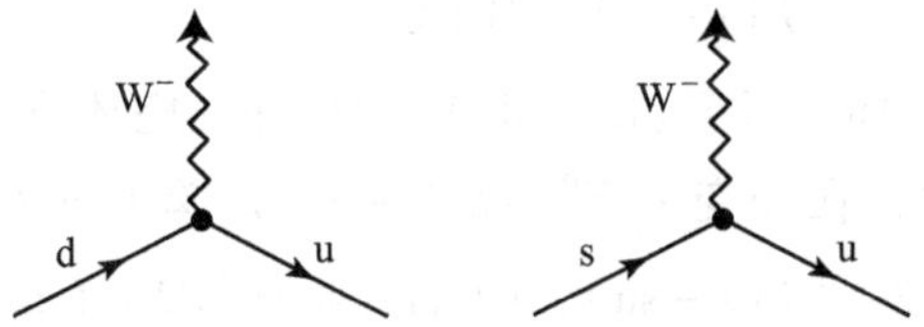

$$\frac{-ig_w}{2\sqrt{2}}\gamma^\mu(1-\gamma^5)\cos\theta_C \qquad \frac{-ig_w}{2\sqrt{2}}\gamma^\mu(1-\gamma^5)\sin\theta_C \tag{9.78}$$

奇异数——改变过程（$s\to u+W^-$）明显地比奇异数-守恒的（$d\to u+W^-$）弱，因此明显地“卡比布角” θ_C 应该很小。实验上

$$\theta_C=13.15° \tag{9.79}$$

弱相互作用几乎遵从夸克代…但不完全。

例 9.2　轻子衰变　考虑衰变 $K^-\to l^-+\bar{\nu}_l$，其中 l 是电子或缪子。这类似于 π^- 衰变（见 9.4 节），但现在夸克顶角是 $s+\bar{u}\to W^-$，而不是 $d+\bar{u}\to W^-$。从方程（9.76）我们有

$$\Gamma=\frac{f_K^2}{\pi\hbar m_K^3}\left(\frac{g_w}{4M_W}\right)^4 m_l^2\ (m_K^2-m_l^2)^2$$

耦合强度差不多是一样的，除了 f_π 包含一个因子 $\cos\theta_C$，f_K 包含一个因子 $\sin\theta_C$。相应地，

$$\frac{\Gamma(K^-\to l^-+\bar{\nu}_l)}{\Gamma(\pi^-\to l^-+\bar{\nu}_l)}=\tan^2\theta_C\left(\frac{m_\pi}{m_K}\right)^3\left(\frac{m_K^2-m_l^2}{m_\pi^2-m_l^2}\right)^2 \tag{9.80}$$

代入相应的数字，我对缪子道（$l=\mu$）得到 0.96，而对电子道（$l=e$）得到 0.19。观察到

的比率分别是1.34和0.26；这些衰变是纯轴矢量，而如我们前面所发现的（9.3节），不能期待完美的一致。

例9.2考虑的过程类型叫轻子衰变。还存在半轻子衰变，例如$\pi^- \to \pi^0 + e^- + \bar{\nu}_e$，$\bar{K}^0 \to \pi^+ + \mu^- + \bar{\nu}_\mu$（见图9.3a），或中子的贝塔衰变：$n \to p + e^- + \bar{\nu}_e$。最后，有非轻子弱过程，如$K^- \to \pi^0 + \pi^-$或$\Lambda \to p^+ + \pi^-$（见图9.3b）。一般说，后者是最难分析的，由于在W线的两端都有强作用污染[2]。

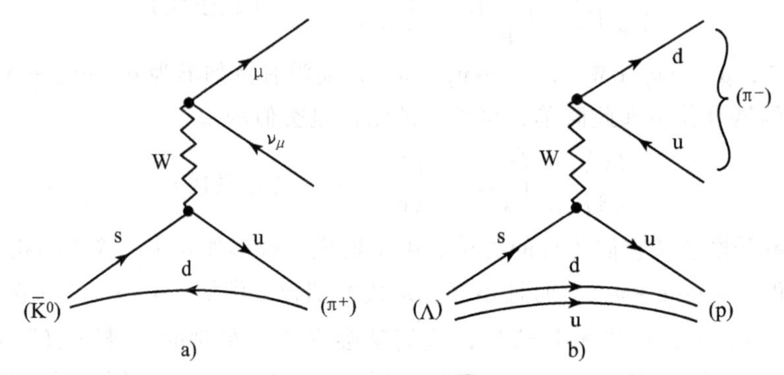

图9.3 a）典型的半轻子衰变（$\bar{K}^0 \to \pi^+ + \mu^- + \bar{\nu}_\mu$）。
b）典型非半轻子衰变（$\Lambda \to p^+ + \pi^-$）。

例9.3　半轻子衰变　在中子衰变（$n \to p + e^- + \bar{\nu}_e$）的情形，基本的夸克过程是$d \to u + W^-$（加两个旁观者）。然而在中子中有两个d夸克，每个都可以耦合到W；过程的纯振幅是对它们求和。保留数字痕迹的最简单方式是利用5.6.1节的夸克波函数；例如味态ψ_{12}给出$n = (ud - du)d/\sqrt{2}$，从它（用$d \to u$）我们得到

$[(uu - uu)d + (ud - du)u]/\sqrt{2} = (ud - du)u/\sqrt{2} = p$。整体系数是$\cos\theta_C$（如我在9.3节结尾所声称的）。相对照地，在衰变中$\Sigma^0 \to \Sigma^+ + e + \bar{\nu}_e$夸克过程仍是$d \to u$，但这里$\Sigma^0 = [(us - su)d + (ds - sd)u]/2 \to [(us - su)u + (us - su)u]/2 = (us - su)u = \sqrt{2}\Sigma^+$，因此振幅携带一个因子$\sqrt{2}\cos\theta_C$。㊀衰变率由方程（9.60）给出，它约化（在$a >> 1$情形下）为形式

$$\Gamma = \frac{1}{30\pi^3\hbar}\left(\frac{g_w}{2M_W c^2}\right)^4 (\Delta mc^2)^5 X^2$$

其中Δm是重子质量的减少，而X是卡比布因子（对中子衰变是$\cos\theta_C$；对$\Sigma^0 \to \Sigma^+ + e + \bar{\nu}_e$是$\sqrt{2}\cos\theta_C$；等等。）。我将让你自己算出数值（见习题9.17）。㊁

卡比布的理论在修正很多衰变率时是很成功的，但仍保留烦人的问题：此图像允许K^0衰变成$\mu^+\mu^-$对（见图9.4）。振幅将正比于$\sin\theta_C\cos\theta_C$，而算出的衰变率远大于实验极限。对此困难的一个解由格拉肖、伊利珀勒斯（Illiopoulos）和麦阿尼（Maiani）（GIM）在1970年提出[3]。他们引入了第四个夸克c（注意这是“十一月革命”产生首个粲的直接实验证据之前四年）它对s和d的耦合分别携带因子$\cos\theta_C$和$-\sin\theta_C$；

㊀ 实际上这里有一个技术差别：参与作用的夸克和旁观者夸克形成自旋单态。幸而这不影响寿命。

㊁ 这个过程只包括价夸克，因此对轴耦合不守恒不敏感。如我们在方程（9.65）中所发现的，PCAC能导致近50%的修正，因此人们对寿命不期望好的精度。卡比布的理论包括了一种计算轴耦合的方法，但我在这里将不会讨论它。

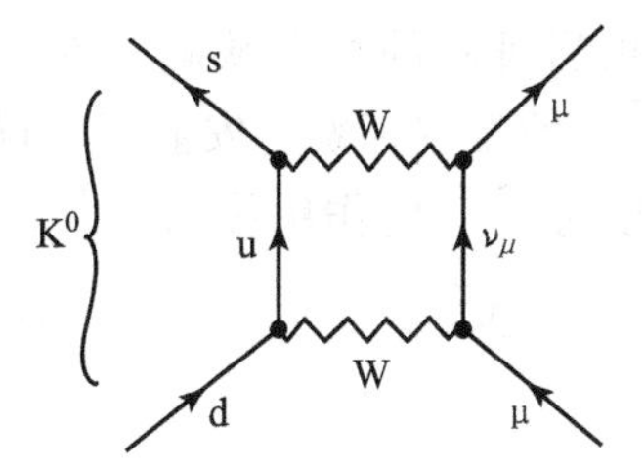

图 9.4 $K^0 \to \mu^+ + \mu^-$ 衰变。

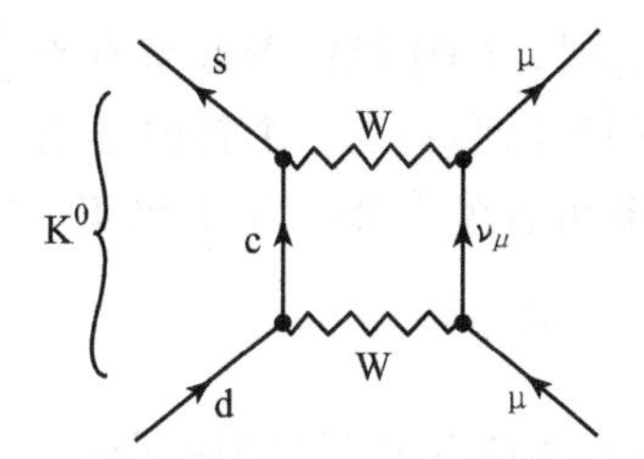

图 9.5 GIM 机制。此图抵消图 9.4。注意虚 c 夸克替换 u。

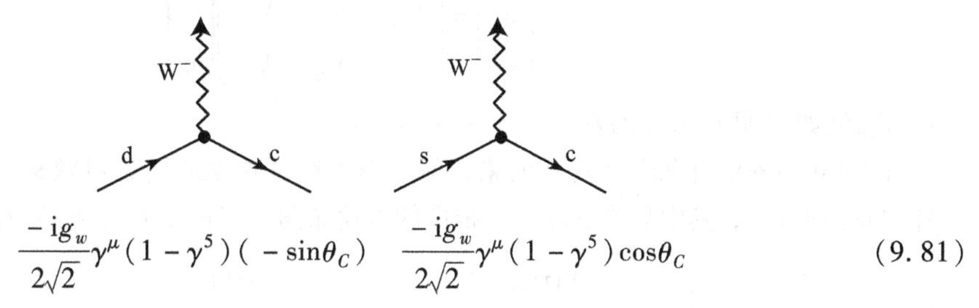

$$\frac{-ig_w}{2\sqrt{2}}\gamma^\mu(1-\gamma^5)(-\sin\theta_C) \qquad \frac{-ig_w}{2\sqrt{2}}\gamma^\mu(1-\gamma^5)\cos\theta_C \tag{9.81}$$

在“GIM 机制”中，图 9.4 的图被相应将 c 替换 u 的图（见图 9.5）所抵消，因为这时振幅正比于 $-\sin\theta_C\cos\theta_C$。[㊀]

卡比布-GIM 方案引进了一个简单而漂亮的解释：替代物理 d 和 s 夸克，在弱作用中“正确”使用的态是 d′和 s′，由下式给出

$$d' = d\cos\theta_C + s\sin\theta_C, \quad s' = -d\sin\theta_C + s\cos\theta_C \tag{9.82}$$

或用矩阵形式

$$\begin{pmatrix} d' \\ s' \end{pmatrix} = \begin{pmatrix} \cos\theta_C & \sin\theta_C \\ -\sin\theta_C & \cos\theta_C \end{pmatrix}\begin{pmatrix} d \\ s \end{pmatrix} \tag{9.83}$$

W 到“卡比布-转动”态

$$\begin{pmatrix} u \\ d' \end{pmatrix}, \begin{pmatrix} c \\ s' \end{pmatrix}$$

的耦合与它们耦合到轻子对$\begin{pmatrix} \nu_e \\ e \end{pmatrix}$和$\begin{pmatrix} \nu_\mu \\ \mu \end{pmatrix}$严格相同；它们到**物理**粒子（特别味道的态）的耦合因此由下式给出：

$$\begin{pmatrix} u \\ d' \end{pmatrix} = \begin{pmatrix} u \\ d\cos\theta_C + s\sin\theta_C \end{pmatrix}, \quad \begin{pmatrix} c \\ s' \end{pmatrix} = \begin{pmatrix} c \\ -d\sin\theta_C + s\cos\theta_C \end{pmatrix} \tag{9.84}$$

即，$d \to u + W^-$ 携带因子 $\cos\theta_C$，$s \to u + W^-$ 携带因子 $\sin\theta_C$，等等。[㊁]

㊀ 抵消不是完全的，由于 c 的质量和 u 的质量不一样。然而，这些虚粒子如此远离质壳两边的传播子基本上就是 $i\not{q}_1/q^2$。（计算 $\mathscr{M}$ 时我们将积掉那个没被守恒定律固定的内部动量。这本质上是动量“绕圈循环”。由于有两个 W 传播子，主要贡献应来自 W 质量的区域，它比 c 和 u 的质量大很多以致后者可被忽略。实际上，衰变确实发生，只是极其缓慢，而如果你包括进 u/c 质量差的效应，计算与观测到的衰变率是一致的。）

㊁ 我们“转动”d 和 s，而不是 u 和 c 纯属约定；我们可以通过引进 $u' = u\cos\theta_C - c\sin\theta_C$ 和 $c' = u\sin\theta_C + c\cos\theta_C$ 达到同样的目的。偶尔，你可能会好奇在**轻子**部分是否也有类似的转动。如果所有中微子都是没有质量的，它们的任何线性组合**仍然**是没有质量的，因此将不会有“标记”去区分“未转动”的态。但是，如果中微子具有质量（如我们现在知道它们确实**有**），没理由假定“质量本征态”与弱作用态相同，因此同样的转动故事就冒出来了——只是反过来了，因为“熟悉的”中微子是那些在弱作用中和带电轻子配对的粒子，因此我们需要转回来得到“物理”态（见第 11 章）。

在那时，GIM 机制看起来有点奢侈——未解决一个相当难解的技术缺陷却在一个基本未检验的理论中引进一个新的夸克。但随着 1974 年 $\psi(c\bar{c})$ 的发现怀疑变安静了。同时，小林诚和益川敏英[4]推广了卡比布—GIM 方案去处理三代夸克。$^{\ominus}$ “弱作用代”，

$$\begin{pmatrix} u \\ d' \end{pmatrix}, \quad \begin{pmatrix} c \\ s' \end{pmatrix}, \quad \begin{pmatrix} t \\ b' \end{pmatrix} \tag{9.85}$$

通过 CKM 矩阵联系到物理夸克态：

$$\begin{pmatrix} d' \\ s' \\ b' \end{pmatrix} = \begin{pmatrix} V_{ud} & V_{us} & V_{ub} \\ V_{cd} & V_{cs} & V_{cb} \\ V_{td} & V_{ts} & V_{tb} \end{pmatrix} \begin{pmatrix} d \\ s \\ b \end{pmatrix} \tag{9.86}$$

其中 V_{ud}例如指明 u 到 d 的耦合（$d \to u + W^-$）。

在 CKM 矩阵中有九个（复）元素，但它们不都是独立的（见习题 9.18）；V 可以被约化成一种“正则形式”，其中只剩下三个“推广的卡比布角”，（θ_{12}，θ_{23}，θ_{13}）和一个相角（δ）[5]：

$$V = \begin{pmatrix} c_{12}c_{13} & s_{12}c_{13} & s_{13}e^{-i\delta} \\ -s_{12}c_{23} - c_{12}s_{23}s_{13}e^{i\delta} & c_{12}c_{23} - s_{12}s_{23}s_{13}e^{i\delta} & s_{23}c_{13} \\ s_{12}s_{23} - c_{12}c_{23}s_{13}e^{i\delta} & -c_{12}s_{23} - s_{12}c_{23}s_{13}e^{i\delta} & c_{23}c_{13} \end{pmatrix} \tag{9.87}$$

这里 c_{ij}代表 $\cos\theta_{ij}$，而 s_{ij}代表 $\sin\theta_{ij}$。如果 $\theta_{23} = \theta_{13} = 0$，第三代不与其他两代混合，我们重现卡比布-GIM 图像，且 $\theta_{12} = \theta_C$。然而对第三代混合存在令人信服的证据（即观察到 $B^-(b\bar{u})$ 介子衰变），只是为适应原来卡比布-GIM 方案的成功它必须相当小。标准模型对 CKM 矩阵给不出解释（事实上这是它最明显的弱点）；目前我们只简单地取矩阵元的实验值。值是[6]：

$$|V_{ij}| = \begin{pmatrix} 0.9738 & 0.2272 & 0.0040 \\ 0.2271 & 0.9730 & 0.0422 \\ 0.0081 & 0.0416 & 0.9991 \end{pmatrix} \tag{9.88}$$

9.6 中性弱作用

1958 年，布鲁德曼（Bludman）[7]建议可能存在由不带电的 W 粒子的伙伴 Z^0媒介的中性弱作用：

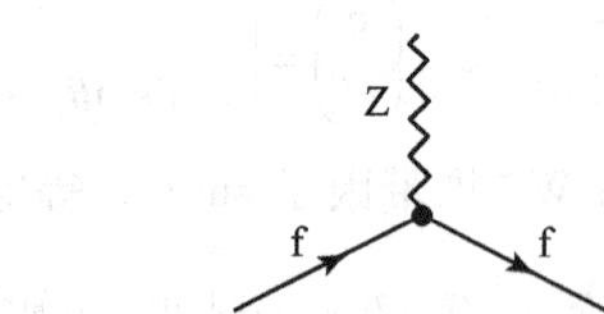

这里 f 代表任何轻子或夸克。注意同种费米子进和出（正像 QED 和 QCD）。我们不允许例如形如 $\mu^- \to e^- + Z^0$ 的耦合（这将破坏缪子数和电子数守恒），还有形如 $s \to d + Z^0$（这样一个奇异数——改变的中性过程将导致 $K^0 \to \mu^+ + \mu^-$，它像我已经强调的那样被强烈地压

⊖ 很有趣注释一下小林诚和益川敏英在第二代还没完全之前，也是在对第三代有任何实验迹象很久之前就提出了第三个夸克代。他们的动机是期望在卡比布-GIM 方案里解释 CP 破坏。结果是为达到这个目的他们在“转动”矩阵方程（9.83）中需要一个复数，而这样一项总可以被合适地重新定义夸克的位相来减除掉，除非他们走到 3×3 矩阵，因此走到三代（见习题 9.18）。

低)㊀。1961 年，格拉肖[8]发表了第一篇弱和电磁作用统一的文章；他的理论要求存在中性弱过程，并指明了它们的结构（见 9.7 节）。1967 年，温伯格和萨拉姆[9]把格拉肖的模型做成“自发破缺的规范理论”，而 1971 年，特胡夫特（' t Hooft）[10]证明格拉肖-温伯格-萨拉姆（GWS）方案是可重整化的。因此认为自然界存在中性弱作用的有说服力的理论理由不断增加，但很长时间没有实验数据支持这个期望。最后，1973 年[11] CERN 的气泡室照片（见图 9.6）揭示了第一个令人信服的证据的反应

$$\bar{\nu}_\mu + e \rightarrow \bar{\nu}_\mu + e$$

建议 Z^0 的媒介：

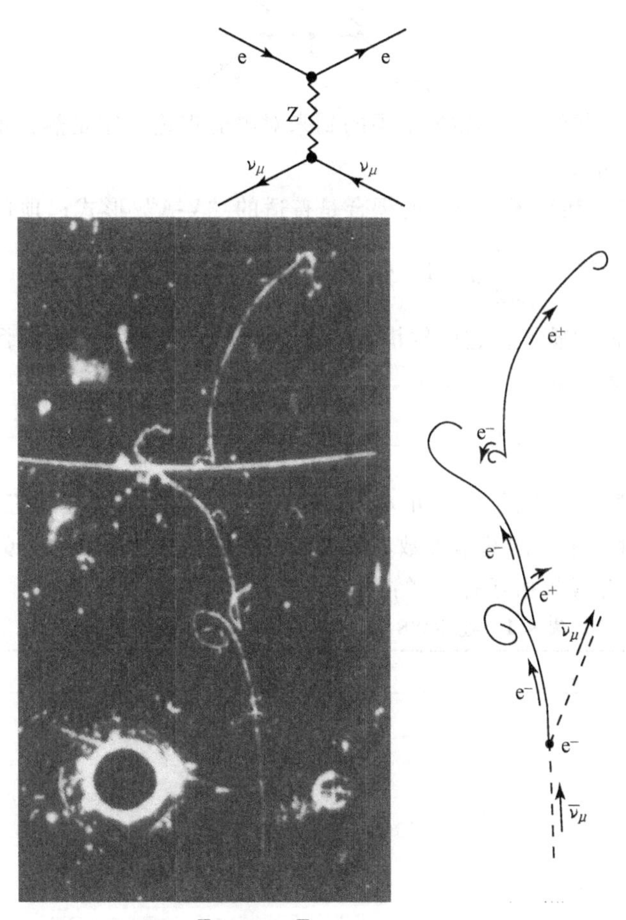

图 9.6 第一个中性弱过程（$\bar{\nu}_\mu + e^- \rightarrow \bar{\nu}_\mu + e^-$）的照片。中微子从底下进入（没留下径迹），撞上一个电子，使其撞离（向上），辐射两个光子（它在图中只当随后产生电子-正电子对时才显示出来）而变慢并在施加的磁场中向内螺旋（下左方的大环是一盏灯。）（来源：CERN）

㊀ 在中性过程的情形，使用物理态（d，s，b）或“转动”态（d'，s'，b'）都没关系。从图上说，论证如下：

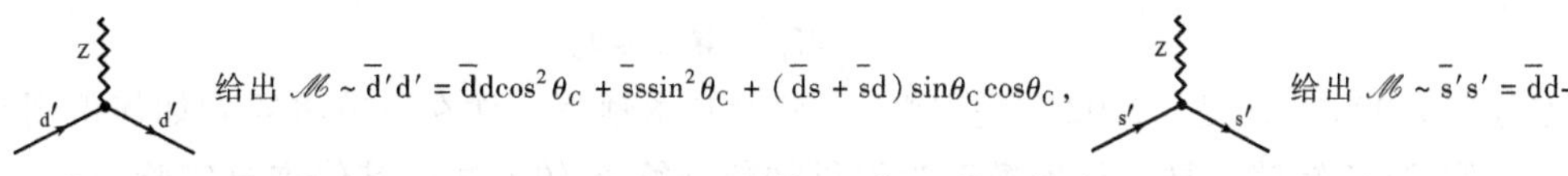

给出 $\mathscr{M} \sim \bar{d}'d' = \bar{d}d\cos^2\theta_C + \bar{s}s\sin^2\theta_C + (\bar{d}s + \bar{s}d)\sin\theta_C\cos\theta_C$， 给出 $\mathscr{M} \sim \bar{s}'s' = \bar{d}d\sin^2\theta_C + \bar{s}s\cos^2\theta_C + (\bar{d}s + \bar{s}d)\sin\theta_C\cos\theta_C$。两者求和是 $\mathscr{M} \sim \bar{d}'d' + \bar{s}'s' = \bar{d}d + \bar{s}s$。因此一旦两个图结合起来，不管使用哪种态纯振幅都是一样的。（只要 CKM 矩阵是幺正的，同样的论证可以推广到三代。）

同样系列的实验也在相应的中微子-夸克过程中以遍及中微子-核子散射的形式被看到了：

$$\bar{\nu}_\mu + \mathrm{N} \to \bar{\nu}_\mu + \mathrm{X}$$

$$\nu_\mu + \mathrm{N} \to \nu_\mu + \mathrm{X}$$

它们的截面大约是相关的带电事例（$\bar{\nu}_\mu + \mathrm{N} \to \mu^+ + \mathrm{X}$ 和 $\nu_\mu + \mathrm{N} \to \mu^- + \mathrm{X}$）的三分之一，显示这确是一种新的弱作用，而不简单是高阶过程，

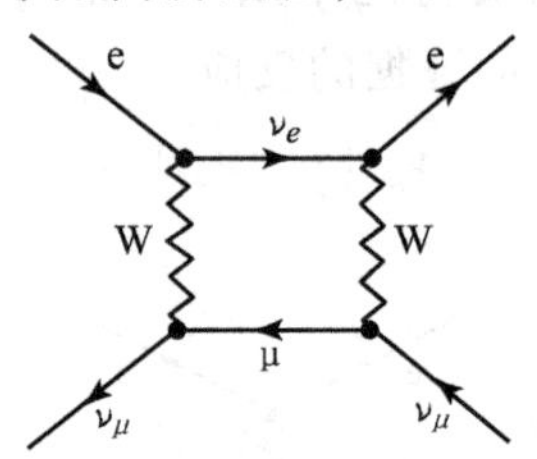

（它将产生远小得多的截面。）CERN 结果的到来对电弱理论学家是热情的鼓励，他们在此之前已经陷入绝境有几年了[12]。

如我们所见，夸克和轻子对 $W^\pm$ 的耦合是普适的“V-A”形式；顶角因子总是

$$\frac{-ig_w}{2\sqrt{2}}\gamma^\mu(1-\gamma^5) \qquad (W^\pm\text{的顶角因子}) \tag{9.89}$$

（确实对复合结构，例如质子，它的轴耦合需要修改，但那是强作用的污染——背后的夸克过程是纯 V-A 的。）Z^0的耦合不简单：

$$\frac{-ig_z}{2}\gamma^\mu(c_V^f - c_A^f\gamma^5) \qquad (Z^0\text{顶角因子}) \tag{9.90}$$

其中 g_z 是中性耦合常数，而系数 c_V^f 和 c_A^f 依赖所涉及的特别的夸克或轻子（f）。在 GWS 模型中，所有这些数都由单一的基本参数 θ_w 决定，它叫“弱混合角”（或“温伯格角”），见表 9.1。弱和电磁耦合常数相互有关联：

表 9.1　在 GWS 模型中的中性矢量和轴矢量耦合

f	c_V	c_A
ν_e,ν_μ,ν_τ	$\frac{1}{2}$	$\frac{1}{2}$
e^-,μ^-,τ^-	$-\frac{1}{2}+2\sin^2\theta_w$	$-\frac{1}{2}$
u,c,t	$\frac{1}{2}-\frac{4}{3}\sin^2\theta_w$	$\frac{1}{2}$
d,s,b	$-\frac{1}{2}+\frac{2}{3}\sin^2\theta_w$	$-\frac{1}{2}$

$$g_w = \frac{g_e}{\sin\theta_w}, \quad g_z = \frac{g_e}{\sin\theta_w\cos\theta_w} \tag{9.91}$$

其中记住 g_e是电子的基本电荷（$g_e = e\sqrt{4\pi/\hbar c}$）。最后，$W^\pm$ 和 Z^0质量通过下式相互联系

$$M_w = M_Z\cos\theta_w \tag{9.92}$$

方程（9.90）~方程（9.92）是 GWS 模型的基本预言；你在下节将看到如何得到它们。

像 CKM 矩阵一样，标准模型没提供如何计算 θ_w的方法；其值来自实验：

$$\theta_w = 28.75° \quad (\sin^2\theta_w = 0.2314) \tag{9.93}$$

而给定 θ_w 的值，我们可以计算 W 和 Z 的质量（见习题 9.20）。它们由鲁比亚于 1983 年在 CERN 发现，（如预期）$M_W = 82\text{GeV}/c^2$ 和 $M_Z = 92\text{GeV}/c^2$ 是对 GWS 模型有说服力的证据[13]。

例 9.4 弹性中微子-电子散射 在例 9.1 中我们计算了 W 媒介的过程 $\nu_\mu + e \to \nu_e + \mu$ 的截面。我们现在考虑相关的 Z^0 媒介的过程 $\nu_\mu + e \to \nu_\mu + e$。

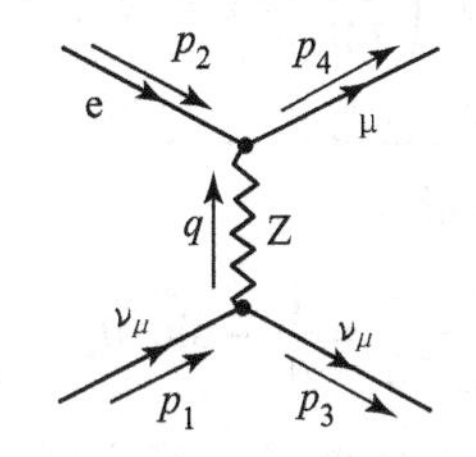

Z^0 的传播子是［方程（9.3）］

$$\frac{-i(g_{\mu\nu} - q_\mu q_\nu / M_Z^2 c^2)}{q^2 - M_Z^2 c^2} \tag{9.94}$$

在低能区（$q^2 \ll M_Z^2 c^2$），它约化为

$$\frac{i g_{\mu\nu}}{(M_Z c)^2} \tag{9.95}$$

在此近似下，振幅是

$$\mathscr{M} = \frac{g_z^2}{8(M_Z c)^2}[\bar{u}(3)\gamma^\mu(1-\gamma^5)u(1)][\bar{u}(4)\gamma_\mu(c_V - c_A\gamma^5)u(2)] \tag{9.96}$$

因此（见习题 9.2）

$$\begin{aligned}\langle|\mathscr{M}|^2\rangle &= 2\left(\frac{g_z}{4M_Z c}\right)^4 \text{Tr}\{\gamma^\mu(1-\gamma^5)\not{p}_1\gamma^\nu(1-\gamma^5)\not{p}_3\} \times \\ &\quad \text{Tr}\{\gamma_\mu(c_V - c_A\gamma^5)(\not{p}_2 + mc)\gamma_\nu(c_V - c_A\gamma^5)(\not{p}_4 + mc)\} \\ &= \frac{1}{2}\left(\frac{g_z}{M_Z c}\right)^4 \{(c_V + c_A)^2(p_1 \cdot p_2)(p_3 \cdot p_4) + (c_V - c_A)^2(p_1 \cdot p_4)(p_2 \cdot p_3) - \\ &\quad (mc)^2(c_V^2 - c_A^2)(p_1 \cdot p_3)\}\end{aligned} \tag{9.97}$$

其中 m 是电子的质量，c_V 和 c_A 是对电子的中性弱耦合。如果我们现在到质心系，忽略电子质量（$m \to 0$），我们得到

$$\langle|\mathscr{M}|^2\rangle = 2\left(\frac{g_z E}{M_Z c^2}\right)^4 \left[(c_V + c_A)^2 + (c_V - c_A)^2 \cos^4\frac{\theta}{2}\right] \tag{9.98}$$

其中 E 是电子（或中微子）的能量，而 θ 是散射角（见图 9.7）。

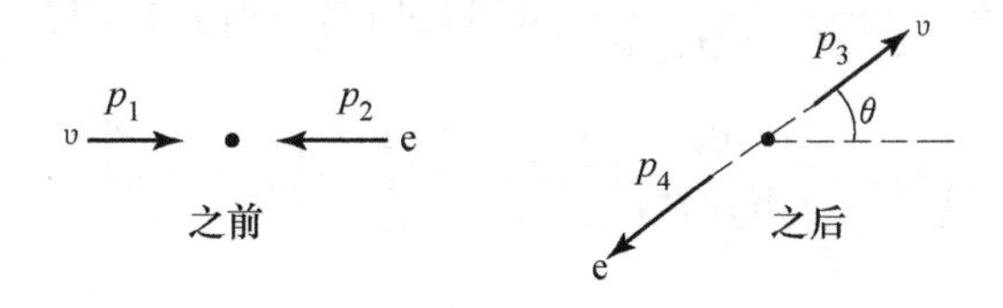

图 9.7 质心系中的弹性中微子-电子散射。

微分散射截面［方程（9.47）］是

$$\frac{d\sigma}{d\Omega}=2\left(\frac{\hbar c}{\pi}\right)^2\left(\frac{g_z}{4M_Zc^2}\right)^4E^2\left[(c_V+c_A)^2+(c_V-c_A)^2\cos^4\frac{\theta}{2}\right] \tag{9.99}$$

而总截面（积掉所有角度）是

$$\sigma=\frac{2}{3\pi}(\hbar c)^2\left(\frac{g_z}{2M_Zc^2}\right)^4E^2(c_V^2+c_A^2+c_Vc_A) \tag{9.100}$$

把 c_V和 c_A的 GWS 值（来自表 9.1）代进去，并与例 9.1 的结果进行比较［方程（9.14）］，我们发现对能量远大于缪子质量的情形

$$\frac{\sigma(\nu_\mu+e^-\to\nu_\mu+e^-)}{\sigma(\nu_\mu+e^-\to\nu_e+\mu^-)}=\frac{1}{4}-\sin^2\theta_w+\frac{4}{3}\sin^4\theta_w=0.0900 \tag{9.101}$$

现在的实验值[14]是 0.11，它给出 10% 的测量不确定度，是合理地一致的。

你可能会问为什么花费如此之长的时间才在实验室里检测到中性弱作用；毕竟从布鲁德曼原来的猜测到 CERN 的肯定实验已经过去了 15 年。原因是大多数中性过程都由与其竞争的电磁过程所“掩盖”。例如，$e^++e^-\to\mu^++\mu^-$ 即可以通过交换虚 γ 也可交换虚 Z^0 发生（见图 9.8）；而在低能区光子机制压倒性地主导。㊀

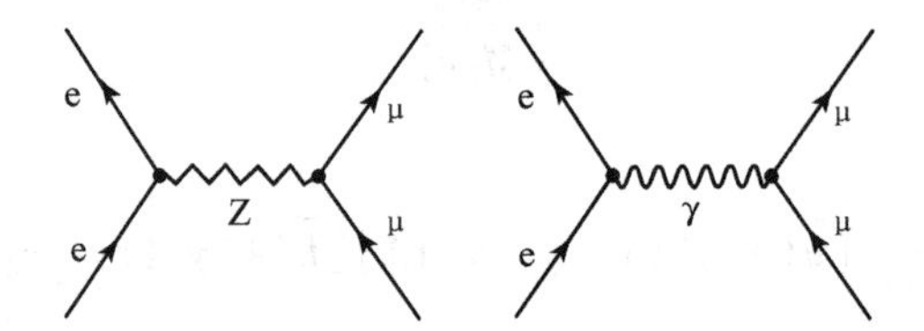

图 9.8 对 $e^++e^-\to\mu^++\mu^-$ 过程的弱和电磁贡献。

这是为什么中微子散射原来被用于验证存在中性弱作用；中微子没有电磁耦合，因此弱效应没有被屏蔽。但中微子实验是极其困难——因此延迟了很久。另一种是改在高能区工作——特别地在 Z^0质量附近，那里 Z^0 传播子的分母变小，因而“弱”作用变大。早期很难估计 θ_w，因而 Z^0的质量相当不确定。但到 20 世纪 70 年代末期，各种实验都指向 $\theta_w\approx29°$，因此 $M_Z=90\text{GeV}/c^2$（见习题 9.20）。这个预言于 1983 年令人震惊地被证实了[13]，由此刺激了设计运行在 Z^0 峰的电子-正电子对撞机的建造：在 SLAC 的 SLC 和在 CERN 的 LEP。

例 9.5　在 Z^0极点附近的电子-正电子散射　考虑过程 $e^++e^-\to f+\bar{f}$（见图 9.9），其中 f 是任何夸克和轻子。㊁这次我们讲不采用 Z^0 传播子的近似形式［方程（9.95）］，因为我们感兴趣区域精确在 $q^2\approx(M_Zc)^2$。振幅是

$$\mathscr{M}=-\frac{g_z^2}{4[q^2-(M_Zc)^2]}[\bar{u}(4)\gamma^\mu(c_V^f-c_A^f\gamma^5)v(3)]\times$$
$$\left(g_{\mu\nu}-\frac{q_\mu q_\nu}{(M_Zc)^2}\right)[\bar{v}(2)\gamma^\nu(c_V^e-c_A^e\gamma^5)u(1)] \tag{9.102}$$

㊀ 原则上，在每个电磁过程中都有弱污染，因为 Z^0耦合每个 γ 耦合到的粒子。例如，在原子中将电子和原子核结合起来的库仑势被 Z^0交换稍微地修改，而这可以在原子谱中被观察到。类似地，对电子-质子散射也有弱作用贡献。虽然这些效应微小，它们却留下了泄密的指纹：宇称破缺[15]。

㊁ 然而不全是电子，因为我们会包括转动的图像。

其中 $q = p_1 + p_2 = p_3 + p_4$。因为我们工作在 90GeV 附近，我们可以忽略轻子和夸克的质量。[㊀]

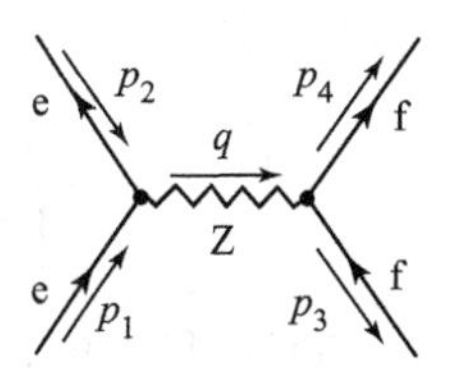

图 9.9 在 Z^0 极点附近的电子-正电子散射

在这种情形下传播子的第二项不做贡献，而 q_μ 和 γ^μ 收缩给出

$$\bar{u}(4)\not{q}(c_V - c_A\gamma^5)v(3)$$

而 $\not{q} = \not{p}_3 + \not{p}_4$ 且 $\bar{u}(4)\not{p}_4 = 0$ [方程 (9.96) 取 $m=0$]，而由于同样的原因

$$\not{p}_3(c_V - c_A\gamma^5)v(3) = (c_V + c_A\gamma^5)\not{p}_3 v(3) = 0$$

因此

$$\mathcal{M} = -\frac{g_z^2}{4[q^2 - (M_Z c)^2]}[\bar{u}(4)\gamma^\mu(c_V^f - c_A^f\gamma^5)v(3)][\bar{v}(2)\gamma_\mu(c_V^e - c_A^e\gamma^5)u(1)] \tag{9.103}$$

它给出

$$\langle|\mathcal{M}|^2\rangle = \left[\frac{g_z^2}{8(q^2 - (M_Z c)^2)}\right]^2 \mathrm{Tr}\{\gamma^\mu(c_V^f - c_A^f\gamma^5)\not{p}_3\gamma^\nu(c_V^f - c_A^f\gamma^5)\not{p}_4\} \times \mathrm{Tr}\{\gamma_\mu(c_V^e - c_A^e\gamma^5)\not{p}_1\gamma_\nu(c_V^e - c_A^e\gamma^5)\not{p}_2\} \tag{9.104}$$

现在第一个迹是（见习题 9.2）

$$4[(c_V^f)^2 + (c_A^f)^2][p_3^\mu p_4^\nu + p_3^\nu p_4^\mu - g^{\mu\nu}(p_3 \cdot p_4)] - 8ic_V^f c_A^f \varepsilon^{\mu\nu\lambda\sigma}p_{3\lambda}p_{4\sigma} \tag{9.105}$$

对第二个迹也有相应的公式，因此

$$\begin{aligned}\langle|\mathcal{M}|^2\rangle = \frac{1}{2}\left[\frac{g_z^2}{q^2 - (M_Z c)^2}\right]^2 \{&[(c_V^f)^2 + (c_A^f)^2][(c_V^e)^2 + (c_A^e)^2] \times \\ &[(p_1 \cdot p_3)(p_2 \cdot p_4) + (p_1 \cdot p_4)(p_2 \cdot p_3)] + \\ &4c_V^f c_A^f c_V^e c_A^e[(p_1 \cdot p_3)(p_2 \cdot p_4) - (p_1 \cdot p_4)(p_2 \cdot p_3)]\}\end{aligned} \tag{9.106}$$

在质心系它约化成

$$\langle|\mathcal{M}|^2\rangle = \left[\frac{g_z^2 E^2}{(2E)^2 - (M_Z c^2)^2}\right]^2 \times \{[(c_V^f)^2 + (c_A^f)^2][(c_V^e)^2 + (c_A^e)^2](1 + \cos^2\theta) - 8c_V^f c_A^f c_V^e c_A^e \cos\theta\} \tag{9.107}$$

其中 E 是每个粒子的能量，而 θ 是 p_1 和 p_3 之间的夹角。微分散射截面方程 (9.47) 因此是，

$$\frac{d\sigma}{d\Omega} = \left[\frac{\hbar c g_z^2 E}{16\pi[(2E)^2 - (M_Z c^2)^2]}\right]^2 \times \{[(c_V^f)^2 + (c_A^f)^2][(c_V^e)^2 + (c_A^e)^2](1 + \cos^2\theta) - 8c_V^f c_A^f c_V^e c_A^e \cos\theta\} \tag{9.108}$$

㊀ 我假设 $m_f \ll M_Z$，它不包括顶夸克。而 t 在这些能区是不可能产生的。

而总截面是

$$\sigma=\frac{1}{3\pi}\left[\frac{\hbar c g_z^2 E}{4[(2E)^2-(M_Z c^2)^2]}\right]^2[(c_V^f)^2+(c_A^f)^2][(c_V^e)^2+(c_A^e)^2] \tag{9.109}$$

如它所显示的，σ 在 Z^0 极点处变成无穷大——即当总能量（$2E$）取到值 $M_Z c^2$（正是把 Z^0 放到其质壳上）。问题是我们把 Z^0 看成是一个稳定粒子，而它不是。其寿命是有限的，而这具有“模糊”其质量的效果。我们可以通过修改传播子来计及这些[16]

$$\frac{1}{q^2-(M_Z c)^2}\to\frac{1}{q^2-(M_Z c)^2+\mathrm{i}\hbar M_Z \Gamma_Z} \tag{9.110}$$

其中 Γ_Z 是衰变率（实验上，$\Gamma_Z=3.791\pm0.003\times10^{24}/\mathrm{s}$）。利用这个调整，截面成为

$$\sigma=\frac{(\hbar c g_z^2 E)^2}{48\pi}\frac{[(c_V^f)^2+(c_A^f)^2][(c_V^e)^2+(c_A^e)^2]}{[(2E)^2-(M_Z c^2)^2]^2+(\hbar M_Z c^2\Gamma_Z)^2} \tag{9.111}$$

由于 $\hbar\Gamma_Z \ll M_Z c^2$，对有限 Z^0 寿命的修正是可以忽略的，除非接近 Z^0 极点中间的区域，在那里它具有软化无穷大峰的效应。

在第 8 章我们计算了通过媒介一个光子的同样过程的截面方程（8.6）：

$$\sigma=\frac{(\hbar c g_e^2)^2}{48\pi}\frac{(Q^f)^2}{E^2} \tag{9.112}$$

（其中 Q^f 是 f 的以 e 为单位的电荷）。因此（例如）缪子产生的弱比电磁的比率是

$$\frac{\sigma(e^+e^-\to Z^0\to\mu^+\mu^-)}{\sigma(e^+e^-\to\gamma\to\mu^+\mu^-)}=\left\{\frac{\left[\frac{1}{2}-2\sin^2\theta_w+4\sin^4\theta_w\right]^2}{(\sin\theta_w\cos\theta_w)^4}\right\}\times\frac{E^4}{[(2E)^2-(M_Z c^2)^2]^2+(\hbar\Gamma_Z M_Z c^2)^2} \tag{9.113}$$

大括号里的因子大约是 2。在远低于 Z^0 极点的地方（$2E \ll M_Z c^2$），因此

$$\frac{\sigma_Z}{\sigma_\gamma}\cong2\left(\frac{E}{M_Z c^2}\right)^4 \tag{9.114}$$

因此电磁过程主导（例如在 $2E=\frac{1}{2}M_Z c^2$ 处，弱作用贡献效应 1%）。但正好在 Z^0 极点处（$2E=M_Z c^2$），

$$\frac{\sigma_Z}{\sigma_\gamma}\cong\frac{1}{8}\left(\frac{M_Z c^2}{\hbar\Gamma_Z}\right)\approx200 \tag{9.115}$$

在 Z^0 极点，因此弱作用机制被看好大约一个因子 200（见图 9.10）。㊀

㊀ 同样有兴趣的是电磁——弱“干涉”，它出现在两个振幅相加时：$|\mathcal{M}_\gamma+\mathcal{M}_Z|^2=|\mathcal{M}_\gamma|^2+|\mathcal{M}_Z|^2+2\mathrm{Re}(\mathcal{M}_\gamma\mathcal{M}_Z)$。我们已经计算了 $|\mathcal{M}_Z|^2$ 和（在第 8 章）$|\mathcal{M}_\gamma|^2$，而交叉项提供了对 GWS 理论的敏感检测，即使在远低于 Z^0 极点的能区。[见哈尔森（Halzen）和马丁（Martin），文献[11]，13.6 节和文献[15]。] 事实上，1978 年电弱相干实验的成功恰好说服了大多数理论家 GWS 理论是正确的。对现代描述，见 Physics Today，September 1978，p. 17。

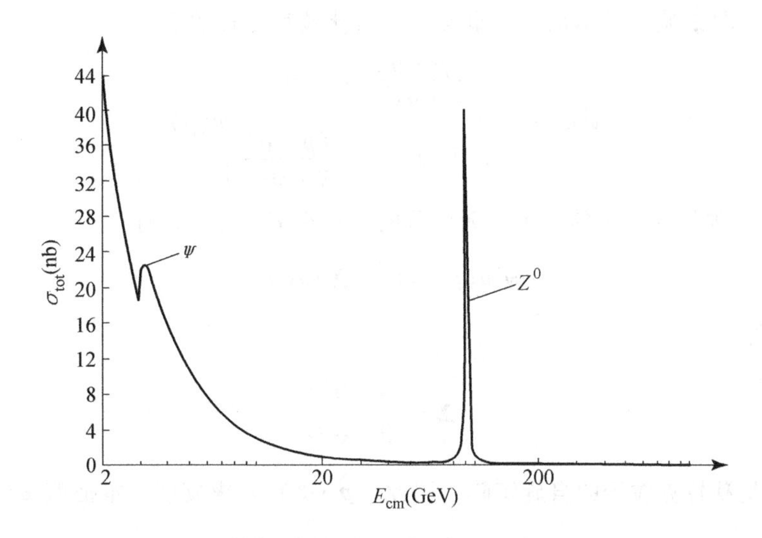

图 9.10　在 Z^0 极点附近的电子-正电子散射。

9.7　电弱统一

9.7.1　手征费米子态

所有的牌现在都摆在桌上了；[⊖] 剩下只是解释表 9.1 和方程（9.90）~（9.92）中的参数是哪里来的。格拉肖原来的目标是统一弱和电磁作用——把它们结合进单一的理论系统中，在其中它们应不再出现为不相关的现象，而是一个基本的“电弱”相互作用不同表现。这在 1961 年是一个大胆的假设[17]。首先弱和电磁力之间有巨大的差异。然而，如格拉肖和其他人所认识到的，这可以通过弱作用由极重的粒子媒介来考虑。当然，这立即引来第二个问题：如果它确是一个基本问题，怎么会电磁媒介粒子（γ）是无质量的，而弱作用媒介粒子（$W^{\pm}$ 和 Z^0）却如此之重呢？格拉肖没有特别好的答案（他害羞地说“这是我们必须忽略的绊脚石”）。解决方案是由温伯格和萨拉姆在 1967 年以“希格斯机制”（见第 10 章）的方式提出的（见文献[8]和[9]）。最后，在电磁和弱顶角因子之间具有结构性差异，它在一开始看起来阻碍了任何统一的可能：前者是纯矢量的（γ^{μ}），而后者包含矢量和轴矢量部分。特别地，$W^{\pm}$ 耦合以“最大”的 V-A 混合为特征：$\gamma^{\mu}(1-\gamma^5)$。

这个最后的困难通过把矩阵（$1-\gamma^5$）吸进旋量本身的聪明设计而得以克服。特别地，我们定义

$$u_L(p) \equiv \frac{(1-\gamma^5)}{2} u(p) \tag{9.116}$$

下标（L）代表“左手”，而可能促使你将其看成“螺旋度 -1”。然而，这是严重的误导，

⊖　我没有讨论 W 和 Z^0 之间的耦合（或 W 到光子的）。规则类似于 QCD 中的胶子-胶子耦合，它们被罗列在附录 D 中。

因为 u_L 一般说不是螺旋度的本征态。事实上，对狄拉克方程的解，

$$\gamma^5 u(p) = \begin{pmatrix} \frac{c(\boldsymbol{p}\cdot\boldsymbol{\sigma})}{E+mc^2} & 0 \\ 0 & \frac{c(\boldsymbol{p}\cdot\boldsymbol{\sigma})}{E-mc^2} \end{pmatrix} u(p) \tag{9.117}$$

（见习题 9.26）。如果问题中的粒子是无质量的，那么 $E=|\boldsymbol{p}|c$，且

$$\gamma^5 u(p) = (\hat{\boldsymbol{p}}\cdot\boldsymbol{\Sigma})u(p) \tag{9.118}$$

其中和以前一样

$$\boldsymbol{\Sigma} = \begin{pmatrix} \boldsymbol{\sigma} & 0 \\ 0 & \boldsymbol{\sigma} \end{pmatrix} \tag{9.119}$$

记住 $(\hbar/2)\boldsymbol{\Sigma}$ 是狄拉克粒子的自旋矩阵，因此 $(\hat{\boldsymbol{p}}\cdot\boldsymbol{\Sigma})$ 是螺旋度，本征值 ±1。相应地

$$\frac{1}{2}(1-\gamma^5)u(p) = \begin{cases} 0, & \text{如果 } u(p) \text{ 的螺旋度为 } +1 \\ u(p), & \text{如果 } u(p) \text{ 的螺旋度为 } -1 \end{cases} \quad (\text{对 } m=0) \tag{9.120}$$

（如果 $u(p)$ 不是螺旋度本征态，$\frac{1}{2}(1-\gamma^5)$ 的作用是“投影算符”，选出螺旋度 -1 的分量。）另一方面，如果粒子不是无质量的，只有在极相对论区域（$E \gg mc^2$）方程（9.118）才（近似）成立，因此在此极限下 u_L［如由方程（9.116）所定义的］带螺旋度 -1。不管怎么说，大家都叫 u_L“左手”态，而我将维持这习惯的语言。[⊖]

同时，对反粒子我们定义[⊜]

$$v_L(p) \equiv \frac{(1+\gamma^5)}{2}v(p) \tag{9.121}$$

相应的“右手”旋量是

$$u_R(p) = \frac{(1+\gamma^5)}{2}u(p), \quad v_R(p) \equiv \frac{(1-\gamma^5)}{2}v(p) \tag{9.122}$$

至于伴随旋量，因为 γ^5 是厄米的（$\gamma^{5\dagger}=\gamma^5$），而它与 γ^μ 反对易（$\gamma^\mu\gamma^5=-\gamma^5\gamma^\mu$），

$$\bar{u}_L = u_L^\dagger\gamma^0 = u^\dagger\frac{(1-\gamma^5)}{2}\gamma^0 = u^\dagger\gamma^0\frac{(1+\gamma^5)}{2} = \bar{u}\frac{(1+\gamma^5)}{2} \tag{9.123}$$

类似地

$$\bar{v}_L = \bar{v}\frac{(1-\gamma^5)}{2}, \quad \bar{u}_R = \bar{u}\frac{(1-\gamma^5)}{2}, \quad \bar{v}_R = \bar{v}\frac{(1+\gamma^5)}{2} \tag{9.124}$$

我们把这些各种旋量称为（总结在表 9.2 中）“手征”费米子态（来自希腊词“手”——和“按摩师（chiropractor）”具有同样的词根）。

⊖ 请理解：方程（9.116）是 u_L 的定义——没人争论这点。我只警告你名称是误导的：“左手”不意味“螺旋度 -1”，除非所涉及的粒子的质量可以忽略。

⊜ 如果你觉得 γ^5 的符号看起来有点奇怪，看一下方程（7.30）后的脚注。

表 9.2　手征旋量。

粒子	反粒子	粒子	反粒子
$u_L=\frac{1}{2}(1-\gamma^5)u$	$v_L=\frac{1}{2}(1+\gamma^5)v$	$\bar{u}_L=\bar{u}\frac{1}{2}(1+\gamma^5)$	$\bar{v}_L=\bar{v}\frac{1}{2}(1-\gamma^5)$
$u_R=\frac{1}{2}(1+\gamma^5)u$	$v_R=\frac{1}{2}(1-\gamma^5)v$	$\bar{u}_R=\bar{u}\frac{1}{2}(1-\gamma^5)$	$\bar{v}_R=\bar{v}\frac{1}{2}(1+\gamma^5)$

注：如果 $m=0$ 或如果 $E\gg mc^2$，R 和 L 对应螺旋度 +1 和 −1。

我强调这不过是标记；它有用是因为它使我们把弱和电磁作用写成适于它们的统一的形式。作为开始考虑电子和中微子对 W⁻ 的耦合（例它在例 9.1 中的逆贝塔衰变中发生）：

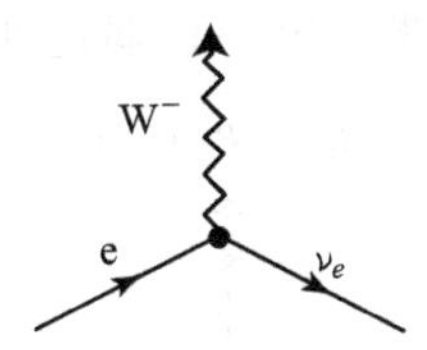

从此顶角对 $\mathscr{M}$ 的贡献由下式给出：

$$j_\mu^- = \bar{\nu}\gamma_\mu\left(\frac{1-\gamma^5}{2}\right)e \tag{9.125}$$

（这里 e 和 ν 代表粒子的旋量；这段时间我们需要密切注意不同粒子种类的踪迹，如 u_e、$u_{\nu e}$，等等。只是变得很麻烦。）这个量叫作弱“流”；如我们将要看到的，它起到类似于电流在 QED 中的作用。现在

$$\left(\frac{1-\gamma^5}{2}\right)^2=\frac{1}{4}[1-2\gamma^5+(\gamma^5)^2]=\left(\frac{1-\gamma^5}{2}\right) \tag{9.126}$$

且

$$\gamma_\mu\left(\frac{1-\gamma^5}{2}\right)=\left(\frac{1+\gamma^5}{2}\right)\gamma_\mu \tag{9.127}$$

因此

$$\gamma_\mu\left(\frac{1-\gamma^5}{2}\right)=\left(\frac{1+\gamma^5}{2}\right)\gamma_\mu\left(\frac{1-\gamma^5}{2}\right) \tag{9.128}$$

这可能看起来没做什么大的改进，但它使我们能把方程（9.125）用手征旋量写得更好看：

$$j_\mu^- = \bar{\nu}_L\gamma_\mu e_L \tag{9.129}$$

弱顶角因子现在是**纯矢量性**的——只是它耦合**左手**电子到**左手**中微子。在这个意义上它仍在结构上与 QED 基本顶角不同；然而，我们可以在那里也玩类似的游戏。注意

$$u=\left(\frac{1-\gamma^5}{2}\right)u+\left(\frac{1+\gamma^5}{2}\right)u=u_L+u_R \tag{9.130}$$

（类似地，$\bar{u}=\bar{u}_L+\bar{u}_R$），电磁类似物自己可以被用手征旋量表达：

$$j_\mu^{\mathrm{em}}=-\bar{e}\gamma_\mu e=-(\bar{e}_L+\bar{e}_R)\gamma_\mu(e_L+e_R)=-\bar{e}_L\gamma_\mu e_L-\bar{e}_R\gamma_\mu e_R \tag{9.131}$$

（为将来的应用，最后加进一个因子 −1，以计及电子的负电荷）。注意“交叉项”为零：

$$\bar{e}_L\gamma_\mu e_R=\bar{e}\left(\frac{1+\gamma^5}{2}\right)\gamma_\mu\left(\frac{1+\gamma^5}{2}\right)e=\bar{e}\gamma_\mu\left(\frac{1-\gamma^5}{2}\right)\left(\frac{1+\gamma^5}{2}\right)e \tag{9.132}$$

而

$$(1-\gamma^5)(1+\gamma^5)=1-(\gamma^5)^2=0 \tag{9.133}$$

方程（9.129）和方程（9.131）是可能建立一个统一理论的起始构件。弱流只耦合到左手态，而电磁流却耦合到两者，而除了这点之外其他的都极其类似。因此这个形式如此吸引人以致物理学家几乎不得不视左和右手费米子为不同的粒子㊀。以此观点，带电弱顶角中的因子 $(1-\gamma^5)/2$ 标记了参与粒子的特征，而不是相互作用自身；后者对所有情形都是矢量的——强、电磁和弱都一样。

9.7.2 弱同位旋和超核

除了描写过程 $e^- \to \nu_e + W^-$ 的（带负电的）弱流外

$$j_\mu^- = \bar{\nu}_L \gamma_\mu e_L$$

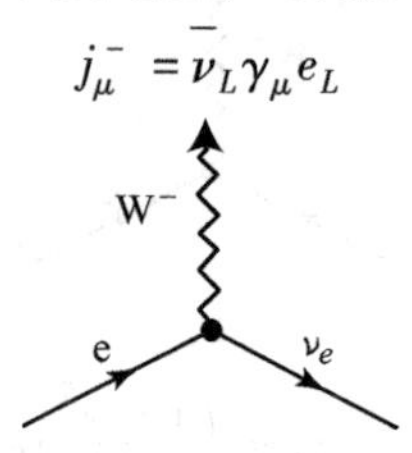

当然还有带正电的流

$$j_\mu^+ = \bar{e}_L \gamma_\mu \nu_L$$

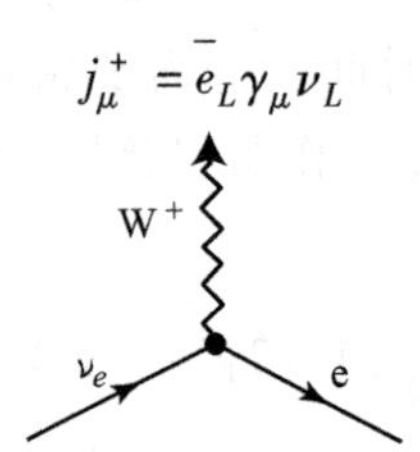

代表过程 $\nu_e \to e^- + W^+$。我们可以通过引进左手二重态来用更紧致的方式表达它们两者

$$\chi_L = \begin{pmatrix} \nu_e \\ e \end{pmatrix}_L \tag{9.134}$$

和 2×2 矩阵

$$\tau^+ \equiv \begin{pmatrix} 0 & 1 \\ 0 & 0 \end{pmatrix},\ \tau^- \equiv \begin{pmatrix} 0 & 0 \\ 1 & 0 \end{pmatrix} \tag{9.135}$$

因此

$$j_\mu^\pm = \bar{\chi}_L \gamma_\mu \tau^\pm \chi_L \tag{9.136}$$

矩阵 $\tau^\pm$ 是头两个泡利自旋矩阵的线性组合［方程（4.26）］：

$$\tau^\pm = \frac{1}{2}(\tau^1 \pm i\tau^2) \tag{9.137}$$

（我在这里使用字母 τ，而不是 σ，以避免与普通自旋造成任何可能的混淆。）这很让人回想起**同位旋**：在4.5节，我们把质子和中子放进一个类似于方程（9.134）的二重态。事实上，我们可以考虑一个完整的“弱同位旋”对称性，如果存在第三个弱流，对应于

㊀ 把此事推得太远有个危险。你可能发现自己并不知道，例如，是否左手电子非得具有与右手电子同样的质量；或注意到没有矢量相互作用可以耦合一个左手粒子到一个右手粒子［见方程（9.132）和方程（9.133）］，你可能会问两个“世界”究竟如何交流。两个问题都依赖对 u_L 和 u_R 的误解。问题是，它在描写粒子**相互作用**时很方便，但手性在自由粒子的传播中是不守恒的（除非其质量为零）。形式上，γ^5 和自由粒子哈密顿量不对易。事实上，u_L 和 u_R 不满足狄拉克方程（见习题9.26）。一个从左手出发的粒子将很快演化出有右手分量。（相对照地，螺旋度在自由粒子传播中是守恒的。）只有对无质量费米子左和右手种类才在完整的词义上可以被看成是可区分的粒子。

$$\frac{1}{2}\tau^3 = \frac{1}{2}\begin{pmatrix}1 & 0\\ 0 & -1\end{pmatrix}:$$

$$j_\mu^3 = \bar{\chi}_L\gamma_\mu \frac{1}{2}\tau^3\chi_L = \frac{1}{2}\bar{\nu}_L\gamma_\mu\nu_L - \frac{1}{2}\bar{e}_L\gamma_\mu e_L \tag{9.138}$$

“妙极了!”(我听到了你的惊叹),“出现了中性弱流!”不那么快。这个流只耦合左手粒子;用老的语言,它是纯 V-A 形的,而中性弱相互作用还涉及右手分量。但等等——我们几乎在那儿啦。

平行于同位旋的建立,我们导致考虑其弱类似物超荷(Y),[⊖]它通过盖尔曼-仁科芳雄公式联系电荷(Q 以单位 e)和同位旋第三分量(I^3)[方程(4.37)]:

$$Q = I^3 + \frac{1}{2}Y \tag{9.139}$$

我们然后引进“弱超荷”流

$$j_\mu^Y = 2j_\mu^{\mathrm{em}} - 2j_\mu^3 = -2\bar{e}_R\gamma_\mu e_R - \bar{e}_L\gamma_\mu e_L - \bar{\nu}_L\gamma_\mu\nu_L \tag{9.140}$$

只要涉及弱同位旋,这是一个不变的构造,因为后两项根本不触及右手分量,而组合

$$\bar{e}_L\gamma_\mu e_L + \bar{\nu}_L\gamma_\mu\nu_L = \bar{\chi}_L\gamma_\mu\chi_L$$

本身是不变的。[⊜]背后的对称性群叫 $SU(2)_L \otimes \mathrm{U}(1)$;$SU(2)_L$指弱同位旋(下标提醒我们它只涉及左手态),而 $U(1)$ 指弱超荷(两种手性都涉及)。

对电子和它的中微子我已发展出所有的项,很简单将其推广到其他轻子和夸克。从左手二重态(卡比布—转动的,在夸克情形)

$$\chi_L \to \begin{pmatrix}\nu_e\\ e\end{pmatrix}_L, \begin{pmatrix}\nu_\mu\\ \mu\end{pmatrix}_L, \begin{pmatrix}\nu_\tau\\ \tau\end{pmatrix}_L, \begin{pmatrix}u\\ d'\end{pmatrix}_L, \begin{pmatrix}c\\ s'\end{pmatrix}_L, \begin{pmatrix}t\\ b'\end{pmatrix}_L \tag{9.141}$$

我们构造三个弱同位旋流

$$\boldsymbol{j}_\mu = \frac{1}{2}\bar{\chi}_L\gamma_\mu\boldsymbol{\tau}\chi_L \tag{9.142}$$

和一个弱超荷流

$$j_\mu^Y = 2j_\mu^{\mathrm{em}} - 2j_\mu^3 \tag{9.143}$$

其中 j_μ^{em} 是电流:

$$j_\mu^{\mathrm{em}} = \sum_{i=1}^{2} Q_i(\bar{u}_{iL}\gamma_\mu u_{iL} + \bar{u}_{iR}\gamma_\mu u_{iR}) \tag{9.144}$$

(对二重态里的粒子求和,Q_i是电荷)。[⊝]

⊖ 你可能已经忘记这个词了,而超荷基本上与奇异数相同,只是移动了,在重子的情形,因此八重态图的中心列将总是携带 $Y=0$。特别地,$Y=S+A$,其中 A 是重子数。

⊜ 如果你仔细地按这种方式思考,我们所做的是结合两个弱同位旋二重态形成一个同位旋三重态,$\bar{\nu}_L e_L$、$(\bar{\nu}_L\nu_L - \bar{e}_L e_L)$、$\bar{e}_L\nu_L$ [类似于方程(5.38)] 和一个同位旋单态 $(\bar{\nu}_L\nu_L + \bar{e}_L e_L)$ [类似于方程(5.39)]。头三个用于构造弱同位旋流 $j^\pm$ 和 j^3,最后的和右手部分合在一起构成弱超荷流,j^Y。

⊝ 你可能会问弱同位旋(和超荷)与它们的普通(“强”)伙伴之间有什么差别。当对轻夸克时问题尤其有关:弱同位旋二重态是$\begin{pmatrix}\mathrm{u}\\ \mathrm{d}'\end{pmatrix}$,而强同位旋二重态是$\begin{pmatrix}\mathrm{u}\\ \mathrm{d}\end{pmatrix}$。相当类似…其中有些什么?没有。毕竟,(i)弱同位旋适用于轻子也适用于夸克(且对所有三代夸克);(ii)弱同位旋只涉及左手手性,(所有右手态都是单态——即不变——当谈及弱同位旋时);(iii)弱同位旋二重态是卡比布-转动的。说直接点儿,强同位旋和弱同位旋无关,完全是因为共同的数学结构(对此事在很多其他系统也同样分享,例如普通的自旋$\frac{1}{2}$)和它们名称(可能不幸地)的类似。

9.7.3 电弱混合

现在，GWS 模型断言三种弱同位旋流以强度 g_w 耦合到一个弱矢量玻色子同位旋三重态 W，而弱超荷流以强度 $g'/2$ 耦合到一个同位旋单态 B：

$$-\mathrm{i}\left[g_w \boldsymbol{j}_\mu \cdot \boldsymbol{W}^\mu + \frac{g'}{2} j_\mu^Y B^\mu\right] \tag{9.145}$$

（这四个粒子最终相应于弱和电磁媒介子：$W^\pm$、Z^0 和 γ——但有些扭曲，如我们不久就会看到。）我在这里用黑体代表弱同位旋空间的三矢量；点积可以被明显写出来：

$$\boldsymbol{j}_\mu \cdot \boldsymbol{W}^\mu = j_\mu^1 W^{\mu 1} + j_\mu^2 W^{\mu 2} + j_\mu^3 W^{\mu 3} \tag{9.146}$$

或用带电流，$j_\mu^\pm = j_\mu^1 \pm \mathrm{i} j_\mu^2$：

$$\boldsymbol{j}_\mu \cdot \boldsymbol{W}^\mu = (1/\sqrt{2}) j_\mu^+ W^{\mu +} + (1/\sqrt{2}) j_\mu^- W^{\mu -} + j_\mu^3 W^{\mu^3} \tag{9.147}$$

其中

$$W_\mu^\pm \equiv (1/\sqrt{2})(W_\mu^1 \mp i W_\mu^2) \tag{9.148}$$

是代表 $W^\pm$ 粒子的波函数。

从方程（9.147）中 $W^\pm$ 的系数可以立即读出来对 $W^\pm$ 的耦合。例如在过程 $e^- \to \nu_e + W^-$ 中我们有 $j_\mu^- = \bar{\nu}_L \gamma_\mu e_L = \bar{\nu} \gamma_\mu [(1-\gamma^5)/2]\ e$，给出项

$$-\mathrm{i} g_w (1/\sqrt{2}) j_\mu^- W^{\mu^-} = -\frac{\mathrm{i} g_w}{2\sqrt{2}} [\bar{\nu} \gamma_\mu (1-\gamma^5) e] W^{\mu^-} \tag{9.149}$$

顶角因子是

$$-\frac{\mathrm{i} g_w}{2\sqrt{2}} \gamma_\mu (1-\gamma^5) \tag{9.150}$$

它恰好是我们开始所使用的方程（9.5）。

而在格拉肖理论中的两个中性态（W^3 和 B）会"混合"，产生一个无质量的线性组合（光子）和一个正交的有质量组合（Z^0）：

$$A_\mu = B_\mu \cos\theta_w + W_\mu^3 \sin\theta_w \qquad Z_\mu = -B_\mu \sin\theta_w + W_\mu^3 \cos\theta_w \tag{9.151}$$

（你看到为什么 θ_w 叫"弱混合角"。）用物理场（A^μ 和 Z^μ）电弱作用的中性部分［方程（9.145）］读作如下：

$$-\mathrm{i}\left[g_w j_\mu^3 W^{\mu^3} + \frac{g'}{2} j_\mu^Y B^\mu\right] = -\mathrm{i}\left\{\left[g_w \sin\theta_w j_\mu^3 + \frac{g'}{2}\cos\theta_w j_\mu^Y\right] A^\mu + \left[g_w \cos\theta_w j_\mu^3 - \frac{g'}{2}\sin\theta_w j_\mu^Y\right] Z^\mu\right\} \tag{9.152}$$

当然，我们知道电磁耦合；用现在的语言它是

$$-\mathrm{i} g_e j_\mu^{\mathrm{em}} A^\mu \tag{9.153}$$

同时，从方程（9.143），$j_\mu^{\mathrm{em}} = j_\mu^3 + \frac{1}{2} j_\mu^Y$。统一的电弱理论与普通 QED 的自洽性要求

$$g_w \sin\theta_w = g' \cos\theta_w = g_e \tag{9.154}$$

明显地弱和电磁耦合常数是不互相独立的。

剩下对 Z^0 的弱耦合。利用方程（9.143）、方程（9.152）和方程（9.154），我们得到

$$-\mathrm{i} g_z (j_\mu^3 - \sin^2\theta_w j_\mu^{\mathrm{em}}) Z^\mu \tag{9.155}$$

其中

$$g_z=\frac{g_e}{\sin\theta_w\cos\theta_w} \tag{9.156}$$

从方程（9.155）我们可以读出中性弱耦合。例如，过程 $\nu_e\to\nu_e+Z^0$ 完全来自 j_μ^3 项；回到方程（9.138），我们有

$$-\mathrm{i}\frac{g_z}{2}(\bar{\nu}_L\gamma_\mu\nu_L)Z^\mu=-\frac{\mathrm{i}g_z}{2}\left[\bar{\nu}\gamma_\mu\left(\frac{1-\gamma^5}{2}\right)\nu\right]Z^\mu \tag{9.157}$$

而因此矢量和轴矢量耦合［方程（9.90）］是 $c_V^\nu=c_A^\nu=\frac{1}{2}$。我将留给你去算出表9.1的其他项（见习题9.28）。⊖

所有这些存在一些明显的问题：电弱作用背后的 $SU(2)_L\otimes U(1)$ 对称性是由什么机制"破缺"的？为什么B和 W^3 态"混合"形成 Z^0 和光子？深入下去如果弱和电磁作用都是单一电弱力的实现，弱媒介粒子（$W^\pm$ 和 Z^0）何以如此之重，而电磁媒介（γ）却是无质量的？我将在下一章讨论这些问题。

参考文献

1 Cabibbo, N. **(1963)** *Physical Review Letters*, **10**, 531.

2 For more detailed calculations in weak interaction theory consult the classic treatise by Marshak, R. E., Riazuddin and Ryan, C. P. **(1969)** *Theory of Weak Interactions in Particle Physics*, John Wiley & Sons, New York; or the briefer account by (a) Commins, E. D. **(1973)** *Weak Interactions*, McGraw-Hill, New York. For a comprehensive review of weak interactions in the quark model, see (b) Donoghue, J. F., Golowich, E. and Holstein, B. **(1986)** *Physics Reports*, **131**, 319; or (c) Commins, E. D. and Bucksbaum, P. H. **(1983)** *Weak Interactions of Leptons and Quarks*, Cambridge University Press, Cambridge.

3 Glashow, S. L., Iliopoulos, J. and Maiani, L. **(1970)** *Physical Review*, **D2**, 1585. This and the other fundamental papers on weak interaction theory are reprinted in (a) Lai, C. H. (ed) **(1981)** *Gauge Theory of Weak and Electromagnetic Interactions*, World Scientific, Singapore.

4 Kobayashi, M. and Maskawa, K. **(1973)** *Progress in Theoretical Physics*, **49**, 652.

5 Different authors use different parameterizations; I follow the *Review of Particle Physics* convention.

6 *Particle Physics Booklet* (2006). For a useful discussion of the CKM matrix, see Cheng, T. -P. and Li, L. -F. **(1984)** *Gauge Theory of Elementary Particle Physics*, Oxford, New York. Sect. 12.2.

7 Bludman, S. A. **(1958)** *Nuovo Cimento*, **9**, 443.

8 Glashow, S. L. **(1961)** *Nuclear Physics*, **22**, 579. Reprinted in (a) Lai, C. H. (ed) **(1981)** *Gauge Theory of Weak and Electromagnetic Interactions*, World Scientific, Singapore.

9 Weinberg, S. **(1967)** *Physical Review Letters*, **19**, 1264; (a) Salam, A. **(1968)** *Elementary Particle Theory*, (eds N. Svartholm), Almquist and Wiksell, Stockholm, reprinted in Lai, C. H. (ed) **(1981)** *Gauge Theory of Weak and Electromagnetic Interactions*, World Scientific, Singapore. See also (b) Weinberg's Nobel Prize lecture, reprinted in **(1980)** *Science*, **210**, 1212.

10 't Hooft, G. **(1971)** *Nuclear Physics*, **B33**, 173; and **(1971)** **B35**, 167. Reprinted in (a) Lai, C. H. (ed) **(1981)** *Gauge Theory of Weak and Electromagnetic Interactions*, World Scientific, Singapore.

⊖ 由于在GWS模型中弱耦合角是没确定的，事实上剩下两个独立耦合常数（例 g_e 和 g_w，或 g_e 和 g_z）；在此意义上，它不是一个完全的**统一**理论，而是一个弱和电磁作用的**联合**理论。

11 Hasert, F. J. et al. **(1973)** *Physics Letters*, **45B**, 138; **(1974)** *Nuclear Physics*, **B73**, 1.

12 Meanwhile a series of deep inelastic neutrino–proton scattering experiments (also at CERN) not only supported the basic structure of charged and neutral weak interactions but also helped to confirm the quark model itself. See, for example, Perkins, D. H. **(2000)** *Introduction to High Energy Physics*, 4th edn, Cambridge University Press, Cambridge, UK. Sect. 8.7; (a) Halzen, F. and Martin, A. D. **(1984)** *Quarks and Leptons*, John Wiley & Sons, New York. Sects. 12.7 and 12.10; (b) Close, F. E. **(1979)** *An Introduction to Quarks and Partons*, Academic, London. Sect. 11.3.

13 Arnison, G. et al. **(1983)** *Physics Letters*, **122B**, 103; and **(1983)** **126B**, 398. For a review of these discoveries, see (a) Radermacher, E. **(1985)** *Progress in Particle and Nuclear Physics*, **14**, 231.

14 Data on $\nu_\mu + e^- \to \nu_e + \mu^-$ are from Vilain, P. et al. **(1995)** *Physics Letters B*, **364**, 121; data on $\nu_\mu + e^- \to \nu_\mu + e^-$ are from (a) Ahrens, L. A. et al. **(1990)** *Physical Review D*, **41**, 3297. Earlier data by (b) Alibran, P. et al. **(1978)** *Physics Letters*, **74B**, 422; which were inconsistent with the GWS model, turned out to be wrong, although they caused some consternation at the time; they were corrected by (c) Armenise, N. et al. **(1979)** *Physics Letters*, **86B**, 225.

15 Fortson, E. N. and Wilets, L. **(1980)** *Advances in Atomic and Molecular Physics*, **16**, 319; (a) Prescott, C. Y. et al. **(1978)** *Physics Letters*, **77B**, 347; and **(1979)** **84B**, 524; (b) Wu, S. L. **(1984)** *Physical Reports*, **107**, 229; (c) Wood, C. S. et al. **(1997)** *Science*, **275**, 1759.

16 See, for example, Frauenfelder, H. and Henley, E. M. **(1991)** *Subatomic Physics*, 2nd edn, Prentice-Hall, Englewood Cliffs, N.J. Sect. 5.7.

17 Even bolder in 1957, when Schwinger laid the essential groundwork for such a theory: Schwinger, J. **(1957)** *Annals of Physics (New York)*, **2**, 407. Reprinted in (a) Lai, C. H. (ed) **(1981)** *Gauge Theory of Weak and Electromagnetic Interactions*, World Scientific, Singapore.

习　　题

9.1 推导自旋为 1 的有质量粒子的完备性关系（对无质量粒子的类似题见习题 9.27）。[提示：让 z 轴沿 p 指向。首先构造三个互相独立的正交极化矢量（$\epsilon_\mu^{(1)}$，$\epsilon_\mu^{(2)}$，$\epsilon_\mu^{(3)}$）使之满足 $p^\mu\epsilon_\mu=0$ 和 $\epsilon_\mu\epsilon^\mu=-1$。]

$$\left[\text{答案：}\sum_{s=1,2,3}\epsilon_\mu^{(s)}\epsilon_\nu^{(s)*}=-g_{\mu\nu}+\frac{p_\mu p_\nu}{(Mc)^2}\right] \tag{9.158}$$

9.2 对任意（实数）c_V和 c_A，计算迹

$$\mathrm{Tr}[\gamma^\mu(c_V-c_A\gamma^5)(\not{p}_1+m_1c)\gamma^\nu(c_V-c_A\gamma^5)(\not{p}_2+m_2c)]$$

$$\begin{bmatrix}\text{答案：}4(c_V^2+c_A^2)[p_1^\mu p_2^\nu+p_1^\nu p_2^\mu-p_1\cdot p_2g^{\mu\nu}]+\\ 4(c_V^2-c_A^2)m_1m_2c^2g^{\mu\nu}-8\mathrm{i}c_Vc_A\epsilon^{\mu\nu\lambda\sigma}p_{1\lambda}p_{2\sigma}\end{bmatrix} \tag{9.159}$$

9.3 （a）对 $\nu_\mu+\mathrm{e}^-\to\mu^-+\nu_e$ 利用更一般的耦合 γ^μ（$1+\epsilon\gamma^5$）计算 $\langle|\mathscr{M}|^2\rangle$。验证你的答案在 $\epsilon=-1$ 时约化成方程（9.11）。

$$\left[\text{答案：}\frac{1}{4}\left(\frac{g_w}{M_Wc}\right)^4[(1-\epsilon^2)^2(p_1\cdot p_4)(p_2\cdot p_3)+(1+6\epsilon^2+\epsilon^4)(p_1\cdot p_2)(p_3\cdot p_4)]\right]$$

（b）取 $m_e=m_\mu=0$，计算质心系的微分散射截面。并进一步计算总截面。

（c）如果你具有这个反应的准确实验数据，你如何确定 ϵ？

9.4 证明方程（9.30）等价于方程（9.29）。

9.5 通过在方程（9.35）中做合适的改变，确定 τ 轻子的寿命，假设衰变是纯轻子

的。(还假设缪子质量相比 m_τ 可以忽略。) 与实验值进行比较。

9.6 假设弱作用是**纯矢量**的，即在方程 (9.5) 中没有 γ^5。你还会在图 9.1 的图形中得到同样的形状吗？

9.7 在缪子衰变中电子能量的平均值是多少？

$$[答案:(7/20)m_\mu c^2]$$

9.8 对 n→p + W 利用耦合 $\gamma^\mu(1+\epsilon\gamma^5)$，而对轻子用 $\gamma^\mu(1-\gamma^5)$，计算中子贝塔衰变的自旋平均振幅。证明在 $\epsilon=-1$ 时你的结果约化成方程 (9.41)。

$$\left[\begin{array}{l}答案:\langle|\mathscr{M}|^2\rangle=\dfrac{1}{2}\left(\dfrac{g_w}{M_W c}\right)^4[(p_1\cdot p_2)(p_3\cdot p_4)(1-\epsilon)^2+\\(p_1\cdot p_4)(p_2\cdot p_3)(1+\epsilon)2-(1-\epsilon^2)m_p m_n c^2(p_2\cdot p_4)]\end{array}\right]$$

9.9 (a) 推导方程 (9.52)。 (b) 推导方程 (9.58)。

9.10 在书中我说中子衰变中电子的能量范围达到 $(m_n-m_p)c^2$。这是不严格的，因为它忽略了质子和中微子的动能。什么样运动学的位形能给出最大的电子能量？应用能量和动量守恒确定严格的最大电子能量。

$$[答案:(m_n^2-m_p^2+m_e^2)c^2/2m_n。]$$

近似的结果离它有多远 (给出百分比的误差)？

9.11 (a) 对方程 (9.59) 积分得到方程 (9.60)。

(b) 对 $m_e \ll \Delta m=(m_n-m_p)$ 做合适的近似。注意现在 m_e 丢掉了。

9.12 得到方程 (9.62)。

9.13 对中子衰变的 W 计算最小的德布罗意波长 ($\lambda=h/p$)，并把它与中子的直径 ($\sim 10^{-13}$cm) 进行比较。[答案：最大的 $|p|=1.18\mathrm{MeV}/c$，发生在 p 和 e 背对背出现时，因此最小的 $\lambda=10^{-10}$cm]

9.14 利用例 7.8 和 8.5 节的方法以散射过程分析 π^- 衰变。计算衰变率，并将你的答案和书中的结果进行比较，得到用 $|\psi(0)|^2$ 表达的 f_π。将夸克取为无质量的。

$$\left[答案:f_\pi^2=\frac{2\hbar^3}{3c}\frac{(2m_\pi^2+m_l^2)}{m_\pi m_l^2}\cos^2\theta_C|\psi(0)|^2\right]$$

9.15 证明如果 $mc^2 \ll E$,

$$\gamma^5 u \cong \begin{pmatrix}\boldsymbol{\sigma}\cdot\hat{\boldsymbol{p}} & 0\\ 0 & \boldsymbol{\sigma}\cdot\hat{\boldsymbol{p}}\end{pmatrix}u$$

其中 u 是满足狄拉克方程的粒子旋量：

$$u=\begin{pmatrix}u_A\\ \dfrac{c(\boldsymbol{p}\cdot\boldsymbol{\sigma})}{E+mc^2}u_A\end{pmatrix}$$

[方程 (7.35) 和方程 (7.41)]。证明因此投影矩阵

$$P_\pm \equiv \frac{1}{2}(1\pm\gamma^5)$$

选出 u 中螺旋度为 ±1 的分量：

$$\boldsymbol{\Sigma}\cdot\hat{\boldsymbol{p}}(P_{\pm}u)=\pm(P_{\pm}u)$$

9.16 计 $K^-\to e^-+\bar{\nu}_e$ 和 $K^-\to\mu^-+\bar{\nu}_\mu$。与观测到的分支比进行比较。

9.17 计算如下过程的衰变率：(a) $\Sigma^0\to\Sigma^++e+\bar{\nu}_e$，(b) $\Sigma^-\to\Lambda+e+\bar{\nu}_e$，(c) $\Xi^-\to\Xi^0+e+\bar{\nu}_e$，(d) $\Lambda\to p+e+\bar{\nu}_e$，(e) $\Sigma^-\to n+e+\bar{\nu}_e$，(f) $\Xi^0\to\Sigma^++e+\bar{\nu}_e$。假设耦合都是 $\gamma^\mu(1-\gamma^5)$——即忽略强作用对轴耦合的修正——但不忘掉 Cabibbo 因子。与实验数据进行比较。

9.18 (a) 证明只要 CKM 矩阵是幺正的（$V^{-1}=V^\dagger$）（对实验验证见习题 9.33），减除 $K^0\to\mu^+\mu^-$ 的 GIM 机制对三代（或任意数目）都成立。[注意：$u\to d+W^+$ 带 CKM 因子 V_{ud}；$d\to u+W^-$ 带因子 V_{ud}^*。]

(b) 在 3×3 幺正矩阵中有多少独立的实参数？$n\times n$ 矩阵呢？[提示：知道幺正矩阵（U）可被写成形式 $U=e^{iH}$ 是有帮助的，其中 H 是厄米矩阵。因此等价的问题是，在一般的厄米矩阵中有多少独立的实参数？] 我们可以自由地改变每个夸克波函数的位相（u 的归一化实际只确定了 $|N|^2$；见习题 7.3），因此这些参数中的 $2n$ 个是任意的——或 $(2n-1)$，因为改变所有夸克波函数以同样的量对 V 没有效果。问题：我们可能因此把 CKM 矩阵约化成实矩阵吗（如果它是实和幺正的，那么它是正交的：$V^{-1}=\tilde{V}$）。

(c) 在一般的 3×3（实）正交矩阵中有多少独立的实参数？$n\times n$ 矩阵呢？

(d) 因此，结果是什么？你能约化 CKM 矩阵成实形式吗？两代情形（$n=2$）如何？

9.19 证明 CKM 矩阵方程（9.87）对任何（实）参数 θ_{12}、θ_{23}、θ_{13} 和 δ 是幺正的。

9.20 利用费米常数 G_F 的实验值［方程（9.38）］和弱混合角 θ_w［方程（9.93）］，“预言”GWS 理论中的 $W^\pm$ 和 Z^0 的质量。并与实验值进行比较。

9.21 在例 9.4 中我使用缪中微子，而不是电子中微子。事实上，ν_μ 和 $\bar{\nu}_\mu$ 束流可以很容易产生 ν_e 和 $\bar{\nu}_e$，而还存在 $\nu_\mu+e^-\to\nu_\mu+e^-$ 比 $\nu_e+e^-\to\nu_e+e^-$ 或 $\bar{\nu}_e+e^-\to\bar{\nu}_e+e^-$ 简单的理论原因，请解释。

9.22 (a) 计算 GSW 模型中 $\bar{\nu}_\mu+e^-\to\bar{\nu}_\mu+e^-$ 的微分和总截面。［答案：与方程（9.100）相同，只是 c_Ac_V 的符号反号了。］

(b) 计算比率 $\sigma(\bar{\nu}_\mu+e^-\to\bar{\nu}_\mu+e^-)/\sigma(\nu_\mu+e^-\to\nu_\mu+e^-)$。假设能量足够高你可以取 $m_e=0$。

9.23 (a) 对 $Z^0\to f+\bar{f}$ 计算衰变率，其中 f 是任意夸克或轻子。假设 f 如此之轻（相比于 Z）以至于其质量可被忽略。(你将需要 Z^0 的完备性关系——见习题 9.1。)

$$\left[\text{答案}:\Gamma(Z^0\to f+\bar{f})=\frac{g_z^2M_Zc^2}{48\pi\hbar}(|c_V^f|^2+|c_A^f|^2)\text{。}\right]$$

(b) 假设这些是主导的衰变模式，计算每种夸克和轻子的分支比（记住夸克有三种颜色）。在允许的衰变中你应该把顶夸克包括进去吗？[答案：对 e、μ、τ 每个都是是 3%；对 ν_e、ν_μ、ν_τ 每个都是 7%；对 u、c 每个都是 12%；对 d、s、b 每个都是 15%。]

(c) 计算 Z^0 的寿命。定量地，如果有第四代（夸克和轻子）它将如何改变？(注意 Z^0 寿命的准确测量告诉我们会有多少质量小于 $45\mathrm{GeV}/c^2$ 的夸克和轻子。)

9.24 估计 R（在 e^+e^- 碰撞中的夸克对产生于缪子对产生的总比率），过程是由 Z^0 媒介的。为简化讨论，假设顶夸克足够轻以致方程（9.109）可以使用。不要忘了颜色。

9.25　画出方程（9.113）的作为 $x \equiv 2E/M_Zc^2$ 的函数的比率图。利用 $\Gamma_Z = 7.3\ (g_z^2/48\pi)(M_Zc^2/\hbar)$（见习题9.23）。

9.26　(a) 如果 $u(p)$ 满足（动量空间）狄拉克方程（7.49），证明 u_L 和 u_R（表9.2）不满足（除非 $m=0$）。

(b) 计算矩阵 $P_\pm \equiv \frac{1}{2}(1 \pm \gamma^5)$ 的本征值和本征旋量。

(c) 是否存在同时是 P_+（例）和狄拉克算符（$\not{p} - mc$）本征态的旋量？

[答案：不；这些算符互相不对易。]

9.27　对轻夸克二重态 u 和 d′计算弱同位旋流 $j_\mu^\pm$ 和 j_μ^3。再构造电磁流（j_μ^{em}）和弱超荷流（j_μ^Y）。(用 d′表达你的结果。)

9.28　从方程（9.155）确定表9.1中的矢量和轴矢量耦合。

9.29　在习题9.5中你得到了 $\tau \to e + \nu_\tau + \bar{\nu}_e$ 和 $\tau \to \mu + \nu_\tau + \bar{\nu}_\mu$ 的衰变率 Γ（它们基本上是一样的）。对强子道（$\tau \to d + \nu_\tau + \bar{u}$ 和 $\tau \to s + \nu_\tau + \bar{u}$）又如何？估计 τ 的寿命（包括轻子和强子道）和电子、缪子及强子道的分支比。与实验值进行比较。[部分结果：$\Gamma_{tot} = 5\Gamma$]

9.30　(a) 估计粲夸克的寿命。(首先确定哪些道主导，然后对缪子衰变公式，方程（9.35）做合适的修改。)[提示：见习题9.29]

(b) 在 (a) 的基础上，将轻夸克看成是旁观者，估计 D 介子（$D^0 = c\bar{u}$ 和 $D^+ = c\bar{d}$）寿命。再估计各种半轻子道和强子道的分支比。与实验值进行比较。

(c) 用同样的方式，估计 B 介子（$B^0 = b\bar{d}$ 和 $B^- = b\bar{u}$）的寿命。注意对 b 夸克有更多的衰变道。计算分支比，并与实验值进行比较。

(d) 按照方程（9.35），衰变率对质量是5次依赖。底夸克几乎是粲夸克的四倍重。那么为什么 D 介子的寿命不是 B 寿命的1000倍长？事实上，它们的寿命相当可比拟，而这是有些偶然。请解释。

9.31　计算顶夸克的寿命。注意由于 $m_t > m_b + m_W$，顶夸克可以衰变到一个实 W（$t \to b + W^+$），而所有其他夸克必须通过虚 W。结果是，其寿命会短很多，且这是为什么它无法形成束缚态的原因（“真”介子和重子）。取 b 夸克为无质量（相对 t 和 W）。[答案：4×10^{-25} s]

9.32　弱作用激进的新［你的名字］理论断言 W 实际的自旋是0（不是1），且耦合是“标量/赝标量”型，而不是“矢量/轴矢量”型。特别地，在你的理论中 W 的传播子是

$$\frac{-i}{q^2 - (M_Wc)^2} \approx \frac{i}{(M_Wc)^2}$$

［替换方程（9.4）］，且顶角因子是

$$\frac{-ig_w}{2\sqrt{2}}(1-\gamma^5)$$

［替换方程（9.5）］。考虑“逆缪子衰变”（$\nu_\mu + e \to \mu + \nu_e$），在这个理论中：

(a) 画出费曼图，并计算振幅 $\mathscr{M}$。

(b) 计算自旋平均量，$\langle |\mathscr{M}|^2 \rangle$。

(c) 计算质心系中的微分散射截面，用电子能量 E 和散射角 θ 表达结果。假设 $E >> m_\mu$

$c^2 >> m_e c^2$，因此你可以安全地忽略电子和缪子的质量（且当然还有中微子）。

（d）在同样条件下计算总截面。

（e）通过与这个过程的正统预言进行比较，指导实验家如何最好地证实你的理论（并铲除标准模型）。[注意：在你的理论中没道理假定弱耦合常数（g_w）具有其在标准模型中的值，因此依赖这个数的检验并不是很有说服力。]

9.33 幺正矩阵的行（和列）是正交的。随着矩阵元的数值的测量精度的增加，这建议若干 CKM 模型的检验。例如，第一列和第三列的正交性［方程（9.86）］意味着

$$V_{ud}V_{ub}^* + V_{cd}V_{cb}^* + V_{td}V_{tb}^* = 0$$

或（除以中间项）

$$1 + z_1 + z_2 = 0, \quad \text{其中 } z_1 \equiv \frac{V_{ud}V_{ub}^*}{V_{cd}V_{cb}^*},\ z_2 \equiv \frac{V_{td}V_{tb}^*}{V_{cd}V_{cb}^*}$$

在复平面上画出来数值 1，z_1 和 z_2 必须相加形成一个闭合圈，叫“幺正三角形”。寻找当前最好的 CKM 矩阵元值，并画出 1，z_1 和 z_2。这些求和事实上能形成闭合三角形吗？

9.34 假设靶电子静止，计算逆缪子衰变（例 9.1）中 ν_μ 的阈值。当所有我们所做的是产生一个缪子时，为什么答案如此巨大？

第10章

规范理论

这一章介绍描写所有基本粒子相互作用的“规范理论”。我从经典力学的拉格朗日体系开始，然后进入拉格朗日场论、局域规范不变性原理、对称性自发破缺的概念和希格斯机制（它负责 W 和 Z 的质量）。这部分材料相当抽象（与前面几章相反）；它关心基本的量子场论，从它可导出费曼规则。它将不会帮你计算任何截面或寿命。另一方面，这里讨论的想法构成了预言所有现代理论的基础。为理解这章先学些拉格朗日力学将是有帮助的，而更基本的是第 3 章的相对论的内容、第 4 章的群理论的内容、第 6 章的费曼算法和第 7 章的狄拉克方程。

10.1 经典粒子力学的拉格朗日体系

按照牛顿第二运动定律，一个质量 m 的粒子，受力 $\boldsymbol{F}$ 时，获得的加速度 $\boldsymbol{a}$ 由下式给出：

$$\boldsymbol{F}=m\boldsymbol{a} \tag{10.1}$$

如果力是保守的，它可被表达为一个标量势能函数 U 的梯度：

$$\boldsymbol{F}=-\nabla U \tag{10.2}$$

而牛顿定律写作

$$m\frac{\mathrm{d}\boldsymbol{v}}{\mathrm{d}t}=-\nabla U \tag{10.3}$$

其中 $\boldsymbol{v}$ 是速度[1]。

另外一种经典力学体系从“拉氏量”开始

$$L=T-U \tag{10.4}$$

其中 T 是粒子的动能：

$$T=\frac{1}{2}m\boldsymbol{v}^2 \tag{10.5}$$

拉氏量是坐标 q_i（例，$q_1=x$，$q_2=y$，$q_3=z$）和它们的微商 $\dot{q}_i$（$\dot{q}_1=v_x$，$\dot{q}_2=v_y$，$\dot{q}_3=v_z$）的函数。在拉格朗日体系中，运动的基本定律是欧拉-拉格朗日方程[2]：

$$\frac{\mathrm{d}}{\mathrm{d}t}\left(\frac{\partial L}{\partial \dot{q}_i}\right)=\frac{\partial L}{\partial q_i}\quad (i,=1,2,3) \tag{10.6}$$

因此在笛卡儿坐标下我们有

$$\frac{\partial L}{\partial \dot{q}_1}=\frac{\partial T}{\partial v_x}=mv_x \tag{10.7}$$

$$\frac{\partial L}{\partial q_1}=-\frac{\partial U}{\partial x} \tag{10.8}$$

欧拉-拉格朗日方程（对 $i=1$）以方程（10.3）的形式重现牛顿定律的 x 分量。拉格朗日体系因此等价于牛顿体系（至少对保守系统），而它具有某些理论优势，如我们将在以后几节中将要看到的那样（见习题 10.1）。

10.2 相对论场论中的拉氏量

粒子因其本性而是一个局域的物体；在经典粒子力学中我们对计算其位置作为时间的函数尤其有兴趣：$x(t)$，$y(t)$，$z(t)$。另一方面，场占据空间一些区域；在场论中我们关心的是计算位置和时间的一个或更多的函数：$\phi_i(x, y, z, t)$。场变量 ϕ_i 例如可以是房间中每点的温度，或电势 V，或磁场 $\boldsymbol{B}$ 的三个分量。在粒子力学中，我们引进拉氏量 L 作为坐标 q_i 和它们的微商 $\dot{q}_i$ 的函数；在场论中我们从拉氏量（技术上是拉氏量密度）$\mathscr{L}$ 出发，它是场 ϕ_i 和它们的 x，y，z 和 t 的微商的函数：

$$\partial_\mu \phi_i \equiv \frac{\partial \phi_i}{\partial x^\mu} \tag{10.9}$$

在前者情形，欧拉-拉格朗日方程（10.6）的左边只涉及时间微商；相对论理论必须将空间和时间坐标同等对待，而将欧拉-拉格朗日方程以最简单的方式推广为

$$\partial_\mu\left(\frac{\partial \mathscr{L}}{\partial(\partial_\mu \phi_i)}\right)=\frac{\partial \mathscr{L}}{\partial \phi_i} \qquad (i=1,2,3,\cdots) \tag{10.10}$$

例 10.1 标量（自旋-0）场的克莱因-戈登拉氏量 假设我们有一个单一标量场 ϕ，拉氏量为

$$\mathscr{L}=\frac{1}{2}(\partial_\mu \phi)(\partial^\mu \phi)-\frac{1}{2}\left(\frac{mc}{\hbar}\right)^2 \phi^2 \tag{10.11}$$

在此情形下

$$\frac{\partial \mathscr{L}}{\partial(\partial_\mu \phi)}=\partial^\mu \phi \tag{10.12}$$

（如果这让你混淆，把拉氏量全“写开”：

$$\mathscr{L}=\frac{1}{2}[\partial_0\phi\partial_0\phi-\partial_1\phi\partial_1\phi-\partial_2\phi\partial_2\phi-\partial_3\phi\partial_3\phi]-\frac{1}{2}\left(\frac{mc}{\hbar}\right)^2\phi^2$$

在这个形式下，很清楚

$$\frac{\partial \mathscr{L}}{\partial(\partial_0 \phi)}=\partial_0\phi=\partial^0\phi, \quad \frac{\partial \mathscr{L}}{\partial(\partial_1 \phi)}=-\partial_1\phi=\partial^1\phi, \quad \cdots$$

同时

$$\frac{\partial \mathscr{L}}{\partial \phi}=-\left(\frac{mc}{\hbar}\right)^2\phi$$

因此欧拉-拉格朗日公式导致

$$\partial_{\mu}\partial^{\mu}\phi+\left(\frac{mc}{\hbar}\right)^{2}\phi=0 \tag{10.13}$$

它正是克莱因-戈登方程［方程（7.9）］，描述（在量子场论中）自旋0质量m的粒子。

例10.2 旋量（自旋-1/2）场的狄拉克拉氏量 考虑一个旋量场ψ及拉氏量

$$\mathscr{L}=\mathrm{i}(\hbar c)\overline{\psi}\gamma^{\mu}\partial_{\mu}\psi-(mc^{2})\overline{\psi}\psi \tag{10.14}$$

我们将ψ和伴随旋量$\overline{\psi}$处理为独立场变量。[⊖]应用欧拉-拉格朗日方程到$\overline{\psi}$，我们得到

$$\frac{\partial\mathscr{L}}{\partial(\partial_{\mu}\overline{\psi})}=0,\quad \frac{\partial\mathscr{L}}{\partial\overline{\psi}}=\mathrm{i}\hbar c\gamma^{\mu}\partial_{\mu}\psi-mc^{2}\psi$$

因此

$$\mathrm{i}\gamma^{\mu}\partial_{\mu}\psi-\left(\frac{mc}{\hbar}\right)\psi=0 \tag{10.15}$$

这是狄拉克方程［方程（7.20）］，描写（在量子场论中）自旋1/2和质量m的粒子。同时，如果我们应用欧拉-拉格朗日方程到ψ，我们得到

$$\frac{\partial\mathscr{L}}{\partial(\partial_{\mu}\psi)}=\mathrm{i}\hbar c\,\overline{\psi}\gamma^{\mu},\quad \frac{\partial\mathscr{L}}{\partial\psi}=-mc^{2}\overline{\psi}$$

因此

$$\mathrm{i}\partial_{\mu}\overline{\psi}\gamma^{\mu}+\left(\frac{mc}{\hbar}\right)\overline{\psi}=0$$

它是狄拉克方程的共轭（见习题7.15）。

例10.3 矢量（自旋1）场的普罗卡拉氏量 最后，假设我们考虑矢量场A^{μ}及拉氏量

$$\mathscr{L}=\frac{-1}{16\pi}(\partial^{\mu}A^{\nu}-\partial^{\nu}A^{\mu})(\partial_{\mu}A_{\nu}-\partial_{\nu}A_{\mu})+\frac{1}{8\pi}\left(\frac{mc}{\hbar}\right)^{2}A^{\nu}A_{\nu} \tag{10.16}$$

这里

$$\frac{\partial\mathscr{L}}{\partial(\partial_{\mu}A_{\nu})}=\frac{-1}{4\pi}(\partial^{\mu}A^{\nu}-\partial^{\nu}A^{\mu}) \tag{10.17}$$

（见习题10.2）且

$$\frac{\partial\mathscr{L}}{\partial A_{\nu}}=\frac{1}{4\pi}\left(\frac{mc}{\hbar}\right)^{2}A^{\nu} \tag{10.18}$$

因此欧拉-拉格朗日方程给出

$$\partial_{\mu}(\partial^{\mu}A^{\nu}-\partial^{\nu}A^{\mu})+\left(\frac{mc}{\hbar}\right)^{2}A^{\nu}=0 \tag{10.19}$$

式（10.19）称为普罗卡方程；它描写自旋1质量m的粒子。顺便说，由于组合（$\partial^{\mu}A^{\nu}-\partial^{\nu}A^{\mu}$）在理论中不断重复出现，引进缩写是有用的：

$$F^{\mu\nu}\equiv\partial^{\mu}A^{\nu}-\partial^{\nu}A^{\mu} \tag{10.20}$$

因此拉氏量写作

$$\mathscr{L}=\frac{-1}{16\pi}F^{\mu\nu}F_{\mu\nu}+\frac{1}{8\pi}\left(\frac{mc}{\hbar}\right)^{2}A^{\nu}A_{\nu} \tag{10.21}$$

而场方程变为

⊖ 由于ψ是复旋量，这里实际有八个独立场（i从1跑到8）：ψ的四个分量的每一个的实部和虚部。而在应用欧拉-拉格朗日方程时任何这八个的线性组合都一样做，而我们选择使用ψ的四个分量加$\overline{\psi}$的四个分量。

$$\partial_\mu F^{\mu\nu}+\left(\frac{mc}{\hbar}\right)^2 A^\nu=0 \tag{10.22}$$

如果一开始的标记是提醒你电动力学，这不是偶然的，因为电磁场是精确的无质量矢量场；如果你在方程（10.22）中取 $m=0$，你得到真空中的麦克斯韦方程组。㊀

这些例子的拉氏量是无中生有的（或它们被炮制出来以产生所需要的方程）。在经典粒子力学中，L 是导出的（$L=T-U$），而在相对论场理论中 $\mathscr{L}$ 通常作为公理——你非得从某处开始。对一个特定的系统拉氏量不是唯一的；你总可以在 $\mathscr{L}$ 上乘一个常数或加一个常数——或一个任意矢量函数的散度（$\partial_\mu M^\mu$，其中 M^μ 是 ϕ_i 或 $\partial_\mu\phi_i$ 的任意函数）；这样的项当你计算欧拉-拉格朗日方程时相互抵消，因此它们不影响场方程。在此意义上，例如在克莱因-戈登拉氏量前的因子 1/2 是纯约定。㊁除了这些，我们这里所有的只是自旋 0、自旋 1/2 和自旋 1 的拉氏量。到目前为止，我们只讨论了自由场，没有源或相互作用。

例 10.4　带源 J^μ 的无质矢量场的麦克斯韦拉氏量

假设

$$\mathscr{L}=\frac{-1}{16\pi}F^{\mu\nu}F_{\mu\nu}-\frac{1}{c}J^\mu A_\mu \tag{10.23}$$

其中 $F^{\mu\nu}$（仍）代表（$\partial^\mu A^\nu-\partial^\nu A^\mu$），而 J^μ 是某个特定函数。欧拉-拉格朗日方程给出

$$\partial_\mu F^{\mu\nu}=\frac{4\pi}{c}J^\nu \tag{10.24}$$

它（如我们在 7.4 节所给出的）是张量形式的麦克斯韦方程组，描述由电流 J^μ 产生的电磁场。顺便说从方程（10.24）我们得到

$$\partial_\nu J^\nu=0 \tag{10.25}$$

即，麦克斯韦拉氏量方程（10.23）的内在自洽性要求电流满足连续性方程（7.74）；你不能随便放任意函数到 J^μ 中——它应该遵从电荷守恒。

10.3　局域规范不变性

注意狄拉克拉氏量

$$\mathscr{L}=\mathrm{i}\hbar c\,\bar{\psi}\gamma^\mu\partial_\mu\psi-mc^2\bar{\psi}\psi$$

在如下变换下是不变的

㊀ 注意在这个体系中 A^μ 是基本量，而 $F^{\mu\nu}$ 只是方便的记号［方程（10.20）］——与经典电动力学相反的观点，那里 $\boldsymbol{E}$ 和 $\boldsymbol{B}$（因此 $F^{\mu\nu}$）是基本的，而势是构造出的。特别地，对欧拉-拉格朗日方程“场”是 A^μ 的分量，不是 $F^{\mu\nu}$。

㊁ 拉氏量（L）带能量的单位［方程（10.4）］，而拉氏量**密度**（$\mathscr{L}$）具有**单位体积**能量的单位。场带的量纲如下：

$$\phi(\text{标量场}):\sqrt{\mathrm{ML}}/\mathrm{T}$$

$$\psi(\text{旋量场}):\mathrm{L}^{-3/2}$$

$$A^\mu(\text{矢量场}):\sqrt{\mathrm{ML}}/\mathrm{T}$$

这些都是如此选择地使得 ψ 将对上薛定谔波函数（在非相对论极限），而 A^μ 对上麦克斯韦矢量势（在非量子极限）。顺便在亥维赛-洛伦兹单位下普罗卡和麦克斯韦拉氏量习惯上要乘一个 4π。

$$\psi \to e^{i\theta}\psi（整体位相变换） \tag{10.26}$$

（其中 θ 是任意实数），因此 $\bar{\psi} \to e^{-i\theta}\bar{\psi}$，而在组合 $\bar{\psi}\psi$ 中指数因此互相抵消掉了。（当然在非相对论量子力学中，波函数的整体相因子已经就是任意的了。）而如果相因子在不同时空点是不同的；即，如果 θ 是 x^{μ} 的一个函数又怎么样呢：

$$\psi \to e^{i\theta(x)}\psi（局域位相变换） \tag{10.27}$$

拉氏量能在“局域”相位变换下不变吗？答案是不能，因为我们会得到一个额外的来自 θ 的微商项：

$$\partial_{\mu}(e^{i\theta}\psi) = i(\partial_{\mu}\theta)e^{i\theta}\psi + e^{i\theta}\partial_{\mu}\psi \tag{10.28}$$

因此

$$\mathscr{L} \to \mathscr{L} - \hbar c(\partial_{\mu}\theta)\bar{\psi}\gamma^{\mu}\psi \tag{10.29}$$

以下为方便我们从 θ 中抽出一个因子——$(q/\hbar c)$，令

$$\lambda(x) \equiv -\frac{\hbar c}{q}\theta(x) \tag{10.30}$$

其中 q 是所涉及的电荷。用 λ 表达，那么

$$\mathscr{L} \to \mathscr{L} + (q\bar{\psi}\gamma^{\mu}\psi)\partial_{\mu}\lambda \tag{10.31}$$

是在如下局域相位变换下的变换

$$\psi \to e^{-iq\lambda(x)/\hbar c}\psi \tag{10.32}$$

到目前为止，这些没有任何特别新或深刻的东西。关键之处来自当我们**要求完全的拉氏量在局域位相变换下应是不变的**。[㊀] 由于**自由**的狄拉克拉氏量［方程（10.14）］在局域相位变换下不是不变的，为了消掉方程（10.31）中的额外项，我们不得不加进某些东西。特别地，假设

$$\mathscr{L} = [i\hbar c\bar{\psi}\gamma^{\mu}\partial_{\mu}\psi - mc^2\bar{\psi}\psi] - (q\bar{\psi}\gamma^{\mu}\psi)A_{\mu} \tag{10.33}$$

其中 A_{μ} 是些新的场，它（随 ψ 的局域相位变换）按如下规则变换：

$$A_{\mu} \to A_{\mu} + \partial_{\mu}\lambda \tag{10.34}$$

这个“新，改进的”拉氏量现在是局域不变的——方程（10.34）中的 $\partial_{\mu}\lambda$ 严格地弥补了方程（10.31）中的“额外”项。代价是我们不得不引进一个新的矢量场，它通过方程（10.33）的最后一项耦合到 ψ（见习题 10.6）。但方程（10.33）还不是故事的全部；完整的拉氏量必须包括场 A^{μ} 自己的“自由”项。由于它是个矢量，我们看看普罗卡拉氏量方程（10.21）

$$\mathscr{L} = \frac{-1}{16\pi}F^{\mu\nu}F_{\mu\nu} + \frac{1}{8\pi}\left(\frac{m_A c}{\hbar}\right)^2 A^{\nu}A_{\nu}$$

但这里有个问题，因为 $F^{\mu\nu} \equiv (\partial^{\mu}A^{\nu} - \partial^{\nu}A^{\mu})$ 在方程（10.34）下是不变的（你可以自己检验），而 $A^{\nu}A_{\nu}$ 项不是。明显地新的场必须是无质量的（$m_A = 0$），否则不变性就丢失了。

结论：若从狄拉克拉氏量出发，要求局域相位不变性，我们被迫引入无质量的矢量场（A^{μ}），完全的拉氏量为

㊀ 我不知道任何坚持把整体不变性局域成立相匹配的物理论据。如果你相信唯象变换是某种意义上“基本”的，那么我觉得人们应该能独立地在类空分离的点上运作它们（它们毕竟无法相互交流）。而我认为这带来问题。目前至少更好地是把局域相位不变性作为一个新的物理原理本身来要求。

$$\mathscr{L}=[\mathrm{i}\hbar c\bar{\psi}\gamma^{\mu}\partial_{\mu}\psi-mc^{2}\bar{\psi}\psi]-\left[\frac{1}{16\pi}F^{\mu\nu}F_{\mu\nu}\right]-(q\bar{\psi}\gamma^{\mu}\psi)A_{\mu} \tag{10.35}$$

如你将会猜到的，A^{μ} 不是别的就是电磁势；A^{μ} 的变换规则［方程（10.34）］是我们早在第7章［方程（7.81）］发现的规范不变性㊀，而方程（10.35）的最后两项产生麦克斯韦方程组（10.23），其中电流密度是

$$J^{\mu}=cq(\bar{\psi}\gamma^{\mu}\psi) \tag{10.36}$$

因此对自由狄拉克拉氏量要求局域相位不变性产生所有的电动力学并给出由狄拉克粒子产生的电流。

这是真正的突破性成就。关键的步骤是在式（10.33）中加进的项。这是如何得到的？当我们计算场的微商时［方程（10.28）］整体和局域相位变换之间的差别导致

$$\partial_{\mu}\psi\rightarrow\mathrm{e}^{-\mathrm{i}q\lambda/\hbar c}\left[\partial_{\mu}-\mathrm{i}\frac{q}{\hbar c}(\partial_{\mu}\lambda)\right]\psi \tag{10.37}$$

除了简单的相位因子，我们发现一个额外的因子$\partial_{\mu}\lambda$。如果**在原来的（自由）拉氏量中我们把每个微商（∂_{μ}）都替换为所谓的“协变微商”**

$$\mathscr{D}_{\mu}\equiv\partial_{\mu}+\mathrm{i}\frac{q}{\hbar c}A_{\mu} \tag{10.38}$$

（还有每个∂^{μ}都换成$\mathscr{D}^{\mu}$）A_{μ} 的规范变换［方程（10.34）］将会抵消方程（10.37）多出来的项

$$\mathscr{D}_{\mu}\psi\rightarrow\mathrm{e}^{-\mathrm{i}q\lambda/\hbar c}\mathscr{D}_{\mu}\psi \tag{10.39}$$

而 $\mathscr{L}$ 的不变性则被恢复了。用 $\mathscr{D}_{\mu}$ 替换∂_{μ}，因此是把整体不变的拉氏量转化为局域不变的简单而优美设计；我们叫它“最小耦合规则”㊁而协变微商引进了一个新的矢量场（A_{μ}），它要求自己是个自由场；如果后者不破坏规范不变性，我们必须将规范场取为无质量的。这导致最后的表达式［方程（10.35）］，知道它的人立刻就看出是量子电动力学的拉氏量——狄拉克场（电子和正电子）与麦克斯韦场（光子）相互作用。

局域规范不变性的想法可以回溯到1918年的何尔曼·外尔（Hermann Weyl）[3]。然而，其力量和一般性直到20世纪70年代早期才被了解。我们的出发点［方程（10.26）中的整体相位变换］可以被看成是 ψ 被乘以一个幺正的 1×1 矩阵：

$$\psi\rightarrow U\psi\text{，其中}\quad U^{\dagger}U=1 \tag{10.40}$$

（这里，$U=\mathrm{e}^{\mathrm{i}\theta}$）。所有这样矩阵的群是 $U(1)$（见表4.2），因此所涉及的对称性叫“$U(1)$ 规范对称性”。这个术语对目前的情形有些多余（一个 1×1 矩阵是个数，那么为什么不把数留在那儿?），1954年杨和米尔斯[4]把同样的战略（坚持整体对称性局域成立）应用于群 $SU(2)$，后来想法又被推广到颜色 $SU(3)$，产生了量子色动力学。在标准模型中，所有基本相互作用都是以这种方式产生的。

㊀ 由于与经典电动力学的规范不变性的联系，我们现在叫方程（10.34）和方程（10.26）“规范变换”，A^{μ} 是“规范场”，整个理论叫“规范理论”。

㊁ 最小耦合规则比规范不变性要久远许多。用动量（$p_{\mu}\rightarrow\mathrm{i}\hbar\partial_{\mu}$）来写是 $p_{\mu}\rightarrow p_{\mu}-\mathrm{i}(q/c)A_{\mu}$，它在经典电动力学中是一个为获得存在电动场时的带电粒子运动方程的熟知技巧。在此意义上它是计及洛伦兹力的一个复杂体系。在现代粒子理论中我们更喜欢把局域规范不变性看成是基本原理，而将最小耦合作为实现它的一个工具。

10.4　杨-米尔斯理论

假设现在我们有两个自旋1/2的场，ψ_1 和 ψ_2。没有任何相互作用的拉氏量是

$$\mathscr{L}=[\mathrm{i}\hbar c\bar{\psi}_1\gamma^\mu\partial_\mu\psi_1-m_1c^2\bar{\psi}_1\psi_1]+[\mathrm{i}\hbar c\bar{\psi}_2\gamma^\mu\partial_\mu\psi_2-m_2c^2\bar{\psi}_2\psi_2] \tag{10.41}$$

这就是两个狄拉克拉氏量的求和。（将欧拉-拉格朗日方程用的这个 $\mathscr{L}$，你将发现 ψ_1 和 ψ_2 服从具有相应质量的狄拉克方程。）通过将 ψ_1 和 ψ_2 结合成两分量的列矢量，我们可以把方程（10.41）写成更紧凑的形式：

$$\psi\equiv\begin{pmatrix}\psi_1\\ \psi_2\end{pmatrix} \tag{10.42}$$

（当然 ψ_1 和 ψ_2 本身是四分量狄拉克旋量，因此你可能喜欢双下标标记：$\psi_{\alpha,i}$，其中$\alpha=1$，2区分粒子，而 $i=1$，2，3，4标记旋量分量。然而，在目前的内容中我们只涉及粒子脚标，虽然狄拉克矩阵当然要作用到旋量指标上。）伴随旋量是

$$\bar{\psi}=(\bar{\psi}_1\bar{\psi}_2) \tag{10.43}$$

而拉氏量成为

$$\mathscr{L}=\mathrm{i}\hbar c\bar{\psi}\gamma^\mu\partial_\mu\psi-c^2\bar{\psi}M\psi \tag{10.44}$$

其中

$$M=\begin{pmatrix}m_1 & 0\\ 0 & m_2\end{pmatrix} \tag{10.45}$$

是“质量矩阵”。特别地，如果两个质量碰巧相等方程（10.44）简化成

$$\mathscr{L}=\mathrm{i}\hbar c\bar{\psi}\gamma^\mu\partial_\mu\psi-mc^2\bar{\psi}\psi \tag{10.46}$$

这看起来就像单粒子的狄拉克方程。然而，ψ 现在是两分量的列矢量，而 $\mathscr{L}$ 允许相比以前更一般的整体不变性：

$$\psi\rightarrow U\psi \tag{10.47}$$

其中 U 是 2×2 幺正矩阵

$$U^\dagger U=1 \tag{10.48}$$

因为在方程（10.47）的变换下

$$\bar{\psi}\rightarrow\bar{\psi}U^\dagger \tag{10.49}$$

因此组合$\bar{\psi}\psi$ 是不变的。现在，就像任意模为1的复数可以被写成 θ 为实数的形式 $\mathrm{e}^{\mathrm{i}\theta}$一样，任意幺正矩阵都可以被写成形式[5]

$$U=\mathrm{e}^{\mathrm{i}H} \tag{10.50}$$

其中 H 是厄米矩阵（$H^+=H$）。㊀进一步，最一般的厄米 2×2 矩阵可以用四个实数 a_1，a_2，a_3 和 θ 表达（见习题10.10）：

㊀ 在矩阵理论中复共轭（$*$）的自然推广是厄米共轭（$\dagger$）——转置共轭。当然，在 1×1 矩阵情形（复数）没有差别，但对高维厄米共轭分享大多数普通复共轭的有用性质。在此意义上实数（$a=a^*$）的最近类似物是厄米矩阵（$A=A^\dagger$），而模1（$a^*a=1$）的类似物是一个幺正矩阵（$A^\dagger A=1$）。）

$$H = \theta\mathbf{1} + \boldsymbol{\tau}\cdot\boldsymbol{a} \tag{10.51}$$

其中$\mathbf{1}$是2×2单位矩阵，$\boldsymbol{\tau}_1$，$\boldsymbol{\tau}_2$，$\boldsymbol{\tau}_3$是泡利矩阵［方程（4.26）］，而点乘是$\tau_1a_1+\tau_2a_2+\tau_3a_3$的方便的缩写。因此任意幺正$2\times2$矩阵都可以被表达为积

$$U = e^{i\theta}e^{i\boldsymbol{\tau}\cdot\boldsymbol{a}} \tag{10.52}$$

我们已经位相变换（$e^{i\theta}$）的应用；在本节我们将聚焦于如下形式的变换：

$$\psi\to e^{i\boldsymbol{\tau}\cdot\boldsymbol{a}}\psi(\text{整体 }SU(2)\text{变换}) \tag{10.53}$$

矩阵$e^{i\boldsymbol{\tau}\cdot\boldsymbol{a}}$的行列式为1（见习题4.22），因此属于群$SU(2)$。推广10.3节的做法，我们说拉氏量在整体$SU(2)$规范变换下是不变的。[⊖]杨和米尔斯所做的是把这个整体对称性发展成局域不变性。

想法和战略类似于外尔的，但实现却更精细；事实上可以做到。头一步是令参数（$\boldsymbol{a}$）是x^μ的函数（如以前一样，我会取$\boldsymbol{\lambda}(x)\equiv-(\hbar c/q)\boldsymbol{a}(x)$，其中$q$是类似于电荷的耦合常数）：

$$\psi\to S\psi,\qquad \text{其中 } S\equiv e^{-iq\boldsymbol{\tau}\cdot\boldsymbol{\lambda}(x)/\hbar c}\qquad(\text{局域 }SU(2)\text{ 变换}) \tag{10.54}$$

如其所示，$\mathscr{L}$在这样的规范变换下不是不变的，因为微商给出额外一项：

$$\partial_\mu\psi\to S\partial_\mu\psi+(\partial_\mu S)\psi \tag{10.55}$$

做法仍是把$\mathscr{L}$中的微商替换为“协变微商”，按方程（10.38）的模式，但要考虑方程（10.55）的结构：

$$\mathscr{D}_\mu\equiv\partial_\mu+i\frac{q}{\hbar c}\boldsymbol{\tau}\cdot\boldsymbol{A}_\mu \tag{10.56}$$

并赋予规范场$\boldsymbol{A}_\mu$（这时它们有三个）一个变换规则使

$$\mathscr{D}_\mu\psi\to S(\mathscr{D}_\mu\psi) \tag{10.57}$$

由此拉氏量［方程（10.46）］将明显是不变的。

从方程（10.57）导出$\boldsymbol{A}_\mu$的变换不是一件简单的事[6]。我将留给你去证明（见习题10.11）$\boldsymbol{A}_\mu\to\boldsymbol{A}'_\mu$，其中$\boldsymbol{A}'_\mu$由下式给出：

$$\boldsymbol{\tau}\cdot\boldsymbol{A}'_\mu=S(\boldsymbol{\tau}\cdot\boldsymbol{A}_\mu)S^{-1}+i\left(\frac{\hbar c}{q}\right)(\partial_\mu S)S^{-1} \tag{10.58}$$

这些可相对直接得到。但第一项中的S和S^{-1}无法移到一起，因为它们与$\boldsymbol{\tau}\cdot\boldsymbol{A}_\mu$相互不对易。还有$S$的梯度也不简单地是$-i(q\boldsymbol{\tau}\cdot\partial_\mu\boldsymbol{\lambda}/\hbar c)S$，因为$S$和$\boldsymbol{\tau}\cdot\partial_\mu\boldsymbol{\lambda}$不对易。如果你有能力，你可做出严格的结果（利用习题4.20和习题4.21），但结果不是特别有说明价值。在我们的情形，限在很小的$|\boldsymbol{\lambda}|$极限的近似的变换规则已经足够，对这种情形我们可以展开S并只保留一阶项：

$$S\cong1-\frac{iq}{\hbar c}\boldsymbol{\tau}\cdot\boldsymbol{\lambda},\ S^{-1}\cong1+\frac{iq}{\hbar c}\boldsymbol{\tau}\cdot\boldsymbol{\lambda},\partial_\mu S\cong-\frac{iq}{\hbar c}\boldsymbol{\tau}\cdot\partial_\mu\boldsymbol{\lambda} \tag{10.59}$$

在此近似下方程（10.58）给出

$$\boldsymbol{\tau}\cdot\boldsymbol{A}'_\mu\cong\boldsymbol{\tau}\cdot\boldsymbol{A}_\mu+\frac{iq}{\hbar c}[\boldsymbol{\tau}\cdot\boldsymbol{A}_\mu,\boldsymbol{\tau}\cdot\boldsymbol{\lambda}]+\boldsymbol{\tau}\cdot\partial_\mu\boldsymbol{\lambda} \tag{10.60}$$

⊖ 它在更大的群$U(2)$下也是不变的。而方程（10.52）显示任何$U(2)$的元素都可以被表达为$SU(2)$乘上一个合适的相因子（用群理论的语言，$U(2)=U(1)\otimes SU(2)$），由于我们已经研究了$U(1)$不变性，只有$SU(2)$对称性在这里是新东西。

因此（利用习题4.20计算对易子）

$$\boldsymbol{A}_{\mu}^{'} \cong \boldsymbol{A}_{\mu} + \partial_{\mu}\boldsymbol{\lambda} + \frac{2q}{\hbar c}(\boldsymbol{\lambda} \times \boldsymbol{A}_{\mu}) \tag{10.61}$$

结果的拉氏量

$$\mathscr{L} = \mathrm{i}\hbar c\,\bar{\psi}\gamma^{\mu}\mathscr{D}_{\mu}\psi - mc^{2}\bar{\psi}\psi = [\mathrm{i}\hbar c\bar{\psi}\gamma^{\mu}\partial_{\mu}\psi - mc^{2}\bar{\psi}\psi] - (q\bar{\psi}\gamma^{\mu}\boldsymbol{\tau}\psi)\cdot\boldsymbol{A}_{\mu} \tag{10.62}$$

在局域规范变换［方程（10.54）和方程（10.58）］下是不变的，而我们不得不引进三个新的矢量场 $\boldsymbol{A}^{\mu} = (A_1^{\mu}, A_2^{\mu}, A_3^{\mu})$，而它们将要求它们自己的**自由**拉氏量：

$$\mathscr{L}_A = -\frac{1}{16\pi}F_1^{\mu\nu}F_{\mu\nu 1} - \frac{1}{16\pi}F_2^{\mu\nu}F_{\mu\nu 2} - \frac{1}{16\pi}F_3^{\mu\nu}F_{\mu\nu 3} = -\frac{1}{16\pi}\boldsymbol{F}^{\mu\nu}\cdot\boldsymbol{F}_{\mu\nu} \tag{10.63}$$

（再次，三矢量标记代表粒子指标。）普罗卡质量项

$$\frac{1}{8\pi}\left(\frac{m_A c}{\hbar}\right)^2 \boldsymbol{A}^{\nu}\cdot\boldsymbol{A}_{\nu} \tag{10.64}$$

被局域规范不变性所排除；如以前一样，规范场必须是无质量的。但这时老的关系 $F^{\mu\nu} = \partial^{\mu}A^{\nu} - \partial^{\nu}A^{\mu}$ 自身必须修改，因为这个规范场拉氏量的定义［方程（10.63）］也不是不变的（见习题10.12）。而我们取[⊖]

$$\boldsymbol{F}^{\mu\nu} \equiv \partial^{\mu}\boldsymbol{A}^{\nu} - \partial^{\nu}\boldsymbol{A}^{\mu} - \frac{2q}{\hbar c}(\boldsymbol{A}^{\mu} \times \boldsymbol{A}^{\nu}) \tag{10.65}$$

在无穷小局域规范变换下［方程（10.61）］，

$$\boldsymbol{F}^{\mu\nu} \to \boldsymbol{F}^{\mu\nu} + \frac{2q}{\hbar c}(\lambda \times \boldsymbol{F}^{\mu\nu}) \tag{10.66}$$

（见习题10.13），因此 $\mathscr{L}_A$ 是不变的。（对把不变性推广到**有限**规范变换的证明见习题10.14。）

结论：完全杨-米尔斯拉氏量是

$$\mathscr{L} = [\mathrm{i}\hbar c\bar{\psi}\gamma^{\mu}\partial_{\mu}\psi - mc^{2}\bar{\psi}\psi] - \frac{1}{16\pi}\boldsymbol{F}^{\mu\nu}\cdot\boldsymbol{F}_{\mu\nu} - (q\bar{\psi}\gamma^{\mu}\boldsymbol{\tau}\psi)\cdot\boldsymbol{A}_{\mu} \tag{10.67}$$

其中 $\boldsymbol{F}^{\mu\nu}$ 由方程（10.65）定义；它在 $SU(2)$ 局域规范变换［方程（10.54）和方程（10.58）］下是不变的，且描写了两个等质量的狄拉克场与三个无质量的矢量规范场的相互作用。所有这些结果来自坚持原来自由拉氏量［方程（10.46）］的整体 $SU(2)$ 不变性应该局域成立。借用电动力学的语言，我们说狄拉克场产生三个流

$$\boldsymbol{J}^{\mu} \equiv cq(\bar{\psi}\gamma^{\mu}\boldsymbol{\tau}\psi) \tag{10.68}$$

它表现为规范场的源；规范场自己的拉氏量

$$\mathscr{L} = -\frac{1}{16\pi}\boldsymbol{F}^{\mu\nu}\cdot\boldsymbol{F}_{\mu\nu} - \frac{1}{c}\boldsymbol{J}^{\mu}\cdot\boldsymbol{A}_{\mu} \tag{10.69}$$

是麦克斯韦拉氏量［方程（10.23）］的复制，给出丰富而有趣的经典场理论[7]（见习题10.15）。

虽然杨-米尔斯理论是由像外尔一样的想法所启发（即：一个整体不变性应该局域成

⊖ 这个定义不像它可能看起来那么任意。要点是对三矢量场有一个二阶反对称张量形式（$\boldsymbol{A}^{\mu}\times\boldsymbol{A}^{\nu}$）存在，而系数 $-2q/\hbar c$ 精确地选择使得 $\mathscr{L}_A$ 是不变的。注意当耦合常数趋于0时，我们剩下对每个旋量场的自由狄拉克拉氏量和对三个规范场的自由（无质量）普罗卡拉氏量。

立），但在下述两方面的实现更微妙：（i）对规范场的局域规范变换规则；（ii）用 A^{μ} 表达的 $F^{\mu\nu}$。两种复杂性都源自问题中的对称性群是非阿贝尔的（2×2 矩阵相互不对易，而 1×1 矩阵明显对易）。为强调差别，我们指外尔情形为**阿贝尔**规范理论，而杨-米尔斯理论为**非阿贝尔**规范理论。在现代基本粒子物理中，很多对称性群被研究过；我们在这本书的剩下章节将会碰到一些。然而，困难的工作完成了：一旦杨-米尔斯模型摆到桌面上，推广非阿贝尔规范理论到高对称性群是直接的。

奇怪的是杨-米尔斯理论的原始形式结果不太有用，毕竟它从假设存在两个自旋1/2具有相同质量的基本粒子的前提出发，而就目前我们所知自然界不存在这样的粒子对。杨和米尔斯他们心里想的是核子（质子和中子）系统，设想他们的模型作为一个在强作用中实现海森堡同位旋不变性的方式。质子和中子的小质量差 $1.29\mathrm{MeV}/c^2$ 将会贡献电磁对称破缺。为使理论成功必须存在一个无质量的矢量（自旋1）粒子三重态。唯一的候选者是 ρ 介子；但它们很难是无质量的（$M_{\rho}=770\mathrm{MeV}/c^2$），而这不是一个小的可以归咎于电磁污染造成的差别。有一些试图将有质量规范粒子考虑进杨-米尔斯理论的企图，而到最后催生了结果（通过希格斯机制），非常清楚 p、n 和 ρ 是复合粒子，同位旋只是更大的味对称性的一个分量，它破缺得如此之大以致在强作用中无法起任何基本的作用。当非阿贝尔规范理论最后进入其角色时，在强作用中是 $SU(3)$ 颜色对称性，而在弱作用中是（弱）同位旋——超荷 $SU(2)_{\mathrm{L}}\otimes U(1)$ 在起作用。同时，1954 年后的十多年杨-米尔斯模型失去了活力，很明显，自然界并没将这个可爱的想法进一步发展。

10.5 色动力学

按照标准模型，每个夸克味道都有三种颜色——红、蓝和绿。虽然各种味道分别具有不同的质量（见表 4.4），给定味道的三种颜色都被认为具有同样的质量。因此对一个特定的味道的拉氏量写为

$$\mathscr{L}=[\mathrm{i}\hbar c\,\bar{\psi}_r\gamma^{\mu}\partial_{\mu}\psi_r-mc^2\bar{\psi}_r\psi_r]+[\mathrm{i}\hbar c\,\bar{\psi}_b\gamma^{\mu}\partial_{\mu}\psi_b-mc^2\bar{\psi}_b\psi_b]+[\mathrm{i}\hbar c\,\bar{\psi}_g\gamma^{\mu}\partial_{\mu}\psi_g-mc^2\bar{\psi}_g\psi_g] \tag{10.70}$$

像以前一样，我们可以引进约定进行简化

$$\psi\equiv\begin{pmatrix}\psi_r\\ \psi_b\\ \psi_g\end{pmatrix},\quad\bar{\psi}\equiv(\bar{\psi}_r\bar{\psi}_b\bar{\psi}_g) \tag{10.71}$$

因此

$$\mathscr{L}=\mathrm{i}\hbar c\bar{\psi}\gamma^{\mu}\partial_{\mu}\psi-mc^2\bar{\psi}\psi \tag{10.72}$$

这看起来就像原来的狄拉克拉氏量，只是 ψ 现在代表一个三分量列矢量（它的每个分量自身都是一个四分量狄拉克旋量）。正像单粒子狄拉克拉氏量［方程（10.14）］具有（整体）$U(1)$ 相位不变性那样，（等质量）两粒子拉氏量［方程（10.41）］具有 $U(2)$ 不变性，因此这个（等质量）三粒子拉氏量具有 $U(3)$ 对称性。也就是说，它在如下形式的变换下不变：

$$\psi \to U\psi \quad (\bar{\psi} \to \bar{\psi} U^{\dagger}) \tag{10.73}$$

其中 U 是 3×3 幺正矩阵：

$$U^{\dagger} U = 1 \tag{10.74}$$

但记住任何幺正矩阵都可被写为指数化的厄米矩阵［方程（10.50）］：

$$U = e^{iH}，其中\ H^{\dagger} = H \tag{10.75}$$

进一步，任何 3×3 厄米矩阵可以被表达为九个实数，a_1，a_2，…，a_8 和 θ（见习题10.16）：

$$H = \theta\mathbf{1} + \boldsymbol{\lambda}\cdot\boldsymbol{a} \tag{10.76}$$

其中 $\mathbf{1}$ 是 3×3 单位矩阵，λ_1，λ_2，…，λ_8 是盖尔曼矩阵［方程（8.34）］，而点积现在代表从1到8的求和：

$$\boldsymbol{\lambda}\cdot\boldsymbol{a} \equiv \lambda_1 a_1 + \lambda_2 a_2 + \cdots + \lambda_8 a_8 \tag{10.77}$$

因此

$$U = e^{i\theta} e^{i\boldsymbol{\lambda}\cdot\boldsymbol{a}} \tag{10.78}$$

我们已经探究了相位变换（$e^{i\theta}$）；现在新的是第二项。矩阵 $e^{i\boldsymbol{\lambda}\cdot\boldsymbol{a}}$ 行列式为1（见习题10.17）；它属于群 $SU(3)$。[⊖] 因此我们感兴趣的是拉氏量［方程（10.72）］在 $SU(3)$ 变换下的不变性，一个我们现在提出来使之局域化的整体对称性。

也就是我们如此修改 $\mathscr{L}$ 使之在局域 $SU(3)$ 规范变换下不变：

$$\psi \to S\psi，其中\ S \equiv e^{-iq\boldsymbol{\lambda}\cdot\boldsymbol{\phi}(x)/\hbar c} \tag{10.79}$$

（我们再次令 $\boldsymbol{\phi} \equiv -(\hbar c/q)\boldsymbol{a}$，其中耦合常数 q 起类似QED中电荷的角色）。像以往一样，技巧是利用“协变微商”$\mathscr{D}_\mu$ 替代普通微商 ∂_μ：

$$\mathscr{D}_\mu \equiv \partial_\mu + i\frac{q}{\hbar c}\boldsymbol{\lambda}\cdot\boldsymbol{A}_\mu \tag{10.80}$$

并规定规范场 $\boldsymbol{A}_\mu$（注意它们有八个）服从变换规则

$$\mathscr{D}_\mu\psi \to S(\mathscr{D}_\mu\psi) \tag{10.81}$$

同样［见方程（10.58）］这导致

$$\boldsymbol{\lambda}\cdot\boldsymbol{A}'_\mu = S(\boldsymbol{\lambda}\cdot\boldsymbol{A}_\mu)S^{-1} + i\left(\frac{\hbar c}{q}\right)(\partial_\mu S)S^{-1} \tag{10.82}$$

它在无穷小情形，给出恒等于方程（10.61）的公式：

$$\boldsymbol{A}'_\mu \cong \boldsymbol{A}_\mu + \partial_\mu\boldsymbol{\phi} + \frac{2q}{\hbar c}(\boldsymbol{\phi}\times\boldsymbol{A}_\mu) \tag{10.83}$$

而这时叉乘代表

$$(\boldsymbol{B}\times\boldsymbol{C})_i = \sum_{j,k=1}^{8} f_{ijk} B_j C_k \tag{10.84}$$

其中 f_{ijk} 是 $SU(3)$ 的结构常数［方程（8.35）］，类似于 $SU(2)$ 的 ϵ_{ijk}（见习题10.18）。

修改的拉氏量

$$\mathscr{L} = i\hbar c\,\bar{\psi}\gamma^\mu\mathscr{D}_\mu\psi - mc^2\bar{\psi}\psi = [i\hbar c\,\bar{\psi}\gamma^\mu\partial_\mu\psi - mc^2\bar{\psi}\psi] - (q\,\bar{\psi}\gamma^\mu\boldsymbol{\lambda}\psi)\cdot\boldsymbol{A}_\mu \tag{10.85}$$

⊖　用群论的语言，$U(3)=U(1)\otimes SU(3)$。

是在局域 $SU(3)$ 规范变换［方程 10.79 和方程（10.82)］下不变的，如以往一样代价是引进规范场 $\boldsymbol{A}^{\mu}$（这次是八个）。用粒子的语言，这些相应于八个胶子，就像在外尔理论中的 $U(1)$ 规范场代表光子一样。[⊖] 为完成任务，我们必须加进自由胶子拉氏量

$$\mathscr{L}_{\text{gluon}} = -\frac{1}{16\pi}\boldsymbol{F}^{\mu\nu} \cdot \boldsymbol{F}_{\mu\nu} \tag{10.86}$$

其中如杨-米尔斯的情形

$$\boldsymbol{F}^{\mu\nu} \equiv \partial^{\mu}\boldsymbol{A}^{\nu} - \partial^{\nu}\boldsymbol{A}^{\mu} - \frac{2q}{\hbar c}(\boldsymbol{A}^{\mu} \times \boldsymbol{A}^{\nu}) \tag{10.87}$$

(利用由方程（10.84）定义的 $SU(3)$“叉乘”。)

结论：色动力学的完全拉氏量是

$$\mathscr{L} = [\,\mathrm{i}\hbar c\bar{\psi}\gamma^{\mu}\partial_{\mu}\psi - mc^{2}\bar{\psi}\psi\,] - \frac{1}{16\pi}\boldsymbol{F}^{\mu\nu} \cdot \boldsymbol{F}_{\mu\nu} - (q\bar{\psi}\gamma^{\mu}\boldsymbol{\lambda}\psi) \cdot \boldsymbol{A}_{\mu} \tag{10.88}$$

$\mathscr{L}$ 在局域 $SU(3)$ 规范变换下不变并描述三个等质量狄拉克场（一个给定夸克味的三个颜色）与八个无质量矢量场（胶子）的相互作用。它源于原始拉氏量［方程（10.70)］的**整体** $SU(3)$ 对称性应该局域成立的要求。狄拉克场组成八个颜色流

$$\boldsymbol{J}^{\mu} \equiv cq(\bar{\psi}\gamma^{\mu}\boldsymbol{\lambda}\psi) \tag{10.89}$$

它们作为颜色场（$\boldsymbol{A}_{\mu}$）的源，与电流作为电磁场的源一样。这里描写的理论和杨及米尔斯写的结构十分接近；然而在此情形下，我们相信它是对在自然界实现的强作用现象的正确描述。(当然，我们需要在方程（10.88）里放六个重复的 ψ，每个都有相应的质量代表六种夸克味道。)

10.6 费曼规则

到此，我们考虑的拉氏量可以像描述**经典**场一样用来描述量子场；事实上，麦克斯韦拉氏量会在经典电动力学教科书中被发现。从经典场论到相应的量子场论的过渡并不涉及修改拉氏量或场方程，而是对场变量的重新诠释；场是“量子化”的，而粒子作为相应场的量子出现。因此，光子是电动场 A^{μ} 的量子；轻子和夸克是狄拉克场的量子；胶子是八个 $SU(3)$ 规范场的量子；而 $\mathrm{W}^{\pm}$ 和 Z^{0} 是相应普罗卡场的量子。量子化的过程本身是深奥难懂的，这里不是涉入它的地方[8]；对我们来说基本点是**每个拉氏量描写一种特别的费曼规则集合**。我们因此所需要的是给出对一个给定的拉氏量如何获得其给出的费曼规则。

作为开始，注意 $\mathscr{L}$ 由两种项组成：一种是参与场的自由拉氏量，另一种是**相互作用**项（$\mathscr{L}_{\text{int}}$）。前者——自旋 0 为克莱因-戈登；自旋 1/2 为狄拉克；自旋 1 为普罗卡；或对更高自旋为一些更奇葩的理论——决定了**传播子**；后者——通过施加局域规范不变性所获得，或通过某些其他方法——决定了**顶角因子**：

自由拉氏量 → 传播子

相互作用项 → 顶角因子

⊖ 记住对所有夸克相同耦合的“第九个胶子”被实验所排除了（见习题 8.11）。

让我们首先考虑传播子。

对自由拉氏量应用欧拉-拉格朗日方程得到自由场方程［方程（10.13）、方程（10.15）和方程（10.22）］：

$$\left[\partial^{\mu}\partial_{\mu}+\left(\frac{mc}{\hbar}\right)^{2}\right]\phi=0 \qquad \text{（自旋 0，克莱因-戈登）}$$

$$\left[\mathrm{i}\gamma^{\mu}\partial_{\mu}-\left(\frac{mc}{\hbar}\right)\right]\psi=0 \qquad \text{（自旋 1/2，狄拉克）}$$

$$\left[\partial_{\mu}(\partial^{\mu}A^{\nu}-\partial^{\nu}A^{\mu})+\left(\frac{mc}{\hbar}\right)^{2}A^{\nu}\right]=0 \qquad \text{（自旋 1，普罗卡）}$$

相应的“动量-空间”方程可以通过标准的做法 $p_{\mu}\leftrightarrow \mathrm{i}\hbar\partial_{\mu}$：

$$[p^{2}-(mc)^{2}]\phi=0 \text{（自旋 0）} \tag{10.90}$$

$$[\not{p}-(mc)]\psi=0 \text{（自旋 1/2）} \tag{10.91}$$

$$[(-p^{2}+(mc)^{2})g_{\mu\nu}+p_{\mu}p_{\nu}]A^{\nu}=0 \text{（自旋 1）} \tag{10.92}$$

传播子是简单的（i 乘以）中括号里的因子的逆：

$$\text{自旋 -0 的传播子：}\quad \frac{\mathrm{i}}{p^{2}-(mc)^{2}} \tag{10.93}$$

$$\text{自旋 -1/2 的传播子：}\quad \frac{\mathrm{i}}{\not{p}-mc}=\mathrm{i}\frac{(\not{p}+mc)}{p^{2}-(mc)^{2}} \tag{10.94}$$

$$\text{自旋 -1 的传播子：}\quad \frac{-\mathrm{i}}{p^{2}-(mc)^{2}}\left[g_{\mu\nu}-\frac{p_{\mu}p_{\nu}}{(mc)^{2}}\right] \tag{10.95}$$

注意在第二种情形此因子是 4×4 **矩阵**，而我们需要**矩阵之逆**；在第三种情形因子是二阶张量（$T_{\mu\nu}$），而我们需要张量的逆（$T^{-1})_{\mu\nu}$，而 $T_{\mu\lambda}(T^{-1})^{\lambda\nu}=\delta_{\mu}^{\nu}$（见习题 10.19）。这些是我们在第 6、7 和 9 章使用的精确的传播子。[⊖] 由于我们显然在普罗卡传播子［方程（10.95）］中不能取 $m\to 0$，我们必须回到自由场方程［方程（10.22）］来做出光子传播子：

$$\partial_{\mu}(\partial^{\mu}A^{\nu}-\partial^{\nu}A^{\mu})=0 \text{（自旋 1 无质量）} \tag{10.96}$$

如我以前强调过的，这个方程无法唯一地决定 A^{μ}；如果我们施加洛伦兹条件［方程（7.82）］

$$\partial_{\mu}A^{\mu}=0$$

因此，方程（10.96）约化成

$$\partial^{2}A^{\nu}=0 \tag{10.97}$$

它在动量空间可以被写为

$$(-p^{2}g_{\mu\nu})A^{\nu}=0 \tag{10.98}$$

因此光子的传播子是

$$\text{无质量自旋 -1的传播子：}-\mathrm{i}\frac{g_{\mu\nu}}{p^{2}} \tag{10.99}$$

为得到顶角因子，首先在动量空间写下 $\mathrm{i}\mathscr{L}_{\text{int}}$（$\mathrm{i}\hbar\partial_{\mu}\to p_{\mu}$）并检查所涉及的场；这些确

⊖ 实际上，此过程只确定了传播子到一个相乘常数，因为场方程总可以乘上这么一个因子。在这些方程的“正则”形式中，系数 mc 或 $(mc)^{2}$ 的系数被取为 ±1，其中符号要匹配 $\mathscr{L}$ 的质量项。其他约定导致稍微不同的费曼规则集合，当然不改变计算的反应振幅。

定了相互作用的定性结构。例如，在 QED 拉氏量的情形［方程（10.35）］

$$\mathrm{i}\mathscr{L}_{\mathrm{int}} = -i(q\bar{\psi}\gamma^{\mu}\psi)A_{\mu} \tag{10.100}$$

有三个场涉及（$\bar{\psi}$、ψ 和 A_{μ}）而这定义了三线连接的顶角——一个入射费米子、一个出射费米子和一个光子。为获得顶角因子本身，**只要抹掉场变量**：

$$-\mathrm{i}\sqrt{\frac{4\pi}{\hbar c}}q\gamma^{\mu} = \mathrm{i}g_{e}\gamma^{\mu} \quad (\text{QED 顶角因子}) \tag{10.101}$$

（在光子的情形，我们实际做的是抹掉 $\sqrt{\hbar c/4\pi}A_{\mu}$；额外的因子是因为我们使用高斯单位，它在这里稍微有点麻烦。）同样的事也发生在色动力学中［方程（10.88）］：夸克-胶子耦合

$$\mathscr{L}_{\mathrm{int}} = -(q\bar{\psi}\gamma^{\mu}\boldsymbol{\lambda}\psi)\cdot\boldsymbol{A}_{\mu} \tag{10.102}$$

给出顶角形如

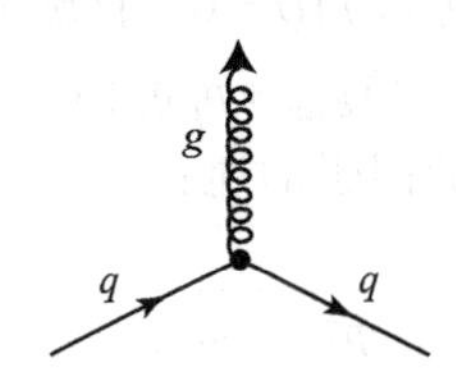

其中顶角因子为

$$-\mathrm{i}\frac{g_{s}}{2}\gamma^{\mu}\boldsymbol{\lambda} \tag{10.103}$$

（强耦合常数习惯上的定义有一个因子 2：$g_{s}\equiv 2\sqrt{4\pi/\hbar c}q$，其中 q 是出现在拉氏量中的“强荷”。）然而，还有来自 $\mathscr{L}$ 中的项 $\boldsymbol{F}^{\mu\nu}\cdot\boldsymbol{F}_{\mu\nu}$ 中的胶子-胶子的直接耦合，因为 $\boldsymbol{F}^{\mu\nu}$ 不仅包含“自由”部分，$\partial^{\mu}\boldsymbol{A}^{\nu}-\partial^{\nu}\boldsymbol{A}^{\mu}$，还有相互作用项，$-\frac{2q}{\hbar c}(\boldsymbol{A}^{\mu}\times\boldsymbol{A}^{\nu})$［方程（10.87）］。将其平方我们发现

$$\mathscr{L}_{\mathrm{int}} = \left(\frac{q}{8\pi\hbar c}\right)[(\partial^{\mu}\boldsymbol{A}^{\nu}-\partial^{\nu}\boldsymbol{A}^{\mu})\cdot(\boldsymbol{A}_{\mu}\times\boldsymbol{A}_{\nu})+(\boldsymbol{A}^{\mu}\times\boldsymbol{A}^{\nu})\cdot(\partial_{\mu}\boldsymbol{A}_{\nu}-\partial_{\nu}\boldsymbol{A}_{\mu})] - \frac{q^{2}}{4\pi(\hbar c)^{2}}(\boldsymbol{A}^{\mu}\times\boldsymbol{A}^{\nu})\cdot(\boldsymbol{A}_{\mu}\times\boldsymbol{A}_{\nu}) \tag{10.104}$$

第一项具有三个 $\boldsymbol{A}^{\mu}$ 因子，导致三胶子顶角［方程（8.42）］；第二项具有四个 $\boldsymbol{A}^{\mu}$ 因子，给出四胶子顶角［方程（8.43）］。（作为从拉氏量抽出费曼规则的练习，见习题 10.20 和习题 10.21。）

10.7 质量项

局域规范不变性原理对强和电磁作用运作得十分漂亮。首先它给我们一个确定耦合的机制（在“旧时代”$\mathscr{L}_{\mathrm{int}}$的构造纯粹是由于猜测）。进一步，如特胡夫特和其他人在 20 世纪 70 年代所证明的，[9] 规范理论是可重整的。而对弱作用的应用却受到规范场必须无质量的事实的袭扰。记住，普罗卡拉氏量的质量项不是局域规范不变的，而光子和胶子是无质量的，

W 粒子和 Z^0 当然不是。因此问题出现：我们是否能如此修改规范理论来描述有质量规范场？答案是**肯定**的，但过程——利用对称性自发破缺和希格斯机制——却是魔鬼般地微妙，值得开始仔细思考如何鉴别一个拉氏量中的质量项。

例如，假定你给标量场 ϕ 如下的拉氏量：

$$\mathscr{L}=\frac{1}{2}(\partial_\mu\phi)(\partial^\mu\phi)+\mathrm{e}^{-(\alpha\phi)^2} \tag{10.105}$$

其中 α 是某个（实）常数。质量项在哪里？初看没有存在的迹象，你可能得到这是一个**无质量**场的结论。但这是不对的，如果你展开指数，$\mathscr{L}$ 具有形式

$$\mathscr{L}=\frac{1}{2}(\partial_\mu\phi)(\partial^\mu\phi)+1-\alpha^2\phi^2+\frac{1}{2}\alpha^4\phi^4-\frac{1}{6}\alpha^6\phi^6+\cdots \tag{10.106}$$

1 是无关的（$\mathscr{L}$ 中的常数项对场方程没有影响），而第二项看起来就像克莱因-戈登拉氏量方程（10.11）中的质量项，其中 $\alpha^2=\frac{1}{2}(mc/\hbar)^2$。明显地，这个拉氏量描写一个粒子具有质量

$$m=\sqrt{2}\alpha\hbar/c \tag{10.107}$$

高阶项代表如下形式的耦合：

等等。当然这不是一个现实的理论——我写它只是作为一个拉氏量中的质量项是如何可以被“隐藏起来”的例子。为显示出它，我们把 $\mathscr{L}$ 按 ϕ 的幂次展开并挑出正比于 ϕ^2 的项（一般说，它是场——ϕ、ψ、A^μ 等等的二次项）。

但有更深刻的微妙性潜伏在此，我用如下拉氏量来说明：

$$\mathscr{L}=\frac{1}{2}(\partial_\mu\phi)(\partial^\mu\phi)+\frac{1}{2}\mu^2\phi^2-\frac{1}{4}\lambda^2\phi^4 \tag{10.108}$$

这里 μ 和 λ 是（实）常数。第二项看起来像个质量项（而第三项像一个相互作用）。但等一等！符号是错的［比较方程（10.11）］——如果有**质量**项，那么 m 是**虚**的，这没意义。那么我们该如何解释这个拉氏量？㊀为回答这个问题，我们必须了解费曼算法实际是一个微扰过程，其中我们从基态（“真空”）出发并把场看作这个态的涨落。对我们目前考虑的拉氏量，基态——最小能量的场位形——总是平常的：$\phi=0$。但在方程（10.108）的拉氏量中，$\phi=0$ 不是基态。为确定**真实**的基态，我们把 $\mathscr{L}$ 写作“动能”项（$\frac{1}{2}\partial_\mu\phi\partial^\mu\phi$）减“势能”项［由方程（10.4）的经典拉氏量启发］：

㊀ 我喜欢想象上帝具有一个巨型计算机——控制着工厂，它把拉氏量作为输入，而把它们所代表的宇宙作为输出。通常上帝的计算机没有问题——例如当你输入麦克斯韦拉氏量方程（10.35），它立即产出相互作用的电子、正电子和光子的电磁宇宙。有时花稍长的时间——例如方程（10.105）的拉氏量，一开始造成混淆直到解密了“隐”质量项。偶尔反馈回错误的信息：“这个拉氏量不能描写可能的宇宙；请检查语法错误或者不正确的符号”。这是将会发生的，例如如果你输入没有 λ 项的方程（10.108）的拉氏量的话。

$$\mathscr{L}=\mathscr{T}-\mathscr{U} \tag{10.109}$$

并寻找 $\mathscr{U}$ 的极小。在目前情形，

$$\mathscr{U}(\phi)=-\frac{1}{2}\mu^2\phi^2+\frac{1}{4}\lambda^2\phi^4 \tag{10.110}$$

而极小发生在

$$\phi=\pm\mu/\lambda \tag{10.111}$$

（见图 10.1）。费曼算法必须建立在从这些基态的一个或另一个之上的涨落的基础之上。这提示我们引进一个新的场变量 η，定义为

$$\eta\equiv\phi\pm\frac{\mu}{\lambda} \tag{10.112}$$

用 η，拉氏量写成

$$\mathscr{L}=\frac{1}{2}(\partial_\mu\eta)(\partial^\mu\eta)-\mu^2\eta^2\pm\mu\lambda\eta^3-\frac{1}{4}\lambda^2\eta^4+\frac{1}{4}(\mu^2/\lambda)^2 \tag{10.113}$$

第二项现在是一个具有正确符号的质量项，而我们发现［比较方程（10.11）］粒子的质量是

$$m=\sqrt{2}\mu\hbar/c \tag{10.114}$$

同时，第三和第四项代表耦合形如

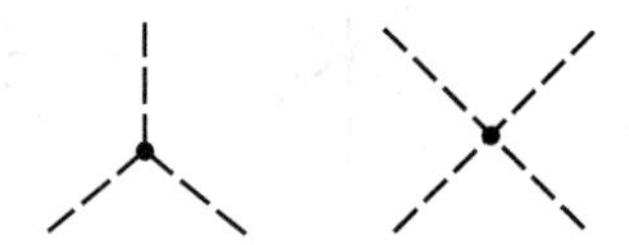

（最后一项是常数，不代表任何东西。）

我强调这些拉氏量［方程（10.108）和方程（10.113）］代表**严格同样的物理系统**；所有我们所做的就是改换**标记**［方程（10.112）］。但第 1 版不合适用于费曼算法（技术上，ϕ 的微扰系列将不收敛，因为它是一个在不稳定点的展开）；只有在第二种表达中我们能够读出质量和顶角因子。

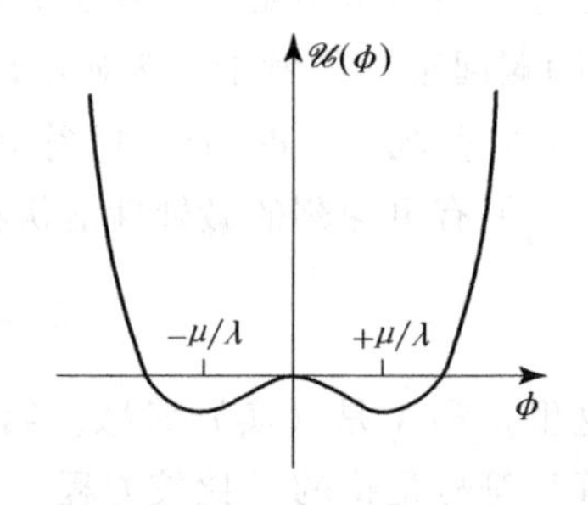

图 10.1 $\mathscr{U}(\phi)$ 的图［方程（10.110）］。

结论：为甄别拉氏量的质量项，我们首先确定基态（$\mathscr{U}(\phi)$极小的场位形）并把 $\mathscr{L}$ 重新表达为这个极小的涨落 η 的函数。按 η 的幂次展开，我们从 η^2 项的系数获得质量。

10.8 对称性自发破缺

我们刚才考虑的例子说明了另一个重要的现象：对称性自发破缺。原来的拉氏量［方程（10.108）］对 ϕ 是偶的：它在 $\phi\to-\phi$ 下是不变的。但重写的拉氏量［方程（10.113）］对 η 不是偶的；对称性“破缺”了。这是怎么发生的？这是由于“真空”（不管两个基态中的哪个是我们关心和工作的）分享了拉氏量的对称性。（所有基态的集合当然确实建立了我们被迫使用的费曼体系，且破坏了对称性）由于没有外部来源对其负责，我们叫这“自发

的”对称性破缺（例如引力破坏了这间屋子的对称性，使得“上”和“下”与“左”和“右”相当不同）。换种方式说，系统的真正对称性由于选择特殊的（不对称）基态而被“隐藏”起来了。在物理学的众多分支中有很多对称性自发破缺的例子。例如取一个薄塑料条（如一个短尺）：如果你挤压两端，它会拱成一个弯曲的形状，而它即可以向左弯也可向右弯——两者都是系统的基态，每个都破坏了左右对称性（见图 10.2）。

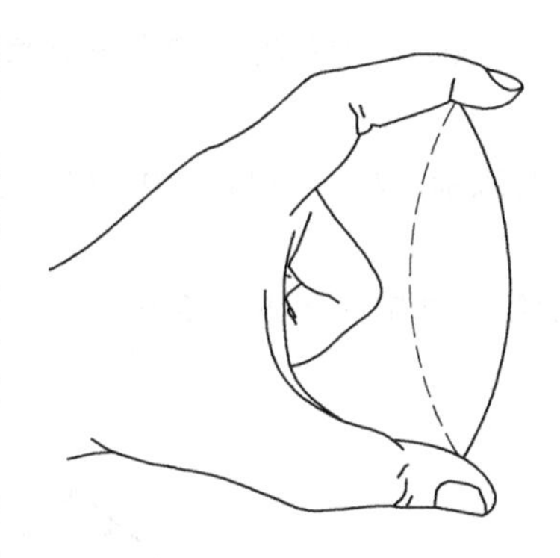

图 10.2 塑料条的对称性自发破缺。

但我们刚才考虑的对称性自发破缺是具有两个基态的分立对称性。更有兴趣的是当我们考虑连续对称性时所发生的事。（把图 10.2 的塑料条换为塑料棒——例如一个编织针。那么它可向任何方向弯曲，不只是左或右。[㊀]）很容易构造一个具有自发破缺的连续对称性的拉氏量。例如，

$$\mathscr{L}=\frac{1}{2}(\partial_\mu\phi_1)(\partial^\mu\phi_1)+\frac{1}{2}(\partial_\mu\phi_2)(\partial^\mu\phi_2)+\frac{1}{2}\mu^2(\phi_1^2+\phi_2^2)-\frac{1}{4}\lambda^2(\phi_1^2+\phi_2^2)^2 \tag{10.115}$$

这恒等于方程（10.108），只是现在有两个场 ϕ_1 和 ϕ_2，而由于 $\mathscr{L}$ 只涉及括号里的求和，它在 ϕ_1 和 ϕ_2 空间里的转动下是不变的。[㊁]

这次“势能”函数是

$$\mathscr{U}=-\frac{1}{2}\mu^2(\phi_1^2+\phi_2^2)+\frac{1}{4}\lambda^2(\phi_1^2+\phi_2^2)^2 \tag{10.116}$$

极小位于半径 μ/λ 的圆环：

$$\phi_{1\,\min}^2+\phi_{2\,\min}^2=\mu^2/\lambda^2 \tag{10.117}$$

（见图 10.3）。为使用费曼算法，我们必须对一个特别的基态（“真空”）进行展开——我们可以选

$$\phi_{1\min}=\mu/\lambda;\ \phi_{2\min}=0 \tag{10.118}$$

像以前一样，我们引进新场，η 和 ξ，它们是相对这个真空态的涨落：

$$\eta\equiv\phi_1-\mu/\lambda;\ \xi\equiv\phi_2 \tag{10.119}$$

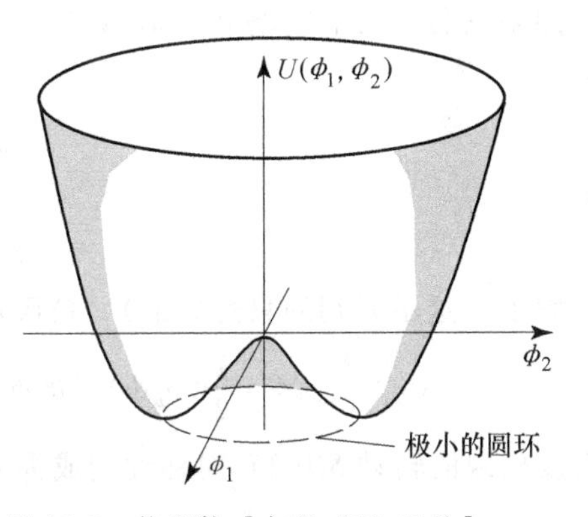

图 10.3 势函数［方程（10.116）］。

用这些新场重写拉氏量，我们发现（见习题 10.22）：

$$\mathscr{L}=\left[\frac{1}{2}(\partial_\mu\eta)(\partial^\mu\eta)-\mu^2\eta^2\right]+\left[\frac{1}{2}(\partial_\mu\xi)(\partial^\mu\xi)\right]-\left[\mu\lambda(\eta^3+\eta\xi^2)+\frac{\lambda^2}{4}(\eta^4+\xi^4+2\eta^2\xi^2)\right]+\frac{\mu^4}{4\lambda^2} \tag{10.120}$$

㊀ 一个更精细的例子是铁磁铁：在基态所有电子自旋同向排列，而排列的方向是历史的偶然。理论是对称的，而一个给定的铁块必须选择一个特别的方向，这（“自发地”）破缺了对称性。

㊁ 群论上，它在 $SO(2)$ 下是不变的：对任意“转角”θ（见习题 4.6）$\phi_1\to\phi_1\cos\theta+\phi_2\sin\theta$；$\phi_2\to-\phi_1\sin\theta+\phi_2\mathrm{s}\cos\theta$。

第一项是一个对场 η 的自由克莱因-戈登拉氏量［方程（10.11）］，它显然携带质量

$$m_\eta = \sqrt{2}\mu\hbar/c \tag{10.121}$$

［与以前一样，方程（10.114）］；第二项是对场 ξ 的一个自由拉氏量，它明显是零质量的：

$$m_\xi = 0 \tag{10.122}$$

而第三项定义了五个耦合：

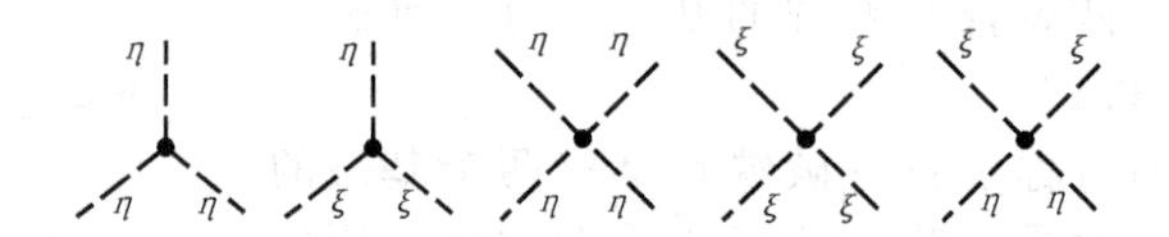

（当然最后的常数是无关的。）这个形式的拉氏量看起来根本不对称；方程（10.115）的对称性由于选择特殊的真空态而被破缺了（或“隐藏”了）。

这里值得注意的重要的事是有一个场（ξ）自动是无质量的。这不是偶然的。可以证明（戈德斯通（Goldstone）定理[10]）连续对称性的自发破缺**总会**伴随出现一个或更多的无质量标量（自旋0）粒子（我们叫它们“戈德斯通玻色子”）。㊀这是个灾难；我们希望利用对称性自发破缺机制来考虑弱作用规范场的质量，但现在我们发现这引进了一个无质量标量粒子，而在已知的基本粒子表中没有这样一个粒子。㊁然而，因为此故事有一个最后的令人难以置信的变化。它来自当我们应用对称性自发破缺的想法到局域规范不变性时。

10.9 希格斯机制

如果我们将两个实场 ϕ_1 和 ϕ_2 结合为单一复场，10.8 节讨论的拉氏量可以被写得更好看：

$$\phi \equiv \phi_1 + i\phi_2 \tag{10.123}$$

因此

$$\phi^*\phi = \phi_1^2 + \phi_2^2 \tag{10.124}$$

用此表示（这不是别的只是标记），拉氏量方程（10.115）可写作

$$\mathscr{L} = \frac{1}{2}(\partial_\mu\phi)^*(\partial^\mu\phi) + \frac{1}{2}\mu^2(\phi^*\phi) - \frac{1}{4}\lambda^2(\phi^*\phi)^2 \tag{10.125}$$

而自发破缺的转动 $SO(2)$ 对称性变成为 $U(1)$ 相位变换下的不变性：

$$\phi \to e^{i\theta}\phi \tag{10.126}$$

这精确地是我们回来在 10.3 节考虑过的对称性，只是现在我们不是讨论的旋量场而是标量场。我们可以要求系统在局域规范变换下不变

$$\phi \to e^{i\theta(x)}\phi \tag{10.127}$$

通过通常的引进无质规范场 A^μ 并在方程（10.125）中替换微商为协变微商［方程

㊀ 直观上，这是联系到沿 ξ 方向的激发没有阻力的事实。轻弹弯曲的编织针它将会绕轴自由旋转，而径向激发遭遇恢复力且系统振荡。

㊁ 很难想象这样一个粒子能够逃离检测。对重粒子，这总是一种可能——可能你正好没有足够的能量去产生它——但无质量粒子如果只以“丢失”的能量和动量形式，将肯定会出现在某些地方。

(10.38)]：

$$\mathscr{D}_\mu = \partial_\mu + \mathrm{i}\frac{q}{\hbar c}A_\mu \tag{10.128}$$

因此

$$\mathscr{L} = \frac{1}{2}\left[\left(\partial_\mu - \frac{\mathrm{i}q}{\hbar c}A_\mu\right)\phi^*\right]\left[\left(\partial^\mu + \frac{\mathrm{i}q}{\hbar c}A^\mu\right)\phi\right] + \frac{1}{2}\mu^2(\phi^*\phi) - \frac{1}{4}\lambda^2(\phi^*\phi)^2 - \frac{1}{16\pi}F^{\mu\nu}F_{\mu\nu} \tag{10.129}$$

现在我们追寻10.8节的步骤，应用它们到局域不变的拉氏量［方程（10.129)］。定义新场

$$\eta \equiv \phi_1 - \mu/\lambda, \quad \xi \equiv \phi_2 \tag{10.130}$$

比较方程（10.119)，拉氏量成为（见习题10.25)：

$$\begin{aligned}\mathscr{L} = &\left[\frac{1}{2}(\partial_\mu\eta)(\partial^\mu\eta) - \mu^2\eta^2\right] + \left[\frac{1}{2}(\partial_\mu\xi)(\partial^\mu\xi)\right] + \\ &\left[-\frac{1}{16\pi}F^{\mu\nu}F_{\mu\nu} + \frac{1}{2}\left(\frac{q}{\hbar c}\frac{\mu}{\lambda}\right)^2 A_\mu A^\mu\right] + \\ &\left\{\frac{q}{\hbar c}[\eta(\partial_\mu\xi) - \xi(\partial_\mu\eta)]A^\mu + \frac{\mu}{\lambda}\left(\frac{q}{\hbar c}\right)^2\eta(A_\mu A^\mu) + \frac{1}{2}\left(\frac{q}{\hbar c}\right)^2(\xi^2 + \eta^2)(A_\mu A^\mu) - \right. \\ &\left.\lambda\mu(\eta^3 + \eta\xi^2) - \frac{1}{4}\lambda^2(\eta^4 + 2\eta^2\xi^2 + \xi^4)\right\} + \\ &\left(\frac{\mu}{\lambda}\frac{q}{\hbar c}\right)(\partial_\mu\xi)A^\mu + \left(\frac{\mu^2}{2\lambda}\right)^2\end{aligned} \tag{10.131}$$

第一行与以前一样［方程（10.120)］；它代表一个质量$\sqrt{2}\mu\hbar/c$的标量粒子（η）和无质量的Goldstone粒子（ξ）。第二行描写自由规范场A^μ，但——说也奇怪——它具有质量：

$$m_A = 2\sqrt{\pi}\left(\frac{q\mu}{\lambda c^2}\right) \tag{10.132}$$

比较普罗卡拉氏量方程（10.121)。大括号里的项代表各种ξ、η和A^μ的耦合（见习题10.26)。看看A^μ的质量是从哪里来的是有趣的：原来的拉氏量方程（10.129）包含形为$\phi^*\phi A_\mu A^\mu$的项，它（在没有对称性自发破缺时）将代表一个耦合：

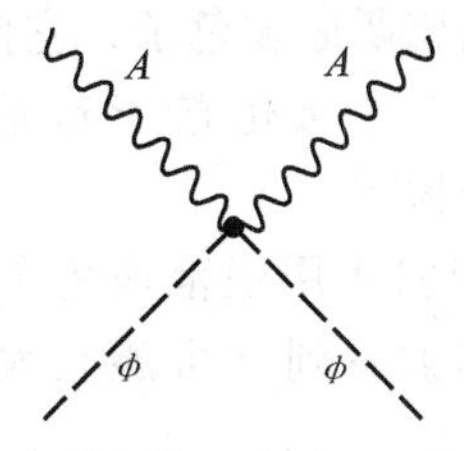

但当基态移动“偏心”，而场ϕ_1获得一个常数［方程（10.130)］，这部分拉氏量给出普罗卡质量项。

然而我们仍然具有那个不希望要的戈德斯通玻色子（ξ）。进一步，在$\mathscr{L}$中出现了一个可疑的项：

$$\left(\frac{\mu}{\lambda}\frac{q}{\hbar c}\right)(\partial_{\mu}\xi)A^{\mu} \tag{10.133}$$

这项是干什么的？如果我们把它看作一个相互作用，它导致一个顶角，形如

ξ - - - - -•〰〰 A

其中 ξ 转化成 A。任何这样双线性于两个不同的场的项，意味我们没有正确地辨别理论中的基本粒子（见习题 10.23）。两个困难都涉及场 $\xi=\phi_2$，且都可以通过利用 L 的局域规范不变性［其原始形式为方程（10.129）］**将这个场完全变换掉！** 将方程（10.126）写成它的实部和虚部，

$$\begin{aligned}\phi\to\phi' &= (\cos\theta+\mathrm{i}\sin\theta)(\phi_1+\mathrm{i}\phi_2)\\ &=(\phi_1\cos\theta-\phi_2\sin\theta)+\mathrm{i}(\phi_1\sin\theta+\phi_2\cos\theta)\end{aligned} \tag{10.134}$$

我们看到，选

$$\theta=-\arctan(\phi_2/\phi_1) \tag{10.135}$$

将把 ϕ' 变成实的，也就是 $\phi'_2=0$。规范场 A^{μ} 将相应地变换［方程（10.34）］，而拉氏量以新场变量将取与它用老变量同样的形式（这是我们说 $\mathscr{L}$ 是不变的含义）。唯一的差别是 ξ 现在是零。在这个特殊的规范，拉氏量方程（10.131）约化成

$$\begin{aligned}\mathscr{L}=&\left[\frac{1}{2}(\partial_{\mu}\eta)(\partial^{\mu}\eta)-\mu^2\eta^2\right]+\left[-\frac{1}{16\pi}F^{\mu\nu}F_{\mu\nu}+\frac{1}{2}\left(\frac{q}{\hbar c}\frac{\mu}{\lambda}\right)^2A_{\mu}A^{\mu}\right]+\\ &\left\{\frac{\mu}{\lambda}\left(\frac{q}{\hbar c}\right)^2\eta(A_{\mu}A^{\mu})+\frac{1}{2}\left(\frac{q}{\hbar c}\right)^2\eta^2(A_{\mu}A^{\mu})-\lambda\mu\eta^3-\frac{1}{4}\lambda^2\eta^4\right\}+\\ &\left(\frac{\mu^2}{2\lambda}\right)^2\end{aligned} \tag{10.136}$$

通过精明地选择规范，我们减除了戈德斯通玻色子和 $\mathscr{L}$ 中的讨厌的项；我们剩下了单一的有质量标量 η（“希格斯”粒子）和一个有质量的规范场 A^{μ}。

请了解：方程（10.129）和方程（10.136）的拉氏量描述**严格一样的物理系统**；所有我们所做的是选择一个方便的规范［方程（10.135）］并以对特殊基态的涨落重写场［方程（10.130）］。我们牺牲了明显的对称性以使物理内容表述更加清晰，并允许我们更直接地抽出费曼规则。而它仍是同样的拉氏量。有一个说明的方式来思考这点：一个无质量的矢量场具有两个自由度（横向极化）；当 A^{μ} 要求质量，它获得第三个分量（纵向极化）。这个额外的自由度来自哪里？答案：它来自戈德斯通玻色子，它同时从理论中消失。规范场“吃掉”戈德斯通玻色子，因而获得质量和第三个极化态。㊀这是著名的**希格斯机制**，局域规范不变性和对称性自发破缺的结合的重要产物[11]。

按照标准模型，希格斯机制负责弱作用规范玻色子（$W^{\pm}$ 和 Z^0）的质量。细节仍有待观察——希格斯粒子从未在实验室里被看到（可能它太重，使得任何已有的加速器上无法产生。㊁），而希格斯“势”，$\mathscr{U}(\phi)$ 是未知的（我使用 $\mathscr{U}=-\frac{1}{2}\mu^2(\phi^*\phi)+\frac{1}{4}\lambda^2(\phi^*\phi)^2$ 只

㊀ 我们不必采用任何特殊的规范。然而，如果我们不用，理论将包含非物理的“鬼”粒子，而最简单的是从一开始就明显减除它。

㊁ 希格斯粒子已于2012年7月在CERN的LHC上被发现，质量约为 $126\mathrm{GeV}/c^2$。——译者注

是为了讨论方便）。[㊀]事实上可能会有很多希格斯粒子，或它可能具有复合结构，但不要紧：重要的是我们已经发现一个给予规范场质量的原则方式，[㊁]而这使得我们可以相信所有基本相互作用——弱还有强和电磁——都可以由局域规范理论描写[12]。

参考文献

1 For an introduction to the Lagrangian formulation of classical mechanics, see Taylor, J. R. **(2005)** *Classical Mechanics*, University Science Books, Sausalito, C.A. or; (a) Marion, J. B. and Thornton, S. T. **(1995)** *Classical Dynamics of Particles and Systems*, 4th edn, Harcourt, Orlando, F.L.

2 The Euler–Lagrange equation can be obtained, in turn, from the Principle of Least Action. See Poole, C. P., Sapko, J. L. and Goldstein, H. **(2002)** *Classical Mechanics*, 3rd edn, Addison-Wesley, Reading, M.A. or; (a) Lanczos, C. **(1986)** *The Variational Principles of Mechanics*, Dover, New York.

3 Weyl, H. **(1919)** *Annals of Physics*, **59**, 101. See also; (a) Al-Kuwari, H. and Taha, M. O. **(1991)** *American Journal of Physics*, **59**, 4. or; (b) Moriyasu, K. **(1983)** *An Elementary Primer for Gauge Theory*, World Scientific, Singapore.

4 Yang, C. N. and Mills, R. L. **(1954)** *Physics Review*, **96**, 191. For historical commentary see; (a) Mills, R. **(1989)** *American Journal of Physics*, **57**, 493. or; (b) 't Hooft, G. **(2005)** *Fifty Years of Yang–Mills Theory*, Singapore: World Scientific.

5 See, for example, Chevalley, C. **(1946)** *Theory of Lie Groups*, Princeton University Press, Princeton, N.J.

6 Local gauge theories are treated with extraordinary clarity and beauty in the unpublished research notes Wheeler, N. A. **(1981)** *'Classical Chromodynamics' and 'Bare Bones of the Classical Theory of Gauge Fields'*, Reed College, Portland, O.R.

7 Actor, A. **(1979)** *Reviews of Modern Physics*, **51**, 461.

8 The details will be found in any treatise on quantum field theory, such as those cited in the Introduction.

9 't Hooft, G. **(1971)** *Nuclear Physics*, **B33**, 173; **(1971) B35**, 167. Reprinted in (a) Lai, C. H. (ed) **(1981)** *Gauge Theory of Weak and Electromagnetic Interactions*, World Scientific, Singapore.

10 Goldstone, J. **(1961)** *Nuovo Cimento*, **19**, 154. Goldstone, J., Salam, A. and Weinberg, S. **(1962)** *Physics Review*, **127**, 965.

11 Higgs, P. W. **(1964)** *Physics Letters*, **12**, 132; Englert, F. and Brout, R. **(1964)** *Physical Review Letters*, **13**, 321.

12 For detailed application of the Higgs mechanism in the electroweak theory of Glashow, Weinberg, and Salam, see, for instance, Chapter 15 of Halzen, F. and Martin, A. D. 1984) *Quarks and Leptons* John Wiley & Sons, Ltd, New York.

习　题

10.1 拉格朗日体系的一个优点是它不要求我们使用任何特殊的坐标系统——方程(10.6)的 q 可以是笛卡儿坐标或极坐标，或任何其他我们可能用来表示粒子位置的变量。

㊀ 实际上，为理论可重整，势必须是场的四次。

㊁ 在标准模型中，希格斯粒子还负责夸克和轻子的质量；它们最初都被取为无质量的，但假设具有对希格斯粒子的汤川耦合（见习题10.21）。当后者由于对称性自发破缺而“平移”[方程（10.130）]，汤川耦合分解成两部分，其中一个是真实的相互作用而另一个是对场 ψ 的质量项。这是一个漂亮的想法，但它并未帮助我们计算费米子的质量，因为汤川耦合常数本身是未知的。只有当（和如果）希格斯粒子被实际发现才有可能从实验上验证所有这些。见第12章。

例如假设我们希望分析一个无摩擦地在一个轴向上的锥体内表面下滑的粒子的运动，如下：

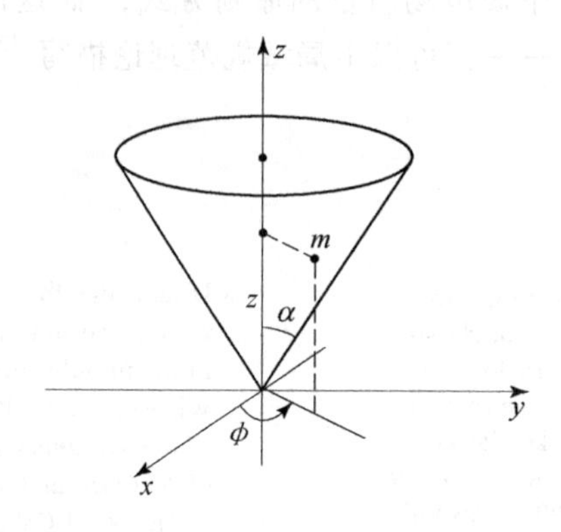

（a）用变量 z、ϕ、常数 α（锥的张角）、m（粒子的质量）和 g（重力加速度）表达 T 和 U。

（b）构造拉氏量，并应用欧拉-拉格朗日方程获得 $z(t)$ 和 $\phi(t)$ 的微分方程。

（c）证明 $L=(m\tan^2\alpha)\ z^2\dot{\phi}$ 是一个运动常数。这个量物理上是什么？

（d）利用（c）的结果从 z 的方程中减除 $\dot{\phi}$。（你会留下对 z（t）的二阶微分方程；如果你希望进一步深究此问题，最容易的是利用能量守恒，它给出对 z 的一阶方程。）

10.2 推导方程（10.17）。

10.3 从方程（10.19）出发，证明 $\partial_\mu A^\mu=0$，因此 A^μ 的每个分量都满足克莱因-戈登方程 $\Box A^\nu+(mc/\hbar)^2A^\nu=0$。

10.4 如其所示，狄拉克拉氏量方程（10.14）对待 ψ 和 $\bar{\psi}$ 是不对称的。有些人喜欢使用修改的拉氏量同样地对待它们：

$$\mathcal{L}=\frac{i\hbar c}{2}[\bar{\psi}\gamma^\mu(\partial_\mu\psi)-(\partial_\mu\bar{\psi})\gamma^\mu\psi]-(mc^2)\bar{\psi}\psi$$

应用欧拉-拉格朗日方程于这个 $\mathcal{L}$，并证明你得到狄拉克方程［方程（10.15）］和其共轭。

10.5 复场的克莱因-戈登拉氏量应是

$$\mathcal{L}=\frac{1}{2}(\partial_\mu\phi)^*(\partial^\mu\phi)-\frac{1}{2}(mc/\hbar)^2\phi^*\phi$$

将 ϕ 和 ϕ^* 看作独立场变量，推导每个的场方程并证明这些场方程是自洽的（即一个是另一个的复共轭）。

10.6 应用欧拉-拉格朗日方程到方程（10.33）获得带电磁耦合的狄拉克方程。

10.7 证明狄拉克流［方程（10.36）］满足连续性方程［方程（10.25）］。

10.8 复克莱因-戈登拉氏量（见习题10.5）在整体规范变换 $\phi\rightarrow e^{i\theta}\phi$ 下是不变的。施加局域规范不变性来构造完全的规范不变拉氏量，并确定流密度 J^μ。对 ϕ 利用欧拉-拉格朗日方程，证明这个流服从连续性方程［方程（10.25）］。［**警告：** 流由方程（10.24）不是方程（10.23）定义。确实前者（平时）来自后者，但当 J^μ 明显依赖 A^μ 则不是。在此（罕见）的情形你不能在 $\mathcal{L}$ 中只是摘掉正比于 A^μ 的项；而是你需要利用欧拉-拉格朗日方程确定$\partial_\mu F^{\mu\nu}$，并从它得到流。]

10.9 （a）假设场变量（ϕ_i）做无穷小整体变换$\delta\phi_i$。证明拉氏量$\mathscr{L}(\phi_i, \partial_\mu\phi_i)$的改变量为

$$\delta\mathscr{L}=\partial_\mu\left\{\frac{\partial\mathscr{L}}{\partial(\partial_\mu\phi_i)}\delta\phi_i\right\}$$

特别地，如果拉氏量在所讨论问题的变换下是不变的，那么$\delta\mathscr{L}=0$，而在大括号里的项构成守恒流（即服从连续性方程）。更精确地，如果变换$\delta\phi_i$由参数$\delta\theta$标记，诺特流

$$J^\mu=\frac{\partial\mathscr{L}}{\partial(\partial_\mu\phi_i)}\frac{\delta\phi_i}{\delta\theta}$$

相当于一个整体常数，在具体问题里根据方便确定。这是诺特定理的本质[3]，将拉氏量的对称性联系到守恒定律。

（b）应用诺特定理到狄拉克拉氏量［方程（10.14）］，构造与整体相位不变性方程（10.26）相联系的守恒流。与电流方程（10.36）进行比较。

（c）对习题10.8的复克莱因—戈登拉氏量做同样的事。

10.10 推导方程（10.51）

10.11 利用方程（10.54）~方程（10.56），从方程（10.57）推导方程（10.58）。

10.12 假设我们在杨-米尔斯理论中定义

$$\boldsymbol{F}^{\mu\nu}\equiv\partial^\mu\boldsymbol{A}^\nu-\partial^\nu\boldsymbol{A}^\mu$$

（a）找出此$\boldsymbol{F}^{\mu\nu}$在无穷小规范变换方程（10.61）下的变换规则。

（b）确定此种情形下$\mathscr{L}_{\mathrm{A}}$［方程（10.63）］的无穷小变换规则。拉氏量是不变的吗？

$$[\text{答案：(a) }\boldsymbol{F}^{\mu\nu}\rightarrow\boldsymbol{F}^{\mu\nu}+\frac{2g}{\hbar c}[\boldsymbol{\lambda}\times\boldsymbol{F}^{\mu\nu}+\boldsymbol{A}^\mu\times\partial^\nu\boldsymbol{\lambda}-\boldsymbol{A}^\nu\times\partial^\mu\boldsymbol{\lambda}]$$

$$\text{(b) }\boldsymbol{F}^{\mu\nu}\cdot\boldsymbol{F}_{\mu\nu}\rightarrow\boldsymbol{F}^{\mu\nu}\cdot\boldsymbol{F}_{\mu\nu}+\frac{8g}{\hbar c}(\boldsymbol{A}_\nu\times\boldsymbol{F}^{\mu\nu})\cdot\partial_\mu\boldsymbol{\lambda}]$$

10.13 从方程（10.61）和方程（10.65）出发推导方程（10.66）。

10.14 证明规范场拉氏量［方程（10.63）］在有限局域规范变换下是不变的，如下：

（a）利用方程（10.58）和方程（10.65），证明

$$\boldsymbol{\tau}\cdot\boldsymbol{F}^{\mu\nu\prime}=S(\boldsymbol{\tau}\cdot\boldsymbol{F}^{\mu\nu})S^{-1}$$

$$[\text{注意}\partial_\mu(S^{-1}S)=0\Rightarrow(\partial_\mu S^{-1})S=-S^{-1}(\partial_\mu S)\text{。}]$$

（b）因此证明

$$\mathrm{Tr}[(\boldsymbol{\tau}\cdot\boldsymbol{F}^{\mu\nu})(\boldsymbol{\tau}\cdot\boldsymbol{F}_{\mu\nu})]$$

是不变的。

（c）利用习题4.20（c）证明（b）的迹等于$2\boldsymbol{F}^{\mu\nu}\cdot\boldsymbol{F}_{\mu\nu}$。

10.15 应用欧拉-拉格朗日方程到方程（10.69）的拉氏量。使用标准的联系［方程（7.71）、方程（7.72）和方程（7.79）］，得到对经典杨-米尔斯理论的“麦克斯韦方程组”。［注意在这个理论中有三个荷密度，三个流密度，三个标量势，三个矢量势，三个“电”场合三个“磁”场。］（不像电动力学，你对$\boldsymbol{E}$和$\boldsymbol{B}$的散度和旋度的表达式不可避免要包括势。）

10.16 证明任何 3×3 厄米矩阵都可以被写成单位矩阵和八个盖尔曼矩阵［方程(10.76)］的线性组合。

10.17 (a) 证明对任何矩阵 A 有 $\det(e^A)=e^{\mathrm{Tr}(A)}$。［提示：首先验证对角矩阵。然后推广证明到任意可对角化矩阵（$S^{-1}AS=D$，其中 D 对角对某个矩阵 S）——证明 $\mathrm{Tr}(A)=\mathrm{Tr}(D)$ 且 $S^{-1}e^AS=e^D$，因此 $\det(e^A)=\det(e^D)$。当然，不是所有矩阵都是可对角化的；然而，每个矩阵都可变成约当正则形式（$S^{-1}AS=J$，其中 J 是对角，只是某些 1 存在在主对角之下）。从那里出发。］

(b) 证明 $e^{i\boldsymbol{\lambda}\cdot\boldsymbol{a}}$［方程（10.78）］的行列式为 1。

10.18 从方程（10.81）出发推导方程（10.82）和方程（10.83）。

10.19 证明普罗卡传播子［方程（10.95）］是方程（10.92）的张量在文中所解释的意义上的逆。

10.20 构造 ABC 理论（第 6 章）的拉氏量。

10.21 给出汤川拉氏量的物理诠释：

$$\mathscr{L}=[i\hbar c\,\bar{\psi}\gamma^{\mu}\partial_{\mu}\psi-m_1c^2\bar{\psi}\psi]+\left[\frac{1}{2}(\partial_{\mu}\phi)(\partial^{\mu}\phi)-\frac{1}{2}\left(\frac{m_2c}{\hbar}\right)^2\phi^2\right]-\alpha_Y\bar{\psi}\psi\phi \quad (10.137)$$

粒子的自旋和质量是多少？它们的传播子是什么？画出它们相互作用的费曼图并确定顶角因子。

10.22 推导方程（10.120）。

10.23 假设我们在方程（10.119）中取

$$\psi_1\equiv(\eta+\xi)/\sqrt{2} \quad 和 \quad \psi_2\equiv(\eta-\xi)/\sqrt{2}$$

作为基本场，将拉氏量（方程 10.120）用 ψ_1 和 ψ_2 表达。

［评论：看起来好像这里我们有两个有质量场，因此逃出了戈德斯通定理。不幸的是，还有一个项形如——$\mu^2\psi_1\psi_2$。如果你把它解释为相互作用，它将 ψ_1 转化为 ψ_2，反之亦然，而这意味没有一个可作为独立的自由粒子存在。这样的表达应被解释成质量矩阵［方程(10.45)］的非对角元，提示我们不正确地选择了理论的基本场。物理场是那些 M 是对角且没有从一个到其他的直接跃迁的场。我们以前在 4.4.3 节碰到过一次这种情况：我们发现 $K^0\leftrightarrow\bar{K}^0$，因此这些不是物理粒子态；而线性组合 K_1 和 K_2，用它们表达的质量矩阵是对角的，是“真实”的粒子。］

10.24 推广方程（10.115）后的论据到三个场（ϕ_1，ϕ_2，ϕ_3）的情形。三个粒子的质量是多少？在这种情形下有多少戈德斯通玻色子？

10.25 从方程（10.129）和方程（10.130）出发推导方程（10.131）。

10.26 画出方程（10.131）中大括号中的所有相互作用的原始顶角。圈出那些在方程(10.136)中生存下来的顶角。

第11章

中微子振荡

近来的实验证实中微子可以从一个味道转化成其他的味道（例如，$\nu_e \leftrightarrow \nu_\mu$）。这意味中微子具有非零的质量，且轻子数（电子、缪子和陶子）是不分别守恒的。中微子振荡解决了太阳中微子问题，并建议对标准模型进行稍许修改。这里的处理很大程度是自洽的，甚至可以在第2章之后就立即阅读。

11.1　太阳中微子问题

故事开始于[1]19世纪中叶，当瑞利勋爵承诺计算太阳的年龄。他假设（如那时每个人所做的那样）太阳的能源是引力——当所有物质自无穷远“塌缩”累积的能量随时间被以辐射的方式释放。在已知太阳辐射率的基础上（他把它取为常数），瑞利证明太阳最大可能的年龄比地理学家估计的地球的年龄小很多，且更关键地，短于达尔文进化理论所要求的年龄。这使瑞利勋爵十分高兴，他从古怪的宗教角度反对进化论。但这却使达尔文很焦虑，他在他的书的后继版本中删掉了自己的估算。

1896年贝克莱儿（Becquerel）发现了放射性。在随后的研究中他和居里注意到放射性物质像镭放出大量的热。这提示核裂变可能是太阳能量之源，而不是引力，可是这将允许更长的寿命。唯一的麻烦是没看到任何来自几乎完全由氢构成（外加少量轻元素，而当然不是铀和镭）的太阳的辐射物。

到1920年，阿斯藤（Aston）完成了对一系列原子量的细致测量，而艾丁顿注意到四个氢原子比一个^{4}He原子略重。这意味着（以爱因斯坦$E=mc^2$的观点）四个氢原子的聚变将在能量上是允许的，并且将释放巨量的能量。艾丁顿提出这个过程（核聚变）为太阳提供能量，本质上他是对的。当然，艾丁顿不知道把氢原子结合在一起的机制可能是什么；这必须得等到20世纪30年代核物理的发展——特别地，查德威克发现中子，泡利发明中微子。

1938年，汉斯·贝塔（Hans Bethe）做出细节，结果相当复杂。在重的恒星中主导的机制是CNO（碳-氮-氧）循环，其中聚变过程由少量这三种元素“催化”。但在太阳（及其他相对轻的恒星）中主导路径是所谓pp链（见图11.1）。作为开始，一对质子（氢原子核）

结合成一个氘、一个正电子和一个中微子。（氘是一个质子和一个中子，因此这里实际发生的是一个质子转化成一个中子、一个正电子和一个中微子——逆中子衰变。）作为变化，出射正电子可以被一个入射电子所替代。两种方式我们都从质子产生了氘（伴随些中微子）。氘很快捡拾另一个质子形成^{3}He 核子（两个质子和一个中子），以一个光子的形式释放能量。^{3}He 有三种行为：它可以与另一个松弛的质子结合形成阿尔法粒子—^{4}He 的核（两个质子和两个中子）。一个质子再次被转化成一个中子（辐射一个正电子和一个中微子）。或两个^{3}He 可以聚在一起形成一个阿尔法粒子和两个剩下的质子。或^{3}He 可以与一个阿尔法粒子（产生于前面的反应）结合形成^{7}Be 并辐射一个光子。最后铍可以吸收一个电子形成锂，它捡拾一个质子产生两个阿尔法粒子或吸收一个质子形成 B，它变到^{8}Be 的激发态，在那里有两个阿尔法粒子。

PP 链

步骤 1：两个质子形成氘

$$p + p \to d + e^+ + \nu_e$$

$$p + p + e^- \to d + \nu_e$$

步骤 2：氘加质子形成^{3}He

$$d + p \to {}^3He + \gamma$$

步骤 3：^{3}He 形成阿尔法粒子或^{7}Be

$$^3He + p \to \alpha + e^+ + \nu_e$$

$$^3He + {}^3He \to \alpha + p + p$$

$$^3He + \alpha \to {}^7Be + \gamma$$

步骤 4：Be 形成阿尔法粒子

$$^7Be + e^- \to {}^7Li + \nu_e$$

$$^7Li + p \to \alpha + \alpha$$

$$^7Be + p \to {}^8B + \gamma$$

$$^8B \to {}^8Be^* + e^+ + \nu_e$$

$$^8Be^* \to \alpha + \alpha$$

图 11.1 pp 链：太阳中质子如何形成阿尔法粒子。

细节不很重要；关键点是所有都从氢（质子）出发，而所有都以阿尔法粒子（^{4}He 核）结尾——精确的艾丁顿反应——加一些电子、正电子、光子…和中微子。但这个复杂的故事是真的吗？我们如何鉴别在太阳里所进行的过程？光子花费上千年从中心跑到表面，我们从地球所看到的无法告诉我们太多内部的情形。而中微子由于相互作用弱，穿过太阳几乎不受影响。因此中微子是研究太阳内部的完美探针。

pp 链中有五个反应产生中微子，每个反应的中微子产生以其特征能谱呈现出来，如图 11.2 所示。压倒性的多数来自初始的反应 $p + p \to d + e + \nu_e$。不幸的是，它们携带的能量相对较低，大多数探测器在此区域不灵敏。由于这个原因，虽然^{8}B 中微子丰度很小，但大多数实验实际主要研究它们。

当然有很多中微子来自太阳。负责太阳中微子丰度的大多数计算的约翰巴寇（John Bahcall）喜欢说每秒有一千亿中微子穿过你的大拇指甲；它们如此轻飘，你可以在你的整

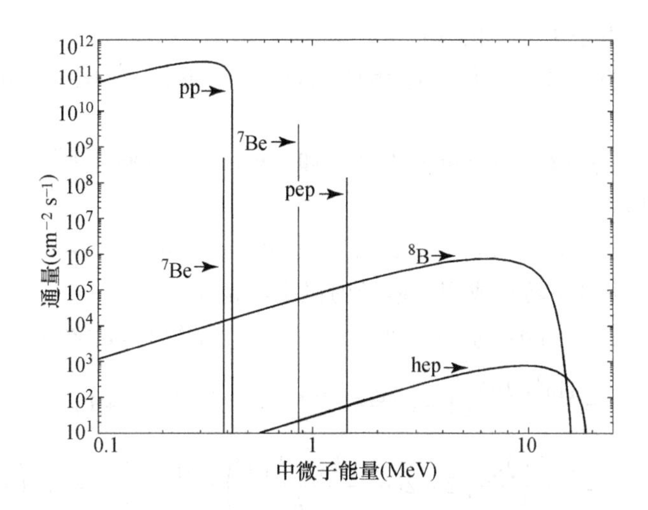

图 11.2 太阳中微子的计算能谱。（来源：J. N. Bahcall, A. M. Serenelli, and S. Basu, *Astrophysical Journal* 621, L85 (2005).）

个生命中在你的身体里找到一或两次中微子导致的反应。1968 年，瑞·达维斯（Ray Davis）等[2]报道了利用在南达口达（South Dakota）矿井（你必须在极深的地下以减除宇宙线的背景）的巨型氯罐（实际上，清洁的流体）的第一个测量太阳中微子的实验。氯可以通过反应 $\nu_e + {}^{37}\mathrm{Cl} \to {}^{37}\mathrm{Ar} + e$（本质上还是 $\nu_e + n \to p + e$）吸收一个中微子并转化成氩。达维斯实验——它因此最后获得 2002 年诺贝尔物理奖——收集了几个月的氩原子（它们以大约每两天产生一个原子的速率产生）。总共累积的只是大约巴寇预言的三分之一[3]。这就诞生了著名的**太阳中微子问题**。

11.2 振荡

当时，大多数物理学家认为实验做错了。后来达维斯声称在含有 615t 的四氯乙烯的罐中找到 33 个氩原子——不难想象他可能漏掉了少量。在理论方面，巴寇的计算要求相信太阳内部的所谓标准太阳模型。而业界逐渐地开始认真对待太阳中微子问题——特别当其他实验利用相当不同的检测方法证实了差异。

1968 年，布鲁诺·彭特寇沃（Bruno Pontecorvo）提出一个对太阳中微子问题的简单而漂亮的解释。他提出由太阳产生的电子中微子在飞行的过程中被转化成不同的种类了（例缪中微子，或甚至反中微子），对它们达维斯的实验不敏感[4]。这是我们今天称之为**中微子振荡**的机制。理论相当简单——基本是量子力学的混合态，它本身几乎恒等于耦合振子的经典理论[5]。考虑只有两种中微子的情形——例 ν_e 和 ν_μ。如果一个可以自发地转化成另一个，这意味两个都不是哈密顿量的本征态。真实的系统定态明显是某些正交线性组合：

$$\nu_1 = \cos\theta\nu_\mu - \sin\theta\nu_e;\ \ \nu_2 = \sin\theta\nu_\mu + \cos\theta\nu_e \tag{11.1}$$

（把系数写成 sin 和 cos 只是一个保证归一化的聪明方式。）

按照薛定谔方程，这些本征态具有简单的时间依赖 $e^{-iE_1 t/\hbar}$：

$$\nu_1(t) = \nu_1(0)e^{-iE_1 t/\hbar};\ \ \nu_2(t) = \nu_2(0)e^{-iE_2 t/\hbar} \tag{11.2}$$

例如假定粒子从一个电子中微子出发：

$$\nu_e(0)=1,\nu_\mu(0)=0,\text{因此 }\nu_1(0)=-\sin\theta,\ \nu_2(0)=\cos\theta \tag{11.3}$$

在这种情形下

$$\nu_1(t)=-\sin\theta e^{-iE_1t/\hbar}\quad\text{和}\quad\nu_2(t)=\cos\theta e^{-iE_2t/\hbar} \tag{11.4}$$

对 ν_μ 解方程（11.1），

$$\nu_\mu(t)=\cos\theta\nu_1(t)+\sin\theta\nu_2(t)=\sin\theta\cos\theta(-e^{-iE_1t/\hbar}+e^{-iE_2t/\hbar}) \tag{11.5}$$

一段时间 t 后，电子中微子转化成缪中微子的概率明显是

$$\begin{aligned}|\nu_\mu(t)|^2&=(\sin\theta\cos\theta)^2(e^{-iE_2t/\hbar}-e^{-iE_1t/\hbar})(e^{iE_2t/\hbar}-e^{iE_1t/\hbar})\\&=\frac{\sin^2(2\theta)}{4}(1-e^{i(E_2-E_1)t/\hbar}-e^{-i(E_2-E_1)t/\hbar}+1)\\&=\frac{\sin^2(2\theta)}{4}\left(2-2\cos\frac{(E_2-E_1)t}{\hbar}\right)=\frac{\sin^2(2\theta)}{4}4\sin^2\left(\frac{E_2-E_1}{2\hbar}t\right)\end{aligned}$$

或

$$P_{\nu_e\to\nu_\mu}=\left[\sin(2\theta)\sin\left(\frac{E_2-E_1}{2\hbar}t\right)\right]^2 \tag{11.6}$$

你看到为什么它们叫中微子振荡：ν_e 将转化成 ν_μ，然后再正弦地转化回来，就像耦合振子在正常模之间来去来回。在这个理论中电子和缪子中微子本身没有很好定义的能量或质量；“质量本征态”是 ν_1 和 ν_2，质量 m_1 和 m_2。㊀一个质量 m 动量 $\boldsymbol{p}$ 的极相对论粒子的能量是什么？从 $E^2-|\boldsymbol{p}|^2c^2=m^2c^4$，可得

$$E^2=|\boldsymbol{p}|^2c^2+m^2c^4=|\boldsymbol{p}|^2c^2\left(1+\frac{m^2c^2}{|\boldsymbol{p}|^2}\right)$$

$$E\approx|\boldsymbol{p}|c\left(1+\frac{1}{2}\frac{m^2c^2}{|\boldsymbol{p}|^2}\right)=|\boldsymbol{p}|c+\frac{m^2c^3}{2|\boldsymbol{p}|}$$

那么明显地，㊁

$$E_2-E_1\approx\frac{m_2^2c^3-m_1^2c^3}{2|\boldsymbol{p}|}\approx\frac{(m_2^2-m_1^2)}{2E}c^4 \tag{11.7}$$

因此㊂

$$P_{\nu_e\to\nu_\mu}=\left[\sin(2\theta)\sin\left(\frac{(m_2^2-m_1^2)c^4}{4\hbar E}t\right)\right]^2 \tag{11.8}$$

如果你喜欢，将结果用中微子穿行的距离 $z\approx ct$ 表达：

$$P_{\nu_e\to\nu_\mu}=\left[\sin(2\theta)\sin\left(\frac{(m_2^2-m_1^2)c^3}{4\hbar E}z\right)\right]^2 \tag{11.9}$$

特别地，在距离

$$L=\frac{2\pi\hbar E}{(m_2^2-m_1^2)c^3} \tag{11.10}$$

㊀ 特别地，说电子中微子的“质量”字面上是没意义的——它没有质量，不过是三音和弦的一个（单一）音。

㊁ 这里我采用标准的推导，其中 $\boldsymbol{p}$ 而不是 E 取为常数。恺瑟（Kayser）[26] 强调这是“技术上不正确”，但“无害的错误”，因为它导致（简单得多）正确的答案。

㊂ 恰好同样的体系应用于中性 K 混合（4.8.1 节）——见习题 11.2。

后转化概率达到最大值 $\sin^2(2\theta)$，而 $2L$ 后它们所有都回到电子中微子。

注意两件事是必须的，为使中微子振荡能发生：必须有混合（θ），且质量必须不相等——特别地它们不能都为零。有人断言标准模型要求中微子是无质量的，我不同意。确实如果你做此假设一些计算比较容易，但没有中微子应该具有零质量的基本理由（而对光子却绝对是有基本理由的）。跨代混合是一个更深刻的改变，虽然在夸克部分这已经发生了，而对轻子如果不发生将会十分令人奇怪。㊀

11.3 证实

2001 年，超级神冈合作组给出了他们关于太阳中微子的结果[9]。不像达维斯实验，SuperK 利用水作为探测器（见图 11.3），它对缪和陶中微子像对电子中微子一样敏感。过程是弹性中微子-电子散射：$\nu+e\rightarrow\nu+e$；出射电子由其在水里放出的切伦科夫辐射而被探测。中微子可以是任何种类，但电子中微子的探测效率是其他两种的 6.5 倍多。㊁它们记录了 45% 的预言数目……假定所有这些中微子仍是电子中微子的话。但记住他们的探测器记录缪和陶中微子的效率较低。如果一些 ν_e 转化成了 ν_μ 或 ν_τ，那么实际的通量将会更高—但到底多高他们无法估计，因为他们没办法知道多少比例的中微子实际上转化了。你可以回来查看 Homestake 数据（记住，Homestack 只记录电子中微子），但条件如此不同使得比较不太有说服力。

同时在 Sudbury 中微子观测站（SNO）进行着十分类似的实验，使用重水（D_2O）替代普通水。重水的优点是出现的中子允许两种其他反应（除电子弹性散射外），这使得人们可以分别测量电子中微子通量和总中微子通量（见图 11.4）。2001 年夏天 SNO 合作组发表了他们的首个结果[10]，报道了中微子吸收过程（这只适用于电子中微子）。他们获得所预期的通量的 35%。如果你把这与超级神冈的数据（45%）比较，看起来超级神冈检测到的中微子的 10% 实际上是 ν_μ 或 ν_τ。而我们知道探测器对电子中微子是 6.5 倍更高效率，因此如果它们是 ν_e，他们应已经记录了 $6.5\times10=65\%$，因此 $35+65=100$——正好对上！这也太完美了以致很难是偶然的，很多人因此得到结论：太阳中微子问题被解决了，而中微子振荡被证实了。仍然不是所有人都相信，因为这个论据涉及取自不同条件不同仪器的尴尬级联数据。为确切地敲定两个测量——总通量和电子中微子通量——必须在全同条件获取。㊂

㊀ 当中微子穿过物质（相对于真空）时，由于电子中微子的弹性散射（$\nu_e+e\rightarrow\nu_e+e$ 通过交换一个 W）和 Z^0 媒介的任意味道的中微子和 e、p 和 n 的相互作用导致有额外的效应。这个可能性首先由沃芬斯坦（Wolfenstein）、米开耶夫（Mikheyev）和斯莫尔诺夫（Smirnov）[7] 提出（因此原来被称为 MSW 效应），不改变方程（11.9）的函数形式，但它却以依赖物质密度和束流能量的方式修正了有效混合角和质量分裂[8]。

㊁ 弹性中微子-电子散射可以通过 Z^0 交换对所有三种中微子种类进行，而对电子中微子有一个额外由 W 媒介的图（见习题 11.3）。

㊂ 偶然地，你可能想知道中微子是否衰变——这将当然能描写那些差别。但它们衰变成什么呢？可能是某些我们以前从未注意到的更轻的费米子。这实际是另一个（如果合理的话）解释直到 SNO 实验结论性地证实不仅电子中微子消失，且其他味道在那里出现。恺瑟叫这为中微子振荡的“确切证据”。可能最重的中微子至少是不稳定的，但其寿命据推测确实太长，无法影响目前的实验[11]。

图 11.3　超级神冈探测器（注意在橡皮筏上的人）。

检测方法

Homestake 实验（1968）：

$$\nu_e + {}^{37}\mathrm{Cl} \to {}^{37}\mathrm{Ar} + \mathrm{e}$$

超级神冈实验（1998）：

$$\nu + \mathrm{e} \to \nu + \mathrm{e}$$

太阳中微子观测站（2002）：

$$\nu_e + \mathrm{d} \to \mathrm{p} + \mathrm{p} + \mathrm{e}$$

$$\nu + \mathrm{d} \to \mathrm{n} + \mathrm{p} + \nu$$

$$\nu + \mathrm{e} \to \nu + \mathrm{e}$$

图 11.4　在 Homestake、SuperK 和 SNO 的检测机制。

这些结果最后由 SNO 合作组在 2002 年 4 月给出[12]。足以说它们完美地证实了上个夏天的暂时结论，其中

$$\theta_{\text{sol}} \approx \pi/6, \qquad \Delta(m^2)_{\text{sol}} \approx 8 \times 10^{-5}(\text{eV}/c^2)^2 \tag{11.11}$$

（对电子中微子转化成缪和/或陶中微子。）

当然，太阳不是唯一的中微子供体。还有陆地源（放射性材料、核反应堆和粒子加速器），大气源（宇宙射线）及天体源（超新星）。事实上，首个中微子振荡的强证据是在神冈[13]（超级神冈的前身）在 1990 年早期利用大气中微子获得的。大气中微子主要来自宇宙线（来自外太空的高能质子）撞击大气层上部的空气分子产生的 π 介子和缪子的衰变：

$$\pi^+ \to \mu^+ + \nu_\mu, \qquad \mu^+ \to e^+ + \nu_e + \bar{\nu}_\mu,$$
$$\pi^- \to \mu^- + \bar{\nu}_\mu, \qquad \mu^- \to e^- + \bar{\nu}_e + \nu_\mu \tag{11.12}$$

明显地，将会有比电子中微子多两倍的缪中微子（和反中微子）。㊀然而实际上，神冈发现粗略相等数目的电子和缪子中微子。这指示缪中微子转化成不同的味道。事实上，神冈探测器能够感受中微子的到来**方向**；那些来自头上的只飞行了10km左右，到达期待的比率（2:1），而随着天顶角增加（且随之到源的距离），比率减少（见习题11.4）。这些结果被改进的超级神冈在1998年所证实[14]。看起来缪中微子转化成陶中微子，

$$\theta_{\text{atm}} \approx \pi/4, \qquad \Delta(m)^2_{\text{atm}} \approx 3\times10^{-3}(\text{eV}/c^2)^2 \tag{11.13}$$

大气中微子实验（涉及缪中微子振荡）没有告诉我们任何关于太阳中微子的事（它涉及电子中微子），但令人安慰的是看到同样的现象在两个不同的问题中出现。

中微子振荡的理想检测涉及固定的源（反应堆或加速器）和移动探测器。随着距离增加，人们可以记录由方程（11.9）预言的正弦变化。不幸的是，中微子探测器体积巨大，而振荡距离典型的在几百公里的范围（而来自点源的通量按 $1/r^2$ 衰减）。因此人们必须使用固定靶和极强的源，并研究能量的变化。KamLAND实验[15]在超级神冈处使用一个新的探测器来探寻来自几个150~200km远的发电反应堆的中微子；MINOS实验[16]使用在明尼苏达的Soudan矿井中的一个探测器，记录来自750km远Illinois的费米实验室的加速器产生的中微子。

11.4 中微子质量

对三种中微子有三个质量分裂：

$$\Delta_{21} = m_2^2 - m_1^2, \quad \Delta_{32} = m_3^2 - m_2^2, \quad \Delta_{31} = m_3^2 - m_1^2 \tag{11.14}$$

它们中只有两个是独立的（$\Delta_{31} = \Delta_{21} + \Delta_{32}$）。㊁振荡测量［方程（11.11）和方程（11.13）］指示一个分裂相当之小，而其他相对较大；我们叫 ν_1 和 ν_2 为靠近的对（其中 $m_2 > m_1$），而 ν_3 为孤独者。这个结构有点重复带电轻子（e和μ在质量上相对靠近，τ重很多），和夸克（d和s靠近，b重很多；u和c相对靠近，t重很多），因此很自然假设 ν_3 比其他两个重——但中微子谱可能是“逆序”的，即 ν_3 比 ν_1 和 ν_2 轻很多（见图11.5）。

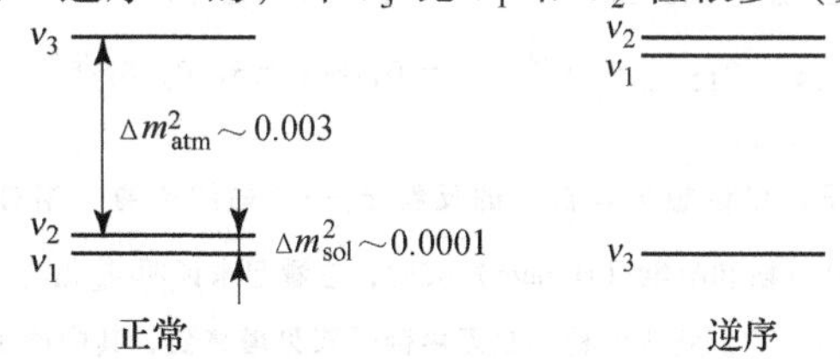

图11.5 “正常”和“逆序”中微子质量谱。单位是 $(\text{eV}/c^2)^2$。

㊀ 当然，不是所有π介子都衰变到缪子，也不是所有缪子在到达地面前都衰变；进一步，K介子也像π介子一样在宇宙线中产生。因此因子2是不严格的，但它应相当接近。

㊁ 在Los Alamos的LSND实验报道第三个质量分裂与这个限制不匹配[17]，而暂时被诠释为第四种中微子的迹象。然而由于已经证实（见11.9节）只有严格三种轻中微子参与弱相互作用，“额外”中微子被取作为“惰性”（除了引力没有相互作用）。无论如何，在费米实验室的MiniBooNE实验确定地否定了LSND的结果[18]，而它预示着惰性中微子。

不幸的是，振荡只对中微子质量（平方）差敏感，而人们希望直接测量单个的中微子质量。这是不容易的[19]。标准的方法是在氚贝塔衰变谱中研究高能截断（类似于9.2），但虽然这些实验给出中微子质量的上限，到今天还没有测量能给出实际的质量。同时，一个独立的上限由超新星SN1987A奇迹般地给出：19个中微子在持续了仅10s的爆发时在能区范围被检测到。对有质量粒子速度（当然）是能量的函数，而这些到达如此靠近的事实给出中微子质量的限制是约$20\text{eV}/c^2$（见习题11.5）。另一方面，大气中微子振荡［方程(11.13)］预示至少一个中微子质量必须超过$0.04\text{eV}/c^2$。从所有已有的证据今天（2008）我们最好能说的是最重的中微子质量在$0.04\text{eV}/c^2$到$0.4\text{eV}/c^2$之间。㊀

11.5 混合矩阵

在11.2节我讨论了两种中微子（ν_e和ν_μ）之间的振荡。当然实际上有三种，这使得代数变复杂了一点。㊁但基本点没变：中微子以味本征态相互作用（ν_e是和电子在一起的粒子，ν_μ和缪子一起，而ν_τ和陶子一起），但它们作为自由粒子哈密顿量的本征态$\nu_1\nu_2$和ν_3——质量本征态传播。味本征态以一种复杂、振荡的方式演化，因为它们具有三种不同的质量相互影响，就像耦合振子的击打。

同样的混合也对夸克发生，对它们除了熟悉的味道（d、s和b）是质量本征态，“弱本征态”［d′、s′和b′，方程（9.85）］是“转动的”态；它们对应中微子㊂。在夸克部分，CKM矩阵［方程（9.86）］联系弱本征态到质量本征态；对轻子类似的构造有时叫“MNS矩阵”[22]：

$$\begin{pmatrix}\nu_e\\ \nu_\mu\\ \nu_\tau\end{pmatrix}=\begin{pmatrix}U_{e1} & U_{e2} & U_{e3}\\ U_{\mu1} & U_{\mu2} & U_{\mu3}\\ U_{\tau1} & U_{\tau2} & U_{\tau3}\end{pmatrix}\begin{pmatrix}\nu_1\\ \nu_2\\ \nu_3\end{pmatrix} \tag{11.15}$$

如前面方程（9.87），它可以用三个角（θ_{12}，θ_{23}，θ_{13}）和一个相位因子（δ）表达为

$$U=\begin{pmatrix}c_{12}c_{13} & s_{12}c_{13} & s_{13}e^{-i\delta}\\ -s_{12}c_{23}-c_{12}s_{23}s_{13}e^{i\delta} & c_{12}c_{23}-s_{12}s_{23}s_{13}e^{i\delta} & s_{23}c_{13}\\ s_{12}s_{23}-c_{12}c_{23}s_{13}e^{i\delta} & -c_{12}s_{23}-s_{12}c_{23}s_{13}e^{i\delta} & c_{23}c_{13}\end{pmatrix} \tag{11.16}$$

㊀ 在夸克和轻子中，中微子可以设想为其自己的反粒子——“马约拉纳”相对于“狄拉克”中微子（见习题7.51）。在1.5节我提到达维斯和哈默（Harmer）实验，它看起来证明ν_e是与$\bar{\nu}_e$不一样的。但可以是（反）中微子的螺旋度禁戒方程（1.13）。终极的检验是**无中微子双贝塔衰变**，其中原子数Z的核子衰变成原子数$Z+2$的核子，并辐射两个电子而没有中微子——事实上，两个中子的衰变伴随湮灭产出的中微子。如果$\bar{\nu}_e\equiv\nu_e$这将是可能的，但它从未被观察到。在此种模式下一个有兴趣的原因是马约拉纳中微子被所谓的“跷跷板”机制所要求，它通过假设中微子是配对以极重的中微子来给出极小的中微子质量，而它们的质量相互成反比[20]。无论如何，中微子味振荡对狄拉克和马约拉纳中微子都一样运作。

㊁ 结果是如果三个质量之一与其他两个非常不一样（它如我们所见就是实际情形），那么“准-两-中微子振荡”［由方程（11.9）描述］保持是一个很好的近似[21]。

㊂ 这里没有更深刻的内容。夸克相互作用由强作用主导，它是不可知的——你使用哪种态都行；对它们很自然让味与质量一致。但中微子只参与弱作用，因此对它们看起来更自然利用弱本征态来定义味道。回顾过去，应该统一说“质量本征态”和“弱本征态”更好；对夸克，标准的味与质量本征态契合，但对轻子却与弱本征态契合。

($c_{ij} \equiv \cos\theta_{ij}$，$s_{ij} \equiv \sin\theta_{ij}$。）而夸克的混合角都相当小（因此 CKM 矩阵离对角不远，且跨代耦合被压低），两个轻子混合角（$\theta_{12} \approx \theta_{sol}$和 $\theta_{23} \approx \theta_{atm}$）较大。实验上，$\theta_{sol} = 34 \pm 2°$而 $\theta_{atm} = 45 \pm 8°$。另一方面，θ_{13}已知[23]小于 10°。

由于U是幺正矩阵（$U^{-1} = U^{+}$），很容易将方程（11.15）求逆，用味态表达质量本征态：

$$\begin{pmatrix} \nu_1 \\ \nu_2 \\ \nu_3 \end{pmatrix} = \begin{pmatrix} U_{e1}^* & U_{\mu 1}^* & U_{\tau 1}^* \\ U_{e2}^* & U_{\mu 2}^* & U_{\tau 2}^* \\ U_{e3}^* & U_{\mu 3}^* & U_{\tau 3}^* \end{pmatrix} \begin{pmatrix} \nu_e \\ \nu_\mu \\ \nu_\tau \end{pmatrix} \tag{11.17}$$

看起来 ν_3 几乎是完美的 50—50 的 ν_μ 和 ν_τ 混合（及很小的 ν_2 混合）；ν_2 是所有三味粗略相等的组合；而 ν_1 主要是 ν_e（见图 11.6）。在我们具有 MNS 矩阵元的准确数字之前还会有若干年，而谁也不知道要多长时间我们才能真正**计算**它们。

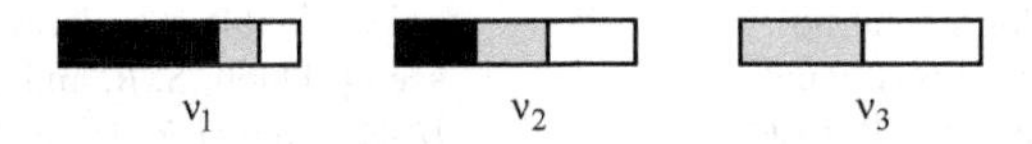

图 11.6 中微子质量本征态的味成分。黑色是 ν_e，灰色是 ν_μ，白色是 ν_τ。（由于 ν_3 的电子中微子分量太小以致无法显示出来。）

参考文献

1 For a collection of the major papers on the solar neutrino problem, see Bahcall, J. N. (ed) et al. **(2002)** *Solar Neutrinos: The First Thirty Years*, Westview, Boulder, CO. For useful reviews of neutrino oscillations, see (a) Bilendy, S. M. and Petcov, S. T. **(1987)** *Reviews Modern Physics*, **59**, 671; (b) Haxton, W. C. and Holstein, B. R. **(2000)** *American Journal of Physics*, **68**, 15; (c) McDonald, A. B., Klein, J. R. and Wark, D. L. (April **2003**) *Scientific American*, 40; (d) Waltham, C. **(2004)** *American Journal of Physics*, **72**, 742.

2 Davis, R. Jr., Harmer, D. S. and Hoffman, K. C. **(1968)** *Physical Review Letters*, **20**, 1205.

3 Bahcall, J. N., Bahcall, N. A. and Shaviv, G. **(1968)** *Physical Review Letters*, **20**, 1209.

4 Pontecorvo first discussed the possibility of neutrino oscillations – by analogy with $K^0/\bar{K}^0$ oscillations – in 1957: Pontecorvo, B. **(1958)** *Soviet Physics JETP*, **6**, 429. He revived the idea as a possible resolution to the solar neutrino problem in 1968: (a) Gribov, V. N. and Pontecorvo, B. M. **(1969)** *Physics Letters B*, **28**, 493.

5 For a charming discussion, seeLyons, L. (June **1999**) *CERN Courier*, p. 32. For the relativistic treatment see (a) Sassaroli, E. **(1999)** *American Journal of Physics*, **67**, 869.

6 For accessible, authoritative, and well-written material on neutrino oscillations, see practically anything by Kayser, B. **(2004)** *This Quote is From his Lecture*, at the SLAC Summer Institute; which includes a very careful treatment of the kinematics. See also (a) Burkhardt, H. et al. **(2003)** *Physics Letters B*, **566**, 137.

7 Wolfenstein, L. **(1978)** *Physical Review*, **D17**, 2369; (a) Mikheyev, S. and Smirnov, A. **(1986)** *Soviet Journal of Nuclear Physics*, **42**, 913; **(1986)** *JETP*, **64**, 4; and **(1986)** *Nuovo Cimento*, **9 C**, 17.

8 SeeKayser, B.,Burkhardt, H. et al. **(2003)** *Physics Letters B*, **566**, 137.

9 Fukuda, S. et al. **(2001)** *Physical Review Letters*, **86**, 5651.

10 Ahmad, Q. R. et al. **(2001)** *Physical Review Letters*, **87**, 071301.

11 Barger, V. etal. (**1999**) *Physics Letters B*, **462**, 109; (a) Beacorn, J. F. and Bell, N. F. (**2002**) *Physical Review D*, **65**, 113009.
12 Ahmad, Q. R. et al. (**2002**) *Physical Review Letters*, **89**, 011301. For useful commentary see (a) Schwarzschild, B. (July **2002**) *Physics Today*, 13.
13 Hirata, K. S. et al. (**1992**) *Physics Letters B*, **280**, 146.
14 Eguchi, K. et al. (**2003**) *Physical Review Letters*, **90**, 021802; (a) Kearns, E., Kajita, T. and Totsuka, Y. (August **1999**) *Scientific American*, 68.
15 Fukuda, Y. et al. (**1998**) *Physical Review Letters*, **81**, 1562. For an illuminating discussion of the SuperKamiokande atmospheric neutrino experiments see (a) Schwarzschild, B. (August **1998**) *Physics Today*, 17.
16 Michael, D. G. et al. (**2006**) *Physical Review Letters*, **97**, 191801.
17 Athanassopoulos, C. et al. (**1995**) *Physical Review Letters*, **75**, 2650.
18 See Schwarzschild, B. (June**2007**) *Physics Today*, 18. For delightful commentary see (a) Cole, K. C. (June 2, **2003**), *The New Yorker*, p. 48.
19 For a survey of direct neutrino mass measurements see Haxton, W. C. and Holstein, B. R. (**2000**) *American Journal of Physics*, **68**, 15.
20 For interesting commentary on the distinction between neutrinos and antineutrinos seeBoas, M. (**1994**) *American Journal of Physics*, **62**, 972; (a) Hammond, R. (**1995**) *American Journal of Physics*, **63**, 489; (b)Wagner, R. G. (**1997**) *American Journal of Physics*, **65**, 105; (c) Fewell, M. P. (**1998**) *American Journal of Physics*, **66**, 751; (d) Holstein, B. R. (**1998**) *American Journal of Physics*, **66**, 1045; (e) Fewell, M. P. (**1998**) *American Journal of Physics*, **66**, 751; (f) Boya, L. J. (**2000**) *American Journal of Physics*, **68**, 193. On neutrinoless double beta decay ('$\beta\beta(0\nu)$) see (g) Elliott, S. R. and Vogel, P. (**2002**) *Annual Review of Nuclear and Particle Science*, **52**, 115.
21 See Kayser, B., in *Review of Particle Physics* (2006) p. 156.
22 This is in honor ofMaki, Z., Nakagawa, M. and Sakata, S. (**1962**) whose pioneering work *Progress in Theoretical Physics*, **28**, 870, long predates the discovery of neutrino oscillations (or of the tau).
23 For planned experiments to measure θ_{13}, see Feder, T. (November **2006**) *Physics Today*, 31.

习　　题

11.1 估计太阳的寿命，假设（像开尔文勋爵所做的）能量辐射源是引力。寻找任何经验数值（太阳的辐射功率、质量和太阳半径）。

11.2 （a）$K^0 \Leftrightarrow \bar{K}^0$ 振荡（4.4.3 节）的周期是多少？［提示：质量本征态是 K_S^0 和 K_L^0。在中微子情形［方程（11.7）］粒子是极相对论的；对 K，相反假设动能比静止能小很多。］

（b）将你在（a）中得到的结果与 K_S^0 和 K_L^0 的寿命进行比较。注意束流中的 K_S^0 分量衰减掉了——留下纯 K_L^0——早在振荡发生之前就出现了。

11.3 对中微子-轻子弹性散射画出最低阶的图，（a）电子中微子，（b）缪子中微子，（c）陶子中微子。

11.4 （a）假设大气中微子在海拔高度 h 处产生，而探测器放在海平面上。找出源到探测器的距离 x 作为天顶角 Θ（直接头顶是 $\Theta=0$，地平线是 $\Theta=90°$，直下是 $\Theta=180°$）的函数。让 R 为地球的半径。

（b）假设 95% 的“上”中微子（头顶到地平线）到达探测器，而只有 50% 的“下”中微子（地平线之下）到。利用振荡公式方程（11.9）（但这次是对缪中微子转化到陶中微子），确定 θ 和 Δm^2。假设 $h=10\text{km}$ 和 $E=1\text{GeV}$。［这个问题由 Waltham 提出[1]。为得到数值结果，你会需要计算机。］

11.5　（a）证明极相对论的粒子（质量 m）速度对能量的依赖近似为

$$v \approx c\left[1-\frac{1}{2}\left(\frac{mc^2}{E}\right)^2\right];\quad \frac{1}{v} \approx \frac{1}{c}\left[1+\frac{1}{2}\left(\frac{mc^2}{E}\right)^2\right]$$

（b）超新星 SN1987A 发生在大麦哲伦星云（离地球 1.7×10^5 光年）。来自这个爆发的中微子，能量分布从 20MeV 到 30MeV，在 10s 时间间隔中被检测到。这给出中微子质量的什么上限？[假设所有中微子都同时出发。]

11.6　有中微子振荡，单独轻子数（L_e、L_μ 和 L_τ）不再守恒，这意味衰变 $\mu\to e+\gamma$ [没有它预示这些守恒定律存在——见方程（1.16）] 原则上是可能的。

（a）画出这个过程的费曼图。注意：中微子振荡可由一个圈代表：

（b）在这个过程中你必须“借”一定的能量以产生虚 W。按照测不准原理（见习题 1.2），多久你需要“偿还”欠债？中微子在这段时间可以走多远？给定中微子振荡发生在很多公里之外的距离尺度，是否看起来你可以“借”能足够长使 $\mu\to e+\gamma$ 发生？

第12章

最后：下面是什么？

到目前为止，我已经专门谈论了已建立的“事实”。除了可能的希格斯机制之外，任何未来的理论都必须要包括所有这些。而标准模型当然不是此题目的最后结论。已经有未来可能是什么的某些理论观察和实验迹象。不断增加的是来自天体物理和宇宙学观测的动力，而不是传统的对撞机实验。[⊖]在这一章，我将探讨未来最可能有所发现的某些方向。我将开始（12.1 节）于寻找希格斯，它是大型强子对撞机（LHC）的最高日程（也是 Tevatron 剩下时间的日程。译者注：Tevatron 已于 2009 年关机），可能导致对所有粒子质量的解释。然后（12.2 节），我将讨论大统一，它是 30 年后“自然”的下一步，但撞到了质子衰变未被观察到的墙壁；这不管怎么说确定了所有随后理论发展的内容。再在（12.3 节）我将考虑 CP 破坏和其对宇宙中物质/反物质不对称的应用。12.4 节是对超对称、额外维和弦理论的一个极其简要的介绍，这些想法主导了自从 1984 年后的理论粒子物理，而首个实验支持可能来自 LHC。最后，在 12.5 节我们将研究暗物质和暗能量，它由目前的估计占宇宙物质的95%，只留下微不足道的5%给我们在前 11 章碰到的“普通”粒子。

12.1 希格斯玻色子

在希格斯机制中，规范对称性由一个基态不是零（10.9 节）的两分量标量场 ϕ 自发破缺。ϕ 的一个分量再生为有质量规范场的第三个（纵向）极化态，而另一个剩下的，代表一个中性自旋 0 的粒子：希格斯玻色子[2]。

大多数粒子物理学家相信希格斯机制是因为它看起来是唯一的方式（当然是最干净的方式）来在局域规范理论中考虑 W 和 Z 的质量。但如果确实有一个希格斯场弥漫整个空间，甚至在“真空”也带有非零的值，这将可以给夸克和轻子以质量，其与原初希格斯场的作用被比喻成走过深水区，导致一个对（几乎）所有运动物体的有效惯性。在这更崇高的愿

⊖ 作为回顾，人们可以回想自 1930 年早期到 1954 年宇宙线时代那段时期，从高能同步稳相加速器到大型强子对撞机（LHC）——例如 2010——加速器物理的时代；在这个意义上，我们现在进入了一个粒子天体物理的时代[1]。部分原因是简单经济：为到达极高的能量，加速器非得造得巨大无比因而如此昂贵，现在很难在图板上想象任何超过国际直线对撞机（ILC）的东西。天体物理提供了进入广大高能区相对便宜的窗口。

景中，希格斯粒子成为所有质量之源。㊀夸克和轻子“出生”于无质量，㊁而对 ϕ 的汤川耦合（见习题 10.21）：$\mathscr{L}$ int = $-\alpha_f\overline{\psi}_f\psi_f\phi$，其中脚标 f 表示具体的夸克或轻子。当 ϕ 由于对称性自发破缺被“移动”［方程（10.130）］，$\mathscr{L}_{int}$ 分裂成两块，一块是对物理希格斯场的汤川耦合，而另一个是纯费米子质量项，$-m_fc^2\overline{\psi}_f\psi_f$（用 10.9 节的标记，$m_fc^2=(\mu/\lambda)\alpha_f$）。不幸地，这不能帮助我们计算粒子的质量——它只是把一个未知参数（m_f）转为另外一个（α_f）。但这却指出对希格斯的耦合强度正比于质量。

在最简单的理论（“最小标准模型”，MSM）中，一开始有四个标量场——两个带电两个中性。它们之中的三个被 $W^{\pm}$ 和 Z^0“吃掉”（因此获得质量），而第四个保持为中性希格斯场。更复杂的涉及多个或复合希格斯粒子的理论也被提出来了，㊂但 MSM 对希格斯部分的实验和理论探索提供了有用的路线图。在这个模型中，希格斯（h）与夸克和轻子通过下图相互作用：

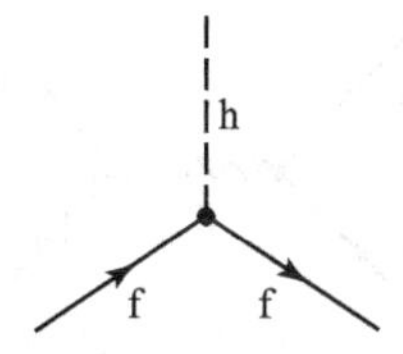

（顶角因子——$\mathrm{i}m_fc^2/v$），而和弱媒介子的作用为

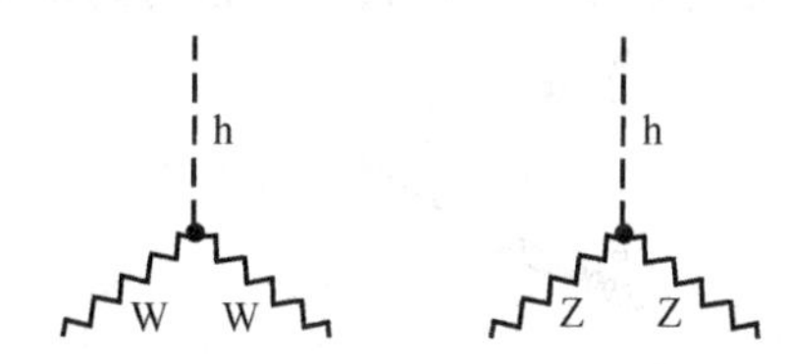

（顶角因子 $2\mathrm{i}M_m^2c^2g^{\mu m}/(\hbar^2v)$，其中下标 m 代表 W 或 Z。）还有直接的希格斯—希格斯耦合㊃

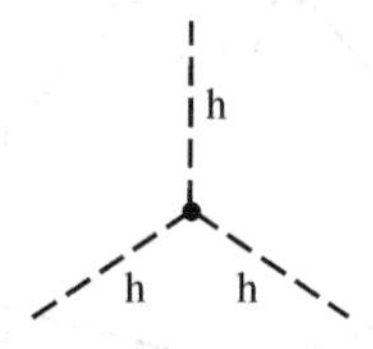

（顶角因子 $-3\mathrm{i}m_h^2c^2/(\hbar^2v)$）。这里 v 是 ϕ_1 的“真空期望值”（对 10.8 节给出的势为μ/λ）。从 W 的质量可以计算得到（见习题 12.1）

$$\sqrt{\hbar cv}=\frac{2M_Wc^2}{g_w}=246\mathrm{GeV} \tag{12.1}$$

㊀ 里昂 莱德曼（Leon Lederman）叫它“上帝粒子”（纽约：Delta，1993）。

㊁ 在标准模型拉氏量中，费米子质量项（$\overline{\psi}\psi$）在电弱对称性 $SU(2)_L\times U(1)$ 下不是不变的，因此夸克和轻子的“起始”质量必须为零，而物理质量只有当对称性（自发）破缺之后才出现。

㊂ 例如在超对称理论中，至少有五个希格斯玻色子，而在人工色理论中希格斯的角色由两费米子的束缚态担任。

㊃ 还有“四点”耦合 hh→ZZ，hh→WW，和 hh→hh[3]。

希格斯自己的质量在理论中是未被确定的。㊀

知道这个故事是否是真实是很好的事。希格斯粒子是标准模型唯一的还没有实验证据的元素。它可能在 LEP（CERN）上当其被关闭（为 LHC 铺路）前的最后几个月被看到[4]（译者注：实际上 LEP 关机前确在 114GeV 看到了几个疑似的希格斯信号，为此 CERN 特地推迟了 LEP 的关机时间，但最后还是没有发现希格斯粒子），仍可能在 Tevatron（费米实验室）上被看到，除非现在的理论疯了，它当然应在 LHC 被观察到。各种限制——实验和理论的——建议其质量应该在区间

$$114\text{GeV}/c^2 < m_h < 250\text{GeV}/c^2 \tag{12.2}$$

而最可能的值在 $120\text{GeV}/c^2$ 附近[5]。LHC 将探索整个区域直到 1TeV 和更高。

在 LEP（一个电子-正电子对撞机）上，希格斯是通过 Z-“bremsstrahlung” 反应 $e^+ + e^- \to Z + h$ 来寻找的：

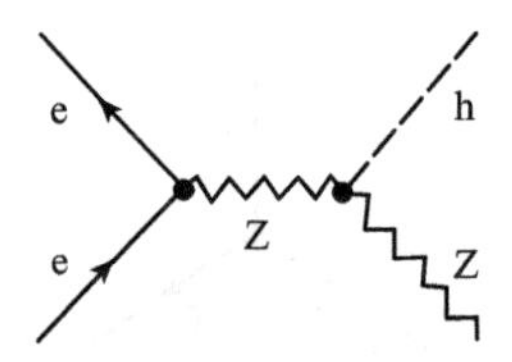

在强子对撞机（Tevatron 和 LHC）上，主导的产生机制是胶子“融合”，$g + g \to h$ 通过一个夸克圈（主要是顶夸克圈，因为它最重，因此具有最强的到希格斯的耦合）：

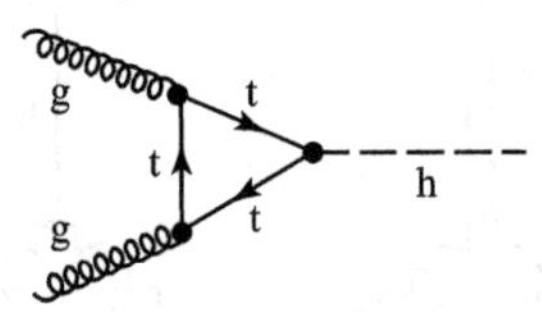

而其他几个也期望有贡献，著名的是 W/Z—bremsstrahlung：

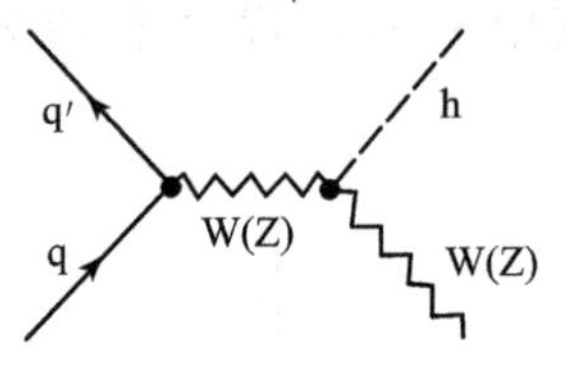

和 W/Z 聚合：

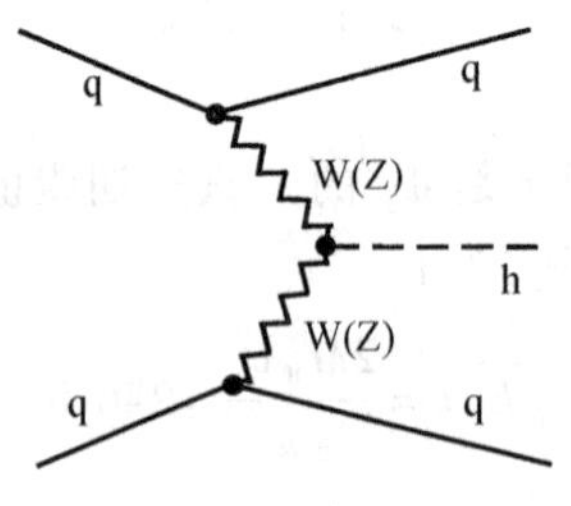

（直接夸克聚合，$q + \bar{q} \to h$ 在 MSM 中贡献很小，因为合适的夸克只有 u 和 d，它们很轻，对希格斯的耦合很弱）。

我们期待希格斯如何衰变？由于希格斯的耦合正比于质量（在 W 和 Z 的情形是质量平

㊀ 在方程（10.121），m_η 只涉及 μ，不涉及 μ/λ，因此它对势的形状敏感，不只是 ϕ_1 的真空期望值。

方)，运动学允许的重子粒子更受欢迎。分支比很强地依赖希格斯的质量（见图 12.1）。如果 m_h 小于 $140\mathrm{GeV}/c^2$，主导道是 $h\to b\bar{b}$，在此之上是 $h\to W^+W^-$ 取代（以一个虚 W 到 $160\mathrm{GeV}/c^2$ 而实 W 接后）；随后是 $h\to ZZ$（特别是大于 $180\mathrm{GeV}/c^2$），而不太可能的是希格斯足够重可以产生两个顶夸克（$m_h>360\mathrm{GeV}/c^2$）$h\to t\bar{t}$ 取代了第三的位置。更例外的衰变也是可能的，例如到一个光子或胶子对：

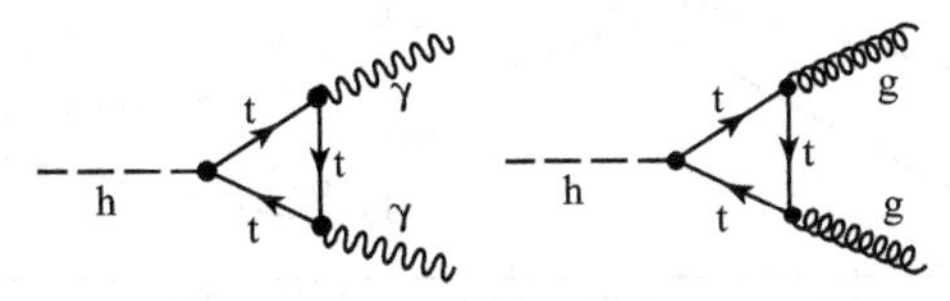

这些衰变产率都被很仔细地进行了计算[6]（你可以自己做其中一些——见习题 12.2 和习题 12.3）。

随着确定了希格斯的质量，人们可以在图 12.1 中的对应点画一条竖线读出分支比。如果测量不一致（如它们可能将是的那样。㊀那么希格斯部分就比 MSM 所考虑的更有趣了。当然，如果根本没发现希格斯粒子，我们手里就有了新的革命。

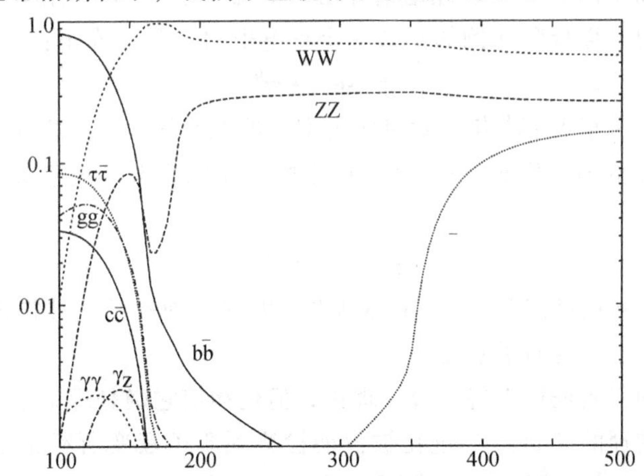

图 12.1　希格斯衰变的分支比，作为希格斯质量（单位 GeV/c^2）。（来源：Gunion, J. F. *et al.*（1990）*The Higgs Hunter's Guide*, Addison-Wesley, Redwood City, CA.）

12.2　大统一

随着 20 世纪 60 年代电弱统一的成功，逻辑上的下一步是包括进强作用，在“大统一”（GUT）中，所有三种力都被看成一个单一背后基本相互作用的不同实现。当然，强力比其他力更加强大；而同样也可用于电磁力对弱力，我们现在知道这个差距是 W 和 Z 的巨大质量的人为结果——它们的内在强度是相当类似的，而只有在能量远高于 M_Wc^2 时统一才能实现。

进一步，如我们在 7.9 节和 8.6 节所见，耦合“常数”自己是能量的函数——强和弱耦合变小，而电磁耦合变大。这不可避免地预示它们在某点合并（见图 12.2）；到大统一尺

㊀ LHC 上发现测到的分支比和标准模型预言十分符合。——译者注

度（$\approx 10^{16}$GeV）之上，只有一个普适耦合常数，而强、电磁和弱力在强度上都变为恒等。㊀

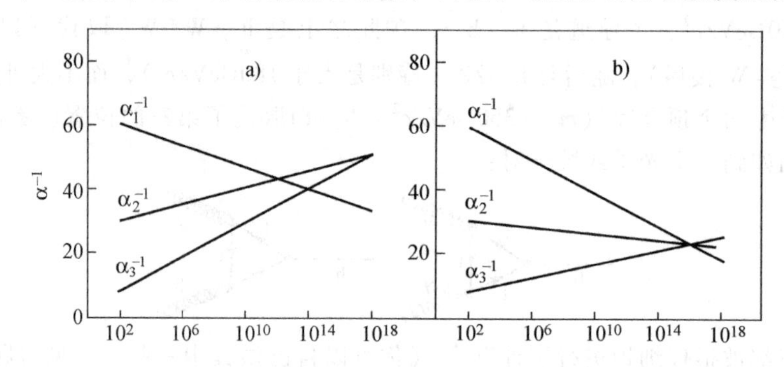

图 12.2 在大统一尺度耦合常数的会聚性 a）在最小标准模型，b）加入超对称。

横轴是能量，单位 GeV。

首个（也是最简单的）大统一理论由乔治和格拉肖在 1974 年引入[7]。它导致特别的预言：质子是不稳定的，会衰变（例如）成一个正电子和一个 π 介子：

$$p \to e^+ + \pi^0 \tag{12.3}$$

寿命令人放心地长——至少 10^{30}年，它是宇宙寿命的 10^{20}倍——虽然（由于我们很容易搞很多质子）没超过测量范围。然而经历 30 年的不断精确的实验，质子衰变却从未被发现[8]。现在的下限是

$$\tau_{\text{proton}} > 10^{33}\text{年} \tag{12.4}$$

（它可能否决了乔治-格拉肖模型。）更精心制作的大统一理论已经被提出来了，但它们几乎所有都要求在某种水平上的质子衰变。

虽然没有直接的实验证据支持大统一理论，但仍相信它确是理论家无可争议的信条。在某种程度上，粒子物理的“自然”进化被没能检测到质子衰变所粗暴地打断。如果质子衰变被发现了——假如——1985 年，人们可以很容易想象那些理论的和实验的巨大努力，将会充实大统一的细节，就像前二十年充实标准模型那样。但这没有发生，而今天大统一还在熬，夹生，位于次要地位。㊁它的基本特征是什么，为什么我们要那么认真地对待它？[9]

表 12.1 在 *SU*(5) 大统一理论中的费米子态

五重态	$e_L, \nu_e, \bar{d}_R^r, \bar{d}_R^b, \bar{d}_R^b$
十重态	$e_R, u_R^r, u_R^b, u_R^g, \bar{u}_L^r, \bar{u}_L^b, \bar{u}_L^g, \bar{d}_L^r, \bar{d}_L^b, \bar{d}_L^g$

大统一考虑一个包罗万象的对称性群（格拉肖-乔治版是 $SU(5)$）它包含标准模型的对称性（颜色）$SU(3)$ 和 $SU(2)_L \otimes U(1)$ 作为子群。基本费米子（夸克和轻子）被安排为这个群的表示，很像八重态安排重子和介子到（八重态、九重态和十重态）（味）$SU(3)$

㊀ 难堪地是，现在已经清楚它们在 MSM 中（相当）不在一个单一点相碰。超对称的吸引力之一是它使得完美的收敛变成可能。

㊁ 大统一在现在可达到的相对低能区可检测的预言很少且相隔很远。质子衰变如果存在是合适的最好检测，但我们正很快接近实际质子寿命测量的极限（见习题 12.4）。

的表示。第一代由 15 个粒子构成：u 和 d，每个有三种颜色和两种手性（L 和 R）、e（L 和 R）和 ν_e（只有 L㊀ 在 $SU(5)$ 大统一理论中，它们组成一个五重态和一个十重态㊁（表 12.1）；当没有对称性破缺时（假设由希格斯机制），每个多重态分享同样的质量和相互作用。（当然对其他两代也是同样的。）有 24 个媒介粒子㊂（表 12.2）：八个胶子、光子、W^+、W^- 和 Z，和 12 个新粒子——X（电荷 ±4/3，三种颜色，因此总共六个）和 Y（电荷 ±1/3，三种颜色，另外六个）。它们耦合轻子到（反）夸克（注意是反-d 和电子存在于同一多重态），因此称之为 leptoquark。例如，$\bar{d} \to e + X$ 和 $\bar{u} \to e + Y$：

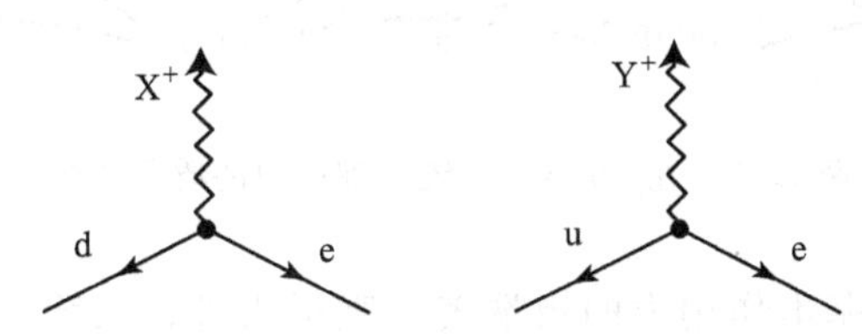

表 12.2 在 *SU*（5）大统一理论中的规范玻色子

	电荷	质量
8 个胶子	0	0
1 个光子	0	0
3 个 $W^{\pm}$,Z	1, -1,0	$\sim 10^2 \text{GeV}/c^2$
6 个 X	4/3, -4/3	$\sim 10^{16} \text{GeV}/c^2$
6 个 Y	1/3, -1/3	$\sim 10^{16} \text{GeV}/c^2$

它们还耦合夸克到反夸克（在此部分，它们有时叫 diquark），如 $u \to \bar{u} \to X$ 和 $d \to \bar{u} + Y$㊃：

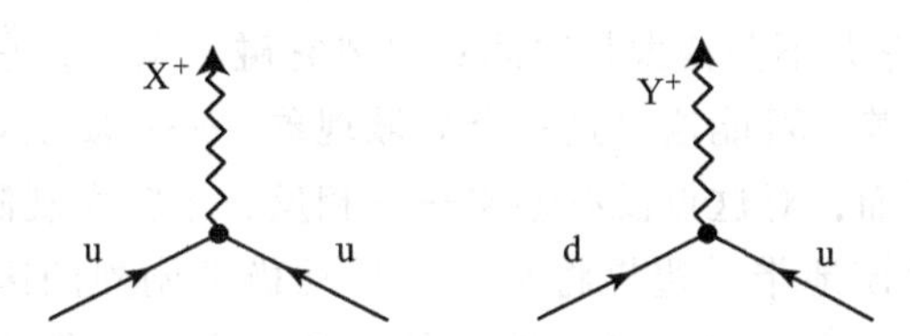

这个更大的对称性明显严重地被破坏（夸克和轻子没有同样的质量，强作用比其他显著地强）。正像电弱对称性在能量远超过 W/Z 质量时是明显的，大统一理论对称性在能量高于（极高的）大统一能标时是存在的。这是为什么在实验室里检测大统一如此之困难——即使它的应用原则上如此显著。Leptoquark 耦合允许轻子数和重子数不守恒，因此通过如图 12.3

㊀ 1974 年，人们假设中微子质量为零，没有 ν_R 自然的位置的事实被看作理论的优点。因此有质量 ν_R 必须被难堪地安排在 $SU(5)$ 的单态表示——或，在马约拉纳中微子情形，中微子部分必须扩充。

㊁ 它们没落入一个单一不可约表示是 $SU(5)$ 模型的一个不吸引人的特征；$SO(10)$ 大统一理论安排所有 5 个粒子，加上 ν_R 到一个 16 维表示。

㊂ 一般地，$SU(n)$ 有 n^2-1 个媒介粒子（对色 $SU(3)$ 有八个胶子，$SU(2)_L$ 有三个中间矢量玻色子；$U(n)$ 有 n^2 个（因此一个光子）。

㊃ 表面上这些反应不守恒颜色，但记住两个颜色态的“叉乘”带无色［方程（10.84）］，这里正是意味着这种组合。

的那些图许可质子衰变。但由于这些媒介子如此之重（大约在大统一的尺度：$M_X \sim M_Y \sim 10^{16}\,\mathrm{GeV}/c^2$），衰变率极端微小（见习题12.5）。

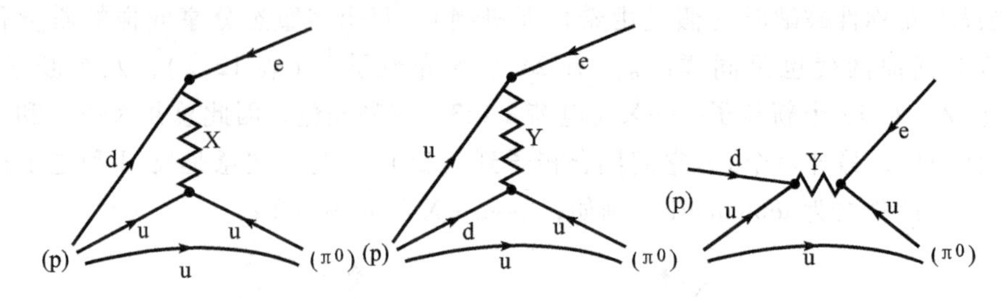

图12.3 在$SU(5)$大统一理论中的质子衰变。

除了统一粒子物理的基本作用力的极端美学吸引力外，大统一声称“解释”了夸克和轻子的电荷（超过了电荷量子化本身）。由于技术的原因，一个多重态的电荷之和必须为零，而把夸克和轻子放在同一多重态强迫（在$SU(5)$五重态情形）

$$q_e - 3q_d = 0 \qquad (12.5)$$

如果电子和质子不是具有精确相反的电荷，我们的世界将会是一个根本不同的地方，但缺少大统一就没有了为什么会这样的理由。㊀

12.3 物质/反物质不对称性

人人都假设大爆炸产生严格相等数量的物质和反物质。如果确实如此，我们怎么会被电子、质子和中子包围，而在视野里却没有正电子、反质子或反中子呢？当然一个正电子（例如）如果确露面了，它并不会待太长时间：只要它碰上电子，它们就会湮灭。而这没有解释剩下电子数量上的优势。可能这只是一个局域现象——物质主导的宇宙区域被远离此处的反物质区域所平衡。然而，对这点没有迹象——相反，宇宙学观测指示已知的宇宙至少都是物质（如果有一个反物质地带，边界将是一个活动极端剧烈的区域，很难想象宇宙微波背景不会显示扰动的迹象）[12]。这种可能性之外，某些宇宙演化的过程必须喜好物质超过喜好反物质。什么样的机制可能做这项工作？

1967年，萨哈罗夫[13]给出了必要的条件。明显地，必须有破缺重子和轻子数守恒的相互作用（某些大统一能够提供）。必须有一个阶段宇宙处于极端偏离热平衡的状态（否则任何反应i→f将会由同样多的反向过程f→i，因而不会有纯重子数改变）。而关键地，必须有CP破坏——某些反应i→f的反应率与其CP共轭$\tilde{i} \to \tilde{f}$不同（否则也将没有重子数的纯改变）。幸而，CP破坏已由克罗宁（Cronin）和菲奇（Fitch）在$K^0/\overline{K}^0$系统中被发现了。

到今天，CP破坏的背后本质仍未被很好了解。宇称破缺很容易放进弱作用理论：人们只是简单地替换矢量耦合γ^μ为矢量/轴矢耦合$\gamma^\mu(1-\gamma^5)$（9.1节）。但唯一已知的CP破坏

㊀ 一个更有问题的大统一的应用是存在超重的特胡夫特-珀力亚科夫（'tHooft-Polyakov）磁单极[10]，它会大量出现（来自大爆炸），但从未被在实验室里检测到（可能…有一次[11]）。暴涨宇宙学能够稀释这个数目，但大统一中的（未观测到的）磁单极预言——而对此事在其他理论中也是同样——维持仍是一个麻烦的问题。

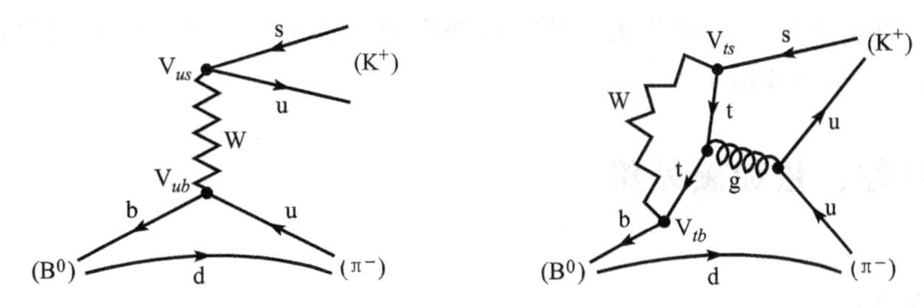

图 12.4　两个 $B^0 \to K^+ + \pi^-$ 图。第二个是一个“企鹅”（见习题 4.40）

源是 CKM 矩阵的剩余相位 δ [方程（9.87）]，很不明显为什么这会破坏 CP 不变性。考虑一个过程 $i \to f$ 和 CP 反演过程 $\tilde{i} \to \tilde{f}$（例如，如果 i 包含一个左手电子，$\tilde{i}$ 包含一个右手正电子）；CP 破坏意味 $\tilde{i} \to \tilde{f}$ 的反应率与 $i \to f$ 不同（例如，$B^0 \to K^+ + \pi^-$ 比 $B^0 \to K^- + \pi^+$ 多发生 13%）。现在 $\mathscr{M}$ 是个复数，普通看 $\tilde{i} \to \tilde{f}$ 和 $i \to f$ 是一样的除了 CKM 变成复共轭。因此

$$\mathscr{M} = |\mathscr{M}| e^{i\phi} e^{i\theta}, \qquad \widetilde{\mathscr{M}} = |\mathscr{M}| e^{i\phi} e^{-i\theta} \tag{12.6}$$

其中 θ 是“共轭”相位，而 ϕ 是“普通”相位。㊀另一方面，反应速率正比于 $|\mathscr{M}|^2$，因此没有 CP 破坏，即使振幅本身是不同的。

但假设过程（$i \to f$）可以通过两条不同路径实现（例如 B^0 可以衰变到 $K^+ + \pi^-$ 以几种不同的方式——见图 12.4）。因此 $\mathscr{M} = \mathscr{M}_1 + \mathscr{M}_2$，其中

$$\mathscr{M}_1 = |\mathscr{M}_1| e^{i\phi_1} e^{i\theta_1}, \mathscr{M}_2 = |\mathscr{M}_2| e^{i\phi_2} e^{i\theta_2} \tag{12.7}$$

而 $\widetilde{\mathscr{M}} = \widetilde{\mathscr{M}}_1 + \widetilde{\mathscr{M}}_2$，其中

$$\widetilde{\mathscr{M}}_1 = |\mathscr{M}_1| e^{i\phi_1} e^{-i\theta_1}, \widetilde{\mathscr{M}}_2 = |\mathscr{M}_2| e^{i\phi_2} e^{-i\theta_2} \tag{12.8}$$

它给出（见习题 12.6）

$$|\mathscr{M}|^2 - |\widetilde{\mathscr{M}}|^2 = -4 |\mathscr{M}_1| |\mathscr{M}_2| \sin(\phi_1 - \phi_2) \sin(\theta_1 - \theta_2) \tag{12.9}$$

在这种情形下产率是不同的，CP 破坏了。注意必须有一个共轭相位（来自 CKM 矩阵）和非共轭相位——而这些对两个路径必须是不同的。

从实验我们知道 CP 破坏发生在夸克的弱作用中，因而可归因于 CKM 矩阵的相位因子。㊁不幸的是，这在任何地方都不足以解释宇宙中的物质主导[15]，因此人们被迫去寻找其他的 CP 破坏机制。由有质量的中微子和轻子类似的 CKM 矩阵（11.5 节），同样的现象将发生在轻子部分，例如那里将给出不相等的概率 $\nu_e \to \nu_\mu$ 和 $\bar{\nu}_e \to \bar{\nu}_\mu$。这（还）没被观察到，但可以想象它将为观察到的物质/反物质不对称提供一个机制，有时叫轻子产生㊂另一个可能性是在强作用中的 CP 破坏（在这种情形“确切证据”应来自中子的非零电偶极矩）。CP 破坏从未在强作用过程中被观察到，但看起来似乎没有基本的理论禁戒㊃到此程度，宇宙的物

㊀ 在文献中，它们有时分别叫“弱”和“强”相位。区别很精细，但在实际中 θ 完全来自 CKM 矩阵，θ 典型涉及强作用效应[14]。

㊁ 事实上，所有这些 CP 破坏效应都正比于“幺正三角形”的高度（见习题 9.33）。

㊂ 此术语不完全自洽：重子产生是物质主导的一般术语，因此轻子产生实际只是重子产生的一个可能机制。

㊃ 事实上，为什么 CP 破坏在强作用中没有发生仍是个秘密。一个可能的解释由泼切（Peccei）和科英（Quinn）[16]在 1977 年给出：一个中性自旋 0 粒子（轴子）以动力学抵消任何强 CP 破坏的方式耦合到夸克。轴子没有被发现，但它们仍是暗物质可能的候选者。

质/反物质不对称仍是未了解的秘密；基本的缺少的组分是负有责任的自然界的 CP 破坏。还远不清楚这个故事将如何走下去。

12.4 超对称、弦和额外维

12.4.1 超对称

量子力学的经典对称性涉及同一系统的不同状态。例如转动不变性要求当态 ψ 替换为其转动态 $U(\theta)\psi$ 后理论是不变的［方程（4.27）］——或更精确地，拉氏量当波函数增加一个无穷小量 $\delta\psi=(-i/\hbar)[\delta\theta\cdot S]\psi$［方程（4.28）］时是不变的（在一阶水平上）[⊖]很久之前粒子物理将想法推广到涉及密切关联粒子的“内部对称性”（例如味多重态）。1974 年，外斯（Wess）和祖米诺（Zumino）[17]引进了一个把费米子和玻色子搅在一起的更基本的对称性。例如一个标量场 ϕ 可以与一个旋量场 ψ 混合

$$\delta\phi=2\bar{\epsilon}\psi,\quad \delta\psi=-\left(\frac{i}{\hbar c}\right)\gamma^{\mu}\epsilon(\partial_{\mu}\phi) \tag{12.10}$$

其中 ϵ 是描述变换的无穷小旋量（类似于转动的 $\delta\theta$），而 $\bar{\epsilon}\equiv\epsilon^{\dagger}\gamma^{0}$ 是其伴随量。如果我们坚持理论必须在这样一个变换下不变会发生什么？不难构造具有这种性质的拉氏量；组合起来的克莱因-戈登和狄拉克拉氏量是不变的：

$$\mathscr{L}=\frac{1}{2}\left[\partial^{\mu}\phi^{*}\partial_{\mu}\phi-\left(\frac{mc}{\hbar}\right)^{2}\phi^{*}\phi\right]+i(\hbar c)\bar{\psi}\nu^{\mu}\partial_{\mu}\psi-(mc^{2})\bar{\psi}\psi \tag{12.11}$$

只要玻色子 ϕ 和其费米子伙伴 ψ 具有同样的质量（见习题 12.8）。玩类似地游戏可以把自旋 1/2 的粒子结合到自旋 1 的粒子——一般地成对的粒子自旋相差 1/2。这种连接费米子和玻色子的不变性叫“超对称性”。

在过去三十年中在超对称上做了大量工作[18]，我想公平地说，大多数粒子物理学家相信（迄今没有任何实验支持的迹象）它是自然界的基本对称性。超对称具有重要的应用，每个费米子都有一个玻色子伙伴（通过放一个“s”在其名字之前——因此“squark”，“selectron”，“sneutrino”，等等。）而每个玻色子具有一个费米子伙伴（通过放一个“ino”在名字之后——因此“photino”，“gluino”，“wino”，“higgsino”，等等。）。这些粒子在哪儿？如果超对称不破缺，它们应与它们的“普通”伙伴享有同样的质量——photino 应是无质量的自旋 1/2 粒子，selectron 是自旋 0 质量 $0.511\mathrm{MeV}/c^{2}$ 的粒子。这是荒谬的，显然没有这样的粒子存在。因此对称性必须严重地破坏（可能是自发的，但也有其他可能性，特别是如果将引力考虑进来）。可能超对称粒子非常重——太重以致无法在任何已有机器上产生，虽然有很强的提示说至少它们中的某些应在 LHC 上能够得到。

嗯……为什么我们要认真地对待如此古怪的方案？超对称具有解决若干棘手问题的潜力，它们如下：

1）通过引进一定数目的新粒子，改变了三种耦合常数的能量依赖［见方程（7.191）和方程（8.94）］，使得它们在大统一尺度完美会聚成为可能（见图 12.2）。

2）给出级差问题的“自然”解。希格斯质量通过各种圈图重整化（6.3.3 节），这驱

⊖ 一般采用无穷小变换比较简单，而不失一般性因为有限变换可以由一系列无穷小叠加而成（习题 12.7）。

使它超出可接受的区域除非存在魔术般的抵消（“精细调节”）。而圈图修正对玻色子和费米子具有相反的符号，因此超对称通过将伙伴粒子配对实现严格和自然的相消。

3）在大多数模型中，最轻的超对称粒子是无色、中性和稳定的，使其成为一个有吸引力的暗物质候选者（12.5节）。

进一步企图构造引力的量子理论看起来要求超对称。另一方面，最小超对称模型涉及至少124个独立参数[19]——五倍于（已经窘迫的）标准模型的数目——且它们不容易符合中微子的质量。如果超对称粒子在LHC上被发现㊀这将是大胆想象的特别胜利。但我不能在它上面下赌注。

12.4.2　弦

数十年来，理论物理的一个基本挑战是如何构建引力的量子理论——量子化形式的广义相对论（类似于QED，量子化形式的电动力学）。几代物理学家做了努力并失败了——因为点质量理论看起来是无可救药地不可重整。虽然这是很囧的，但到目前为止它对粒子物理没造成灾难，在那里引力太弱不起显著的作用。但在极小的区域（即在很高的能量——具体地，普朗克尺度：10^{19}GeV）量子引力一定会进入视野。进一步，统一自然界的作用力的旧梦导致不可动摇的假设的“万有理论”，它将引力包括进强、电磁和弱作用（见图12.5）。

弦理论提出来解决这些问题（还有更多）[22]。在弦理论中物质的基本单位不是（零维）粒子，而是一维“弦”（或高维“膜”），其中“粒子”是各种振动模式。在20世纪70年代此理论经历了极端的演化，那时只有少数孤独而有远见的人参与研究，到2000年它已经成为流行的主导样板。早期的版本只包含玻色子，自洽性要求25个空间维数。这看起来有点过于挥霍了，然而确可想象它们中的22维“卷曲起来”（紧致化），因此与宏观尺度无关。㊁费米子后来被通过超对称放进来（因此“超弦”）而空间维数降到9或10。同时，人们了解到理论自动包含引力子，使得它成为一个自然的量子引力的候选者。

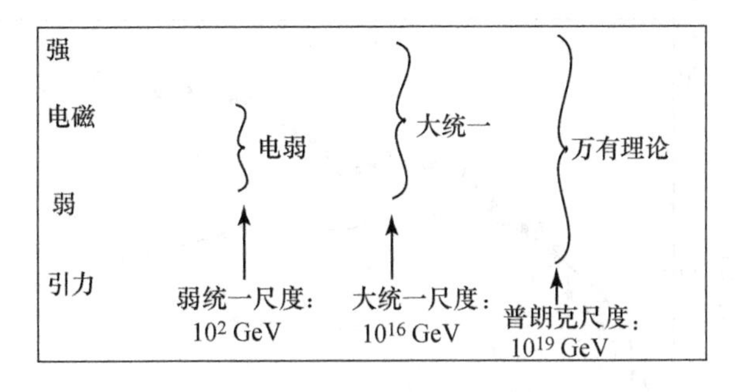

图12.5　四种相互作用的统一。

早期超弦理论最大的吸引力之一是它看起来是被唯一确定的——看起来我们只能生活在数学上可能的世界中。物理将不再只是由实验观察发现可能的定律，而是做出一个允许理论

㊀　当缪子反常磁矩的测量和计算值的差异看似建议一个来自超对称粒子的贡献时[20]，曾在2001年引起一阵骚动。但结果是计算错了——当一项错误的符号纠正过来后不一致大部分都蒸发了[21]。

㊁　额外维的想法并不新鲜。卡鲁扎（T. Kaluza）首先在1919年作为统一电动力学和引力的努力而引入它，1926年克莱因建议把“紧致化”作为“隐藏”额外维数的机制。（如果你想指示一个在晒衣线上的蚂蚁，你可能只报告它距离终点的距离 z——只有对更小的臭虫方位角 ϕ 才具有兴趣或重要性。

的可能应用。遗憾的是，这个特别的期望被颠覆过来了，“M 理论”现在显示实际上存在一个整体允许的模型“景观”（有些人估计有 10^{500} 之多）。如果缺少人择原理，㊀就没办法选择正确的。

到这步一整代理论物理学家在独自寻求解决问题的办法。超弦仍是终极统一所有四种相互作用的最好期望，且它是最有希望的量子引力的候选者。而人们证明抽取可证实（或证伪）关于我们生存的低能世界的预言是极其困难的。超对称粒子的发现或额外维的指示[23]会给出一些支持，但任何接近对超弦理论的证实目前看起来都有很长的路要走[24]。

12.5 暗物质/暗能量

天文学上有说服力的证据显示现在我们知道的物质——由标准模型描写的——只占宇宙的5%。剩下是暗物质（大于20%）和暗能量（75%）。对粒子物理的应用有些卑微：我们只见到了冰山一角。这所有其他东西究竟是什么，它们又是如何逃出我们的法眼的？

12.5.1 暗物质

1933 年，福里兹·兹维斯科伊（Fritz Zwicky）测量了 Coma 星团（利用它们的原子谱的多普勒漂移）的星系速度，并使用此信息确定了星团的质量。结果令人吃惊：400 倍大于星团中可见恒星的质量。明显地星系包含了很多不辐射的物质（因此叫**暗物质**）[25]。更近一些，若干数目的星系（包括我们自己的）的旋转曲线被进行了测量。这给出了（切向）速度 v 作为距离星系中心距离 r 的函数。牛顿的万有引力定律说对远离核心的恒星 v 应以 $1/\sqrt{r}$减小（见习题 12.10）；而它典型地却在增加（见图 12.6）。这暗示暗物质弥漫成一个远延展出星系核心的球状“晕”。㊁今天甚至可能利用引力透镜（当光穿过时造成弯曲）去画出暗物质的分布。

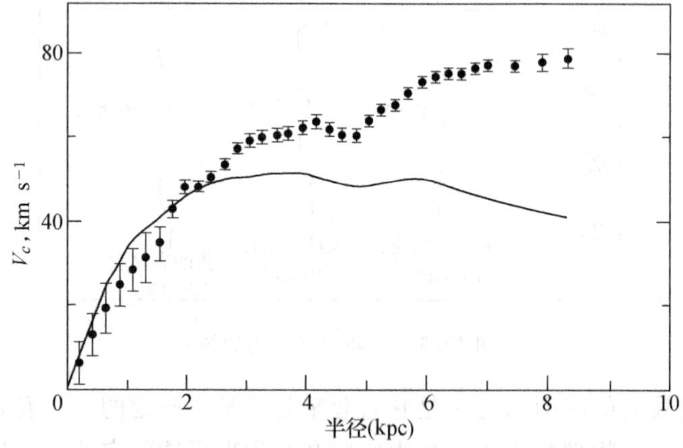

图 12.6 对星系 NGC1560 的转动曲线。实线代表依据所有观测到的物质（恒星加气体）所期待的曲线。［来源：A. H. Broeils *Astron. and Astrophys.* 256 19（1992）。］

㊀ 人择原理坚持物理的定律和参数如此是“因为”（如果这是正确的词）如果它们不是这样，人类生命将是不可能的，因而我们将不能在这里发现它们。

㊁ 这里讨论的暗物质不应与要求“闭合”宇宙的“丢失质量”相混淆。我们将在下节讨论它。

到目前为止虽然我们唯一的暗物质证据来自其大尺度引力效应，而很自然来设想可能牛顿定律（还有广义相对论）在某些尺度上是不正确的，因此超出那些尺度实际上没有暗物质[26]。若没有这样一个根本改变，问题就保留为：这个东西是什么？它能是普通的冷暗物质——沙子和碎石，可能为灭绝恒星或死亡行星的遗迹。几乎不可能。令人信服地支持观测到的轻元素丰度的宇宙学模型在任何地方都不允许有足够的重子去计及暗物质[27]。中微子怎么样？可能不行——即使它们有巨大的数目，它们太轻以致只能贡献观测到的暗物质的一个小的比例。㊀明显地我们在寻找某些比中微子重很多的东西，而是（像中微子那样）弱相互作用；巴寇（Bahcall）叫它们 WIMPs（弱作用有质量粒子）。㊁它们的质量试探性地估计在 100 ~ 200GeV/c^2 范围；它们当然是中性（否则会辐射）和稳定（来自大爆炸）的。在标准模型中当然没有这样的粒子。而超对称却建议有一个候选者：最轻的超对称粒子（可能是 photino 和 higgsino 的混合——或可能 Zino——叫“neutralino”…明显此术语是很难让人理解的）据推测是绝对稳定的。很大的数目可能会自大爆炸后留存下来。另一个可能性是轴子——为解决强 CP 破坏而引入的假设粒子。而肯定的最令人激动的可能性应是那些完全新和未预期到的东西。

所有这些是如何确定的？自从 20 世纪 80 年代后期以来若干 WIMP 搜寻项目已经在进行。它们建筑在太阳系在 220km/s 的绕银河中心的轨道的理解之上㊂地球在以 30km/s 绕太阳的轨道上，因此我们面对“暗物质迎头风”——（北）夏天 235km/s 而冬天 205km/s。（季节变化是一个幸运的事，因为这会使实验学家能将信号在极大的——但是常数——的自然放射性和宇宙射线的背景上过滤出来。）几种不同的检测机制已被尝试[27]，但只是近来它们灵敏度的极大改进才接近所要求的水平。已经有一些（有疑问的）事例[28]，而令人信服的证据可能在未来几年到来。同时 LHC 应能**产生**暗物质，在此位置剩下的任务将是要证明三种方式（银河系、陆地和加速器）都是谈论同一种粒子[29]。

12.5.2　暗能量

1998 年前，人们认为由于所有物质之间的引力吸引使得宇宙膨胀变慢；唯一的问题是宇宙的能量密度是否足够大去完全地逆转膨胀，导致“大坍缩”（见习题 12.10）。可见物质和暗物质加在一起大约达到“临界密度”的三分之一，因此对那些相信膨胀“应该”逆转㊃的人存在与暗物质问题无关的第二个“丢失质量”佯谬：所有这些“额外”能量在哪里？

此问题由于令人吃惊发现宇宙膨胀不是减速而是加速因而颠覆。明显地，牛顿引力（所有都是吸引）在大尺度上是不正确的——或者是这样或者在自然界存在某些新的排斥力压过此情形下的引力。在广义相对论中，有个（类）自然的位置有一个额外的项计及此现象：**宇宙常数**，Λ。爱因斯坦的原始理论（没有宇宙常数）给出宇宙膨胀——他觉得有些荒谬。他通过人为引入一个源项来拯救理论，其强度（Λ）可以被调节来稳定宇宙。（数学上，宇宙常数引进一种初始排斥，或负压，这在宇宙尺度上平衡了宇宙的吸引。）后来当哈

㊀ 进一步，中微子构成“热”暗物质——它们由其特征是极端相对论的，而很难想象它们会被囚禁在星系晕中（或在星系形成的原初聚集体中）。

㊁ 原则上，暗物质可以只有引力作用，但如克里因（Cline）[27]所害羞地评述，“如果确是这样，物理学家就没有希望检测到它了”（即作为单个粒子）。由于这个原因，至少一般假设暗物质参与弱作用。

㊂ 暗物质晕（由于它只很弱地耦合到物质）不（人们假设）和银河系一起转动。

㊃ 被广泛接受的暴涨宇宙学要求宇宙的总密度具有严格的临界值。

勃发现宇宙事实上在膨胀，懊恼的爱因斯坦否定了宇宙常数，叫它“我最大的错误”。但当发现了加速膨胀，显然的补救是复活宇宙常数[30]。

然而在原始宇宙常数和其现代重生之间是有微妙的差别的。爱因斯坦设想 Λ 为一个未解释的自然界基本常数——类似于普朗克常数或玻尔兹曼常数；有两种有区别的引力源：物质（实际上，压力张量；结合能量，动量和所有形式的压力）和 Λ。现代意义的 Λ 具有动力学起源，以联系某些量子场真空期望值的暗能量的形式出现。它效果上是应力张量的一个常数项，均匀地弥漫在所有空间中，㊀我们剥离它单独处理。而这个场（或这些场）的本质可能是什么在目前仍是个谜。比谜更使人难堪的是，构造模型的企图倾向给出的 Λ 值大了 120 个量级![31] 显然，我们还有很多要学。

12.6 结论

大多数物理学家预期 LHC 将会产生希格斯玻色子。很多人相信它将产生第一个超对称粒子。有些认为它将给出额外维数的证据。可能。但还有另一种很少被认真考虑的可能性：子结构——夸克和轻子（还可能有媒介子）是复合粒子，由更基本的组分构成。这将改变所有的事，就像夸克模型 40 年前改变所有事，和卢瑟福的原子模型改变所有事一样。不管怎么说，我们几乎已经站在基本粒子物理的根本性革命的边缘了[32]。

参考文献

1 See, for example, the special section in (**2007**) *Science*, **315**, 55.

2 The Higgs mechanism was proposed independently by Englert, F. and Brout, R. (**1964**) *Physical Review Letters*, **13**, 321; and (a) Higgs, P. W. (**1964**) *Physics Letters*, **12**, 132; (**1964**) *Physical Review Letters*, **13**, 508.

3 The 'bible' for this material is Gunion, J. F. et al. (**1990**) *The Higgs Hunter's Guide*, Addison-Wesley, Redwood City, CA.

4 LEP had already excluded a Higgs boson with mass below 114 GeV/c^2; the statistically marginal observation in 2000 suggests a mass of 115 Gev/c^2. See, for example, Renton, P. (**2004**) *Nature*, **428**, 141.

5 Estimates of the Higgs mass are sensitive to the exact value of the top quark mass, and of course they depend on the model – supersymmetry puts an upper limit on the mass of the lightest Higgs particle at 140 GeV/c^2. See, for instance, Schwarzschild, B. (August **2004**), *Physics Today*, 26.

6 For an accessible introduction see Peskin, M. (**2006**) Physics 450 lecture notes, Fall 2006, Stanford University, available on-line.

7 Georgi, H. and Glashow, S. L. (**1974**) *Physical Review Letters*, **32**, 438.

8 Shiozawa, M. et al. (**1998**) *Physical Review Letters*, **81**, 3319.

9 For a comprehensive review see Ross, G. (**1985**) *Grand Unified Theories*, Perseus, Reading, MA; (a) Langacker, P. (**1981**) *Physics Reports*, **72**, 185.

10 't Hooft, G. (**1974**) *Nuclear Physics*, **B79**, 276; (a) Polyakov, A. M. (**1974**) *JETP Letters*, **20**, 194.

11 Cabrera, B. (**1982**) *Physical Review Letters*, **48**, 1378.

12 For an account of the search for stray antihelium from some distant antigalaxy see Barry, P. (**2007**) *Science News*, **171**, 296.

13 Sakharov, A. D. (**1967**) *JETP Letters*, **5**, 24.

㊀ 这和暗物质相反，它聚集于星系晕中。

14 See, for example, the article by Kirkby, D. and Nir, Y. (**2006**) *Review of Particle Physics*, 146.

15 See, for instance, Peskin, M. (**2002**) *Nature*, **419**, 24; or (a) Harrison, P. (July **2003**) *Physics World*, 27.

16 Peccei, R. D. and Quinn, H. R. (**1977**) *Physics Review Letters*, **38**, 1440; and (**1977**) *Physical Review D*, **16**, 1791. For a delightful account of the Quinn/Peccei mechanism see (a) Sikivie, P. (December **1996**) *Physics Today*, 22; for the current state of axion searches, see (b) van Bibber, K. and Rosenberg, L. J. (August **2006**) *Physics Today*, 30.

17 Wess, J. and Zumino, B. (**1974**) *Physics Letters B*, **49**, 52.

18 For an excellent semi-popular account of supersymmetry, see Kane, G. (**2000**) *Supersymmetry: Unveiling the Ultimate Laws of Nature*, Perseus, Cambridge, MA; for a reasonably accessible introduction to the technical details see *A Supersymmetry Primer*, by S. P. Martin, on the web at hep-ph/9709356.

19 See the article by Haber, H. E. (**2006**) RPP, p. 1105.

20 Brown, H. N. et al. (**2001**) *Physical Review Letters*, **86**, 2227.

21 Schwarzschild, B. (February **2002**) *Physics Today*, 18.

22 For a thrilling semi-popular history of string theory, see Greene, B. R. (**1999**) *The Elegant Universe*, W. W. Norton, New York; for an accessible introduction to the theory itself, see (a) Zwiebach, B. (**2004**) *A First Course in String Theory*, Cambridge University Press, Cambridge, UK; the standard graduate textbook is (b) Polchinski, J. (**1998**) *String Theory*, Cambridge University Press, Cambridge, UK.

23 For an accessible account of extra dimensions see Randall, L. (July **2007**) *Physics Today*, 80. For the status of searches for extra dimensions see the article by (a) Giudice, G. F. and Wells, J. D. (**2006**) *Review of Particle Physics*, 1165.

24 In 2006, there were signs of a backlash against string theory and its pervasive influence on particle physics: Richter, B. (October **2006**) *Physics Today*, 8; (a) Smolin, L. (**2006**) *The Trouble With Physics*, Houghton Mifflin, New York; (b) Woit, P. (**2006**) *Not Even Wrong*, Basic Books, New York.

25 Zwicky, F. (**1933**) *Helvetica Physics Acta*, **6**, 124. For a masterful review of the first 55 years, see (a) Trimble, V. (**1987**) *Annual Review of Astronomy and Astrophysics*, **25**, 425.

26 Milgrom, M. (August **2002**) *Scientific American*, 42; (March **2007**) *Science News*, 206.

27 For a beautifully clear survey of dark matter candidates, and experimental searches for dark matter, see Cline, D. B. (March **2003**) *Scientific American*, 51.

28 Schwarzschild, B. (August **2007**) *Physics Today*, 16.

29 Peskin, M. E. (**2007**), *Journal of the Physical Society of Japan*, **76**, 111017.

30 This is not the only possibility; for an outstanding review see the article by Turner, M. S. and Huterer, D. (**2007**), *Journal of the Physical Society of Japan*, **76**, 111015.

31 For an accessible explanation see Adler, R. J., Casey, B. and Jacob, O. C. (**1995**) *American Journal of Physics*, **63**, 620.

32 Ellis, J. (**2007**) *Nature*, **448**, 297.

33 Planck, M. (**1899**) *Sitzungsber. Dtsch. Akad. Wiss. Berlin–Math-Phys. Tech. Kl.*, 440.

习 题

12.1 （a）利用方程（10.132）用 $v=\mu/\lambda$ 和 $q=g_w\sqrt{\hbar c/4\pi}$ 确定 W 的质量。因此，证明方程（12.1）。

（b）利用习题（10.21）和方程（10.130）确定希格斯对夸克或轻子的耦合顶角因子。

（c）利用方程（10.136）确定耦合 hWW，hZZ 和 hhh 的顶角因子。

12.2 （a）在 MSM 中计算 $h\rightarrow f+\bar{f}$（f 是一个夸克或轻子）的衰变率。

$\left[\text{答案：}\frac{\alpha_w}{8\hbar}m_hc^2\left(\frac{m_f}{M_W}\right)^2\left[1-\left(\frac{2m_f}{m_h}\right)^2\right]^{3/2}\right]$

(b) 如果 $m_h=120\ \text{GeV}/c^2$，分支比 $\Gamma(b\bar{b})/\Gamma(c\bar{c})$ 和 $\Gamma(b\bar{b})/\Gamma(\tau^+\tau^-)$ 是多少？［对夸克要对颜色包括一个因子 3。］

12.3 (a) 在 MSM 中计算 $h\to W^++W^-$ 和 $h\to Z+Z$ 的衰变率。

$$\left[\text{答案：}\Gamma(W^+W^-)=\frac{\alpha_wm_hc^2}{16\hbar}\left(\frac{m_h}{M_W}\right)^2\left(1-4\frac{M_W^2}{m_h^2}+12\frac{M_W^4}{m_h^4}\right)\left[1-4\frac{M_W^2}{m_h^2}\right]^{1/2}\right.$$

$$\left.\Gamma(ZZ)=\frac{\alpha_wm_hc^2}{32\hbar}\left(\frac{m_h}{M_W}\right)^2\left(1-4\frac{M_Z^2}{m_h^2}+12\frac{M_Z^4}{m_h^4}\right)\left[1-4\frac{M_Z^2}{m_h^2}\right]^{1/2}\right]$$

(b) 如果 $m_h=120\ \text{GeV}/c^2$，比率 $\Gamma(W^+W^-)/\Gamma(ZZ)$ 是多少？

12.4 估计在一个相对论实验室实验中可以测量的最长质子寿命。［提示：在一个实际实验（例如超级神冈）中多少质子你能拿来做样本？（或——更对要点——你的资助机构）你准备去等待多长时间？］

12.5 在 Glashow/Georgi 模型中估计质子的寿命。［提示：这里不必计算任何东西——你各处都没有足够的信息。实际问题是寿命公式是如何依赖于各种质量的。研究其他的衰变——缪子、中子和 π 介子——如果有帮助利用量纲分析。］

12.6 从方程（12.7）和方程（12.8）推导方程（12.9）。

12.7 考虑 xy 平面的矢量：

(a) 证明一个（逆时针）转动 θ 使矢量 $\boldsymbol{a}=(a_x,a_y)$ 转到 $\boldsymbol{a}'=(a_x',a_y')$，且

$$a_x'=\cos\theta a_x-\sin\theta a_y,\quad a_y'=\sin\theta a_x+\cos\theta a_y$$

(b) 证明两个矢量的点积在此转动下是不变的：$\boldsymbol{a}'\cdot\boldsymbol{b}'=\boldsymbol{a}\cdot\boldsymbol{b}$。

(c) 现在考虑无穷小转动 $\mathrm{d}\theta$。展开（a）中变换规则到 $\mathrm{d}\theta$ 的第一阶。

(d) 证明点积（到第一阶）在无穷小转动下是不变的。［当然，如果你已经知道它在有限变换下是不变的，无穷小变换的证明是多余的。关键点是无穷小情形是典型地特别简单。］

12.8 这个习题的目的是证明由方程（12.11）的拉氏量给出的作用量在方程（12.10）给出的超对称变换下是不变的。

(a) 证明 $\delta\phi^*=2\bar{\psi}\epsilon$ 和 $\delta\bar{\psi}=(i/\hbar c)\bar{\epsilon}\gamma^\mu(\partial_\mu\phi^*)$。

(b) 首先考虑标量“动能”项，$\mathcal{L}_1=\frac{1}{2}(\partial^\mu\phi^*)(\partial_\mu\phi)$；证明 $\delta\mathcal{L}_1=(\partial^\mu\phi)(\partial_\mu\bar{\psi})\epsilon+\bar{\epsilon}(\partial^\mu\phi^*)(\partial_\mu\psi)$。

(c) 然后处理旋量“动能”项，$\mathcal{L}_2=\mathrm{i}\hbar c\,\bar{\psi}\gamma^\mu(\partial_\mu\psi)$。证明 $\delta\mathcal{L}_2=-\delta\mathcal{L}_1+\partial_\mu Q^\mu$ 其中 $Q^\mu\equiv\bar{\psi}(\partial^\mu\phi)\epsilon+\frac{1}{2}\bar{\epsilon}\sigma^{\mu\nu}[\phi^*(\partial_\nu\psi)-(\partial_\nu\phi^*)\psi]$，其中 $\sigma^{\mu\nu}$ 由方程（7.69）定义。

(d) 现在检查质量项，$\mathcal{L}_3=-\frac{1}{2}(mc/\hbar)^2\phi^*\phi$ 和 $\mathcal{L}_4=-mc^2\bar{\psi}\psi$。证明 $\delta\mathcal{L}_3=-(mc/\hbar)^2(\bar{\psi}\epsilon\phi+\phi^*\bar{\epsilon}\psi)$ 和 $\delta\mathcal{L}_4=\mathrm{i}(mc/\hbar)[-\bar{\epsilon}\gamma^\mu(\partial_\mu\phi^*)\psi+\bar{\psi}\gamma^\mu\epsilon(\partial_\mu\phi)]$。

(e) 最后，利用来自欧拉-拉格朗日方程［方程（10.15）］的狄拉克方程证明

$\delta \mathcal{L}_4 = -\delta\mathcal{L}_3 + \partial_\mu R^\mu$，其中 $R^\mu = \mathrm{i}(mc/\hbar)[-\bar{\epsilon}\gamma^\mu\phi^*\psi + \bar{\psi}\gamma^\mu\epsilon\phi]$。

虽然完整的拉氏量（$\mathcal{L} = \mathcal{L}_1 + \mathcal{L}_2 + \mathcal{L}_3 + \mathcal{L}_4$）不是不变的，它只改变一个全微商，$\delta\mathcal{L} = \partial_\mu(Q^\mu + R^\mu)$，因此作用量和运动方程是不变的。然而注意，为使这起作用，标量和旋量必须具有同样的质量。

12.9 （a）利用 c、$\hbar$和 G（牛顿万有引力常数），构造一个长度量纲的量 l_P、一个时间量纲的量 t_P和一个质量量纲的量 m_P。这些普朗克在1899年（同名常数[33]之前那年）首先发表它们，之后被分别叫作普朗克长度、普朗克时间和普朗克质量。用m、s和kg算出实际的数值。再用GeV计算普朗克能量（$E_P = m_P c^2$）。［这些量确定了量子引力开始相关的尺度。］

（b）精细结构常数的引力类似物是什么？给出实际的数值，利用（i）电子的质量（ii）普朗克质量。

12.10 对绕一个固定质量 M 的中心环行的物体（例如一个绕太阳的行星），计算速度 v 作为轨道半径的函数。

12.11 一个简单快速计算临界密度的方法是把宇宙看成一个半径为 R 的均匀球，并取一个在表面的粒子的逃逸速度等于膨胀速度（来自哈勃定律），$v = HR$。在此基础上，证明

$$\rho_c = \frac{3H^2}{8\pi G}$$

寻找哈勃常数（H）的数值，并以单位 $\mathrm{kg/m^3}$ 来确定临界密度。

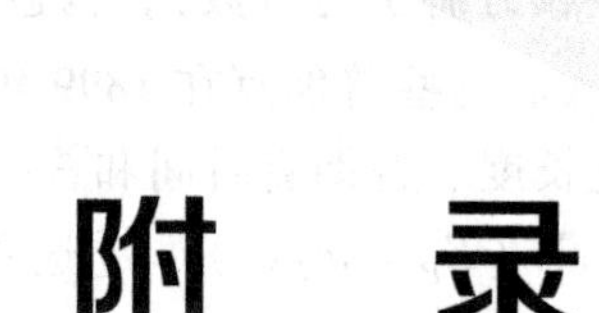

附录 A 狄拉克 Delta 函数

狄拉克 Delta 函数介绍

狄拉克 δ 函数，$\delta(x)$ 是位于原点的无穷高、无穷细的细棍，面积为 1（见图 A.1）。具体地

$$\delta(x) = \begin{cases} 0, & \text{如果 } x \neq 0 \\ \infty, & \text{如果 } x = 0 \end{cases} \qquad \text{且} \qquad \int_{-\infty}^{\infty} \delta(x)\,\mathrm{d}x = 1 \tag{A.1}$$

技术上，这根本不是一个函数，因为它在 $x=0$ 处的值不是有限的。在数学文献中这叫作**广义函数**，或**分布函数**。如果你喜欢，它是一个函数**序列**的**极限**，例如高为 n、宽为 $1/n$ 的矩形，或高为 n、底为 $2/n$ 的等腰三角形（见图 A.2），或任何你可能希望使用的其他形状。

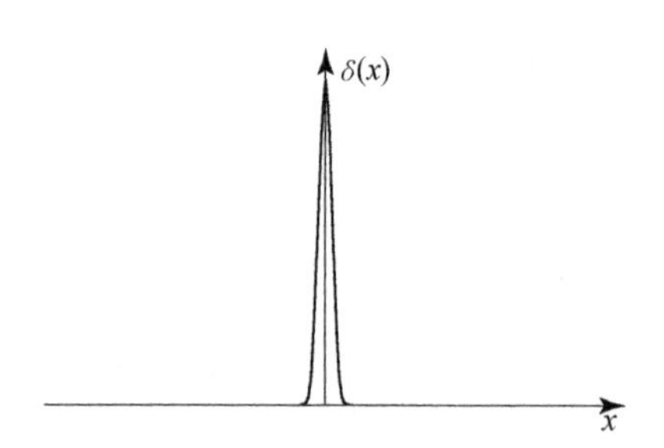

图 A.1 狄拉克 δ 函数（你必须想象这个细棍是无穷高和无穷细）。

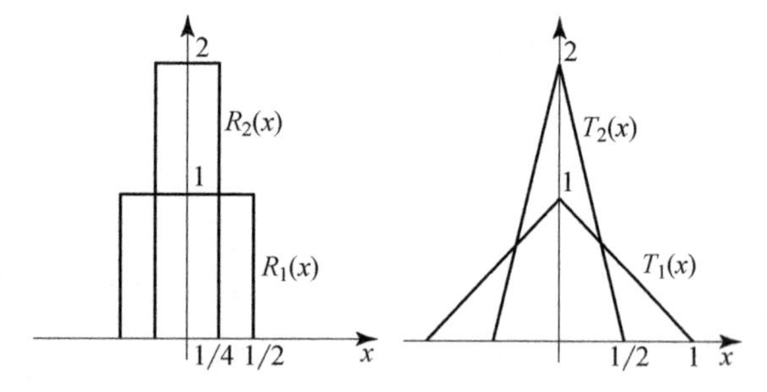

图 A.2 两个极限是 $\delta(x)$ 的函数系列。

如果 $f(x)$ 是某种“普通”函数（即，不是另外一个 δ 函数——事实上，只为安全让我们假设 $f(x)$ 是**连续**的）那么积 $f(x)\delta(x)$ 在除 $x=0$ 外的任何地方都为零。这给出

$$f(x)\delta(x) = f(0)\delta(x) \tag{A.2}$$

（这是关于 δ 函数最重要的结果，因此你要确认了解为什么它是正确的。关键点是乘积除 $x=0$ 外都是零，我们因此可以替换 $f(x)$ 为其在原点的值。）具体地

$$\int_{-\infty}^{\infty} f(x)\delta(x)\,\mathrm{d}x = f(0)\int_{-\infty}^{\infty} \delta(x)\,\mathrm{d}x = f(0) \tag{A.3}$$

在积分之下，δ 函数“挑出”$f(x)$ 在 $x=0$ 处的值。（这里和以后，积分不必从 $-\infty$ 到 $+\infty$；只要延展过 δ 函数就足够了，因此从 $-\epsilon$ 到 $+\epsilon$ 应是正好。）

当然，我们可以把细棍从 $x=0$ 移到某个其他点，$x=a$：

$$\delta(x-a)=\begin{cases}0, & \text{如果 } x\neq a\\ \infty, & \text{如果 } x=a\end{cases} \quad \text{且} \quad \int_{-\infty}^{\infty}\delta(x-a)\,dx=1 \tag{A.4}$$

（见图 A.3）。式（A.2）推广成

$$f(x)\delta(x-a)=f(a)\delta(x-a) \tag{A.5}$$

而式（A.3）成为

$$\int_{-\infty}^{\infty}f(x)\delta(x-a)\,dx=f(a) \tag{A.6}$$

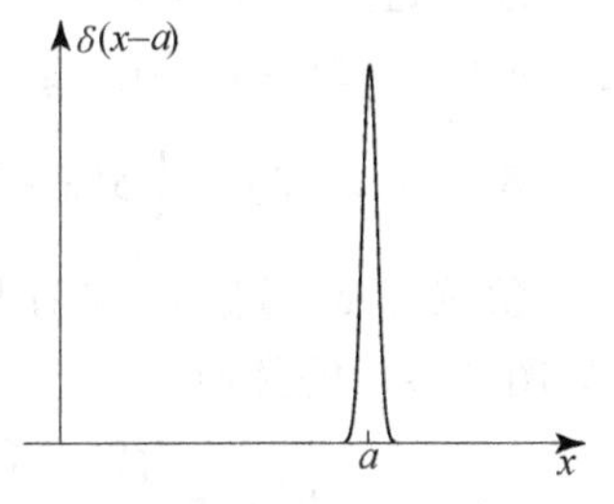

图 A.3　δ（$x-a$）的图。

如果 k 是某个非零（实）数，我们应如何解释表达式 $\delta(kx)$？假设我们乘上一个“普通”函数 $f(x)$ 并积分：

$$\int_{-\infty}^{\infty}f(x)\delta(kx)\,dx$$

我们可以改变变量，取 $y\equiv kx$，因此 $x=y/k$，且 $dx=(1/k)dy$。如果 k 是正的，积分仍从 $-\infty$ 到 $+\infty$，而如果 k 是负的，那么 $x=\infty$ 意味 $y=-\infty$，反之亦然，因此极限反转了——恢复“正常”的顺序花费一个负号。因此

$$\int_{-\infty}^{\infty}f(x)\delta(kx)\,dx=\pm\int_{-\infty}^{\infty}f(y/k)\delta(y)\frac{dy}{k}=\pm\frac{1}{k}f(0)=\frac{1}{|k|}f(0) \tag{A.7}$$

（下面的符号针对 k 是负的情形，如示我们可以通过放入对 k 的绝对值计及它。）因此，这部分给出 $\delta(kx)$ 起 $(1/|k|)\delta(x)$ 同样的作用：

$$\int_{-\infty}^{\infty}f(x)\delta(kx)\,dx=\int_{-\infty}^{\infty}f(x)\left[\frac{1}{|k|}\delta(x)\right]dx \tag{A.8}$$

由于这对任何 $f(x)$ 都成立，这给出 δ 函数表达也相等：㊀

$$\delta(kx)=\frac{1}{|k|}\delta(x) \tag{A.9}$$

我们刚才分析的实际是一个一般形式 $\delta(g(x))$ 的特殊情形，其中 $g(x)$ 是某个 x 的函数。一般地，$\delta(g(x))$ 在 $g(x)$ 的零点 x_1，x_2，x_3，…都有细棍：

$$g(x_i)=0 \qquad (i=1,2,3,\cdots,n) \tag{A.10}$$

在第 i 个零点附近，我们可以展开 $g(x)$ 为泰勒系列：

$$\begin{aligned}g(x)&=g(x_i)+(x-x_i)g'(x_i)+\frac{1}{2}(x-x_i)^2g''(x_i)+\cdots\\&\cong(x-x_i)g'(x_i)\end{aligned} \tag{A.11}$$

利用式（A.9），在 x_i 的细棍具有形式

㊀ 你应该花点时间思考一下最后一步。一般说，两个积分相等不意味被积函数相等。这里的关键点是积分对任意 $f(x)$ 都相等。假设 $\delta(kx)$ 和 $(1/|k|)\delta(x)$ 实际上不同，例如说在点 $x=17$ 附近。那么我们可以选一个函数在 $x=17$ 具有尖锐的峰，而积分将不会相等。而相反地由于积分一定相等，这给出 δ 函数表达式本身相等。技术上它们可能仍在一些孤立点有差别，而通过注意到式（A.9）两边除 $x=0$ 外清楚地为零，我们就可以抛开这些反对意见。

$$\delta(g(x)) = \frac{1}{|g'(x_i)|}\delta(x - x_i) \quad (x \cong x_i) \tag{A.12}$$

因子$|g'(x_i)|^{-1}$告诉我们δ函数在x_i的“强度”。把这和在其他零点的细棍放在一起，我们得到结论

$$\delta(g(x)) = \sum_{i=1}^{n} \frac{1}{|g'(x_i)|}\delta(x - x_i) \tag{A.13}$$

因此，形为$\delta(g(x))$的任何表达式都可被约化为简单δ函数的求和。[⊖]

例 A.1 简化表达式$\delta(x^2+x-2)$。

解：这里$g(x)=x^2+x-2=(x-1)(x+2)$；有两个零点，分别在$x_1=1$和$x_2=-2$。微分，$g'(x)=2x+1$，因此$g'(x_1)=3$和$g'(x_2)=-3$。因此

$$\delta(x^2+x-2)=\frac{1}{3}\delta(x-1)+\frac{1}{3}\delta(x+2)$$

狄拉克δ函数可被看作亥维赛阶梯函数（见图A.4）的微商：[⊖]

$$\theta(x) \equiv \begin{cases} 0, & (x<0) \\ 1, & (x>0) \end{cases} \tag{A.14}$$

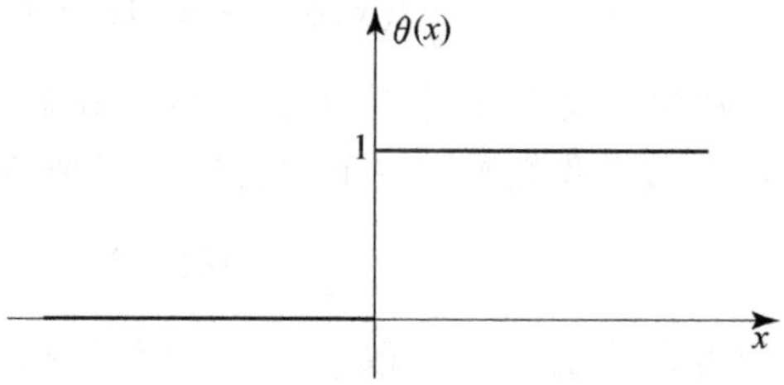

图 A.4 亥维赛θ（阶梯）函数。

很显然，$d\theta/dx$除了原点在所有其他地方都为零，而

$$\int_{-\infty}^{\infty} \frac{d\theta}{dx} dx = \theta(\infty) - \theta(-\infty) = 1 - 0 = 1 \tag{A.15}$$

因此$d\theta/dx$满足$\delta(x)$的定义条件［方程（A.1）］。

很容易把δ函数推广到三（或更多）维：

$$\delta^3(\boldsymbol{r}) = \delta(x)\delta(y)\delta(z) \tag{A.16}$$

这个三维δ函数除了原点在所有其他地方都为零，在原点为无穷大。对δ^3（$\boldsymbol{r}$）的三重积分是1：

$$\int \delta^3(\boldsymbol{r}) d^3 r = \int \delta(x)\delta(y)\delta(z) dx dy dz = 1 \tag{A.17}$$

而

$$\int f(\boldsymbol{r})\delta^3(\boldsymbol{r} - \boldsymbol{r}_0) d^3 r = f(\boldsymbol{r}_0) \tag{A.18}$$

例如，位于$\boldsymbol{r}_0$处的点电荷q的电荷密度（单位体积的电荷）可以写成

$$\rho(\boldsymbol{r}) = q\delta^3(\boldsymbol{r} - \boldsymbol{r}_0) \tag{A.19}$$

习　题

A.1 (a) $\int_0^3 (2x^2 + 7x + 3)\delta(x - 1) dx = ?$

⊖ 虽然我使用了截断的泰勒系列方程（A.11），方程（A.13）是严格的。在x_i点，“额外”项为零，因为他们包含$(x-x_i)$的幂次项。

⊖ 在不连续处的值很少出问题，如果它让你焦虑，定义$\theta(0)\equiv 1/2$。

(b) $\int_0^3 \ln(1+x)\delta(\pi - x)\,dx = ?$

A.2 利用方程（A.13）简化表达式 $\delta(\sqrt{x^2-1}-x-1)$。

A.3 利用方程（A.13）简化表达式 $\delta(\sin x)$。画出这个函数。

A.4 让 $f(y) = \int_0^2 \delta(y - x(2-x))\,dx$。找出 $f(y)$，并从 $y=-2$ 到 $y=+2$ 画出它。

A.5 $\int_{-1}^5 x^4\left[\frac{d^2}{dx^2}\delta(x-3)\right]dx = ?$ [提示：分部积分。]

A.6 计算积分（到5位有效数字）

$$\int_{-1}^5 \theta(2x-4)\,e^{-3x}\,dx$$

A.7 计算 $\int \boldsymbol{r}\cdot(\boldsymbol{a}-\boldsymbol{r})\delta^3(\boldsymbol{r}-\boldsymbol{b})\,d^3r$，如果 $\boldsymbol{a}=(1, 2, 3)$，$\boldsymbol{b}=(3, 2, 1)$，且积分在一个中心位于（2，2，2）半径为1.5的球的区域。

附录B　衰变率和截面

衰变率和散射截面公式的总结

B.1　衰变

假设粒子1衰变到粒子2，3，4，…，n：

$$1 \to 2+3+4+\cdots+n$$

衰变率由公式给出

$$d\Gamma = |\mathscr{M}|^2 \frac{S}{2\hbar m_1}\left\{\left[\frac{c\,d^3\boldsymbol{p}_2}{(2\pi)^3 2E_2}\right]\left[\frac{c\,d^3\boldsymbol{p}_3}{(2\pi)^3 2E_3}\right]\cdots\left[\frac{c\,d^3\boldsymbol{p}_n}{(2\pi)^3 2E_n}\right]\right\}\times (2\pi)^4\delta^4(p_1 - p_2 - p_3 - \cdots - p_n) \tag{B.1}$$

其中 $p_i = (E_i/c, \boldsymbol{p}_i)$ 是第 i 个粒子的四动量（其质量为 m_i，因此 $E_i = c\sqrt{\boldsymbol{p}_i^2 + m_i^2c^2}$）。衰变粒子假设静止：$p_1 = (m_1c; 0)$；$S$ 是统计因子的积：对末态 j 个全同粒子的组是 $1/j!$。

B.1.1　两体衰变

如果末态只有两个粒子，积分可以被明显完成。总衰变率是

$$\Gamma = \frac{S|\boldsymbol{p}|}{8\pi\hbar m_1^2 c}|\mathscr{M}|^2 \tag{B.2}$$

其中 $|\boldsymbol{p}|$ 是两个出射动量的大小：

$$|\boldsymbol{p}| = \frac{c}{2m_1}\sqrt{m_1^4 + m_2^4 + m_3^4 - 2m_1^2m_2^2 - 2m_1^2m_3^2 - 2m_2^2m_3^2} \tag{B.3}$$

特别地，如果出射粒子是无质量的，有 $|\boldsymbol{p}| = m_1c/2$，且

$$\Gamma = \frac{S}{16\pi\hbar m_1}|\mathscr{M}|^2 \tag{B.4}$$

B.2 截面

假设粒子 1 和 2 碰撞，产生粒子 3，4，…，n：

$$1+2 \to 3+4+\cdots+n$$

截面由公式给出

$$\mathrm{d}\sigma = |\mathscr{M}|^2 \frac{\hbar^2 S}{4\sqrt{(p_1 \cdot p_2)^2 - (m_1 m_2 c^2)^2}} \times \left\{\left[\frac{c\mathrm{d}^3 \boldsymbol{p}_3}{(2\pi)^3 2E_3}\right]\left[\frac{c\mathrm{d}^3 \boldsymbol{p}_4}{(2\pi)^3 2E_4}\right]\cdots\left[\frac{c\mathrm{d}^3 \boldsymbol{p}_n}{(2\pi)^3 2E_n}\right]\right\} \times (2\pi)^4 \delta^4(p_1+p_2-p_3-p_4-\cdots-p_n) \tag{B.5}$$

其中（如前）$p_i=(E_i/c,\boldsymbol{p}_i)$ 是第 i 个粒子的四动量（其质量为 m_i），$E_i=c\sqrt{\boldsymbol{p}_i^2+m_i^2c^2}$，$S$ 是统计因子的积（对末态 j 个全同粒子的组是 $1/j!$）。

B.2.1 两体散射

如果末态只有两个粒子，积分可以明显完成。

（a）在质心系

$$\sqrt{(p_1 \cdot p_2)^2 - (m_1 m_2 c^2)^2} = (E_1+E_2)|\boldsymbol{p}_1|/c \tag{B.6}$$

且

$$\frac{\mathrm{d}\sigma}{\mathrm{d}\Omega} = \left(\frac{\hbar c}{8\pi}\right)^2 \frac{S|\mathscr{M}|^2 |\boldsymbol{p}_f|}{(E_1+E_2)^2 |\boldsymbol{p}_i|} \tag{B.7}$$

其中$|\boldsymbol{p}_i|$是两个入射粒子动量的大小，而$|\boldsymbol{p}_f|$是两个出射粒子动量的大小。特别地，对弹性散射（$A+B \to A+B$），$|\boldsymbol{p}_i|=|\boldsymbol{p}_f|$，因此令 $E \equiv (E_1+E_2)/2$：

$$\frac{\mathrm{d}\sigma}{\mathrm{d}\Omega} = \left(\frac{\hbar c}{16\pi}\right)^2 \frac{S|\mathscr{M}|^2}{E^2} \tag{B.8}$$

（b）在实验室系（粒子 2 静止）

$$\sqrt{(p_1 \cdot p_2)^2 - (m_1 m_2 c^2)^2} = m_2 c|\boldsymbol{p}_1| \tag{B.9}$$

对弹性散射（$A+B \to A+B$）的情形，

$$\frac{\mathrm{d}\sigma}{\mathrm{d}\Omega} = \left(\frac{\hbar}{8\pi}\right)^2 \frac{\boldsymbol{p}_3^2 S|\mathscr{M}|^2}{m_2|\boldsymbol{p}_1|\left||\boldsymbol{p}_3|(E_1+m_2c^2) - |\boldsymbol{p}_1|E_3\cos\theta\right|} \tag{B.10}$$

特别地，如果入射粒子是无质量的（$m_1=0$），它约化成

$$\frac{\mathrm{d}\sigma}{\mathrm{d}\Omega} = \left(\frac{\hbar E_3}{8\pi m_2 c E_1}\right)^2 S|\mathscr{M}|^2 \tag{B.11}$$

如果靶反冲可以忽略（$m_2c^2 \gg E_1$），那么方程（B.10）约化成

$$\frac{\mathrm{d}\sigma}{\mathrm{d}\Omega} = \left(\frac{\hbar}{8\pi m_2 c}\right)^2 |\mathscr{M}|^2 \tag{B.12}$$

如果出射粒子是无质量的（$m_3=m_4=0$），方程（B.5）给出

$$\frac{d\sigma}{d\Omega}=\left(\frac{\hbar}{8\pi}\right)^2\frac{S\,|\mathscr{M}|^2\,|\boldsymbol{p}_3|}{m_2\,|\boldsymbol{p}_1|\,(E_1+m_2c^2-|\boldsymbol{p}_1|\,c\cos\theta)} \quad (B.13)$$

附录 C　泡利和狄拉克矩阵

C.1　泡利矩阵

泡利矩阵是三个厄米、幺正、无迹的 2×2 矩阵：

$$\sigma_x\equiv\begin{pmatrix}0&1\\1&0\end{pmatrix},\quad \sigma_y\equiv\begin{pmatrix}0&-i\\i&0\end{pmatrix},\quad \sigma_z\equiv\begin{pmatrix}1&0\\0&-1\end{pmatrix} \quad (C.1)$$

（我们经常使用数字脚标：$\sigma_1=\sigma_x$，$\sigma_2=\sigma_y$，$\sigma_3=\sigma_z$；σ 不是四矢量的一部分，因此我们不区分其上下指标：$\sigma_1=\sigma^1$，$\sigma_2=\sigma^2$，$\sigma_3=\sigma^3$。）

（a）乘积规则。

$$\sigma_i\sigma_j=\delta_{ij}+i\epsilon_{ijk}\sigma_k \quad (C.2)$$

（第一项意味是一个 2×2 单位矩阵，且第二项对 k 求和。）因此，特别地：

$$\sigma_x^2=\sigma_y^2=\sigma_z^2=1 \quad (C.3)$$

$$\sigma_x\sigma_y=i\sigma_z,\ \sigma_y\sigma_z=i\sigma_x,\ \sigma_z\sigma_x=i\sigma_y \quad (C.4)$$

$$[\sigma_i,\sigma_j]=2i\epsilon_{ijk}\sigma_k\quad(\text{对易子}) \quad (C.5)$$

$$\{\sigma_i,\sigma_j\}=2\delta_{ij}\quad(\text{反对易子}) \quad (C.6)$$

而对任意两个矢量 $\boldsymbol{a}$ 和 $\boldsymbol{b}$，

$$(\boldsymbol{a}\cdot\boldsymbol{\sigma})(\boldsymbol{b}\cdot\boldsymbol{\sigma})=\boldsymbol{a}\cdot\boldsymbol{b}+i\boldsymbol{\sigma}\cdot(\boldsymbol{a}\times\boldsymbol{b}) \quad (C.7)$$

（b）指数。

$$e^{i\theta\cdot\sigma}=\cos\theta+i\hat{\theta}\cdot\boldsymbol{\sigma}\sin\theta\quad(\text{对易子}) \quad (C.8)$$

C.2　狄拉克矩阵

狄拉克矩阵是 4×4 幺正无迹矩阵：

$$\gamma^0\equiv\begin{pmatrix}1&0\\0&-1\end{pmatrix}\quad;\quad \gamma^i\equiv\begin{pmatrix}0&\sigma^i\\-\sigma^i&0\end{pmatrix} \quad (C.9)$$

（这里 1 是 2×2 单位矩阵，而 0 是 2×2 零矩阵；σ^i 是泡利矩阵。降低指标改变“空间”分量的符号：$\gamma_0=\gamma^0$，$\gamma_i=-\gamma^i$。）我们还引入辅助矩阵

$$\gamma^5\equiv i\gamma^0\gamma^1\gamma^2\gamma^3 \quad (C.10)$$

$$\Sigma\equiv\begin{pmatrix}\sigma&0\\0&\sigma\end{pmatrix} \quad (C.11)$$

$$\sigma^{\mu\nu}=\frac{i}{2}(\gamma^\mu\gamma^\nu-\gamma^\nu\gamma^\mu) \quad (C.12)$$

对任何四矢量 a^μ，我们定义 4×4 矩阵$\not{a}$如下：

$$\not{a}\equiv a_\mu\gamma^\mu \quad (C.13)$$

（a）乘积规则。用度规

$$g^{\mu\nu} \equiv \begin{pmatrix} 1 & 0 & 0 & 0 \\ 0 & -1 & 0 & 0 \\ 0 & 0 & -1 & 0 \\ 0 & 0 & 0 & -1 \end{pmatrix} \tag{C.14}$$

（注意 $g^{\mu\nu}g_{\mu\nu}=4$），我们有

$$\gamma^\mu\gamma^\nu+\gamma^\nu\gamma^\mu=2g^{\mu\nu},\ \not{a}\not{b}+\not{b}\not{a}=2a\cdot b \tag{C.15}$$

$$\gamma_\mu\gamma^\mu=4 \tag{C.16}$$

$$\gamma_\mu\gamma^\nu\gamma^\mu=-2\gamma^\nu,\ \gamma_\mu\not{a}\gamma^\mu=-2\not{a} \tag{C.17}$$

$$\gamma_\mu\gamma^\nu\gamma^\lambda\gamma^\mu=4g^{\nu\lambda},\ \gamma_\mu\not{a}\not{b}\gamma^\mu=4a\cdot b \tag{C.18}$$

$$\gamma_\mu\gamma^\nu\gamma^\lambda\gamma^\sigma\gamma^\mu=-2\gamma^\sigma\gamma^\lambda\gamma^\nu,\ \gamma_\mu\not{a}\not{b}\not{c}\gamma^\mu=-2\not{c}\not{b}\not{a} \tag{C.19}$$

（b）迹定理。奇数个伽马矩阵乘积的迹是零。

$$\mathrm{Tr}(1)=4 \tag{C.20}$$

$$\mathrm{Tr}(\gamma^\mu\gamma^\nu)=4g^{\mu\nu},\ \mathrm{Tr}(\not{a}\not{b})=4a\cdot b \tag{C.21}$$

$$\mathrm{Tr}(\gamma^\mu\gamma^\nu\gamma^\lambda\gamma^\sigma)=4(g^{\mu\nu}g^{\lambda\sigma}-g^{\mu\lambda}g^{\nu\sigma}+g^{\mu\sigma}g^{\nu\lambda}),$$
$$\mathrm{Tr}(\not{a}\not{b}\not{c}\not{d})=4[(a\cdot b)(c\cdot d)-(a\cdot c)(b\cdot d)+(a\cdot d)(b\cdot c)] \tag{C.22}$$

因为 γ^5 是偶数个 γ 矩阵的乘积，它给出 $\mathrm{Tr}(\gamma^5\gamma^\mu)=0$ 和 $\mathrm{Tr}(\gamma^5\gamma^\mu\gamma^\nu\gamma^\lambda)=0$。当 γ^5 和偶数个 γ 矩阵相乘时，我们发现

$$\mathrm{Tr}(\gamma^5)=0 \tag{C.23}$$

$$\mathrm{Tr}(\gamma^5\gamma^\mu\gamma^\nu)=0,\ \mathrm{Tr}(\gamma^5\not{a}\not{b})=0 \tag{C.24}$$

$$\mathrm{Tr}(\gamma^5\gamma^\mu\gamma^\nu\gamma^\lambda\gamma^\sigma)=4i\epsilon^{\mu\nu\lambda\sigma},\ \mathrm{Tr}(\not{a}\not{b}\not{c}\not{d})=4i\epsilon^{\mu\nu\lambda\sigma}a_\mu b_\nu c_\lambda d_\sigma \tag{C.25}$$

其中如果 $\mu\nu\lambda\sigma$ 是0123的偶数次置换，$\epsilon^{\mu\nu\lambda\sigma}=-1$，奇数次置换是 $+1$，若任意两个指标相同则为0。注意

$$\epsilon^{\mu\nu\lambda\sigma}\epsilon_{\mu\nu\kappa\tau}=-2(\delta^\lambda_\kappa\delta^\sigma_\tau-\delta^\lambda_\tau\delta^\sigma_\kappa) \tag{C.26}$$

（c）反对易关系。

$$\{\gamma^\mu,\gamma^\nu\}=2g^{\mu\nu},\ \{\gamma^\mu,\gamma^5\}=0 \tag{C.27}$$

附录D　费曼规则（树图）

QED、QCD和弱作用的费曼规则

D.1　外线

自旋0：1

自旋1/2：
- 入射粒子：u
- 入射反粒子：$\bar{v}$
- 出射粒子：$\bar{u}$
- 出射反粒子：v

自旋1：
- 入射：ϵ_μ
- 出射：ϵ_μ^*

D.2 传播子

自旋 0：$\dfrac{\mathrm{i}}{q^2-(mc)^2}$

自旋 1/2：$\dfrac{\mathrm{i}(\not{q}+mc)}{q^2-(mc)^2}$

自旋 1：$\begin{cases} \text{无质量：} \dfrac{-\mathrm{i}g_{\mu\nu}}{q^2} \\ \text{有质量：} \dfrac{-\mathrm{i}[g_{\mu\nu}-q_\mu q_\nu/(mc)^2]}{q^2-(mc)^2} \end{cases}$

D.3 顶角因子

QED：

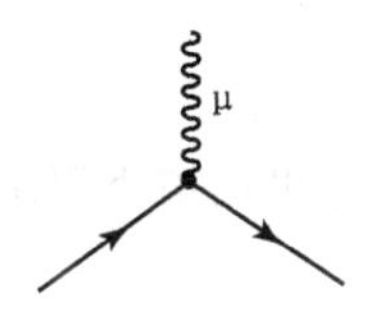

$$\mathrm{i}g_e\gamma^\mu \quad (g_e=\sqrt{4\pi\alpha})$$

QCD：

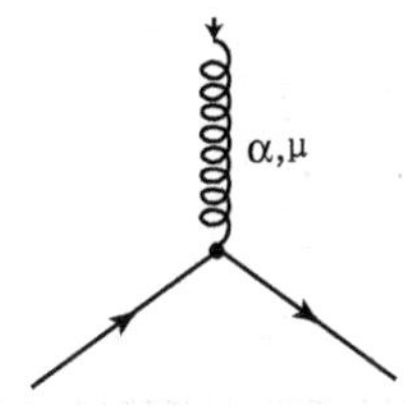

$$\frac{-\mathrm{i}g_s}{2}\lambda^\alpha\gamma^\mu$$

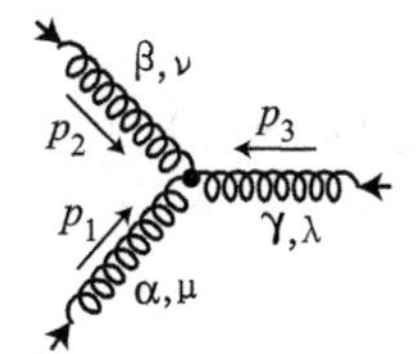

$$-g_s f^{\alpha\beta\gamma}[g_{\mu\nu}(q_1-q_2)_\lambda+g_{\nu\lambda}(q_2-q_3)_\mu+g_{\lambda\mu}(q_3-q_1)_\nu]$$

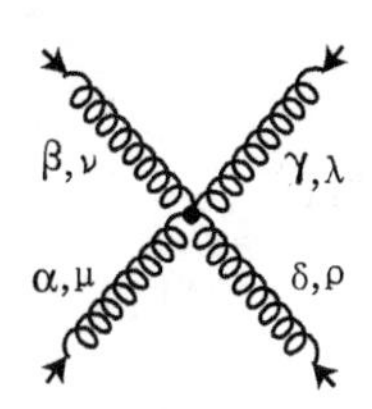

$$-\mathrm{i}g_s^2[f^{\alpha\beta\eta}f^{\gamma\delta\eta}(g_{\mu\lambda}g_{\nu\rho}-g_{\mu\rho}g_{\nu\lambda})+$$
$$f^{\alpha\delta\eta}f^{\beta\gamma\eta}(g_{\mu\nu}g_{\lambda\rho}-g_{\mu\lambda}g_{\nu\rho})+f^{\alpha\gamma\eta}f^{\delta\beta\eta}(g_{\mu\rho}g_{\nu\lambda}-g_{\mu\nu}g_{\lambda\rho})]$$

GWS：

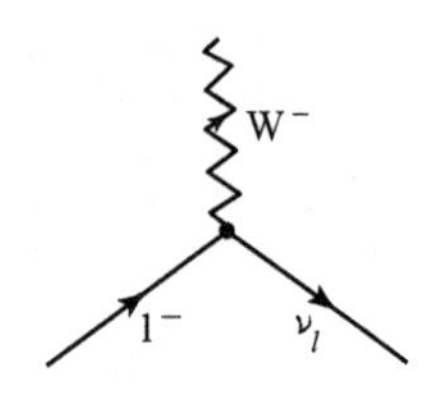

$\frac{-ig_w}{2\sqrt{2}}\gamma^\mu\ (1-\gamma^5)$（这里 l 是任意轻子，而 ν_l 是相应的中微子。）

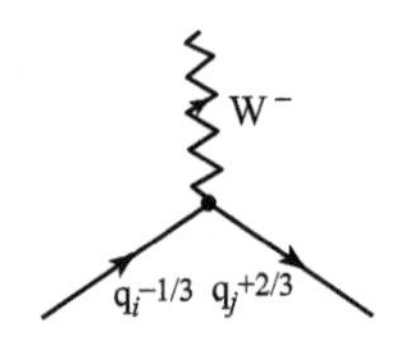

$\frac{-ig_w}{2\sqrt{2}}\gamma^\mu(1-\gamma^5)V_{ij}$（这里 $i=u$、c 或 t，$j=d$、s 或 b；V 是 CKM 矩阵。）

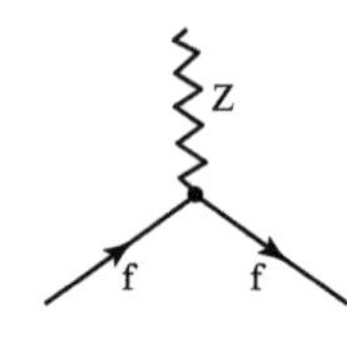

$\frac{-ig_z}{2}\gamma^\mu\ (c_V^f-c_A^f\gamma^5)$　　这里 f 是任何夸克或轻子；c_V 和 c_A 由下表给出：

f	c_V	c_A
ν_e,ν_μ,ν_τ	$\frac{1}{2}$	$\frac{1}{2}$
e^-,μ^-,τ^-	$-\frac{1}{2}+2\sin^2\theta_w$	$-\frac{1}{2}$
u,c,t	$\frac{1}{2}-\frac{4}{3}\sin^2\theta_w$	$\frac{1}{2}$
d,s,b	$-\frac{1}{2}+\frac{2}{3}\sin^2\theta_w$	$-\frac{1}{2}$

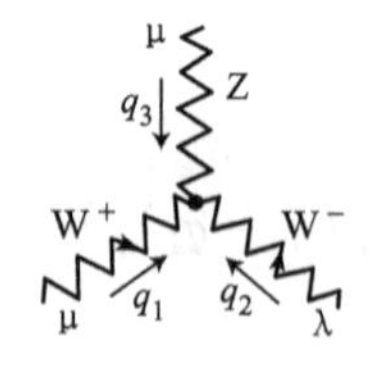

$$ig_w\cos\theta_w[g_{\nu\lambda}(q_1-q_2)_\mu+g_{\lambda\mu}(q_2-q_3)_\nu+g_{\mu\nu}(q_3-q_1)_\lambda]$$

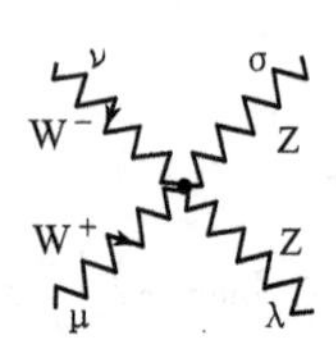

$$-ig_w^2\cos^2\theta_w(2g_{\mu\nu}g_{\lambda\sigma}-g_{\mu\lambda}g_{\nu\sigma}-g_{\mu\sigma}g_{\nu\lambda})$$

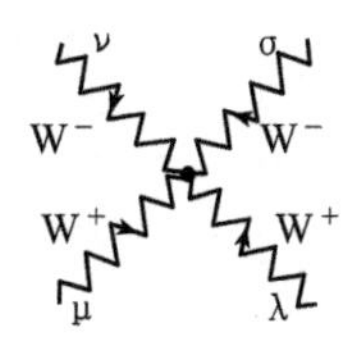

$$\mathrm{i}g_w^2(2g_{\mu\lambda}g_{\nu\sigma}-g_{\mu\nu}g_{\lambda\sigma}-g_{\mu\sigma}g_{\nu\lambda})$$

弱耦合常数联系电磁耦合常数：

$g_w=\dfrac{g_e}{\sin\theta_w}$；$g_z=\dfrac{g_e}{\sin\theta_w\cos\theta_w}$。

还有光子到 W 和 Z 的“混合”耦合：

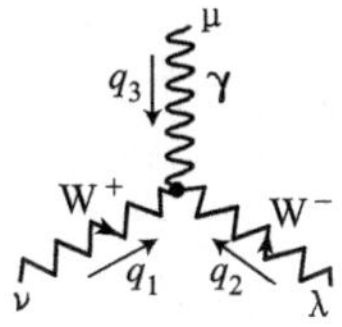

$$\mathrm{i}g_e[g_{\nu\lambda}(q_1-q_2)_\mu+g_{\lambda\mu}(q_2-q_3)_\nu+g_{\mu\nu}(q_3-q_1)_\lambda]$$

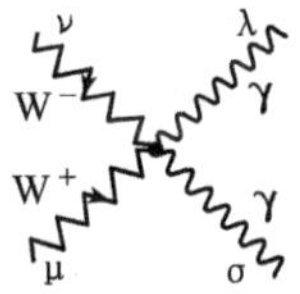

$$-\mathrm{i}g_e^2(2g_{\mu\nu}g_{\lambda\sigma}-g_{\mu\lambda}g_{\nu\sigma}-g_{\mu\sigma}g_{\nu\lambda})$$

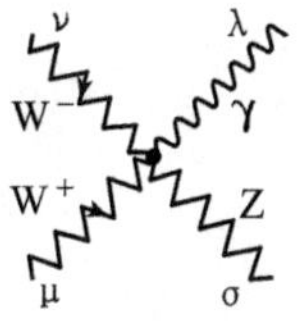

$$-\mathrm{i}g_eg_w\cos\theta_w(2g_{\mu\nu}g_{\lambda\sigma}-g_{\mu\lambda}g_{\nu\sigma}-g_{\mu\sigma}g_{\nu\lambda})$$

索　引

A

B

C

D

G

H

J

K

M

N

O

P

Q

R

S

T

W

X

Y

Z